阻变存储器材料与器件

RESISTIVE RANDOM ACCESS MEMORY MATERIALS AND DEVICES

潘 峰 陈 超 编著

科 学 出 版 社
北 京

内 容 简 介

本书对近年来材料、微电子、信息、物理等领域共同关注的非易失性存储器——阻变存储器的材料、结构、性能、集成及应用等方面进行了较系统的介绍。全书共 7 章，第 1 章为绪论，概述了存储器类型与发展历程；第 2 章为阻变存储器基础；第 3 章为阻变存储器的材料体系及制备方法；第 4 章为阻变存储器的电阻转变机理，重点阐述了金属导电细丝型、氧空位导电细丝型、界面势垒调节型、缺陷俘获释放型、电致热化学转变型等各类阻变存储器的电阻转变特性与机制；第 5 章为阻变存储器的性能优化，讨论了性能优化的各种途径；第 6 章为阻变存储器的集成结构，对十字交叉阵列的阻变存储器中串扰电流的抑制方法进行了诠释；第 7 章为电阻转变效应的其他应用。

本书可供存储器材料与器件及相关行业从事研究和生产的科研人员、技术开发人员和大专院校的师生参阅。

图书在版编目(CIP)数据

阻变存储器材料与器件/潘峰，陈超编著. —北京：科学出版社，2014. 9

ISBN 978-7-03-041905-7

I. ①阻… II. ①潘… ②陈… III. ①存贮器 IV. ①TP333

中国版本图书馆 CIP 数据核字 (2014) 第 218081 号

责任编辑：钱　俊　鲁永芳／责任校对：张怡君
责任印制：徐晓晨／封面设计：铭轩堂

科学出版社出版
北京东黄城根北街 16 号
邮政编码：100717
http://www.sciencep.com

北京厚诚则铭印刷科技有限公司 印刷

科学出版社发行　各地新华书店经销

*

2014 年 9 月第 一 版　开本：720 × 1000　1/16
2015 年 5 月第二次印刷　印张：24 1/2
字数：481 000

POD定价： 148.00元
(如有印装质量问题，我社负责调换)

前　　言

在半导体工业向 22nm 技术节点或更小的方向推进的过程中，存储器行业正面临着技术与材料等方面的诸多挑战。随着尺寸的不断减小，基于硅材料的传统非易失性存储器的存储密度已经越来越接近其本征极限。阻变存储器作为一种具有高密度存储潜力的新型非易失性存储器自 20 世纪 90 年代末以来发展十分迅速，并以其结构简单、尺寸可缩小性好、读写速度快、擦写耐受力高、数据保持时间长、具备多维和多值存储能力等优点，成为了存储器行业的研发重点。单个阻变存储器的器件性能正在不断提升，小型测试芯片也不断面市。阻变存储器非易失性和高速随机擦写的特点使其有望成为下一代通用型存储器，把内存和硬盘的优势集成到一起，从而能改变目前计算机的架构并极大地改善计算机的性能，在未来信息领域和国家工业体系中发挥重要作用。

阻变存储器的研发工作涉及微电子、材料学和信息科学等学科领域，属于交叉学科的新兴学科技术，需要多学科的交叉融合。本书凝练作者及合作者多年来在阻变存储器材料与器件领域的研究工作和体会，从介绍阻变存储器的电阻转变机理出发，详细阐述了不同类型阻变存储器的材料选择、性能特点和工艺技术的系统知识，介绍了利用电极工程、界面工程和掺杂等技术对于阻变存储器器件性能的优化，讨论了阻变存储器的集成结构。在本书的撰写过程中，作者力求尽可能全面反映国内外本领域具有代表性的研究成果及最新的研究进展。希望本书对于读者掌握阻变存储器材料与器件的相关知识，从事新型阻变存储器的研究工作提供有益的参考和帮助。

全书共分 7 章，从存储器的背景介绍开始，重点阐述了阻变存储器的材料、机理、性能、集成等方面的基础知识和实验研究工作。各章内容如下：第 1 章为绪论，对存储器的发展历程做了概述，介绍了各类商用存储器和新兴非易失性存储器；第 2 章为阻变存储器基础，从电阻转变效应出发，介绍了电阻转变效应的相关应用领域，阻变存储器的基本结构、性能参数、发展历程；第 3 章为阻变存储器的材料体系及制备方法，包括组成阻变存储器的介质材料和电极材料及其各自的制备方法；第 4 章为阻变存储器的电阻转变机理，系统阐述了金属导电细丝型、氧空位导电细丝型、界面势垒调节型、缺陷俘获释放型、电致热化学转变等各种类型阻变存储器的电阻转变特性及其内在的物理机制；第 5 章为阻变存储器的性能优化，讨论了掺杂、电极工程、界面工程、多值存储、器件结构设计等方法对于阻变存储器性能的优化；第 6 章为阻变存储器的集成结构，详细介绍了二极管–电阻器(1D1R)结构、选通管–电阻器(1S1R)结构、互补型阻变存储器(CRS)结构、自整流阻变存储器结构等集成结构对于十字交叉阵列的阻变存储器中串扰电流的抑制作用及其应用实例；第 7 章为电阻转变效应的其他应用，介绍了电阻转变效应在存储器以外的人工神经突触模拟、新型逻辑电路等领域的应用。

本书介绍的部分研究成果是作者及合作者(宋成、曾飞、杨玉超、高双、唐光盛、王之顺、杨晶等)在 973 计划、863 计划、国家自然科学基金的大力支持下完成的。作者在此谨向所有给予支持的学者、朋友致以诚挚的感谢。

此书稿之初衷，意欲究电阻转变之理，通阻变存储器之用，成一家之言。然阻变存储器发展之快，个人见解之浅，不妥之处在所难免，恳请读者指正和谅解，以便他日再版时修订。

潘 峰　陈 超
2014 年 5 月 8 日
于清华园

目　　录

第 1 章　绪　　论

自 20 世纪 40 年代第一台计算机诞生以来，现代计算机系统的结构依然基于冯·诺依曼原理，即由存储器、运算器、控制器、输入设备和输出设备等五部分组成。其中，存储器(memory)是计算机的记忆单元，用来存储各种程序和数据，是计算机中不可或缺的组成部分。计算机系统中的所有信息，包括原始数据、运算程序、中间运行过程和最终结果都存放在存储器中。有了存储器，计算机才具有记忆功能，才能保证正常的工作。存储器采用具有两种稳定状态的物理器件来存储信息，这两种稳定状态就可以分别用来表示计算机二进制运算中的“1”和“0”。

根据数据在存储器中保存时间的长短可以把存储器分为易失性存储器(volatile memory)和非易失性存储器(nonvolatile memory)两大类。易失性存储器断电之后信息就会丢失，故主要用于存储短时间使用的程序，例如动态随机存储器(dynamic random access memory，DRAM)。而非易失性存储器在断电后仍然能保持存储的信息，如闪存(flash)。随着手机、数码相机等便携式电子设备的不断普及，非易失性存储器在现代人的日常生活中正扮演着越来越重要的角色。随着科学技术的进步，存储器从最原始的打孔卡到现在已经发展出了数十种不同的形式，现今的技术手段已可以利用电、磁或光等不同类型的媒介来存储信息。在众多存储器中占据绝对主导地位的是 DRAM，它自 1967 年注册专利以来，以其存储单元设计简单、结构小巧、处理速度快(<10ns)等优点统领着存储器市场，并作为计算机的主存储器使用。但是 DRAM 存在着易失性的劣势，需要保持一定的电压才能保存其中存储的信息。为了保存 DRAM 中的数据，实际使用过程中必须设置专门的刷新电路，对其进行持续不断的刷新，这既增加了能耗又给电路结构增加了额外的负担。闪存等传统存储器满足非易失性的要求，但其响应速度慢(>1μs)，可重复擦写次数有限($<10^6$)。因此，半导体行业一直在寻求一种响应速度类似 DRAM 并且具有非易失性特征的新型存储器[1]。这种新型存储器必须整合现有存储技术的优点，例如高速、高密度、低功耗、大容量、非易失性等，从而以一种通用存储器的形式占领绝大部分的存储器市场，届时，计算机的存储器将不再分为主存储器和外部存储设备，计算机操作者也不再需要经历漫长的开机过程和保存等操作，即使工作过程中断电也不影响下次开机时继续断电前的工作。新型非易失性存储器的应用将给计算机的性能和人们

的操作习惯带来质的改变。

2013 年发布的国际半导体路线图(International Technology Roadmap for Semiconductor，ITRS)经过对目前在研的新型存储器分类(图 1.1)和评估后重点推荐了阻变存储器(resistive switching RAM，RRAM)，建议各科研机构加紧研发，资助机构加大支持力度，加速其商业化进程[1]。

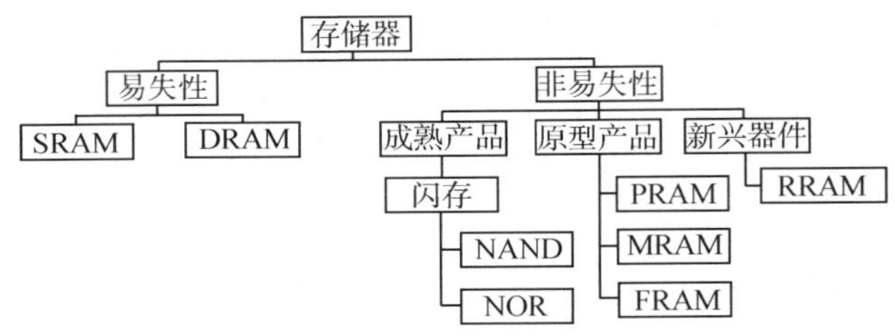

图 1.1 新型存储器分类

阻变存储器具有非易失性、可重复擦写、速度快等众多优点[2]，其基本结构为非常简单的“金属/介质层/金属”二端口结构，介质层选材范围广阔，可以是传统半导体、过渡族氧化物、电解质和有机半导体等。并且阻变存储器的这种二端口结构很容易做成十字交叉阵列，理论上单个器件的最小面积可以达到 $4F^2$(F 是制备工艺中的特征尺寸)，还可方便实现三维堆垛($4F^2$/层数)，因此理论存储密度远高于现有各类存储器的密度[1, 2]。表 1.1 统计了各种类型存储器的最优技术指标，由表中可见阻变存储器的各项指标基本都处于领先的位置，例如擦写速度(<1ns)堪比 DRAM，循环擦写次数高达 10^{12} 次[3]，并且能进行多维和多值存储。虽然目前还没有哪个阻变体系的综合性能完全达到下一代存储器的严格要求[1, 2]，但是阻变存储器被认为是最有希望实现商业化应用的新型非易失性存储器。

表 1.1　几种代表性的传统存储器与新型半导体存储器的性能比较[1, 4, 5]

类型	DRAM	NOR- flash	NAND- flash	MRAM	PRAM	FRAM	RRAM
研发水平		成熟产品			原型产品		研发阶段
器件最小尺寸	$6F^2$	$10F^2$	$4F^2$	$20F^2$	$4F^2$	$22F^2$	$4F^2$
写入/擦除电压	2.5V	8~10V	15~20V	1.8V	3V	1.3~3.3V	<0.5V
写入/擦除时间	<10ns	1μs / 10ms	1ms / 0.1ms	35ns	100ns	65ns	<1ns
循环次数	$>10^{16}$	10^5	10^5	$>10^{12}$	10^9	10^{14}	$>10^{12}$
保持时间	64ms	10 年	10 年	10 年	10 年	10 年	10 年
写入能量/bit	4fJ	100pJ	0.4fJ	2.5pJ	6pJ	30fJ	0.1fJ
多值存储潜力	无	有	有	无	有	困难	有
三维存储潜力	无	无	无	无	有	困难	有

国际跨国公司如惠普、三星等都以阻变存储器为研发重点，它们报道的器件综合性能正在大幅提高，各项技术指标迫近应用标准，并申请了相关专利。国内众多高校及研究院所也在加紧进行阻变存储器的相关研究工作，参与国际竞争。近几年的技术发展表明对阻变存储器的基础研究正加速接近实际应用[2, 6]，阻变存储器已经成为了当前国内外电子信息与存储领域的研究热点，有望成为下一代商用非易失性存储器。

1.1　存储器概述

存储器的种类非常多(图 1.1)，各类存储器在不同的时期不同的领域发挥着信息存储的重要作用。阻变存储器就被认为是潜在的下一代通用型存储器。在对阻变存储器的结构、性能和工作机理进行详细讨论之前，本章首先简要介绍一下存储器的分类和几种代表性存储器的性能特点，以便读者对于存储器的发展方向以及阻变存储器相对于其他存储器的优缺点有一个完整的了解。

存储器按读写功能的不同可以分为只读存储器(read only memory，ROM)和随机读写存储器(random access memory，RAM)两大类。ROM 是一类存储内容固定不变，只能读出而不能写入的存储器；而 RAM 是一类可以随意读出和写入，且存取的速度与存储单元的位置无关的半导体存储器。如前所述，如果按数据保存时间的长短又可以分为易失性存储器和非易失性存储器。易失性存储器的典型代表是内存，而非易失性存储器则主要作为计算机系统的外部存储设备。目前计算机市场上占主流地位的商用存储器包括内存、硬盘和闪存(图 1.2)，其中内存属于易失性的 RAM，硬盘属于非易失性的 ROM，而闪存则兼具非易失性和 RAM 的优点。

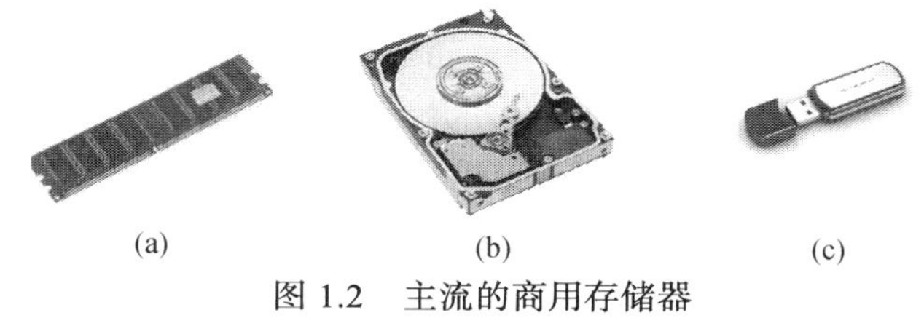

(a)　(b)　(c)

图 1.2　主流的商用存储器

(a)内存(DRAM);(b)硬盘;(c)U 盘(闪存)

1.1.1　易失性存储器

易失性存储器在断电时存储的数据会自动消失，如果需要保存数据，就必须把它们写入一个非易失性存储设备中(例如闪存或硬盘)。但是易失性存储器具有随机存取的特点，而随机存取存储器是几乎所有存储器中写入和读取速度最快的存储器，故通常作为操作系统或其他正在运行中的程序的临时数据存储媒介。常见的随机存储器包括静态随机存储器(static RAM，SRAM)和动态随机存储器(DRAM)两大类。

SRAM 是在静态触发器的基础上附加门控管而构成的，它靠触发器的自保功能存储数据。SRAM 是一种具有静止存取功能的内存，不需要刷新电路即能保存它内部存储的数据，因而它的速度非常快，通常作为计算机中的高速缓存。但是，SRAM 的集成度较低，掉电不能保存数据，相同的容量体积较大，功耗较大，而且价格较高，故 SRAM 只是少量用于关键性系统中以提高效率。

DRAM 在众多类型的存储器中占据着绝对主导地位，它是我们如今正在使用的计算机的主存储器，是与中央处理器(central processing unit，CPU)进行沟通的桥梁。DRAM 在 1966 至 1967 年由 IBM 公司的 R. Dennard 发明，以其存储单元结构简单、容量大、速度快(<10ns)等特点统领着计算机的主存储器市场。但是 DRAM 也有其自身的缺陷，即它是一种易失性存储器，并且这种缺陷随着对计算机性能要求的提高而更加明显。DRAM 利用电容存储的电荷来存储信息，而电容不可避免地存在漏电现象，因此 DRAM 需要不断被刷新，通过刷新过程对漏电的电容进行充电操作。刷新过程限制了 DRAM 的擦写速度，因为电容的充电需要时间，所以刷新的速度不能超过电容充电的速度，这就导致 DRAM 的频率很容易达到上限，限制了其擦写速度。

1.1.2 非易失性存储器

非易失性存储器是指在断电时所存储的数据也不会消失的一类存储器。在非易失性存储器中，信息的存储状态不依赖于外界的电源供应，这对于降低系统的能耗以及保证信息存储的可靠性和安全性方面无疑是非常重要的。在商用化的传统非易失性存储器中，依存储器内的数据是否能在使用电脑时随时改写为标准，可分为二大类产品，即 ROM 和闪存。ROM 的特性是一旦储存数据就无法再将之改变或删除，且内容不会因为电源关闭而消失。在电子或电脑系统中，通常用来储存不需要经常变更的程序或资料，例如早期的计算机启动用的基本输入输出系统(basic input output system，BIOS)芯片。传统的 ROM 存取速度很低，并且由于不能改写信息，不能升级，现已很少使用。为了实现编程和擦除操作，ROM 发展出了多种多样的类型，包括可编程只读存储器(programmable ROM，PROM)，一次性可编程只读存储器(one time programmable ROM，OTPROM)，可抹除可编程只读存储器(erasable programmable ROM，EPROM)。EPROM 具有可擦除功能，并且擦除后还可进行再编程，解决了传统 ROM 只能写入一次的弊端。根据擦除方式的不同，又可以把 EPROM 分为紫外线可抹除可编程只读存储器(ultraviolet EPROM，UVEPROM)和电子式可抹除可编程只读存储器(electrically EPROM，EEPROM)。但是这些不同种类的 ROM 都具有擦写不便，集成度低等特点。

另一种类型的非易失性存储器就是闪存，它具有密度大、功耗低、体积小等特点，又能在线快速擦除，因而获得了飞速发展。随着智能手机、数码相机等便携式电子产品的大量普及，市场上对于体积小，携带方便，抗震性好的非易失性存储器的需求越来越大，使得闪存在便携式存储器这一市场独占鳌头，销售额增长越来越迅猛。根据 IC Insights 的研究报告显示，闪存的销售额在 2012 年已经达到 304 亿美元，甚至已经超过了 DRAM 的销售额(280 亿美元)[7]，预计闪存的市场在未来还将进一步扩大。

闪存其实是 EEPROM 的一个变种，其存储单元结构同 EEPROM 相似。不过 EEPROM 只能对整个芯片进行擦写，而闪存能在字节水平上进行擦除和写入操作，另外闪存的擦写电压也比 EEPROM 小得多。闪存的结构如图 1.3(a)所示，它由衬底、控制栅、隧穿氧化层、阻挡介质层等组成。闪存存储数据的原理是通过在控制栅上面施加强电场，把电子注入或者拉出浮栅来实现写入和擦除操作。如图 1.3(b)所示，在控制栅上面施加适当的电压把沟道中的电子拉入浮栅中并储存起来，浮栅中的电子使得器件的阈值电压升高($>V_{ref}$)，此时器件存储的信息为“0”；在控制栅上面施加相反的电压时能够把浮栅中的电子拉出来，使得器件的阈值电压降低($<V_{ref}$)，这时器件存储的信息为“1”[8]。在 1984 年，东芝公司的发明人 F. Masuoka 首先提出了闪存的概念。而英特尔公司则是第一个生产闪存的公司，它们于 1988 年推出了容量为 256kb 的闪存芯片[9]。英特尔发明的这类闪存被统称为 NOR 型闪存。NOR 型闪存采用热电子注入的方式写入数据，而基于隧穿效应来擦除数据。第二种闪存称为 NAND 型闪存，它由日立公司于 1989 年研制。NAND 型闪存的写入和擦除操作都是基于隧穿效应。NOR 型闪存有独立的地址线和数据线，允许随机存取操作，所以 NOR 型闪存比较适合需要频繁地随机读写的场合，例如手机就是使用 NOR 型闪存的大户。而 NAND 型闪存的写周期比 NOR 型闪存短 90%，它的删除操作的速度也相对较快。并且 NAND 型闪存的存储单元只有 NOR 型闪存的一半[9]，所以 NAND 型闪存非常适合于储存卡之类的大容量存储设备，主要用来存储资料而作为外部存储设备，如闪存盘与多数数码储存卡都是采用 NAND 型闪存。

尽管闪存获得了巨大的成功并占据了存储器市场上最大的份额，闪存本身仍面临着很多缺陷和难题。首先，闪存的擦写速度太慢(0.1ms)，相比 DRAM(<10ns)要慢的多(表 1.1)，因此闪存只能作为辅助的存储器或者外部存储设备，不能作为计算机的主存储器。闪存的第二个严重缺陷就是其擦写电压过高(5V)。全球的微电子行业已经取得了共识：标准 Si 逻辑电路的操作电压正从 5V 降低到 3.3V 再降低到

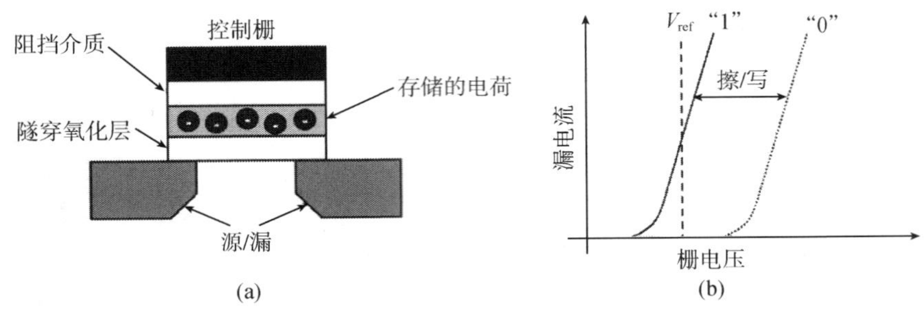

图 1.3　(a)浮栅结构闪存的结构示意图及其(b)工作原理[10]

1.1V，并在不远的将来将进一步降低到 0.5V[5]。闪存在如此低的电压下无法完成擦写操作，而采用特殊的电压提升结构又会加大电路设计的难度，所以闪存在未来将会成为与其他微电子器件兼容性差的存储设备。闪存更严重的瓶颈在于尺寸缩减的极限。随着闪存存储的密度越来越高，存储单元的特征尺寸(*F*)也在不断减小。尺寸的不断减小导致单个存储单元内部存储的电子数目越来越少，而相邻存储单元由于相距越来越近发生电子隧穿的概率也会越来越高，这使得存储信息的可靠性大大降低，因此闪存的存储密度已经接近其物理极限。业界普遍认为闪存在 21nm 技术节点处将达到其尺寸极限[1]。

由于闪存的这些固有的缺陷和尺寸极限，发展新的性能优异的非易失性存储器就成为了半导体行业的研究焦点。目前已经有多种有潜力的新型存储器模型进入了人们的视野，这些新型存储器可望在不久的将来取代闪存，甚至取代 DRAM。

1.2　新型非易失性存储器的研究进展

为了突破传统非易失性存储器的尺寸极限，开发出高速、高密度、低功耗的非易失性存储器，近年来研究者们将目光聚焦于一些具有特殊性能的材料，并依据这些材料提出了一些存储器模型。其中最引人注目的是以下几种存储器：铁电随机存储器(ferroelectric RAM，FRAM)、相变存储器(phase-change RAM，PRAM)、磁阻随机存储器(magnetoresistive RAM，MRAM)和阻变存储器(RRAM)。下面将对这四种新型存储器的存储机理、优缺点以及发展水平等做简要介绍。

1.2.1　铁电随机存储器

FRAM 采用铁电材料作为存储介质，利用铁电材料的不同极化方向来存储数据[6, 11-13]，如图 1.4 所示。在铁电材料上施加一定大小的电场时，晶体中的原子在电场的作用下发生位移，使得晶体中的正负电荷中心不重合并处于一种稳定状态(极化向上)；

当施加反向电场时，晶体的中心原子向反方向发生位移，达到另一种稳定状态(极化向下)。极化向上或者向下代表着两个双稳态，就可以用来存储二进制的信息“1”和“0”[12]。即使当电场撤销后，极化后晶体中的原子在没有获得足够的能量之前都会保持在原来的位置，因此，FRAM 的数据保持不需要电压来维持，是一种非易失性存储器。FRAM 表现出高速度、低功耗和循环性能好等特点，如表 1.1 所示为 FRAM 与传统存储器及各种新型存储器的性能的差异。其实，FRAM 的概念早在 20 世纪 60 年代初就已提出，但是由于当时铁电薄膜制备技术的限制，直到 20 世纪 80 年代末才出现在存储器市场上。现今的 FRAM 常用的铁电材料一般为复杂氧化物，例如 $PbZr_xTi_{1-x}O_3$(PZT)和 $SrBi_2Ta_2O_9$(SBT)[5, 12]。虽然 FRAM 被认为是有潜力的下一代非易失性存储器，但是还没有容量超过 1GB 级别的 FRAM 出现。FRAM 所面临的难题在于其破坏性的数据读取方式，每次数据的读取都需要重新写入，所以在 FRAM 的读取过程中就伴随着大量的擦写操作，这对 FRAM 的擦写循环特性提出了更高的要求。由于目前 FRAM 的存储单元是 1T1C 结构，即由 1 个晶体管搭配一个电容组成，因此 FRAM 面临的第二个问题就是其单个存储单元的特征面积太大($12F^2$ 至 $80F^2$)。在同样的线宽下，FRAM 的密度将比 DRAM 和闪存还要低。此外，FRAM 的结构中因为电容的存在也使其很难实现三维存储。因此，存储密度和铁电薄膜的质量控制等难题是 FRAM 作为下一代非易失性存储器时仍需面临的问题。

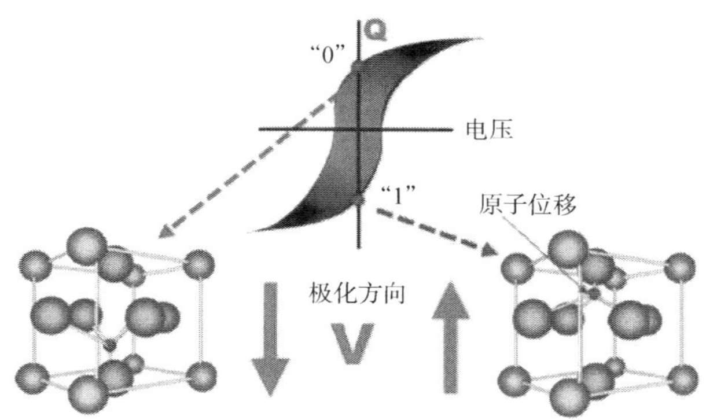

图 1.4　FRAM 的工作机理示意图

1.2.2　磁阻随机存储器

MRAM 是一种利用磁阻效应的非易失性存储器。如图 1.5 所示，MRAM 的结构中包括固定磁层、隧穿层和自由磁层。固定磁层通过与之相邻的一层反铁磁材料进行钉扎，其磁矩的方向固定不变。而自由磁层的磁矩方向可以在外磁场的左右下发生翻转。当自由磁层的磁矩方向与固定磁层的磁矩平行时，通过隧穿层的电子受到的散射作用弱，器件在垂直方向上表现出低电阻，相当于存储态“1”；当自由磁层的磁矩与固定磁层的磁矩反平行时，通过隧穿层的电子受到的散射作用大，器件在垂直方向上表现出高电阻，相当于存储态“0”。MRAM擦写速度快，反复擦写次数高，被认为有潜力替代现行的多种存储器[14-16]。尤其是最近开发的自旋转移力矩(spin-transfer torque，STT)MRAM，利用放大了的隧道效应，使得磁阻的变化更加明显。STT利用自旋电流的特征有望使其集合DRAM和闪存的共同优点，成为非常有潜力的下一代非易失性存储器之一[17-19]。尽管如此，MRAM的高低阻态之比还是太小，尤其是当读取电压降低时更加明显。另外，由于磁性材料的原因，MRAM在进行写入和擦除操作时不同存储单元之间存在磁场干扰问题，器件小型化后这一问题将更加突出。

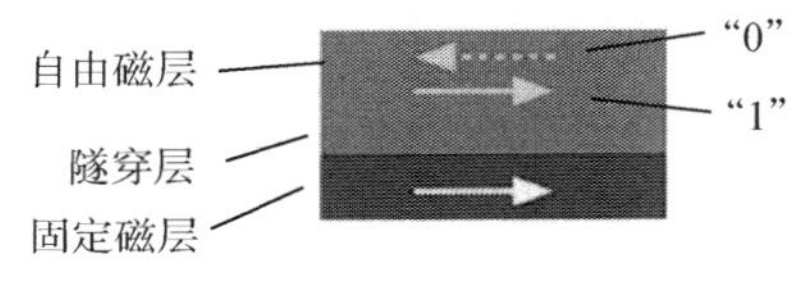

图1.5　MRAM的工作机理示意图

1.2.3　相变存储器

PRAM是一种基于相变材料(一种或多种硫族化物)的非易失性存储器，其主要是利用电流的焦耳热作用下材料在晶态和非晶态之间的转变来实现存储[20-22]。相变材料在晶态和非晶态之间的转变必然导致电阻和反射率等性质的变化。通常在非晶态，相变材料具有短距离的原子能级和较低的自由电子密度，使得其具有较高的电阻率，此状态相当于“0”；而在晶态时，相变材料具有长距离的原子能级和较高的自由电子密度，从而具有较低的电阻率，此时相当于是“1”，如图1.6所示。在PRAM的擦写过程中，为了把器件写入到状态“1”，通过施加一个相对较宽的脉冲电流使材料的温度处于晶化温度和熔点之间，这一过程相当于退火，使材料晶化。为了把器件擦除到状态“0”，则需要施加一个极短的大电流脉冲使材料的温度处于熔点以上并马上淬火冷却下来，材料部分区域就变到了非晶态。PRAM中信息的读取则是通过施加一个足够小的脉冲电压来进行，读取过程不会对材料的状态产生影响[20]。如表1.1所示，PRAM具有重复擦写次数高、存储密度高、具备多值存储潜力等一系列优点。目前已有利用40nm技术制备的512MB的PRAM产品面市。基于上述优点，PRAM被认为是取代NOR型闪存的候选产品，并且随着微电子加工工艺的发展，PRAM在更小的线宽下有望获得更高的存储密度[23]。然而，高质量的相变材料的制备以及使材料发生相变所需的大电流是限制 PRAM 商用化的主要原因。电流大就意味着高功耗，这是 PRAM 大规模应用前需要解决的主要问题。

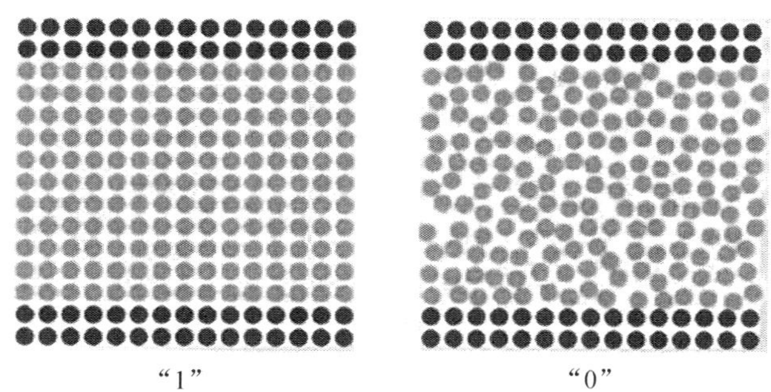

图 1.6　PRAM 的工作机理示意图

1.2.4　阻变存储器

RRAM 利用某些薄膜材料在外加电场的作用下表现出的两个或两个以上的不同电阻态来实现数据存储，是近十多年来受到学术界和工业界广泛关注的一种新型非易失性存储器概念。阻变存储器激发了半导体工业界浓厚的兴趣，夏普[24]、三星[25-27]、日立[28]、惠普[29-31]等跨国公司都投入巨资进行 RRAM 的研发。阻变存储器作为下一代非易失性存储器的候选者所表现出来的存储潜力大大超过其他几种非易失性器件，但是阻变存储器的研发工作还处于材料研发和器件验证的初期阶段，因此开展阻变存储器的研究对于我国参与下一代非易失性存储器的竞争具有重要意义。

由表 1.1 可以看出，RRAM 具有擦写速度快、存储密度高、重复擦写次数高、多值存储和三维存储潜力等众多优点，优异的性能表明阻变存储器正在接近于实际应用。阻变存储器之所以能引起研究人员如此大的关注是因为其结构、性能和机理方面的特别之处，有关阻变存储器的基本结构和这些特点将在第 2 章进行详细介绍。

参 考 文 献

[1] International Technology Roadmap for Semiconductors, 2013 Edition [2014-04-08]. http://www.itrs.net/Links/2013ITRS/Summary2013.htm.

[2] Waser R, Dittmann R, Staikov G, et al. Redox-based resistive switching memories-nanoionic mechanisms, prospects, and challenges. Advanced Materials, 2009, 21(25-26): 2632-2663.

[3] Pan F, Gao S, Chen C, et al. Recent progress of resistive random access memories: materials, switching mechanisms, and performance. Materials Science & Engineering

R-Reports, 2014, 83：1-59.

[4] Jeong D S, Thomas R, Katiyar R S, et al. Emerging memories: resistive switching mechanisms and current status. Reports on Progress in Physics, 2012, 75(7): 076502.

[5] Burr G W, Kurdi B N, Scott J C, et al. Overview of candidate device technologies for storage-class memory. IBM Journal of Research and Development, 2008, 52(4-5): 449-464.

[6] Linn E, Rosezin R, Kugeler C, et al. Complementary resistive switches for passive nanocrossbar memories. Nature Materials, 2010, 9(5): 403-406.

[7] 闪存今年第一次超越 DRAM-驱动之家. [2012-12-24]. http://news.mydrivers.com/1/250/250478.htm.

[8] 刘琦. 高速、高密度、低功耗的阻变非挥发性存储器研究[博士学位论文]. 合肥：安徽大学, 2010.

[9] 闪存-维基百科. [2013-08-15]. http://zh.wikipedia.org/wiki/%E9%97%AA%E5%AD%98.

[10] Gerardin S, Paccagnella A. Present and future non-volatile memories for space. IEEE Transactions on Nuclear Science, 2010, 57(6): 3016-3039.

[11] Ha S D, Ramanathan S. Adaptive oxide electronics: A review. Journal of Applied Physics, 2011, 110(7): 071101.

[12] Scott J F, Paz de Araujo C A. Ferroelectric memories. Science, 1989, 246(4936): 1400-1405.

[13] 杨玉超. 新型非易失性存储材料与器件研究[博士学位论文]. 北京：清华大学, 2010.

[14] Parkin S S P, Roche K P, Samant M G, et al. Exchange-biased magnetic tunnel junctions and application to nonvolatile magnetic random access memory. Journal of Applied Physics, 1999, 85(8): 5828-5833.

[15] Nagai Y. Magnetic random access memory. Google Patents, 2002: us 6445613.

[16] Nishimura N, Hirai T, Koganei A, et al. Magnetic tunnel junction device with perpendicular magnetization films for high-density magnetic random access memory. Journal of Applied Physics, 2002, 91(8): 5246-5249.

[17] Zhu J-G. Magnetoresistive random access memory: the path to competitiveness and scalability. Proceedings of the IEEE, 2008, 96(11): 1786-1798.

[18] Huai Y. Spin-transfer torque MRAM (STT-MRAM): Challenges and prospects. AAPPS Bulletin, 2008, 18(6): 33-40.

[19] Kishi T, Yoda H, Kai T, et al. Lower-current and fast switching of a perpendicular TMR for high speed and high density spin-transfer-torque MRAM, International Electron Devices Meeting, 2008, 1-4.

[20] Wong H P, Raoux S, Kim S, et al. Phase change memory. Proceedings of the IEEE, 2010, 98(12): 2201-2227.

[21] Lai S. Current status of the phase change memory and its future, International Electron Devices Meeting, Technical Digest, 2003, 10.1. 1-10.1. 4.

[22] Ahn S, Song Y, Jeong C, et al. Highly manufacturable high density phase change memory of 64MB and beyond, IEEE International Electron Devices Meeting, Technical Digest, 2004, 907-910.

[23] Raoux S, Burr G W, Breitwisch M J, et al. Phase-change random access memory: a scalable technology. IBM Journal of Research and Development, 2008, 52(4.5): 465-479.

[24] Shima H, Takano F, Akinaga H, et al. Resistance switching in the metal deficient-type oxides: NiO and CoO. Applied Physics Letters, 2007, 91(1): 012901.

[25] Baek I G, Lee M S, Seo S, et al. Highly scalable non-volatile resistive memory using simple binary oxide driven by asymmetric unipolar voltage pulses, International Electron Devices Meeting, Technical Digest, Piscataway, NJ, Dec 13–15, 2004, 587-590.

[26] Kim D C, Seo S, Ahn S E, et al. Electrical observations of filamentary conductions for the resistive memory switching in NiO films. Applied Physics Letters, 2006, 88(20): 202102.

[27] Seo S, Lee M J, Seo D H, et al. Reproducible resistance switching in polycrystalline NiO films. Applied Physics Letters, 2004, 85(23): 5655-5657.

[28] Fujisaki Y. Current status of nonvolatile semiconductor memory technology. Japanese Journal of Applied Physics, 2010, 49(10): 100001.

[29] Yang J J, Zhang M X, Strachan J P, et al. High switching endurance in TaO_x memristive devices. Applied Physics Letters, 2010, 97(23): 232102.

[30] Xia Q, Robinett W, Cumbie M W, et al. Memristor-CMOS hybrid integrated circuits for reconfigurable logic. Nano Letters, 2009, 9(10): 3640-3645.

[31] Yang J J, Pickett M D, Li X M, et al. Memristive switching mechanism for metal/oxide/metal nanodevices. Nature Nanotechnology, 2008, 3(7): 429-433.

第 2 章　阻变存储器基础

阻变存储器是一种非常新颖的非易失性存储器概念，但是包含在其中的电阻转变现象却是一个古老的话题。早在 20 世纪 60 年代就有关于二元金属氧化物中电压激励导致的电阻转变现象的报道，为电阻转变现象的研究和应用拉开了序幕。到了 21 世纪初，随着微电子技术的发展和浮栅结构的闪存面临小型化的极限，人们意识到电阻转变现象可以应用于存储器领域，从而再一次掀起了研究电阻转变现象的热潮。在这次热潮中，研究者们更多的关注电阻转变现象在存储器中的应用，探寻在可能的实际应用中对阻变材料提出的要求，同时也进一步揭示电阻转变的微观机理。本章首先概括性地介绍电阻转变现象的基本特点，然后阐述电阻转变现象的发展历程及其材料体系，并讨论电阻转变效应应用于阻变存储器所要满足的性能和要求。

2.1　电阻转变效应简介

电阻转变(resistive switching)效应顾名思义就是指材料的电阻在电压(电场)作用下发生变化的现象，这种电阻的变化通常会导致材料存在两个或两个以上的电阻态。拥有电阻转变特性的材料在直流电压的作用下表现出滞回(hysteresis)的 *I-V* 曲线。虽然介电材料在交流电压的作用下由于电容的充放电现象都会表现出一定程度的 *I-V* 曲线滞回现象，但是这种电容充放电导致的滞回 *I-V* 曲线与施加的交流电压的扫描速度密切相关。当施加的交流电压的步进的延迟时间长于电容的充放电时间时，这种 *I-V* 曲线的滞回现象就会消失。

而在本书所介绍的电阻转变效应中即使在直流电压作用下都能观察到滞回的 *I-V* 曲线，并且这种电阻的改变不随时间退化。所以此时的电阻转变效应不是一种电容的充放电效应，而是由于材料在电场作用下的本征结构变化导致的电阻转变。目前已经在多种材料体系中观察到了电阻转变现象，例如 $SrZrO_3$、$SrTiO_3$ 等多元钙钛矿氧化物，NiO、TiO_2、Cu_2O 等二元金属氧化物，Cu_2S、$GeSe_x$ 等硫族固态电解质，AlN、SiN_x 等氮化物，以及非晶硅、非晶碳等材料。然而，在这些不同材料体系中观察到的电阻转变特性是不一样的。以其典型的 *I-V* 曲线作为区分，可以把电阻转变行为分成两大类：单极性(unipolar)电阻转变和双极性(bipolar)电阻转变。两者的典型 *I-V* 曲线分别在图 2.1(a)和图 2.1(b)中予以描述。

图 2.1(a)所示为单极性电阻转变效应，在单极转变中电阻转变方向取决于所加电压的幅值而不是电压的极性，在正向电压和负向电压下都可以实现高低阻态之间的转变。原始态材料是处于高电阻状态的，在施加一个高的电压之后进入低阻态(LRS)。在转变到低阻态之后再施加一个较小的电压值，材料就从低阻态转变到高阻态(HRS)。通常把器件从高阻态转变到低阻态的这一过程称为 Set 过程；反之，把器件从低阻态转变到高阻态的过程称为 Reset 过程。双极性电阻转变现象则与电压的极性相关，如图 2.1(b)所示。器件只能在特定极性的电压激励下才能发生 Set 过程，并且必须施加反方向的电压才能发生 Reset 过程。如果从器件操作的自由度来看，单极性电阻转变只有一个自由度，即电压的大小；双极性电阻转变则有两个自由度：电压的大小和极性。

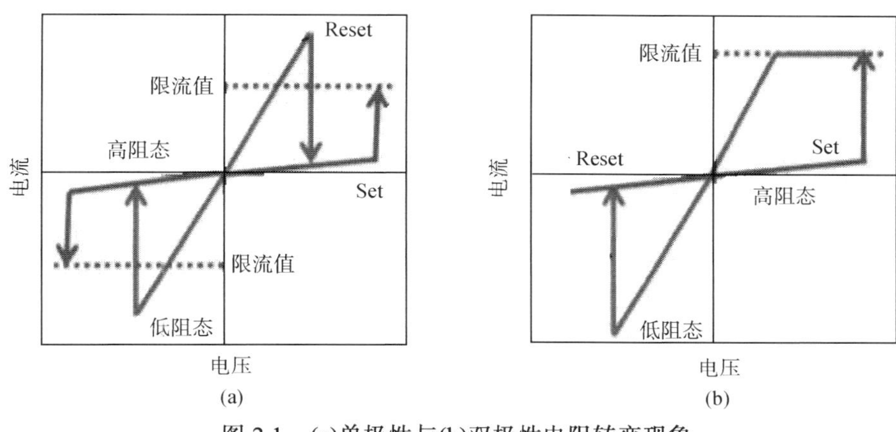

图 2.1　(a)单极性与(b)双极性电阻转变现象

通常单极性阻变存储器在器件结构上是对称的，因此其电阻转变与电压的极性无关。而双极性阻变存储器在器件结构方面总会存在某种形式的不对称性，例如使用不同的电极材料，或者对氧化物存储介质的某部分进行等离子氧化以形成两个有差异的界面，又或者在某个电极方向施加一个大电压对器件进行初始化等，这种结构上的不对称使得器件在操作上产生不对称。在阻变存储器中，电压或者电流只是导致电阻发生变化的原因，而器件的电阻大小并不需要电压或者电流来维持，也就是说当电压或者电流撤销时器件的电阻大小不会发生变化，由此说明阻变存储器是一种非易失性存储器。在阻变存储器的测试中，通常采用直流电压或直流电流来鉴别该器件的电阻转变特性，而在实际应用中一般采用脉冲电压的方式来实现电阻转变。在使用电压源作激励时，还需要设定一个限制电流(compliance current，CC)来保护器件不被大电流损坏。如图 2.1 所示，当器件从高阻态向低阻态转变时，由于电阻突然急剧降低，电流出现激增，这时通常设定一个安全的限流值来防止器件过流。

2.2　电阻转变效应的应用领域

2.2.1　阻变随机存储器

电阻转变效应最大的应用前景就是作为随机存储器。阻变随机存储器具有密度高、速度快、低功耗、非易失性、多值存储和多维存储等非常多的优点，因而也得到了科学界和工业界的广泛关注。世界各国的大学、研究所以及跨国公司都投入了大量经费进行阻变存储器的研究和开发。电阻转变效应在阻变存储器中的应用也是本书要讨论的主要内容。除了阻变存储器以外，电阻转变效应也能利用于可编程逻辑电路和人工神经网络模拟等领域。

2.2.2　可编程逻辑电路

电阻转变效应除了可应用于下一代非易失性存储器之外，在一些可编程逻辑电路里面也有很大的应用空间。尤其是在现场可编程门阵列(reconfigurable field programmable gate arrays, FPGA)中有着很好的应用潜力。FPGA 集成了微处理器和定制集成电路的优点，它是作为专用集成电路领域中的一种半定制电路而出现的，既解决了定制电路的不足，又克服了原有可编程器件门电路数有限的缺点。FPGA 可以被认为是由大量的逻辑单元与连接这些逻辑单元的存储器(逻辑开关)组成，这些存储器就可以决定哪两个逻辑单元是相连的，通过对其中的存储器进行编程来获得不同的逻辑电路，并获得不同的工作状态。

传统的 FPGA 中存储器大多采用静态随机存储器和闪存，这些传统的存储器占据了 FPGA 芯片的 50%到 90%的空间并导致其低效。如果用阻变存储器(在可编程逻辑电路、人工神经网络模拟等领域也称忆阻器)代替传统存储器连接 FPGA 中逻辑单元的，可以大大提高其密度(10 倍以上)，并且可以获得更加快速而低功耗的操作。利用 CMOS 工艺的逻辑单元与阻变存储器混合逻辑电路可以在阻变存储器的金属层之间实现连接，因而可以大大降低 FPGA 的冗余度。进一步创新电路连接设计，还可以新增加一些逻辑功能。例如，利用阻变存储器的非线性导电特性，可以把二极管型的器件设计到逻辑电路中来，而 COMS 的子系统可以使信号实现恢复和反转。采用这些新型的混合 CMOS 逻辑单元和阻变存储器的逻辑阵列可以进一步提高 FPGA 的密度，极大的扩展 FPGA 的应用空间。相对于可商业应用的下一代非易失性存储器，阻变存储器利用对于 FPGA 而言可能更容易实现。因为 FPGA 的使用特点对其中的阻变存储器的循环寿命要求不高，并且对阻变存储器的分散性和成品率有更好的容忍性。计算机模拟的结果证明 FPGA 对其中的阻变存储器的容错率可以高达 20%，而在存储器当中最多只能有 1%的容错率[1]。因此，阻变存储器应用于新型可编程逻辑阵列有着广阔的前景。

2.2.3　人工神经网络模拟

电阻转变效应的另一个潜在的应用领域就是神经网络模拟电路。神经网络模拟电路的目的是为了模仿人类或者动物大脑的功能。在神经网络模拟电路中，阻变存储器可以充当神经突触的功能，来连接神经元和信息存储单元。因为阻变存储器的单元尺寸非常小，有利于提高神经网络模拟电路的突触密度，以期达到人类大脑的神经突触的密度(~10^{10} 个突触/cm^2)。利用阻变存储器作为神经突触来模拟人工神经网络，可以极大的提高运算的效率，并有可能获得一个与动物界的大脑在尺寸上可比拟的人工神经网络。

虽然传统的计算机已经能够模拟复杂度在猫和老鼠这一级别的动物大脑，但是基于冯·诺依曼原理的数字计算机在模拟神经网络时效率低下，随着模拟的级别不断提高，用数字计算机模拟的复杂度成指数级上升，与之相关的功耗也呈指数级增加。例如，IBM 的团队在模拟类似于猫的级别的大脑皮层时，总共用了 147456 个 CPU 和 144TB 的主存储器。传统计算机在模拟神经网络时之所以低效，是因为神经网络有着完全不一样的工作原理。神经系统的高效得益于神经元之间的高度连接的特性(哺乳动物的大脑皮层中，平均每个神经元与周围 10^4 个神经元相连接)，使得其可以以高度平行化的方式处理信息。阻变存储器应用于神经网络模拟有很多优点，首先突触和阻变存储器一样是一种两端结构，阻变存储器的电阻随着流过它的电流而发生变化，这跟突触权重的变化十分类似。在很多年前就有研究人员讨论利用阻变存储器来模拟神经网络，但没有引起人们的太多的关注。直到最近密歇根大学的 W. Lu 课题组在利用阻变存储器进行神经网络模拟中实现了时间相关可塑性 STDP (spike time dependent plasticity)，在人工神经网络模拟领域又掀起了一股热潮[2]。利用阻变存储器进行神经网络模拟可以推动机器人快速实现图像识别和分类等技巧，对推动人机交互领域的发展有重要意义。关于电阻转变效应在新型逻辑电路和人工神经网络模拟中的应用将在本书的第 7 章详细讨论。

2.3　阻变存储器的基本结构

阻变存储器具有简单的类似于平行板电容器的 MIM(metal/insulator/metal)三层

结构，即两层金属之间夹着一层绝缘性或者半导体性质的存储介质，如图 2.2 左侧的示意图所示。正是由于这一简单的三层结构，阻变存储器可以采用如图 2.2 所示的十字交叉阵列结构(crossbar arrays)进行集成[3]，上下电极分别做成垂直相交的条状，成为存储器的字线和位线，而存储介质则夹在字线和位线的中间，每一个交叉点作为一个存储单元。十字交叉阵列结构被认为拥有理论上最高的集成度，单个存储单元的面积为 $4F^2$，这意味着阻变存储器可以接近或达到存储密度的理论极限[4]。如果在纵向连续堆垛 n 层十字交叉阵列，则单个存储单元的面积还能进一步减小到 $4F^2/n$，高密度存储的潜力正是阻变存储器成为下一代非易失性存储器研究热点的重要原因。

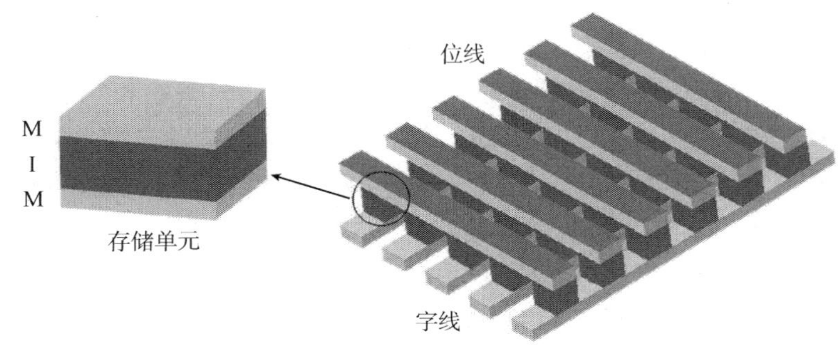

图 2.2　阻变存储器存储单元及十字交叉阵列结构示意图

2.4　阻变存储器的性能参数

衡量非易失性存储器的性能的几个重要指标包括操作电压、操作电流、存储窗口值、保持特性、循环特性、擦写速度等。下面简要介绍一下各个性能的具体含义。

1. 操作电压

操作电压指可以驱动阻变存储器器件发生电阻转变的电压，也就是器件在 Set 和 Reset 过程中所需要的电压 V_{Set} 和 V_{Reset}。过高的操作电压不利于器件应用和降低能耗。闪存中过高的操作电压就一直被人们所垢病，这是由于过高的操作电压不仅会对材料造成损伤，而且会加大外围电路的复杂程度[5]。阻变存储器的优势之一就是较低的操作电压，大部分材料的操作电压在 3V 以内。

2. 操作电流

对于 Set 过程而言，操作电流指的是为了保护器件不受损害而采用的限制电流值。对于 Reset 过程，操作电流指可以使器件发生从低阻态到高阻态的转变需达到的最大电流值。电流越大越容易引起器件的失效，并增加功耗。因此对于阻变存储器的应用来说操作电流越小越好。

3. 存储窗口值

存储窗口值是指器件的高低电阻态之间电阻的比值，所以也叫做开关比。存储窗口值越大就越有利于外围电路识别器件所存储的状态。阻变存储器在这一指标上相对于其他存储器具有较大的优势，例如利用隧道磁电阻效应的磁随机存储器的高低阻态之比通常不到两倍，而阻变存储器的存储窗口一般在 10 倍以上，更有报道存储窗口达到 10^{11} 的阻变存储器器件。

4. 循环耐受性

循环耐受性是指存储器在高低阻态之间能够循环转换的次数，也即器件可重复进行擦写的次数。作为下一代非易失性存储器至少要超过闪存的重复擦写次数(约 10^6)，而阻变存储器实际报道的循环特性已经远超过这一数值，目前报道的最高的循环次数是三星公司在 TaO_x 薄膜中达到的 10^{12}。

5. 保持特性

保持特性是指高阻态和低阻态的电阻值保持不变所能维持的时间，它是衡量存储器非易失性好坏的重要指标。为了保证数据的安全性和可靠性，要求存储器的保持时间要在 10 年以上，并且要求在 85℃的热效应或者读取操作的电压下也能达到这个保持性能。如此长的保持时间自然不能直接测试得到，一般是通过测试数据的外延，或者通过高温加速器件老化获得器件的失效时间后再推算器件在室温或 85℃的实际保持时间。

6. 擦写速度

擦写速度反映的是存储器可否实现快速操作的能力。例如 DRAM 的擦写速度 <10ns，而闪存的擦写速度 >10μs，所以 DRAM 可以作为计算机的主存储器而闪存只能作为外部存储设备。目前普遍报道的 RRAM 器件的擦写速度已经快至 1ns，这已经超过了 DRAM 的擦写速度。并且惠普公司的 Williams 等已经在 TaO_x 薄膜中成功证明了分别在 105ps 和 120ps 的脉冲下实现的 Set 和 Reset 操作，表明了阻变存储器作为高速存储器的巨大潜力。但是这些性能只是在单个元件上测试所得，实际集成后的器件的擦写速度还有待证明。

电阻转变效应的特点使其有望应用于存储、逻辑电路、神经网络模拟等领域。而这些不同的应用领域对于器件的各项性能的要求也是不一样的。例如，作为计算机的外部存储设备，对于存储密度和存储数据的稳定性要求比较高，而作为计算机的主存储器对于擦写速度和能耗的要求比较高。表 2.1 给出了外部存储设备、内存、逻辑开关、神经网络模拟等不同应用角度所期望的性能指标以及目前在阻变存储器研究中报道的最好数据值。

表 2.1　不同应用领域期望的性能指标以及阻变存储器研究中报道的最高性能[6, 7]

	外部存储	内存	逻辑开关	神经网络模拟	目前最高值
存储窗口值	>10	>50	>100	>500	$>10^{11}$
耐受性	$>10^4$	$>10^{16}$	>100	10^2~10^6	10^{12}
保持时间	>10 年	数分钟~数月	>数天	几秒~几天	10^{14}s
转变速度	<10μs	<1ns	不关键	不关键	100ps
转变能量	<1pJ	<5fJ	不关键	不关键	0.1fJ
高阻态电阻值	>1MΩ	>100kΩ	>10MΩ	>100MΩ	1kΩ~100GΩ
I-V 曲线的非线性	10^2~10^4	10^2~10^3	>10	不关键	100
重复性	<10%	<1%	<20%	<50%	重复性较差
多值存储潜力	2~16	2	2~16	2~32	~100
存储密度	$>(10\text{nm})^{-2}$ >4 层	$>(10\text{nm})^{-2}$	$>(20\text{nm})^{-2}$ 多层	$>(100\text{nm})^{-2}$ 多层	$(5\text{nm})^{-2}$ 4 层

2.5　阻变存储器的发展历程与研究现状

早在 1962 年，Hickmott 就发现了 Al_2O_3 等一系列氧化物在电场作用下表现出负微分电阻效应，其电流—电压曲线表现出滞回特征，这就是最早关于电阻转变效应的报道[8]。当时，Hickmott 一共研究了 Al/SiO/Au、Al/Al_2O_3/Au、Ta/Ta_2O_5/Au、Zr/ZrO_2/Au 和 Ti/TiO_2/Au 五种金属/绝缘体/金属三明治结构在直流电压扫描下的 *I-V* 特性，结果发现当中间层氧化物的厚度在 15nm 到 100nm 的范围时，所有结构都表现出电阻转变效应(*I-V* 曲线的滞回特性)。他还发现这种电阻转变特性与中间层氧化物的厚度和外界环境的温度都不相关，与氧化物的种类也没有太多相关性，并且电阻转变非常快，所需要的时间在 1μs 以下。这种电阻转变现象没法用当时的理论进行解释，因此吸引了众多研究人员的关注，随后也出现了越来越多关于氧化物电阻转变现象的报道。除了氧化物体系，研究者们相继在有机物、固态电解质等体系发现了电阻转变效应，并在接下来的二十年间掀起了第一次研究电阻转变现象的热潮。这些早期的研究者在讨论和解释电阻转变的微观机制方面做了大量工作，其相关工作在 Dearnaley 和 Oxley 等的综述性文章中有详细介绍[9, 10]。值得注意的是，这些早期的电阻转变效应大多是单极性电阻转变现象，这是由于早期的研究多集中于热化学反应导致的电阻转变体系。早期的工作在解释电阻转变效应的物理机制方面做了重要贡献，并且定义了我们现在仍在使用的相关学术术语，例如初始化过程(electroforming)、导电细丝(conductive filament)等等。甚至有研究人员也提出了利用电阻转变效应制备存储器的想法，但是由于材料制备工艺和器件加工水平的限制，关于电阻转变效应的研究只能停留在物理机理研究。另一方面，当时 DRAM 和闪存技术的突飞猛进也抑制了阻变存储器的开发，使得阻变存储器的研究工作慢慢沉寂。

到了 20 世纪末，基于电荷存储原理的存储器，例如闪存即将面临尺寸缩减的物理极限和技术极限，对于阻变存储器的研究又慢慢兴起。这其中比较有代表性的工作是美国休斯顿大学的 Liu 等在 2000 年时报道了钙钛矿型的复杂氧化物 $Pr_xCa_{1-x}MnO_3$(PCMO)在电压脉冲的激励下表现出可逆的电致电阻效应，其高低阻态之比达到 10 倍[11]。该报道激发了利用电阻转变效应制备阻变存储器的热情，夏普公司在购买了休斯顿大学的专利后于 2002 年在 IEDM(international electron devices meeting)会议上报道了基于 PCMO 的 64bit 的阻变存储器测试芯片[4]。在这类基于钙钛矿型氧化物的阻变存储器中获得了性能极佳的电阻转变特性之后，人们又把阻变存储器的研究领域重新调整到 19 世纪 60 到 70 年代曾经研究过的那些材料体系，包括简单氧化物、固体电解质、有机物等等。这其中，二元金属氧化物由于结构简单、材料组分易于控制、制备容易等特点成为了各大半导体公司阻变存储器研究的重点。

当今在阻变存储器的研发领域处于领先地位的是美国惠普公司和韩国三星公司。惠普公司在阻变存储器器件结构、基础理论等方面有较大优势，三星公司研究的阻变材料较广泛，二者都报道了综合性能较高的阻变存储器原型器件，TiO_x 和 TaO_x 两种材料都是他们集中研究的对象。例如韩国三星公司[12]报道的 $Pt/Ta_2O_5/TaO_x/Pt$ 结构的 RRAM，擦写速度达到 10ns，循环次数达到 10^{12}。惠普公司[13]报道的 TaO_x 基阻变存储器速度达到 100ps。其他文献报道的综合性能较高的阻变存储器器件还有基于 TiO_x、HfO_x 材料和 Ag/a-Si/Si 结构的器件，这几个体系的稳定性较好，有可能在未来 5 到 10 年里实现商业化，也是各国集中研究的体系。

阻变存储器的发展给予了国内研究机构和生产企业参与国际竞争和自主创新的新机遇。近年来，国内学术界和工业界对阻变存储器的发展高度重视，在这方面投入了大量的人力和物力进行研究。国内知名大学和研究机构，如清华大学、中国科学院微电子研究所、中国科学院宁波材料研究所、北京大学、中国科学院上海微系统研究所、南京大学、中国科学院物理研究所、复旦大学、中芯国际半导体公司、南京大学、中山大学、华中科技大学、国防科学技术大学、湘潭大学等都参与了相关的国家自然科学基金、重大基础课题和 863 项目的研究，在存储材料选择、阻变机理探究和新器件结构研究等方面取得了一系列创新性成果，引起了国内外同行的广泛关注。

清华大学材料学院开展了氧化锌系列阻变存储器的研究，通过锰掺杂获得了富含深能级缺陷的 ZnO:Mn 材料，有效地提高了存储介质材料的电阻率，制备的 Ag/ZnO:Mn/Pt 阻变存储器的编程速度高达 5ns，开关比高达 10^7，保持时间超过 10^7s，并在国际上率先观察到了 Ag 导电细丝，阐明了导电细丝的连通、断裂的阻变机理。研究成果报道于国际纳米领域期刊 *Nano Letters*[14]上，成为目前国内阻变存储器领域在国际上最具影响力的论文之一。相关研究人员还不断丰富新的存储材料和制备工艺，近年来陆续报道了氮化铝系、氧化钽多值存储、有机存储和氧化锌自整流等阻变存储器原型器件。

中国科学院微电子所开展了氧化锆、氧化铪和氧化钨存储材料体系的研究，并在阻变存储器微观机制研究中取得系列进展[15-18]。该课题组以 ZrO_2 材料为模板，通过对 Cu/ZrO_2/Pt 器件的高、低阻态的变温测试分析，发现低阻态时器件的温度系数与 Cu 纳米线的温度系数相仿，证明了 Cu 导电细丝的形成和破灭是导致器件发生电阻转变的主要机制；通过降低电压扫描速度在器件转变过程中捕获到台阶化的电流变化，证明了多根导电细丝参与了电阻转变过程，建立了基于多根导电细丝的阻变模型；通过 TEM 分析手段，在导通态样品中成功捕获到导电细丝，直接证明了这种由活性电极金属构成的多根导电细丝的转变机制，并通过电场调节成功控制导电细丝的生长位置和方向，大大减小了由导电细丝生长的随机性造成的器件参数离散。

复旦大学在氧化铜系阻变存储器方面开展了研究，该课题组和中芯国际组成的产学研联合研发团队，在中芯国际标准逻辑生产线上进行的阻变存储器材料和关键技术取得重要进展[19]。2010 年，该团队采用 0.13μm 标准逻辑工艺实现了 1Mb 容量的 RRAM 测试芯片，该芯片采用了 1T1R 器件构架，通过特殊的电路和制版图技术获得了 $22F^2$ 的单位尺寸、小于 30μA 的重置电流和紧凑的电阻阻值分布。该团队于 2012 年进一步将芯片容量提高到了 8Mb，单位尺寸降到了 $20F^2$，器件的性能得到了进一步提高，其中室温开关比由 8 倍提高到 24 倍，重置位产额由 61.5%提高到近 100%，同时还消除了编程操作成功后大的能量消耗。这是国际上第一个采用标准逻辑和铜互连工艺研制的 1Mb 阻变存储器测试芯片，采用突破性的材料技术，结合集成、器件结构和电路设计创新，展示出适合大容量和嵌入式应用、优越的可制造性、可靠性以及成本竞争力，已形成完整的自主知识产权。基于当前材料以及其他配套关键技术的基础，这套技术正有针对性地进行应用研发，为国内设计公司和芯片制造厂提供了非易失性存储器解决方案和思路。

中国科学院宁波材料研究所的研究团队在 Nb/ZnO/Pt 阻变结构上，通过精确控制电阻转变过程，首次观察到了导电细丝的低温超导行为和室温量子电导行为[20]。

这一发现证实了可以通过外加电场的方法在固体介质中构建原子尺度的纳米点接触结构，并在室温下实现电导量子化。该成果不仅为实现 RRAM 器件的多态存储提供了新思路，也为人工构建原子尺度的纳米结构提供了一种新方法。

尽管在阻变机制、量子化电导、可编程逻辑电路等方面取得了较大进展，我国在阻变存储器的研究上还有很多不足。在技术方面，器件综合性能不高，关于器件和电路的架构方面的研究创新性不够，有关阻变存储器计算理论方面的研究不多。此外，对知识产权保护的重视力度不够，目前国内关于阻变存储器的专利数量并不多。阻变存储器技术正处于快速发展的初期阶段，成熟的商业产品还未面世，这给我国存储器市场乃至微电子市场带来了赶超国际先进水平的机遇。目前，阻变存储器还面临两大核心问题：一是存储材料体系的选择和优化，二是器件结构的设计。解决好这两个问题需要新材料与微电子技术两个学科的交叉和融合。另一方面，阻变存储器的快速发展还有赖于学术界和产业界的强强联合和共同推进。

参 考 文 献

[1] Strukov D, Kohlstedt H. Resistive switching phenomena in thin films: materials, devices, and applications. MRS Bulletin, 2012, 37(02): 108-114.

[2] Jo S H, Chang T, Ebong I, et al. Nanoscale memristor device as synapse in neuromorphic systems. Nano Letters, 2010, 10(4): 1297-1301.

[3] Baek I G, Kim D C, Lee M J, et al. Multi-layer cross-point binary oxide resistive memory (OxRRAM) for post-NAND storage application. International Electron Devices Meeting, Technical Digest, 2005, 750-753.

[4] Zhuang W W, Pan W, Ulrich B D, et al. Novel colossal magnetoresistive thin film nonvolatile resistance random access memory (RRAM), IEDM, 8-11 Dec., 2002, 193-196.

[5] 王艳. 基于二元金属氧化物的阻变存储器研究[博士学位论文]. 兰州: 兰州大学, 2012.

[6] Yang J J, Strukov D B, Stewart D R. Memristive devices for computing. Nature Nanotechnology, 2012, 8(1): 13-24.

[7] International Technology Roadmap for Semiconductors, 2013 Edition [2014-04-08]. http://www.itrs.net/Links/2013ITRS/Summary2013.htm.

[8] Hickmott T W. Low-frequency negative resistance in thin anodic oxide films. Journal of Applied Physics, 1962, 33(9): 2669-2682.

[9] Dearnale G, Stoneham A M, Morgan D V. Electrical phenomena in amorphous oxide films. Reports on Progress in Physics, 1970, 33(11): 1129-1191.

[10] Oxley D. Electroforming, switching and memory effects in oxide thin films. Electro Component Science and Technology, 1977, 3(4): 217-224.

[11] Liu S, Wu N, Ignatiev A. Electric-pulse-induced reversible resistance change effect in magnetoresistive films. Applied Physics Letters, 2000, 76(19): 2749-2751.

[12] Lee M-J, Lee C B, Lee D, et al. A fast, high-endurance and scalable non-volatile memory

device made from asymmetric Ta_2O_{5-x}/TaO_{2-x} bilayer structures. Nature Materials, 2011, 10(8): 625-630.
[13] Torrezan A C, Strachan J P, Medeiros-Ribeiro G, et al. Sub-nanosecond switching of a tantalum oxide memristor. Nanotechnology, 2011, 22(48): 485203.
[14] Yang Y C, Pan F, Liu Q, et al. Fully room-temperature-fabricated nonvolatile resistive memory for ultrafast and high-density memory application. Nano Letters, 2009, 9(4): 1636-1643.
[15] Liu Q, Guan W H, Long S B, et al. Resistive switching memory effect of ZrO_2 films with Zr^+ implanted. Applied Physics Letters, 2008, 92(1): 012117.
[16] Liu Q, Long S, Wang W, et al. Low-power and highly uniform switching in-based ReRAM with a Cu nanocrystal insertion layer. IEEE Electron Device Letters, 2010, 31(11): 1299-1301.
[17] Liu Q, Long S B, Lv H B, et al. Controllable growth of nanoscale conductive filaments in solid-electrolyte-based ReRAM by using a metal nanocrystal covered bottom electrode. ACS Nano, 2010, 4(10): 6162-6168.
[18] Liu Q, Sun J, Lv H, et al. Real-time observation on dynamic growth/dissolution of conductive filaments in oxide-electrolyte-based ReRAM. Advanced Materials, 2012, 24(14): 1844-1849.
[19] Xue X, Jian W, Yang J, et al. A 0.13μm 8Mb logic based Cu_xSi_yO resistive memory with self-adaptive yield enhancement and operation power reduction, Symposium on VLSI Circuits, 2012, 42-43.
[20] Zhu X J, Su W J, Liu Y W, et al. Observation of conductance quantization in oxide-based resistive switching memory. Advanced Materials, 2012, 24(29): 3941-3946.

第 3 章　阻变存储器的材料体系及制备方法

阻变存储器的基本结构包括两层导电的电极材料和一层半导体或绝缘性的存储介质材料。阻变存储器的各项性能参数甚至电阻转变机理都与组成器件的材料的性能密切相关。不同类型的存储介质材料将导致电阻转变极性、存储窗口值等性能的差异。而不同类型的电极材料则有可能使器件出现不同的电阻转变机制，例如，易迁移的金属电极体系容易出现金属导电细丝型的电阻转变，而惰性电极体系往往导致介质材料自身发生电阻转变。材料的性能又在很大程度上取决于制备方法。此外，为了实现工业化的应用要求，各种材料制备技术的经济成本也是必须考虑的因素。组成阻变存储器的介质材料和电极材料的范围非常广泛，不同材料的制备方法也不尽相同，每种方法都有其使用范围。本章主要介绍组成阻变存储器的各种阻变介质材料和电极材料及其制备方法。

3.1　阻变介质材料

3.1.1　介质材料概述

介质材料是阻变存储器发生电阻转变的载体，对阻变存储器的性能有着最直接的影响。介质材料通常由半导体特性或绝缘性的材料构成，也有少数导电高分子材料可以作为阻变介质材料，其在电阻转变的过程中可变成半导体特性。由于阻变存储器的快速发展，目前被报道的可作为阻变存储器介质层的材料非常多。从介质材料的尺寸和维度出发，零维的纳米材料如 NiO 纳米粒子[1]，一维纳米材料如 ZnO 纳米线[2]，直至二维的薄膜材料都可以作为阻变存储器的介质材料。由于二维薄膜材料与主流的微电子加工工艺相兼容，有利于实现阻变存储器的工业化应用，因此下面主要介绍基于薄膜形态的阻变介质材料。即使同样是薄膜材料，有的介质材料如 NiO 倾向于表现出单极性电阻转变现象[1]，有的介质材料如 a-Si 则主要是表现出双极性电阻转变[3]，当然也有介质材料既能表现出单极性电阻转变也能表现出双极性电阻转变。这些不同特点的电阻转变现象主要取决于介质材料本身的性质。总的来说，按介质材料的基本属性可以把其分为无机材料和有机材料两大类，这两类材料在存储性能和应用领域方面的特性都迥然不同。无机介质材料通常表现出更加稳定、更加快速、耐受性更好的电阻转变行为，而有机介质材料的优点则是高度的柔韧性、制备简单、成本低廉等。

可以发生电阻转变行为的无机物介质材料的种类非常多，表 3.1 总结了文献中报道的无机物介质材料及其性能表现。由表中数据可以看出，无机物介质材料大概可以分成以下几类：二元氧化物、三元和多元氧化物、硫族固态电解质、氮化物以及其他无机材料。多元氧化物和硫族固态电解质较多的表现出双极性电阻转变特性，而二元氧化物通常既能表现出双极性也能表现出单极性的电阻转变。二元氧化物的存储介质种类多并且在所有介质材料中表现出最好的存储性能。例如，GeO_x 和 TaO_x 中报道了最大的高低电阻窗口值($>10^9$)，SiO_x、HfO_x 和 TaO_x 体系里获得了超过纳秒级别的编程速度，TaO_x 薄膜的阻变器件中获得了$>10^{12}$ 的循环擦写寿命。此外，二元氧化物具有成分简单的特点，制备容易且性能稳定，最有希望应用于商业化的阻变存储器产品中。

表 3.1　常见无机物存储介质材料及其电阻转变参数[4]

存储介质材料	电阻转变极性	存储窗口值	写入/擦除速度	循环耐受性
二元氧化物				
MgO_x	单极性/双极性	$>10^5$	/	$>4\times10^2$
AlO_x	单极性/双极性	$>10^6$	<10 ns; <10 ns	$>10^4$
SiO_x	单极性/双极性	$>10^7$	<100 ps; <100 ps	$>10^8$
TiO_x	单极性/双极性	$>10^5$	<5 ns; <5 ns	$>2\times10^6$
CrO_x	双极性	$>10^2$	<4 μs; <5 μs	$>6\times10^4$
MnO_x	单极性/双极性	$>10^4$	<100 ns; <200 ns	$>10^5$
FeO_x	双极性	$>10^2$	<10 ns; <10 ns	$>6\times10^4$
CoO_x	单极性/双极性	$>5\times10^3$	<20 ns; <20 ns	$>10^3$
NiO_x	单极性/双极性	$>10^6$	<10 ns; <20 ns	$>10^6$
CuO_x	单极性/双极性	$>10^5$	<50 ns; <50 ns	$>1.2\times10^4$
ZnO_x	单极性/双极性	$>10^7$	<5 ns; <5 ns	$>10^6$
GaO_x	双极性	$>10^2$	<400 ns; <600 ns	$>10^4$
GeO_x	单极性/双极性	$>10^9$	<20 ns; <20 ns	$>10^6$
ZrO_x	单极性/双极性	$>10^6$	<10 ns; <10 ns	$>10^4$
NbO_x	单极性/双极性	$>10^8$	<100ns; <100 ns	$>10^7$
MoO_x	单极性/双极性	>10	<1 μs; <1 μs	$>10^6$
HfO_x	单极性/双极性	$>10^5$	<300 ps; <300 ps	$>10^{10}$
TaO_x	单极性/双极性	$>10^9$	<105 ps; <120 ps	$>10^{12}$
WO_x	单极性/双极性	$>10^4$	<300 ns; <50 ns	$>10^8$
CeO_x	单极性/双极性	$>10^5$	<1 μs; <200 ns	$>10^4$

续表

存储介质材料	电阻转变极性	存储窗口值	写入/擦除速度	循环耐受性
GdO_x	单极性/双极性	$>5\times10^5$	<1 ns; <1 ns	$>10^7$
YbO_x	单极性/双极性	$>10^5$	/	$>10^5$
LuO_x	单极性/双极性	$>10^4$	<10 ns; <30 ns	$>8\times10^2$
钙钛矿型氧化物				
$LaAlO_3$	双极性	$>10^4$	/	$>10^2$
$SrTiO_3$	双极性	$>10^5$	<5 ns; <5 ns	$>10^6$
$BaTiO_3$	单极性/双极性	$>10^4$	<10 ns; <70 ns	$>10^5$
LCMO/LSMO	双极性	$>10^3$	<25 ns; <25 ns	$>10^3$
PCMO	双极性	$>10^3$	<8 ns; <8 ns	$>10^{10}$
$BiFeO_3$	单极性/双极性	$>10^5$	<50 ns; <100 μs	$>10^3$
硫族化合物				
Cu_2S	双极性	$>10^6$	< 100 μs; < 100 μs	$>10^5$
GeS_x	双极性	$>10^5$	<50 ns; <50 ns	$>7.5\times10^6$
Ag_2S	双极性	$>10^6$	<200 ns; <200 ns	–
$GeSe_x$	双极性	$>10^6$	<100 ns; <100 ns	$>3.2\times10^{10}$
氮化物				
AlN	单极性/双极性	$>10^3$	<10 ns; <10 ns	$>10^8$
SiN_x	单极性/双极性	$>10^7$	<100 ns; <100 ns	$>10^9$
其他介质				
a-C	单极性/双极性	$>3\times10^2$	<50 ns; <10 ns	$>10^3$
a-Si	双极性	$>10^7$	<5 ns; <10 ns	$>10^8$
AgI	双极性	$>10^6$	<50 ns; <150 ns	$>4\times10^5$

有机物介质材料的特点与无机物材料有着比较明显的差异，性能参数和分类方法也不太一样，将在后面单独列出一节来讨论。

3.1.2　二元氧化物

如表 3.1 所示，在众多的阻变介质材料中，二元氧化物的种类最多，性能相对更加优异。与其他阻变介质材料相比，二元氧化物还具有结构简单、材料组分容易控制、制备工艺与半导体工艺兼容等优点。因此，无论是工业界还是科学界都把目光集中在了二元氧化物体系，尤其是 AlO_x、SiO_x、TiO_x、CoO_x、NiO_x、CuO_x、ZnO_x、ZrO_x、HfO_x、TaO_x 和 WO_x 等材料。CuO_x 和 WO_x 备受关注是因为它们可以通过半导体工艺中的 W 通孔结构或者是 Cu 互连结构直接氧化生成[5, 6]，因此这两种材料与半导体工艺的兼容性高。NiO_x 和 TiO_x 薄膜则在科学界受到了更多关注，由于这两种材料分别是典型的 p 型和 n 型半导体，有利于研究载流子类型对电阻转变的影响[7, 8]。

而 HfO_x 和 TaO_x 薄膜由于其高速和高循环寿命的特点受到了研究人员越来越多的关注，并且被认为是最有潜力的阻变存储器介质材料。国际上的半导体公司都在二元氧化物介质材料领域开展了大量研究，例如三星公司专注于 NiO 和 TaO_x 薄膜领域，惠普公司专注于 TiO_2 和 TaO_x 薄膜领域，Spansion 公司专注于 CuO_x 薄膜等等。

大部分二元金属氧化物的电阻转变是基于氧离子在电场下的迁移形成的价态变化或者是氧空位堆积产生的导电通道，也有部分掺杂的二元金属氧化物表现出固态电解质的一些特点，例如 Cu 掺杂的 SiO_2，Cu 掺杂的 WO_x 等，这类材料可以制备成基于金属导电细丝的阻变器件[9, 10]。二元氧化物的阻变特性与材料本身性能密切相关，而材料的性能又在很大程度上取决于制备方法。另一方面考虑到器件的制备成本，在满足性能要求的条件下应尽量选择廉价的制备方法。因此，二元氧化物通常使用磁控溅射、溶胶—凝胶法以及等离子体氧化等方法制备。

(1) 磁控溅射

磁控溅射(magnetron sputtering)技术是目前在科学界和工业界都广泛使用的一种薄膜制备技术，它具有镀膜温度低、制备速度快且可以沉积大面积薄膜等特点。溅射现象最早由 Grove 于 1852 年在研究辉光放电时发现，Thomson 认为这一现象类似水滴掉落产生水花向四周飞溅，因而称之为“spluttering”[11]。后来由于印刷过程中的错误把 spluttering 中的“l”漏掉而变成了“sputtering”，这一错误慢慢被人接受，作为这一科学现象的专用术语，翻译成中文就叫做“溅射”。20 世纪 20 年代研究人员开始利用溅射现象来沉积薄膜而获得了一种新型的薄膜制备技术。在溅射中引入磁场以提高薄膜制备效率的磁控溅射技术在 20 世纪 70 年代迅速发展起来，并成为了现阶段技术最成熟，应用最广泛的薄膜制备技术之一。

磁控溅射最大的优点就在于可以沉积大面积的薄膜，同时具有较快的镀膜速率，因此磁控溅射是工业上广泛采用的镀膜技术。按照使用的电源的不同，磁控溅射可以分为直流磁控溅射和射频磁控溅射。当使用金属靶材时，主要采用直流电源进行溅射；而射频电源则可以应用于绝缘体或其他导电性不良的靶材的溅射。磁控溅射是一种非常重要的薄膜制备方法，广泛应用于各种金属电极材料和氧化物薄膜材料的制备[12]。

磁控溅射的基本原理是在靶材和衬底之间加上电压使稀薄的工作气体(一般为氩气)电离，产生辉光放电。带正电的等离子体经电场加速后撞击到阴极靶材上，使靶材表面原子获得足够的能量，摆脱晶体晶格的束缚而飞溅出来，沉积到衬底表面形成薄膜。磁控溅射的特点是靶的表面存在一环形磁场，约束二次电子的运动，被约束的电子在阴极暗区被电场加速后飞向阳极，这样延长了电子飞向阳极的行程，使电子可以发生多次碰撞电离，等离子体密度提高，因而溅射速率比较高[13]。

因为磁场的存在大大提高了等离子体密度，磁控溅射可以在很低的气压下溅射，一般磁控溅射的工作气压为 0.01~5Pa。

在溅射的过程中，除了惰性的工作气体以外，还可以通入 O_2、N_2、CH_4、C_2H_2 等其他气体与溅射出来的靶原子发生反应，以制备氧化物、氮化物和碳化物等化合物薄膜。例如，直流反应溅射沉积 ZnO 阻变介质薄膜时，就是利用氩气作为溅射气体轰击金属 Zn 靶，同时充入氧气作为反应气体。溅射出来的锌原子与氧气反应生成 ZnO，从而得到 ZnO 介质薄膜。反应溅射可以在两种模式下工作：金属溅射模式和中毒溅射模式[14]。以 ZnO 薄膜为例，在金属溅射模式下，氧气的分压非常低以避免在锌靶上生成 ZnO，溅射出来的锌原子在飞向衬底的过程中或者在衬底表面与氧气反应生成 ZnO 薄膜。而在中毒溅射模式下，氧气与锌原子反应直接在锌靶表面生成一层 ZnO，然后在氩离子的撞击下，直接以 ZnO 分子的形式被溅射出来并在衬底上沉积成 ZnO 薄膜。金属溅射模式的优点是溅射速率较快；而在中毒模式下溅射的薄膜的致密性更好，电阻值更高，同时拥有较好的可重复性和较低的薄膜内应力。

对于某些难以通过反应溅射方式成膜的氧化物如 TaO_x 和 HfO_x 等，可以通过射频溅射进行沉积。如果在直流溅射装置中使用绝缘靶材时，轰击靶材的正离子会导致靶材表面积累正电荷，并且正电荷无法导出使得整个靶材表面带正电，靶材电位上升，电极间的电场减弱，导致辉光放电熄灭和溅射停止。因此，溅射绝缘靶材时通常采用射频溅射的方法。射频溅射将直流电源换成交流电源。交流电源产生交变电场。在射频电压作用下，利用电子和离子运动特征的不同，在靶的表面感应出负的直流脉冲而产生溅射现象，对绝缘体也能溅射镀膜，这就是射频溅射。例如，使用 Ta_2O_5 陶瓷靶来制备 TaO_x 薄膜，使用 HfO_2 陶瓷靶来制备 HfO_x 薄膜。同样，也可以通过射频溅射 ZnO 的陶瓷靶来制备 ZnO 薄膜。射频磁控溅射的缺点是难以制备化学计量比可控的多组元化合物薄膜。因为不同的元素在氩气溅射下的溅射率不同，因此在溅射多组元化合物时，沉积到衬底的薄膜就会偏离靶材的化学计量比。近年来，多靶磁控反应共溅射技术迅速发展，它可以分别控制多组元金属氧化物薄膜各金属元素的溅射速率，还可以同时进行直流和射频共溅射。目前该方法已经成功制备了多种外延或高度择优取向的多元氧化物薄膜。

磁控溅射技术被广泛地用于组分比较简单的二元氧化物介质材料的制备，例如 TiO_x[15]、NiO_x[8]、ZnO[16]、TaO_x[17]等。除此之外，其他类型的阻变介质材料也经常使用磁控溅射技术来制备，例如 GeS_x 和 $GeSe_x$[18]等硫族化合物和 AlN[19]和 SiN[20]等氮化物，甚至某些复杂的多元氧化物介质材料如 $La_{0.7}Sr_{0.3}MnO_3$[21]等也可以采用磁控溅射技术进行制备。表 3.2 和表 3.3 分别给出了反应磁控溅射制备 ZnO 薄膜和

射频磁控溅射制备 Ta_2O_5 薄膜的基本参数[22, 23]。

表 3.2　反应磁控溅射制备 ZnO 阻变介质薄膜的基本参数

条　件	参　数
靶材纯度(Zn 靶)	99.99%
Ar、O_2 纯度	99.995%
基片温度	200°C
本底真空	优于 4×10^{-4}Pa
溅射气压	0.8Pa
Ar:O_2	3:5
溅射电流	0.6A
溅射电压	350V
沉积速率	0.5Å/s

表 3.3　射频磁控溅射制备 Ta_2O_5 薄膜的基本参数

条　件	参　数
靶材纯度(Ta_2O_5)	99.95%
Ar 气纯度	99.995%
基片温度	室温
本底真空	优于 5×10^{-5}Pa
溅射气压	0.4Pa
溅射功率(射频)	120W
沉积速度	2.1Å/s

(2) 溶胶—凝胶法

溶胶—凝胶法是近年来受到广泛关注的一种非真空条件下的镀膜方法，因为它不需要昂贵的设备，成本低，适合推广。溶胶—凝胶法的基本原理[24]是，将薄膜各组元的醇盐和其他金属有机物溶解在一种共同的溶剂中进行反应，反应后生成一种复醇盐，然后加入水和催化剂使其水解，同时进行聚合反应。在这个过程中，溶液逐渐变成溶胶，随着反应的进一步进行，溶胶又逐渐变成凝胶。在制作薄膜时，利用甩胶、喷涂或浸渍等方法将醇盐溶胶涂于衬底上，醇盐吸收空气中的水分后发生水解和聚合，并逐渐变成凝胶，随后经过干燥、烧结等处理而制得所需的薄膜。

相比于其他镀膜方法，溶胶—凝胶法的主要优点是：薄膜沉积是在室温下进行的，薄膜制备过程所需的温度较低，对于制备含有易挥发组分或高温下易发生相分离的多元体系来说非常有利；容易制备大面积的薄膜，并且可以在不同形状、不同材料的衬底上沉积；可以达到原子或分子水平的均匀性，容易制备出均匀的多元氧化物薄膜，易于实现定量掺杂，可以有效地控制薄膜的成分及结构；用料省、成本较低。由于溶胶—凝胶法的上述优点，某些研究人员利用溶胶—凝胶法来制备

TiO_2[25]和 ZnO[26]等二元氧化物介质材料并表现出了优异的电阻转变性能，运用溶胶—凝胶法还能非常方便的对这些氧化物进行适当的掺杂以优化性能。

但是，溶胶—凝胶法也存在一些缺点：薄膜与衬底的附着性能较差，薄膜的致密性也不高；在制备厚膜时，干燥处理过程中薄膜易出现龟裂现象；薄膜结构和生长速率对基片材料很敏感；从溶胶到凝胶的制备过程周期长，常需要几天到几周时间。到目前为止，溶胶—凝胶法还只限于通过实验人员的操作来制备薄膜，市场上还没有出现成熟的利用溶胶—凝胶法制备薄膜的大型成套设备。因此，溶胶—凝胶技术还有待进一步的优化来获得一定厚度的高质量薄膜。

(3) 等离子体氧化

等离子体氧化(plasma oxidation)技术，是反应离子束轰击技术中的一种。在稀薄气体的真空环境下，将氧气分子电离，氧等离子体在电场的作用下对金属材料或导电化合物的表面原子层具有轰击和氧化双重作用，通常可在表面原位生成氧化物纳米介质层。同时由于该过程的热力学非平衡属性，还可在介质层内引入大量缺陷，而这些缺陷的存在有助于消除阻变存储器的电初始化过程，并获得稳定的电阻转变行为[27]。等离子体氧化技术已成功应用于纳米厚度氧化物介质层的合成[28, 29]。因此，这一技术也可以用于阻变存储器的介质层的制备，由于其制备过程可在室温进行还可用于柔性阻变存储器的制备[30]。如前所述，由于半导体工艺中经常使用 W 通孔和 Cu 互连结构，因此 CuO_x 和 WO_x 薄膜经常直接使用等离子体氧化技术制备。此外，Lee 等人采用等离子体氧化技术对 TaO_{2-x} 介质层进行后处理，在其表面形成 Ta_2O_{5-x} 介质层提高了阻变器件的性能[31]。等离子体氧化技术具有快速、可控、低成本以及可以大面积制备均匀介质层等优点，是一种与半导体工艺兼容性非常好的技术。

3.1.3　三元及多元氧化物

三元及多元氧化物的阻变介质材料一般指具有钙钛矿结构的三元过渡族金属氧化物如 $SrTiO_3$、$SrZrO_3$ 和 $SrRuO_3$ 等，以及由这类氧化物掺杂形成的四元金属氧化物如 $Pr_xCa_{1-x}MnO_3$(PCMO)、$La_xCa_{1-x}MnO_3$(LCMO)和 $La_xSr_{1-x}MnO_3$(LSMO)等。

基于钙钛矿型氧化物的阻变存储器在 21 世纪初受到的关注较多。2000 年时，美国休斯顿大学的 Liu 等人报道了钙钛矿型的复杂氧化物 PCMO 在电压脉冲的激励下表现出可逆的电致电阻效应，其高低阻态之比达 10 倍[32]。该报道随后激发了利用钙钛矿型多元氧化物制备阻变存储器的热情，夏普公司在购买了休斯顿大学的专利后在 2002 年 IEDM(international electron devices meeting)会议上报道了基于 PCMO 的 64bit 的阻变存储器测试芯片[33]。除了夏普公司以外，IBM 实验室的 Beck 等人在 2000 年也报道了基于 Cr 掺杂的 $SrZrO_3$ 材料制备的阻变存储器器件，其在

±0.5V 的直流电压下表现出 10 倍左右的存储窗口值，并且该器件还表现出多值存储的能力[34]。随后，其他一些研究小组也陆续报道了多种基于钙钛矿型的三元和多元金属氧化物材料的阻变存储器器件。

钙钛矿结构的三元或多元金属氧化物由于其组分比较复杂，利用磁控溅射等制备方法难以获得化学计量比稳定的薄膜，故这类化合物通常采用脉冲激光沉积技术来制备。

脉冲激光沉积(pulsed laser deposition, PLD)是 20 世纪 80 年代才发展起来的一种新型薄膜沉积技术，它最初在制备以钇钡铜氧为代表的多元氧化物高温超导体薄膜方面获得巨大成功，现在已被广泛应用于阻变存储器介质薄膜等微电子和光电子用多元氧化物薄膜及其异质结的制备。PLD 将脉冲激光器所产生的激光束聚焦于靶材表面，使靶材表面瞬间产生高温并熔蚀，进一步吸收激光能量产生高温高压等离子体，这种等离子体沿着垂直靶表面方向局域膨胀发射，形成羽辉，并在衬底上聚集成膜[35]。

作为一种新型薄膜制备技术，PLD 主要有以下优点：沉积薄膜和靶材成分一致性好，甚至可以沉积含有挥发性的多元化合物；制备工艺可调性好，适应范围广，设备简单，效率高，灵活性大；高等离子体沉积，薄膜与衬底的结合性能好，易于在较低温度下生长具有良好择优取向的薄膜或者外延单晶膜；容易制备多层膜和异质结等。当然，除了上述优点外，PLD 也存在一些问题：沉积薄膜表面容易产生微米、亚微米级的颗粒物，影响薄膜的平整度和质量；制备的薄膜面积较小；不能有效的在非平面衬底上沉积均匀的薄膜。另外，PLD 沉积薄膜的成本较高，限制了它在工业领域的大规模应用。目前，PLD 薄膜制备技术主要应用于科研领域的实验室研究。相比于磁控溅射在制备多组元氧化物薄膜时的复杂性，PLD 利用简单的陶瓷靶材就可以获得化学计量比稳定的多组元薄膜，因此 PLD 在多元体系薄膜的制备中体现出了优势。目前阻变存储器领域使用的 $SrTiO_3$、$SrZrO_3$、PCMO 和 LSMO 等多组元氧化物薄膜都是利用 PLD 技术制备的。

正因为这类多元金属氧化物材料的制备工艺比较复杂，成分比例难以控制并与当前 CMOS 工艺不兼容，所以基于多元金属氧化物的阻变器件的研究大多是在实验室开展，这类材料在工业领域的应用前景并不明朗。

3.1.4　硫族固态电解质

硫族固态电解质通常是快离子导体，一般为含有 Ag 或 Cu 的硫化物、硒化物和碲化物。基于这类材料的阻变存储器的结构一般包括一个惰性的 Pt 电极，一个易发生电化学氧化还原的 Ag 或 Cu 电极，和两个电极中间夹着的一层固态电解质。

固态电解质材料的电阻转变机理比较清晰，即基于电解质内阳离子的氧化还原反应导致的金属导电细丝的形成和断开，故这类阻变存储器又被称为 PMC(programmable metallization cell)或者 CBRAM(conductive bridging RAM)[36-38]。PMC 具有非常优越的存储性能，例如，尺寸可缩减性好(<20nm)、操作电压低(<lV)、工作电流小(< lnA 量级)、擦写速度快(< 5ns)、循环寿命高(> 10^8 次)、数据保持时间长(> 10 年)、多值存储潜力等。并且已经有基于 Ag 掺杂的硫系化合物制备的 2Mbit 的测试芯片，因此这类材料被认为是非常有潜力的一类阻变存储器材料。在 2005 年，Terabe 等人在 *Nature* 杂志上报道了基于 Ag/Ag_2S/Pt 结构的具有量子导电行为的交叉阵列，其工作原理基于 Ag 导电细丝的形成和断开[39]。该器件利用不同的交叉结构，可以实现 AND、OR、NOT 逻辑门电路，控制编程电压的大小还能实现电导的量子化转变，该现象将有利于多值存储，并且有望在未来的新型纳米电子器件和量子计算机等领域内得到应用。

对于二元的硫族化合物来说，通常采用射频磁控溅射的方法制备。通过溅射二元硫族化合物的陶瓷靶来获得相应的薄膜，这一方法与射频磁控溅射制备二元氧化物薄膜的方法类似，在前面已有介绍。掺杂的多元硫族化合物也采用脉冲激光沉积和其他溶液法进行制备。但是这些 PMC 器件中的硫族化合物不是微电子行业的常用材料，与传统的半导体工艺不兼容。后来的研究发现掺 Cu 的 WO_x 和 SiO_2 薄膜具有硫族固态电解质材料类似的性质，可以构成与 CMOS 工艺兼容的 PMC 器件[9]。这也导致二元氧化物材料受到越来越多的关注，因为利用二元氧化物制备的 PMC 器件更具有工业应用的前景。但是，硫族固态电解质作为 Ag 和 Cu 离子的优异快离子导体材料，在研究 PMC 器件的电阻转变机理方面非常有优势，仍然是实验室中研究电阻转变行为常用的介质材料。

3.1.5　其他无机材料

除了上述几大类阻变介质材料以外，其他比较常见的无机材料还有氮化物、非晶碳和非晶硅等。AlN 和 Si_3N_4 等氮化物具有高熔点、高热导率和高绝缘性等一系列优异的物理性能。这两种氮化物的电阻率非常高，并且耐击穿强度非常大，是硅基半导体行业常用的绝缘层。此外，这两种材料的导热性较好，热膨胀系数和 Si 接近，所以在半导体行业中的刻蚀、镀膜、合成新材料和电子封装等多个领域中得到了重要应用。氮化物中最早作为阻变存储器介质材料的就是 AlN 和 Si_3N_4。这两者较高的电阻率可以提高器件在高阻态时的电阻值，从而提高了器件高低阻态之比；同时还能降低器件电流，减小了器件的功耗。例如本书作者利用反应磁控溅射技术制备了 AlN 薄膜并获得了相应的 Cu/AlN/Pt 阻变存储器器件[19]。该器件表现出稳定的双极性电阻转变，存储窗口值大(>10^3)，数据保持时间长(>10^6s)。通过改变制备工艺和搭配不同的电极，还可以获得基于 AlN 薄膜的单极性和互补型电阻转变特性[40, 41]。此外，利用 ZrN、NiN 等氮化物制备的阻变存储器也表现出优异的存储特性。

非晶碳的电阻转变现象早在 20 世纪 70 年代就有报道，转变的类型为双极性电阻转变。在这些早期的研究中，通常使用 Al 作为电极材料。当不使用 Al 电极时，则观察不到电阻转变现象。因此，这时的电阻转变行为极有可能是由于 Al 电极与薄膜中的杂质氧原子反应或者是在制备过程中与环境中的氧原子反应在界面生成的 AlO_x层导致的电阻转变。后来人们证明在类金刚石的非晶碳薄膜中，不使用 Al 电极也会发生单极性的电阻转变现象，这种电阻转变现象的机理被认为是 sp^2/sp^3 电子转变，也就是说在 sp^3 型的绝缘基体中生成了 sp^2 型的导电细丝使器件转变到低阻态[42]。

利用非晶硅薄膜作为阻变存储器的介质材料的研究小组主要是密歇根大学的卢伟教授小组。他们构造的 Ag/a-Si/p-Si 是一种具有自整流效应的高性能阻变存储器。该器件表现出超高的成品率(99%)、擦写速度快(5ns)、存储窗口大(>10^3)、循环寿命高(>10^6 次)、数据保持时间长(5 个月)等一系列优点，并且这种具有自整流效应的阻变存储器在不适用外加整流器件的情况下就可以集成到十字交叉阵列中，可以获得极高的存储密度。

3.1.6 有机介质材料

随着柔性电子器件的发展，对基于有机物的存储器等有机电子学器件的需求越来越大。此外，由于有机物材料具有种类繁多、便于修饰和处理、可以大面积成膜、制备方法简单、成本低等特点，正引起越来越多科学工作者的广泛兴趣。迄今为止，已经报道过的可以实现电阻转变的有机阻变介质种类很多。有关有机物电阻转变现象的报道最早来自于 Gregor。他于 1968 年用 Pb 同时作为上下电极，中间用辉光放电沉积一层厚度为 10~25nm 的聚二乙烯基苯。该器件在电压为 1~2V 时出现几个数量级的电阻转变，转变时间为 1μs，保持时间超过 30min，循环次数可达 10^5 次[43]。一些有机小分子也表现出电阻转变现象，1969 年 Szymanski 发现 Au/并四苯/Al 体系在 4~8V 的扫描电压范围内出现 5 个数量级的电阻转变现象[44]。这些是有关基于有机材料的阻变存储器的较早的报道。在随后的研究中，在 Alq3，TPD，AIDCN 等有机小分子体系[45, 46]以及聚苯乙烯、聚苯胺和聚乙炔等有机聚合物体系[47, 48]中都发现了电阻转变现象。

表 3.4 总结了目前报道的各种有机物阻变介质材料及其电阻转变性能。从表中

数据可以看出，可以把有机物阻变介质材料分成有机小分子和高分子聚合物两大类。同时还可以在这些有机物介质材料中掺入金属纳米粒子或者其他氧化物纳米粒子构成有机–无机混合体系。有机小分子的分子量比较小，在真空条件加热也不会分解，所以可以使用热蒸发的方式制备大面积的均匀薄膜[49, 50]。与之相反，高分子聚合物是由一系列重复的有机单体聚合而成，分子量非常大，在加热的情况下，这些聚合物通常会发生分解。因此，这类高分子聚合物通常使用旋涂等溶液法进行制备[51, 52]。

表 3.4　常见有机物存储介质材料及其电阻转变参数[4]

存储介质材料	电阻转变极性	存储窗口	写入/擦除速度	循环耐受性
有机小分子				
AIDCN	双极性	$>10^4$	<10 ns; <40 ns	–
Alq_3	单极性/双极性	$>10^6$	/	$>2\times10^4$
Cu:TCNQ	双极性	$>10^4$	<10 ns; -	$>10^4$
NPB	双极性	$>10^2$	/	$>10^6$
Rose Bengal	双极性	$>10^5$	<500 ns; <50 ms	$>7.2\times10^7$
高分子聚合物				
MEH-PPV	单极性/双极性	$>10^4$	<1 μs; -	$>5\times10^1$
P3HT	单极性/双极性	$>10^4$	<300 ns; <300 ns	$>3\times10^4$
PARA	单极性/双极性	$>10^5$	<80 ns; <1 μs	$>10^3$
parylene-C	双极性	$>10^7$	<15 ns; <15 ns	$>2.5\times10^2$
PEDOT:PSS	单极性/双极性	$>10^5$	<500 ns; <500 ns	$>10^4$
PFN-C	单极性	$>10^7$	<300 ns; <500 ns	$>4\times10^3$
PFO	单极性	$>10^3$	/	$>5\times10^3$
PI	单极性/双极性	$>10^8$	<200 ns; <200 ns	$>10^5$
PMMA	双极性	$>10^7$	/	$>1.5\times10^5$
PS	单极性/双极性	$>10^4$	<100 ns; <100 ns	$>10^2$
PVA	双极性	$>10^7$	/	$>10^2$
PVK	单极性/双极性	$>5\times10^9$	<5 ms; <30 ms	$>10^3$
PVP	双极性	$>4\times10^3$	<10 ns; <10 ns	–
WPF-oxy-F	双极性	$>10^5$	<10 μs; <100 μs	$>10^4$
其他有机物				
GO	双极性	$>10^4$	<5 ns; <5 ns	$>10^3$

从表 3.4 还可以看出，有机物介质材料的阻变存储器的性能整体上比基于无机物介质材料的器件差，表现为擦写速度较慢、循环寿命较低。但是某些材料的性能也比较突出，例如 PVK 的高低电阻窗口值达到了 10^9，PVP 的擦写速度可以达到 10ns 的量级，基于酸性红 94(Rose Bengal)的循环擦写次数达到了 7.2×10^7 次。但是

迄今为止这些有机阻变存储器或者其原型器件的综合性能都还没有达到工业化的要求。如果要推动有机物阻变存储器的实际应用，必须要全面提高器件的擦写速度、循环擦写寿命、数据保持时间以及能耗等各项参数。有机物阻变存储器的优势还是在于其廉价、柔性、易加工等特点，在未来柔性电子器件中具有广阔的应用前景。

3.2 电 极 材 料

电极在普通的微电子器件中通常只是承担传导电流的作用。但是在阻变存储器中电极不仅仅是作为传导电流的载体，还会对电阻转变行为产生非常重要的影响，甚至有可能参与阻变反应。在不同的阻变存储器体系，电极所扮演的角色也不尽相同。例如，在基于金属电极氧化还原反应的双极性电阻转变体系中，活性电极本身通过氧化还原反应参与阻变反应。而在氧空位导电细丝型的阻变存储器体系，电极材料通过影响介质材料中氧空位的浓度来影响电阻转变行为。从文献报道来看，可以作为阻变存储器电极的材料种类非常多。

根据电极材料的成分来划分，可以把所有电极材料分成五大类；金属单质电极、合金电极、碳电极/硅电极、氮化物电极和氧化物电极。金属单质电极是最为常见的一类电极材料，通常使用的金属单质电极为Al[49]、Ti[53]、Cr[54]、Co[55]、Ni[56]、Cu[57]、Zr[55]、Nb[58]、Ru[59]、Pd[60]、Ag[61]、Hf[55]、Ta[62]、W[17]、Ir[63]、Pt[19]、Au[64]等。合金电极通常是为了改善或优化阻变存储器的性能而使用的，常见的有Cu-Ti[65]、Cu-Te[66]和Pt-Al[67]等电极。例如，使用 $Cu_{0.36}Ti_{0.64}$ 合金电极替换 Cu 电极时，$Cu/TiO_2/Pt$ 器件的循环擦写寿命从 400 次提高到了超过 1000 次，并且高低电阻之比从 50 倍提高到了 200 倍[68]。碳电极/硅电极这类材料通常包括石墨烯、碳纳米管，以及半导体行业广泛使用的 p-Si 和 n-Si。氮化物电极材料中比较常见的有 TiN 和 TaN。而氧化物电极包含的种类非常多，包括 In 掺杂的 SnO_2 (ITO)[69]，F 掺杂的 SnO_2 (FTO)[68]，Al 掺杂的 ZnO (AZO)[70]，Ga 掺杂的 ZnO (GZO)[71]，$SrRuO_3$[72]。Nb-$SrTiO_3$[73]，$LaNiO_3$[74]，$YBa_2Cu_3O_{7-x}$[32]等等。其中 ITO、FTO、AZO 和 GZO 是最为常见的氧化物电极，因为这几种电极材料还具有透明的特点，可以开发透明的阻变存储器[68, 69]。

根据电极对于电阻转变的贡献作用又可以把其分成以下几类。第一类是只承担电流传导作用的电极，例如常见的惰性金属电极 Pd、Ir 和 Pt 等。第二类是影响氧空位导电细丝形成的活性电极，这类电极不直接参与电阻转变而是间接影响介质材料中导电细丝的生成。这类活性电极能够从介质材料中夺取氧离子而产生氧空位，因此起到促进导电细丝生成的作用。恰当活性的电极对于稳定电阻转变行为是非常重要的。例如在基于 Ta_2O_5 的阻变存储器中，恰当活性的 Al 电极和 Ti 电极构成的器件比惰性的 Ni 电极与 Co 电极以及非常活性的 Hf 电极与 Zr 电极构成的器件的性能表现出更小的分散性。第三类是本身参与电阻转变的电极，如前所述，这类电极通过电场下的氧化还原反应以阳离子的形式进入介质材料并形成金属导电细丝。这类电极中最为常见的就是 Ag 电极和 Cu 电极，这两种电极形成的金属导电细丝已经在多个体系中被直接观察到。最后一类电极就是承担特殊作用的电极材料。例如，ITO 电极通常是为了制备透明阻变存储器而采用，而硅电极是为了构造具有自整流效应的阻变存储器而采用。不同的电极材料在电阻转变过程中所起的作用将在下一章讨论不同类型阻变存储器的电阻转变机理时详细说明。

参 考 文 献

[1] Son J Y, Shin Y H, Kim H, et al. NiO resistive random access memory nanocapacitor array on graphene. ACS Nano, 2010, 4(5): 2655-2658.

[2] Yang Y C, Zhang X X, Gao M, et al. Nonvolatile resistive switching in single crystalline ZnO nanowires. Nanoscale, 2011, 3(4): 1917-1921.

[3] Jo S H, Lu W. CMOS compatible nanoscale nonvolatile resistance switching memory. Nano Letters, 2008, 8(2): 392-397.

[4] Pan F, Gao S, Chen C, et al. Recent progress of resistive random access memories: materials, switching mechanisms, and performance. Materials Science & Engineering R-Reports, 2014, 83: 1-59.

[5] Chen A, Haddad S, Wu Y C, et al. Non-volatile resistive switching for advanced memory applications. International Electron Devices Meeting, 2005, 746-749.

[6] Chien W, Chen Y, Chen Y, et al. A forming-free WO_x resistive memory using a novel self-aligned field enhancement feature with excellent reliability and scalability. International Electron Devices Meeting, 2010, 440-443.

[7] Kim K M, Choi B J, Hwang C S. Localized switching mechanism in resistive switching of atomic-layer-deposited TiO_2 thin films. Applied Physics Letters, 2007, 90(24): 242906.

[8] Kim K M, Choi B J, Song S J, et al. Filamentary resistive switching localized at cathode interface in NiO thin films. Journal of the Electrochemical Society, 2009, 156(12): G213-G216.

[9] Schindler C, Thermadam S C P, Waser R, et al. Bipolar and unipolar resistive switching in Cu-doped SiO_2. IEEE Transactions on Electron Devices, 2007, 54(10): 2762-2768.

[10] Kozicki M N, Gopalan C, Balakrishnan M, et al. A low-power nonvolatile switching element based on copper-tungsten oxide solid electrolyte. IEEE Transactions on Nanotechnology, 2006, 5(5): 535-544.

[11] 郑伟涛. 薄膜材料与薄膜技术. 北京: 化学工业出版社, 2003.

[12] 潘峰. 声表面波材料与器件. 北京: 科学出版社, 2012.

[13] 田民波, 刘德令. 薄膜科学与技术手册(下册). 北京: 机械工业出版社, 1991.

[14] Hashimoto K Y. RF bulk acoustic wave filters for communications. Boston: Artech House, 2009.

[15] Song S J, Seok J Y, Yoon J H, et al. Real-time identification of the evolution of conducting nano-filaments in TiO_2 thin film ReRAM. Scientific Reports, 2013, 3: 3443

[16] Chen G, Song C, Chen C, et al. Resistive switching and magnetic modulation in cobalt-doped ZnO. Advanced Materials, 2012, 24(26): 3515-3520.

[17] Chen C, Song C, Yang J, et al. Oxygen migration induced resistive switching effect and its thermal stability in W/TaO_x/Pt structure. Applied Physics Letters, 2012, 100(25): 253509.

[18] Valov I, Linn E, Tappertzhofen S, et al. Nanobatteries in redox-based resistive switches require extension of memristor theory. Nature Communications, 2013, 4: 1771.

[19] Chen C, Yang Y C, Zeng F, et al. Bipolar resistive switching in Cu/AlN/Pt nonvolatile memory device. Applied Physics Letters, 2010, 97(8): 083502.

[20] Kim H D, An H M, Hong S M, et al. Forming-free SiN-based resistive switching memory prepared by RF sputtering. Physica Status Solidi (a), 2013, 210(9): 1822-1827.

[21] Choi S G, Lee H S, Choi H, et al. Spectroscopic study on resistive switching property of perovskite manganite film with controlled oxygen deficient state. Journal of Physics D: Applied Physics, 2011, 44(42): 422001.

[22] 陈超. 新型阻变存储器材料及其电阻转变机理研究[博士学位论文]. 北京: 清华大学, 2014.

[23] 杨玉超. 新型非易失性存储材料与器件研究[博士学位论文]. 北京: 清华大学, 2010.

[24] 张福学. 现代压电学(中册). 北京: 科学出版社, 2002.

[25] Biju K P, Liu X, Bourim E, et al. Asymmetric bipolar resistive switching in solution-processed Pt/TiO_2/W devices. Journal of Physics D-Applied Physics, 2010, 43(49): 495104.

[26] Kim S, Moon H, Gupta D, et al. Resistive switching characteristics of sol–gel zinc oxide films for flexible memory applications. IEEE Transactions on Electron Devices, 2009, 56(4): 696-699.

[27] Waser R, Aono M. Nanoionics-based resistive switching memories. Nature Materials, 2007, 6(11): 833-840.

[28] Bareiß M, Kälblein D, Jirauschek C, et al. Ultra-thin titanium oxide. Applied Physics Letters, 2012, 101(8): 083113.

[29] Tyagi P. Ultrathin TaO_x film based photovoltaic device. Thin Solid Films, 2011, 519(7): 2355-2361.

[30] Kim S, Choi Y K. Resistive switching of aluminum oxide for flexible memory. Applied Physics Letters, 2008, 92(22): 223508.

[31] Lee M J, Lee C B, Lee D, et al. A fast, high-endurance and scalable non-volatile memory device made from asymmetric Ta_2O_{5-x}/TaO_{2-x} bilayer structures. Nature Materials, 2011, 10(8): 625-630.

[32] Liu S, Wu N, Ignatiev A. Electric-pulse-induced reversible resistance change effect in magnetoresistive films. Applied Physics Letters, 2000, 76(19): 2749-2751.

[33] Zhuang W W, Pan W, Ulrich B D, et al. Novel colossal magnetoresistive thin film nonvolatile resistance random access memory (RRAM), IEDM, 8-11 Dec., 2002, 193-196.

[34] Beck A, Bednorz J G, Gerber C, et al. Reproducible switching effect in thin oxide films for memory applications. Applied Physics Letters, 2000, 77(1): 139-141.

[35] 曾凡浩. 脉冲激光沉积方法制备的 CoCr 基薄膜的表征与磁性[博士学位论文]. 北京: 清华大学, 2006.

[36] Kozicki M N, Park M, Mitkova M. Nanoscale memory elements based on solid-state electrolytes. IEEE Transactions on Nanotechnology, 2005, 4(3): 331-338.

[37] Kozicki M N, Yun M, Hilt L, et al. Applications of programmable resistance changes in metal-doped chalcogenides. Solid-State Ionic Devices, 1999, 99(13): 298-309.

[38] Waser R, Dittmann R, Staikov G, et al. Redox-based resistive switching memories - nanoionic mechanisms, prospects, and challenges. Advanced Materials, 2009, 21(25-26): 2632-2663.

[39] Terabe K, Hasegawa T, Nakayama T, et al. Quantized conductance atomic switch. Nature, 2005, 433(7021): 47-50.

[40] Chen C, Gao S, Tang G, et al. Cu-embedded AlN-based nonpolar nonvolatile resistive switching memory. IEEE Electron Device Letters, 2012, 33(12): 1711-1713.

[41] Chen C, Gao S, Tang G, et al. Effect of electrode materials on AlN-based bipolar and complementary resistive switching. ACS Applied Materials & Interfaces, 2013, 5(5): 1793-1799.

[42] Fu D, Xie D, Feng T, et al. Unipolar resistive switching properties of diamondlike carbon-based RRAM devices. IEEE Electron Device Letters, 2011, 32(6): 803-805.

[43] Gregor L V. Electrical conductivity of polydivinylbenzene films. Thin Solid Films, 1968, 2(3): 235-&.

[44] Szymanski A, Larson D, Labes M. A temperature-independent conducting state in tetracene thin film. Applied Physics Letters, 2003, 14(3): 88-90.

[45] Mahapatro A K, Agrawal R, Ghosh S. Electric-field-induced conductance transition in 8-hydroxyquinoline aluminum (Alq3). Journal of Applied Physics, 2004, 96(6): 3583-3585.

[46] Terai M, Fujita K, Tsutsui T. Electrical bistability of organic thin-film device using Ag electrode. Japanese Journal of Applied Physics, 2006, 45(4S): 3754.

[47] Carchano H, Lacoste R, Segui Y. Bistable electrical switching in polymer thin films. Applied Physics Letters, 2003, 19(10): 414-415.

[48] Pender L, Fleming R. Memory switching in glow discharge polymerized thin films. Journal of Applied Physics, 2008, 46(8): 3426-3431.

[49] Ma L, Liu J, Yang Y. Organic electrical bistable devices and rewritable memory cells. Applied Physics Letters, 2002, 80(16): 2997-2999.

[50] Lee P T, Chang T Y, Chen S Y. Tuning of the electrical characteristics of organic bistable devices by varying the deposition rate of Alq3 thin film. Organic Electronics, 2008, 9(5): 916-920.

[51] Wang Z S, Zeng F, Yang J, et al. Reproducible and controllable organic resistive memory based on Al/poly(3,4-ethylene-dioxythiophene):poly(styrenesulfonate)/Al structure. Applied Physics Letters, 2010, 97(25): 253301.

[52] Yang J, Zeng F, Wang Z S, et al. Modulating resistive switching by diluted additive of poly(vinylpyrrolidone) in poly(3,4-ethylenedioxythiophene):poly(styrenesulfonate). Journal of Applied Physics, 2011, 110(11): 114518.

[53] Lin Y S, Zeng F, Tang G S, et al. Resistive switching mechanisms relating to oxygen vacancies migration in both interfaces in Ti/HfO*x*/Pt memory devices. Journal of Applied

Physics, 2013, 113(6): 064510.
[54] Chang W Y, Huang H W, Wang W T, et al. High uniformity of resistive switching characteristics in a Cr/ZnO/Pt device. Journal of the Electrochemical Society, 2012, 159(3): G29-G32.
[55] Chen C, Gao S, Zeng F, et al. Migration of interfacial oxygen ions modulated resistive switching in oxide-based memory devices. Journal of Applied Physics, 2013, 114(1): 014502.
[56] Sun J, Liu Q, Xie H, et al. In situ observation of nickel as an oxidizable electrode material for the solid-electrolyte-based resistive random access memory. Applied Physics Letters, 2013, 102(5): 053502.
[57] Gao S, Song C, Chen C, et al. Dynamic processes of resistive switching in metallic filament-based organic memory devices. Journal of Physical Chemistry C, 2012, 116(33): 17955-17959.
[58] Zhu X J, Su W J, Liu Y W, et al. Observation of conductance quantization in oxide-based resistive switching memory. Advanced Materials, 2012, 24(29): 3941-3946.
[59] Choi B J, Jeong D S, Kim S K, et al. Resistive switching mechanism of TiO_2 thin films grown by atomic-layer deposition. Journal of Applied Physics, 2005, 98(3): 033715.
[60] Yang Y, Sheridan P, Lu W. Complementary resistive switching in tantalum oxide-based resistive memory devices. Applied Physics Letters, 2012, 100(20): 203112.
[61] Gao S, Zeng F, Chen C, et al. Conductance quantization in a Ag filament-based polymer resistive memory. Nanotechnology, 2013, 24(33): 335201.
[62] Chen C, Gao S, Zeng F, et al. Conductance quantization in oxygen-anion-migration-based resistive switching memory devices. Applied Physics Letters, 2013, 103(4): 043510.
[63] Schindler C, Staikov G, Waser R. Electrode kinetics of Cu-SiO_2-based resistive switching cells: Overcoming the voltage-time dilemma of electrochemical metallization memories. Applied Physics Letters, 2009, 94(7): 072109.
[64] Peng C N, Wang C W, Chan T C, et al. Resistive switching of Au/ZnO/Au resistive memory: an in situ observation of conductive bridge formation. Nanoscale research letters, 2012, 7(1): 1-6.
[65] Huang Y C, Chou C H, Liao C Y, et al. High-performance resistive switching characteristics of programmable metallization cell with oxidized Cu-Ti electrodes. Applied Physics Letters, 2013, 103(14): 142905.
[66] Goux L, Opsomer K, Degraeve R, et al. Influence of the Cu-Te composition and microstructure on the resistive switching of Cu-Te/Al_2O_3/Si cells. Applied Physics Letters, 2011, 99(5): 053502.
[67] Wang J C, Jian D Y, Ye Y R, et al. Platinum-aluminum alloy electrode for retention improvement of gadolinium oxide resistive switching memory. Applied Physics A, 2013, 113(1): 37-40.
[68] Shi L, Shang D, Sun J, et al. Bipolar resistance switching in fully transparent ZnO: Mg-based devices. Applied Physics Express, 2009, 2(10): 101602.
[69] Kim H D, An H M, Hong S M, et al. Unipolar resistive switching phenomena in fully transparent SiN-based memory cells. Semiconductor Science and Technology, 2012, 27(12):

125020.
[70] Cao X, Li X, Gao X, et al. All-ZnO-based transparent resistance random access memory device fully fabricated at room temperature. Journal of Physics D: Applied Physics, 2011, 44(25): 255104.
[71] Zheng K, Sun X, Zhao J, et al. An indium-free transparent resistive switching random access memory. IEEE Electron Device Letters, 2011, 32(6): 797-799.
[72] Choi J, Kim J S, Hwang I, et al. Different resistance switching behaviors of NiO thin films deposited on Pt and $SrRuO_3$ electrodes. Applied Physics Letters, 2009, 95(2): 022109.
[73] Zhu Y, Li M, Zhou H, et al. Nonvolatile bipolar resistive switching in an Ag/TiO_2/Nb: $SrTiO_3$/In device. Journal of Physics D: Applied Physics, 2012, 45(37): 375303.
[74] Liu C Y, Wang A, Jang W Y, et al. Electrical properties of resistance switching V-doped $SrZrO_3$ films on textured $LaNiO_3$ bottom electrodes. Journal of Physics D: Applied Physics, 2006, 39(6): 1156.

第 4 章　阻变存储器的电阻转变机理

半导体、绝缘体、固态电解质等各种各样的材料体系中都发现了电阻转变效应，多种多样的材料构建了不同的阻变存储器模型，但是隐藏在不同材料体系背后的电阻转变的物理机制还不够清晰。不同材料体系所表现出来的电阻转变行为也各有特点，表明不同体系的电阻转变机理存在差异。目前，科学界对于电阻转变效应的物理机制提出了多种模型。例如，从发生电阻转变现象的区域进行划分，可以将目前所提出的阻变机制分为界面效应和局域效应两大类。界面效应是指发生阻变的区域在材料界面，其分布是均匀的，产生的原因可能是电极与阻变材料界面势垒的变化或者是材料体内的缺陷对电荷的捕获和释放过程引起的，这类阻变器件的高低阻态电阻都与器件的面积有着紧密的关系。而局域效应是指材料体内部分区域发生阻变现象，产生的原因是在材料体内形成导电能力较强的导电通道，这类阻变器件的低阻态电阻与器件的面积关系不大，因此具有很好的尺寸可缩减性，目前观测到的导电细丝尺寸最小可到几个纳米。而导电细丝的类型可以是金属导电细丝也可以是氧空位导电细丝。界面效应的阻变机制包括界面势垒调节型和电荷陷阱充放电型阻变存储器等，而局域效应的阻变机制则包括金属导电细丝型、局域价态转变型和电致热化学转变型阻变存储器等。本章将从电阻转变的物理机制出发，分别阐述各类阻变存储器的电阻转变特征以及性能表现。

4.1　金属导电细丝型阻变存储器

4.1.1　基本特征

金属导电细丝机制最初是在研究固态电解质材料的电阻转变效应时提出来的，通常又被称为电化学金属化(electrochemical metallization，ECM)机制、导电桥(conductive bridging cell，CBC)模型、可编程金属化单元(programmable metallization cell，PMC)等等。顾名思义，金属导电细丝机制中存在着电化学反应导致的局域导电通道使器件发生电阻转变。在这类器件中通常由一个容易发生电化学反应的电极，一个惰性电极和电极中间的介质层组成。电化学活性的电极一般是 Ag 和 Cu 电极，也有部分学者认为 Ni 也可以作为电化学活性电极。而惰性电极一般用 Pt、

Au、Ir、W 等电极。电阻转变就是通过电压作用下活性电极的电化学氧化还原反应实现。施加于活性电极的正向电压使金属原子(*M*)被氧化成相应的离子(M^{z+})[1]，如式(4.1)所示，

$$M - ze^- \longrightarrow M^{z+} \tag{4.1}$$

金属离子在电场的作用下向惰性电极迁移，当金属离子到达惰性电极后被还原成金属原子，如式(4.2)所示，

$$M^{z+} + ze^- \longrightarrow M \tag{4.2}$$

金属原子的堆积形成贯穿于整个介质材料并连通两个电极的金属导电细丝，使整个器件转变到低阻态。而在反向电压的作用下，如式(4.1)和式(4.2)所示的氧化还原反应就会朝相反的方向进行，最终使得金属导电细丝断开，而使器件转变回高阻态。导电细丝的重复形成和断开过程使得器件在高低阻态之间来回转变。图 4.1 所示就是 Ag/AgGeSe/Pt 体系发生电阻转变的典型 *I-V* 曲线及其各部分对应的导电细丝的微观状态示意图。如图中 *I-V* 曲线各部分的字母所示为导电细丝的形成和断开过程。字母 A 阶段相当于器件的原始态，整个 Ag/AgGeSe/Pt 器件处于高阻态。当在 Ag

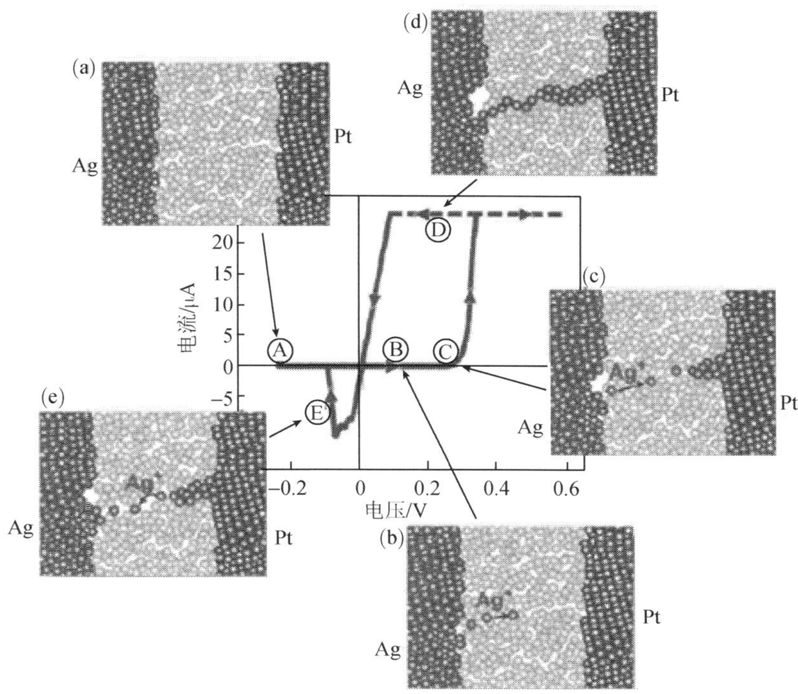

图 4.1　以 Ag/AgGeSe/Pt 体系为例的导电细丝型阻变存储器的电阻转变机理示意图

图中依字母 A→B→C→D→E 的顺序表示了对应于 *I-V* 曲线不同阶段时器件内部导电细丝的状态，其中所有的电压都施加于 Ag 电极[2]

电极上施加正向电压时(字母 B 阶段)，电压驱使 Ag 电极发生氧化反应变成 Ag^+离子，并且在电场的作用下向 Pt 电极迁移。当 Ag^+离子抵达 Pt 电极时会得到电子被还原成 Ag 原子，不断有 Ag 原子在 Pt 电极一侧发生还原反应，使得 Ag 原子发生堆积而向 Ag 电极的方向生长(字母 C 阶段)。

氧化还原反应的进行使 Ag 原子堆积形成的 Ag 细丝不断向前生长，当 Ag 导电细丝最终接触 Ag 电极而把两个电极连接起来时，整个 Ag/AgGeSe/Pt 器件便转变到了低阻态(字母 D 阶段)。Ag 导电细丝连通两个电极的瞬间就是 *I-V* 曲线中的电流激增的点，也就是 Set 过程。当电压撤销时，导电细丝仍然存在于介质薄膜内，器件始终保持在低阻态，所以这种电阻转变是非易失性的，电阻状态不需要电压来维持。当电压反向时，会发生反方向的氧化还原反应的，Ag 原子氧化后朝着 Ag 电极的方向迁移并被还原，与正向电压时的方向相反，这一过程使得 Ag 导电细丝逐渐溶解(字母 E 过程)，最终使器件从低阻态转变回高阻态。这就是基于电化学氧化还原反应导致的电阻转变的全过程。

4.1.2　金属导电细丝型阻变存储器的材料体系

金属导电细丝型阻变存储器的基本组成为电化学活性的 Ag 或 Cu 等电极，惰性的 Pt 或 Au 等电极，以及两个电极中间的介质层材料。最初都是在固态电解质材料体系中研究金属导电细丝机理的电阻转变行为，这些材料包括 Ag 或者 Cu 掺杂的非晶 GeSe、GeS、(Zn, Cd)S 薄膜等等。后来又有关于 SiO_2 等氧化物中形成金属导电细丝的报道，最近的研究表明只要使用一个活性电极和一个惰性电极的器件结构，中间的介质层不管是固态电解质，还是氧化物或者有机物都能够形成导电细丝，只是形成导电细丝的难易程度以及金属导电细丝的生长方向不同。表 4.1 所示为近 10 年以来被广泛研究的导电细丝型阻变存储器体系中选用的介质材料和电极材料，活性电极一般选用 Ag 或者 Cu，惰性电极的种类则非常多，最常见的是 Pt 和 W 电极。Pt 电极由于具有功函数高且不易氧化的特点而被广泛使用，而 W 电极做惰性电极是一种很自然的选择，因为传统的微电子工艺中就经常用到 W 电极。在导电细丝型阻变存储器可以实现 100ns 的擦写速度和达到 10^5 的高低阻态窗口值，所以导电细丝型阻变存储器是一类商用潜力极大的非易失性存储器。

从表 4.1 可以看出，Ag 和 Cu 电极是形成导电细丝的最佳电化学活性电极，绝大多数的研究者都选用这两种电极来构成金属导电细丝型阻变存储器。之所以选用 Ag 和 Cu 电极主要是基于两方面的考虑。首先，Ag/Cu 电极在电场的作用下能够氧化成相应的离子，从而溶解并向另一电极迁移。另一方面，Ag/Cu 电极又不是太容易发生氧化反应的金属，故而 Ag/Cu 原子不容易被介质层中间的阴离子所束缚，也

表 4.1　导电细丝型阻变存储器中常见的介质材料和电极材料[3]

介质材料	惰性电极材料	
	Ag 为活性电极	Cu 为活性电极
Ge_xS_y	W	W
Ge_xSe_y	W、Pt、Ni	W
Ge-Te	TiW	TaN
Ge-Sb-Te	Mo	/
As-S	Au	/
$Zn_xCd_{1-x}S$	Pt	/
Cu_2S	/	Pt、Ti
Ta_2O_5	/	Pt、Ru
SiO_2	Co	/
WO_3	W	/
TiO_2	Pt	/
ZrO_2	Au	/
ZnO	Pt	Pt
AlN	Pt	Pt
MSQ	Pt	/
GdO_x	/	W
a-Si	多晶 Si、Cr	/
Ge_xSe_y/SiO_x	/	Pt
Ge_xSe_y/Ta_2O_5	/	W
Cu_xS/Cu_xO	/	Pt
Cu_xS/SiO_2	/	Pt

不容易被氧化成相应的氧化物。如表 4.2 所示，Al、Cr、Co 等金属电极的标准氧化物生成自由能数值很高，这类金属电极非常的活泼，很容易发生氧化反应，也很容易被介质层中间的阴离子所束缚，故而很难在介质层中间迁移到达另一电极。而 Au、Pt 等惰性电极则及其难以氧化成相应的金属离子，故而也不适合作为形成金属导电细丝的电极。

表 4.2　常见金属电极的标准氧化物生成自由能和标准电极电势

电极	标准氧化物生成能/(kJ/mol)	标准电极电势/(eV)
Al	$-527.4(1/3Al_2O_3)$	$-1.676(Al^{3+}/Al)$
Cr	$-352.7(1/3Cr_2O_3)$	$-0.74(Cr^{3+}/Cr)$
Co	$-214(CoO)$	$-0.277(Co^{2+}/Co)$
Ni	$-211.7(NiO)$	$-0.257(Ni^{2+}/Ni)$
Cu	$-149(Cu_2O)$	$0.52(Cu^{+}/Cu)$
Ag	$-11.21(Ag_2O)$	$0.7991(Ag^{+}/Ag)$
Au	/	$1.83(Au^{+}/Au)$
Pt	/	$1.188(Pt^{2+}/Pt)$

1. 固态电解质中的金属导电细丝型电阻转变

基于导电细丝机理的电阻转变效应最早可以追溯至 1976 年，当时 Hirose 等人就研究了 Ag 掺杂的非晶 As_2S_3 这一固态电极质材料在 Ag、Au 两个电极之间的电阻转变行为[4]。Hirose 等人采用平面结构来研究 As_2S_3:Ag 的电阻转变行为，如图 4.2 所示，在 As_2S_3:Ag 薄膜的两端分别镀上 Ag 和 Au 电极，在两个电极之间施加电压后，用光学显微镜拍到了清晰的导电细丝形貌，并且证实了导电细丝是从 Au 电极向 Ag 电极生长。从图中可以看出在 Au 电极一侧有多根导电细丝生成，而最终连通 Ag 电极的却只有一根导电细丝。这是最早关于金属导电细丝型电阻转变行为及导电细丝形貌观察的报道。

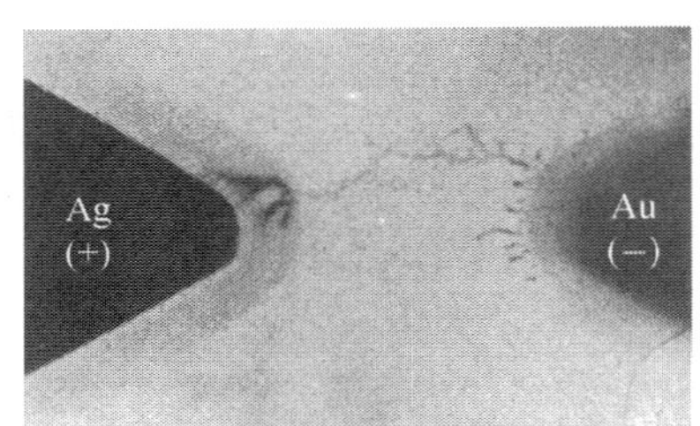

图 4.2　Ag/As_2S_3:Ag/Au 平面结构中导电细丝的光学照片[4]

2. 氧化物中的金属导电细丝型电阻转变

除了固态电解质以外，人们发现通常被认为是绝缘材料的氧化物也能作为金属导电细丝型阻变存储器的介质材料。如表 4.1 中所示，Ta_2O_5、SiO_2、WO_3、TiO_2、ZrO_2、ZnO 等氧化物材料都可以作为进行氧化还原反应的电解质材料。并且最近的研究表明利用绝缘的氧化物制备的导电细丝型阻变存储器具有窗口值大；耐循环擦写、保持时间长等优点，表现出比固态电解质材料更加优异的电阻转变特性。本书作者就曾开发了基于 Mn 掺杂氧化锌薄膜(ZnO:Mn)的高速阻变存储器[5, 6]。ZnO 是一种具有 3.37eV 的禁带宽度、高达 60meV 的激子束缚能的宽禁带半导体材料，在微机电系统、激光、化学传感器、稀磁半导体等方面有着广泛的应用。同时由于通过磁控溅射、溶胶—凝胶等简单的工艺手段就能获得高质量的 ZnO 薄膜，其应用前景极为广阔。基于 ZnO:Mn 薄膜的阻变器件窗口值高达 10^7，擦写速度快于 5ns，是一类有潜力的非易失性存储器候选者。

1) 基于 Ag 导电细丝的 Ag/ZnO:Mn/Pt 阻变存储器

下面详细讲述以 ZnO:Mn 薄膜作为介质层，以 Ag 电极作为电化学活性电极的 Ag/ZnO:Mn/Pt 器件的电阻转变特性及其机理。Ag/ZnO:Mn/Pt 阻变存储器的器件结构如图 4.3 所示，其简单的制备过程是：通过直流反应磁控溅射的方法在

$Pt/Ti/SiO_2/Si$ 基片上制备掺杂浓度为 3at. %的 ZnO:Mn 薄膜，厚度约为 30nm。在沉积的 ZnO:Mn 薄膜表面通过金属掩膜版沉积 90nm 厚的金属 Ag 电极，直径 300μm。每个 Ag 电极下方即对应一个 RRAM 器件。图 4.3 的内插图显示了一个 Ag/ZnO:Mn/Pt 阻变存储器件的 TEM 截面图，可以发现，Ag 顶电极、ZnO:Mn 介质层与 Pt 底电极的厚度分别为 90、30、120nm 左右。制备工艺与半导体 CMOS 工艺相兼容，制备的 Ag/ZnO:Mn/Pt 器件为典型的两端结构，底电极接地，测量时通过 Keithley 4200 半导体性能测试仪或脉冲发生器在顶电极与底电极之间施加电激励，并监测器件电阻值的变化。

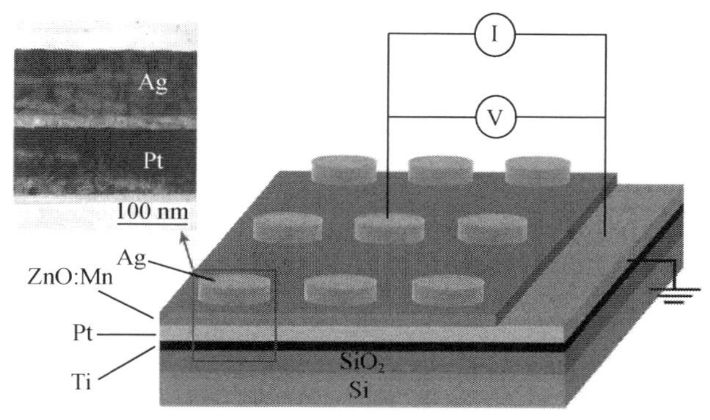

图 4.3　Ag/ZnO:Mn/Pt 阻变存储器的结构示意图

内插图显示单个存储器件的截面 TEM 图像

采用电压扫描的方式测量了 Ag/ZnO:Mn/Pt 阻变存储器的电流—电压(*I-V*)响应曲线，扫描步进一般采用 0.01V。测得的 *I-V* 曲线分别在图 4.4(a)和 4.4(b)中以线性坐标和对数坐标显示，数字编号显示了测量过程中电压扫描的顺序，即 0V→3V→0V→–3V→0V。初始态的 Ag/ZnO:Mn/Pt 器件处于高阻态，电阻高达 $10^9Ω$，证实了 Mn 掺杂对于器件电阻的提高有显著作用。当对器件施加正向电压并逐渐增大时，器件的电阻首先保持不变，然后在 1.9V 左右突然发生跳变，电阻急剧减小至 10~30Ω，这种高阻态到低阻态的转变过程即为“Set”过程。电压从 3V 扫描回到 0 的过程中，器件电阻保持在低阻态，证明器件低阻态是非易失性的。为了使器件从低阻态转变回到高阻态，需要对器件施加–2V 左右的负电压，这个过程即为“Reset”过程，如图 4.4(a)所示。之后在电压从–3V 扫描回到电压原点的过程中，器件保持在高阻态，显示高阻态同样是非易失性的。值得注意的是，上述 Reset 过程很明显地分为两个阶段，如图 4.4(b)，电压达到–1.9V 时器件首先从低阻态跃迁到一个中间阻态，然后当电压达到–2.2V 时器件再由中间阻态彻底转变回到高阻态。这一多级阻变现象预示了 Ag/ZnO:Mn/Pt 阻变存储器的多值存储潜力。

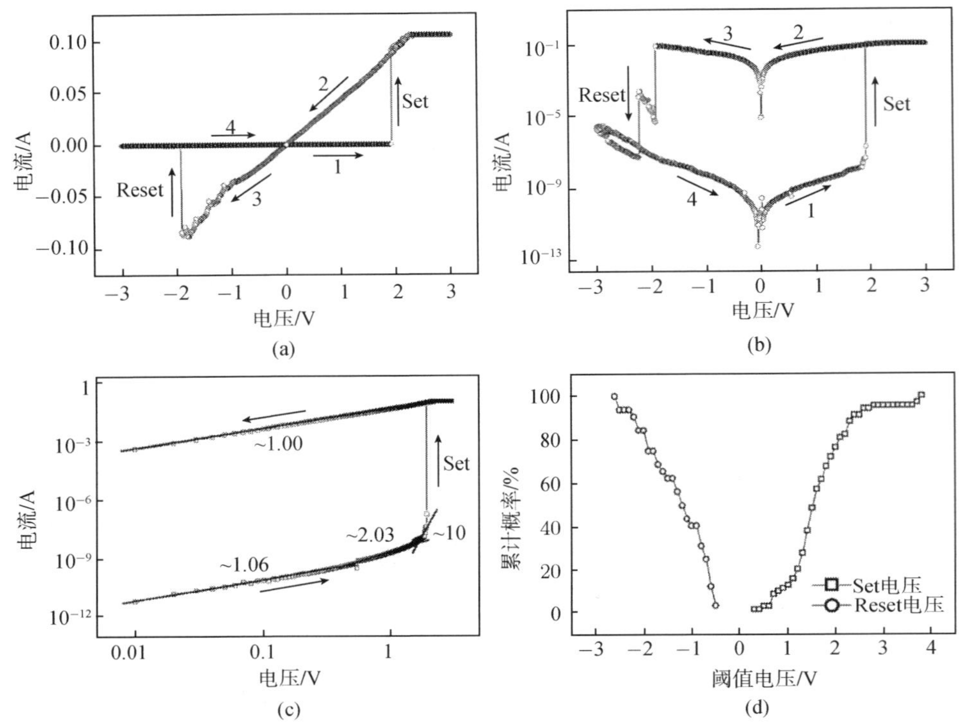

图 4.4 Ag/ZnO:Mn/Pt 阻变存储器的双极阻变特性 *I-V* 曲线在(a)线性;(b)对数;(c)双对数坐标下的情况;(c)中的直线显示分段线性拟合的结果，数字表示各段对应的斜率;(d) Ag/ZnO:Mn/Pt 阻变存储器的阻变阈值电压统计分布

器件高阻态和低阻态的阻值决定了器件的存储窗口，根据上述测量结果，Ag/ZnO:Mn/Pt 阻变存储器的开关比达到了 10^7。这一开关比是迄今为止非易失性存储器领域所得到的高开关比之一，对于降低外围电路识别存储元中数据(1 或 0)的难度是非常有利的。由于器件的 Set 过程在正电压条件下完成，而 Reset 过程在负电压条件下完成，因此 Ag/ZnO:Mn/Pt 阻变存储器表现的是典型的双极阻变特征。值得指出的是，正向电压不能使器件发生 Reset 转变，进一步证实了 Ag/ZnO:Mn/Pt 阻变存储器的双极阻变特性。根据文献报道，焦耳热控制的电阻转变效应不会表现出方向性，因此表明 Ag/ZnO:Mn/Pt 阻变存储器的电阻转变受双极性的电化学氧化还原反应控制[7]。

要了解 Ag/ZnO:Mn/Pt 阻变存储器的电阻转变机理，就得先了解器件的微观结构。图 4.5 给出了 Ag/ZnO:Mn/Pt 器件中 ZnO:Mn 介质层的 HRTEM 图像及其 SAD 衍射斑点。HRTEM 图像显示 ZnO:Mn 薄膜具有典型的多晶结构，图像中心区域显示了一个具有代表性的 ZnO:Mn 柱状晶晶粒，晶粒直径约为 10nm。图像清晰地显示出晶粒(002)面的堆垛生长，同时 SAD 斑点也显示薄膜具有较强的 c 轴择优取向。以上结果表明即便在室温条件下沉积的 ZnO:Mn 薄膜也具有良好的晶体结构。

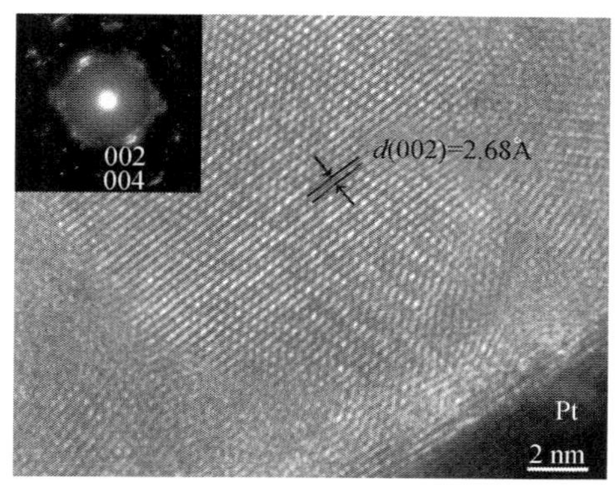

图 4.5　Ag/ZnO:Mn/Pt 阻变存储器中 ZnO:Mn 介质层的 HRTEM 图像
内插图显示 ZnO:Mn 介质层的 SAD 衍射斑点

图 4.6(a)给出了 ZnO:Mn 薄膜的 Zn $2p_{3/2}$ XPS 图谱。其中 Zn $2p_{3/2}$ 峰的结合能为 1021.2eV，根据文献报道这一结合能证明 Zn 为+2 价[8, 9]。图 4.6(b)显示了 ZnO:Mn 薄膜中 Mn $2p_{3/2}$ 和 Mn $2p_{1/2}$ XPS 图谱，两个特征峰的结合能分别为 640.7 和 652.3eV，说明 Mn 在 ZnO:Mn 中以+2 价存在，同时 Mn $2p_{3/2}$ 峰高能侧卫星峰的存在也是 Mn^{2+} 的重要特征[9, 10]。以上结果说明 Mn 掺杂原子以+2 价的形式掺杂进入了 ZnO 晶格[11]。

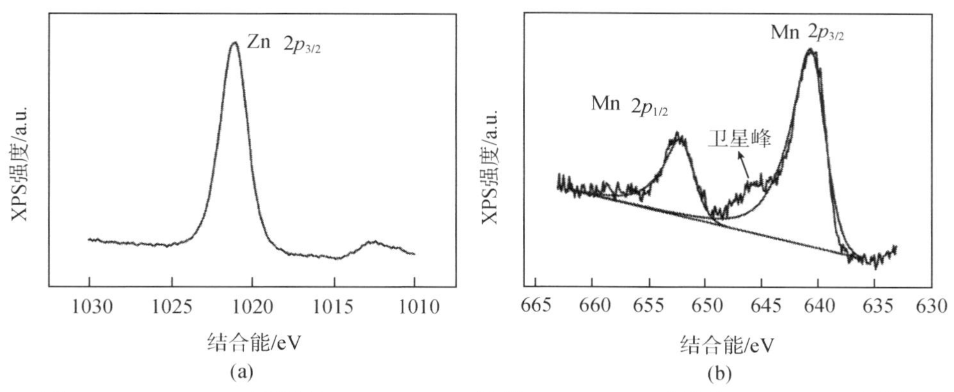

图 4.6　(a)ZnO:Mn 薄膜的 Zn $2p_{3/2}$ XPS 图谱;(b)ZnO:Mn 薄膜的 Mn $2p$ XPS 图谱

研究器件高低阻态的导电机制有助于进一步认识 Ag/ZnO:Mn/Pt 阻变存储器的电阻转变机制。把图 4.4(a)中正电压方向的 I-V 曲线转化为双对数坐标，结果如图 4.4(c)所示。图中同时给出了对于该 I-V 曲线的分段线性拟合结果以及对应的斜率。结果表明，低阻态 I-V 曲线在对数坐标下显示为一条直线，且斜率为 1.00，说明在

低阻态下存在 $I \propto V$ 的关系，因此呈现完全的欧姆导电特征。这可能与低阻态器件中形成了导电细丝有关。然而，高阻态的导电行为要复杂得多。可以看到，随着电压逐渐升高，对于高阻态 I-V 曲线的线性拟合依次表现出 1.06、2.03 和 10 左右的斜率，这与缺陷控制的空间电荷限制导电(SCLC)机制是完全一致的。三段不同斜率的直线分别对应于 SCLC 的三个阶段：欧姆导电阶段($I \propto V$)、Child 定律导电阶段($I \propto V^2$)和电流激增阶段($I \propto V^n, n > 2$)[12]。由于器件起始态处于高阻态，因此高阻态应当是反映 ZnO:Mn 薄膜本质的导电特征，因此高低阻态截然不同的导电机制再次预示了低阻态的导电应当是一种局域的行为，与导电细丝机制是一致的。

图 4.4(d)给出了 Ag/ZnO:Mn/Pt 阻变存储器的阻变阈值电压($V_{\rm Set}$和 $V_{\rm Reset}$)统计分布情况。当 Ag/ZnO:Mn/Pt 阻变存储器在高低阻态之间反复转变时，$V_{\rm Reset}$ 分布在 –2.6~–0.5V，而 $V_{\rm Set}$ 更加分散，在 0.3~3.8V 取值。Ag/ZnO:Mn/Pt 阻变存储器 $V_{\rm Set}$ 和 $V_{\rm Reset}$ 的统计平均值分别为 1.6 和–1.3V。据报道，在导电细丝形成/断开的过程中，细丝的形成位置取决于不同细丝形核位置之间竞争的结果，而断开过程只针对已经形成的细丝，因此理论上讲细丝的形成过程比断开过程随机性更强[13]，$V_{\rm Set}$ 和 $V_{\rm Reset}$ 的统计分布与这一规律是一致的，并且与其他被认为是导电细丝起作用的阻变存储器中观察到的现象相符[13-15]。因此，$V_{\rm Set}$ 和 $V_{\rm Reset}$ 的统计分布情况再次支持了 Ag/ZnO:Mn/Pt 阻变存储器的导电细丝机制[5]。

响应速度、疲劳特性和保持特性是衡量非易失性存储器性能的重要指标。采用脉冲激励信号测量 Ag/ZnO:Mn/Pt 阻变存储器的响应速度，结果表明 Ag/ZnO:Mn/Pt 存储器最快响应速度为 5ns 左右。图 4.7 给出了使用的半高宽为 5ns 的写入和擦除脉冲波形，因为 Ag/ZnO:Mn/Pt 阻变存储器的转变阈值电压为±2V 左右，所以脉冲幅值采用±3V。图 4.8 显示了在这样的写入(3V，5ns)、擦除(–3V，5ns)脉冲信号作用下 Ag/ZnO:Mn/Pt 阻变存储器的响应。可以看出，一个写入脉冲的作用导致器件

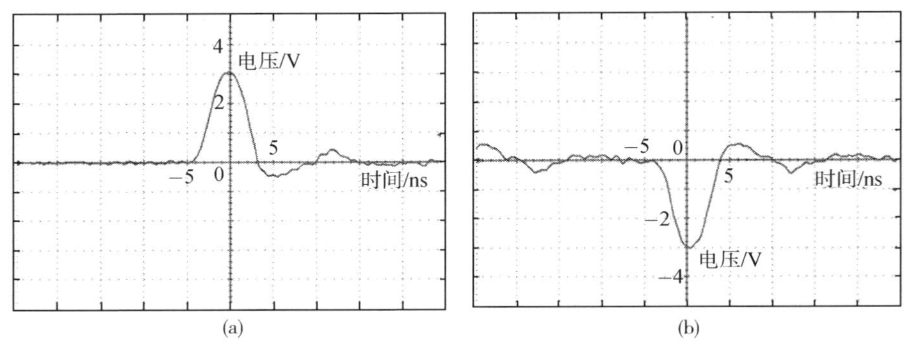

图 4.7　Ag/ZnO:Mn/Pt 阻变存储器的(a)写入和(b)擦除脉冲波形，脉冲宽度为 5ns

出现大电流和低电阻；反之，一个擦除脉冲的作用导致器件出现小电流和高电阻。随着写入、擦除脉冲的依次作用，器件成功地在高低阻态之间反复转变。这一响应速度已经超过了 DRAM，比其他新型存储概念 PRAM 和有机物存储器等快得多[7, 16, 17]，显示出巨大的优势。

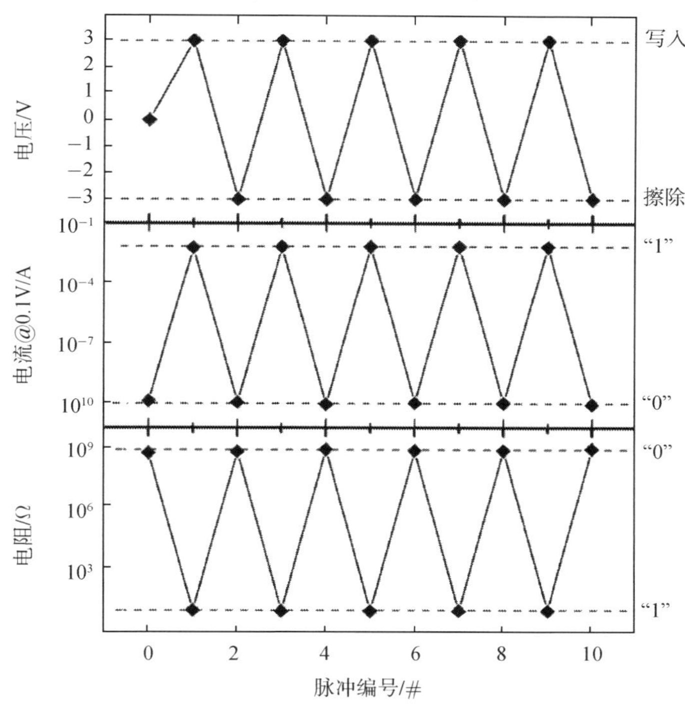

图 4.8 5ns 脉冲信号激励下 Ag/ZnO:Mn/Pt 阻变存储器的电阻转变特性

图 4.9 给出了 Ag/ZnO:Mn/Pt 阻变存储器的疲劳特性测试结果，证明器件至少可以在高低阻态之间反复循环超过 100 次而不失效。尽管高低阻态的阻值在循环过程中表现出一定程度的波动，但是在此过程中器件的开关比仍然超过 10^5，显示了大的开关比对于增强器件稳定性方面的优势。Ag/ZnO:Mn/Pt 器件在转变为高阻态或低阻态后，不需施加外界电压器件状态就可以长时间保持。图 4.10 显示了 Ag/ZnO:Mn/Pt 阻变存储器高低阻态的保持特性测量结果。结果显示器件的高低阻态保持时间都超过 10^7s，即大于 4 个月的时间，证实了器件良好的非易失性。而且从数据的趋势上判断，器件完全能够保持更长的时间。

2) 基于 Cu 导电细丝的 Cu/ZnO:Mn/Pt 阻变存储器

Cu 电极被视为具有与 Ag 电极基本类似的电化学特点，同样可以作为导电细丝型阻变存储器的活性电极。下面将讲述基于 Cu 电极的 Cu/ZnO:Mn/Pt 阻变存储器的性能特点，同时讨论关于导电细丝机制的一些具体的物理问题：比如电阻转变的工作区域，也就是导电细丝到底从什么位置形成/断开；再比如焦耳热对于电阻转变效应的影响等等。

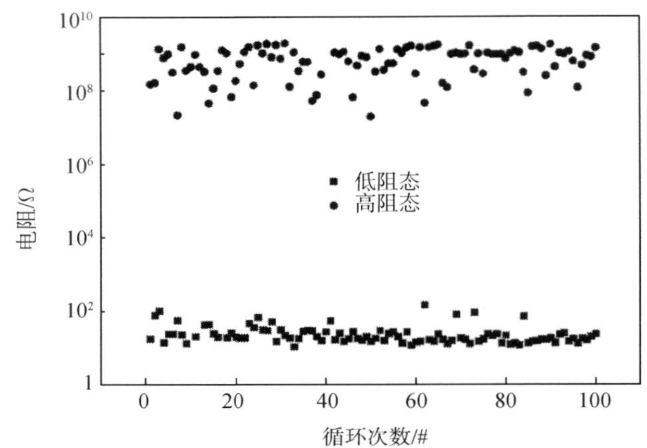

图 4.9　Ag/ZnO:Mn/Pt 阻变存储器在 100 个周期内的循环特性

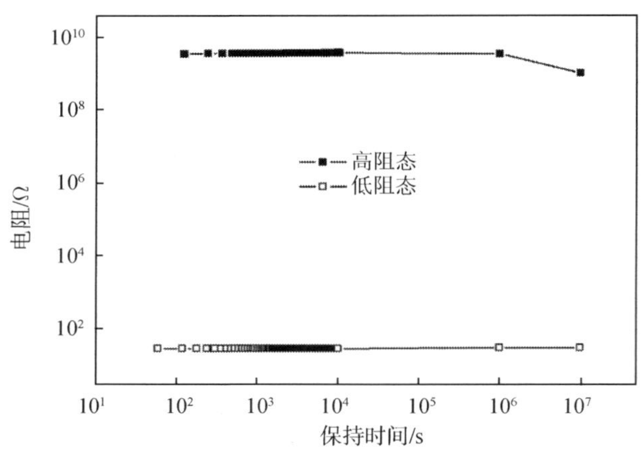

图 4.10　Ag/ZnO:Mn/Pt 阻变存储器在 10^7s 时间内的数据保持特性

采用与上述 Ag/ZnO:Mn/Pt 器件相同的薄膜制备与器件加工工艺，在沉积完 ZnO:Mn 薄膜之后镀上 Cu 上电极。图 4.11 给出了 $Pt/Ti/SiO_2/Si$ 基片上 30nm 厚的 ZnO:Mn 薄膜的 XRD 谱。除了(002)峰之外，在 30~80°范围内观察不到纤锌矿 ZnO:Mn 相的其他衍射峰，证明薄膜具有良好的 *c* 轴择优取向。图 4.11 的内插图显示了 Cu/ZnO:Mn/Pt 阻变存储器的器件结构示意图以及测量方法。在整个测量过程中将 Pt 电极接地，并定义正电压的方向为 Cu 电极相对于 Pt 电极的方向。

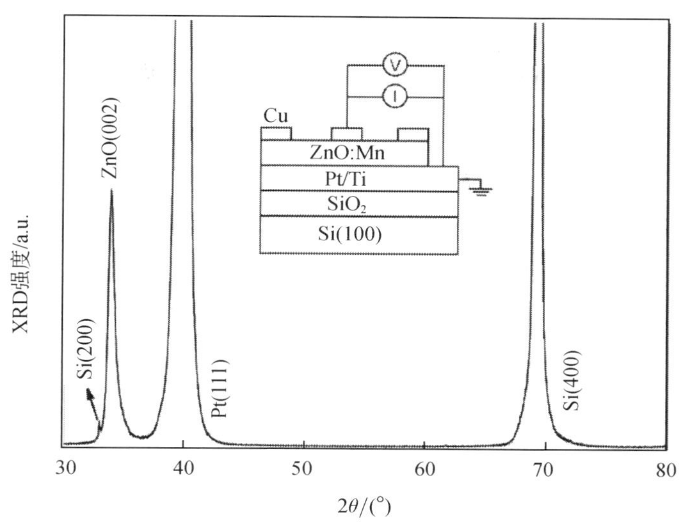

图 4.11　掺杂浓度为 2at%、厚度为 30nm 的 ZnO:Mn 薄膜的 XRD 谱
内插图显示 Cu/ZnO:Mn/Pt 阻变存储器的结构示意图

采用电压扫描方法表征了 Cu/ZnO:Mn/Pt 阻变存储器的电阻转变特性，扫描电压步进为 0.01V。图 4.12(a)给出了对 ZnO:Mn 厚度为 30nm 的 Cu/ZnO:Mn/Pt 阻变存储器做第一次电压扫描所获得的 *I-V* 曲线，数字编号显示了电压扫描的顺序。器件初始态处于高阻态，电阻约为 10^8~10^9Ω。与上述的 Ag/ZnO:Mn/Pt 系统不同，Cu/ZnO:Mn/Pt 阻变存储器在表现出稳定的阻变效应之前需要一个相对高压的初始化过程，电压大小约为 1.9V。在初始化过程中对器件施加一个 5mA 的限流值，以免器件因电流过大而发生永久击穿。初始化过程后，器件到达低阻态，电阻约为 10^2Ω，并且此值一般不以 ZnO:Mn 介质层厚度的变化而改变。这种现象在 Soni 等的实验中也曾观察到过[18]。

初始化过程后，器件保持低阻态，直到对其施加约为–0.6V 的电压使器件发生 Reset。这时器件才能从低阻态转变回到高阻态，表现出完全的双极阻变特征。注意到 Reset 过程后器件不能完全恢复初始化过程之前的高电阻，而是比器件初始电阻值低，约为 10^5Ω，这与 Wang 等的实验结果是一致的[19]。这种现象的出现可能是由于初始化过程形成的 Cu 导电细丝在 Reset 过程中并没有完全消除，而只是部分断开。剩余部分的导电细丝在 ZnO:Mn 存储介质中可能以某种类似于渗流的方式存在，从而在整体上降低了器件高阻态的电阻。

经过初始化电压扫描之后，Cu/ZnO:Mn/Pt 阻变存储器表现出稳定的电阻转变效应，图 4.12(b)和 4.12(c)分别以线性和对数坐标显示了器件的典型阻变特性 *I-V* 曲线，其中在 Set 过程中仍然对器件施加 5mA 的限流值以防止击穿。结果表明器件的

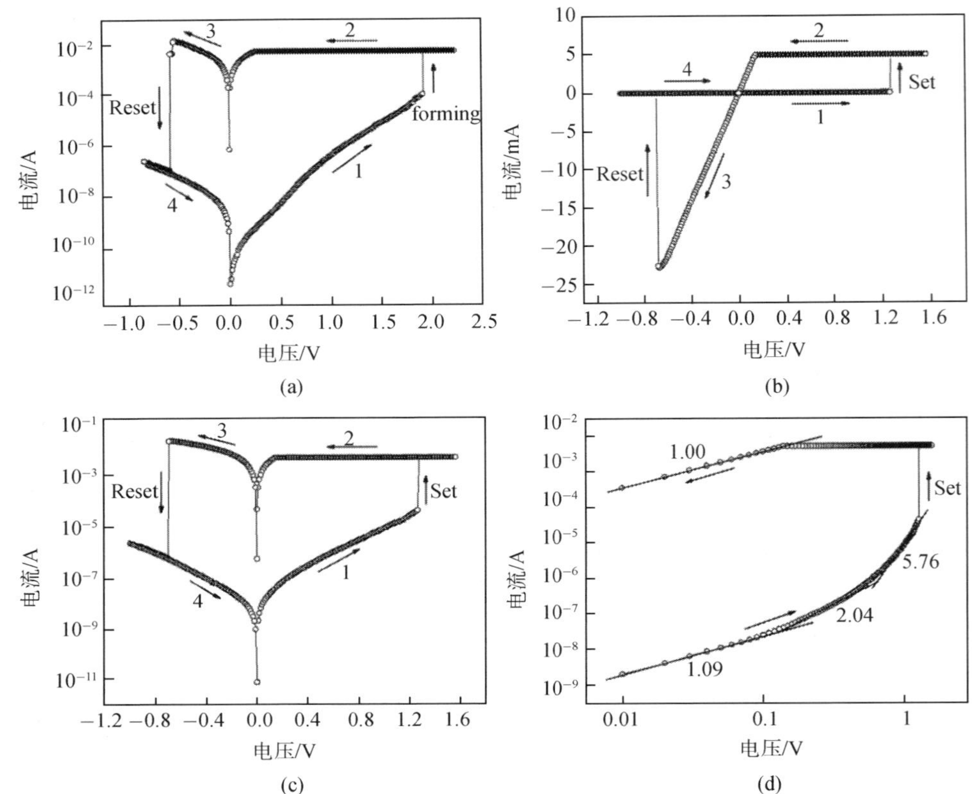

图 4.12 (a)Cu/ZnO:Mn(30nm)/Pt 阻变存储器的初始化阻变特性 *I-V* 曲线，初始化后 Cu/ZnO:Mn(30nm)/Pt 阻变存储器的双极阻变特性 *I-V* 曲线；(b)线性坐标；(c)对数坐标；(d)双对数坐标，(d)中的直线和数字表示分段线性拟合结果及相应的斜率

Set 电压比初始化过程所需电压低，约为 1.2V。此外，注意到在图 4.12(b)中器件的低阻态 *I-V* 曲线表现出完全的线性特征，与 Cu 导电细丝的欧姆导电机制是完全一致的。在零电压条件下，图 4.12(c)所示对数坐标下的 *I-V* 曲线很明显地显示出两个不同的电阻状态，证明器件确实是非易失性的。

图 4.12(d)进一步把图 4.12(b)中正电压方向的 *I-V* 曲线显示为双对数坐标，并进行分段线性拟合。拟合结果表明，低阻态 *I-V* 曲线在双对数坐标下显示为一条直线，斜率为 1.00，是完全的欧姆导电特征，这与导电细丝机制是吻合的。随着电压逐渐升高，对于高阻态 *I-V* 曲线的线性拟合依次显示出 1.09、2.04 和 5.76 的斜率，这与缺陷控制的 SCLC 导电机制是完全一致的[12]。高低阻态截然不同的导电机制再次预示了低阻态的导电应当是一种局域的行为，即导电细丝机制。

Mn 掺杂的意义在于提高器件的整体电阻从而降低器件的工作电流。事实上，纯 ZnO 薄膜同样可以表现出电阻转变效应。图 4.13 给出了 Cu/ZnO/Pt 阻变存储器的阻变特性 *I-V* 曲线。然而，由于 ZnO 本身是一种本征的 n 型半导体，基于纯 ZnO 薄膜的 Cu/ZnO/Pt 器件初始电阻仅为 $10^7\Omega$ 左右。因此通过 Mn 掺杂抑制了 ZnO 中的施主杂质如 Zn 间隙原子、氧空位等的浓度，将器件的电阻提高了 1~2 个数量级[20, 21]。

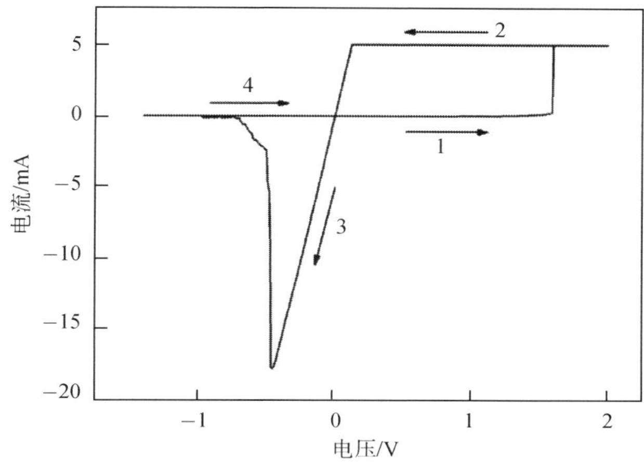

图 4.13　Cu/ZnO/Pt 阻变存储器的阻变特性 *I-V* 曲线

图 4.14 显示了 Cu/ZnO:Mn/Pt 阻变存储器的 Set 和 Reset 阈值电压的统计分布。其中 V_{Reset} 分布在–1.3~–0.2V 范围内，而 V_{Set} 分布在 0.4~2.0V 范围内。V_{Reset} 和 V_{Set} 的平均值分别为–0.7 和 1.4V。这种大小的阈值电压与现有 CMOS 工艺有着很好的兼容性，并且在降低能耗方面也是非常有利的。

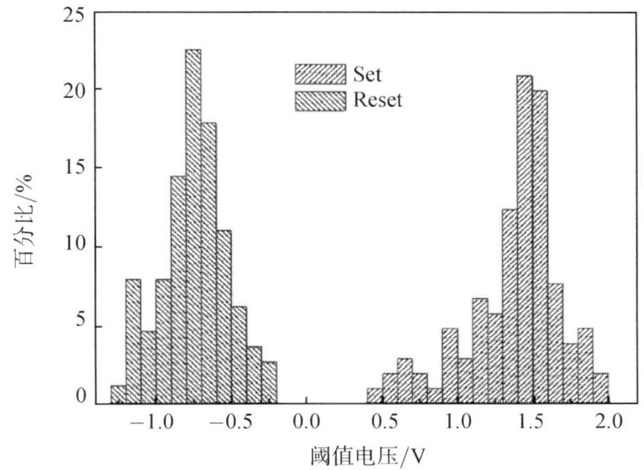

图 4.14　Cu/ZnO:Mn(30nm)/Pt 阻变存储器的阻变阈值电压统计分布

图 4.15 给出了 Cu/ZnO:Mn/Pt 阻变存储器的非易失数据保持特性。为了更好地模拟器件的实际工作状态，保持特性测试过程中将器件升温至 85°C。如图 4.15 所示，Cu/ZnO:Mn/Pt 阻变存储器的高阻态和低阻态断电之后都可以在 85°C 下保持超过 10^4s，器件的开关比维持在 10^3 以上，证明器件良好的非易失性。

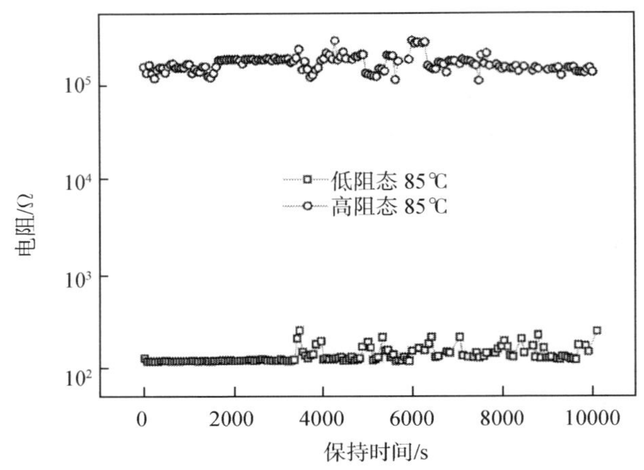

图 4.15　Cu/ZnO:Mn(30nm)/Pt 阻变存储器在 85°C 下的数据保持特性

电阻转变效应的工作区域问题一直是研究者们争论的焦点，关于电阻转变是一种块体行为还是发生在电极/存储介质界面附近的界面效应一直没有确定性的结论。为了探讨这一问题，研究了不同 ZnO:Mn 厚度(15、30、60、120nm)的 Cu/ZnO:Mn/Pt 阻变存储器阈值电压的差别，如图 4.16 所示。结果表明，Cu/ZnO:Mn/Pt 阻变存储器的初始化电压随 ZnO:Mn 薄膜厚度的增大而增大，两者近似成线性关系。这种现象可以理解为 ZnO:Mn 薄膜厚度越大，穿透薄膜形成导电细丝的难度也越大，因此需要更高的电压。所不同的是，Set 和 Reset 过程的阈值电压基本不随 ZnO:Mn 薄膜厚度的变化而变化，这意味着 Set 和 Reset 过程所加的偏压可能只作用在器件当中的一个等效区域上，而这种等效区域的厚度是与薄膜厚度无关的。这样的结果支持了阻变效应是一种界面行为的理论。同时其他研究者在 $Cu/SiO_2/Pt$[22] 和 $Pt/Fe_2O_3/Pt$[23] 系统中也都观察到了类似的实验现象。

一些研究者尝试通过各种实验设计来进一步确定电阻转变的具体工作区域。其中值得注意的是，Janousch 等利用 X 射线荧光成像的手段证实了电极与存储介质的界面就是上述等效区域，因此为界面机制提供了有力的证据[24]。因此基于以上结果可以得出，电阻转变的具体过程为：Reset 过程本质上是导电细丝在电极/存储介质界面附近的局部断开，而随后的 Set 过程只需连通导电细丝在 Reset 过程中断开的区域而无需重建整条导电细丝，这就很好地解释了现有现象。

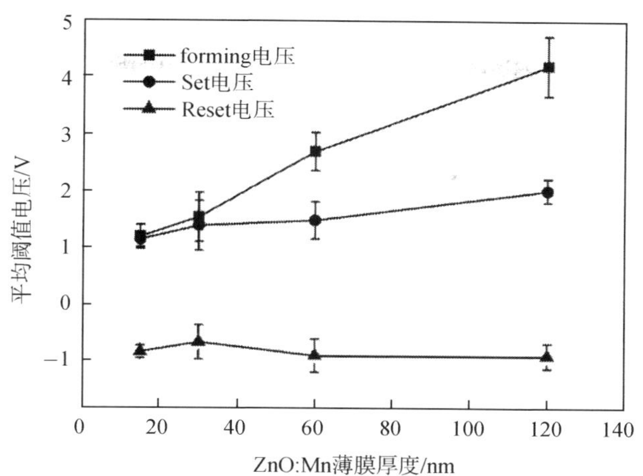

图 4.16　Cu/ZnO:Mn/Pt 阻变存储器的 forming、Set、Reset 阈值电压随 ZnO:Mn 介质层厚度的变化关系

随着微电子集成密度的不断提高，存储器芯片单位面积散发的热量正在变得越来越大，因此热效应对存储器性能的影响已经成为一个非常紧迫的问题。通过改变 Set 过程中的限流值研究了焦耳热对于 Cu/ZnO:Mn/Pt 阻变存储器电阻转变效应的影响，分别测量了限流值为 0.01、0.1、1、3、5、10mA 的 Cu/ZnO:Mn(30nm)/Pt 存储器电阻转变特性 *I-V* 曲线，如图 4.17 所示。结果表明，在限流值为 0.1~10mA 范围内 Cu/ZnO:Mn/Pt 阻变存储器都表现出稳定的阻变效应。值得注意的是，即便当限

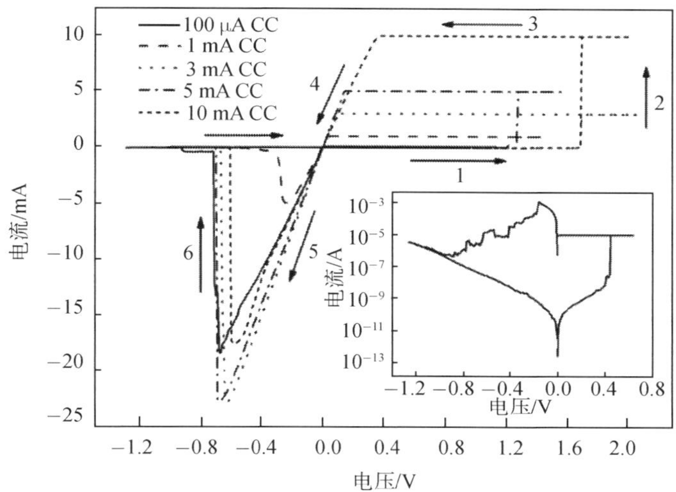

图 4.17　限流值为 100μA、1mA、3mA、5mA 和 10mA 情况下 Cu/ZnO:Mn(30nm)/Pt 阻变存储器的阻变特性 *I-V* 曲线

内插图显示限流值为 10μA 情况下的存储器阻变特性 *I-V* 曲线(半对数坐标)

流值减小到 10μA 时，仍然可以成功地观察到 Cu/ZnO:Mn/Pt 阻变存储器的电阻转变现象，如图 4.17 内插图所示，如此低的写入电流对于降低存储器的能耗无疑是非常有利的。

然而，当限流值继续增加至 50mA 时，电阻记忆效应不复存在，如图 4.18 所示。此时 Cu/ZnO:Mn/Pt 阻变存储器的双稳态电阻记忆性变成了单稳态电阻阈值转变。具体来说，尽管在正向电压扫描过程中，器件也发生了由高阻态到低阻态的转变过程，但此时器件的低阻态是不稳定的，并很快回到高阻态，也就是说此时低阻态并不是一个稳定的非易失性存储状态。Chang 等报道了在热扩散不充分的条件下 Pt/NiO/Pt 存储器中存在类似的由双稳态到单稳态的电阻转变，并将其归结为导电细丝在高温下的不稳定性[25]。这一解释同样适用于 Cu/ZnO:Mn/Pt 体系。具体来说，Set 完毕后通过 Set 过程中形成的导电细丝的电流由实验设定的限流值决定。因此当限流值增大时，通过导电细丝的电流增大使得细丝温度升高。高温下导电细丝中的 Cu 原子迁移加速，导致细丝断开，因此显示低阻态的不稳定性。上述结果表明，对于 Cu/ZnO:Mn/Pt 阻变存储器来说，写入电流超过 10mA 以后热效应的影响就不可忽略，这与 Guo 等人的观点是一致的[26]。

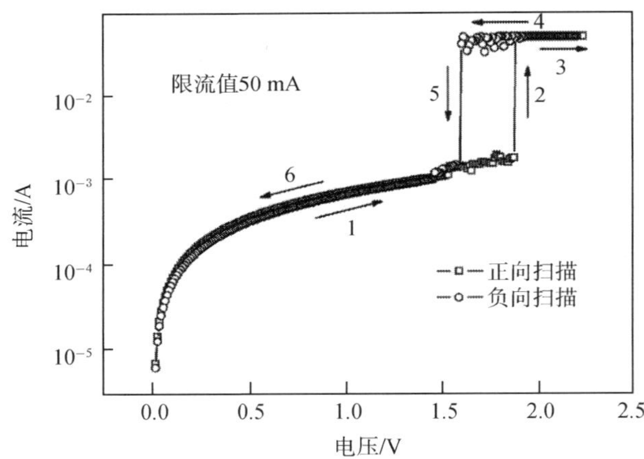

图 4.18　限流值增至 50mA 时 Cu/ZnO:Mn(30nm)/Pt 阻变存储器的阈值转变特性 *I-V* 曲线，器件仅表现出一个稳定的阻态

很多情况下，在金属导电细丝起作用的阻变存储器体系中存在如下关系[27]：

$$I_{\text{Reset}} \approx I_{\text{comp}} \tag{4.3}$$

其中 I_{Reset} 代表器件的 Reset 电流，I_{comp} 代表 Set 过程中设定的限流值。很明显，图 4.17 中的现象相对于式(4.3)存在较大的偏离，这种偏离在低限流值的条件下(10~100μA) 尤为明显。根据文献报道，这种偏离是由于电学测试系统中存在的寄生电容引起的[28]。这种寄生电容在 Set/Reset 过程中充/放电，影响了电流的实际测量值。类似的效应可以通过消除寄生电容或者引入 1T1R 结构来减轻。

为了进一步揭示热效应对阻变存储器性能的影响，采用快速扫描的方法使焦耳热来不及扩散以造成器件的累积热效应。图 4.19 给出了对 Cu/ZnO:Mn/Pt 阻变存储器进行快速扫描所得的 *I-V* 曲线，每次扫描之间的间隔时间为 0，限流值设置为 1mA。由于限流值相对于图 4.18 的情况有了大幅度减小，所以此时由于电流过大而引起的热效应并不明显。然而，在快速循环过程中器件的热效应来不及完全扩散而累积起来，使得器件的疲劳性能有所下降。如图 4.19 及其内插图所示，器件在正常阻变发生 64 个循环后在第 65 个循环失效，并永久性地停留在低阻态。此时在器件的 Cu 电极表面利用原位的光学显微镜可以观察到高亮花样的出现，表明器件处于非常高的温度。

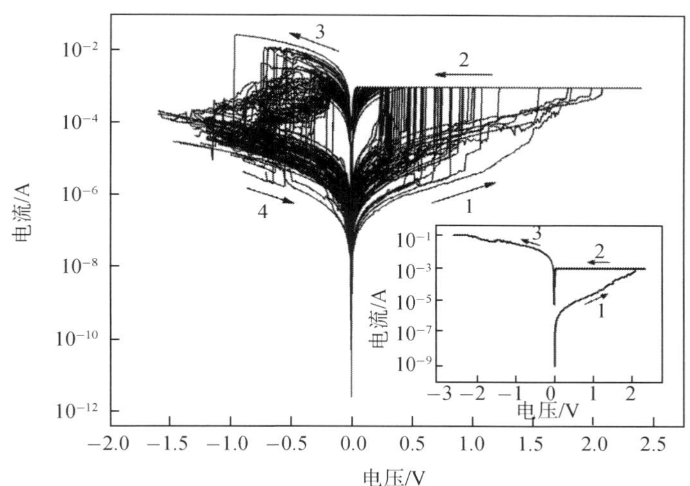

图 4.19　Cu/ZnO:Mn(30nm)/Pt 阻变存储器在 64 个周期内的快速循环阻变特性 *I-V* 曲线
内插图显示器件在第 65 个周期阻变特性失效时的 *I-V* 曲线

图 4.20 进一步采用扫描电镜观察了上述 Cu 电极上产生的花样。这种花样的 SEM 照片如图 4.20(a)所示，并在图 4.20(b)中进一步放大。可以发现，这种花样本质上像是电极熔化形成的裂纹，并且具有类似闪电的形状，花样内外(图 4.20(c))的电极区域通过 EDX 分析表现出完全相同的成分，如图 4.20(d)。器件的失效以及与之伴随的电极花样的出现来源于器件的电击穿。然而，如果在每次相邻电压扫描之间间隔 2min 时间以促进焦耳热的扩散，则器件持续循环超过 100 次而不表现出任何击穿的现象。这证明器件累积的热效应对于上述器件的击穿有诱发作用，因此对于器件的实际使用是有害的。

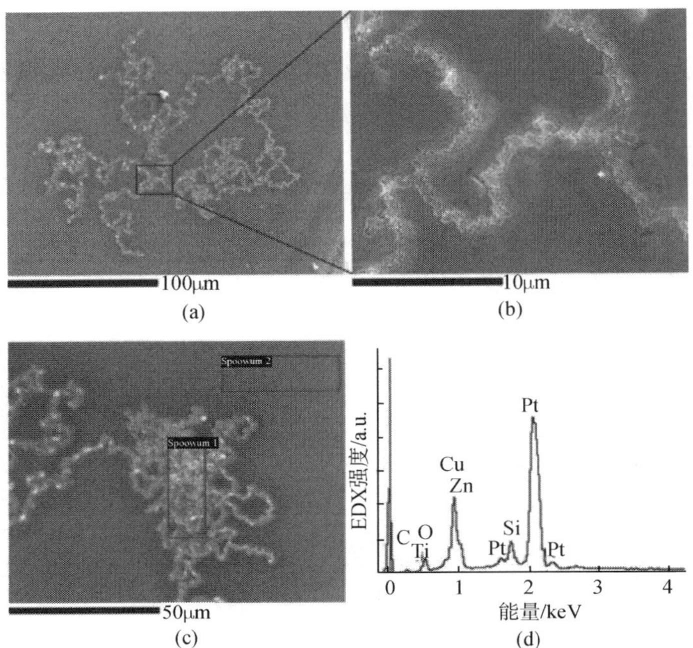

图4.20 (a)Cu/ZnO:Mn(30nm)/Pt阻变存储器阻变失效后在Cu电极上观察到的花样;(b)显示(a)中矩形框区域的放大图像;(d)显示(c)中两个矩形区域的 EDX 分析结果

综合以上分析，焦耳热对于阻变存储器性能的稳定性是有害的，尤其是在未来高密度存储的情况下这种热效应更应当尽量避免。事实上，上述内容为消除这类热效应提供了可能的途径，主要包含两个方面，一是减小工作电流，二是促进焦耳热的耗散。焦耳热与电阻转变关系的问题在阻变存储器的实际应用中有重要影响。

3. 氮化物中的金属导电细丝型电阻转变

早期的研究人员把注意力主要集中在氧化物，开发了基于不同氧化物的高性能阻变存储器器件并探究了其中的电阻转变微观机制。然而，氧化物阻变材料中氧离子的运动与金属电极氧化还原反应的共同作用给电阻转变机理的研究带来很大的干扰，多种机制的混合既不利于深入的了解电阻转变的物理机制，也不利于获得稳定的电阻转变特性。而在 AlN 这类氮化物体系则可以避免氧化物中氧离子迁移等因素的干扰，能更加清晰的探究电阻转变机理。因此，本书作者将阻变存储器材料的研究范围从氧化物拓宽至 AlN 这一氮化物体系，诠释了电化学活性的金属电极 Ag、Cu 等在 AlN 中形成金属导电细丝的微观机制，也因此获得了性能优异的 AlN 基阻变存储器。

AlN 作为一种重要的宽禁带半导体材料，具有一系列优异的物理性能，例如高熔点、高热导率、高绝缘性以及高声波传输速度等[29, 30]。AlN 的电阻率非常高，且耐击穿强度非常大，所以它被广泛应用于半导体行业中充当绝缘层。同时 AlN 的导热性很好，热膨胀系数又和 Si 的很相近，故 AlN 在半导体行业中的刻蚀、镀膜、合成新材料和电子封装等多个领域中得到了广泛应用。如果能将 AlN 材料应用于阻变存储器，其较高的电阻率可以提高器件在高阻态时的电阻值，从而能提高器件高低阻态之比(阻变存储器的窗口值)，同时还能降低器件电流，减小器件的功耗。因此，AlN 有望作为一种优异的阻变存储器的候选材料。研究 AlN 的电阻转变效应还能进一步验证氮化物作为阻变器件材料的可行性，继而扩展阻变存储器的选材范围。另一方面，比较 AlN 中的电阻转变效应与氧化物中电阻转变效应的差异还能完善阻变存储器中的导电机理，进一步阐明电阻转变的微观物理机制[31]。

1) AlN 薄膜的制备

采用反应磁控溅射的方法制备 AlN 薄膜，沉积 AlN 薄膜选用的基片为 $Pt/Ti/SiO_2/Si$ 基片。$Pt/Ti/SiO_2/Si$ 基片的结构为：(100)取向的 Si 单晶基底上，经过热氧化过程形成厚度约为 300nm 的 SiO_2，然后沉积约 10nm 的 Ti 作为过渡层，最后镀上 120nm 的(111)取向的 Pt 作为底电极。Ti 过渡层的作用是为了增加 Pt 和 SiO_2 之间的结合力。溅射 AlN 薄膜所用的靶材为纯金属 Al 靶，直径为 75mm，厚度为 6mm。溅射使用的工作气体是 Ar 气和 N_2 气的混合气体，Ar 气主要作为溅射气体，而 N_2 气是反应气体，与溅射出来的 Al 原子反应生成 AlN。

在 $Pt/Ti/SiO_2/Si$ 基片上沉积的 AlN 薄膜的 XRD 谱如图 4.21(a)所示。从 30°到 80°的 X 射线扫描范围内，除了 Si 基片的(400)和(200)衍射峰及 Pt 的(111)衍射峰以外，属于 AlN 的衍射峰只有(002)峰。Si(200)是 Si 单晶中杂质和缺陷所导致的不完全消光而产生的衍射峰，在完美晶格中应该是不出现的。唯一的 AlN(002)衍射峰说明在 $Pt/Ti/SiO_2/Si$ 基片上沉积的 AlN 晶粒具有 c 轴择优取向。图 4.22(b)给出了在 Si 基片上沉积时间为 150s 的 AlN 薄膜的小角 XRD 谱，一系列连续振荡峰出现在 AlN 的小角 X 衍射曲线中。光滑且连续的振荡峰说明沉积的 AlN 薄膜厚度均匀并且具有较低的表面粗糙度。小角衍射振荡峰的间距还可以用来计算薄膜的厚度 d

$$d=\frac{\lambda}{2\Delta\theta} \tag{4.4}$$

其中，λ 为所用 X 射线的波长，$\Delta\theta$ 为小角衍射曲线中两个振荡峰之间峰位差的一半。由图 4.22(b)中的小角衍射曲线可以得出振荡峰之间的平均峰位差为 0.306°，由公式(4.4)可以计算得到 AlN 薄膜的厚度约为 28.8nm，由此还可以得出在此时的溅射条件下，AlN 薄膜的沉积速度为 1.9Å/s。由于磁控溅射设备没有实时监控薄膜厚度的附件，AlN 薄膜溅射速率就是通过此种方法来确定。当薄膜厚度低于 50nm 时，利用小角 X 射线衍射可以比较方便的获得薄膜的厚度，从而得出薄膜溅射速率。

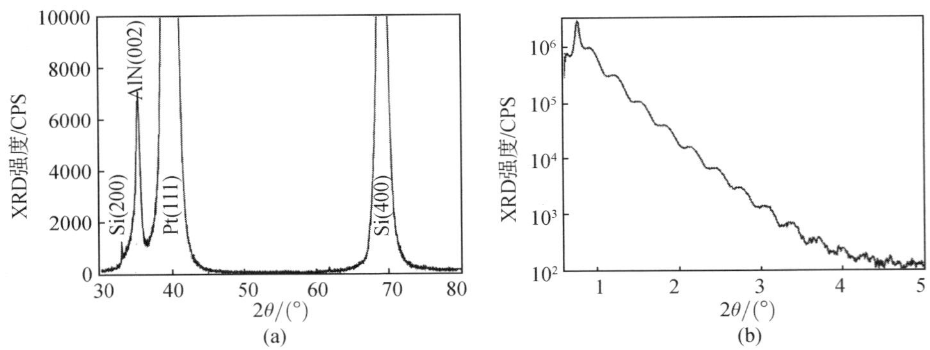

图 4.21　(a)沉积在 $Pt/Ti/SiO_2/Si$ 基片上的 AlN 薄膜的全角 XRD 谱；(b)在 Si 基片上沉积 150s 的 AlN 薄膜的小角 XRD 谱

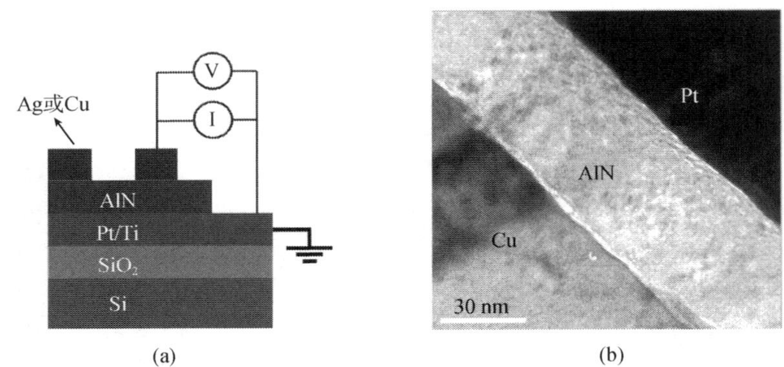

图 4.22　(a)(Ag，Cu)/AlN/Pt 阻变存储器的结构示意图；(b)Cu/AlN/Pt 结构的截面低倍透射电镜照片

2) (Ag，Cu)/AlN/Pt 阻变存储器的电阻转变特性

(Ag，Cu)/AlN/Pt 阻变存储器的结构示意图如图 4.22(a)所示。在 $Pt/Ti/SiO_2/Si$ 基片上沉积完 AlN 薄膜以后，利用金属掩膜版制备圆形的直径为 300μm，厚度为 120nm 的 Ag 或 Cu 上电极。所有的电压或电流激励都施加在上电极而 Pt 底电极接地，规定从上电极到底电极的电流方向为正方向。电性能测试采用的电压和电流激励都通过安捷伦 B1500A 产生。图 4.22(b)给出了 Cu/AlN/Pt 器件的一个截面透射电镜照片，可以看到 Cu/AlN/Pt 的三层结构，各层之间的界面明锐，AlN 层均匀的夹在 Cu 电极和 Pt 电极之间，厚度约为 50nm。

采用电压扫描模式来研究 AlN 器件的电阻转变性能，图 4.23 给出了 Cu/AlN/Pt 器件在电压扫描下的典型 *I-V* 曲线，电压扫描顺序如图中的数字所示：1→2→3→4，也就是说电压从 0V→4V→0V→−3V→0V 构成一个循环。由图中可见，Cu/AlN/Pt 器件的初始态为高阻态，电阻约为 $10^6\Omega$。电压从 0V 缓慢向正向电压增加时，电流值也随之缓慢的增加(过程 1)。当电压增加到约 2.6V 时，电流突然急剧的增加，说明器件的电阻急剧的减小了(Set 过程)。因为 Set 过程的电流突然增加，为了防止电流过大而损坏器件，在 Set 过程中通常施加一个限制电流，如图 4.23 中施加了一个大小为 10mA 的限制电流来保护器件。在电压从 4V 扫描回 0V 的过程中，器件仍然保持在低阻态(过程 2)。电压向负向扫描的过程中，器件首先处于低阻态(过程 3)。当电压增加到–0.8V 左右时，电流突然降低，在–1.5V 时器件的电阻又回到了 $10^6\Omega$ 的高阻态(Reset 过程)。最后电压从–3V 扫描回 0V 的过程中，器件一直稳定的保持在高阻态(过程 4)。显然，器件在电压的作用下能够在高低两个电阻态之间来回转变。同时这种转变是非易失性的，也就是说当电阻转变之后即使撤销电压，电阻值也不会发生变化。这种在正向电压下转变到低阻态，而反向电压时转变回高阻态的阻变行为，称为双极性电阻转变。对于双极性电阻转变的器件，正向电压不能使器件转变回高阻态。发现当使用 Ag 电极做上电极时表现出来的电阻转变特性和 Cu 电极的器件类似，都表现为双极性电阻转变行为。Cu 上电极的器件的电阻转变更为稳定，故后面的内容都在 Cu 上电极的器件中进行讨论。

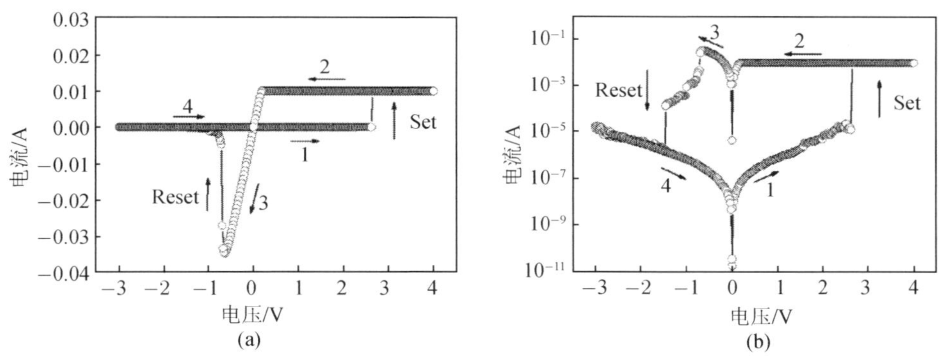

图 4.23　Cu/AlN/Pt 器件在(a)线性坐标和(b)对数坐标下的 *I-V* 曲线

为了验证器件电阻转变特性的可重复性，给器件交替施加正向和负向电压，如图 4.24 所示为 Cu/AlN/Pt 器件的 100 次重复电压扫描的 *I-V* 曲线。从图中可以看出，测试时施加的是单方向的正向电压和负向电压，因为图 4.23 已经证明了器件在电压回扫的过程中电阻不会改变。在 100 次的重复电压扫描的过程中，器件能在高低阻态之间稳定的来回转变，证明了 Cu/AlN/Pt 器件电阻转变的可重复性。器件在 Set 过程的转变电压(V_{Set})分布较为分散，为 1~6V 之间，而 Reset 过程的转变电压(V_{Reset})的分布则集中一些，分布在–1.8V 到–0.4V 的范围。另一方面，高阻态的电阻分布也更为分散，而电阻态的分布则非常集中。这时因为低阻态反映的是导电细丝的电阻大小，而高阻态反映的是 AlN 薄膜的电阻大小，而高阻态会存在很大残余导电细

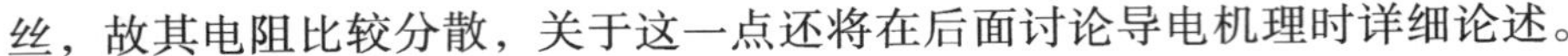
丝，故其电阻比较分散，关于这一点还将在后面讨论导电机理时详细论述。

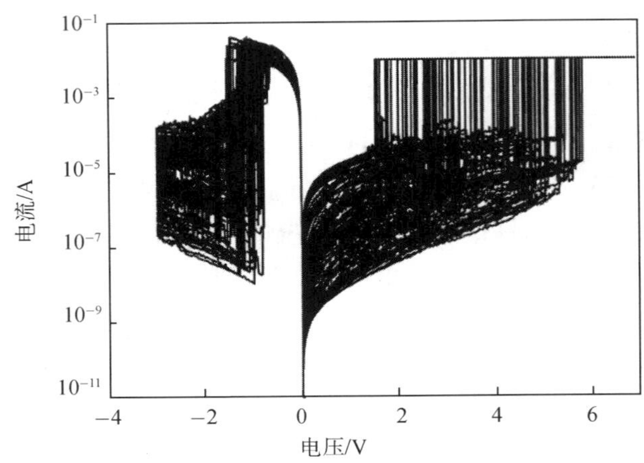

图 4.24　Cu/AlN/Pt 器件的 100 次重复电压扫描的 *I-V* 曲线

3) 器件的电阻转变机理

首先来看一下器件中的介质材料的微观结构和化学价态，图 4.25 所示为 AlN 薄膜的截面高分辨透射电镜照片。AlN 薄膜晶格排列非常规整，晶粒内部缺陷较少，(002)面平行于薄膜表面，与 XRD 的结果相吻合。透射电镜的结果说明在 300℃沉积的 AlN 薄膜具有良好的晶体质量。

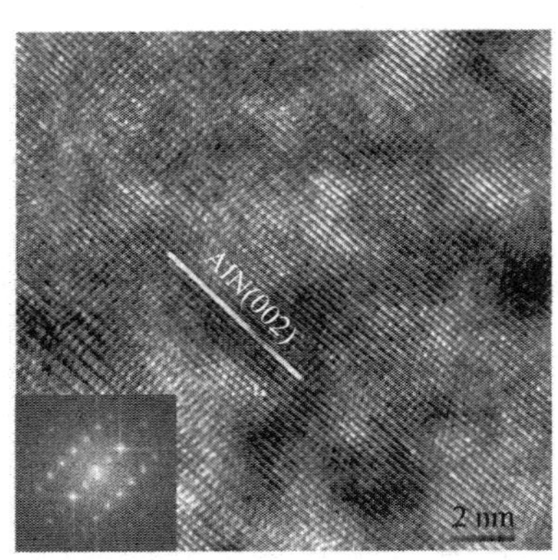

图 4.25　Pt/Ti/SiO_2/Si 基片上沉积的 AlN 薄膜的截面高分辨透射电镜照片

插图是对应的快速傅里叶变换

XPS 能谱能够表征 AlN 薄膜的化学状态。图 4.26 给出了 AlN 薄膜的 Al 2*p* 和 N 1*s* 的 XPS 谱，原始测试数据如图中的圆圈所示，对原始数据利用 Shirley 法扣除背底后，用多峰位高斯法对数据进行拟合。如图 4.26(a)所示的 Al 的 2*p* 峰非常对称，用一条高斯曲线就可以很好的拟合。拟合峰的半高宽非常小，只有 1.57eV，峰位坐落在 73.7eV 的位置，与文献中 Al—N 键的结合能相符合[32, 33]。没有与金属 Al 或者 Al 的氧化物的结合能对应的峰出现，表明沉积的薄膜中 Al 都与 N 原子成键形成纤锌矿结构的 AlN。N 1s 峰则不太对称，在左侧的高能量端有一个肩膀峰，利用高斯拟合出两个峰位：1#峰和 2#峰。1#峰位于主峰位，半高宽为 1.5eV，峰的位置坐落于 396.9eV，对应于纤锌矿 AlN 中的 Al—N 键[32, 33]。而位于 398.9eV 的强度较低的 2#峰可能来自于外来杂质如 N—C 键或者晶界处 N 键的贡献[33]。

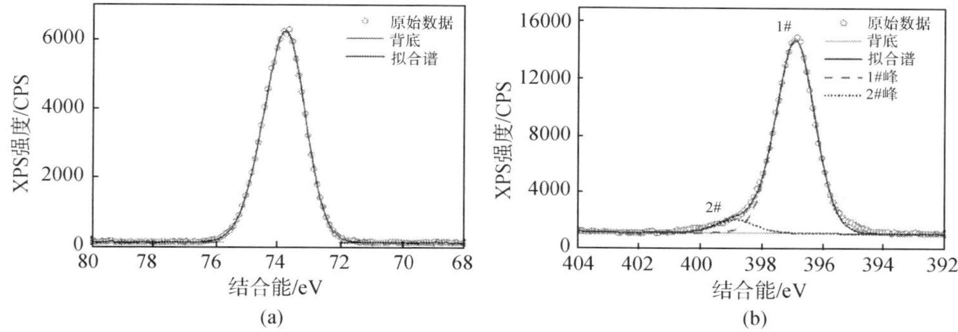

图 4.26　磁控溅射沉积 AlN 薄膜的(a)Al 2p 和(b)N 1s 的 XPS 谱

器件在高低阻态的导电机制有助于揭示器件的电阻转变机理，因此将 Cu/AlN/Pt 器件的正向 I-V 曲线画在双对数坐标下并对其各段进行线性拟合，如图 4.27 所示。图中上半部分是低阻态的导电曲线，其线性拟合的斜率为 1.0，表明低阻态的导电规律符合欧姆定律($I \propto V$)，在更大的电压下，低阻态的电流达到了限流值(10mA)。而高阻态的导电机制却显然不同，要复杂得多。高阻态的 I-V 曲线由三段组成：在非常小的电压下，拟合的斜率为 1.09，表明这一段符合欧姆定律($I \propto V$)；随着电压的增大，I-V 曲线的斜率增大为 1.97，符合 Child 导电定律($I \propto V^2$)；最后电流进入急剧增加的阶段，I-V 曲线的斜率增大到 6.6；最后器件转变到低阻态。高阻态的这种导电特性与经典的空间限制电荷导电机理(SCLC)非常吻合[12]。而 SCLC 导电机制正好是一种绝缘体的导电机制，说明 Cu/AlN/Pt 器件在高阻态的导电机制反映了 AlN 薄膜本身的导电行为。而低阻态的欧姆导电行为则暗示着在器件中形成了金属特性的导电细丝[5]。

由上所述的 Cu/AlN/Pt 器件在高低阻态的导电机制，已经暗示了器件在低阻态时转变为金属导电性质。高低阻态的电阻值随温度变化的规律能够进一步解释器件在高低阻态的物理本质。如图 4.28 所示，低阻态的电阻随温度升高而增加，表现为典型的金属导电特性，其电阻 $R_{\mathrm{LRS}} = R_0[1+\alpha(T-T_0)]$，其中 R_0 是温度在 T_0 时的电

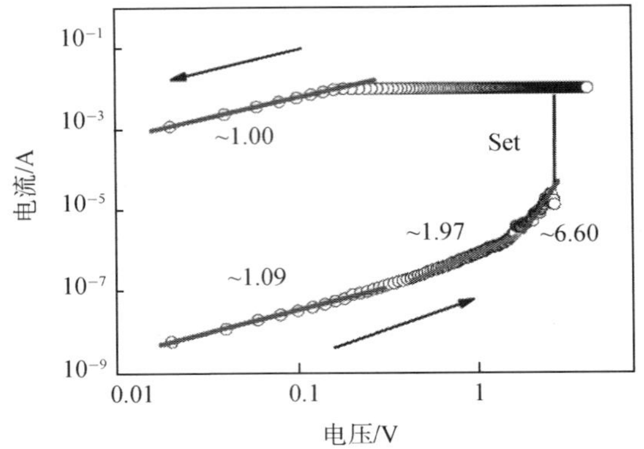

图 4.27　Cu/AlN/Pt 器件的正向 *I-V* 曲线在双对数坐标下的线性拟合

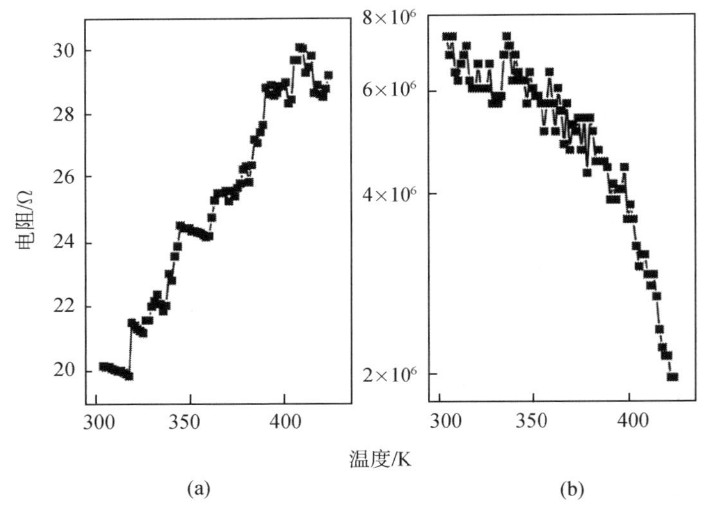

图 4.28　Cu/AlN/Pt 器件(a)低阻态和(b)高阻态的电阻值随温度的变化

阻，α 为电阻温度系数。低阻态的这一温度特性证实了 Cu/AlN/Pt 器件在低阻态时形成了金属性的导电相。前人的研究成果已经证明了 Ag 和 Cu 电极很容易在电场的作用下发生氧化还原而形成金属导电细丝[5, 34, 35]。因此 Cu/AlN/Pt 器件转变到低阻态是由于在 AlN 薄膜中形成了金属 Cu 导电细丝。高阻态的电阻随温度的升高而降低，表现出典型的半导体的导电特性 $\log R_{\mathrm{HRS}} \propto 1/T$，这也反映了 AlN 薄膜的本征导电行为。器件在转变回高阻态以后，AlN 薄膜内会有部分残留的 Cu 导电细丝，因而器件在高阻态的电流由流经残余导电细丝的电流和流经 AlN 薄膜的电流两部分组成。有文献认为，当温度低于 250K 时，流经残余导电细丝的电流占主导作用，使得器件在高阻态的导电行为不再符合半导体导电行为[36]。而在室温下，流经 AlN 薄膜的电流仍然是主要的，故器件在高阻态的导电行为符合半导体导电特性和满足

SCLC 导电机制。

图 4.29 给出了限制电流的大小对 Cu/AlN/Pt 器件的 *I-V* 曲线以及电阻转变过程的影响。虽然在不施加限制电流的情况下双极性电阻转变类型的器件也能正常完成电阻转变，但是通常在 Set 过程中仍施加一个限流值来减小器件的功率耗散和增强器件在循环测试中的重复性能[37, 38]。图 4.29(a)给出了器件的 *I-V* 曲线随限制电流大小的变化。由图可知，不同限制电流下的电阻转变曲线的 Set 和 Reset 过程没有明显差异，转变阈值电压 V_{Set} 和 V_{Reset} 都在图 4.24 所示的连续扫描曲线的范围内变动。*I-V* 曲线中出现显著差别的是在 Reset 过程中的最大电流值(I_{Reset})和低阻态的电阻值(R_{LRS})。图 4.29(b)还进一步给出了 I_{Reset} 的大小随限制电流变化的统计结果。结果表明随着限制电流的减小，I_{Reset} 也一起减小。而 R_{LRS} 则随限制电流的减小而增大。这一现象可以通过导电细丝机理加以理解：当器件在 Set 过程中施加的限流值越大时，此时的 Cu 导电细丝就能够长的更粗[1]，更粗的导电细丝必然导致更小的电阻值(R_{LRS})和更大的 I_{Reset} 值。因此，I_{Reset} 的值随限制电流的增加而增大这一规律也从侧面支持了 Cu 导电细丝的电阻转变机理。图 4.29(a)还证实了电阻转变行为在限制电流低至 50μA 时仍能够正常进行，表明了 Cu/AlN/Pt 器件可以在较低功耗下进行数据存储与擦除操作。不过限制电流的施加需要给每个器件额外集中一个晶体管，增加了器件设计的难度和生产成本，不利于阻变存储器的实际应用。另一方面，R_{LRS} 的大小随限制电流的变化提供了一种多值存储的能力，只要能稳定控制不同限流值下的电阻值，就可以利用不同的 R_{LRS} 值来作为一个存储态。多值存储可以大大增加器件的数据存储能力。

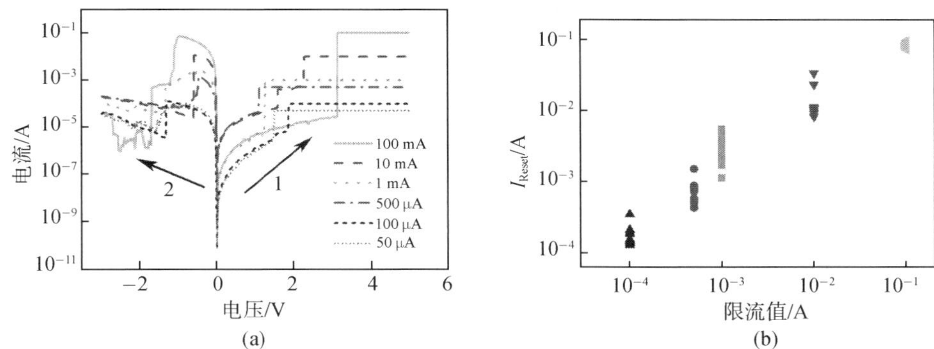

图 4.29　(a)Cu/AlN/Pt 器件在不同限制电流下的 *I-V* 曲线；(b)Reset 过程中的最大电流值随限制电流大小的变化

结合以上结果，可以得出 Cu/AlN/Pt 器件发生电阻转变过程的微观机理。图 4.30 给出了 Cu/AlN/Pt 器件发生电阻转变的示意图。器件的初始态为高阻态，电阻大于

$10^6\Omega$。当正向电压施加在 Cu 上电极时(图 4.30(a))，位于阳极的 Cu 原子被氧化成 Cu 离子[1, 5]

$$Cu^{n+} + ne^- \longleftrightarrow Cu \ (n = 1, 2) \tag{4.5}$$

在电场的作用下，这些 Cu 离子向 Pt 底电极迁移。薄膜的晶界等缺陷位置通常是离子的易迁移通道， AlN 晶粒的 *c* 轴择优取向使得晶界都倾向于垂直膜面，更有利于 Cu 离子的迁移。Cu 离子在迁移的过程中遇到电子被还原成 Cu 原子，Cu 原子的堆积使得 Cu 导电细丝的生长。当 Cu 导电细丝最终连通上下电极时，器件便转变到了低阻态(图 4.30(b))。当电压反转时，氧化还原的方向也随之反转，导电细丝中的 Cu 原子被氧化成 Cu 离子并向 Cu 上电极迁移，最终使得 Cu 导电细丝在最薄弱处断开使器件转变回高阻态(图 4.30(c))。Reset 过程中电流的焦耳热效应对导电细丝的断开也起着重要的作用。因为低阻态时电流较大，由电流引起的焦耳热非常严重，引起局部的区域温度升高。温度升高后，扩散作用非常剧烈，引起导电细丝中的 Cu 原子向 AlN 薄膜中大量扩散。最终由焦耳热引起的扩散作用和电场作用下的电化学氧化还原作用共同使导电细丝断开[1, 39]。显然这种金属导电细丝一旦形成(或断开)后，即使撤销电压，它也仍然能够保持。也就是说 Cu/AlN/Pt 器件一旦发生电阻转变，以后也不需要电压来维持，故这种电阻转变是非易失性的。当然，用 Ag 作为上电极时，在 Ag/AlN/Pt 器件中形成的便是 Ag 导电细丝，同样使器件转变到低阻态。另一方面，在前面图 4.29 中所述的 *I-V* 曲线中的限制电流能控制导电细丝

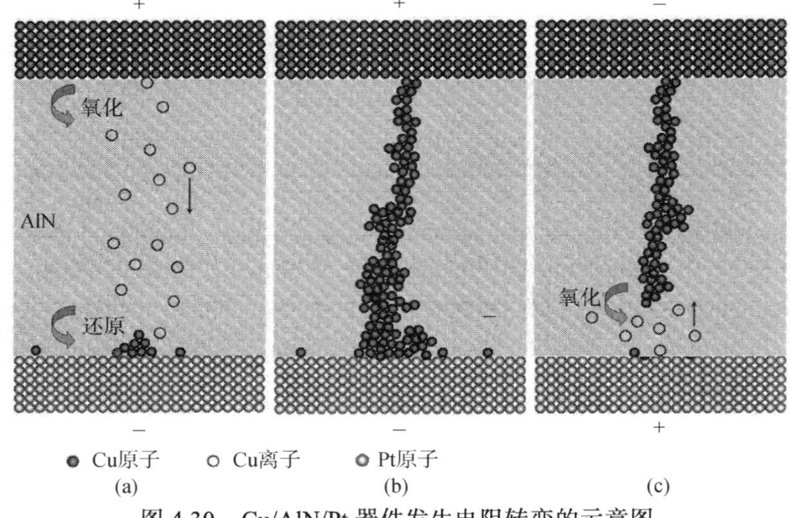

图 4.30　Cu/AlN/Pt 器件发生电阻转变的示意图

(a)Set 过程中 Cu 原子被氧化并且向 Pt 电极迁移；(b)Cu 导电细丝连接上下两个电极使器件转变到低阻态；(c)Reset 过程中 Cu 原子组成的导电细丝在最薄弱处被氧化而断开使器件回到高阻态

的大小，限制电流越大时，导电细丝自然能长的更粗，这也就导致器件在低阻态的电阻值更小，在 Reset 过程中的电流值也就越大。因此在这种基于金属导电细丝机理的阻变存储器中，如何控制导电细丝的生长过程以获得尽可能小而且稳定的导电细丝是制备高密度、低功耗的下一代阻变存储器首先应解决的问题。

作为非易失性存储器，最重要的两大性能指标就是疲劳特性和保持特性，也就是存储器能够耐受的数据重复进行写入擦除操作的能力和数据的保持能力。图 4.31 验证了 Cu/AlN/Pt 器件的疲劳特性和保持特性。在疲劳特性的测试中，使用 6V/10ms 和−4V/10ms 的脉冲分别作为写入和擦除操作的脉冲激励，在每一次写入或擦除操作之后都用一个 0.1V/10ms 的脉冲来读取电阻值，将读取的电阻值画在图 4.31(a)中。如图所示，低阻态的电阻值一直保持在 100Ω，而高阻态的电阻值略微分散一些，首先处于 10^7Ω 量级，在经过一段循环之后稳定在 10^5~10^6Ω 的范围。但是 1000 次的重复写入擦除操作之后，Cu/AlN/Pt 器件的存储窗口值(高低阻态之比)一直稳定的保持在 10^3 以上。当某一个器件被转变到高阻态或低阻态之后，记录该电阻值随时间的变化，就可以得到器件的保持特性，如图 4.31 所示。图中的电阻值也是在 0.1V/10ms 的脉冲下读取的。从图中可以看出，10^6s (11 天)的时间内，高低阻态都没有明显的变化，器件的窗口值也一直保持在 10^3 以上。器件这一稳定的保持特性说明了其非易失性存储器的本质。Cu/AlN/Pt 器件优异的保持特性和重复循环下稳定的抗疲劳性能证实了 AlN 材料是一类有潜力的非易失性阻变存储器用新材料。

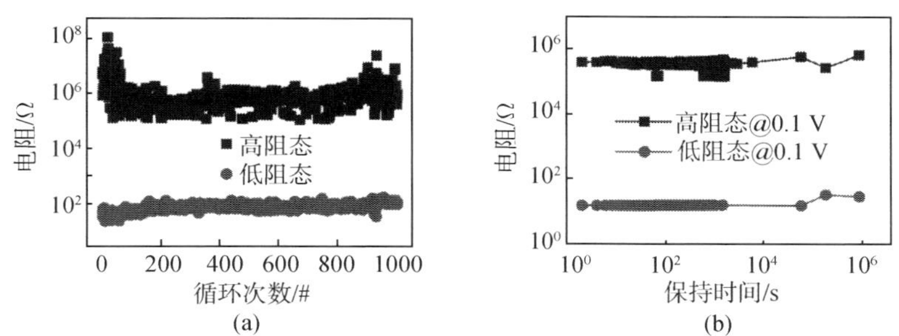

图 4.31　Cu/AlN/Pt 阻变存储器的(a)疲劳特性和(b)保持特性

4. 有机物中的金属导电细丝型电阻转变

1) 有机阻变存储器简介

前面介绍的都是基于无机材料的阻变存储器器件，那么能不能在有机物材料体系中实现电阻转变效应，获得有机物阻变存储器呢？有机物材料以及有机电子学越来越引起广大科研工作者的兴趣，因为和传统无机半导体相比，有机物电子器件具有廉价、柔性、易加工和大面积制备等独特的优点[40, 41]。

相对于无机阻变存储器，基于有机小分子或高分子的阻变存储器有很多优点。但是有机阻变存储器在数据存储时间、热稳定性等方面与无机阻变存储器相比又有明显的不足。从上述无机阻变存储器可知，Cu、Ag 等电化学活性比较好的金属容易形成金属导电细丝。那么，这类金属电极在有机物中是否也能同样形成金属导电细丝呢？因此，在接下来的这部分内容里面，我们重点介绍在有机物材料中基于 Cu 导电细丝机制的有机阻变存储器。

有机薄膜从材料的结构方面分两种，分别是有机小分子和高分子聚合物。对于有机小分子薄膜一般采用高真空蒸发镀膜的方法制备。而对于高分子聚合物，它们的分子量通常比较大，分子链比较长，不容易蒸镀；而且聚合物在加热时很容易分解，所以高聚物的有机薄膜一般采用旋转涂敷、喷墨打印或者丝网印刷等方法来制备。

2) Cu/PEDOT:PSS/Al 导电细丝型阻变存储器的设计与制备

本节内容主要介绍基于 PEDOT:PSS 的导电细丝型阻变存储器。PEDOT:PSS 参数如下：PEDOT 质量分数 0.5%，PSS 质量分数 0.8%，其余为水；禁带宽度 1.6eV；电导率 1S/cm。PEDOT:PSS 属于有机高分子的水相混合物，采用旋转涂敷法制备 PEDOT:PSS 薄膜。将 Si 基片固定在匀胶机的样品台上，并设置相应的转速，如图 4.32 所示；然后在基片上滴加适量的 PEDOT:PSS 水溶液；最后启动匀胶机，使 PEDOT:PSS 水溶液在基片上均匀成膜。

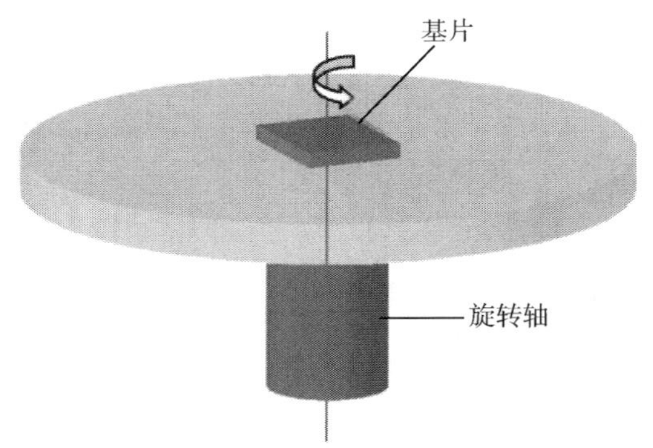

图 4.32　匀胶机工作示意图

而以 Al 作为底电极的 Cu/PEDOT:PSS/Al 器件制备的过程如下：在室温下用超高真空多功能磁控溅射台在 Si (111)基片上沉积一层厚度为 130nm 的 Al 薄膜作为阻变存储器的下电极。然后在 Al 底电极上旋涂一层 PEDOT:PSS 有机薄膜。旋涂形成的 PEDOT:PSS 有机薄膜的厚度为 75nm 左右。旋涂 PEDOT:PSS 结束后，在充满 N_2 的手套箱中对样品进行烘烤，烘烤温度为 120℃，烘烤时间为 5min。烘烤结束后，将样品放置于铁板上冷却至室温。

最后利用掩膜板来制备 Cu 上电极。通过掩膜板孔径控制得到 Cu 上电极的直径为 300μm，Cu 上电极的制备工艺与 Al 下电极的制备工艺基本一致，背底真空为 3.6×10^{-5}Pa，溅射过程中氩气的压强为 0.35Pa。Cu 薄膜沉积前预溅射 5min，以去除 Cu 靶材表面污染物。溅射过程中，溅射电流为 0.32A，溅射气压为 280V，最后得到 Cu 上电极的厚度为 100nm。图 4.33 为 Cu/PEDOT:PSS/Al 阻变存储器的结构示意图以及器件的 TEM 截面像，从此截面像中可以发现，Al 下电极、PEDOT:PSS 中间有机层与 Cu 上电极的厚度分别为 130nm、75nm、100nm 左右。

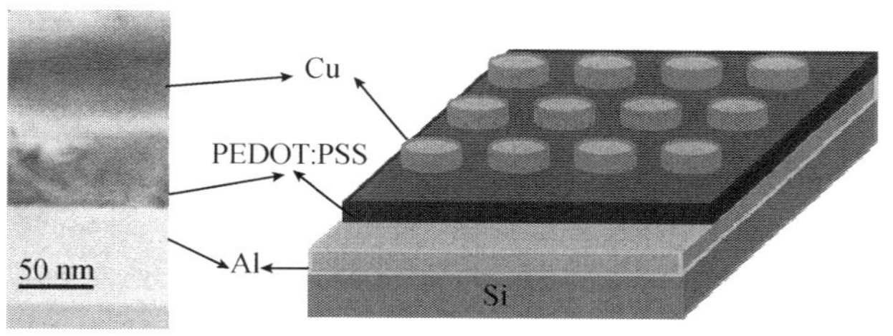

图 4.33　Cu/PEDOT:PSS/Al 阻变存储器的结构示意图，以及单个存储器件的 TEM 截面像

3) Cu/PEDOT:PSS/Al 阻变存储器的存储性能

采用电压扫描的方式测量 Cu/PEDOT:PSS/Al 阻变存储器的 *I-V* 曲线，扫描步进采用 5mV，在整个测量过程中将 Al 下电极接地，并定义正电压的方向为 Cu 上电极相对于 Al 下电极的方向。图 4.34 为线性坐标下的 *I-V* 曲线，图中的数字编号显示了测量过程中电压扫描的先后顺序，即 0V→2.0V→0V→−1.5V→0V。Cu/PEDOT:PSS/Al 器件初始状态为高阻态，电阻值为 $10^5\Omega$ 数量级。当电压从 0V

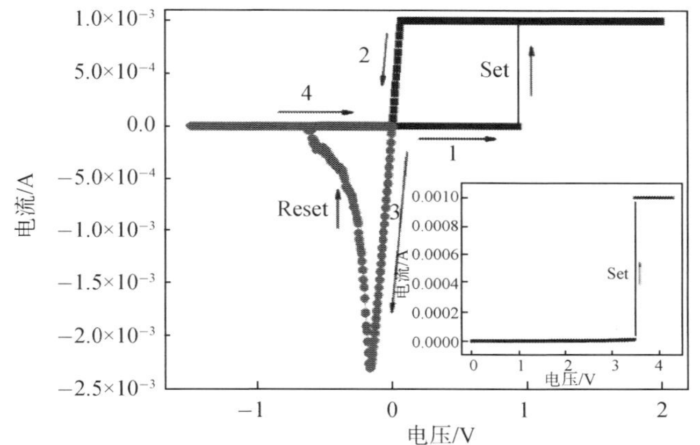

图 4.34　线性坐标下 Cu/PEDOT:PSS/Al 体系的 *I-V* 曲线

内插图显示的是线性坐标下的初始化阻变特性 *I-V* 曲线

向 2.0V 进行正向电压扫描时(阶段 1)，器件在 0.9V 左右出现 Set 过程，器件电阻从高阻态转变为低阻态。在阶段 2，当电压从 2.0V 向 0V 进行正向回扫的过程中，器件电阻保持在低阻态。在阶段 3，当电压从 0V 向−1.5V 进行负向扫描时，器件在−0.6V 左右出现 Reset 过程，器件电阻从低阻态又转变为高阻态。在阶段 4，当电压从−1.5V 向 0V 进行负向回扫时，器件电阻保持在高阻态。对于 Cu/PEDOT:PSS/Al 阻变存储器来说，在大多数情况下器件均能在操作电压<±2V 的情况下发生电阻转变。电阻转变电压的减小有利于减小阻变存储器的功率消耗，从而为发展低功耗的阻变存储器提供了一种可行性。

Cu/PEDOT:PSS/Al 阻变存储器在表现出稳定的阻变效应之前需要一个相对高压(V_{Set}>3V)的初始化过程，称为“forming”过程，如图 4.34 的内插图所示。在初始化过程中对器件施加一个 1mA 的限流值，以免器件因电流过大而发生永久性击穿。初始化过程后，器件到达低阻态，这种 forming 过程在其他的阻变存储体系中也被报道过。

将图 4.34 中负向电流值取其绝对值，并将线性坐标转变为对数坐标得到图 4.35。从图 4.35 中可以更容易看出，Cu/PEDOT:PSS/Al 阻变存储器的开关比同样比较大($R_H/R_L>10^3$)，有利于降低外围电路识别存储元中数据的难度。

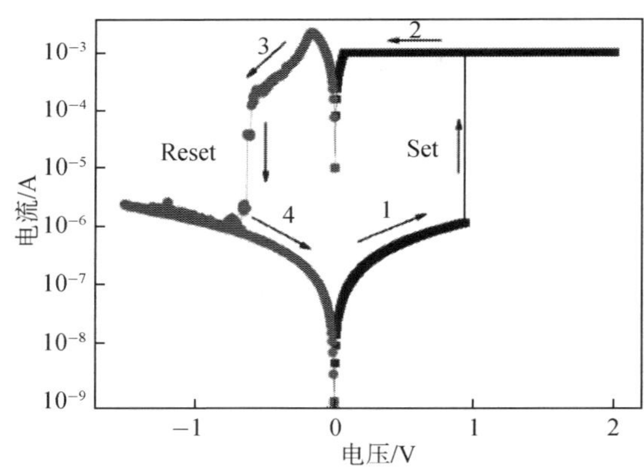

图 4.35 对数坐标下 Cu/PEDOT:PSS/Al 体系的 *I-V* 电阻转变曲线

将图 4.35 正向偏压下的 *I-V* 曲线转化为双对数坐标，并进行分段线性拟合得到图 4.36。从图 4.36 可以看出，高阻态时器件在低电压端 *I-V* 曲线符合线性关系($I \propto V$)；随着电压逐渐升高，电流与电压的关系符合一种近线性关系($I \propto V^{1.2}$)。根据文献报道，阻变存储器在高阻态时的导电机制符合空间电荷限制导电(SCLC)，在高电压端 *I-V* 曲线符合强 SCLC 关系[42, 43]，即 $I \propto V^{\alpha}, \alpha \geqslant 2$，表明在此阶段在阻变存储器的中间层存在空间电荷的积累。但是对于 Cu/PEDOT:PSS/Al 阻变存储体系，由于 V_{Set} 较小(< 2V)，*I-V* 曲线在进入强 SCLC 关系区之前器件就发生了电阻转变，所以电流与电压的关系符合上面所说的近线性关系[44]。这种接近线性关系的电输运特征称为弱 SCLC 关系。

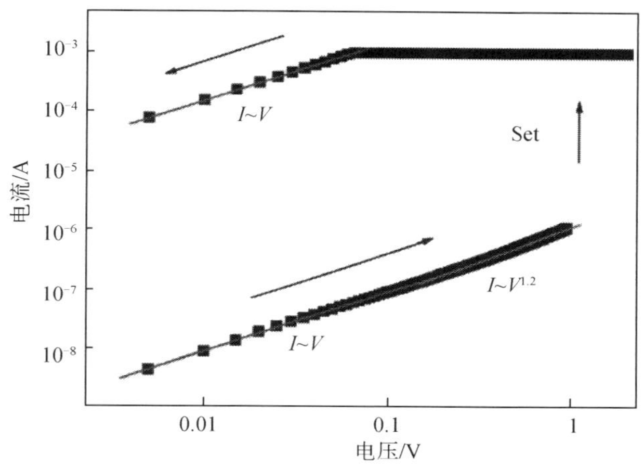

图 4.36　双对数坐标下 Cu/PEDOT:PSS/Al 体系的 *I-V* 曲线及线性拟合结果

另外，将图 4.34 中内插图所示的初始化阻变特性 *I-V* 曲线转变到双对数坐标得到图 4.37。在初始化过程中，由于需要一个相对较大的转变电压，所以器件在发生电阻转变之前 *I-V* 曲线便已进入强 SCLC 关系区。从图 4.37 中可以看出，在高压端 *I-V* 曲线符合强 SCLC 关系，即 $I \propto V^4$ 。从这里的初始化过程便可以进一步证实上面出现弱 SCLC 关系的原因。

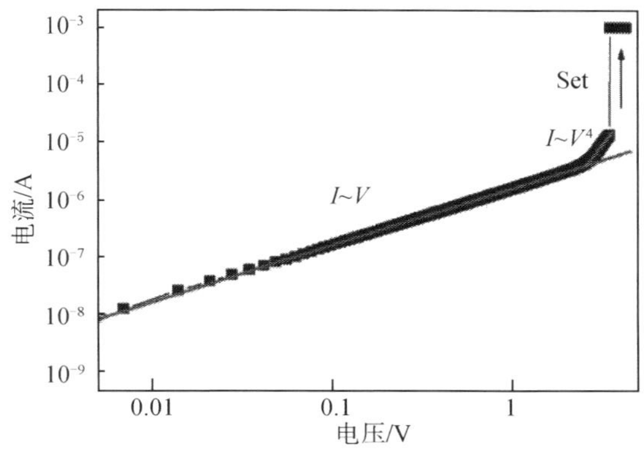

图 4.37　双对数坐标下 Cu/PEDOT:PSS/Al 体系初始化阻变特性 *I-V* 曲线及线性拟合结果

低阻态时器件的 I-V 曲线在双对数坐标下显示为一条直线，I-V 曲线符合线性关系($I \propto V$)，表现出欧姆导电特征，这可能与 Cu/PEDOT:PSS/Al 体系在低阻态时存在导电细丝有关。至于是何种导电细丝，我们将在下文中做进一步的探讨。

通过高低阻态的电阻值随上电极面积的变化趋势可以从另外一个侧面来证明导电细丝的存在，如图 4.38 所示。从图中可以看出，器件高阻态的电阻 R_H 随上电极面积的减小而增大。当上电极的直径从 300μm 减小至 10μm 时，R_H 从 $6.4\times10^5\Omega$ 增加到 $9.09\times10^7\Omega$，增加 140 倍之多；但与此同时，R_L 只从 31.6Ω 增加至 130.7Ω。上述现象表明，相对于高阻态，器件处于低阻态时的电阻值并不敏感于上电极面积的变化，说明器件在低阻态时的导电是一种局域的行为，当器件处于低阻态时流过器件的电流是局域的[45-47]。

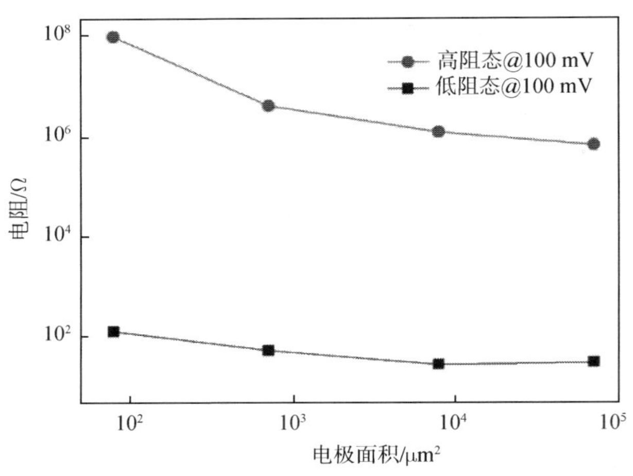

图 4.38　Cu/PEDOT:PSS/Al 体系中高低阻态的电阻值随上电极面积的变化趋势

图 4.39 给出了 Cu/PEDOT:PSS/Al 阻变存储器的低阻态和高阻态的电流随温度的 Arrhenius 拟和。结果表明器件在低阻态时的电流与温度成负相关性，这是一种典型的金属导电行为。Cu/PEDOT:PSS/Al 阻变存储器在高阻态时的电流与温度成正相关性，这可能与半导体的热激发机理有关[48]。

基于以上对 Al/PEDOT:PSS/Cu 阻变存储器电阻转变机理的分析，可以得出 Al/PEDOT:PSS/Cu 阻变存储器的电阻转变过程中清晰的物理图像。同时，通过 TEM 和 EDX 等手段能够进一步验证这种结论。图 4.40(a)表示的是 TEM 下直接观察到的导电细丝的图像，该导电细丝的长度在 70 nm 左右，直径在 10 nm 左右。另外，该导电细丝与 Cu 上电极相连接，但并没有与 Al 下电极连接，这是由于样品在制备过程中所受到的机械压力造成的。图 4.40(b)表示的是沿图 4.40(a)中导电细丝方向的

Cu 含量线扫描结果，在 Cu 电极和导电细丝上 Cu 的信号都非常强，而到达 Al 电极后 Cu 的信号强度很快降低，与导电细丝的形状完全一致。以上结构都证明导电细丝确实由 Cu 元素组成。

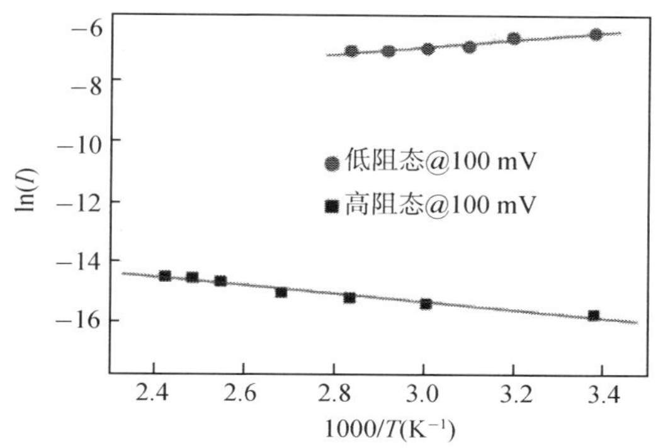

图 4.39　Cu/PEDOT:PSS/Al 阻变存储器的低阻态和高阻态的电流随温度的 Arrhenius 变化规律

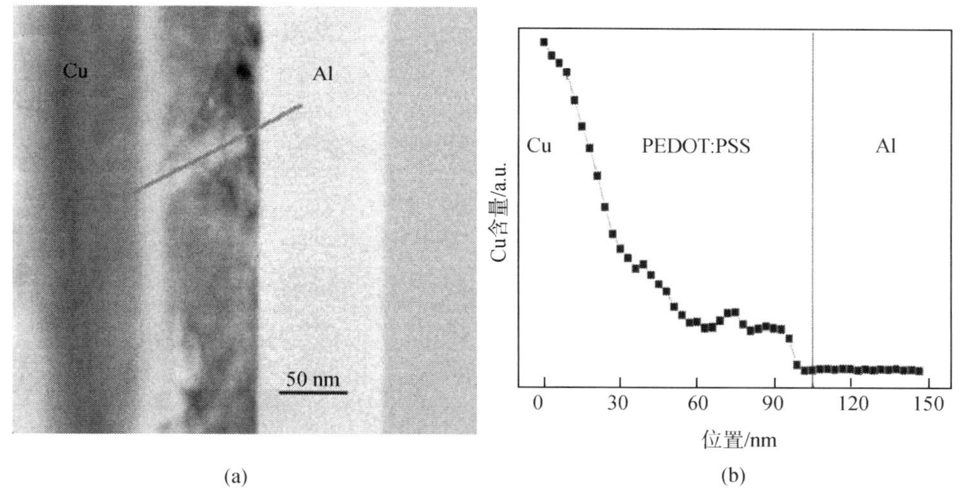

图 4.40　(a)低阻态下的 Al/PEDOT:PSS/Cu 阻变存储器在 TEM 下直接观察到的导电细丝图像;(b)沿导电细丝方向的 Cu 含量线扫描结果

综上所述，Cu/PEDOT:PSS/Al 体系中的电阻转变特性是一种受电化学氧化还原反应控制的以 Cu^{n+}迁移和 Cu 导电细丝形成/断开为核心的过程。图 4.41 给出了 Cu/PEDOT:PSS/Al 体系中电阻转变的物理模型。当对 Cu 上电极施加正向电压时，Cu 电极中的 Cu 原子得到正电荷被氧化成为 Cu^{n+}离子。这些 Cu^{n+}离子在电场的作用下通过 PEDOT:PSS 中间层向 Al 下电极迁移。当它们到达 Al 下电极后，又从那里得到负电荷被还原成为 Cu 原子。这些 Cu 原子在 Al 电极上的不断积累形成 Cu 的突起，并不断向 Cu 电极延伸，如图 4.41(a)所示。

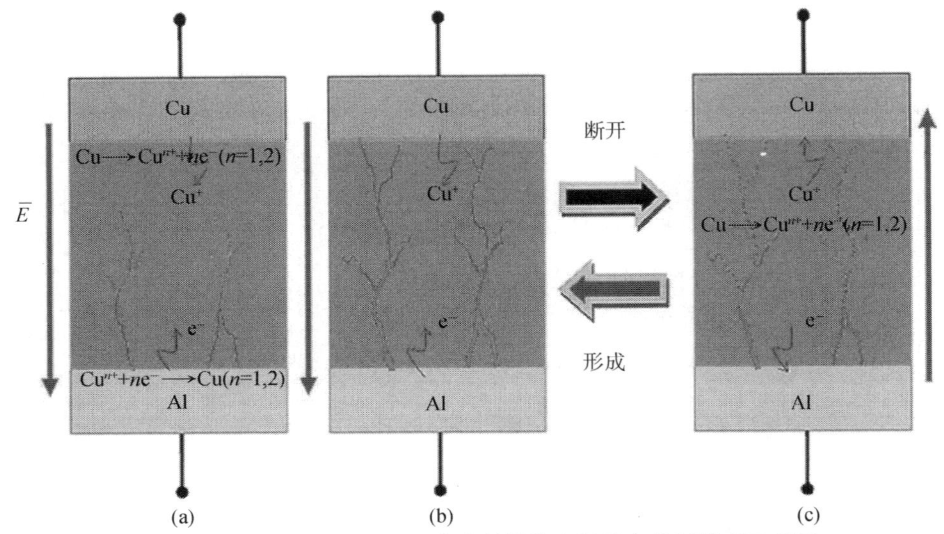

图 4.41　Cu/PEDOT:PSS/Al 阻变存储器的电阻转变机制模型示意图

(a) Cu 电极中的 Cu 原子在正向电压下被氧化成为 Cu^{n+}离子，并在电场作用下向 Al 电极迁移，Cu^{n+}离子到达 Al 电极后被还原成为 Cu 原子；(b) Cu 原子沿 PEDOT:PSS 中间层累积形成一条连接上下电极的 Cu 导电细丝；(c) Cu 导电细丝中的 Cu 原子在反向电压的作用下被氧化成为 Cu^{n+}，从而使得导电细丝断开，发生 Reset 过程

随着 Cu 原子的不断累积，最终在 PEDOT:PSS 中间层中形成一条连接上下电极的导电通道，这就是在电阻转变曲线中所看到的 Set 过程，阻变存储器也因此从高阻态转变到低阻态，如图 4.41(b)所示。当对器件施加反向电压时，根据式(4.5)，导电细丝中的 Cu 原子再次被氧化成为 Cu^{n+}离子，导电细丝断开，发生 Reset 过程，器件因此又回到高阻态，如图 4.41(c)所示。

图 4.42 给出了 Cu/PEDOT:SS/Al 体系单个阻变存储单元连续 160 次反复 Set 与 Reset 过程的 I-V 曲线。从图 4.42 中可以看出，在 160 次连续的 Set 与 Reset 过程中，器件均可以在±2V 的电压范围内实现高阻态和低阻态之间的相互转变。

另外，Cu/PEDOT:PSS/Al 体系的 V_{Set} 和 V_{Reset} 波动范围也相对较小，如图 4.43 所示。

为了更好地反映低阻态和高阻态电阻值 R_{L} 和 R_{H} 在循环过程中的变化情况，将 R_{L} 和 R_{H} 随循环次数的变化情况表示于图 4.44 中。从图 4.44 中可以看到，随着循环次数的增加，R_{L} 与 R_{H} 的波动范围都相对较小，R_{L} 在 70Ω 左右波动，而 R_{H} 则基本保持在 2×10^5Ω 左右，数值比较稳定。

数据的保持时间是衡量存储器存储性能的一个非常重要的参数。图 4.45 给出了

Cu/PEDOT:PSS/Al 阻变存储单元中高低阻态的保持时间。图 4.45 为室温下空气环境中所测得的 Cu/PEDOT:PSS/Al 阻变存储单元的保持时间。从图 4.45 可以看出，在 Cu/PEDOT:PSS/Al 体系中，数据的保持时间可以达到 10^6s(32 天)，证明了器件更为良好的非易失性。Cu/PEDOT:PSS/Al 体系中高低阻态的保持时间提高了 2 个数量级，这种显著性的提高与 Cu 金属导电细丝的存在有关[49, 50]。

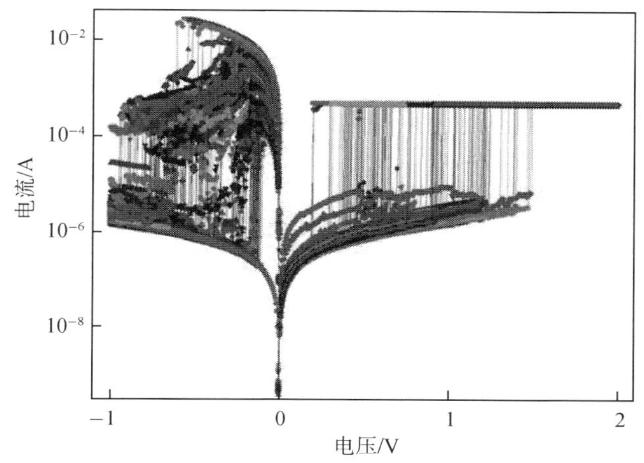

图 4.42　Cu/PEDOT:PSS/Al 体系单个阻变存储单元电阻转变的循环次数

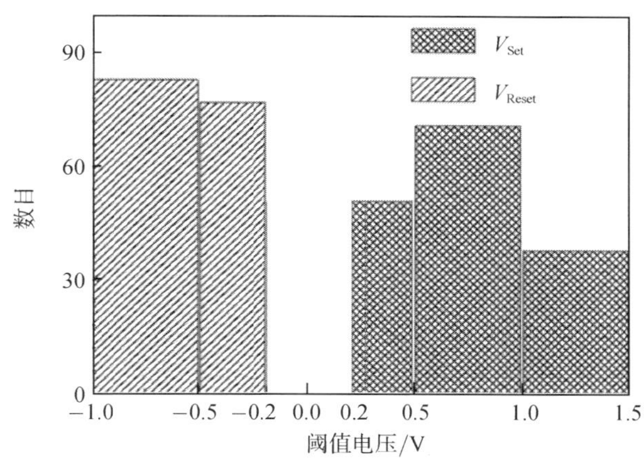

图 4.43　Cu/PEDOT:PSS/Al 体系中 V_{Set} 和 V_{Reset} 在 160 次循环内的波动情况

4) Cu/PEDOT:PSS/Al 阻变存储器的热稳定性

对于存储器件来说，其在工作过程中不可避免的产生热量。如果热量不能及时的散去，存储器工作环境中的温度便会升高。所以，为了满足实际需要存储器一般要求能承受一定的温度，并能在一定的温度范围内继续工作。对于基于金属导电细丝的阻变存储器，其保持时间以及热稳定性方面都有一定的优势[49, 50]。

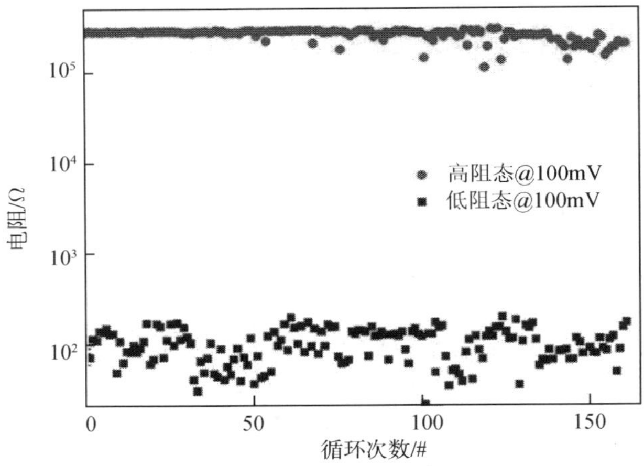

图 4.44　Cu/PEDOT:PSS/Al 体系中 R_L 和 R_H 随循环次数的变化情况

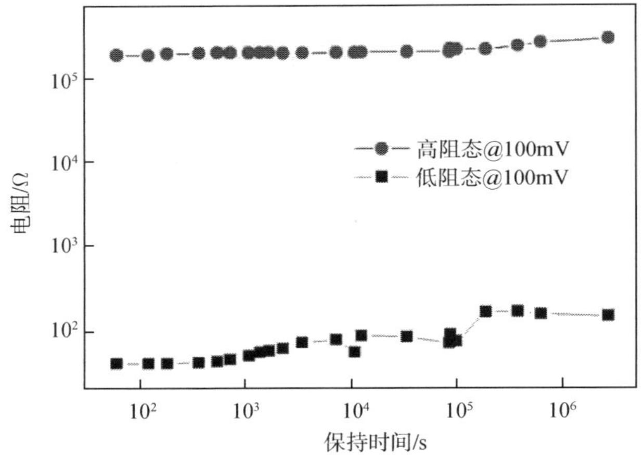

图 4.45　Cu/PEDOT:PSS/Al 阻变存储器在 10^6s 时间内的数据保持特性

图 4.46 给出了 Cu/PEDOT:PSS/Al 阻变存储器在 25~160℃温度区间内的电阻转变曲线(从 40~160℃温度区间内，每隔 20℃作为一个测试温度点)。从图中可以看出，Cu/PEDOT:PSS/Al 阻变存储器在 160℃的温度仍然保有电阻转变特性，而且器件均在<±2V 的电压范围内就表现出电阻转变特性。这个结果说明 Cu/PEDOT:PSS/Al 阻变存储器具有很好的热稳定性。从数据存储的层次上来说，在 25~160℃温度范围内，对 Cu/PEDOT:PSS/Al 阻变存储器都可以进行数据的写入与擦除。

在这么高的温度范围内器件都表现出电阻转变特性，这一现象在其他有关有机物阻变存储器的文献很少有报道。作为比较可以观察 Al/PEDOT:PSS/Al 阻变存储器的热稳定性，如图 4.47。从图 4.47 中可以看出，Al/PEDOT:PSS/Al 器件在室温下表现出电阻转变特性。但是当器件被加热到 40℃后，器件的高阻态不能保持，转变到低阻态，说明 Al/PEDOT:PSS/Al 阻变存储器的热稳定性较差。

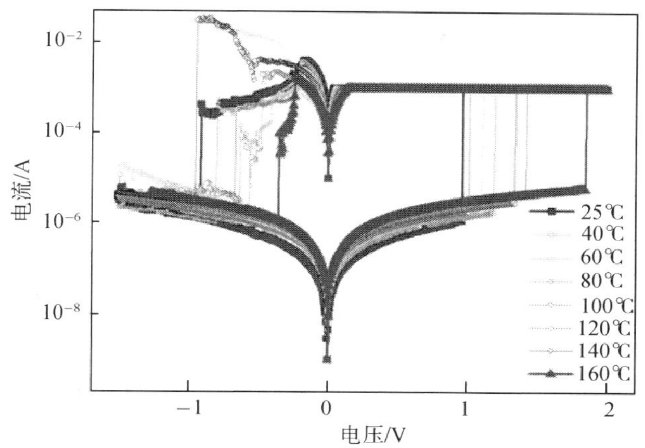

图 4.46　Cu/PEDOT:PSS/Al 阻变存储器在 25~160℃温度区间内的 *I-V* 曲线

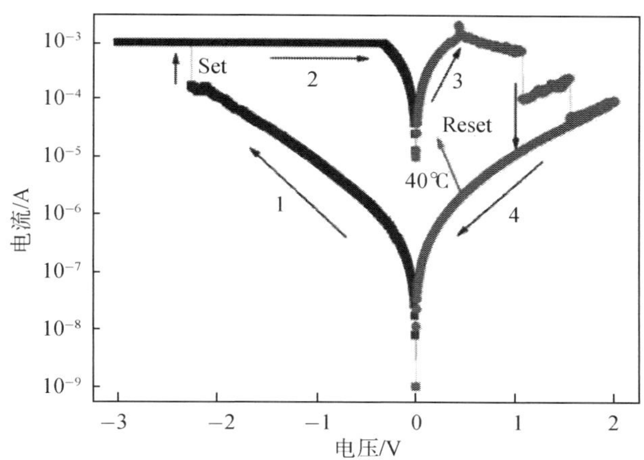

图 4.47　Al/PEDOT:PSS/Al 体系在 25℃时的 *I-V* 曲线，以及加热到 40℃时的电阻变化

图 4.48 给出了在测试 Cu/PEDOT:PSS/Al 阻变存储器的热稳定性时，所得到的不同温度下器件高低阻态的电阻值以及在相应温度下的开关比。从图 4.48 可以看出，随着温度的升高，Cu/PEDOT:PSS/Al 阻变存储器高低阻态的电阻值没有出现太大的波动。而且在 25~160℃温度区间内 Cu/PEDOT:PSS/Al 阻变存储器始终保持比较高的开关比(10^3~10^4)，从而进一步证明了 Cu/PEDOT:PSS/Al 阻变存储器良好的热稳定性。

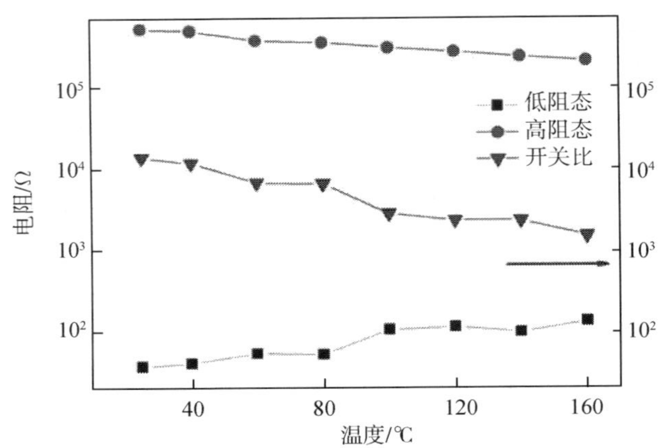

图 4.48　25~160℃温度区间内 Cu/PEDOT:PSS/Al 器件高低阻态的电阻值，以及在相应温度下的开关比

当 Cu/PEDOT:PSS/Al 阻变存储器被加热到 180℃时，虽然器件可以从高阻态转变到低阻态，但是在 180℃的温度下，器件的低阻态不能保持，低阻态会快速又转变回高阻态。并且，当器件被加热到 180℃时，上电极表面的颜色发生了明显的变化，这是由于 Cu 上电极的表面已经被氧化。如果将扎在上电极的测试探针再往深处扎一下，器件又会回到低阻态，但低阻态同样不能保持很久，所以是 Cu 上电极的表面氧化导致 Cu/PEDOT:PSS/Al 阻变存储器在 180℃温度下不能呈现稳定的电阻转变特性。

图 4.49 给出的是 Cu/PEDOT:PSS/Al 阻变存储器在 25℃、160℃和 180℃三个温度点下的 XRD 图谱。从图 4.49 可以看出，器件在三个温度点下的 XRD 图谱没有明显的变化。PEDOT:PSS 主要以非晶状态存在，在 25℃下的 XRD 图谱中可以发现一个比较明显的非晶包。在 160℃和 180℃下，PEDOT:PSS 的非晶包消失，但是 XRD 图谱中也并没有出现其他峰位，所以推断 PEDOT:PSS 还是以非晶状态存在。

另外，利用 DSC 和 TGA 测试技术可以检测 PEDOT:PSS 中间层的热稳定性，同时包括 PEDOT:PSS 的玻璃化转变温度和热分解温度[51]。将 PEDOT:PSS 水溶液放置于干燥箱中烘干。将烘干处理过的 PEDOT:PSS 粉末进行 DSC 和 TGA 测试，结果如图 4.50 所示。在进行 DSC 测试时，为了消除水分的影响，测试时采用“升温—快速降温—再升温”的测试模式，分别对应于图 4.50(a)中的序号 1、2、3。序号 1 的升温过程中有一个比较明显的吸热峰，这是由于 PEDOT:PSS 粉末中残余的水分的蒸发引起的。在序号 3 的再升温过程中，在 40~250℃的温度区间内并没有发现 PEDOT:PSS 的玻璃化转变，说明 PEDOT:PSS 的热稳定性较好。在图 4.50(b)

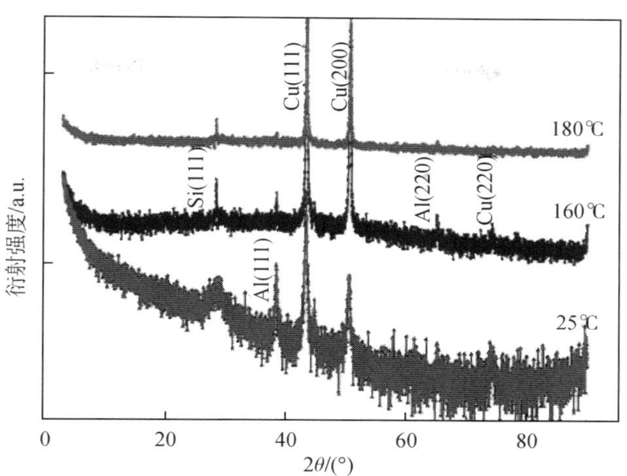

图 4.49　Cu/PEDOT:PSS/Al 阻变存储器在 25℃、160℃和 180℃下的 XRD 图谱

的 TG 曲线中，由于残余水分的存在，所以在 TG 曲线的前段会出现由水分的蒸发引起的热失重。在 TG 曲线的后半段(300℃以后)，曲线的斜率明显变陡，分析可能是由于 PEDOT:PSS 的热分解造成的。

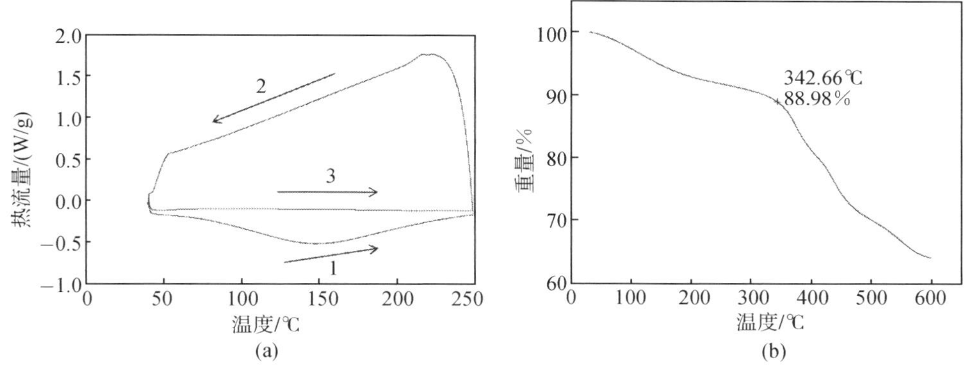

图 4.50　PEDOT:PSS 粉末的(a)DSC 和(b)TGA 测试结果

综合 DSC 和 TGA 的测试结果，可以得出结论：PEDOT:PSS 是一种热稳定性非常好的高分子材料，在 300℃以下都表现出比较好的热稳定性，完全可以满足阻变存储器对材料的热稳定性要求，同时也排除了 180℃时由 PEDOT:PSS 的玻璃化转变或者热分解所引起的阻变特性失效问题。

通过 SEM 技术得到了加热前后的 Al/PEDOT:PSS/Cu 阻变存储器的表面形貌和截面图，如图 4.51 所示。图 4.51 中(a)和(c)为 25℃温度点下所拍摄的 SEM 的截面图和表面形貌图，图 4.51 (b)和(d)为 180℃温度点下所拍摄的 SEM 的截面图和表面形貌图。对照图 4.51 (a)和(b)可以发现，在 Cu 上电极的表面生成一层厚度约为 40nm 的氧化物层。而且对照图 4.51 (c)和(d)还可以发现，Cu 上电极氧化前后的表面颗粒的尺寸也发生了明显的变化，氧化前 Cu 表面颗粒的尺寸约为 200nm，氧化后表面颗粒的尺寸约为 40nm，从一个侧面证明了 Cu 氧化物的存在。

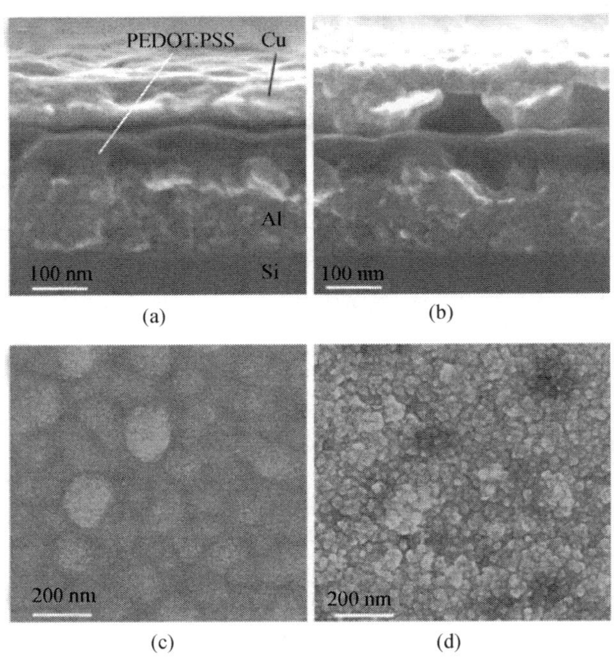

图 4.51 (a) 25℃和(b)180℃温度点下所拍摄的 SEM 的截面图；(c) 25℃和(d)180℃温度点下所拍摄的 SEM 的表面形貌图

借助于 XPS 技术可以表征在 180℃温度下加热后的 Al/PEDOT:PSS/Cu 阻变存储器的 Cu 上电极表面价态的变化，如图 4.52 所示，直接证明了 Al/PEDOT:PSS/ Cu 阻变存储器在 180℃加热后 Cu 上电极被氧化。

5) Pt/Cu/PEDOT:PSS/Al 和 Al/PEDOT:PSS/Cu 器件的阻变特性与热稳定性

鉴于 Cu/PEDOT:PSS/Al 阻变存储器在空气中加热时 Cu 上电极容易被氧化，所以如果在 Cu 上电极表面生长一层惰性金属(比如 Pt)，则可以有效防止 Cu 上电极的氧化，从而提高阻变存储器的热稳定性。

在前面 Cu/PEDOT:PSS/Al 阻变存储器制备工艺的基础上，通过磁控溅射和掩膜技术在 Cu 上电极表面生长了一层厚度为 50 nm 左右的金属 Pt 电极，构成 Pt/Cu/PEDOT:PSS/Al 器件。

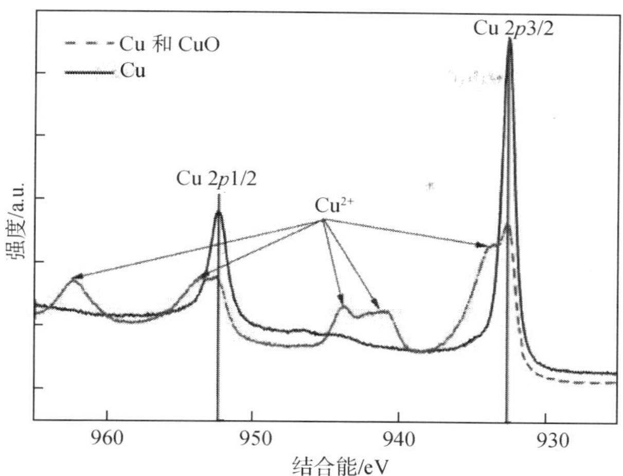

图 4.52　室温下的 Al/PEDOT:PSS/Cu 阻变存储器中 Cu 上电极的 XPS 图谱(实线)与 180℃温度下 Al/PEDOT:PSS/Cu 阻变存储器中 Cu 上电极的 XPS 图谱(虚线)

图 4.53 给出了 Pt/Cu/PEDOT:PSS/Al 阻变存储器在 25~200℃温度区间内的电阻转变曲线(从 40~200℃温度区间内，每隔 20℃作为一个测试温度点)。从图中可以看出，Pt/Cu/PEDOT:PSS/Al 阻变存储器在 200℃的温度仍然保有电阻转变特性。这个结果说明，相对于 Cu/PEDOT:PSS/Al 阻变存储器，Pt/Cu/PEDOT:PSS/Al 阻变存储器具有更好的热稳定性。

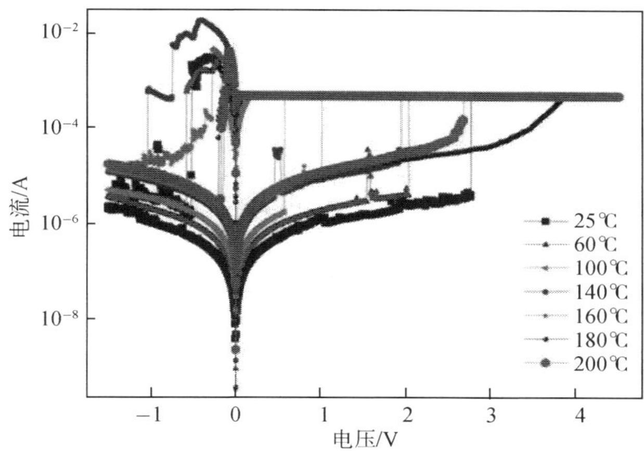

图 4.53　Pt/Cu/PEDOT:PSS/Al 阻变存储器在 25~200℃温度区间内的 *I-V* 曲线

与 Al/PEDOT:PSS/Al 阻变存储器相比，Al/PEDOT:PSS/Cu 阻变存储器的结构是不对称的。Al/PEDOT:PSS/Cu 阻变存储器的制备方法与基于 Cu/PEDOT:PSS/Al 结构的阻变存储器的制备方法相同，只是在生长上下电极薄膜的顺序上相反。

在 Al/PEDOT:PSS/Cu 阻变存储器中，也同样发现了电阻转变特性曲线，如图 4.54 所示。在 Al/PEDOT:PSS/Cu 阻变体系中，Set 过程是在从 0 V 向−2 V 负向扫描的过程中发生的，而 Reset 过程是在从 0 V 向 2 V 正向扫描的过程中发生的。Al/PEDOT:PSS/Cu 阻变体系中的 Set 和 Reset 过程与 Cu/PEDOT:PSS/Al 阻变体系中的 Set 和 Reset 过程恰好相反，这种现象从 Cu/PEDOT:PSS/Al 阻变体系的阻变机理出发可以很好地理解。另外，与 Cu/PEDOT:PSS/Al 阻变体系的 *I-V* 曲线不同的是，Al/PEDOT:PSS/Cu 阻变体系中的电阻转变并不陡峭，这与 Cu 底电极在旋涂 PEDOT:PSS 水溶液时被部分氧化有关。

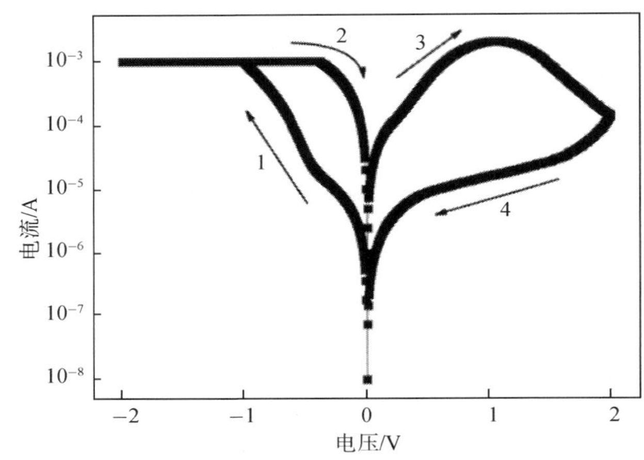

图 4.54　对数坐标下 Cu/PEDOT:PSS/Al 体系的 *I-V* 电阻转变曲线

4.1.3　金属导电细丝的表征

1. 平面结构器件中导电细丝的观察

尽管对于电阻转变效应与阻变存储器的研究已经开展了将近半个世纪，但是关于阻变存储器的工作机制仍然存在激烈的争论。到目前为止，导电细丝机制是很多研究者比较支持的机制之一，但是数年前对于导电细丝机制的探讨还是主要停留在猜测的层面上，或者基于电学测量数据进行间接的分析和判断，缺乏直观有力的证据。除此之外，关于导电细丝机制还有很多问题没有澄清，比如导电细丝到底是什么，由什么组成，形成过程怎样，存在状态是什么，导电细丝只有一根还是多根导电细丝共同作用等等。如果能够直观的观察到阻变存储器中的导电细丝将有助于人们更好地认识阻变存储器工作的物理本质，从而更好地优化阻变存储器器件的性能。近年来，在广大研究者的努力下，导电细丝的观察取得了重要进展。

实际使用的阻变存储器都是纵向结构，介质层材料夹在两个电极之间，这时候要观察介质层中导电细丝的形貌是非常困难的。因此早期的研究人员都是通过平面结构来观察导电细丝的形貌，例如 4.1.2 节所描述的 Hirose 等人观察导电细丝形貌时采用的就是平面结构，将 Ag 和 Au 电极置于平面结构的两端，然后就可以观察导电细丝在两个电极之间的生长情况。

在 Hirose 之后，有不少研究者在不同的材料体系观察到了导电细丝，证明了基于金属电极氧化还原反应形成导电细丝的电阻转变机理。在利用平面结构的器件观察导电细丝形貌的研究中，Guo 等人通过巧妙设计得到了一些比较有意思的结果[26]。他们利用光刻技术制备了基于 Ag/Pt 电极的平面结构的器件，然后选用去离子水作为电阻转变的介质层材料，对 Ag/H_2O/Pt 结构施加电压激励来观察导电细丝的形貌及其在电场下的演化，如图 4.55 所示。由图可以看到呈枝晶状形貌的 Ag 导电细丝从 Pt 电极向 Ag 电极生长。枝晶状的 Ag 导电细丝呈现分形结构，枝晶尖端的大小约为几个纳米，随着 Ag 原子不断从上端的 Ag 电极向下电迁移，Ag 枝晶不断向上生长。当 Ag 枝晶的尖端接触上端的 Ag 电极时，上下两个电极处于导通状态，Ag 导电细丝停止生长。由于液态的去离子水对于导电细丝的限制作用比较弱，故而在 Ag/H_2O/Pt 器件中 Ag 枝晶朝横向扩展比较明显，使得 Ag 导电细丝非常宽，而在固体材料中生长的导电细丝则要细小的多，通常只能够沿着材料的晶界等缺陷处生长。

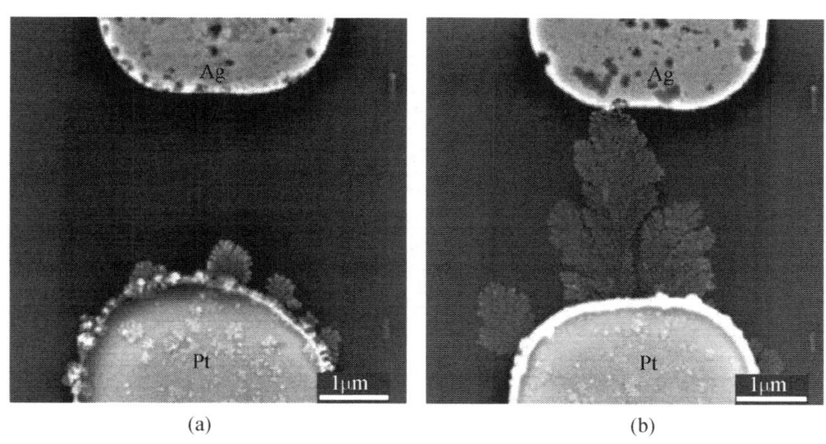

(a)　(b)

图 4.55　在 Ag/H_2O/Pt 结构中观察到的 Ag 导电细丝形貌[26]

2. 纵向器件中导电细丝的形貌和成分分析

虽然在很多平面结构的器件中观察到了金属导电细丝，但是这些结果并不能代表纵向结构器件里的情形。因为在平面结构的器件中，金属离子很有可能是在材料的表面或者在材料与基底的界面之间迁移，那么导电细丝也可能是生成于薄膜表面或者薄膜与基底之间的界面处，如图 4.56 所示。而在纵向结构器件中，情况完全不一样，导电细丝必须穿过介质层材料，由于固体材料的不可压缩性，这时候形成导电细丝的难度要比平面结构时大得多，形成导电细丝的大小也应该更小。阻变存储器在实际使用过程中都是采用纵向结构，故而对于纵向结构中的导电细丝的观察更有实际意义。

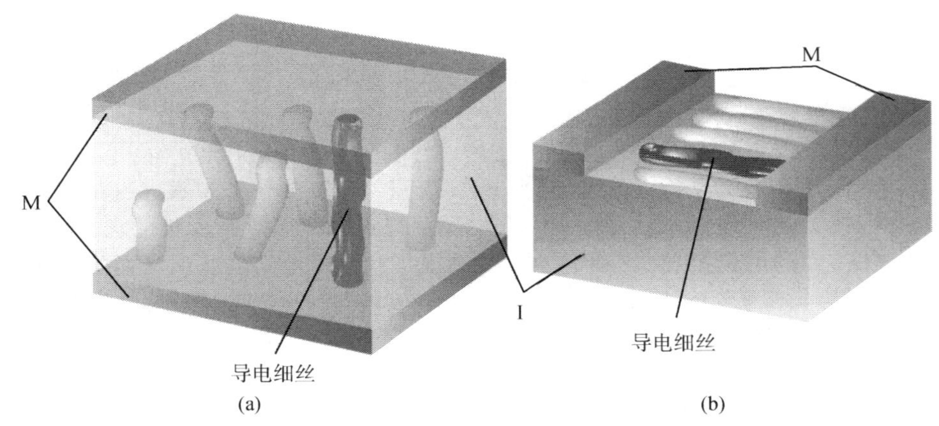

图 4.56　(b)平面结构和(a)纵向结构中导电细丝的示意图

1) 非原位的导电细丝观察

纵向结构难于观察到导电细丝的一个重要原因在于导电细丝是包埋在存储介质当中的，并且自身尺寸很小，出现的位置随机，因此对于导电细丝的直接观察非常困难[52]。有些研究者采用了导电原子力显微镜(CAFM)的方法尝试对导电细丝进行直接观察[53-55]。尽管 CAFM 是一种非常强大的工具，但是 CAFM 的方法也存在很大的局限性，比如它只能观察到薄膜表面存在一些局部导电能力很强的区域，但是无法说明这些区域的成分、价态等。为了更好地解决这一问题，本书作者设计了通过透射电子显微镜来直接观察导电细丝的方案[6]。在 Ag/ZnO:Mn/Pt 体系的阻变存储器中，把一个测试芯片上所有的 Ag/ZnO:Mn/Pt 单元器件全部设置为低电阻状态，从而增大观察到导电细丝的几率，然后把芯片制备成为 TEM 截面样品并做 TEM 观察，如图 4.57 所示。从图中可以清晰地观察到在 Ag/ZnO:Mn/Pt 器件中存在一些局部的贯穿 ZnO:Mn 存储介质并连通 Ag 和 Pt 电极的区域，如图中方框和箭头所示。图 4.57(a)中的疑似区域近似圆柱形，而图 4.57(b)中的疑似区域呈倾斜的圆锥形。这些“导电细丝”的直径约为 30~50nm。

值得注意的是在图 4.57(a)的一个器件中同时存在多根“导电细丝”，从而为多导电细丝机制提供了直接证据。然而，也有研究者认为他们制备的器件是单根导电细丝起作用[53, 54, 56]。为了澄清这一问题，采用光刻与剥离工艺进一步制备了 Ag 电极

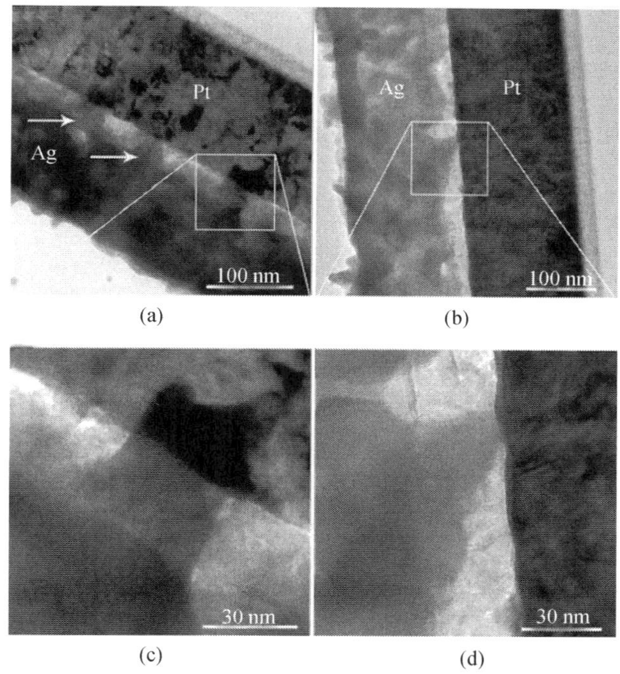

(a)　(b)

(c)　(d)

图 4.57　低阻态 Ag/ZnO:Mn/Pt 阻变存储器在 TEM 下直接观察到的导电细丝图像，(a)和(b)显示两个不同的显示导电细丝的区域；(c)和(d)分别为(a)和(b)方框所示区域的放大图像

直径分别为 100μm、300μm、500μm 的器件，研究了 Ag/ZnO:Mn/Pt 阻变存储器的低阻值随顶电极面积的变化规律，如图 4.58 所示。结果表明，随着电极面积减小 96%，器件的低阻值增加了 22%，说明导电细丝的数量可能是随器件的尺寸而变化的，器件尺寸越小，导电细丝数量越少，这种现象也曾在别的研究者的实验中观察到[57, 58]。因此有理由推断，单根和多根导电细丝机制都是有可能存在的，具体哪种机制起作用还要取决于器件尺寸、编程电流等实际条件。

前文通过透射电子显微镜直接观察到了导电细丝的存在，但是并没有说明导电细丝的组成与存在状态。为了更好地澄清这一问题，进一步对导电细丝进行了扫描透射电子显微镜(STEM)分析。图 4.59 给出了图 4.57(c)中的导电细丝在 STEM 模式下利用高角环形暗场(high-angle annular dark field，HAADF)探头所成的 Z 衬度像以及不同区域的能谱分析结果。众所周知，Z 衬度像反映了物质弹性散射电子的能力，其衬度近似正比于原子序数 Z 的平方。从图 4.59 可以看到，导电细丝部分的衬度与两个电极 Ag 和 Pt 是相近的，而与 ZnO:Mn 存储介质相差甚远。这说明导电细丝的组成元素原子序数较高，并且很可能不是来自于 ZnO:Mn 存储介质，而是来自于两个电极。

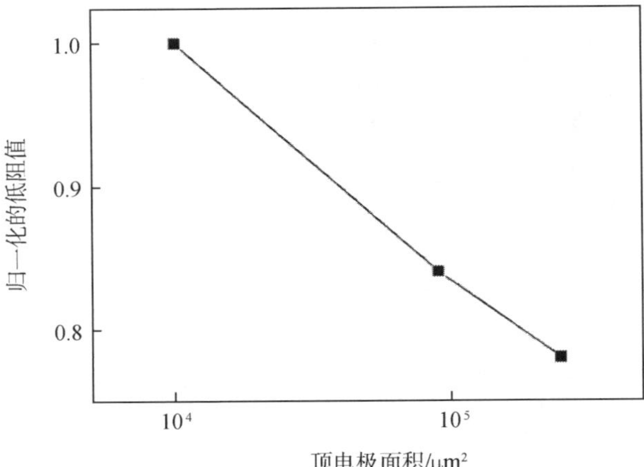

图 4.58　低阻值随器件顶电极面积的变化关系

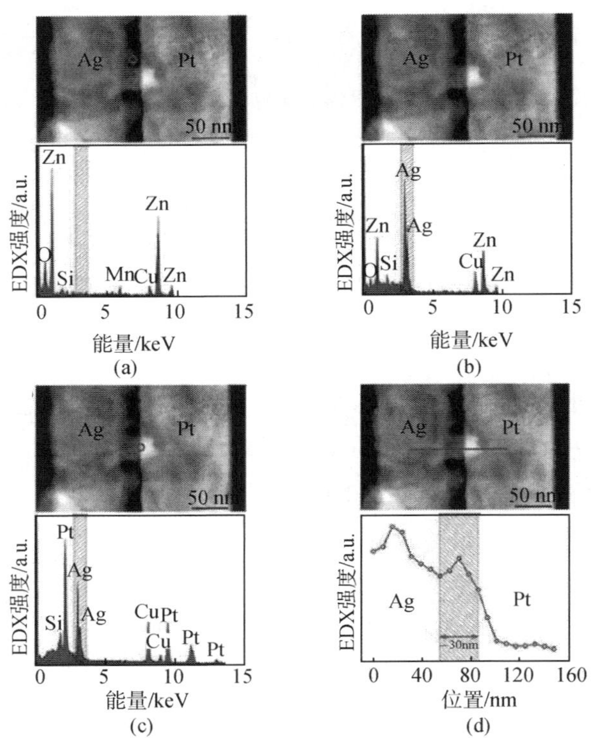

图 4.59　低阻态 Ag/ZnO:Mn/Pt 阻变存储器的截面 Z 衬度像与 STEM 模式下的精细能谱分析

(a)、(b)、(c)的上半部分显示 Z 衬度像及对应的 EDX 分析区域，下半部分显示对应的 EDX 分析结果；(d)显示了沿导电细丝方向的 Ag 含量线扫描结果进一步对图 4.59 中的不同特征区域进行了精细的 EDX 成分分析。由于在 STEM 模式下，电子束是会聚的，束斑直径仅为 0.8nm 左右，小于 TEM 模式下平行电子束的束斑大小，因此能谱分析的空间分辨率更高，这也是选取 STEM 模式而非普通 TEM 模式进行 EDX 分析的原因。借助于这种精细的成分分析手段，分别检验了导电细丝之外的 ZnO:Mn 区域、导电细丝之内、导电细丝与 Pt 电极界面附近的组成成分，分别如图 4.59(a)、4.59(b)、4.59(c)所示。结果表明，导电细丝之外的 ZnO:Mn 区域探测到的主要组成元素为 Zn、Mn、O，这与 ZnO:Mn 存储介质的组成是一致的。EDX 谱中的 Cu 和 Si 元素分别来源于 TEM 分析使用的 Cu 网和 Si 基片。上述分析结果与高阻态 Ag/ZnO:Mn/Pt 存储器中 ZnO:Mn 层在 TEM 模式下的 EDX 分析结果是一致的，如图 4.60 所示。与此形成鲜明对比的是，导电细丝区域的能谱分析结果表现出非常强的 Ag 信号，如图 4.59(b)所示。这种对比有力地证明了导电细丝的组成元素为 Ag。图 4.59(c)显示了在导电细丝与 Pt 电极界面处的 EDX 谱，可以看到 Ag 元素的信号仍然非常强，证明 Ag 导电细丝彻底连通了两个电极。图 4.59(d)进一步显示了沿导电细丝方向 Ag 含量的 EDX 线扫描，证明在 Ag 电极和导电细丝上 Ag 的信号都非常强，而到达 Pt 电极后 Ag 的信号强度很快降低，与导电细丝的形状完全一致。至此，以上结果证明了导电细丝确实由 Ag 元素组成。

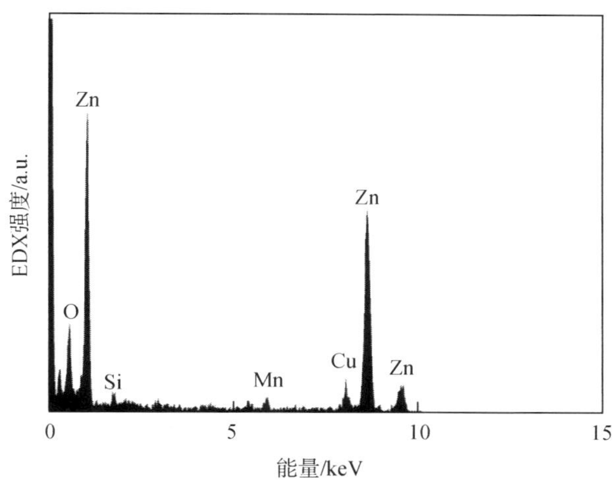

图 4.60 高阻态 Ag/ZnO:Mn/Pt 阻变存储器的 ZnO:Mn 介质层在传统 TEM 模式下的 EDX 图谱

前文通过 TEM 观察与 STEM 模式下的精细 EDX 分析已经直接观察到了导电细丝的存在，并且证明了导电细丝的组成元素为 Ag。那么，导电细丝的形成为什么能够导致器件导电能力的巨大变化，它的存在状态是什么？为了解决这一问题，可以研究 Ag/ZnO:Mn/Pt 阻变存储器的低阻态和高阻态电阻随温度的变化规律。图 4.61(a)和 4.61(b)分别给出了 180~400K 温度范围内 Ag/ZnO:Mn/Pt 阻变存储器的低阻态和高阻态电阻随温度的变化关系。结果表明器件的低阻态电阻随温度的降低而线性降低。这是一种典型的金属导电行为，因为温度越低晶格对于声子的散射作用越小。对于典型金属而言，电阻与温度的关系满足下式[59]：

$$R(T)=R_0[1+\alpha(T-T_0)] \tag{4.6}$$

其中，R 表示金属的电阻，T 表示温度，R_0 是温度为 T_0 时金属的电阻，α 为此种金属的电阻温度系数。对图 4.61(a)的拟合结果很好地符合了这一规律，因此可以断定 Ag/ZnO:Mn/Pt 阻变存储器中的导电细丝以金属态 Ag 存在，这就从根本上揭示了形成导电细丝后器件电阻如此低的原因。拟合结果给出 α 值为 $7.3\times10^{-4}\text{K}^{-1}$，比此前文献报道的类似尺寸的单晶无缺陷 Ag 纳米线的 α 值(约 $4\times10^{-3}\text{K}^{-1}$)要小[60]，这种差异是因为 ZnO:Mn 介质层中形成的 Ag 导电细丝不可避免地充满了缺陷导致，缺陷的存在将缩短电子的平均自由程并最终减小 α 值[60]。

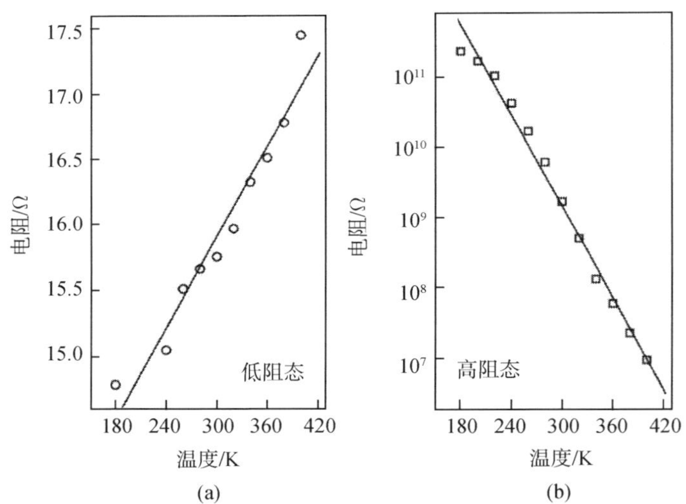

图 4.61　Ag/ZnO:Mn/Pt 阻变存储器的(a)低阻态；(b)高阻态电阻随温度的变化规律及拟合结果

与低阻态的特征不同，Ag/ZnO:Mn/Pt 阻变存储器的高阻态电阻随温度的降低而升高，如图 4.61(b)所示，并且近似满足 $\log R_{\text{OFF}} \propto T$ 。这是一种典型的半导体特征，与高阻态器件导电主要受 ZnO:Mn 介质层控制是一致的。半导体的导电电流随温度的变化满足：

$$I = I_0 \exp(-\phi_t / kT) \tag{4.7}$$

其中，I 为半导体的电流，T 表示温度，k_B 为玻尔兹曼常数，ϕ_t 为半导体激活能。通过对数据进行 Arrhenius 变换，得出 Ag/ZnO:Mn/Pt 系统在 260~400K 温度范围内的激活能 ϕ_t 约为 490meV，如图 4.62 所示。这样高的 ϕ_t 是由于深能级杂质 Mn 的掺杂所引起的。值得注意的是，Ag/ZnO:Mn/Pt 阻变存储器在 400K 温度下的高阻态电阻约为 $10^7\Omega$，低阻态电阻约为 17.5Ω，因此开关比仍然高达 10^5~10^6，证明器件具有良好的高温稳定性，这对于器件的应用前景非常重要。

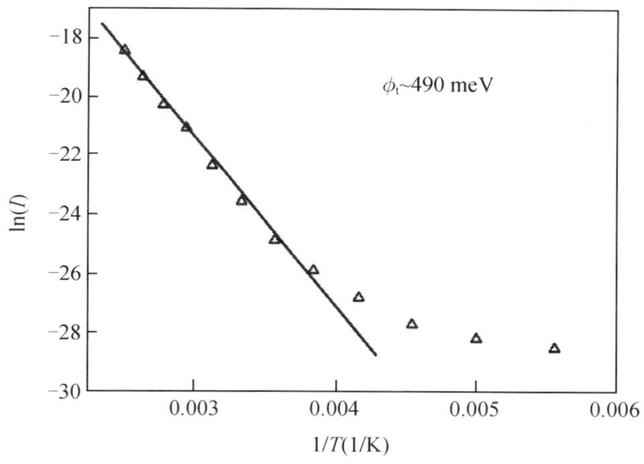

图 4.62　高阻态 Ag/ZnO:Mn/Pt 阻变存储器 *I-T* 特性的 Arrhenius 曲线

基于以上对于 Ag/ZnO:Mn/Pt 阻变存储器电阻转变特性的分析，并结合导电细丝的直接观察和表征，对于 Ag/ZnO:Mn/Pt 阻变存储器的工作机制得到了较为清晰的物理图像。结果表明，Ag/ZnO:Mn/Pt 系统中的阻变效应是一种受电化学氧化还原反应控制的以 Ag 离子迁移和 Ag 导电细丝形成/断开为核心的过程。图 4.63 示意性地画出了电阻转变的物理模型。当对 Ag 电极施加正向电压时，顶电极中的 Ag 原子得到正电荷被氧化成为 Ag^+离子(图 4.63(a))：

$$Ag \longrightarrow Ag^+ + e^- \tag{4.8}$$

这些 Ag^+离子在电场的作用下通过 ZnO:Mn 存储介质向 Pt 电极迁移。当它们到达 Pt 电极以后，又从那里得到负电荷被还原成为 Ag 原子：

$$Ag^+ + e^- \longrightarrow Ag \tag{4.9}$$

这些 Ag 金属原子在 Pt 电极上的不断积累导致形成 Ag 的突起(图 4.63(b))，并不断向 Ag 电极延伸，最终形成一条连通顶底电极的导电通道，器件因此从高阻态转变到低阻态(图 4.63(c))。当对器件施加反向电压的时候，根据式(4.8)，导电细丝中的

Ag 原子再次被氧化成为 Ag^+离子，导电细丝断开，器件因此回到高阻态(图 4.63(d))。上述过程周而复始，Ag/ZnO:Mn/Pt 阻变存储器便在高低阻态之间反复转变。

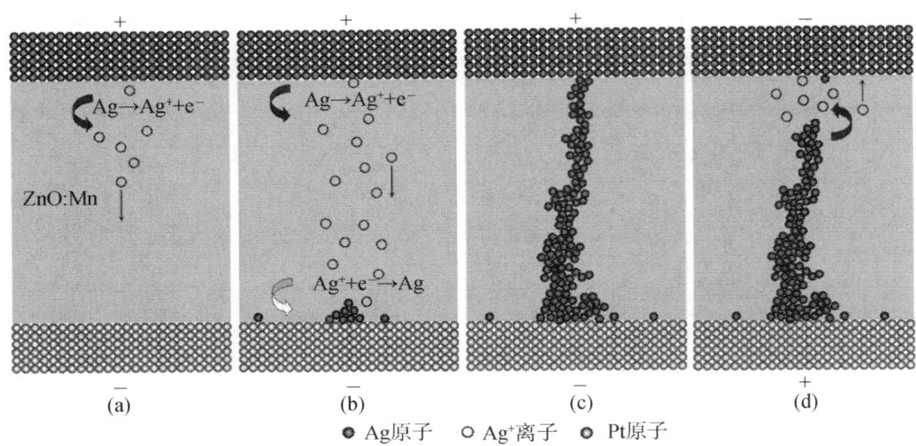

图 4.63　Ag/ZnO:Mn/Pt 阻变存储器的阻变机制模型示意图

(a)Ag 电极中的 Ag 原子在正向电压下被氧化成为 Ag^+离子，并在电场作用下向 Pt 电极迁移；(b)Ag^+离子到达 Pt 电极后被还原成为 Ag 金属原子；(c)Ag 金属原子沿 ZnO:Mn 介质层的晶界等位置累积形成一条连通顶底电极的金属导电细丝；(d)Ag 导电细丝中的金属原子在反向电压的作用下被氧化成为 Ag^+离子从而使得细丝断开，器件因此回到高阻态

不难想象，上述 Ag 导电细丝的形成过程会对 ZnO:Mn 存储介质的晶体结构造成一定程度的破坏。图 4.64(a)和 4.64(b)分别给出了导电细丝形成前后 ZnO:Mn 薄膜的 SAD 对比。导电细丝形成前，ZnO:Mn 薄膜的 SAD 衍射斑点为一些独立的衍射弧，表明薄膜生长具有择优取向；导电细丝形成后，SAD 衍射斑点变成了一系列的衍射环，类似于无规则取向的多晶特征。这种 SAD 衍射斑点的变化进一步支持了上述对于阻变机制的诠释。

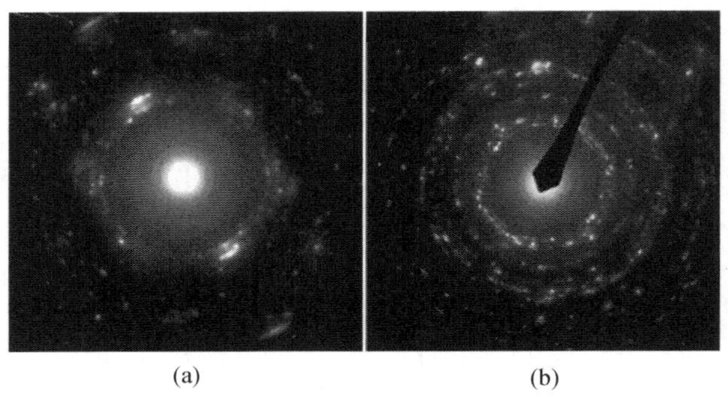

图 4.64　(a)低阻态；(b)高阻态 Ag/ZnO:Mn/Pt 存储器中 ZnO:Mn 层的 SAD 衍射斑点

在 Ag/ZnO:Mn/Pt 阻变器件里成功地观察到了器件在低阻态时 ZnO 薄膜中有圆锥状的 Ag 导电细丝生成。这一证据有力的证实了在 Ag 做电极的器件中发生电阻转变的机理是金属导电细丝机理。基于类似的实验方法，后续的研究者们相继在不同的材料体系的纵向器件中观察到了金属导电细丝。

2) 原位导电细丝观察

在纵向结构的器件中利用非原位的方法观察到导电细丝已经有利的证实了导电细丝的电阻转变机理，而原位透射电镜对于导电细丝生长状态的观察则更有利于了解导电细丝在电场下生长的动力学问题。密歇根大学的 Yang 等人报道过利用透射电镜原位观察导电细丝的工作[61]。他们在一个圆锥状的 W 探针上面沉积一层非晶 Si 薄膜，将沉积有非晶 Si 薄膜的 W 探针安装在透射电镜的样品台上，样品台的另一侧则固定有一个 Ag 纳米线，通过移动 W 探针使两者接触构成 Ag/a-Si/W 的纵向结构，然后在透射电镜里面一边在 Ag 电极上面施加电压一边观察 a-Si 中导电细丝的生长情况，结果如图 4.65 所示。在施加电压前，a-Si 薄膜中观察不到金属导电细丝，当在 Ag 电极上施加正向电压时，可以看到有衬度较暗的 Ag 导电细丝从 Ag 电极的一侧慢慢长出，随着电压继续施加，导电细丝慢慢变粗长大，最终导电细丝贯穿整个 a-Si 薄膜接触到 W 电极，使整个器件转变到低阻态，表现为图 4.65(b)中电流的突然增加。该原位透射电镜对导电细丝生长状态观察的研究发现了与传统固态电解质中导电细丝生长方式不一样的地方，即在 a-Si 体系中导电细丝是从活性的 Ag 电极向惰性的 W 电极一侧生长。而传统的理论认为导电细丝只能从惰性电极向

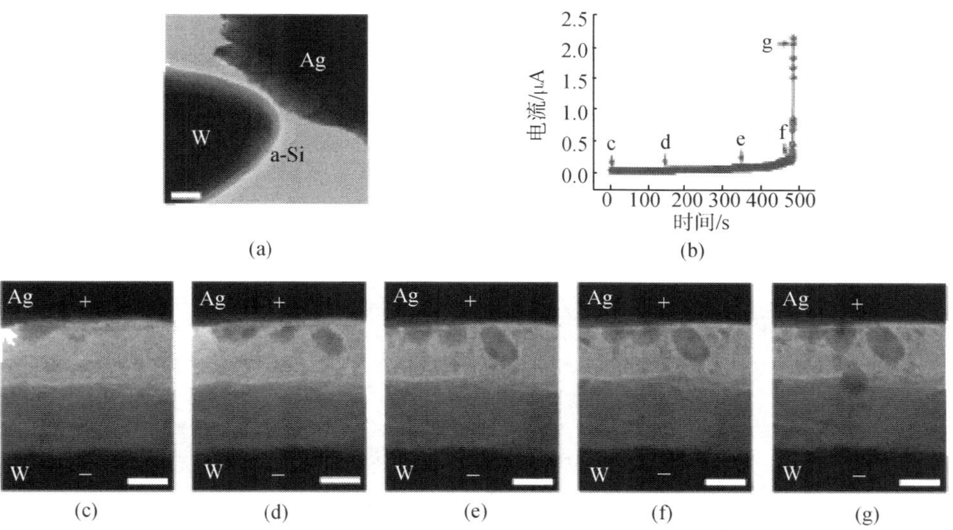

(a)　(b)

(c)　(d)　(e)　(f)　(g)

图 4.65　原位透射电镜在 Ag/a-Si/W 体系中观察导电细丝的生长[61]

活性电极生长。之所以出现这种差别，是由于 Ag 离子在不同介质材料中的迁移率差异导致的，相关内容将在下面的章节详细介绍。

中国科学院微电子研究所的刘明教授研究组也采用原位透射电镜的方法对金属导电细丝进行了观察[62]。他们在 W 探针的尖端依次沉积 $Ti/Pt/ZrO_2/Ag$ 薄膜，然后利用聚焦离子束刻蚀的方法制备成纵向结构的 $Ag/ZrO_2/Pt$ 器件，将制备好的器件固定在透射电镜样品架上，然后用另一根可移动的 W 探针去接触器件的 Ag 顶电极，并在两根 W 探针中间施加电压以观察 ZrO_2 薄膜中导电细丝的动态变化。利用这种方法在 ZrO_2 薄膜中同样观察到了导电细丝在电压的驱动下长大变长的过程，并且还清晰的观察到了在反向电压时导电细丝不断溶解退化的过程，如图 4.66 所示。在 Pt 电极上施加正向电压时(相当于在 Ag 电极上施加负向电压)，电阻会逐渐升高，也就是 Reset 过程(图 4.66(f))。电阻的升高是因为 Ag 导电细丝发生了部分溶解，并且施加的负向电压越大，溶解过程越明显。在多次施加负向电压的过程中就可以看到 Ag 导电细丝一步步的退化过程。在第一次施加负向电压时，导电细丝首先在 Pt 电极处断开，但是还有很大一部分残余导电细丝；再次施加负向 Reset 电压时，残余导电细丝的尖端与 Pt 电极之间的间距变大；每多施加一次负向 Reset 电压，残余导电细丝与 Pt 电极之间的间距就拉大一点，残余导电细丝就向后退缩一点。导电细丝的这一溶解退化过程就使得器件的电阻逐渐升高。采用 Cu 电极的 $Cu/ZrO_2/Pt$ 器件也同样能观察到 Cu 导电细丝生长和溶解的动态过程。上述不同结构的透射电镜原位观察实验中对导电细丝的生长动力学过程的研究有力的证实了金属导电细丝的电阻转变机理，对于基于这类原理的阻变存储器的性能优化提供了理论基础。

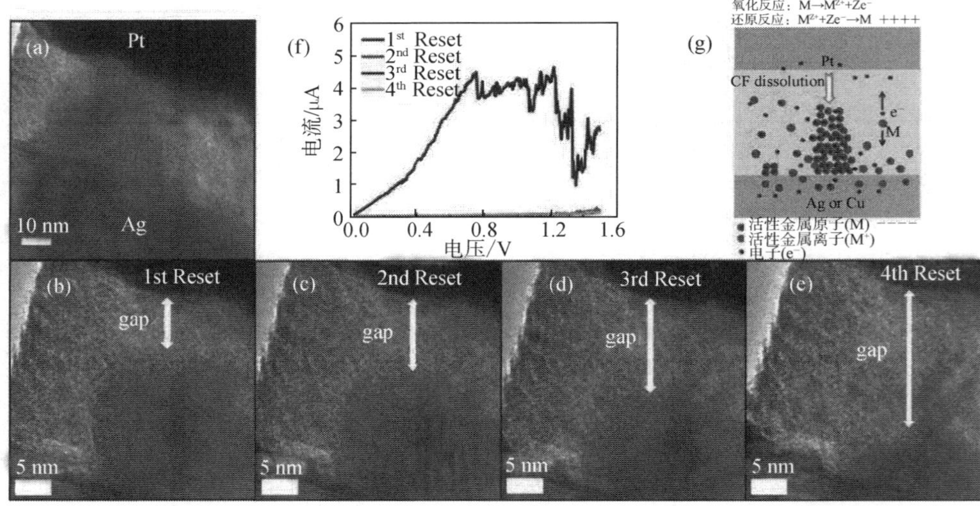

图 4.66 原位透射电镜下 $Ag/ZrO_2/Pt$ 器件中导电细丝在 Reset 过程中的溶解过程[62]

4.1.4　导电细丝的形状和生长方向

金属导电细丝的存在已经在各类材料体系以及各种器件结构中被观察到了，基于电化学氧化还原反应的金属导电细丝机理也就被人们所广泛接受。既然金属导电细丝的形成和断开控制着器件的电阻高低，那么人们仅仅知道导电细丝的存在是不够的，还得要充分弄清楚导电细丝的生长动力学过程，比如导电细丝从哪里开始生长？从活性电极向惰性电极生长还是反过来生长？导电细丝最先在哪里断开？其中导电细丝的生长方向就是一个饱受争议的科学问题。

在最初研究导电细丝型电阻转变的 20 世纪 70 年代，人们利用光学显微镜在平面结构中发现了导电细丝从惰性电极一侧向活性电极一侧生长，如前文中提到的 Hirose 等人的研究结果[4]。Guo 等人利用水作为介质层，也证实了导电细丝从惰性电极向活性电极生长[26]。后来随着器件加工工艺和观测水平的进步，人们利用原位和非原位的方法观察到了导电细丝从活性电极向惰性电极生长的现象，这一结果与传统理论支持的导电细丝生长方向相反，因此不同实验组的研究人员在导电细丝的生长方向的问题上发生了争议。不过后来越来越多实验观察证实从两种方向生长的导电细丝的情形都有。如表 4.3 所示，为已经报道的各种不同的材料体系和器件结构中观察到的导电细丝及其生长方向，从中可以看出从惰性电极或者活性电极开始生长的模式都有。进一步对材料体系的分析可以发现某种导电细丝的生长方向其实与该种金属离子在介质中的迁移率有很大关系，下面将详细讲述这部分内容。

表 4.3　直接观察到金属导电细丝的阻变存储器体系及其特点[63]

材料体系	器件结构	表征方法	生长方向
Ag/Ag-As_2S_3/Au	平面结构	光学显微镜	←
Ag/Ag-Ge-Se/Al	平面结构	扫描电镜	←
Ag/Ag-Ge-Se/Ni	平面结构	光学显微镜	←
Ag/Ag-Ge-Se/W	垂直结构	扫描电镜	←
Cu/Ta_2O_5/Pt	垂直结构	透射电镜	←
Ag/H_2O/Pt	平面结构	扫描电镜	←
Ag/ZnO:Mn/Pt	垂直结构	透射电镜	/
Ag/Ag_2S/W	垂直结构	原位透射电镜	←
Ag/TiO_2/Pt	平面结构	扫描电镜和透射电镜	/
Ag/ZrO_2/Cu-NC/Pt	垂直结构	透射电镜	/
Ag/Ag_2S/PTCDI/Pt	平面结构	扫描电镜	/
Ag/WPF-BT-FEO/p-Si	垂直结构	透射电镜	/
Cu/Cu-GeTe/Pt-Ir	垂直结构	原位透射电镜	←

续表

材料体系	器件结构	表征方法	生长方向
Pt-Ir/Cu-GeS/Pt-Ir	垂直结构	原位透射电镜	←
Cu/H_2O/Cu	平面结构	光学显微镜	←
Ag/Ag_2S/W	平面结构	光学显微镜	←
Cu/PEDOT:PSS/Al	垂直结构	透射电镜	/
Ag(Cu)/ZrO_2/Pt	垂直结构	原位透射电镜	→
Ag/SiO_2/Pt	平面结构	透射电镜	←
Ag/Al_2O_3/Pt	平面结构	扫描电镜	←
Ag/a-Si/Pt	平面结构	扫描电镜和透射电镜	→
Ag/a-Si/Pt	垂直结构	原位透射电镜	→
Au/ZnO/Au	平面结构	原位透射电镜	→
Cu/P3HT:PCBM/Cu	平面结构	扫描电镜	→
Ni/ZrO_2/Pt	垂直结构	原位透射电镜	→
Ag/PEDOT:PSS/Pt	平面结构	扫描电镜	↔
Al/organic compound/Al	垂直结构	扫描电镜	←
Au/PEDOT:PSS/Pt	垂直结构	透射电镜	/

注：符号“←”表示导电细丝的生长方向是从阳极向阴极生长，“→”表示从阴极向阳极生长，“↔”表示导电细丝从中间形核然后向电极两端生长，“/”表示生长方向不明确

1. Ag/Cu 离子迁移率高的材料体系

导电细丝的形成的基本过程就是如本章第一节中描述的电化学氧化还原过程(式 4.1 和式 4.2)，也即金属电极 M 原子与 M^{z+}离子的相互转化过程。M^{z+}离子最初在什么位置被还原决定了 M 原子组成的导电细丝从哪里开始生长。M^{z+}离子在介质材料中的迁移率则影响着其在什么位置被还原。于是很自然的就产生了两种情况：①在 M^{z+}离子迁移率高的介质材料中，M^{z+}离子在电场作用下能够很快的迁移到惰性电极并且被还原成 M 原子，因此在这种情况下导电细丝从惰性电极开始生长；②在 M^{z+}离子迁移率很低的介质材料中，M^{z+}离子生成后难以向前迁移，在活性电极一侧就被还原，这种情况下导电细丝就从活性电极一侧开始生长。

早期关于金属导电细丝的研究都是在一些硫族化合物固态电解质中开展，例如 Ge-Se，Ge-S，Ge-Te 等体系。Ag 离子或者 Cu 离子在这些体系的溶解度都很高，并且 Ag 离子或者 Cu 离子能够在这些材料体系中实现快速迁移。以这些材料构成的器件中，Ag 或者 Cu 离子在电场作用下都能很轻易的迁移到惰性电极一侧，故而 Hirose 最先观察到在 Ag 掺杂的 As_2Se_3 中观察到的导电细丝的生长方向就是从惰性电极向活性电极生长。如表 4.3 所示，Ag/Ag-Ge-Se/(Ni，Al，W)、Ag/Ag_2S/W、

Cu/Cu-GeTe/Pt-Ir 和 Pt-Ir/Cu-GeS/Pt-Ir 等固态电解质体系或者 Cu/Ta_2O_5/Pt、(Ag，Cu)/H_2O/(Pt，Cu)等 Ag/Cu 离子迁移率高的材料体系中，导电细丝的生长方向都是从惰性电极向活性电极生长。

离子的迁移率高低与材料本身的性质最为相关，其次材料的制备工艺也影响着 Ag/Cu 离子的迁移特性。密歇根大学的 Yang 等人利用透射电镜技术详细表征了 Ag/SiO_2/Pt 体系中 Ag 导电细丝的生长动力学过程，发现在利用溅射法沉积的 SiO_2 体系中，由于存在晶界等大量缺陷使得 Ag 离子便于迁移，Ag 导电细丝从 Pt 电极向 Ag 电极的方向生长，而利用热氧化的方法制备的 SiO_2 体系中，由于过于密实而无法形成 Ag 导电细丝。

图 4.67 给出了利用溅射法制备的 Ag/SiO_2/Pt 体系中观察到的导电细丝的透射电镜照片。从图可以看出，器件使用的是平面结构，在 SiN_x 的透明薄膜上利用磁控溅射沉积一层 SiO_2 薄膜，然后利用电子束曝光技术，在两端分别制备 Ag 电极和 Pt 电极。在图 4.67(a)所示的初始态中，中间 SiO_2 薄膜的衬度均匀，没有发现导电细丝。在 Ag 电极上施加正电压使器件转变到低阻态之后，SiO_2 中清晰的观察到了多根导电细丝的形貌。如图 4.67(b)的右上角所示，有一根导电细丝连通了 Ag 电极和 Pt 电极，除了这一根完全连通的导电细丝之外，在 Pt 电极一侧还有多根未连通的导电细丝，其中的一根还表现出明显的树枝状。这些未连通的导电细丝都处于 Pt 电极一侧，充分说明了在这一体系中导电细丝是从 Pt 电极一侧开始生长。Ag/SiO_2/Pt 体系中的导电细丝的另一个特点就是 Pt 电极一侧比较细小，而 Ag 电极一侧则要相对粗一些。这是由于溅射法制备的 SiO_2 薄膜中 Ag 离子的迁移率仍然比较小，当 Ag 离子在 Pt 电极处被还原成 Ag 原子之后导致了电场的集中效应，后续迁移过来的 Ag 离子在之前被还原的 Ag 原子处析出。Ag 离子的迁移率小，迁移成为了导电

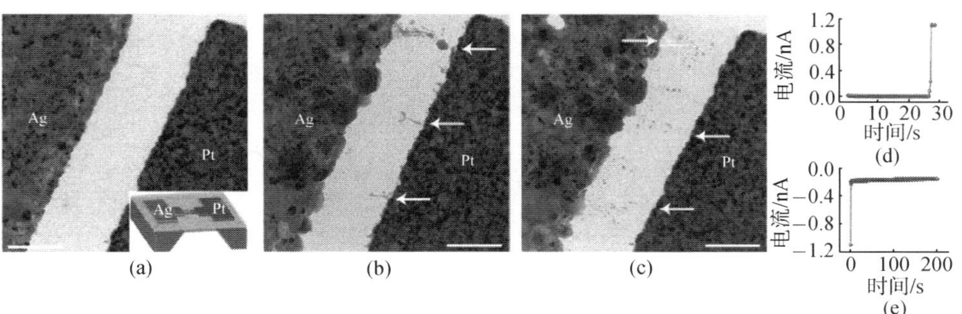

(a)　(b)　(c)　(d)　(e)

图 4.67　Ag/SiO_2/Pt 体系中观察到的导电细丝从 Pt 电极开始生长

(a)初始态；(b)低阻态；(c)高阻态；(d)和(e)为 Set 与 Reset 过程中的电流—时间曲线，图中标尺宽度为 200nm[61]

细丝生长的控制过程，使得导电细丝的形状为 Ag 电极指向 Pt 电极的圆锥状。另一方面，Ag 导电细丝的断开首先发生在 Pt 电极一侧，如图 4.67(c)所示，表明在这类器件中惰性电极与介质材料之间的界面对导电细丝的断开过程有重要影响。

在 Ag/Cu 离子迁移率更高的材料体系，导电细丝的形状就会不一样，例如在硫族化合物体系所表现的那样。图 4.68 给出了 Cu/Cu-GeTe/Pt-Ir 体系中的原位观察结果，再次证实了在迁移率高的固态电解质体系中导电细丝是从惰性电极一侧开始生长。如图 4.68(c)~(e)和(g)~(i)所示，随着 Pt 电极上施加的负向电压逐渐增加，Cu 导电细丝首先在 Pt 惰性电极一侧开始析出，并逐渐向着 Cu 电极一侧生长，这一结果与 Ag/SiO_2/Pt 体系中观察到的现象相同。但是 Cu/Cu-GeTe/Pt-Ir 体系中导电细丝的形状与 Ag/SiO_2/Pt 体系中的情形不太一样[64]，从图可以看出 Cu/Cu-GeTe/Pt-Ir 体系中的 Cu 导电细丝虽然也是圆锥状，但是其圆锥的尖端指向的是 Cu 电极，而 Ag/SiO_2/Pt 体系中圆锥状的导电细丝的尖端指向 Pt 电极。导电细丝形状的不一样主要是受 Cu 离子迁移率的影响，因为 Cu-GeTe 材料是 Cu 离子的良导体，Cu 离子在

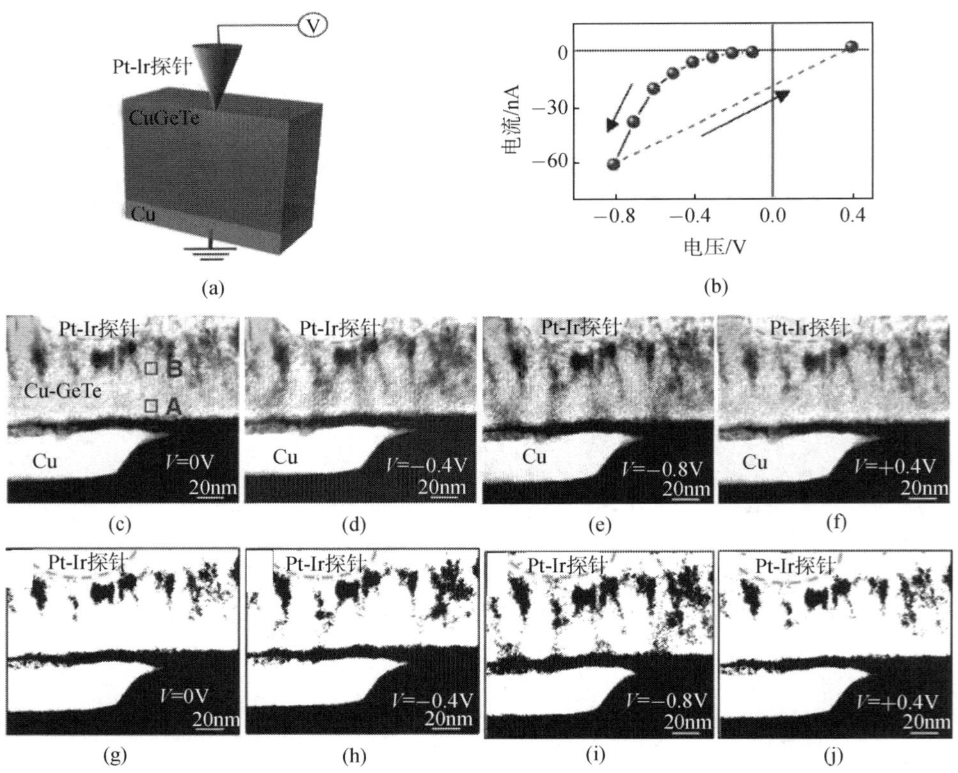

图 4.68　Cu/Cu-GeTe/Pt-Ir 体系中对于导电细丝生长的原位观察[64]

Cu-GeTe 中的溶解度和迁移率都很高，故而 Cu 离子的迁移不是导电细丝形成的控制过程。Cu 离子的还原过程或者生成新 Cu 原子导致的应变等因素成为了导电细丝生长的控制过程。例如，当还原过程成为控制过程的时候，Cu 离子在电场作用下迁移到 Pt 电极一侧，由于还原速率比不上迁移速率，大量的 Cu 离子在 Pt 电极一侧堆积，故而导电细丝先从 Pt 电极一侧开始生长，并且 Pt 电极一侧的导电细丝更加粗大。而图 4.67 所示的 SiO_2 中导电细丝生长的控制过程则是离子迁移过程。在导电细丝的形成和生长过程中一直受到离子迁移速率的限制，当 Ag 离子迁移到 Pt 电极一侧的时候立即被还原，而后续迁移过来的 Ag 离子数量又很少，所以导电细丝在 Pt 电极一侧比较细小，而已经生长的导电细丝尖端会产生电场的集中效应，使得后续迁移过来的 Ag 离子都在导电细丝的尖端被还原，这种情况下的导电细丝的形状就是倒过来的圆锥状或者是枝晶状。从 SiO_2 和 Cu-GeTe 体系中导电细丝的形貌观察可以知道金属离子的迁移速率对导电细丝的形貌有重要影响。根据离子迁移速率与还原速率之间的差别还可以获得圆柱状等其他各种形状的导电细丝。

2. Ag/Cu 离子迁移率低的材料体系

Ag/Cu 离子的迁移率不但能影响导电细丝的形状，还能影响导电细丝的生长方向，在 Ag/Cu 离子迁移率非常低的材料体系，导电细丝是从活性电极一侧向惰性电极一侧开始生长。如图 4.69 所示的 Ag/a-Si/Pt 体系中，a-Si 是利用等离子体强化化学气相沉积(PECVD)的方法制备，其结构密实，Ag/Cu 离子的迁移率非常低。图 4.69 中对相同结构的四个 Ag/a-Si/Pt 器件采用不同大小的编程电流来控制导电细丝生长的不同阶段，随着编程电流的增大，导电细丝不断变长和变粗。如图 4.69(a)，0.2nA 的编程电流使 Ag 电极一侧的 Ag 导电细丝向外突出(4.69(e))；当编程电流增加到 1nA 时(4.69(b))，Ag 导电细丝变宽变长(4.69(f))；10nA 的编程电流导致导电细丝的进一步宽化(4.69(g))；最终 20nA 的编程电流使得 Ag 导电细丝贯通整个 a-Si 将 Ag 电极和 Pt 电极连接起来。图 4.69 所示的导电细丝形貌和生长过程与离子迁移率高的体系中的导电细丝至少有两点不一样。首先，导电细丝的生长方向不一样，在此处导电细丝是从活性电极开始生长；其次导电细丝的形貌不一样，此处导电细丝是由许多岛状或颗粒状形貌的纳米球组成，而各个纳米球之前好像并不相互连通。由于这些纳米岛颗粒同样使得器件转变到了低阻态，我们仍然称之为导电细丝，虽然其形貌并不是一个细丝。

Ag/a-Si/Pt 体系中导电细丝形貌和生长方向与传统固态电解质体系的差异源自 a-Si 中 Ag 离子的低迁移率。在电压的作用下 Ag 电极一侧的 Ag 原子被氧化成 Ag 离子，但是由于 Ag 离子的迁移率很低，大量的 Ag 离子在 Ag 电极一侧堆积，当

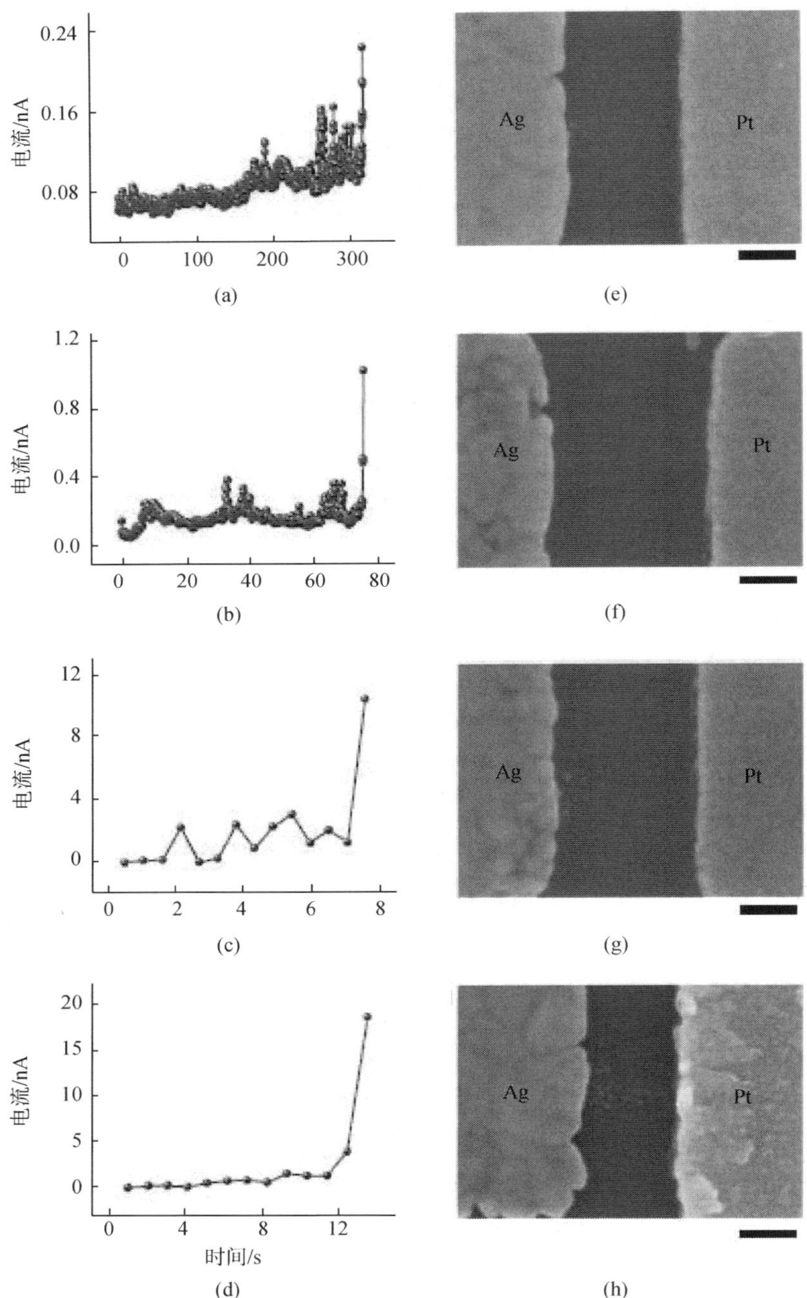

图 4.69　Ag/a-Si/Pt 体系中导电细丝从活性电极向惰性电极生长

(a)~(d)在不同大小的编程电流器件的电流-时间曲线和(e)~(h)对应器件的扫描电镜照片，图中标尺的宽度为 100nm[61]

Ag 离子浓度不断升高时，使得 Ag 原子变得更容易析出，故而岛状的 Ag 纳米颗粒在 Ag 电极附近首先沉淀出来，随后再一步步向 Pt 电极的方向推进。在靠近 Ag 电极一侧的 Ag 纳米岛始终处于溶解与析出同时进行的状态，溶解出来的 Ag 离子在经过短距离的迁移后又沉淀下来，不断重复这个过程使得 Ag 纳米岛不断向 Pt 电极一侧生长。溶解与析出同时进行使得这种情况下的导电细丝的形状是不连续的岛状，岛与岛之间通过直接隧穿效应来传导电流。在低离子迁移率的 $Ag/ZrO_2/Pt$ 体系中，也同样发现了导电细丝从活性电极向惰性电极生长的现象，表明离子迁移过程的限制确实可以导致导电细丝从活性电极向惰性电极生长。

3. 导电细丝从介质中间析出

从导电细丝生长的动力学过程来讲，有三个方面有可能成为导电细丝形成过程的限制因素：①活性电极在阳极的氧化溶解过程；②金属离子在介质材料中间的迁移过程；③金属离子在阴极还原成金属原子并且晶化为导电细丝的过程。这三个步骤中的每一步都有可能成为导电细丝生长的控制过程。其中过程①与所加的电场成指数关系，在阻变存储器器件中由于电极之间的距离都是几十纳米至数微米，使得器件上施加的电场值都非常大，故过程①很少成为限制过程。对于过程 3，金属离子还原成原子的速率同样非常快，但是被还原出来的原子要在密实的固体介质中挤出空间来堆积成相应的金属导电细丝这一过程则是比较受限制的。而对于过程②，金属离子的迁移速率则主要取决于介质材料的种类了。当过程③是限制过程的时候，导电细丝就是从惰性电极一侧开始生长；当过程②成为控制过程时，导电细丝在活性电极一侧就已经开始析出了，此时导电细丝的形状呈不连续的岛状分布。

另外一种有意思的情况就是，导电细丝不是严格地从所谓活性电极或者惰性电极的任何一侧开始生长，而是最先在介质材料的中间出现[65]。图 4.70 为平面结构的 Ag/PEDOT:PSS/Pt 器件中对导电细丝形貌观察的扫描电镜照片。图中分别对同一批次的四个器件施加不同时间的电压激励，使其导电细丝的生长停留在不同的阶段。从图 4.70(e)可以看出，Ag 纳米团簇最先在介质 PEDOT:PSS 的中间部分开始析出，而不是在某一电极处开始生长。随着电压的继续增加，Ag 纳米团簇不断的粗化并且向两端扩展。最后当电压施加到 120s 之后(图 4.70(d))，电流出现了陡峭的增加，而对应的扫描电镜照片中也可以看到 Ag 纳米团簇几乎布满整个 PEDOT:PSS 介质层而连通两个电极使器件转变到了低阻态。Ag/PEDOT:PSS/Pt 器件中导电细丝这一独特的生长方式再次证明了导电细丝的形貌和生长方式受金属离子在介质中的迁移率大小的调控。这时候 Ag 离子的迁移速率高于活性电极一侧生长的情形却低于惰性电极一侧生长的情形，故 Ag 纳米团簇在介质层中间的多个地方形核生长。

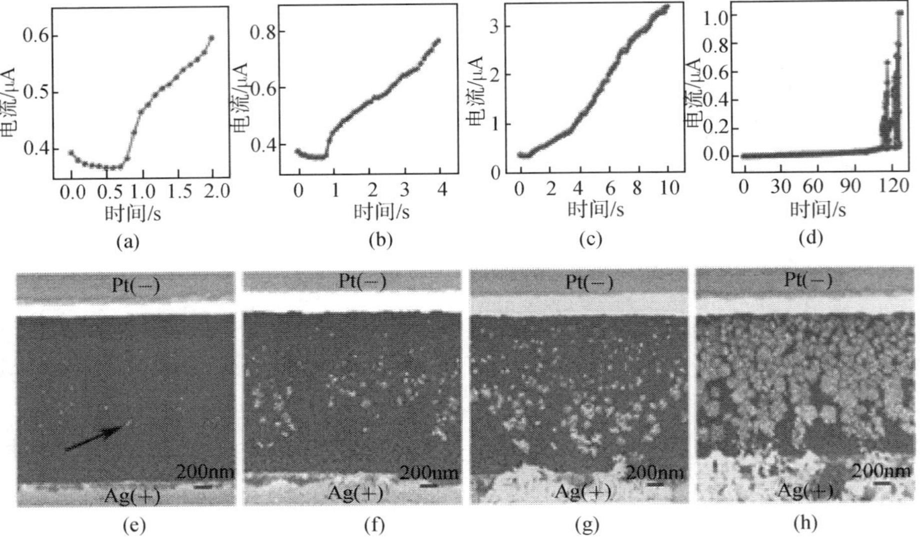

图 4.70　平面结构的 Ag/PEDOT:PSS/Pt 器件中 Ag 导电细丝形貌的观察

(a)～(d)同批次的四个器件施加电压 1V，时间分别为 2s, 4s, 10s 和 130s 的电流-时间曲线和(e)~(h)对应器件的扫描电镜照片

平面结构器件与纵向结构器件的另一区别就是金属离子的迁移通道差异，在纵向结构器件中，金属离子必须在介质材料中间迁移，晶界和位错往往是易迁移通道。而在平面结构器件中，金属离子一般倾向于在介质材料的表面迁移，因为表面相对于介质内部是易迁移通道。对于图 4.70 中的 Ag/PEDOT:PSS/Pt 平面器件进行截面透射电镜观察，可以清晰的看到导电细丝在 PEDOT:PSS 表面形成，如图 4.71 所示。从图中可以看到，无论是在靠近 Pt 电极一侧，还是靠近 Ag 电极一侧，又或者是中间部分，衬度较暗的导电细丝都是在 PEDOT:PSS 的表面生成。为了验证导电细丝的成分，对图 4.71(a)中的不同位置进行 EDX 表征，其结果如图 4.71(d)所示。位置“1”是 SiO_2 基片，EDX 结果只显示 Si 峰；位置“2”是介质层 PEDOT:PSS，显示出其包含的 S 元素的峰；位置“3”和“4”都是导电细丝所在位置，故显示出很强的 Ag 峰，表明了导电细丝确实是由 Ag 原子组成；位置“5”是在用聚焦离子束切割制备样品时镀上去的 Pt 保护层。该透射电镜照片还证实了 Ag 导电细丝的形貌是成分立状的颗粒团簇，尤其是在器件中部可以清晰的看到直径大约为 40nm 纳米颗粒。

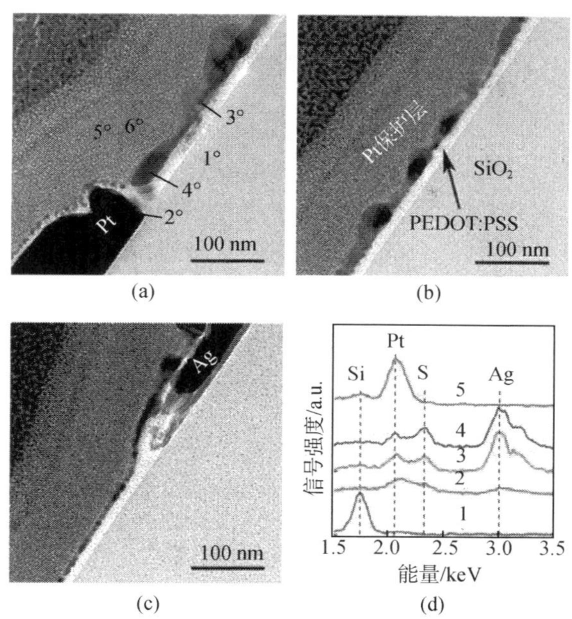

图 4.71 Ag/PEDOT:PSS/Pt 器件在低阻态时的横截面透射电镜照片

(a)Pt 电极附近；(b)器件中部；(c)Ag 电极附近；(d)为(a)图中对应点的 EDX 能谱分析

4. 导电细丝生长动力学与速度控制过程

由于金属离子在介质层中间的迁移速率不同，导电细丝的生长方向可以出现从活性电极一侧生长，从惰性电极一侧生长以及从中间生长三种情况，而导电细丝的形状可以表现为圆锥状，圆柱状和分立的纳米岛状。导电细丝生长动力学中的控制过程决定了其形状和生长方向，而金属离子的迁移过程以及金属离子还原成原子并堆积的过程都有可能成为导电细丝形成的控制过程。另一个探讨导电细丝生长动力学过程的方法是研究电阻转变所需要的时间与所施加的电压的关系。如图 4.72 所示为基于 a-Si 材料的金属导电细丝型阻变器件中发生电阻转变所需的时间与电场强度，以及温度的关系。在图 4.72(a)中，选用不同电极间距 d 的器件(d 从 70 到 355nm)进行测试计算其发生电阻转变所需要的时间，而对应的电场强度通过 $E=V/d$ 计算得到，其中 V 为施加的电压大小。从图中得到的结果可以看到发生电阻转变所需要的时间 t_W 在半对数坐标中与电场强度的大小构成线性关系，及 $\ln t_W \propto E$。这一结果进一步验证了发生电阻转变的过程是受电场大小控制的，非常类似于电介质中电场作用下离子迁移的相关结果，而电阻转变平均所需要的时间可以由下式[56, 66]得出：

$$t_{\mathrm{W}}=\frac{1}{\nu}\mathrm{e}^{E_{\mathrm{a}}^{*}/k_{\mathrm{B}}T}=\frac{1}{\nu}\mathrm{e}^{E_{\mathrm{a}}/k_{\mathrm{B}}T}\cdot\mathrm{e}^{-aE/k_{\mathrm{B}}T} \tag{4.10}$$

其中，E_{a}^{*} 是电场下离子迁移所需要的有效激活能，有效激活能与电场强度和材料本身在零电场下的激活能 E_{a} 相关，$E_{\mathrm{a}}^{*}=E_{\mathrm{a}}-aE/k_{\mathrm{B}}T$。$\nu$ 是离子的振动频率，k_{B} 是玻尔兹曼常数，T 是绝对温度。公式(4.10)很好的解释了图 4.72(a)中电阻转变所需时间与电场强度的指数关系，而且该公式还告诉人们电阻转变所需时间跟温度的倒数同样成指数关系，也即 $\ln t_{\mathrm{W}}\propto 1/T$，这一结果与图 4.72(b)中的结果相一致。这些结果充分证明了金属导电细丝的形成过程受离子迁移过程的控制，这里面起关键作用的是决定 E_{a}^{*} 大小的介质材料的类型，其次起作用的是电场强度和温度。

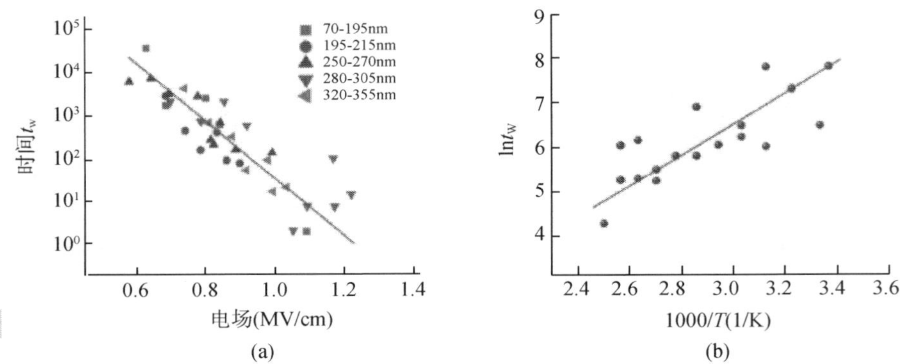

图 4.72　a-Si 材料的金属导电细丝型阻变器件中发生电阻转变所需的时间与(a)电场强度，以及(b)温度的关系[61]

4.1.5　导电细丝型阻变存储器的小型化潜力

阻变存储器作为下一代非易失性存储器的巨大优势就是其小型化潜力，因而能适应高密度存储的要求。电阻转变的物理机制不涉及像电荷存储面临的电子隧穿问题，故理论上单个阻变存储器器件的面积可以缩小到几个纳米的范围。而具体到导电细丝型阻变存储器，其单个器件的最小面积显然由导电细丝的大小决定，器件的面积最少应该是导电细丝尺寸的两倍。那么，导电细丝的尺寸多大呢？不同材料体系报道的结果不尽相同，而实际中已经有研究组报道了单个器件尺寸小于 20nm 的阻变器件，如图 4.73 所示。在 Ag/GeSe/W 体系中，Ag 导电细丝可以在直径为 20nm 的 GeSe 薄膜中把器件转变到低阻态[67]。虽然在众多观察到导电细丝形貌的器件中，导电细丝的大小通常在数十纳米的范围，而 Ag/GeSe/W 体系的这一结果说明随着器件尺寸的减小，导电细丝的尺寸也会随之减小。所以金属导电细丝的最小尺寸只能通过减小器件的实际尺寸去验证。

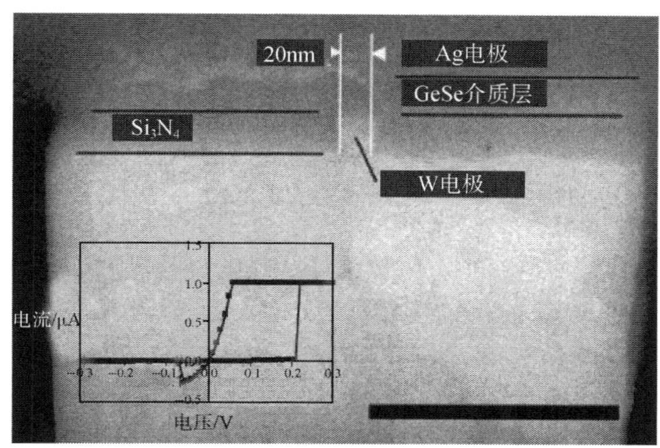

图 4.73　尺寸为 20nm 的 $Ag/Ag_2S/Pt$ 器件的截面电镜照片

图中标尺宽度为 200nm，插图为与之对应的发生电阻转变的电流—电压曲线[67]

4.2　氧空位导电细丝型阻变存储器

4.2.1　基本特征

金属导电细丝型阻变存储器的电阻转变机理主要是基于金属阳离子的电化学迁移，而有很多二元或多元金属氧化物在不适用易迁移的金属电极时也能表现出电阻转变效应，这一类型的阻变存储器的电阻转变机理是基于阴离子的电迁移，主要是基于氧离子的迁移作用。氧离子的电迁移导致薄膜内部的缺陷再分布，形成基于氧空位的导电细丝，氧空位导电细丝的连通和断开控制着器件在高低阻态之间的转变。氧空位导电细丝型阻变存储器跟金属导电细丝型阻变存储器一样是基于电化学氧化还原机理，只不过发生反应所依赖的离子迁移的种类不同。氧离子的迁移运动会伴随着氧化物介质化学价态的变化，故氧空位导电细丝型阻变存储器也称作价态转变型阻变存储器，只不过这种价态转变是发生在局域位置。氧空位导电细丝型阻变存储器表现出双极性的电阻转变特性，其结构通常也具有一定的非对称性。氧空位导电细丝型阻变存储器通常包含一个化学活性低的惰性电极，例如 Pt、Au 等，以及另一个比较活泼的金属电极，例如 Al、Ti、Ta、Nb 等。这些电极相对于 Ag 或 Cu 电极而言，要么不容易氧化，要么氧化之后很难被还原，因而不能在器件中形成金属导电细丝。氧空位导电细丝型阻变存储器的另一个重要特点是其器件在第一次发生电阻转变时通常需要一个初始化(electroforming)过程。氧化物薄膜在初始化过程中产生足够的氧空位使得后续的电阻转变能够顺利进行，在这一过程中与氧化物相邻的活性电极也会发生部分氧化。有时候初始化过程还会释放出氧气，在器件表面产生气泡，初始化过程的化学反应可以通过式 4.11 来表示[1] 。

$$O_O \longrightarrow V_O^{\bullet\bullet} + 2e^- + \frac{1}{2}O_2 \tag{4.11}$$

其中，O_O 表示氧化物中处于正常晶格位置的氧原子，$V_O^{\bullet\bullet}$ 表示带两个正电荷的氧空位，也可以表示为 V_O^{2+} 。通过式(4.11)所示的初始化过程之后，氧化物中就积累了一定数量的氧空位，这些氧空位在后续的电压操作过程中的再分布促使器件出现高低阻态。如果制备的氧化物薄膜中已经含有大量氧空位，则此时的初始化过程不明显，故有部分研究者关注于通过改善氧化物薄膜的工艺参数来控制薄膜中的氧空位浓度以减小初始化电压甚至消除初始化过程。氧空位在电场作用下的再分布过程可以认为是氧离子迁移导致，也可以直观的理解为氧空位本身在迁移。

氧空位导电细丝型阻变存储器最早可追溯到 20 世纪 60 年代，也即在 Hickmott 等人发现电阻转变效应的最初几年中研究的大部分体系都是氧空位导电细丝型电阻转变，例如在 Nb/NbO_x 薄膜的器件中的电阻转变就是基于氧离子的迁移运动[68]。到了 20 世纪 90 年代末，人们对于氧空位导电细丝型电阻转变的微观机理有了深入的研究，使得这类阻变存储器的性能处于比较领先的水平。在最近几年的报道中，氧空位导电细丝型阻变存储器的多项性能甚至已经超过了众多传统的存储器。例如，高于 10^{12} 的擦写循环耐受性，快于 1ns 的擦写速度，小于 10nm 的器件尺寸等等，这些优异的性能使得氧空位导电细丝型阻变存储器成为了一类非常具有商业化潜力的阻变存储器。

氧空位导电细丝型阻变存储器的电阻转变依赖于氧离子或者说氧空位的迁移运动，那这类器件所用的介质材料自然就是包含氧原子的材料，绝大部分为二元或多元氧化物以及氧化物与其他物质的化合物。最常见的表现为氧空位导电细丝型电阻转变的材料包括 TiO_x、HfO_x、AlO_x、TaO_x、NbO_x、ZnO_x、ZrO_x、WO_x 等化学计量比或非化学计量比的二元金属氧化物和 $SrTiO_3$、$SrZrO_3$、$Pr_{0.7}Ca_{0.3}MnO_3$ 等三元或掺杂的三元氧化物[1]。电场作用下氧离子的迁移使得这些氧化物中出现沿晶格缺陷分布的氧空位易导电通道，或者由于氧离子的缺失形成金属特性的低价态氧化物。不论形成的是哪种类型的导电通道，都与氧离子的缺失有关，故都可以笼统的称为氧空位导电细丝。以化学计量比的 TiO_2 或者 $SrTiO_3$ 为例，在电场作用下氧离子缺失导致 Ti 的化学价态降低，其转化过程可用下式表示：

$$ne^- + Ti^{4+} \longleftrightarrow Ti^{(4-n)+} \tag{4.12}$$

按照式(4.12)形成的低价态的钛氧化物在薄膜内扮演导电通道的作用，导电通道的重新分布过程使得器件在高低阻态之间转变。在接下来的内容中，首先讲述几种典型的基于氧空位导电细丝型的阻变存储器，然后再概述这种类型电阻转变的一些特点。

4.2.2　典型的氧空位导电细丝型阻变存储器

1. TiN/ZnO:Mn/Pt 阻变存储器

上一节介绍的基于 ZnO 薄膜材料的金属导电细丝型阻变存储器表现出优异的存储性能，而 ZnO 中氧空位的迁移也可以导致电阻转变[6]。例如，选用 TiN 导电化合物作为电极可以夺取和吸收 ZnO 薄膜中的氧离子，从而可以作为氧空位导电细丝的活性电极，构成 TiN/ZnO:Mn/Pt 结构的阻变存储器。

1) TiN/ZnO:Mn/Pt 器件的电阻转变行为

TiN/ZnO:Mn/Pt 阻变存储器的器件结构如图 4.74 所示，每个 TiN 电极下方即对应一个 TiN/ZnO:Mn/Pt 阻变器件。所有的电流和电压激励都是垂直施加于器件，正电压的方向定义为 TiN 电极相对于 Pt 电极的方向。

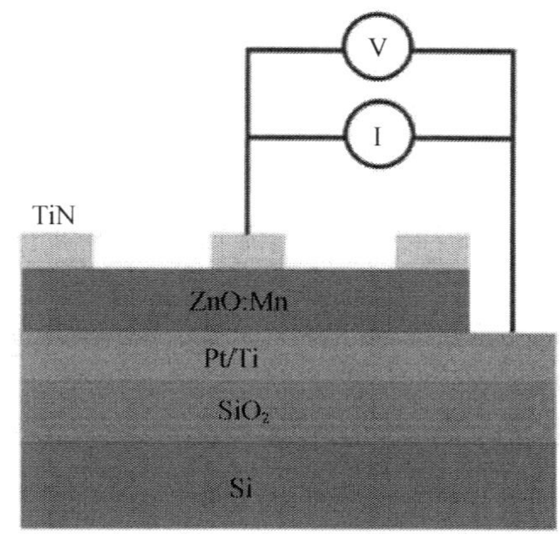

图 4.74　TiN/ZnO:Mn/Pt 阻变存储器的结构示意图

图 4.75 给出了 TiN/ZnO:Mn/Pt 阻变存储器的电阻转变特性 *I-V* 曲线。器件初始态表现出高电阻，约为 10^7~$10^8\Omega$。在器件表现出稳定的电阻转变效应之前需要对器件施加一个 2.8V 左右的正向电压使其转变到低阻态，对应于器件的初始化过程，如内插图所示。初始化过程后，TiN/ZnO:Mn/Pt 阻变存储器表现出稳定的阻变现象。其中 Reset 过程发生在–1.1V 左右；而 Set 过程只需对器件施加 0.7V 左右的正向电压，这明显低于初始化电压。器件发生 Reset 或 Set 转变后都能够保持自身的状态直至发生下一次转变，表现出非易失性存储潜力。此外，结果表明 TiN/ZnO:Mn/Pt 器件具有典型的双极阻变特征。

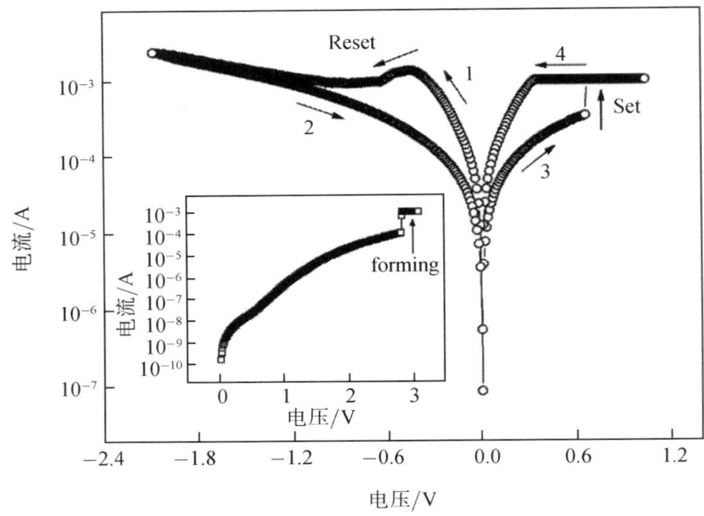

图 4.75　TiN/ZnO:Mn/Pt 阻变存储器的双极阻变特性 *I-V* 曲线

内插图显示器件的初始化过程

进一步考察 TiN/ZnO:Mn/Pt 阻变存储器的保持特性，将 TiN/ZnO:Mn/Pt 器件分别设置为高阻态或低阻态后撤去外界电压，并每隔一段时间通过一个低电压信号(0.1V)来读取器件的电阻值，以确保不会影响到器件的实际状态。如图 4.76 所示，TiN/ZnO:Mn/Pt 阻变存储器的高阻态(约 5000Ω)和低阻态(约 700Ω)在断电情况下依然能够保持超过 10^4s，并且数据的趋势预示着更长的保持时间，证明了器件良好的非易失性，这为 TiN/ZnO:Mn/Pt 结构作为非易失性存储器件应用提供了可能。

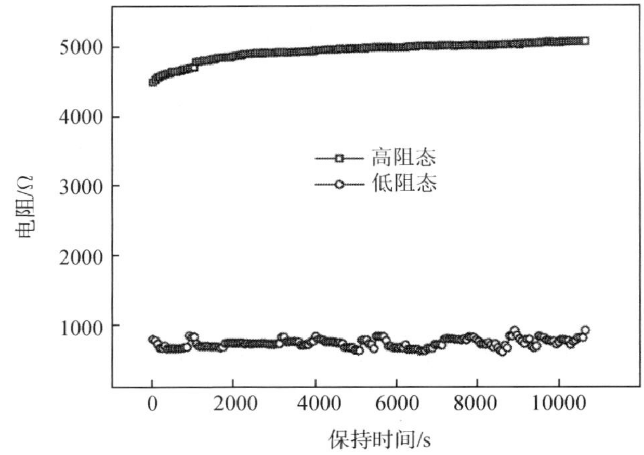

图 4.76　TiN/ZnO:Mn/Pt 阻变存储器的数据保持特性

2) TiN/ZnO:Mn/Pt 的阻变机制

典型的双极电阻转变效应一般出现在电极材料为活性金属 Ag 或 Cu 的阻变存储器体系中，电阻的转变是受 Ag 离子或 Cu 离子在外电场作用下的迁移以及由氧化还原反应导致的金属导电细丝形成/断开过程控制的[1]。很明显，这一解释并不适用于当前的 TiN/ZnO:Mn/Pt 阻变存储器体系，因为电极并非活性金属，不可能在电场作用下发生氧化还原反应。这是由于在 TiN/ZnO:Mn/Pt 体系中，电阻转变是受氧空位的迁移及其对界面肖特基势垒高度的影响控制的，如图 4.77 所示。

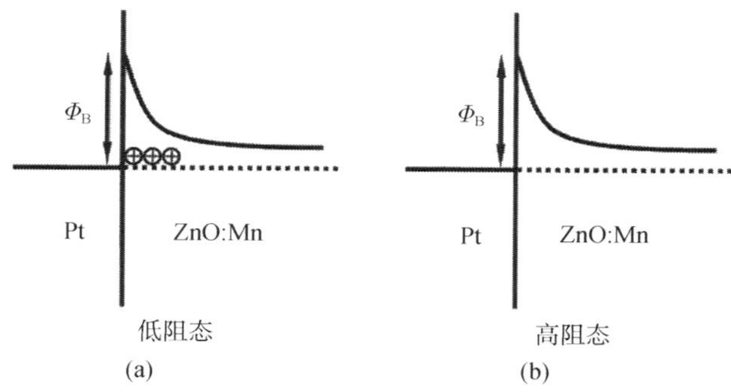

图 4.77　TiN/ZnO:Mn/Pt 阻变存储器的双极阻变模型示意图：(a)低阻态；(b)高阻态

由于底电极 Pt 具有高的功函数，约为 5.65eV，远远高于 ZnO 的电子亲和势(约 4.35eV)，因此在 ZnO:Mn/Pt 的界面附近不可避免地形成肖特基势垒，从而控制整个器件的电输运。当对 TiN 电极施加正向电压时，ZnO:Mn 介质层中的氧空位在电场的驱动下将向 Pt 电极移动并聚集在 ZnO:Mn/Pt 界面附近。这些氧空位倾向于沿晶界等扩展缺陷聚集排列，导致形成一些局部的由氧空位连接而成的导电通道。这些通道贯穿了 ZnO:Mn/Pt 界面处的肖特基势垒，使得势垒降低或者不再起作用，器件转变到低阻态，如图 4.77(a)。容易想象，在初始态的 ZnO:Mn 介质层中可能不存在足够的氧空位来导致上述阻变效应，这就是为什么器件在发生电阻转变之前需要一个高压初始化过程的原因，目的在于创造足够的氧空位。反之，对 Pt 电极施加正向电压时，如图 4.77(b)，带有正电荷的氧空位受到库仑排斥力的作用远离 ZnO:Mn/Pt 界面，肖特基势垒得以恢复，器件因此回到高阻态。

基于以上讨论，很容易理解初始化 forming 过程的原理和作用。当对 TiN 电极施加很高的正向电压时，ZnO:Mn 介质层中带负电荷的氧离子就会向 TiN 移动。当它们到达 TiN 电极时得到正电荷，被氧化成为 O_2 并逃逸到空气中，因此在器件中产生了阻变所需的氧空位。此外，通过 CCD 真实地观察到了 TiN 顶电极上气泡的产生，证明了上述 forming 的机制。然而，由于 O_2 的逸出是不可逆的，器件中氧空位的整体浓度升高，这就是为什么初始化过程后器件的高阻态阻值(约 5000Ω)低于器件初始电阻的原因(10^7~10^8Ω)。

2. $W/Ta_2O_5/Pt$ 阻变存储器及其电阻转变机制

五氧化二钽(Ta_2O_5)是一种高介电常数材料，曾经作为内存中绝缘栅的可替代材料而进行过大量研究，因此 Ta_2O_5 薄膜是一种与现有半导体工艺兼容的材料。将 Ta_2O_5 薄膜从内存的研究中应用到阻变存储器领域，有望在不需要较大的改动现有半导体工艺的条件下制备出高性能的下一代非易失性存储器。同时，Ta_2O_5 作为一种二元金属氧化物相比于钙钛矿等复杂氧化物而言，具有成分和结构简单的特点，可以用磁控溅射等廉价的镀膜工艺获得性能良好的薄膜，使得以 Ta_2O_5 薄膜制备的阻变存储器具备低成本的优势。另外，Ta_2O_5 薄膜绝缘性好，能够有效降低其应用于阻变存储器时的工作电流，从而获得低功耗的阻变器件。因此，研究 Ta_2O_5 薄膜的电阻转变特性，并开发基于 Ta_2O_5 的阻变存储器，有望获得高速、高密度、低功耗、低成本的下一代非易失性存储器[31]。

1) Ta_2O_5 薄膜的制备及 $W/Ta_2O_5/Pt$ 阻变器件的设计

采用射频磁控溅射技术制备 Ta_2O_5 薄膜。溅射靶材为 Ta_2O_5 陶瓷靶，基片为已经沉积有铂底电极的基片($Pt/Ti/SiO_2/Si$)。首先采用 XRD 技术研究了射频磁控溅射技术沉积的 Ta_2O_5 薄膜的晶体结构和厚度。图 4.78 所示为在 Si(111)基片上沉积 200s 的 Ta_2O_5 薄膜的全角和小角 XRD 谱。从图 4.78(a)可以看出，除了 Si(111)单晶基片的衍射峰以外，没有其他明显的衍射峰，只在低角度的范围内表现出一定程度的非晶包，表明所沉积的 Ta_2O_5 薄膜为非晶结构(或称为无定形结构)。图 4.78(b)中的小角衍射曲线出现了一连串明显的振荡峰，表明沉积的 Ta_2O_5 薄膜在面内有均匀的厚度且具有较低的表面粗糙度。如图 4.78(b)中标出了几个振荡峰的峰位，由峰位的平均值利用公式(4.4)可以得到薄膜厚度约为 42nm，由此还可以得出在此条件下沉积 Ta_2O_5 薄膜的沉积速度为 2.1Å/s。

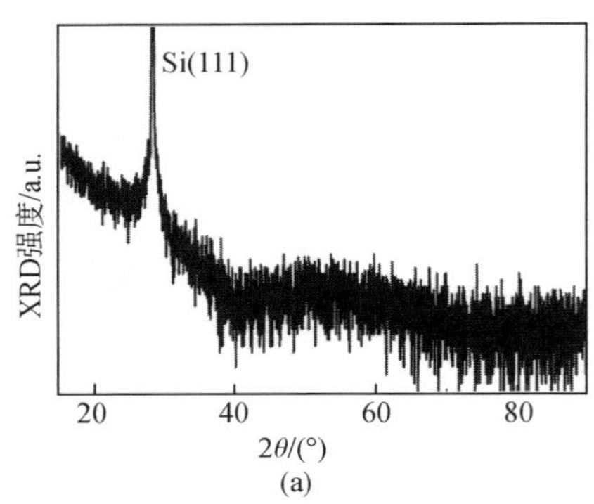

(a)

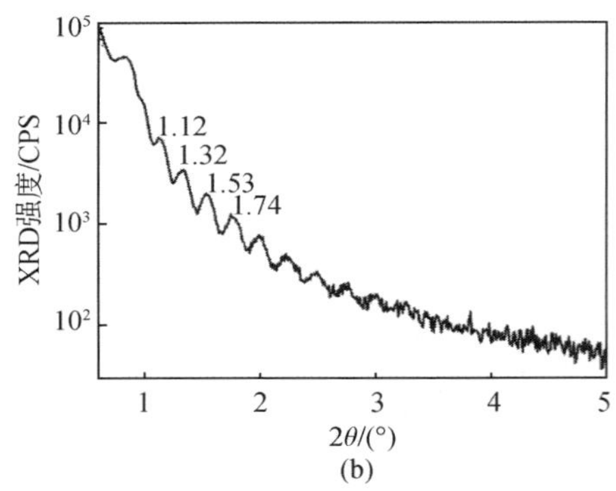

(b)

图 4.78　沉积在 Si(111)基片的 Ta_2O_5 薄膜的(a)全角和(b)小角 XRD 谱

制备的 Ta_2O_5 基阻变存储器的器件结构示意图如图 4.79(a)所示。在 Pt/Ti/SiO_2/Si 基片上沉积好 Ta_2O_5 薄膜之后，再在 Ta_2O_5 薄膜上面镀上不同大小的 W 作为顶电极。顶电极的厚度为 120nm，而大小和形状是通过在 Ta_2O_5 薄膜上面覆盖一层金属掩膜版来控制的。W 电极的形状为圆形，用于电性能测试的顶电极直径为 100μm，而用于后面 X 射线光电子能谱测试的器件的顶电极直径为 300μm。由图 4.79(a)可知，阻变存储器器件为典型的两端结构，底电极 Pt 接地，测量时通过安捷伦 B1500A 内部的恒压源和恒流源把所有电压和电流激励都施加在顶电极上面。并规定正向电流是指从顶电极流向底电极的方向。图 4.79(b)给出了沉积在 Pt/Ti/SiO_2/Si 基片上 Ta_2O_5 薄膜的截面扫描电镜照片。从该电镜照片中可以看出，Ta_2O_5 薄膜厚度均匀，表面平整，整个 Ta_2O_5 薄膜和 Pt 底电极的厚度为别为 80nm 和 120nm 左右。

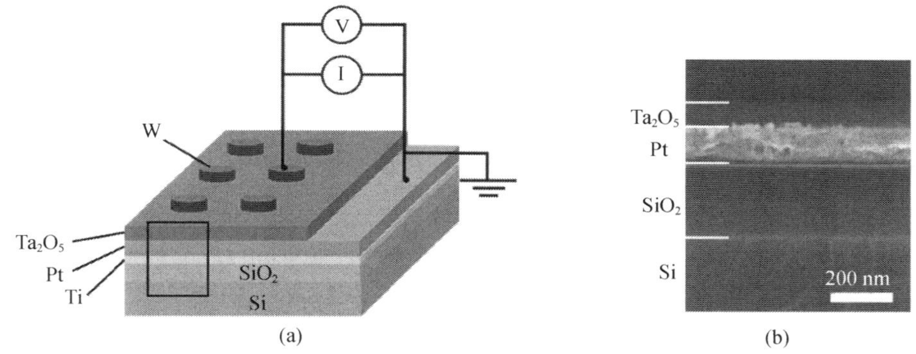

图 4.79 (a)W/Ta_2O_5/Pt 阻变器件的结构示意图；(b)沉积在 Pt/Ti/SiO_2/Si 基片上 Ta_2O_5 薄膜的截面扫描电镜照片

2) W/Ta_2O_5/Pt 阻变存储器的电阻转变特性

在直流电压扫描的模式测量了 W/Ta_2O_5/Pt 器件的 *I-V* 特性。图 4.80 给出了 W/Ta_2O_5/Pt 器件的 50 次连续扫描的 *I-V* 曲线，电压的扫描顺序如图中的数字所示(1→2→3→4)，也就是说电压的扫描顺序为 0V→5V→0V→−4V→0V。从图中可以看出，W/Ta_2O_5/Pt 器件的初始态为高阻态，在 1V 下的电流不到 10μA，随着电压的缓慢增加(过程 1)，电流在大约 3.2V 的位置突然急剧的增加，说明器件的电阻在这一位置急剧的减小了，器件转变到了低阻态。在 Set 过程中，通常施加一个限制电流以防止过大的电流流经器件而使得器件严重发热而失效。图中数字“2”下面的水平直线就是限制电流导致的，由图可见限制电流大小为 1mA。当器件转变到低阻态以后，在电压的回扫过程中(过程 2)，器件一致保持在低阻态。甚至当电压撤除以后，器件的电阻也维持在低阻态，这一特性就说明电阻转变时是非易失性的。当电压向负向扫描时(过程 3)，电流首先是缓慢的增加，在−1.2V 左右，电流突然呈阶梯性的急剧下降，表明器件的电阻在急剧的增加。最后到电压从负向扫描回 0V 的过程中(过程 4)，器件的电阻一直保持在高阻态。当电压再次循环扫描的时候，器件能稳定的在高低两个电阻态之间来回转变。在正向电压时由高阻态转变到低阻态，而在负向电压时有低阻态转变回高阻态，由此说明 $W/Ta_2O_5/Pt$ 器件表现出的是双极性的电阻转变特性。

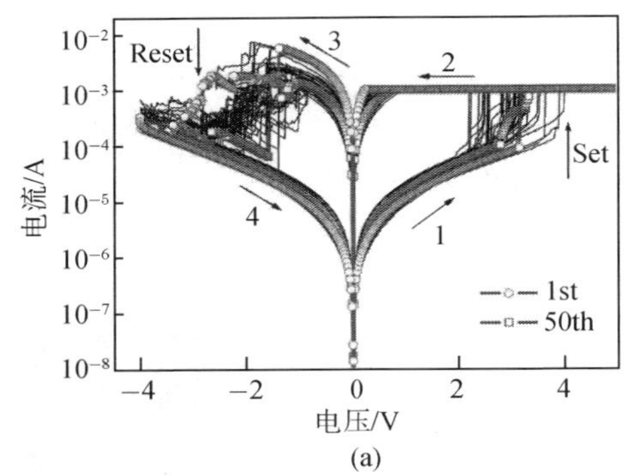

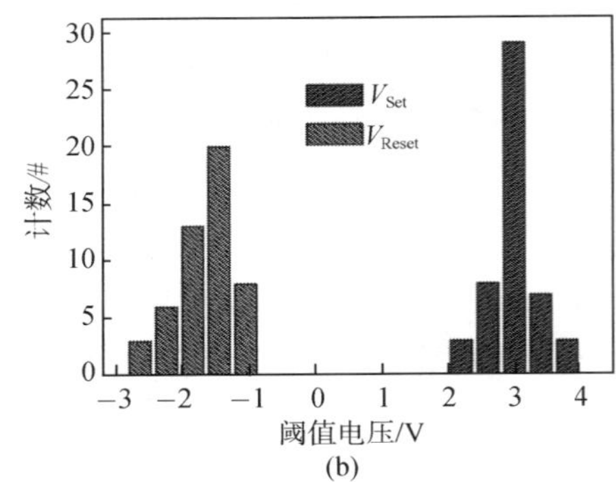

图 4.80　(a) $W/Ta_2O_5/Pt$ 阻变器件的 50 次连续电压扫描下的 I-V 曲线；(b) $W/Ta_2O_5/Pt$ 器件电阻转变阈值电压的统计分布

图 4.80(a)中显示了 50 次连续扫描下的 I-V 曲线，从器件的连续 I-V 曲线中可以看出在低阻态时的电流分布表现出一定的分散性，而高阻态时的电流一直非常稳定。而在这 50 次连续电压扫描下，器件在 Set 过程中的转变电压(V_{Set})和在 Reset 过程中的转变电压(V_{Reset})如图 4.80(b)所示。从图可知，在 50 次的电阻转变过程中，V_{Set} 和 V_{Reset} 的值都具有很好的重复性，其中 V_{Set} 分布在 2.0V 和 4.0V 之间，而 V_{Reset} 分布在−0.8V 和−2.8V 之间。V_{Set} 和 V_{Reset} 的分布都很集中，这非常有利于器件在做成产品时对数据的写入和擦除操作。图 4.80(a)充分表明了 $W/Ta_2O_5/Pt$ 器件的电阻转变特性在直流扫描下具有非常好的重复性和一致性，器件的阻变窗口和转变电压都没有明显的变化。

器件第 1 次的电阻转变曲线与第 50 次转变曲线相比，V_{Set} 的数值没有明显差别，表明器件没有明显的电初始化过程。这是由于磁控溅射沉积的 Ta_2O_5 薄膜内部的结构缺陷比较多，所以不需要一个大电压来对 $W/Ta_2O_5/Pt$ 器件进行初始化过程。但是器件在第 1 次电阻转变曲线和第 50 次转变曲线的 Reset 过程的最大电流值(I_{Reset})却表现出明显的差异，而且 50 次的连续电压扫描中 I_{Reset} 的分布也比较分散。图 4.81 进一步显示了 I_{Reset} 随着电压循环次数的变化情况。从图中可以看出，在最初的约

10 次循环内，I_{Reset} 的值比较大而且波动也比较大，其数值大概分布在 4mA 到 8mA 的范围。随着循环次数的增加，I_{Reset} 的值逐渐减小至 1mA 到 3mA 的范围并趋于平稳。在最初的循环中 I_{Reset} 的值较大，表明器件在最初的几次电阻转变时材料内部的缺陷结构还没有达到一个稳定状态，当多次电阻转变以后，器件内的结构缺陷分布如导电细丝的位置和大小等趋于稳定，因此 I_{Reset} 的值也到了一个稳态。因而也可以预见，器件在更多的循环操作下各项性能参数也会越来越稳定。

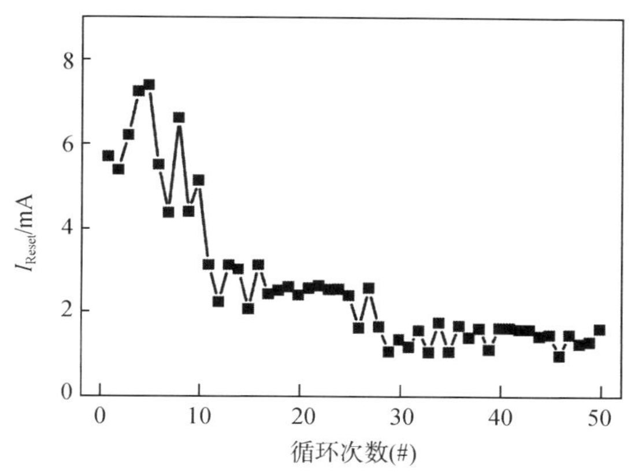

图 4.81　Reset 过程中的最大电流值随循环次数的变化

阻变存储器在实际使用过程中的操作是通过电压脉冲来实现的，因此除了研究 W/Ta_2O_5/Pt 器件在直流电压扫描下的电阻转变特性以外，还应该验证器件在脉冲电压下的电阻循环特性。图 4.82 为 W/Ta_2O_5/Pt 器件在电压脉冲激励下的电阻循环特性，一个循环操作包括写入(5V)→读取(0.2V)→擦除(−5V)→读取(0.2V)四个过程(如图中插图所示)，所用的脉冲宽度为 10ms。在脉冲激励下使用的写入电压(5V)和擦除电压(−5V)一般略大于直流扫描下的 V_{Set} 和 V_{Reset}(图 4.80b)，这是为了保证使电阻能充分的转变，另外脉冲激励时间短也使得需要更高的电压才能使电阻发生转变。从图 4.82 可以看到，器件的电阻稳定的在高低两个阻态之间来回转变。器件的高阻态跟图 4.81 中 I_{Reset} 的变化规律相类似，在最初的约 200 次循环内高阻态大约为 100~400kΩ，并随着循环次数的增加而逐渐降低，最后稳定在几十千欧的量级。这时由于在多次电阻转变以后断开的导电细丝会部分残留于高阻态，使得高阻态的电阻逐渐降低并最后稳定。而低阻态在循环过程中一直保持稳定。在多达 11000 次的循环操作过程中，器件的高低组态之比始终稳定的保持在 10 倍以上，这一稳定的阻变窗口值使得在存储数据时外围电路很容易分辨高低电阻值，从而能简化外围电路设计。图 4.83 给出了 W/Ta_2O_5/Pt 器件的高低阻态在室温下的保持特性。显然，器件的电阻非常的稳定，在超过 10^4min(1 周)的时间内高低电阻以及窗口值都没有明显的变化，表明了器件非易失性电阻转变的本质。综上所述，说明了 W/Ta_2O_5/Pt 器件作为阻变存储器的优异性能，也可望成为一种有潜力的非易失性存储器候选体系。

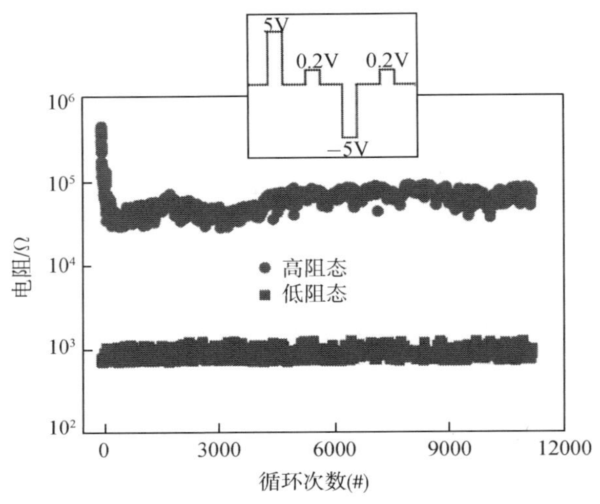

图 4.82　W/Ta_2O_5/Pt 阻变器件在脉冲激励下的电阻循环特性

插图为循环操作过程中所采用的脉冲电压波形示意图

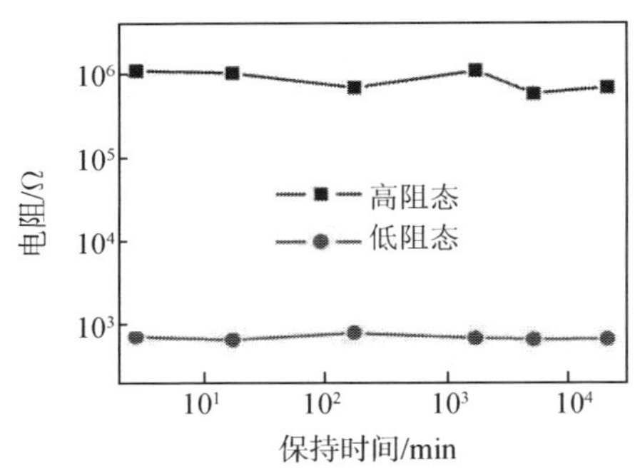

图 4.83　W/Ta_2O_5/Pt 器件在室温下的保持特性，高低电阻都在 0.1V 下读取

3) W/Ta_2O_5/Pt 器件的电阻转变机理

W/Ta_2O_5/Pt 器件的电阻能够在高低两个阻态之间来回转变，暗示着在器件的材料内部发生着一些具有可逆性的结构或成分上的转变。根据文献报道，W 和 Pt 电极都是不容易发生电化学迁移的金属[1]，因此发生电阻变化的位置应该是 Ta_2O_5 薄膜以及它与电极接触的上下两个界面。前人有报道氧离子迁移在 Ta_2O_5 体系发生电阻转变的过程中起着重要的作用，而这种氧离子的迁移就有可能导致 Ta_2O_5 薄膜中

Ta 的价态的变化，因此采用 X 射线光电子能谱来表征 Ta_2O_5 薄膜中 Ta 的价态在电阻转变过程中的变化以揭示 W/Ta_2O_5/Pt 器件的电阻转变机理。

为了能够有效的观察到 Ta_2O_5 薄膜中电阻转变过程中 Ta 的价态变化，总共选了 8 个直径为 300μm 的器件，把其中的 4 个器件转变到高阻态，另外 4 个转变到低阻态，然后分别对这 8 个器件进行 X 射线光电子能谱的表征。X 射线的束斑大小为直径 200μm，首先利用 Ar 离子(2keV)对器件表面的 W 电极进行刻蚀，在刻蚀过程中监视 X 射线光电子能谱谱线的变化，当 W 4*f* 峰快要消失时表明已经刻蚀到了 W/Ta_2O_5 界面处，而当 Pt 4*f* 峰出现时就表明已经刻蚀到了 Ta_2O_5/Pt 界面。图 4.84 给出了在 W 和 Pt 电极上下两个界面处 Ta_2O_5 薄膜在高低两个阻态时的一组典型的 X 射线光电子能谱及其拟合结果。图中所有的谱线都显示出多价态的特点，表明在发生电阻转变后的 Ta_2O_5 薄膜中 Ta 表现出多种价态共存的特点，对谱线的进一步拟合，可以得出 Ta 的三种价态。在拟合过程中用 Shirley 法去除了谱线的背底，三种价态之和可以得到跟原始数据非常相近的拟合谱，如粗实线所示，而三种价态则用虚线画出来。如图 4.84(a)所示，处于图中最左边高能量端的一个双峰其位置分别为 27.0eV 和 28.8eV，这与文献中+5 价的 Ta 的 $4f_{7/2}$ 和 $4f_{5/2}$ 的峰位重合的很好，可以认为这部分峰是 Ta^{5+}的贡献[69]，中间的比较胖的坐落在 25eV 的峰可以认为是 Ta 的低价态氧化物 $Ta^{(4-\delta)+}$(δ<1)和 Ar 离子刻蚀对价态的影响[70, 71]。而处于最右边的低能量端的峰可以认为是更低价态 Ta 的氧化物或者金属态的 Ta 的贡献。虽然 Ar 刻蚀会对 Ta_2O_5 薄膜中 Ta 的价态产生影响(Ar 离子对氧原子的刻蚀速率比钽原子的刻蚀速率快)，但是通过对同一刻蚀条件下的不同样品的不同阻态的器件进行测试还是能得出 Ta 的价态的一些变化规律。图中各个峰与背底之间构成的面积之比就是 Ta_2O_5 薄膜中各种价态的 Ta 的原子比。从图 4.84 可知，在高阻态时 W/Ta_2O_5 界面处 Ta^{5+} 占比为 33.1%(图 4.84a)，而在 Ta_2O_5/Pt 界面处 Ta^{5+}的比例为 51.6%(图 4.80c)，也就是说在高阻态时 Ta_2O_5 薄膜中在 Ta_2O_5/Pt 界面处 Ta 的价态明显高于 W/Ta_2O_5 界面处 Ta 的价态。而在器件转变到低阻态时，这一情况发生了变化，W/Ta_2O_5 界面处 Ta^{5+} 的比例从 33.1%升高到了 43.2%，而 Ta_2O_5/Pt 界面处 Ta^{5+}的比例从 51.6%下降到了 43.3%，表明器件在转变到低阻态以后 W/Ta_2O_5 界面处 Ta 的价态在升高，而 Ta_2O_5/Pt 界面处 Ta 的价态在降低。

在 4 组进行 X 射线光电子能谱测试的样品中，另外 3 组样品的变化规律也和图 4.84 中的规律相类似。图 4.85 给出了 4 组样品中 Ta^{5+}所占比例在不同阻态不同界面处的统计分布。在高阻态时，所有样品在 Ta_2O_5/Pt 界面处 Ta 都表现出较高的价态(Ta^{5+}所占比例高)，而器件一旦转变到低阻态之后，Ta_2O_5/Pt 界面处 Ta 的价态则明显降低了。而 Ta^{5+}比例的降低说明产生了更多的氧空位，也就是说在高阻态时，氧

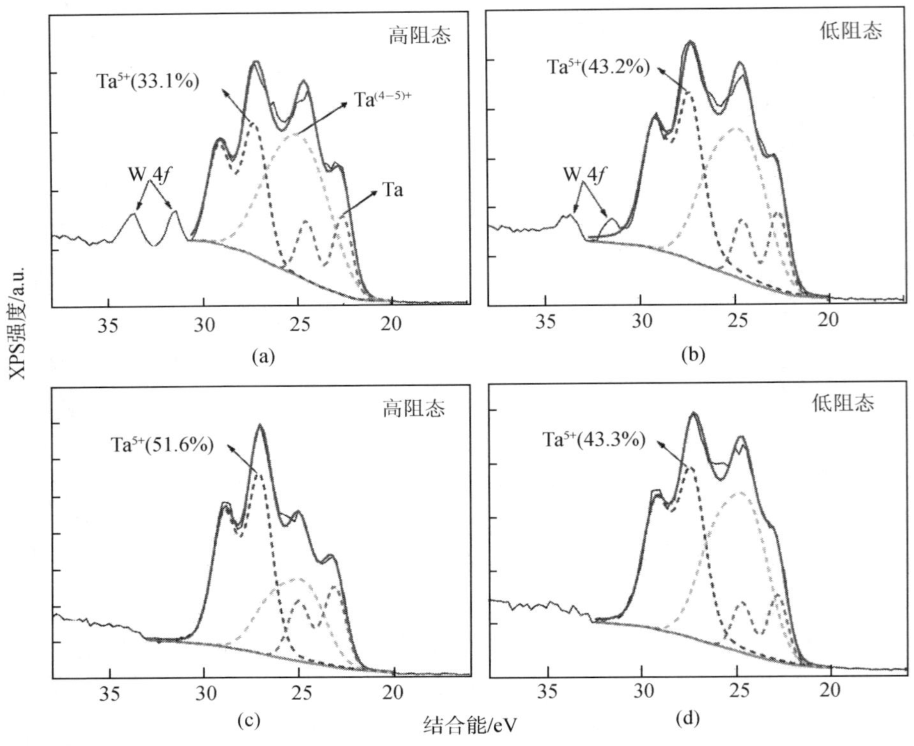

图 4.84　W/Ta_2O_5/Pt 器件中 W/Ta_2O_5 界面分别处于(a)高阻态和(b)低阻态以及 Ta_2O_5/Pt 界面分别处于(c)高阻态和(d)低阻态时 Ta 的 XPS 谱

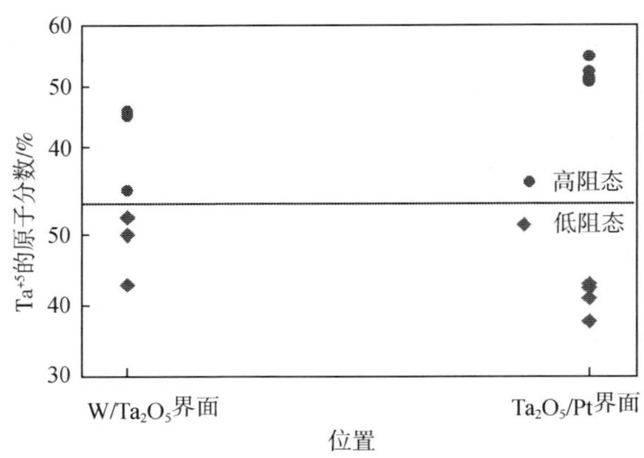

图 4.85　W/Ta_2O_5/Pt 器件分别处于高低阻态时，Ta 的价态在 W/Ta_2O_5 界面和 Ta_2O_5/Pt 界面的变化的统计分布

空位主要聚集在 W/Ta_2O_5 界面处，而当器件转变到低阻态后，氧空位都集中在了 Ta_2O_5/Pt 界面。结合图 4.79(a)的结构示意图不难理解，当正向电压施加在 W 电极上时，氧离子向 W 电极迁移并使器件转变到低阻态，必然也导致氧空位在 Pt 电极一侧的积累。反之，当负电压施加在 W 电极时，氧离子向 Pt 电极迁移并使器件转变回高阻态，氧空位都富集在了 W 电极一侧。

结合电阻转变特点和 X 射线光电子能谱的结果，可以得出 W/Ta_2O_5/Pt 器件中发生电阻转变的机理。前面已经提到 W 电极和 Pt 电极都是不容易发生电化学迁移的金属，因此金属导电细丝的形成机理必然不适应于这一体系。而 X 射线光电子能谱已经证实了氧离子/氧空位在 W/Ta_2O_5 和 Ta_2O_5/Pt 界面的不均匀分布，说明在电压作用下氧离子/氧空位的迁移导致了 W/Ta_2O_5/Pt 器件中的电阻转变效应。具体的阻变机理分析如下(图 4.86)：由于 Pt 金属具有较高的功函数(5.4eV)，其与 Ta_2O_5 薄膜接触时形成一个肖特基势垒[72]，而这一势垒对 W/Ta_2O_5/Pt 结构的整个电阻起主要作用(图 4.86(a))。而 W 电极比较活泼，当其镀在 Ta_2O_5 薄膜上时能从 Ta_2O_5 薄膜中夺取部分氧原子，使得 Ta_2O_5 薄膜产生一定的氧空位。当正向电压施加在 W 电极上时，在电场的作用下氧离子向 W 电极迁移，这必然导致 Ta_2O_5/Pt 界面出氧离子的减少，氧空位的增加(Ta 的价态降低)。氧空位增加以后就会在局域的地方形成氧空位组成的导电细丝，当导电细丝连接了 W 电极和 Pt 电极以后，Ta_2O_5/Pt 界面的势垒也不复存在，器件转变到了低阻态(图 4.86(b))。虽然最终连通上下电极的氧空位导电细丝只有一根，但是在此之前的过程中的氧离子迁移已经产生了无数的半成形的导电细丝，这样导致 Ta_2O_5/Pt 界面 Ta 的价态明显变低。而当电压的极性反转之后(W 电极上施加负电压)，氧离子都向着 Pt 电极的方向迁移，氧空位在电场作用下与氧离子的复合作用和氧空位导电细丝在热效应作用下的扩散作用都会导致导电细丝在最薄弱的地方断开，最终使器件转变回高阻态。

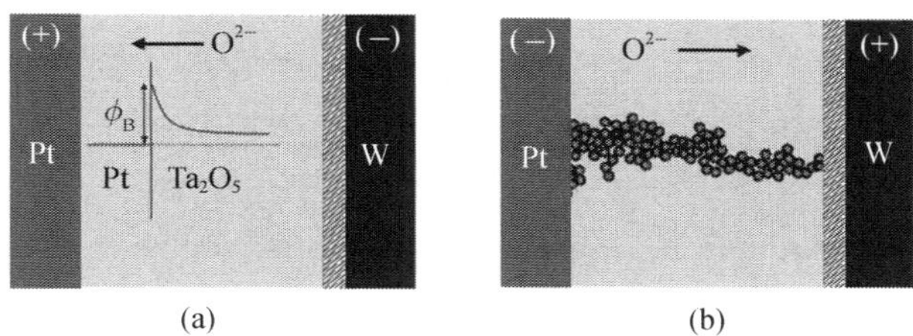

图 4.86　W/Ta_2O_5/Pt 器件中由氧空位导电细丝导致的电阻转变的示意图

(a)高阻态; (b)低阻态

如前所述，W/Ta_2O_5/Pt 结构的双极性电阻转变与结构的非对称性有关，W 电极在正向电压的作用下能够从 Ta_2O_5 薄膜中夺取氧原子，使得该结构易于发生电阻转变。如果顶电极采用同样惰性的 Pt 电极，情况则不一样，如图 4.87(a)所示。这时候由于 Pt 基本不与氧原子发生反应，在第一次施加电压时需要一个非常大的电压来激活 Pt/Ta_2O_5/Pt 器件，也即初始化电压。在电初始化的过程中，通过大电压或长时间的电压激励，使得 Ta_2O_5 薄膜中产生足够的氧空位来形成导电细丝。这一大的电初始化电压是非常有害的，最明显的是容易在电极表明形成气泡甚至是电极剥离或变形，如图 4.87(b)所示。这些气泡是由于氧离子在电场的作用下迁移到上电极 Pt 被还原成氧气，氧气在上电极和 Ta_2O_5 薄膜之间聚集产生气泡，气泡最终掀起上电极，使上电极破裂。

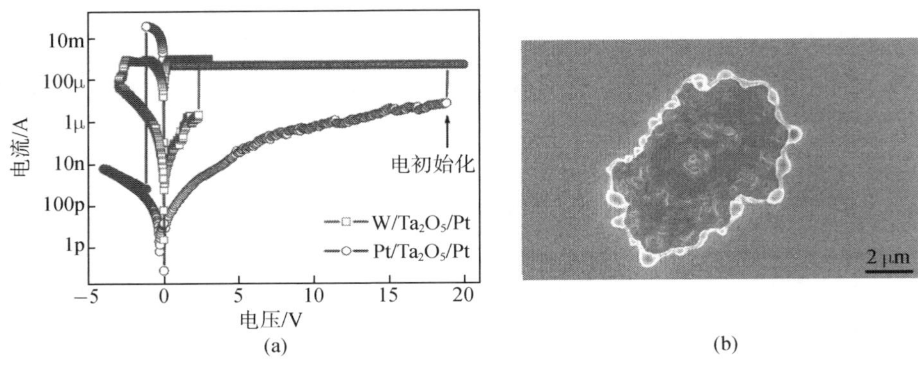

图 4.87　(a)W/Ta_2O_5/Pt 器件和 Pt/Ta_2O_5/Pt 器件的初始阻变曲线的对比；(b) Pt/Ta_2O_5/Pt 器件在电初始化以后上电极表面出现的破裂的气泡的扫描电镜照片

4) W/Ta_2O_5/Pt 阻变存储器的温度耐受性

阻变存储器在连续的擦写操作过程中由于电流引起的焦耳热效应是不容忽视的，它会使得器件的工作温度升高，器件的高低阻态有可能会退化，因此器件对温度的耐受性能是一个重要的参数。通过研究 W/Ta_2O_5/Pt 器件的高低阻态在温度升高的情况下的变化趋势，可以了解器件的温度耐受性并进一步探究器件的导电机理。图 4.88(a)为 W/Ta_2O_5/Pt 器件在高阻态时的 *I-V* 曲线随温度的变化，在每一个温度值保温 15min 然后测试器件的 *I-V* 曲线。显然，当温度上升时，在同样电压下的电流值逐渐增大，说明器件高阻态的电阻在降低。图 4.88(b)进一步给出了 W/Ta_2O_5/Pt 器件的高低阻态的电阻值随温度的变化。图中上方的数据点表示的是高阻态的电阻值，对应的纵坐标是用的对数坐标，下方的数据点为低阻态的电阻值，对应的纵坐标为线性坐标，所有电阻值均是在 0.2V 下读取的。由图可知，高阻态的电阻值随温度的升高而平稳的降低，低阻态的电阻值随温度变化的趋势则不明显，显示出一定程度的非温度相关性。虽然高阻态的降低使得器件的窗口值减小，但是在 150min

的测试时间内，器件的电阻窗口值始终保持在 10^2 以上。器件表现出优秀的温度耐受性，即使在 510K(237℃)下保温 15min 的时间内，高低阻态都没有明显的退化。这说明当存储器的工作温度急剧升高时，存储器所保存的数据也不会丢失。

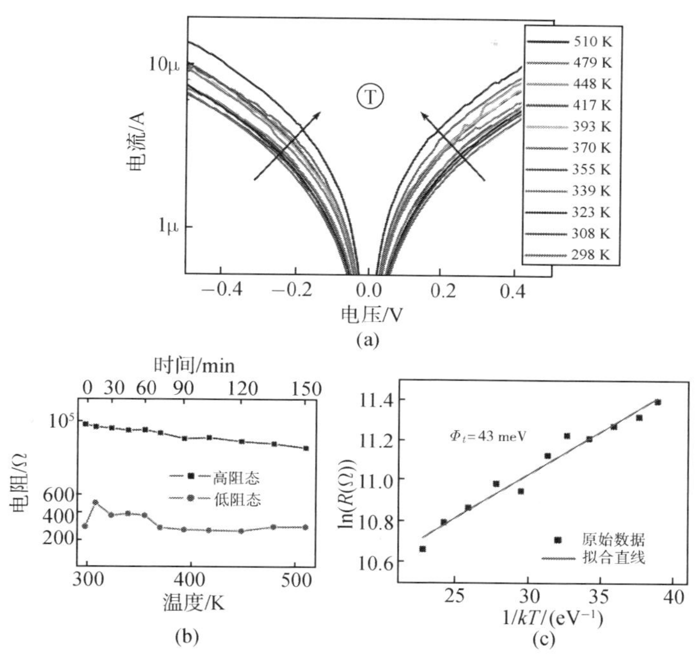

图 4.88　(a)$W/Ta_2O_5/Pt$ 器件在高阻态时的 *I-V* 曲线随温度的变化(箭头方向为温度升高的方向); (b)器件的高低随温度的变化; (c)高阻态电阻值的 Arrhenius 拟合

另一方面，高阻态电阻随温度降低的特性表现出典型的半导体的导电特性，器件的电流 I 符合半导体电流方程

$$I = I_0 \exp(-\Phi_t / k_B T) \tag{4.13}$$

其中 T 为温度，k_B 为玻尔兹曼常数，Φ_t 为热激活能。通过对高阻态电阻值的 Arrhenius 拟合就可以得到 $W/Ta_2O_5/Pt$ 器件在 300~500K 范围内的激活能，如图 4.88(c)所示。拟合数据的线性相关性非常好，测得的激活能只有 43meV，这一数据远远小于文献中报道的 Ta_2O_5 薄膜的热激活能[73, 74]，说明沉积的 Ta_2O_5 薄膜中有非常多的缺陷，使得 Ta_2O_5 薄膜在高阻态的导电机理不是热激活主导的，而是基于缺陷辅助的隧穿机理。因为在发生电阻转变后残留的导电细丝导致高阻态薄膜中的大量缺陷，电子可以在这些缺陷陷阱之间进行隧穿跳跃，缺陷还导致薄膜与电极之间的有效势垒高度的降低，从而使高阻态的电阻偏小，热激活能的值也偏小。而低阻态电阻对温度

的不敏感说明氧缺失或者钽富集的导电细丝决定着低阻态的导电过程。

高低阻态能够耐受的温度只是一种静态的温度耐受性，表明存储器数据存储能力的温度耐受性，而器件能不能在这一温度条件下稳定的进行写入和擦除工作，也就是器件的动态温度耐受性还需要进一步验证。图 4.89 给出了 $W/Ta_2O_5/Pt$ 器件随温度升高条件下的 *I-V* 曲线。为了更好比较不同温度下的 *I-V* 曲线，首先对器件进行了 15 次连续的电压循环扫描，使得器件的 *I-V* 曲线达到一个稳态(如图 4.81 所示)。如图 4.89 所示，在温度升高条件下器件的 *I-V* 曲线依然保持着室温下的特点，转变阈值电压和高低阻态的分布没有明显的退化。只是在温度升高到 370K 时，器件的电阻窗口有所减小。当温度一直升高到 448K(175℃)时，器件还能稳定的在高低两个阻态之间来回的转变，表明该器件制备的存储器能够在高温下稳定的进行写入和擦除操作。而一般电子器件的工作温度不会超过 85℃，所以 $W/Ta_2O_5/Pt$ 器件能够工作在恶劣的发热环境之下。当温度进一步升高到 479K 时，器件的 *I-V* 曲线从双极性的电阻转变曲线转变成了单稳态的阈值转变曲线，器件失效。根据前人的研究结果，当温度太高时，环境温度和电流的焦耳热效应使得菲克扩散效应非常的明显[39, 75]，导电细丝之外的氧离子都会扩散到导电细丝之内与氧空位复合，因此很难保持稳定的氧空位导电细丝，故而当器件转变到低阻态之后又马上转变回高阻态了。

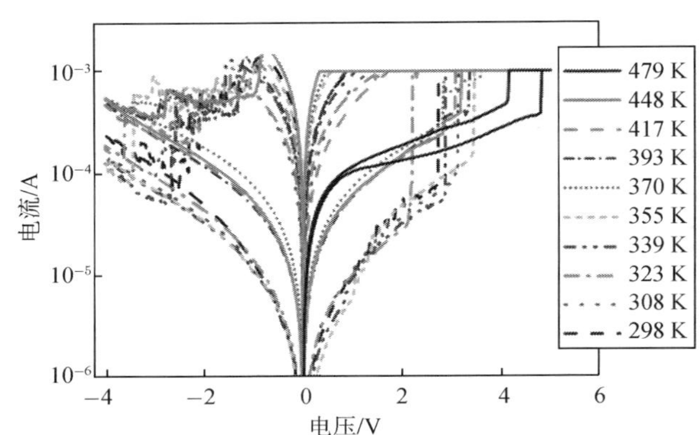

图 4.89　$W/Ta_2O_5/Pt$ 器件的 *I-V* 曲线随温度的变化

5) Ta_2O_5 退火后的电阻转变特性：加工过程热的耐受性

作为阻变存储器候选材料，除了要能够耐受工作过程中的发热，在加工过程中还得要耐受一定的加工温度，例如在传统的互补金属氧化物半导体集成工艺的后端工艺中至少需要耐受 200℃的高温[76, 77]。因此需要进一步研究在高温退火后的 Ta_2O_5 薄膜的电阻转变特性。将未沉积顶电极的 Ta_2O_5 薄膜在 1000℃下退火 30min，随炉冷却后再镀上 W 上电极测试其电阻转变特性。如图 4.90(a)所示，退火前的 Ta_2O_5

薄膜是非晶结构(已在图 4.78 中论述)，退火之后的 Ta_2O_5 薄膜的 X 射线衍射谱中出现多个衍射峰，与 PDF 数据库中的衍射谱对照可知这些衍射峰都是正交晶系的 β 相的衍射峰，说明非晶 Ta_2O_5 已经转变成了多晶的 β-Ta_2O_5 结构。电性能的测试结果表明退火后的 Ta_2O_5 薄膜的电阻转变特性相对于沉积态薄膜的性能没有明显的变化，还是典型的双极性电阻转变特点，高低阻态的分布也相近，只是退火后 Set 过程的电压值略微有所增加。这一结果其实很好理解，即使退火过程使 Ta_2O_5 薄膜发生了晶化，这种晶化的 Ta_2O_5 薄膜也是多晶结构，有大量晶界存在于晶化的薄膜中，而这些晶界位置都是氧离子的易迁移通道，所以前面所述的非晶 Ta_2O_5 薄膜中的电阻转变机理仍然成立。文献中也有类似报道，例如非晶和多晶 TiO_2 的电阻转变特性就非常相似[78-80]。而以上结果证实了非晶 Ta_2O_5 薄膜对加工工艺过程中的高温的优异的耐受性。室温下沉积的非晶 Ta_2O_5 薄膜不仅成本低廉，更表现出良好的对加工过程和工作环境中的热耐受性，是一种非常有潜力的下一代非易失性阻变存储器用材料。

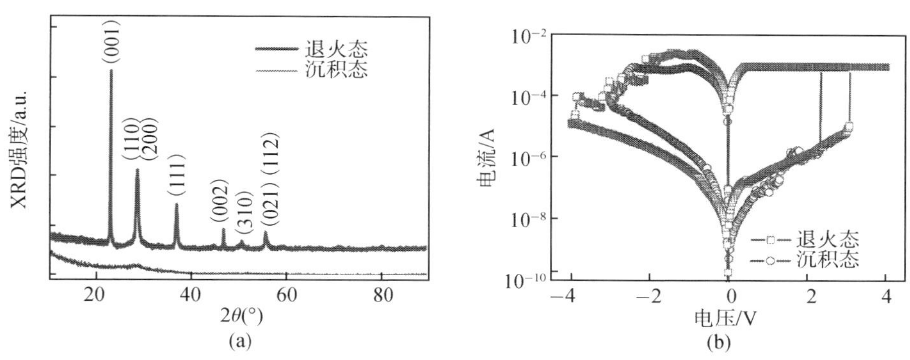

图 4.90 (a)沉积态的 Ta_2O_5 薄膜和 1000℃退火后的 Ta_2O_5 薄膜的 XRD 图谱，实验采用掠入射滤掉了基片的衍射峰；(b)沉积态和退火态的 Ta_2O_5 薄膜的电阻转变 *I-V* 曲线

3. $Pt/Ta_2O_{5-x}/TaN$ 阻变存储器及其存储性能

等离子体氧化是一种 CMOS 工艺完全兼容的技术，同时可在大范围内制备均匀的纳米尺度过渡金属氧化物。Ta 的氮化物 TaN 可以考虑作为制备 Ta_2O_{5-x} 的底电极。TaN 具有很高的稳定性、优异的导电能力和高温性能(熔点 3090℃)，被广泛地用于半导体工业作为金属–半导体连接中的扩散阻挡层材料，比如与硅连接时采用的 Ni、Al 和 Cu 等[81]。而且等离子氧化的方法可以制备厚度非常薄的阻变存储器，利用等离子体氧化制备的厚度小于 10nm 的过渡金属氧化物的存储介质层便可应用于阻变存储器，有利于获得小尺寸高密度的阻变存储器。

1) Pt/Ta_2O_{5-x}/TaN 阻变存储器的制备

采用 TaN 薄膜作为器件的底电极，惰性金属 Pt 为顶电极，Ta_2O_{5-x} 纳米存储介质层通过等离子体氧化的方法制备，器件的制备工艺在全室温中进行，从而能最大程度地保证与半导体 CMOS 工艺的兼容性[82]。

Pt/Ta_2O_{5-x}/TaN 阻变存储器的器件结构和测试配置示意图如图 4.91 所示。将热氧化的 SiO_2/Si 基片分别采用丙酮、无水乙醇和去离子水超声清洗，并用氮气吹干，然后直接放入真空腔。通过直流反应溅射的方法在 SiO_2/Si 衬底上沉积 TaN 薄膜，厚度为 300nm。TaN 薄膜的溅射沉积工艺条件为：本底真空优于 1×10^{-4}Pa，工作气体为氩气与氮气的混合气体(Ar 气 0.25Pa，N_2 气 0.15Pa)，溅射电流为 0.2A，电压为 300V，基片温度为室温。室温制备的 TaN 薄膜由于与衬底的应力大，薄膜易产生裂纹，解决方法是镀一层 5nm 的金属 Ta 作为过渡层。TaN 薄膜制备完毕后，直接放入等离子刻蚀机，TaN 薄膜的一部分采用掩模板盖住以作为底电极。等离子氧化 TaN 薄膜的工艺条件为：本底真空优于 1×10^{-2}Pa，工作气体为纯氧，气压为 40Pa，氧气流量为 40sccm，射频功率为 300W，板压为 1200V，等离子体氧化时间为 10min。在等离子氧化后形成的 Ta_2O_{5-x} 纳米层表面通过金属掩模版沉积 100nm 厚度的 Pt 圆电极，直径为 300μm。Pt 电极采用直流磁控溅射的方法制备，靶材为纯金属 Pt 靶，直径 50mm，本底真空优于 1×10^{-4}Pa，溅射气体为 Ar 气，工作气压为 0.2Pa，溅射电流为 0.06A，电压为 350V，基片温度为室温。每个 Pt 电极下对应一个阻变存储器件。器件的阻变性能通过 Agilent B1500A 半导体分析仪测量，在测试过程中，保持 TaN 底电极接地，在 Pt 顶电极施加偏压。为简便起见在此约定，以顶电极施加正电压称为正偏压，反之称为负偏压。

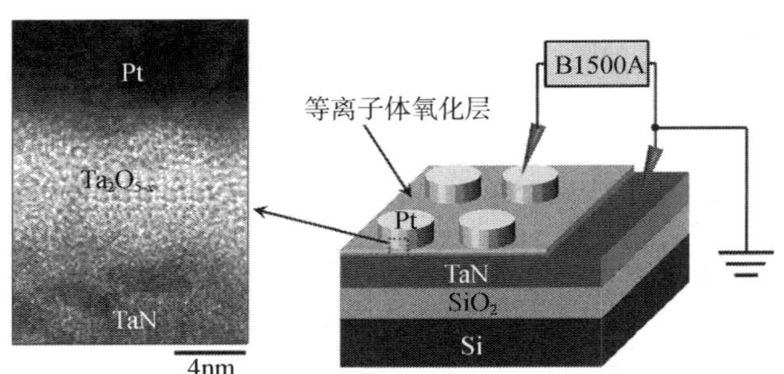

图 4.91 Pt/Ta_2O_{5-x}/TaN 阻变存储器的结构和测试配置示意图，左插图为单个存储器的截面 TEM 图像

2) TaN 薄膜等离子体氧化后的微观结构与成分分析

图 4.92 为 SiO_2/Si 衬底上通过直流磁控溅射室温沉积的 TaN 薄膜的 XRD 图谱，

样品在 Rigaku Smartlab 型号 XRD 衍射仪上测试，所用 X 射线为 Cu K_α 特征 X 射线，波长为 1.5418Å，以 θ—2θ 联动方式扫描。从图中可以看出，除了来自衬底的 Si(400)峰外，只明显发现有来自 TaN 的(110)和(220)峰，表明所制备的 TaN 薄膜具有很好的(110)择优取向。同时，在 SiO_2/Si 衬底上生长的 TaN 薄膜通过电测试完全导通，可以作为底电极使用。

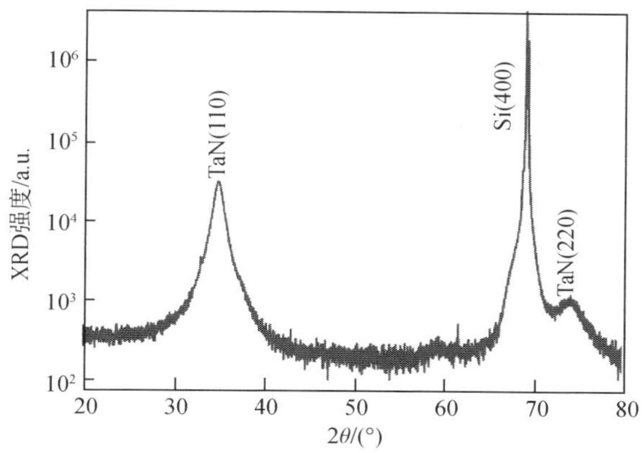

图 4.92　SiO_2/Si 衬底上室温溅射的 TaN 薄膜的 XRD 图谱

为了研究等离子氧化 TaN 薄膜后的微观结构，采用透视电镜观察了 Pt/Ta_2O_{5-x}/TaN 的横截面。透视电镜试样采用常用的离子减薄工艺制备，通过 JEOL 2010F 型高分辨透视电镜观察。图 4.93 为 Pt/Ta_2O_{5-x}/TaN 结构的横截面 TEM 图像。图中可以清楚地看到底电极 TaN 的晶格，同时也看出 TaN 薄膜的柱状晶生长结构，

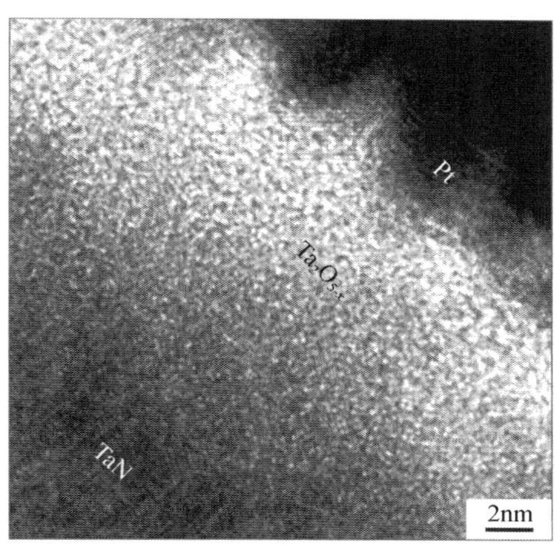

图 4.93　Pt/ Ta_2O_{5-x}/TaN 结构的横截面 TEM 图像

这与 XRD 测试到的结果吻合。右上图黑色的区域为 Pt 电极，也可以看出 Pt 底部的部分晶格图像。中间亮色的区域为 Ta_2O_{5-x} 介质层，可以看出其厚度约为 5nm，且呈现出非晶的特征。该非晶氧化层形成为氧离子氧化与氧离子轰击效应共同作用的结果。

图 4.94 进一步给出了采用 X 射线光电子能谱仪研究等离子体氧化层化学状态的结果。所采用的仪器为 Escalab 250Xi 型 XPS 仪，深度剖析采用的 Ar^+离子束能量为 1keV、束斑直径为 200μm。图 4.94 显示了等离子氧化层表面及经 Ar^+离子束剖析不同时间后的 Ta 4*f* XPS 谱图。为了消除荷电效应的影响，所有的谱图都经过表面污染碳的 C 1*s* 峰 284.8eV 校准。在等离子体氧化层的表面，分别在结合能 26.6eV 和 28.5eV 处出现了两个峰，分别对应于 Ta $4f_{7/2}$ 和 Ta $4f_{5/2}$ 峰，表明在表面形成了含缺陷的非化学计量比 Ta_2O_{5-x} 相[69]。随着 Ar^+离子束轰击的进行，Ta $4f_{7/2}$ 和 Ta $4f_{5/2}$ 峰都向低结合能处移动，表明 Ta 的化合价由最高+5 价向低价偏移；在轰击 10s 后，Ta 的+5 价对应的峰形已不明显，表明 Ta_2O_{5-x} 介质层的厚度在纳米尺度；在轰击 40s 后，Ta $4f_{7/2}$ 和 Ta $4f_{5/2}$ 峰已分别降至 22.5eV 和 24.3eV，与 TaN 体材料中对应的 Ta-N 峰形相符[83]。XPS 的结果表明，TaN 薄膜经过等离子体氧化处理后，在 TaN 表面形成了非化学计量比的 Ta_2O_{5-x} 介质层，且该介质层的厚度在纳米尺度范围，这与 TEM 观察到的结果吻合。

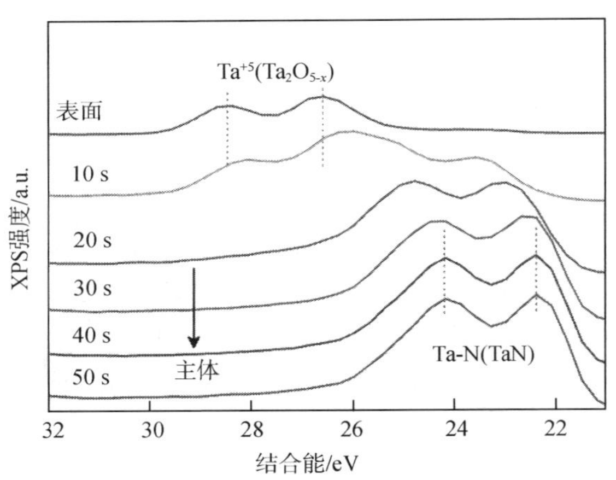

图 4.94 TaN 薄膜经等离子体氧化后的 Ta 4*f* XPS 图谱，图中给出了表面和经 Ar^+离子束(能量为 1keV)剖析 10s 至 50s 的谱图

3) $Pt/Ta_2O_{5-x}/TaN$ 阻变存储器的电阻转变特性

采用电压扫描方式测量了 $Pt/Ta_2O_{5-x}/TaN$ 阻变存储器的电流–电压(*I*-*V*)扫描曲线，扫描步进为 50mV。图 4.95 为实测的 *I*-*V* 曲线以半对数坐标显示结果，内插图

为同一条曲线的线性坐标显示，$Pt/Ta_2O_{5-x}/TaN$ 阻变存储器表现出了典型的双极电阻转变特征。电压的扫描次序是 0V→–3V→0V→3V→0V。初始态的 $Pt/Ta_2O_{5-x}/TaN$ 器件处于高阻态，其电阻值约为 $10^5\Omega$。器件在展现阻变功能之前不需要电初始化过程，这应该跟在等离子体氧化合成 Ta_2O_{5-x} 存储介质层时引入大量的缺陷有关。当对器件施加负偏压时，器件先保持为高阻态，直至一个阈值电压(V_{Set})时，电流突然发生一个跳跃，器件由此变到低阻态。为了防止器件在 Set 过程中被永久性击穿，在测试过程设置了施加负偏压时的限流为 1mA。当电压从–3V 往回扫时，器件保持在低阻态，表明器件的低阻态是非易失性的。Reset 过程在正向电压达到阈值电压(V_{Reset})时发生。该过程发生后，当电压从 3V 往回扫时，器件仍保持在高阻态，表明高阻态也是非易失性的。

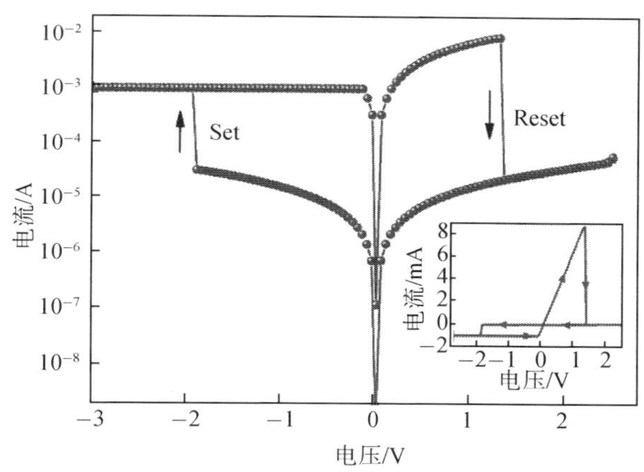

图 4.95　$Pt/Ta_2O_{5-x}/Pt$ 阻变存储器典型双极阻变特性 *I-V* 曲线，主图为半对数坐标，内插图为在线性坐标下的该 *I-V* 曲线

图 4.96 给出了 $Pt/Ta_2O_{5-x}/TaN$ 阻变存储器的发生 Set 和 Reset 过程的阈值电压(V_{Set}和 V_{Reset})的概率累积情况，数据来自连续 200 次循环的统计。当 $Pt/Ta_2O_{5-x}/TaN$ 阻变存储器在高、低阻态之间来回转变时，V_{Set}在–2.7 ~ –1.3V 间分布，而 V_{Reset}在 1.0 ~ 1.9V 间分布，可见 V_{Set}比 V_{Reset}的分布更发散，V_{Set}和 V_{Reset}的平均值分别是–2.0V 和 1.4V。从 V_{Set}和 V_{Reset}的分布也可以从侧面验证阻变存储器的电阻转变机制。据文献报道，对于基于导电细丝的电阻转变机制，导电细丝的形成过程比断开过程更随机[5, 13]，原因是细丝的形成位置往往取决于不同形核位置的竞争，而细丝的断开则只针对已形成的细丝，从而 V_{Set}的分布比 V_{Reset}更分散。从 V_{Set}和 V_{Reset}的分布来看，支持 $Pt/Ta_2O_{5-x}/TaN$ 阻变存储器基于导电细丝的电阻转变机制。

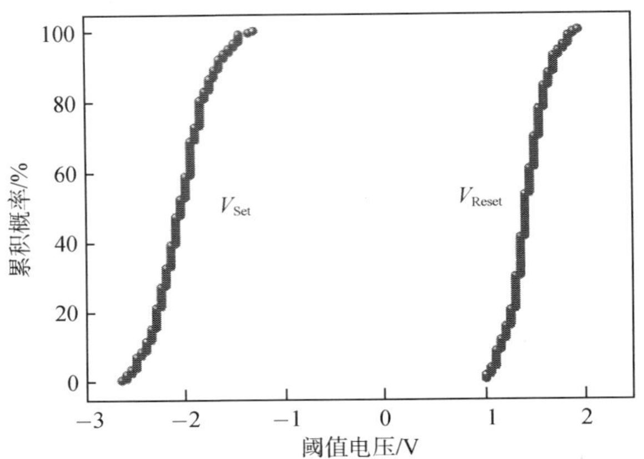

图 4.96　$Pt/Ta_2O_{5-x}/TaN$ 阻变存储器的阈值电压统计分布，V_{Set} 和 V_{Reset} 分别为写入和擦除阈值电压

4) $Pt/Ta_2O_{5-x}/TaN$ 阻变存储器的电阻转变机制

研究器件的电荷输运特性有助于进一步探明 $Pt/Ta_2O_{5-x}/Pt$ 阻变存储器的电阻转变机制。图 4.97 为图 4.95 中负电压区间的 *I-V* 曲线转换为对数坐标的情形，以及分段的线性拟合和对应斜率。当器件处于低阻态时，*I-V* 曲线在对数坐标下显示为一条直线，其斜率为 1.0，表明低阻态的电流电压成线性欧姆($I \propto V$)关系。当器件处于高阻态时，*I-V* 曲线拟合的斜率从低偏压时的 1.0 变至高偏压时的 1.3，直至激发 Set 过程。

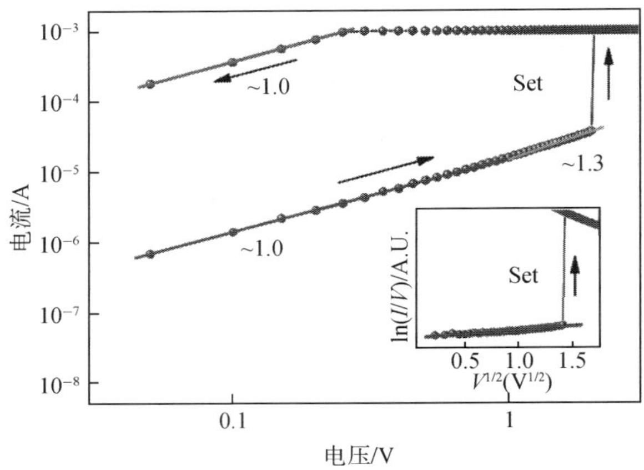

图 4.97　$Pt/Ta_2O_{5-x}/Pt$ 阻变存储器的负向 *I-V* 曲线在双对数坐标下的线性拟合
内插图为 $\ln(I/V)$对 $V^{1/2}$ 的线性拟合

通过 $\ln(I/V)$对 $V^{1/2}$ 的线性拟合(如图 4.97 内插图所示)，表明高阻态的电荷输运特性符合 Poole–Frenkel 发射理论[84, 85]。Poole–Frenkel 导电来自高电场下的绝缘体

或半导体中的热电子发射，以介质层厚度为 5nm 和施加电压值 2.0V 来估算，其内置电场可达 4×10^6/cm，完全达到高电场热电子激发的条件。其他导电机制，比如说缺陷控制的空间限制导电(space charge limited conduction，SCLC)机制不符合本例，因为不存在 Child 定律导电阶段($I\propto V^2$)[12]。器件的导电机制同样也不符合肖特基(Schottky)发射理论，该情况应满足的是 $\ln(I/T^2)$对 $V^{1/2}$ 的线性关系。又因为器件在高、低阻态的 I-V 曲线表现出很好的对称性而无整流特征，故基于肖特基调控的电阻转变机制可以被排除。从以上结果可以推出，器件的电阻转变机制比较符合氧空位的导电细丝的形成/断开机制。对基于过渡金属氧化物且两端为惰性电极的阻变存储器，氧空位导电细丝机制被广泛地接受[1, 86]。

为了更进一步研究导电细丝的组成，还研究了 Pt/Ta_2O_{5-x}/Pt 阻变存储器高、低阻态的电阻温度特性，如图 4.98 所示。高、低阻态的电阻温度特性采用 Quantum Design 公司的物理性能测试系统测试，测试过程中高阻态保持 1μA 恒流，低阻态保持 50μA 恒流，测试的温度范围为 250K 至 350K。如图所示，器件的高、低阻态都表现出随温度升高而电阻降低的趋势，而呈现出明显的半导体性质特征。此结果表明，器件低阻态的导电细丝不是由金属 Ta 组成的，而是由偏离化学计量比的 TaO_x 组成。根据 Wei 等人的研究，在 Pt/TaO_x/Pt 结构中，其电阻转变效应来自两种钽氧化物之间的氧化还原反应[87]，如下式表示：

$$2TaO_2 + O^{2-} \longleftrightarrow Ta_2O_5 + 2e^- \tag{4.14}$$

TaO_2 为 Ta_2O_5 的低价还原态，其具有较小的禁带宽带和较高的电导率，因此上式氧化还原反应为两个半导体状态之间的阻变。根据 Miao 等人的研究报道，TaO_x 基阻变存储器的电阻转变由调制导电通道的化学组成来实现[39, 88]，对于电阻值在 100Ω 至 4kΩ 的器件，其导电细丝内核区域的氧含量可在 15%至 62%之间变化，氧含量

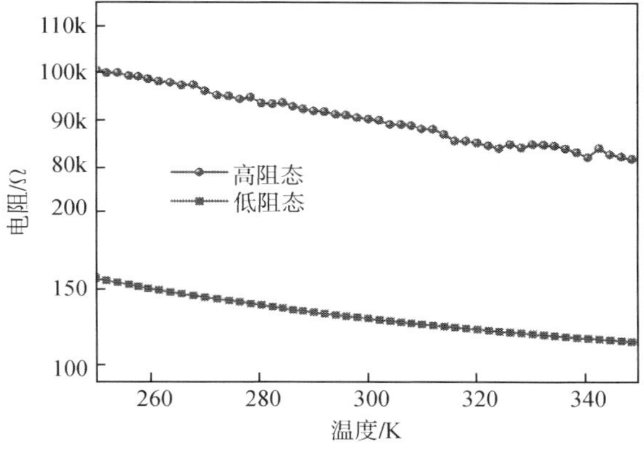

图 4.98　Pt/Ta_2O_{5-x}/Pt 阻变存储器高、低阻态的电阻温度特性

越高其电阻值越高。器件在 Set 过程中形成富 Ta 导电细丝变成低阻态；而在 Reset 过程中，导电细丝周围的氧离子向导电细丝的内核以菲克(Fick)定律方式扩散，使导电细丝内核的氧含量骤增，从而使器件转入高阻态。$Pt/Ta_2O_{5-x}/TaN$ 阻变存储器电阻转变机制也可以相同的原理解释。

5) $Pt/Ta_2O_{5-x}/TaN$ 阻变存储器的循环与保持特性

阻变存储器的循环和保持特性是衡量非易失性存储器的重要指标。图 4.99 为 $Pt/Ta_2O_{5-x}/TaN$ 阻变存储器的循环特性测试结果。器件的循环特性采用 Agilent B1500A 自带的脉冲信号测量，其脉冲宽度为 500μs(仪器最小值)，Set 电压为–3V，限流为 1mA；Reset 电压为 3V，无限流；高、低阻态的读取电压都为 100mV。从图中可看出器件经过 10^3 次循环而不失效，且器件无退化现象，表现出了优异的循环特性。器件的低阻态呈现出一定的波动，但器件的高阻态表现出了很高的稳定性，存储器的开关比(高阻态值/低阻态值)超过了 10^2。而目前报道的循环次数达 10^{10} 次的 $Pt/TaO_x/Ta$ 体系的开关比仅 10 倍[89]，而循环次数达 10^{12} 的 $Pt/Ta_2O_{5-x}/TaO_{2-x}/Pt$ 体系的开关比却不到 10 倍[71]，高的开关比可以提高器件的容错能力以及在交叉阵列应用中的单元容量。与前两种器件相比，$Pt/Ta_2O_{5-x}/TaN$ 结构在器件开关比方面表现出了优越性。

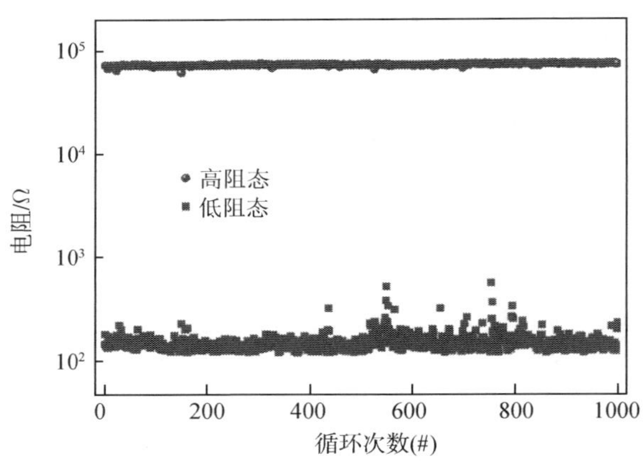

图 4.99　$Pt/Ta_2O_{5-x}/Pt$ 阻变存储器的循环特性

$Pt/Ta_2O_{5-x}/TaN$ 阻变存储器在转变为高阻态或低阻态后，不需要外界施加电压便可将器件的状态长时间的保持。图 4.100 显示了 $Pt/Ta_2O_{5-x}/TaN$ 阻变存储器高、低阻态的保持特性测量结果，测试过程中器件温度恒定在 85℃，电阻值的读取电压为 100mV。测试结果显示，器件高低阻态在 85℃的保持时间都超过了 10^4s，且没有表现出明显的退化现象，证实了器件良好的非易失性。若从数据随时间变化的趋势上判断，器件完全可以保持更长的时间。

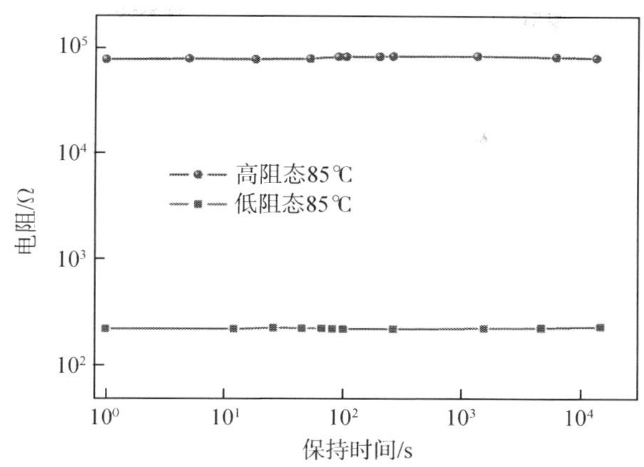

图 4.100　Pt/Ta_2O_{5-x}/Pt 阻变存储器在 85℃的数据保持特性

4. HfO_2 基阻变存储器及其电阻转变机制

HfO_2 是一种具有宽带隙和高介电常数的薄膜材料，近来在微电子领域引起极度的关注，由于它最可能替代目前硅基集成电路的核心器件(金属氧化物半导体场效应管的栅极绝缘层 SiO_2)，以解决目前硅集成电路场效应管中传统 SiO_2/Si 结构的尺寸极限问题。利用 HfO_2 作为阻变存储器的介质层具有天然的优势，其良好的绝缘性能可以降低介质层的厚度，便于制备小尺寸的阻变存储器器件。事实上，HfO_2 也确实被认为是一种极佳的阻变存储器介质材料，世界上很多研究小组都开发了基于 HfO_2 薄膜材料的各类阻变存储器器件。下面以 Ti/HfO_x/Pt 阻变存储器为例，讲述 HfO_2 基阻变存储器的性能和电阻转变机理。

1) Ti/HfO_x/Pt 阻变存储器的阻变性能

Ti/HfO_x/Pt 器件在 Pt/Ti/SiO_2/Si 基片上进行制备，利用电子束蒸发镀膜技术在基片上沉积厚度约为 30nm 的 HfO_x 薄膜，然后利用金属掩膜版制备直径为 300μm 的圆形 Ti 电极作为上电极。构成 Ti/HfO_x/Pt 结构的纵向器件，器件结构与图 4.79 中 Ta_2O_5 基阻变存储器的结构类似。进行电测量时，底电极 Pt 接地，通过安捷伦 B1500A 把所有电压和电流激励都施加在顶电极上面，并规定正向电流是指从顶电极流向底电极的方向。Ti/HfO_x/Pt 器件的初始态是高阻态，需要一个大电压的 Forming 电压使器件转变到低阻态(图 4.101)，然后器件就能表现出电阻转变特性。

图 4.102(a)给出了 Ti/HfO_x/Pt 器件的典型 *I-V* 曲线，图中的数字和箭头表明了电压的扫描顺序。在正电压下转变到了低阻态，然后在负电压下转变回高阻态。图 4.102(b)给出了 *I-V* 曲线对应的电阻—电压曲线，图中能够明显的看到高低两种电

阻态，在电压扫描过程中器件也在高低阻态之间转换。Ti/HfO_x/Pt 器件的高阻态电阻值在 1V 时大约为几千欧的量级，这一电阻值相对其他类型的阻变存储器相对偏低，其原因是因为在电子束蒸发制备的 HfO_x 薄膜中失去了一部分氧原子，导致其

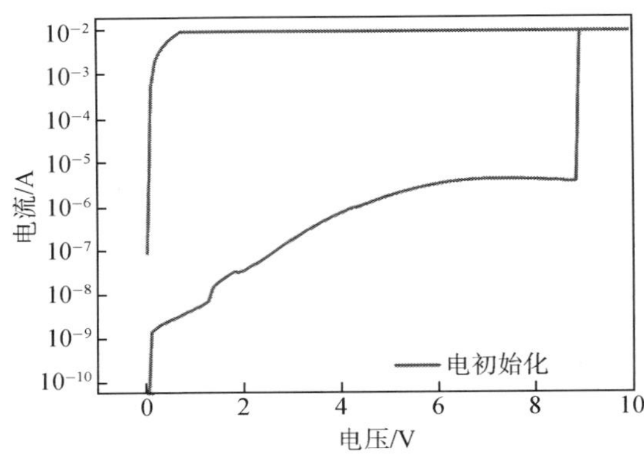

图 4.101　Ti/HfO_x/Pt 阻变存储器的初始化过程

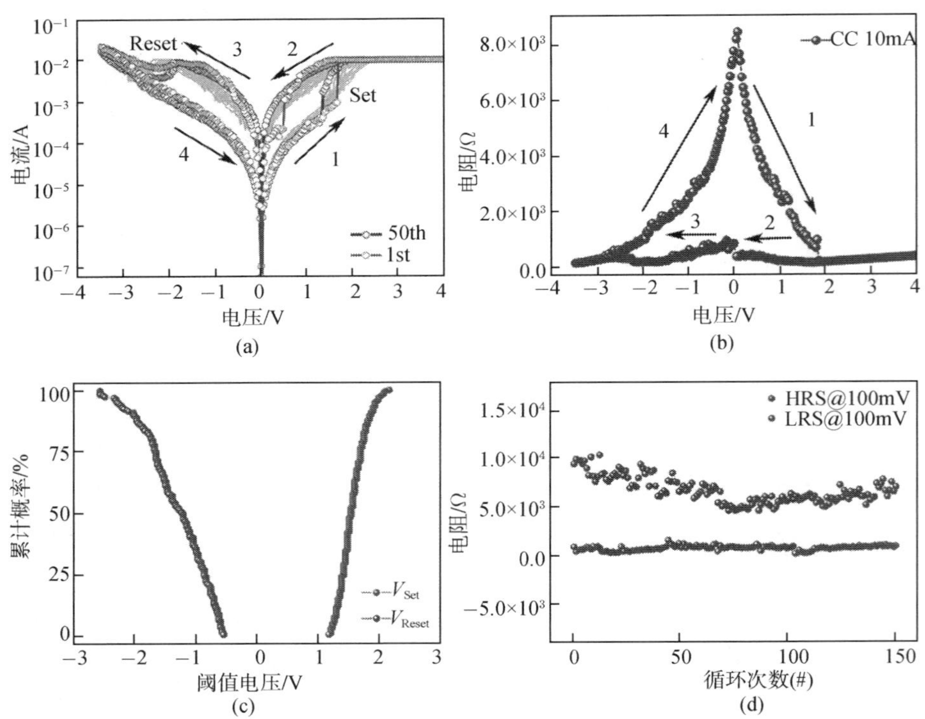

图 4.102　(a) Ti/HfO_x/Pt 阻变存储器的典型电流–电压曲线；(b) Ti/HfO_x/Pt 器件的电阻–电压曲线；(c)器件的转变电压的统计分布；(d)器件在室温下的循环擦写特性

缺陷较多而电阻值偏低。这也使得 Ti/HfO_x/Pt 器件的窗口值不大，大约为几倍。虽然窗口值不大，但是 *I-V* 曲线的重复性较好。图 4.102(c)给出了 Ti/HfO_x/Pt 阻变存储器不同器件单元发生电阻转变时阈值电压的统计分布，Set 电压的分布比较集中，大约在 1V 到 2.5V 的范围，而 Reset 电压则相对分散一些，大概在−0.5V 到−3V 之间。Ti/HfO_x/Pt 器件的重复擦写特性如图 4.102(d)所示，在循环擦写过程中，低阻态的电阻值一直保持稳定，而高阻态的电阻值在最初的擦写过程中有变小的趋势，在经过几十次擦写之后电阻值逐渐趋于平稳。在后续的循环擦写过程中高低电阻值都没有明显的衰退迹象，表明了 Ti/HfO_x/Pt 阻变存储器良好的存储性能。

2) Ti/HfO_x/Pt 器件的电阻转变机理

在 Ti/HfO_x/Pt 器件中，Ti 电极是一种化学性质非常活泼的电极，其非常容易被氧化而不容易被还原，不会形成 Ti 的金属导电细丝。故 Ti/HfO_x/Pt 器件的电阻转变是基于 HfO_x 薄膜内部的结构和价态变化，而氧离子的迁移运动对于 HfO_x 薄膜的电阻转变有重大贡献。对于分别处于高低阻态的 Ti/HfO_x/Pt 器件的 XPS 表征可以证明氧离子在电场作用下的迁移运动跟电阻转变之间的关系。如图 4.103 所示为 Ti/HfO_x/Pt 器件分别在高低电阻态时 Ti/HfO_x 界面与 HfO_x/Pt 界面处对于 Hf 的化学价态的 XPS 表征结果。在所有的样品中 Hf 的 4*f* 峰都表现出多价态的特征，通过对 Hf 的 4*f* 峰进行分峰处理，可以认为 Hf 的价态由最高价+4 价(Hf^{4+})，低价态亚氧化物和类金属态三部分组成。如图所示+4 价 Hf 的 $4f_{7/2}$ 和 $4f_{5/2}$ 峰分别坐落于 17.93eV 和 19.64eV，而低价态 Hf 的峰位则相应往低能量端偏移。通过对拟合的峰位的面积进行比较可以得到在不同的界面和不同的电阻态时+4 价 Hf 所占的比例，结果如图 4.103 所示。由图可知，在高阻态时，HfO_x/Pt 界面处+4 价 Hf 所占比例为 45.10%，要高于 Ti/HfO_x 界面处的 21.34%；而在低阻态，HfO_x/Pt 界面与 Ti/HfO_x 界面处+4 价 Hf 所占的比例差别不大。+4 价的 Hf 所占比例越大说明整体上此处 HfO_x 薄膜中 Hf 的价态较高，氧空位的浓度较低。反之，+4 价的 Hf 所占比例越低则说明此处 HfO_x 薄膜中氧缺失比较明显，氧空位浓度较高。由此，得出结论为：高阻态时氧离子堆积于 HfO_x/Pt 界面，使得此时界面处 HfO_x 薄膜的氧空位浓度降低；而在低阻态时氧离子都从 HfO_x/Pt 界面被抽出，使得该界面处氧空位浓度增加。也就是说，器件从高阻态转变到低阻态以后 HfO_x/Pt 界面处 Hf 的价态降低了。

对 Ti/HfO_x/Pt 器件在整个 HfO_x 薄膜厚度内 Hf 的价态进行分析所得到的结果也证明 Hf 的价态在高低阻态转变时会发生改变。图 4.104 给出了不同电阻态时 Hf^{4+} 所占比例从 Ti 顶电极到 Pt 底电极随 HfO_x 薄膜厚度的变化。Hf^{4+}所占比例大致可以认为是 HfO_x 薄膜中 Hf 的总体价态的高低。从图中可以看出，高阻态时，Hf 的价态在 HfO_x/Pt 界面处最高，并沿着靠近 Ti 上电极的方向价态逐渐降低，在 Ti/HfO_x

界面处 Hf 的价态降到最低。而在低阻态时，Hf 的价态在整个薄膜内变化不大。

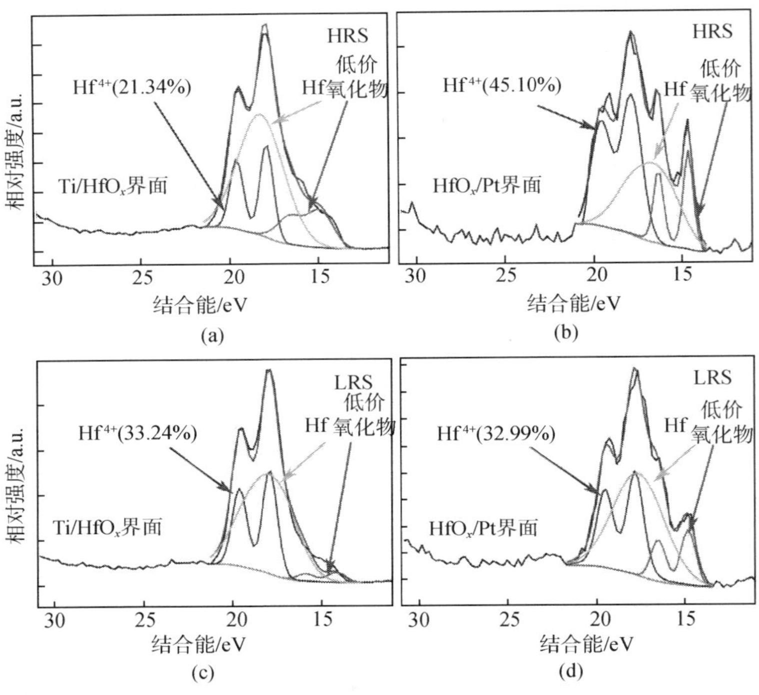

图 4.103　Ti/HfO_x/Pt 器件中 Ti/HfO_x 界面分别处于(a)高阻态和(c)低阻态以及 HfO_x/Pt 界面分别处于(b)高阻态和(d)低阻态时 Hf 的 XPS 谱

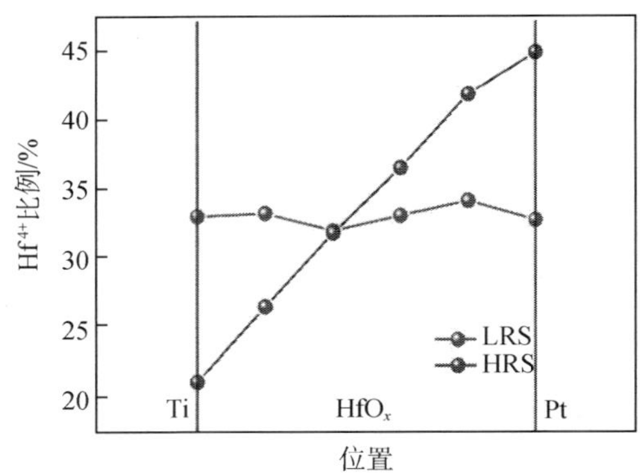

图 4.104　Ti/HfO_x/Pt 器件分别处于高低阻态时，Hf^{4+}在 HfO_x 薄膜中所占比例随深度的变化

利用 XPS 技术对于 HfO_x 薄膜中 O 1*s* 信号强度随深度的变化规律的表征结果与 Hf^{4+}随深度变化的规律类似，如图 4.105 所示。O 1*s* 信号强度的高低对应于 HfO_x

薄膜中氧元素含量的高低。在高阻态时，HfO_x/Pt 界面的氧元素含量明显高于 Ti/HfO_x 界面处氧元素的含量，而在低阻态时，HfO_x/Pt 界面氧元素的含量有所降低，表明有大量氧空位注入到了 HfO_x/Pt 界面。

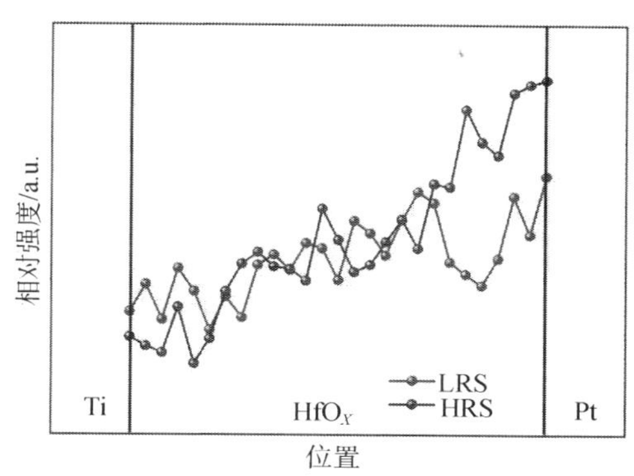

图 4.105　Ti/HfO_x/Pt 器件在高低阻态时 O 1*s* 信号强度随 HfO_x 薄膜深度的变化

由高低阻态 Hf 的价态的差异以及氧元素含量随 HfO_x 薄膜深度的变化，能够得出 Ti/HfO_x/Pt 器件在发生电阻转变的微观机理如下。由于 Ti 电极化学性质极其活泼，在 Ti 电极与 HfO_x 薄膜接触后会从 HfO_x 薄膜中夺取氧原子，使得 Ti/HfO_x 界面处的 HfO_x 薄膜中产生大量氧空位，Hf 的价态降低。由于 Pt 具有高功函数而且化学性质稳定，HfO_x/Pt 界面易于形成肖特基势垒，决定了整个 Ti/HfO_x/Pt 器件的电阻大小。而当正电压施加在 Ti 电极上时，导致 HfO_x 薄膜中的氧空位向 Pt 电极迁移，大量的氧空位堆积在 HfO_x/Pt 界面降低了 Hf 的价态，并形成了氧空位导电细丝穿透了 HfO_x/Pt 界面的肖特基势垒，使器件转变到低阻态，其情形与图 4.86 中 W/Ta_2O_5/Pt 器件的转变机理非常类似。当 Ti 电极上施加负电压的时候，情况刚好相反，氧离子都向着 Pt 电极的方向迁移，也即氧空位都从 HfO_x/Pt 界面被抽出，使得 HfO_x/Pt 界面处 Hf 的价态升高，氧空位浓度降低，使得氧空位导电细丝在 HfO_x/Pt 界面处断开，最终使器件转变回高阻态。这就是 Ti/HfO_x/Pt 器件在电压作用下发生电阻转变的微观机理。

5. 三元氧化物中基于氧空位导电细丝的电阻转变

二元金属氧化物在缺失一部分氧离子之后形成氧空位，这种氧缺失的过程还伴随金属离子化学价态的下降，最终氧空位在电场作用下排列成导电通道使得基于二元氧化物的阻变器件从高阻态转变到低阻态。三元或三元以上的氧化物同样能发生上述过程。三元氧化物发生氧缺失时成为非化学计量比的氧化物，伴随着产生晶格无序并导致亚点阵中的金属阳离子出现混合价态，这一过程与二元金属氧化物是一样的。

$SrTiO_3$是一种被广泛研究的三元氧化物，其发生电阻转变的机理被认为是氧缺失产生氧空位所导致的。选用$SrTiO_3$为例可以很好的说明三元氧化物中由于晶格无序而产生氧空位等点缺陷，或者是位错和晶界等缺陷对于氧化物电阻转变的贡献。$SrTiO_3$的电阻转变行为与TiO_2非常相似，$SrTiO_3$的电子结构与TiO_2也很类似。实际上，$SrTiO_3$的晶格点阵可以被认为是TiO_2和SrO两种二元氧化物的晶格点阵交替堆积形成的，而TiO_2的亚点阵对于$SrTiO_3$的电子结构起主要作用。由于晶格点阵中的Ti位置极易被其他金属氧离子替代或是被还原，TiO_2与$SrTiO_3$都是属于n型半导体，氧空位对于两者的导电特性都有重要影响。

在化学计量比的$SrTiO_3$中，其导带主要是由于Ti离子空出来的$3d$轨道形成，而其价态主要由O离子被占据的$2p$轨道贡献，禁带宽度为3.3eV。这其中由于Ti离子与O离子对于中间电子对有贡献，使得Ti与O之间的化学键存在着弱共价键的成分。$SrTiO_3$的晶体结构属于典型的ABO_3型钙钛矿结构，这是一种很常见的三元氧化物结构，其中的A和B位置可以由一系列其他金属阳离子来替代。由于构型熵的作用，$SrTiO_3$与其他材料一样在绝对零度以上时总是包含有一定浓度的点缺陷。$SrTiO_3$晶体与其他钙钛矿型结构的氧化物都具有紧密堆积的晶体结构，故这类晶体中最重要的点缺陷是空位，包括在A位、B位和O位产生的空位，此外还有杂质原子对上述位置的取代所造成的点缺陷。而间隙原子以及正负离子反位等点缺陷则很少在这类晶体中出现。所以在$SrTiO_3$晶体中最有可能的一种晶格无序类型是肖特基缺陷，也就是呈电中性的阴阳离子空位成对的出现。一些研究人员利用理论计算的结果证明了上述结论。通常情况下，阳离子空位带负电，相当于电子受体中心；而阴离子空位带正电，相当于电子给体中心。在大约1400K以下时，$SrTiO_3$晶体中阳离子空位的迁移率非常低，可以认为这时的阳离子空位被冻结而导致极低的电子受体浓度。与之相反的是，这时候氧空位的迁移率非常高，在室温下都有可能以离子电导的方式对$SrTiO_3$的导电性产生贡献。尤其是考虑到晶体中存在的位错或是晶界等高维度缺陷有可能成为氧空位迁移的快速通道时，氧空位对$SrTiO_3$的导电性的贡献就更加明显。在某个临界温度T_{th}以上时，$SrTiO_3$晶体中氧空位的平衡浓度可以通过环境中氧气分压p_{O2}的大小来调控，如式(4.11)所示。而在临界温度T_{th}以下时，氧空位同样可以看做被冻结，氧空位浓度非常低。对于具有自由表面的块体材料，这个临界温度T_{th}大约为700K。

此外，价态不同的金属离子对于$SrTiO_3$晶体点阵中阳离子的取代同样可以产生电子缺陷。如果掺杂金属离子的价态低于被掺杂主体阳离子的价态，则杂质离子相当于电子受体A；如果掺杂金属离子的价态高于被掺杂主体阳离子的价态，则杂质

离子相当于电子给体 D。用离子平衡方程表示，即

$$A^{X} \longleftrightarrow A^{-} + h^{\bullet} \tag{4.15}$$

$$D^{X} \longleftrightarrow D^{\bullet} + e^{-} \tag{4.16}$$

其中，$h^{\bullet}$ 和 e^{-} 分别表示空穴和电子，他们可以相互复合，即

$$\varnothing \longleftrightarrow h^{\bullet} + e^{-} \tag{4.17}$$

$\varnothing$ 表示导带和价带的基态。

由式(4.11)可知，通过在高温下($T > T_{th}$)对环境中氧分压的调控可以控制 $SrTiO_3$ 晶体中氧空位的浓度，得到非化学计量比的 $SrTiO_{3-x}$。此时，材料中的缺陷浓度可以通过上述各个缺陷方程式计算得出，包括式(4.11)以及式(4.15)–(4.17)。在低温条件下($T < T_{th}$)，氧空位的运动被冻结，故材料中的平衡缺陷浓度只由式(4.15)–(4.17)所决定。

综合考虑缺陷浓度与迁移率就可以得出缺陷对于导电率的贡献。在碱土金属钛酸盐中，电子和空穴都可以被认为是极化子。虽然电子和空穴的迁移率数值相对比较小并且与小极化子模型中的数值相近，但是迁移率表现出的轻微的负温度系数支持了大极化子模型[90, 91]。例如，$SrTiO_3$ 中的电子迁移率从室温下的大约 6cm^{2}V^{-1}s^{-1} 降低到 1200K 时的 0.2 cm^{2}V^{-1}s^{-1}。空穴在高温时的迁移率也降低到室温时的一半左右[1]。

而氧空位的迁移率 μ_{V_O} 与温度的关系则可以通过结合扩散温度系数的 Arrhenius 公式和 Nernst-Einstein 方程计算所得，方程式如下，

$$\mu_{V_O} = \frac{z_{V_O} e_0}{k_B T} D_0 \exp(-W_D / kT) \tag{4.18}$$

其中，z_{V_O} 指氧空位所带的电荷数，e_0 指单元电子电荷，W_D 指氧空位的扩散激活能，k_B 为玻尔兹曼常数，T 为温度，D_0 为扩散常数。对于氧空位来说，电荷数 $z_{V_O} = 2$。从有关 $SrTiO_3$ 的导电性和扩散研究的数值来看，$SrTiO_3$ 中氧空位的扩散激活能 W_D 大约在 1.0>1.1eV，在这些研究中同时考虑了化学扩散的双极性特征和扩散前沿的缺陷捕获效应[92]。

在上述讨论的点缺陷模型及数据都是取自于高温(T>1600K)下制备的陶瓷或者单晶样品。那么，这些模型能否适用于相对低温(T<1200K)制备的薄膜样品呢？在薄膜样品中，氧离子空位的迁移率要比块体样品中的迁移率低得多，因而薄膜样品中有可能会出现完全不同的导电特性。研究结果表明，利用 PLD 技术制备的外延 $SrTiO_3$ 薄膜表现出了与高温下制备的块体样品相类似的导电特性。图 4.106 给出了 PLD 制备的未掺杂的外延 $SrTiO_3$ 薄膜的导电率随平衡氧分压的变化关系。虽然薄膜的沉积温度比单晶生长时的结晶温度或者是到此块体的烧结温度都要低得多，图

4.106 中的曲线表现了与那些单晶或者陶瓷块体相同的特征。这一结果表明高温下的缺陷模型不仅可以适用于高温制备的块体样品，还可以适用于外延的薄膜样品。

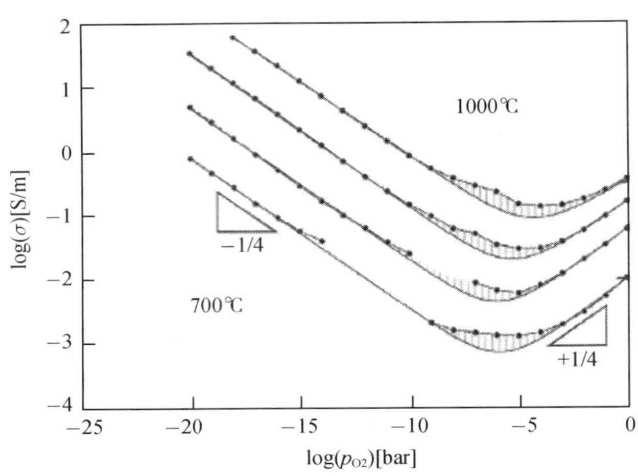

图 4.106　MgO 基底上外延的 $SrTiO_3$ 薄膜在高温时不同氧分压下退火的电导率[1, 93]

图 4.106 中的曲线也可以由之前描述的平衡反应式通过质量作用方程计算所得，图中不同氧分压下 $SrTiO_3$ 薄膜的电导率由该条件下电子与空穴的浓度决定。低氧分压和高氧分压区间，$SrTiO_3$ 薄膜的电导率表现出不一样的特征是由于不同缺陷态的激活能不一样导致。例如，氧空位等施主型缺陷态是浅层缺陷，其激活能大概在导带底下面 0.1eV 左右；而受主型缺陷态是深能级缺陷，处于价带顶上面 0.5eV 到 1.5eV 的范围(图 4.107)。同时，钛酸盐中的表面和晶界等界面态对于缺陷浓度和导电率有重要影响。例如当受主型掺杂的 $SrTiO_3$ 在氧气气氛中退火时，带正电荷的晶界态会形成肖特基空间电荷耗尽层。在薄膜与电极的界面，电极的功函数强烈的影响着钛酸盐中空间耗尽层的厚度。当高功函数的电极(例如 Pt)与 $SrTiO_3$ 接触时会形成明显的耗尽层，并相应的得到高阻抗的界面；而当低功函数的 Ti，Al 等电极与 $SrTiO_3$ 接触时就会得到低阻抗的界面。因此，在类似电容器的三层膜结构中电荷从上电极经过 $SrTiO_3$ 薄膜到下电极的传输过程受到载流子从电极到 $SrTiO_3$ 的热离子发射过程的控制，并且发射电流的大小强烈依赖于阴极电极功函数的大小(图 4.107)。与此同时，$SrTiO_3$ 薄膜中漂移扩散的体效应对于阻抗大小也会产生重要的影响。

通过以上讨论，由高温下建立的点缺陷结构和薄膜与电极接触的能带结构对于尚未发生电阻转变的钛酸盐的导电性的影响已经明晰。在这些条件下，未掺杂的 $SrTiO_3$ 薄膜在 300K 时应该表现出高电阻的特性。因而电阻转变的发生需要薄膜内部点缺陷的重新排列，获得高电导率的链状或条状缺陷来连通上下电极。

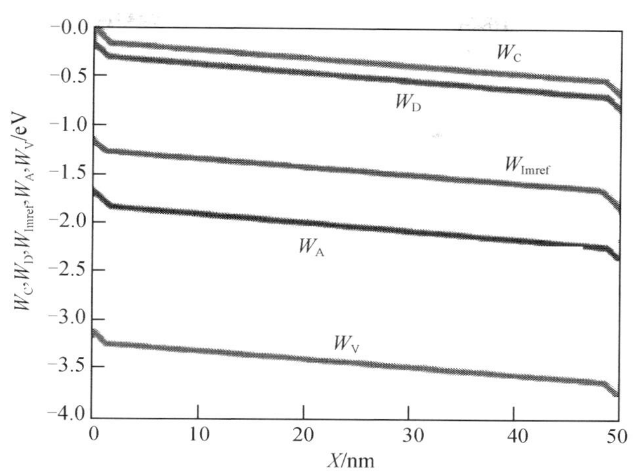

图 4.107　Pt/$SrTiO_3$/Pt 结构的能带图[1, 94]

W_C 为导带底，W_D 为施主缺陷能级，W_{Imref} 为非平衡费米能级，W_A 为受主缺陷能级，W_V 为价带顶。图中计算能带结构所使用的参数为 T=300K，薄膜厚度 50nm，施加的外电压 V=1V，与受主缺陷浓度对应的氧空位浓度为 $10^{17}cm^{-3}$，介电常数为 300，Pt 电极的功函数为 5.35eV

事实上 $SrTiO_3$ 由于点缺陷导致的化学计量比偏差即使在高温下也不会超过 0.1at%，这一数值和大多数二元金属氧化物中的情况是一样的。例如，在阻变存储器领域被广泛研究的典型二元金属氧化物 TiO_{2-x} 中由于点缺陷的随机分布导致的化学计量比变化时 x 的最大平均值都只是在 10^{-4} 量级[95, 96]。要使得化学计量比在局部的偏差超过上述临界值，点缺陷就必须在局域位置发生偏聚。例如，氧空位就经常聚集在一起形成链状结构。点缺陷还倾向于聚集在刃位错和螺位错等线缺陷的附近。化学计量比的 $SrTiO_3$ 中点缺陷的排列情况可以通过超高分辨的球差校正投射电镜进行直接观察，这种先进技术可以在原子水平研究氧空位浓度在空间上的分布。如图 4.108 所示给出了一张由超高分辨球差校正电镜得到的厚度为 4nm 的 $SrTiO_3$ 样品中氧空位浓度的结果示意图。图中氧空位呈现两列集中分布，使得以这两列计算的氧缺失程度达到 15%至 30%，而样品的其他区域则几乎看不到氧空位的分布[97]。这种在局域位置发生的高浓度的氧空位聚集的现象非常特别，高度氧缺失的区域与标准化学计量比的区域是紧挨着的，中间不存在过渡区域。这一高浓度梯度氧空位的分布现象不能用传统的缺陷随机游走模型来解释。利用第一性原理计算的这种情况下的电子结构表明氧空位高度聚集区域附近的 Ti 离子的 3d 态是离域的，并且发生了局域位置的金属—绝缘体转变(图 4.108(b))。

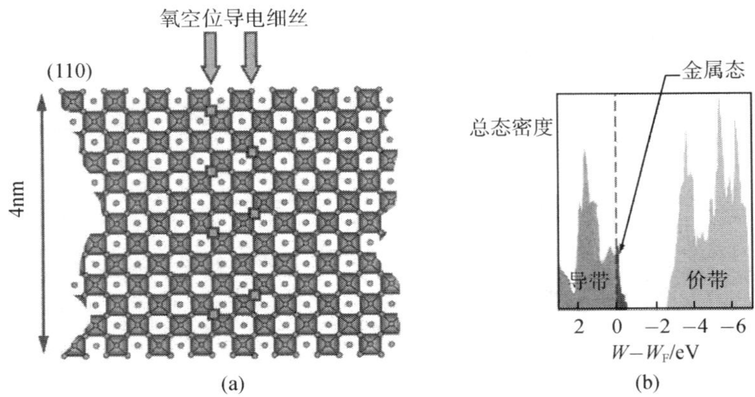

图 4.108　$SrTiO_3$ 晶体中氧空位聚集形成的导电通道

(a)高分辨电镜得到的氧空位导电细丝示意图；(b) 关于 $SrTiO_3$ 态密度的理论计算表明在氧空位导电细丝中会形成金属态特征[97]

在 $SrTiO_3$ 晶体中，由这些点缺陷聚集形成的二位缺陷就有可能成为绝缘基体中的导电通道，相当于在基体中插入了金属态或者半导体性质的纳米线。这些二维缺陷在电阻转变效应及其电初始化过程扮演了重要的作用。值得注意的是，这种由于氧缺失形成的氧空位链相对于位错来说有可能终止于晶粒内部。因此，在多晶样品中，只能通过连通不同晶粒中的缺陷来连通上下电极。这时就需要晶粒中的线缺陷密度达到渗流阈值。这些线缺陷不但是导电通道，同时还是扩散的快速通道，非常类似于位错中的管道扩散，在电阻转变的初始化等过程中就可以通过扩散获得更多的缺陷，获得稳定的导电通道。

氧空位聚集导致的导电通道同样能够在位错中心形成。位错是晶粒内部的线缺陷，在位错的附近会产生应力场。为了弛豫位错的应力场，点缺陷就会在位错附近聚集。并且位错能够贯穿整个晶粒延伸到其他晶粒，这就非常有利于在绝缘的 $SrTiO_3$ 薄膜中形成贯穿于整个薄膜而连接上下电极的导电通道。$SrTiO_3$ 晶体中位错附近 Sr、O 和 Ti 原子的分布情况同样能够用高分辨透射电镜来进行观察，图 4.109 给出了 $SrTiO_3$ 晶体中两种类型的刃位错的高分辨照片和相应的模型示意图。如图所示，刃位错事实上可以理解为在周期性排列的 $SrTiO_3$ 晶体中插入一层 SrO 或者 TiO_2 层导致的。位错芯附近氧原子的减少使得 Ti 的价态相应的发生变化。计算机模拟的结果表明位错芯附近 Ti 价态的降低会导致禁带宽度减小，因而能大大增加位错的导电率，使得位错成为 $SrTiO_3$ 晶体中的易导电通道。

用高精度的局域导电原子力显微镜可以方便的研究绝缘的化学计量比的 $SrTiO_3$ 晶体中位错对于电阻转变行为的影响。图 4.110 给出了化学计量比的 $SrTiO_3$

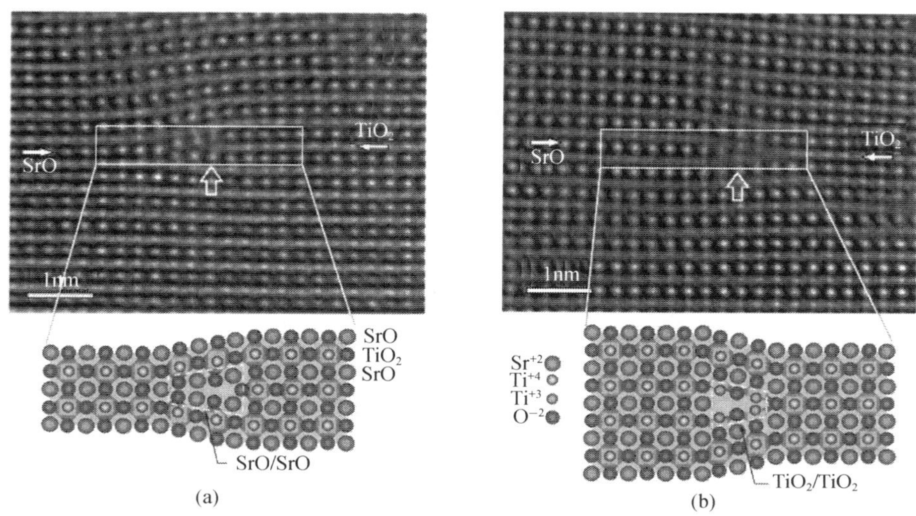

图 4.109　$SrTiO_3$ 晶体中两种类型刃位错的高分辨透射电镜照片和相应的模型示意图[98]

单晶的导电性的面扫描图，可以看出直径为 1~2nm 的位错附近的导电性要比其他区域高出几个数量级。该位错的导电性还能够通过电压来进行调制，在 $SrTiO_3$ 表面施加负电压进行电初始化之后，位错的导电性进一步提高了几个数量级。当交替施加正负电压时，位错就可以在高低两个电阻态之间来回转变。这些结果证明位错是绝缘的 $SrTiO_3$ 晶体中载流子传导的有效通道。根据某些第一性原理计算的结果，位错在低阻态时的导电性甚至会表现出金属特性。在薄膜样品中，位错密度比单晶样品要高得多，这使得薄膜样品的任意一个区域都可以通过施加电压而发生电阻转变。

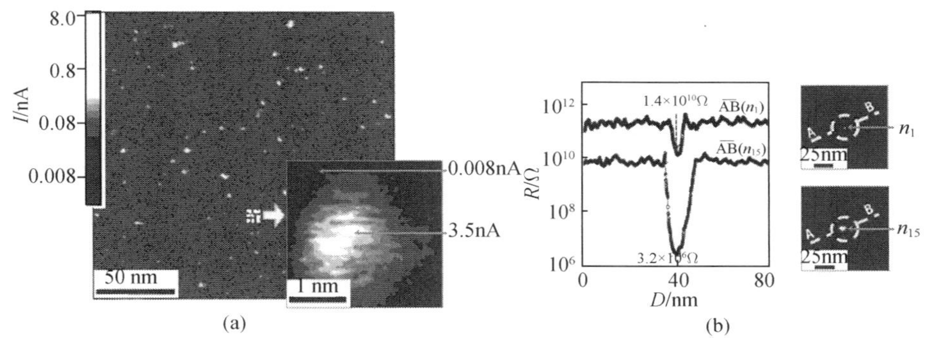

图 4.110　$SrTiO_3$ 晶体位错电导率的变化

(a) 利用高精度的导电原子力显微镜测得的未掺杂的 $SrTiO_3$ 单晶表面的导电性的面扫描，插图为白色方框区域的放大图；(b)为(a)图中白色方框区域导电性的线扫描，其中上下两条曲线分别是原始电阻曲线和施加了负向电压进行了电初始化之后的电阻曲线，可以明显的看到在施加了电压之后位错的电阻降低了，导电性变好了[54]

对于多晶样品，晶界也是载流子传导以及原子扩散和迁移的快速通道。总的来说，缺陷是导致 $SrTiO_3$ 发生电阻转变的关键，由氧空位等点缺陷聚集排列而成的线缺陷，位错，晶界等位置是发生电阻转变的具体场所和通道。

在高温下氧气气氛中的退火实验也能够证明位错在电阻转变中所起的重要作用。由前面的介绍可以知道 $SrTiO_3$ 晶体在高温下的退火对氧空位数量的影响非常小，例如在 950–1050K 的真空条件下的退火导致的氧缺失大约在 10^{14} 个氧离子每立方厘米的量级。但是即使是数量如此少的氧缺失也能够导致 $SrTiO_3$ 晶体发生金属–绝缘体转变。这一浓度比传统 Mott 绝缘体转变理论在随机分布的点缺陷体系中发生金属—绝缘体转变所需要的氧空位浓度低了 4 个数量级。理论与实验结果的巨大差异是因为经典理论未能考虑位错的影响，尤其是当氧缺失时，氧空位更容易生成在位错附近。在还原气氛中退火时，沿位错方向氧空位浓度的变化速率显然要比完整晶格中通过扩散形成氧空位的速率快得多。正因为沿着位错方向氧空位浓度的变化更加迅速，对于位错的电阻的调控也就更加方便，因而在电压的作用下电阻首先发生变化的区域就是位错等缺陷处。同位素示踪法对于氧离子扩散的研究也证明了位错等缺陷是扩散的快速通道。国际上有研究者利用氧的同位素 ^{18}O 扩散进入 $SrTiO_3$ 晶体，然后利用二次离子质谱仪来检测 ^{18}O 的扩散距离。研究结果表明沿位错方向的扩散系数比完整 $SrTiO_3$ 晶格中的扩散系数高四个数量级[99]。正因为氧离子沿位错的扩散速度比较快，$SrTiO_3$ 晶体在受到电压激励时会形成由位错网络构成的导电通道，使得绝缘的 $SrTiO_3$ 晶体表现出电阻转变现象。

4.2.3　电初始化过程

上一节介绍的几类主要氧化物材料基于氧空位导电细丝型的阻变存储器有一个共同的特点，就是材料在具备电阻转变特性以前往往需要一个电初始化(electroforming)过程，或者也叫做初始化(forming)过程。电初始化过程通常会在绝缘的介质材料中产生相对导电的，甚至金属特性的导电通道。介质材料只有在电初始化过程之后，其电阻转变特性才被激活。电初始化过程与传统的电镀过程有点相似，都伴随着离子的迁移，都伴随着氧化还原反应。与电镀不同的是，电初始化过程具有部分可逆性，通过施加与电初始化过程极性相反的电压可以使之前形成的导电通道断开。

电初始化过程通常是对器件施加一个比较大的电场强度来实现，实际情况中既可以使用电压源，也可以使用电流源来实现。大电场才能驱动介质中离子的迁移从而在局域位置形成导电通道，使得器件的电阻呈几个数量级的降低。在电初始化过程中，由于导电通道的形成，整个器件的电流会急剧的增加。如果不对电流加以限制，由电流产生的热效应会失控，使得器件发生不可逆的转变(硬击穿)，在以后的操作中无法回到高阻态。因此，在电初始化过程中通常施加一个限制电流，以保护器件不被大电流烧坏。

即使有限制电流的保护，在电初始化过程中电阻急剧降低产生的瞬态电流仍然有可能超过限制电流而对后续的电阻转变过程产生影响。有一种办法是使用电流源作为电初始化过程的激励源，此时利用恒定的电流来激活介质材料不会产生电流过大的问题。有研究人员在研究 TiO_2 的电阻转变过程中使用电流源对器件进行电初始化，获得了更加稳定的双极性电阻转变特性，并且能够有效避免出现击穿和单极性电阻转变等现象[100]。有部分研究者发现利用退火也能实现初始化过程，并把这一过程叫做热初始化(thermal-forming)[101]。这一过程是利用热量来激活材料中的缺陷并使之成为载流子的传输通道。

电初始化过程的作用就是在本身不导电的介质材料中生成局域的导电通道或导电细丝，这一观点最早在 1967 年就由 Dearnaley 提出过[102]。由于介质材料与电极材料之间的界面不平整，以及材料内部的空位、杂质等缺陷的影响，施加于电极上的电压会在介质材料内部产生不均匀的电场分布。电场强度在某些尖端或缺陷位置高度集中，并且电场强度的这种集中效应随着载流子的传输以及离子的迁移会变得越来越强烈，最终在电场强度集中的位置生成了导电通道或导电细丝。在导电细丝的生长过程中，会导致一种正反馈作用：导电细丝的出现会强化电场集中程度，而更集中的电场强度又进一步促进导电细丝的生长。所以在初始化过程中，器件的电阻通常是由高阻态突然转变至低阻态，瞬时形成大电流。由于导电细丝形成过程中的这种正反馈作用，即使在最开始形核的阶段可能有多个导电细丝，但是在最后连接两个电极的导电细丝只有一根。电初始化后得到的低阻态电阻值与器件的尺寸没有相关性证明了导电细丝的形成是局域的，而不是均匀分布于介质材料内部。

基于氧化物介质材料的阻变存储器的电初始化过程一般包括几个现象[103]：氧离子迁移与氧化还原反应；电阻急剧减小；电流引起的焦耳热效应以及局域相变。当然对于电初始化过程微观机理的认识是逐步清晰的，下面就来简述一下人们对于电阻转变效应的电初始化过程的研究过程。

1. 氧化物中电初始化过程和电阻转变的早期机理

19 世纪 60 年代到 70 年代的研究人员对于电初始化过程的解释都是站在纯电子的角度，而不考虑离子迁移的过程。例如 Hickmott 就认为在电初始化过程中，介质材料中杂质原子的电离可以在材料的禁带内部引入杂质能级，然后阴极的电子不经过热离子发射过程就可以注入到杂质能级，从而提高介质材料的导电性[104, 105]。Simmons

和 Verderber 也认为是禁带内的杂质能级导致了介质材料从高阻态转变到低阻态，他们还认为杂质能级是由于金属离子在电场作用下从阳极注入到了介质材料而形成[106]。他们虽然没有明确的给出金属离子注入到介质材料的微观机理，但是认为这一过程与金属原子在静电力作用下的电离过程有关。Barriac 等人则提出金属离子从阳极向绝缘介质材料中的注入是由于电初始化过程中的大电流以及能量耗散导致的局部融化行为导致[103, 107]。在导致局域融化行为的电流中包括了电子电流和离子电流的共同作用。总之，这几种观点都假设材料在电初始化之后的导电性提高是源于导带内的离域电子和杂质能级的贡献。

不同于上述几种纯电子理论的观点，Greene 等人从电化学反应的角度提出了他们认识的电初始化机理[108]。假设介质材料的组成是二元化合物 AB，当施加电压于介质材料时，阴离子 B^-在阳极被氧化($B^- \rightarrow B+e^-$)，阳离子 A^+在阴极被还原($A^+ + e^- \rightarrow A$)。这一过程会在阴极注入阴离子空位，最后导致绝缘介质材料中发生相分离。显然 Greene 的解释存在问题，按照他提出的电化学反应，阴离子空位应该从阳极注入才对。因为阳极的化学反应 $B^- \rightarrow B+e^-$ 写成缺陷方程式就是 $B_B^\times \rightarrow V_B^\bullet + e^-$。介质在电初始化之后，电子就会沿着–A– $V_B^\bullet$ –A–组成的路径跃迁，这就是 Greene 提出的机理。

后来，Dearnaley 在总结了上述观点以后，提出电初始化过程最重要的特征是形成了局域的导电细丝[109]。当电压施加于介质材料时，导电细丝会在阳极与介质材料的界面处电场比较集中的区域开始生长，并且是在多个局域的位置同时生长。Dearnaley 提出的导电细丝的生长方向与点缺陷的漂移扩散导致的阴极迁移机制所得出的方向是一致的，这部分内容在后面会详细讨论。在电初始化之后介质材料中占主导地位的导电机制也是基于一维导电细丝的电子跃迁机制。Dearnaley 还指出，在电初始化过程的阳极反应过程中会伴随着气体的释放。Greene 和 Dearnaley 的机理都认为氧化物发生电阻转变时会与环境氛围中交换氧气[108]。氧化物在电初始化过程中阴极发生的化学反应为 $1/2O_2 + 2e^- \rightarrow O^{2-}$，这时候介质材料会从环境中吸收氧气，在另一极相应的释放氧气。这一机理就能解释电初始化过程与电极材料的相关性。因为位于阳极的电极材料会与介质材料在界面处发生一定程度的氧化反应，化学性质比较活跃的电极或者是有氧气释放出来的情况下电极的氧化程度就会更加深。这些电极氧化过程还会生成其他的氧化物相，并对电初始化过程产生阻碍作用。

在大约二十多年以后，Chudnovskii 等人研究了一系列的二元氧化物例如 TiO_2、V_2O_5、Fe_2O_3、Nb_2O_5 等材料的电初始化过程之后[110]，猜想这些材料在电初始化过程中会从比较绝缘的高价态氧化物向比较导电的低价态氧化物转变。他的理论预想主要是基于对氧化物从高价态向低价态转变的化学方程式的吉布斯自由能的计算得出。例如对于反应式 $Nb + 2Nb_2O_5 \rightarrow 5NbO_2$，经计算得出的吉布斯自由能是负值，也就说明这一化学反应是自发进行的。需要指出的是，这里进行计算时考虑的都是高价氧化物 MO_x 与其对应的 M 电极进行的反应，因此结果仅具有指导意义。当然，电初始化过程的大电流导致的焦耳热效应会大大加速这些电极反应的进行。这些理论都是人们对于电初始化过程以及电阻转变效应的早期认识，经过近半个世纪的研究，现在对于电初始化过程的认识逐渐清晰，接下来就对电初始化过程做一个全面的解析。

2. 阳极电解反应与离子的迁移

从早期 Greene 和 Dearnaley 等人的实验结果来看，$SrTiO_3$、TiO_2 等氧化物在电初始化和电阻转变过程中经常伴随有氧气生成以及局域位置的结构变形等现象。气体的释放大多是由阳极的电解反应导致，也就是 $2O^{2-} \rightarrow 4e^- + O_2\ (g)$。由于氧气的释放，氧化物中的氧空位浓度在电初始化之后必然上升。当然，电初始化过程本身就受到外界氧分压的影响，因为在阴极也发生着上述反应的逆过程。在 $Pt/TiO_2/Pt$ 阻变器件中[111]，通过对比测量分别使用正向和负向电压的电初始化过程中之后样品的形貌变化，证明了氧气是在阳极产生，如图 4.111 所示。当在上电极施加正向电压时(图 4.111(a))，上电极相当于是阳极，电初始化过程以后，阳极与 TiO_2 的界面处产生的氧气把上电极掀起来了，使部分上电极剥落。其实早在 1970 年人们就已经在 $Au/ZrO_2/Zr$ 单极性阻变器件的电初始化和 Set 转变中观察过这种环形的由于氧气释放而产生的电极剥落现象[112]。当在上电极施加负向电压进行电初始化时(图 4.111(b))，也就是下电极作为阳极时，发现气泡都是产生于 TiO_2 与底电极之间的界面，气泡的破裂导致 TiO_2 层与上电极都被掀起。在 Cr 掺杂的 $SrZrO_3$ 的电初始化过程中观察到了与 TiO_2 类似的现象，即氧气在阳极产生。利用 X 射线近邻吸收谱对电初始化过程之后的 Cr 掺杂的 $SrZrO_3$ 薄膜的结构进行分析表明，在阳极附近 Cr 的价态发生了变化，而阴极附近 Cr 的价态则保持不变[113]。X 射线近邻吸收谱还证明导致薄膜中形成导电细丝的关键因素是氧空位而不是 Cr 离子。电初始化后，在阳极附近发现了数量非常多的氧空位，而阴极附近氧空位的数量则少很多。这些结果都证明电初始化过程会导致阳极的电解反应，在阳极附近产生氧气，在介质材料中引入氧空位，阳极成为了氧空位的来源。用化学方程式和缺陷方程式表示氧化物材料的电初始化过程就分别是 $2O^{2-} \rightarrow O_2\ (g) + 4e^-$ 和 $O_O^{\times} \rightarrow V_O^{\bullet\bullet} + 2e^-$。

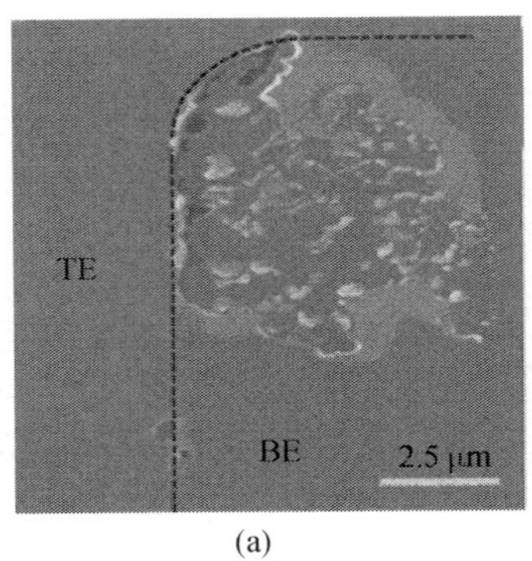

(a)

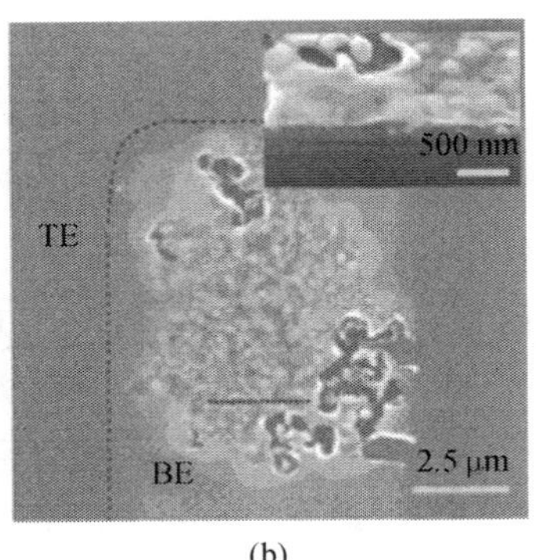

(b)

图 4.111　Pt/TiO_2/Pt 阻变器件分别使用(a)为正向电压和(b)负向电压进行电初始化过程之后的 SEM 照片，图中插图是(b)图中虚线位置的截面 SEM 照片[111]

电初始化过程的电解反应发生在阳极，因而阳极所使用的电极材料种类会影响到电初始化过程。当使用 Pt 和 Au 等惰性的贵金属作为阻变器件的阳极时，由于电解作用生成的氧气会被阳极金属所吸收，吸收的方式是化学吸附。虽然贵金属不与氧气反应生成氧化物，但是贵金属的表面会与氧原子形成强烈而致密的化学吸附键。例如 Pt 就经常作为氧气分解的催化剂。Jeong 等人利用二次离子质谱仪证明了 Pt/TiO_2/Pt 器件在电初始化之后，在阳极的 Pt 电极中存在吸附的氧原子，并且阳极中这种吸附氧的分布是不均匀的，表明阳极的电解反应是在局域位置发生[114]。如果阳极使用的电极材料是活泼金属，则电初始化过程中释放的氧气会与电极发生化学反应，电极被氧化，在阳极与氧化物介质材料的界面生成界面氧化物。例如使用 Al 作为阳极材料时[108]，会在 Al 电极与介质材料的界面形成一层很薄但是非常绝缘的 AlO_x。

大量的过渡族金属氧化物表现出电阻转变现象，所有这些氧化物可以分成两类：阳离子缺位型氧化物(p 型氧化物)和阴离子缺位型氧化物(n 型氧化物)。由于两类氧化物的本征缺陷类型不一样，在电初始化和电阻转变过程中的微观机理也存在差别。首先来看一下这些氧化物中基本的缺陷化学结构。在阴离子缺位型氧化物(例如 $MO_{x-\delta}$)中，本征缺陷为氧空位或者阳离子间隙[115]。为了简单考虑，假设阳离子为+2 价，则此种类型的氧化物中的缺陷反应式[116]为

$$O_O^{\times} \rightarrow V_O^{\bullet\bullet} + 2e^- + 1/2O_2\ (g) \tag{4.19}$$

以及

$$M_M^{\times} + O_O^{\times} \rightarrow M_i^{\bullet\bullet} + 2e^- + 1/2O_2\ (g) \tag{4.20}$$

在 $MO_{x-\delta}$ 类型的氧化物中，氧空位和阳离子间隙是材料内部固有的缺陷，而其他类

型的缺陷必须通过改变热力学或者电化学参数来引入。从上述两个方程式可以看出，不论是氧空位还是阳离子间隙都会引入两个自由电子，说明这两种类型的缺陷是施主型缺陷。自由电子数的增加导致 $MO_{x-\delta}$ 成为 n 型半导体。例如，TiO_2 就是典型的因为氧离子缺位导致的 n 型半导体，但是 TiO_2 中占主要地位的缺陷到底是氧空位还是钛间隙一直存在争议。现在普遍接受的观点是，TiO_2 中的缺陷类型跟温度有关，在低温时 TiO_2 中的主要缺陷是氧空位，而在高温时主要的缺陷类型是钛间隙。当然在室温时的电初始化过程中起主要作用的缺陷就是氧空位。

而对于阳离子缺位型氧化物 $MO_{x+\delta}$，其主要的缺陷类型为氧间隙或者是阳离子空位[117, 118]。同样的假设阳离子为+2 价，则这种类型氧化物中缺陷反应式为

$$1/2O_2 \rightarrow O_i^{''} + 2h^{\bullet} \tag{4.21}$$

以及

$$1/2O_2 \rightarrow O_O^{\times} + V_M^{''} + 2h^{\bullet} \tag{4.22}$$

通常是因为氧化物 $MO_{x+\delta}$ 中的 M 离子可以氧化到更高的价态，而使得氧离子间隙或者阳离子空位等缺陷的产生。这两种缺陷都是受主型缺陷，引入两个空穴，故而 $MO_{x+\delta}$ 是 p 型半导体。多种二价的过渡族金属氧化物是这种阳离子空位占主导作用的 p 型氧化物，例如，NiO、CoO、MnO 和 FeO 等。

在电初始化过程中，电压施加于氧化物后，会促进式(4.19)至式(4.22)所示的缺陷反应式的进行，从而产生更多的缺陷。前文已经证明了这些电解反应通常是在阻变器件的阳极进行。因此，大量的缺陷在阳极附近积累，阳极成为了缺陷的生成源。例如在 TiO_2 的阻变器件中，氧空位在阳极附近大量生成，并且在电场的作用下向阴极迁移。因为 TiO_2 内部不存在大量的自由氧离子来中和这些氧空位，氧空位的堆积形成了缺氧的导电相，使器件转变到低阻态。在阳离子缺位型氧化物例如 NiO 中，镍空位是本征缺陷。但是在电压的激励下，阳极附近的 NiO 还能够部分被还原从而产生氧空位。无论是从理论计算还是从实验上都证明了被还原的 NiO 中会产生氧空位[117]。因此，在电初始化过程中镍空位与氧空位共存于 NiO 中。镍离子和镍原子都难以向电极材料迁移或者扩散，因此 NiO 中不会产生太多数量的镍空位。与此同时，阳极附近产生的氧空位的数量不断增多，氧空位的堆积使得 NiO 相不稳定。因为氧缺失的 NiO 在热力学上是不稳定的，会析出导电的单质 Ni。单晶 NiO 在还原过程分解为 Ni 和 NiO 相的过程易被人们利用透射电镜所观察到[119]。随着电解反应的进行，金属 Ni 组成的导电细丝逐渐生长并连同上下电极使得 NiO 薄膜转变到了低阻态。

图 4.112 给出了 NiO 和 TiO_2 的电初始化过程。在 NiO 薄膜组成的器件中，氧空位在阳极产生，并向着阴极的方向迁移，而 Ni 空位则向阳极迁移。Ni 空位的因为数量有限而不会大量堆积，氧空位则大量在阴极堆积起来。氧空位的堆积导致阴极附近的 NiO 薄膜中析出金属 Ni 的单质相，随着氧空位的继续堆积，金属 Ni 的单质相从阴极向着阳极的方向生长，最终连通阳极和阴极完成电初始化过程，如图 4.112(a)所示。在 TiO_2 薄膜中，氧空位同样产生于阳极并向着阴极的方向迁移，氧空位在阴极附近的堆积形成缺氧的 TiO_{2-x} 导电相，该导电相连通上下电极使器件转变到了低阻态，从而完成电初始化过程。

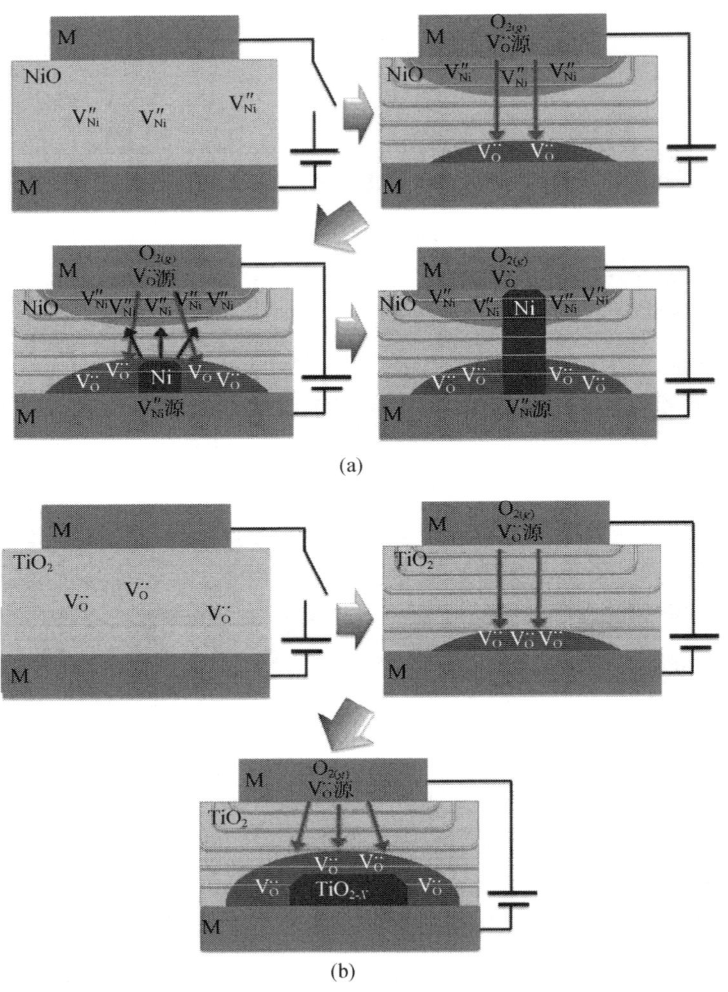

图 4.112　两种典型的过渡族金属氧化物的电初始化过程[103]：(a)NiO；(b)TiO_2

3. 电初始化过程中的电阻变化和相变

电初始化之后的结果是薄膜电阻的急剧降低，这是由于薄膜中的导电细丝直接连通了上下电极。导电细丝的组成一般是富集金属原子或者氧缺失的第二相。下面以 TiO_2 为例来讲述这种导电第二相的形成过程。在 TiO_2 的电初始化过程中，氧气的释放使得 TiO_2 薄膜中缺氧，这时候为了保持电荷守恒，Ti 离子的价态势必会降低，即 $Ti^{4+}+ne^{-}\rightarrow Ti^{(4-n)+}$。该反应式通过 Ti 的 $3d$ 轨道增加了导带中的自由电子。包含有大量 $Ti^{(4-n)+}$ 离子的氧缺失的第二相的导电性比 TiO_2 基体的导电性要好的多。另一方面，随着大量的氧空位在电极与 TiO_2 的界面堆积，使得原本界面处的肖特基势垒降低也会增加导电性。通常导电第二相的导电性都非常好，有的甚至是金属特性。因此已经生长出来的导电细丝就相当于是电极，而 TiO_2 的绝缘部分就越来越薄，直到最后导电细丝贯穿整个薄膜。在 NiO 薄膜中的情况一样，由于氧空位的产生而引入的单质 Ni 金属导电细丝就相当于是电极，而 NiO 薄膜的绝缘部分越来越薄，当富 Ni 的导电细丝贯穿整个 NiO 薄膜时，电初始化过程结束。

TiO_2 薄膜在电初始化过程之后形成的导电细丝已经被高分辨透射电镜证明了是缺氧的 Magnéli 相(Ti_4O_7 或 Ti_5O_9)[120]。如图 4.113 所示，为转变到低阻态的 TiO_2 的截面透射电镜照片，图中可以看到由 Ti_4O_7 组成的圆锥状的导电细丝以及 Ti_4O_7 和 Ti_5O_9 组成的沙漏状的导电细丝贯穿了整个 TiO_2 薄膜。而在 Pt/CuO/Pt 的单极性阻变器件中，Yajima 等人用二次离子质谱仪和拉曼光谱仪证明了在电初始化之后形成的导电细丝是由 CuO 和 Cu_2O 两相共同组成[121]。为了促使相变的发生，一定的热量是必要的。因此电初始化过程中的焦耳热效应对于相变的发生有重要意义。同时，电初始化过程会导致器件表面发生形貌变化，电极的部分熔化和氧气的突然释放会在电极表面产生火山口状的突起，甚至使电极部分剥落。总之，电初始化过程对器件在实际使用过程中有不利影响，应当在介质材料中适当引入缺陷以减弱或者消除电初始化过程。

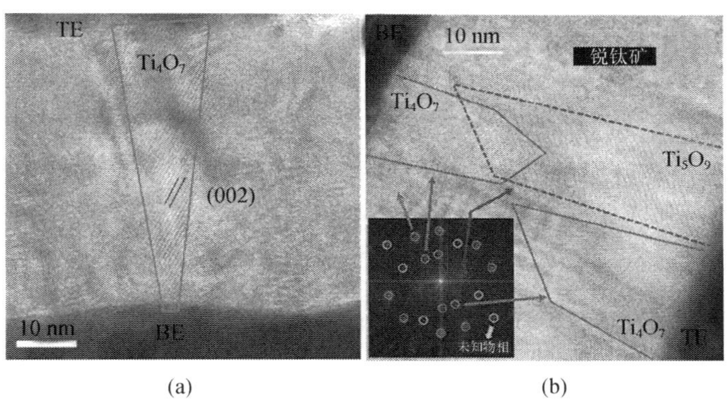

(a)　　(b)

图 4.113　TiO_2 薄膜中形成的 Magnéli 相导电细丝的高分辨透射电镜照片[78, 120]

4. 双极性和单极性电阻转变

不论是单极性还是双极性的氧离子迁移型电阻转变器件，都需要电初始化过程，并且电初始化过程的现象也基本类似。在某些器件中，电初始化之后既可以表现出单极性也可以表现出双极性的电阻转变。例如广泛被研究的 Pt/TiO_2/Pt 器件就可以同时表现出单极性和双极性电阻转变，因此人们一直在关注是什么样的原因决定电初始化之后的器件表现出双极性还是单极性电阻转变。研究表明，电初始化过程中限制电流的大小对器件后续的电阻转变行为有重要影响。电初始化过程较大的限制电流使器件表现出单极性电阻转变行为，而较小的限制电流导致双极性电阻转变行为。还是以 Pt/TiO_2/Pt 器件为例，当电初始化过程的限制电流小于 0.1mA 时，器件表现出双极性电阻转变；当限制电流大于 1mA 时，表现出稳定的单极性电阻转变；当限制电流处于两者之间时则可以同时表现出两种极性的电阻转变[122]。不只是电初始化过程的限制电流对器件的极性有影响，在器件转变的 Set 过程使用较大的限制电流值的时候，同样有可能是双极性的阻变器件表现出单极性的特征。这些现象说明较大的电流或者说较大的功率耗散容易导致单极性电阻转变。

而双极性电阻转变通常包含有一定程度的不对称性，例如使用活性不一样的上下电极。但是即使使用相同的上下电极，很多器件还是表现出双极性的电阻转变。这个时候器件的不对称性就是在电初始化过程中引入的，因为电初始化过程会在阳极发生电解反应(式(4.17)到式(4.20)所示)，生成大量氧空位，而氧空位的不均匀分布使得材料的两个界面变得不对称。电初始化过程中使用的电压的极性能决定器件中的不对称方式，即后续的 Set 和 Reset 电压的极性。例如在 Pt/TiO_2/Pt 器件使用不同极性的电压进行电初始化之后，器件表现出顺时针和逆时针两种方向的双极性电阻转变[114]。

4.2.4　电极与界面的影响

从上一节的讨论来看，电初始化过程中形成的导电细丝或者第二相是氧化物材料获得电阻转变性能的关键。虽然说表现出电阻转变性能的氧化物多种多样，但是其实质的电阻转变过程与氧化物本身的关系并不大，而是形成的导电细丝在起作用。在强电场的作用下，缺陷导致的第二相总是不可避免的在晶界等位置形成。导电细丝的形成与介质材料中氧缺失的程度密切相关，而在纵向三明治结构的阻变器件中，与氧化物介质接触的电极材料对氧缺失的程度有重要影响，因此电极材料的种类能够影响介质材料中导电细丝的形成。另一方面，电极材料与氧化物介质材料之间形成的界面氧化物往往控制着整个器件的电阻大小。对于半导体功能器件来说，调控性能往往是通过调控界面来实现。

对于多种多样的表现出电阻转变性能的氧化物来说，不管是二元过渡族金属氧化物、复杂钙钛矿型氧化物，还是固体电解质型的氧化物，其导电性既有来自于电子电导的贡献，也有来自于离子电导的贡献，如自由移动的离子或离子型缺陷。只是有的氧化物的电导是电子电导占主体，而在有的氧化物中，离子电导贡献了整个电导值的很大一部分。在氧缺位的氧化物中，电子、氧空位以及阳离子间隙都有可能是主要的载流子，这取决于氧化物中的主导缺陷反应式为式(4.18)还是式(4.19)。而式(4.20)和式(4.21)则决定了阳离子缺位型的氧化物中，空穴、氧间隙以及阳离子空位哪种能成为材料内部的主导载流子。

氧化物中不同的载流子缺陷类型与电极材料的相互作用规律不尽相同，但是总的来说三明治结构器件的导电性与电极材料的种类密切相关。而电极对阻变器件导电性的影响主要是通过影响两个界面的性能来实现。例如，界面的肖特基势垒高度就决定了器件的导电性，而肖特基势垒的高度则正比于金属的功函数的大小。而金属电极与介质材料形成的界面氧化物又能从另一方面影响肖特基势垒的高度，使之偏离理想的情况。惠普实验室的 Yang 等人就在 TiO_2 的体系证明了不同电极材料对于器件电阻转变性能的影响由界面生成的氧化物控制，而不是由金属的功函数控制[123]。金属的氧化物生成自由能影响着界面氧化物的状态，进而影响到器件的导电性能。如图 4.114 给出了使用不同金属做电极的 M/TiO_2/Pt 阻变器件(M 为 Ti，W，Ni，Pt，Ag 和 Au)的电阻大小跟金属的功函数以及金属氧化物生成自由能的关系。从图中可以看出，器件电阻的大小与金属功函数的大小没有相关性，而与金属氧化物的生成自由能存在正相关性。金属的氧化物生成自由能越负，器件的电阻值则越低；随着

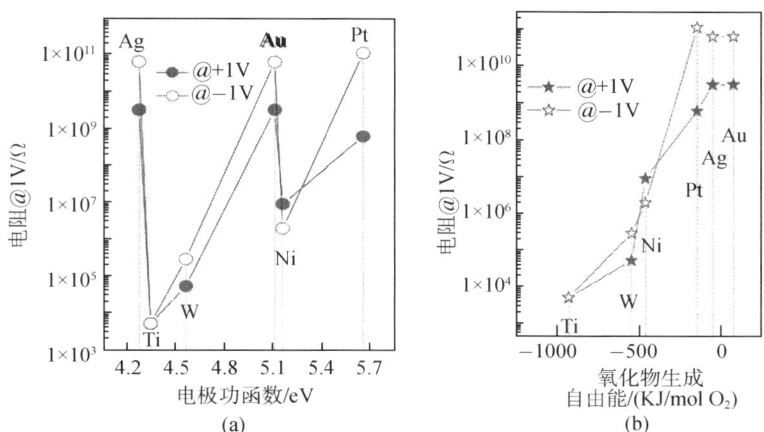

图 4.114 TiO_2 阻变器件在±1V 时的电阻大小，底电极都是 Pt，而上电极分别是 Ti，W，Ni，Pt，Ag 和 Au

(a)金属功函数与器件电阻大小的关系；(b)金属的氧化物生成自由能与器件电阻大小的关系[123]

上电极金属的氧化物生成自由能的升高，器件的电阻值也逐渐升高。因为与 TiO_2 相接触的金属电极在电场的作用下相当于是还原剂，能够使 TiO_2 被部分氧化。金属的氧化物生成自由能越负就越能从 TiO_2 薄膜中夺取氧离子，TiO_2 薄膜中就会产生更多的氧空位，从而更容易形成导电第二相或者导电细丝。因此，金属氧化物自由能越低，则器件的电阻值越低。关于电极和界面对于阻变器件的影响将会在 5.1 节和 5.2 节详细讨论。

4.3　界面势垒调节型阻变存储器

4.3.1　基本特征

前面两类阻变存储器的共同特点都是基于导电细丝的形成和断开产生的电阻转变，只是导电细丝的类型不一样。而另一类阻变存储器的电阻转变行为是发生在整个界面。这类阻变存储器大多是基于复杂氧化物体系，其电阻转变通常发生在金属电极和氧化物的界面，如图 4.115 所示。例如，Baikalov 等人[124]在基于钙钛矿型氧化物的结构中，发现了金属电极和钙钛矿型氧化物之间接触电阻的大小取决于所施加的电场。这种界面型的电阻转变大多是由于界面的肖特基势垒的高度变化引起的，并相应的产生双极性的电阻转变行为(图 4.115(a))。这类电阻转变的另一个特点就是在 Set 转变过程通常不需要限流，也就是说这类电阻转变具有自限流的特点。

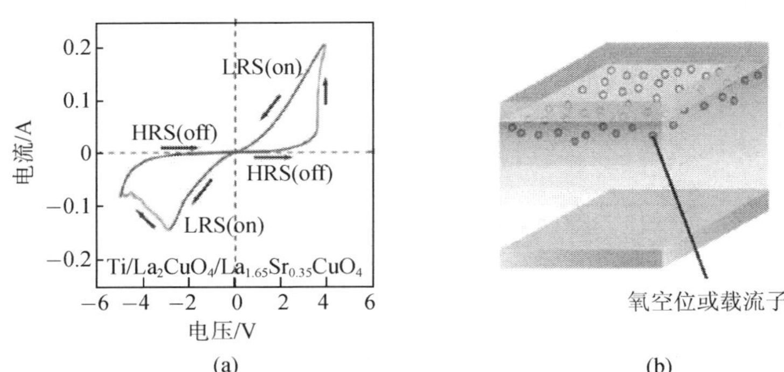

图 4.115　(a)$Ti/La_2CuO_4/La_{1.65}Sr_{0.35}CuO_4$ 单元的双极性转变 *I-V* 曲线；(b)界面型电阻转变模型[52]

导致界面肖特基势垒高度变化的原因是电场作用下载流子的注入与抽取或者是氧空位等缺陷对于电子的捕获和释放。例如，Sim 等人在研究 $Pt/SrTiO_3$:Nb (Nb:STO)肖特基接触型的界面特性时，提出电阻转变的机制是由于在 Pt/Nb:STO 界面处的氧空位俘获或释放电荷引起了肖特基接触势垒发生变化，从而影响界面电阻高低[125]。这个模型后来也被用来解释其他多元金属氧化物的电阻转变现象。而Asanuma等人通过TEM的分析发现Ti/$Pr_{1-x}Ca_xMnO_3$(PCMO)肖特基结的界面层TiO_x的厚度在高低阻态下会发生变化[126]。这个工作直观地证明了氧空位在界面所起的作用。当在 Ti 电极施加正偏压时，Ti/PCMO 界面处的氧空位在电场的作用下向PCMO 薄膜中迁移，导致 PCMO 薄膜中氧耗尽层厚度的增加，使得 PCMO 能带出现较大的弯曲，增加了空穴传导的势垒，在这种情况下器件从低阻态转变到高阻态。当在 Ti 电极施加负偏压时，PCMO 薄膜中的氧空位在电场的作用下向 Ti/PCMO 界面处迁移，导致 PCMO 薄膜中氧耗尽层厚度的减小，从而减小了 PCMO 能带的弯曲程度，减小了空穴传导的势垒，在这种情况下器件从高阻态转变到低阻态。

导电细丝型和界面势垒型电阻转变的区别可以从阻变单元器件的电阻与器件面积之间的关系理解。从图 4.116 中可以看到，Nb 掺杂 $SrTiO_3$ 的半导体组成的阻变器件的电阻与单元的接触面积成反比例关系，然而 NiO 组成的阻变器件的电阻却与接触面积没多大的关系[125]。这个结果表明 Nb 掺杂 $SrTiO_3$ 组成的储存单元的电阻转变发生在整个电极与介质材料的接触面上，而 NiO 储存单元的电阻转变通过形成导电通道而只发生在局部区域。界面势垒调节导致的电阻转变具有均匀的电流分布；而导电细丝型的电流主要从局域位置流过，即使在高阻态时，未完全消失的残余导电细丝也会导致电流分布的不均匀性。

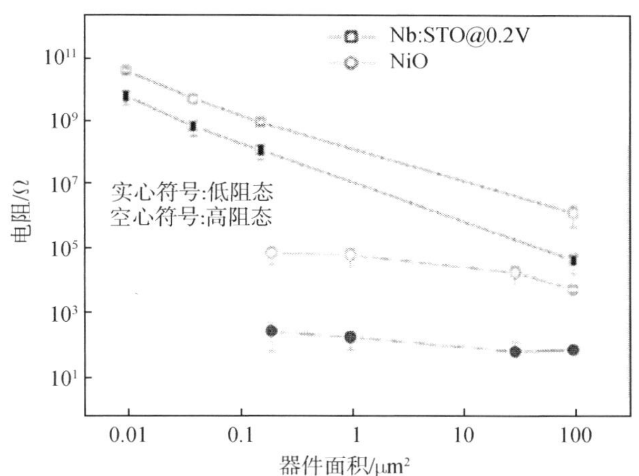

图 4.116　Nb:STO 和 NiO 阻变器件的高低阻态与器件面积的关系。Nb:STO 器件的阻值与面积成线性关系，而 NiO 器件的阻值几乎与面积无关[52, 125]

4.3.2　接触电阻的本质

为了阐述界面势垒调节型电阻转变的机制，首先必须要做的就是弄清接触电阻的本质，为什么它在施加电场之后会改变。实际上，肖特基势垒是导致界面接触电阻的本质。阻变存储器单元具有类似于电容器的三明治结构，即两层金属电极夹一层绝缘体或半导体氧化物的结构，那么决定器件电阻转变的肖特基势垒界面是其中一个还是受到两个界面的共同影响呢。通过分析器件界面的传输性质与电极材料的关系能够解释不同的界面势垒对于接触电阻和器件电阻转变的贡献。

图 4.117 显示了 M/PCMO/SRO 和 M/Nb:STO/Ag 阻变器件当 M 分别为不同功函数的电极(Ti、Au 和 SRO)时的 *I-V* 曲线。其中 PCMO 和 Nb:STO 分别是典型的 p 型和 n 型半导体，通过适当选择电极与这两种氧化物接触就能构成肖特基势垒并在电场的作用下发生电阻转变。上电极 Ti、Au 和 SRO 的功函数分别为~4.3 eV、~5.1 eV 和~5.3 eV。高功函数的底电极 SRO 与 p 型 PCMO 之间是完全的欧姆接触，而低功函数的 Ag 电极与 n 型的 Nb:STO 形成的也是欧姆接触。

由图 4.117 中的 *I-V* 曲线所示，在 p 型的 PCMO 阻变器件中，随着顶电极 M 的功函数的降低，M 与 PCMO 之间的接触电阻不断增加。功函数较高的 SRO 和 Au 电极与 PCMO 之间的接触表现出完全线性的 *I-V* 曲线，其中 PCMO 与 Au 电极之间的接触电阻略大于与 SRO 电极的接触电阻。而 Ti/PCMO 的接触电阻明显增大，其 *I-V* 曲线表现出整流特征。并且 Ti/PCMO/SRO 的 *I-V* 曲线上还能看到滞回行为，这说明发生了电阻转变。

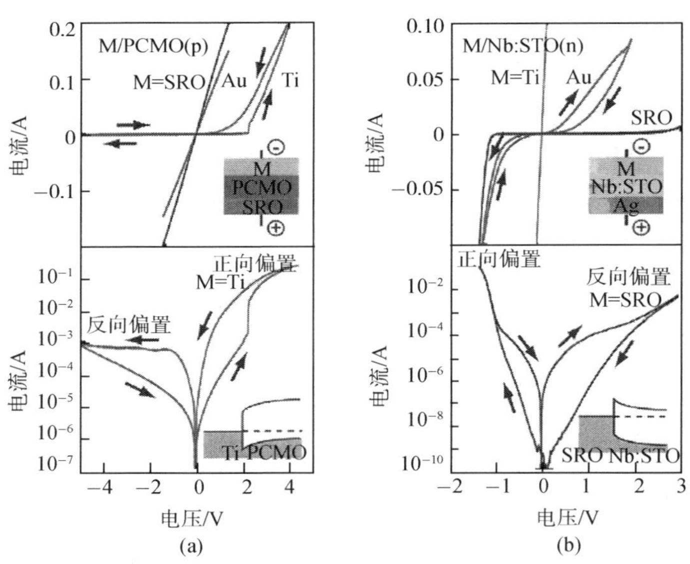

图 4.117　(a)p 型氧化物 M/PCMO/SRO 器件和(b)n 型氧化物 M/Nb:STO/Ag 器件的 *I-V* 曲线 (M=Ti、Au 和 SRO)[52]

相反，在 n 型的 Nb:STO 阻变器件中顶电极 M 与 Nb:STO 之间的接触电阻随 M 的功函数的增加而增加。低功函数的 Ti 电极与 Nb:STO 的接触电阻最小，其 *I-V* 曲线为线性。而 Au/Nb:STO 和 SRO/Nb:STO 的界面则出现了整流效应和电阻转变现象。

功函数与接触电阻之间的关系以及整流现象都是由于在界面形成了肖特基势垒，如图 4.117 下方的能带结构图所示。除了整流现象，Ti/PCMO、Au/Nb:STO 和 SRO/Nb:STO 也同时表现出了电阻转变特性。这些结果都说明了肖特基势垒对于发生电阻转变行为起了非常重要的作用。在这种肖特基势垒型的界面电阻转变中，相对于势垒的正向偏置电压通常使电阻从高阻态转变到低阻态，而反向偏置电压则使器件从低阻态转变回高阻态，如图 4.117 所示。故 Ti/PCMO/SRO 在半对数坐标中的 *I-V* 曲线呈现逆时针方向的电阻转变，而 SRO/Nb:STO/Ag 的 *I-V* 曲线则呈现出顺时针方向的电阻转变特征。

4.3.3 耗尽层宽度的变化

图 4.117 已经说明了接触电阻的本质来源于肖特基势垒，并且该接触电阻随施加的电压而变化。根据传统的肖特基模型，接触电阻的大小由肖特基势垒中电势在空间上的分布决定，比如说耗尽层中电势的分布。因此，可以从耗尽层中电势的分布来推测高阻态和低阻态时不同的势能宽度。

耗尽层的势垒分布可以通过电容–电压(*C-V*)曲线来确定。在传统的肖特基模型中，电容由下式来给出，$C = \varepsilon_0\varepsilon_S S/W_d$。式中 W_d 表示耗尽层的宽度，它与反向偏压区域所加电压的平方根成正比。ε_0 是真空中的介电常数，ε_S 是半导体的相对介电常数，S 指器件的接触面积。

如图 4.118 所示，Ti/PCMO 界面的 *C-V* 曲线表现出明显的滞回行为，低阻态的电容比高阻态时要大[127]，这说明低阻态时耗尽层的宽度 W_d 比高阻态时的要窄，如图 4.118 中的能带结构所示。因此，在低阻态电子有可能通过遂穿效应而穿过较薄的肖特基势垒层；而高阻态中非常厚的势垒层阻挡了电子遂穿。这就说明了肖特基势垒是怎样改变了接触电阻的大小。而耗尽层宽度 W_d 的变化则是由于氧空位在电场下的迁移作用而导致的，关于氧空位的迁移运动将在下面详细阐述。

4.3.4 电阻转变区域

在界面势垒调节型的电阻转变中，可以认为电阻转变特性取决于界面附近电子的性质。实际上一些研究结果也已经证实了通过改变界面处的电子结构能够导致电阻转变特性的变化[128, 129]。图 4.119(a)显示了插入 *n* 层单胞厚度的 $Sm_{0.7}Ca_{0.3}MnO_3$ (SCMO)对于 Ti/LSMO/SRO 阻变器件的电阻转变行为的影响。其中单层 SCMO 的厚度大概是 0.4 纳米[128]。在这个器件中，SCMO 和 LSMO 有着相同的掺杂浓度，但是 SCMO 属于半导体，而 LSMO 是金属性质的[130, 131]。

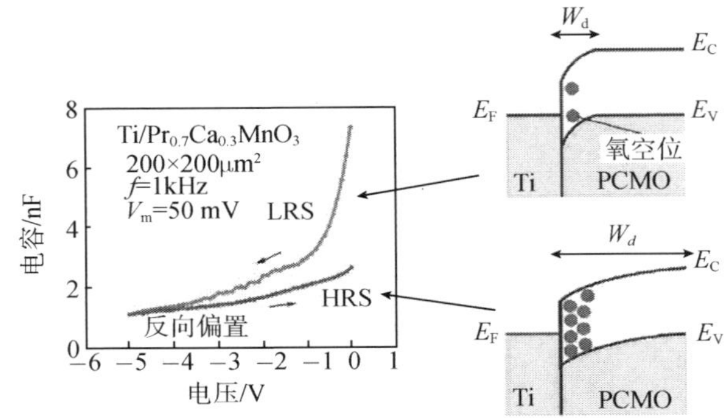

图 4.118　Ti/PCMO/SRO 器件在反向偏压下的 *C-V* 曲线

图中出现滞回现象，说明了 Ti/PCMO 界面的耗尽层宽度在施加电场后发生了变化[127]

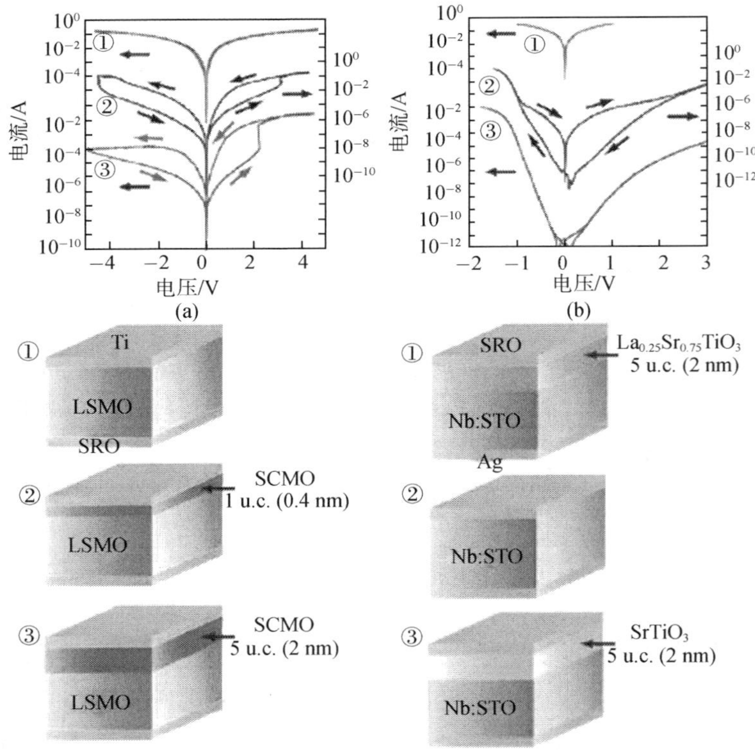

图 4.119　改变界面以获得电阻转变的例子

(a)Ti/SCMO(*n*)/LSMO/SRO 单元的 *I-V* 曲线，其中 *n* 为 SCMO 的单胞数；(b)SRO/X/Nb:STO/Ag 单元的 *I-V* 曲线，X 代表载流子深度掺杂的 La:STO 或者纯 STO[52]

没有插入 SCMO 的 Ti/LSMO/SRO 器件的 *I-V* 曲线显示出欧姆性质，并且不存在滞回现象，表明器件没有发生电阻转变。因为三种材料都是金属特性，在这种金属/金属/金属结中因为不存在肖特基势垒，所以不会发生电阻转变行为。当在 Ti/LSMO 界面插入薄薄的一层 SCMO 半导体氧化物时，器件的 *I-V* 曲线立即显示出整流和滞回特征，说明在界面处只要几个纳米厚度的半导体层就能够导致电阻转变的发生。这个结果同样表明把阻变器件中间的氧化物介质材料减小到几个单胞厚度都可以获得电阻转变效应，更说明了电阻转变行为只发生在界面。

除了氧化物的电导率，在界面处的掺杂浓度(载流子浓度)对电阻转变也起着非常重要的作用。图 4.119(b)显示了 n 型的 SRO/Nb:STO/Ag 阻变器件的 *I-V* 曲线随 SRO/Nb:STO 界面处掺杂浓度的改变而变化的情况[129]。为了改变界面处 Nb:STO 的掺杂浓度，制备了结构为 SRO/X(2nm)/Nb:STO/Ag 的阻变器件，其中 X 代表没有掺杂的 STO 或者是深度掺杂的 $La_{0.25}Sr_{0.75}TiO_3$(La:STO)。La:STO 的掺杂浓度比 Nb:STO 更高是由于 La^{3+}置换 Sr^{2+}比 Nb^{5+}置换 Ti^{4+}能更有效的向导带提供自由电子[132]。

界面处掺杂浓度的改变对电阻转变行为的影响如图 4.119(b)所示。SRO/La:STO/Nb:STO 结构显示出欧姆特性而没有表现出电阻转变现象。这是因为深度掺杂的 La:STO 的插入大大较小了界面处肖特基势垒的宽度，电子非常容易以隧穿的方式穿过势垒层，因而该器件表现出类似欧姆特性的导电行为。SRO/STO/Nb:STO 器件的 *I-V* 曲线显示出明显的整流现象，然而却没有出现滞回现象(没有发生电阻转变)。这是由于 STO 是绝缘体，内部没有施主掺杂缺陷，会在 SRO/STO 界面形成非常宽的肖特基势垒，并且该势垒宽度很难在电场的作用下发生改变，故 SRO/STO/Nb:STO 器件没有电阻转变行为。这些结果都表明了这些复杂氧化物体系的电阻转变是发生在界面，并且通过改变界面状态可以优化器件的电阻转变特征。

4.3.5　氧空位的作用

为了充分理解电阻转变的根源，就必须阐明在高低电阻阻态之间转变的微观机制，而研究结果则指出界面处氧空位的电化学迁移驱动着电阻的转变[133-135]。例如，对介质材料的氧化处理就能明显改变其电阻转变性质[52]。

图 4.120 显示了 Ti/PCMO/SRO 器件和 SRO/Nb:STO/Ag 器件经过不同气氛退火处理后的 *I-V* 曲线。沉积态的器件由于存在肖特基势垒，故而都表现出电阻转变现象。在测试完原始态的 *I-V* 曲线后，将两个器件在 400℃的温度下进行退火处理。其中 Ti/PCMO/SRO 器件在空气气氛中退火，SRO/Nb:STO/SRO 器件在氧气气氛中退火。在退火之后，PCMO 和 Nb:STO 都被氧化了，即材料中氧空位的数目大大减

少了。退火后的 Ti/PCMO/SRO 转变到了低阻态，而 SRO/Nb:STO/SRO 转变到了高阻态，并且两者的滞回现象(电阻转变行为)都消失了。

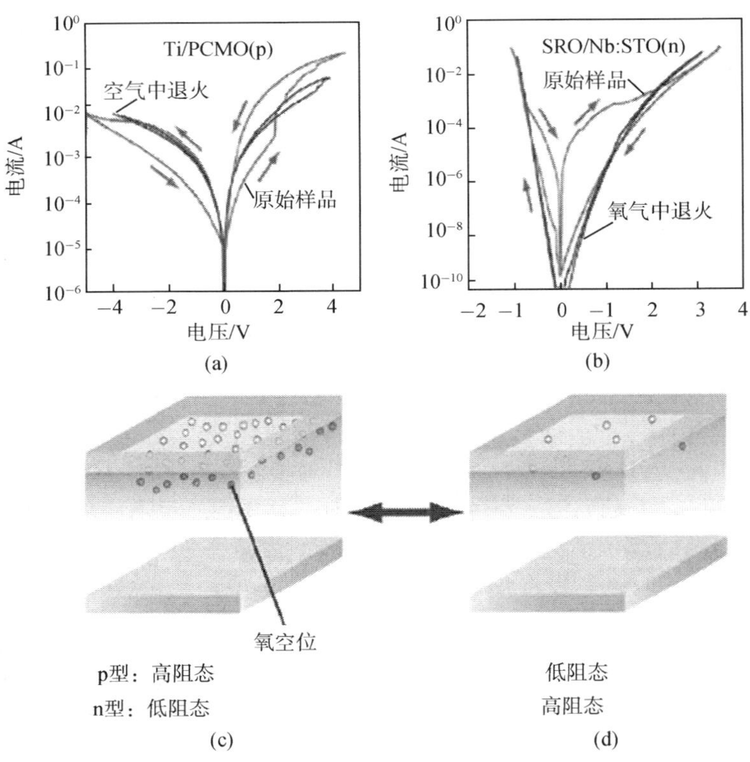

图 4.120 (a)Ti/PCMO/SRO 器件和(b)SRO/Nb:STO/Ag 器件在退火前后的 *I-V* 曲线；(c)和(d)为界面处氧空位密度变化的示意图[52]

两种器件在退火后电阻变化的差异是由于氧空位在两者界面所起的作用不同而导致的。在 p 型氧化物半导体 PCMO 中，氧空位被认为是一种受主中和剂。因此，在退火后界面处氧空位的减少使得 PCMO 界面处耗尽层变窄，进而导致接触电阻降低。与之相反，氧空位在 n 型半导体 Nb:STO 中相当于一种有效的施主杂质，那么氧空位数目的减少必然使 Nb:STO 中的耗尽层变宽，进而导致接触电阻升高。另一方面，几乎完全氧化后的 PCMO 和 Nb:STO 都能抑制氧空位(或氧离子)的迁移，导致耗尽层宽度难以随电压发生改变，所以电阻转变现象也消失了。虽然这些结果还不能确切的证实电化学氧化还原反应的发生，但已经明确表明了氧空位在电阻转变过程中起着很重要的作用。

4.4　电荷俘获释放型阻变存储器

4.4.1　基本特征

介质材料中总是存在着一些杂志和缺陷，这些杂质和缺陷会在材料的禁带中引入杂质能级和缺陷能级。而这些杂质和缺陷能级被电子占据和没有被电子占据的情况下，会影响材料的导电能力，从而导致器件的电阻发生转变。这类电阻转变行为与介质材料中的电荷陷阱密切相关，通常包括 SV 模型、空间电荷限制电流(SCLC)模型和 Pool-Frenkel 模型等。

1. SV 模型

SV 模型是由 Simmons 和 Verderber 在 1967 提出来用于解释 Au/SiO_xAl 结构中出现的电阻转变现象的[106]。他们认为当薄膜中的缺陷能级没有被电荷占据时，电子可以通过这些缺陷，从器件的一个电极到达另一端的电极，器件表现为低阻态。但是当较高电压加在器件两端后，缺陷能级被电荷占据，形成一个自建电场阻止电子继续进入，器件不再导通，器件的阻值由低阻态转变到高阻态。施加相反方向的电压时，占据缺陷能级的电荷释放，器件阻值由高阻态转变到低阻态[136]。

2. SCLC 模型

SCLC 模型是陷阱控制的空间电荷限制电流模型，与 SV 模型的特点正好相反。此模型认为当外加电场较低时，由于介质薄膜中陷阱的存在，注入的电子被陷阱俘获，薄膜中没有可移动的自由电子，因此电流较低，器件处于高阻态。当外加电场逐渐增大后，薄膜中的陷讲被全部填充满，由电极注入的电荷成为自由移动的载流子，使流经器件的电流急剧增大，器件由高阻态变为低阻态。陷阱控制的 SCLC 模型可表示为[137]：

$$J=\frac{9}{8}\left(\frac{\theta}{\theta+1}\right)\frac{\mu\varepsilon_0\varepsilon_{\mathrm{r}}V^2}{L^3} \tag{4.23}$$

其中，θ 为自由电子和被陷阱俘获电子的比率，ε_0 为真空介电常数，ε_{r} 为介质材料的相对介电常数，μ 为电子迁移率，V 为所施加的电压，L 为薄膜的厚度。当介质中的大部分陷阱未被电子占据时，即($\theta \ll 1$)，此时电流传输机制受陷阱电荷控制，式(4.23)变为

$$J=\theta\frac{9}{8}\frac{\mu\varepsilon_0\varepsilon_{\mathrm{r}}V^2}{L^3} \tag{4.24}$$

而当外加电场增加到一定值时，介质中的陷阱基本被电子全部占据($\theta \gg 1$)，此时电流传输机制受自由电子控制，式(4.23)变为

$$J = \frac{9}{8}\frac{\mu\varepsilon_0\varepsilon_r V^2}{L^3} \tag{4.25}$$

因此，介质中陷阱被电子占据与否导致了相应的电流密度相差 $1/\theta$ 倍(此时 $\theta \ll 1$)，即陷阱俘获和释放电荷的程度导致介质发生电阻转变现象。

SCLC 机制下的 *I-V* 特性曲线一般可以分成三个不同的区域，相应的电流可以分别表现为：在小电压下服从欧姆定律，电流与电压成线性关系(区域 1：$I\sim V$)；随着电压增大，电流与电压的平方成正比，符合 Child 导电定律(区域 2：$I\sim V^2$)；最后，电流随电压的增大而迅速增长，直至转变到低阻态(区域 3：$I\sim V^n$，$n>2$)。

3. Pool-Frenkel 模型

Pool-Frenkel 机制也是一种与陷阱有关的热电子发射机制。通常情况下，介质中的电子被束缚在陷阱等局域态中，只有当随机的热扰动给了电子足够的能量后，电子才能摆脱陷阱的束缚，进入导带成为自由电子。而在 Pool-Frenkel 效应中，由于在电场的帮助下，在较小的热扰动下陷阱中的电荷就能被激发至绝缘体的导带中并进行传导，因此 Poole-Frenkel 效应的电流密度与介质中陷阱的密度有很大关系。另外，界面态密度的变化也会在很大程度上影响 Poole-Frenkel 发射电流的大小。Poole-Frenkel 效应的电流密度公式为[138]

$$J \sim E\exp\left(\frac{-q\left(\Phi_B - \sqrt{qE/\pi\varepsilon}\right)}{k_B T}\right) \tag{4.26}$$

其中，E 是电场，Φ_B 是势垒高度，k_B 是玻尔兹曼常数，ε 是材料的介电常数。对于薄膜材料中所观察到的电阻转变特性，一般可以用式(4.26)来确定阻变机制是否为 Poole-Frenkel 机制。该方法是将器件的 *I-V* 曲线换算成电场的平方根($E^{1/2}$)与电流密度除以电场的对数($\ln(J/E)$)之间的特性曲线，若两者之间成线性关系，则器件电阻转变的传导机制为 Poole-Frenkel 机制。

以上对于电荷俘获释放型电阻转变的分类方法主要是根据其电阻转变时的 *I-V* 特性曲线来进行划分。此外，由于电荷俘获释放型电阻转变受到材料中的电荷陷阱的控制，因此根据这些电荷陷阱(缺陷态)的分布状态可以把这类阻变存储器分成三类：界面陷阱型、纳米插入层陷阱型和均匀分布陷阱型。

4.4.2　界面陷阱型

界面缺陷控制型的电荷俘获释放机制的电阻转变行为与 4.3 节中的界面势垒调

节型的电阻转变特性相同。这两者都是通过改变界面处肖特基势垒的高度来改变器件的电阻大小，只是两者所站的角度不太一样。界面势垒调节机制关注电场作用下势垒高度或宽度的变化引起的电阻变化，而电荷俘获释放机制关注界面处电荷陷阱在电场作用下的填充和未填充状态导致的电阻变化。如果导致界面势垒宽度变化的原因是电子的注入和抽取，这时既可以看成是界面势垒调节型，又可以看作是电荷俘获释放型。如果导致界面势垒宽度的变化涉及氧空位或氧离子的迁移，则此时的电阻变化只能认为是界面势垒调节型控制。

在界面型电荷俘获释放机制中，肖特基势垒的界面存在电荷陷阱，而这一陷阱对于电荷的俘获和释放能够调制肖特基势垒的宽度，从而导致电阻转变。而电荷陷阱的填充状态又受到从电极注入的载流子的影响，这一机制的一般过程如下。相对于肖特基势垒的反向偏置电压使得电荷被陷阱俘获并导致界面电阻升高，而正向偏置电压则导致陷阱释放被俘获的电荷从而使得界面电阻降低。图 4.121 给出了 In/Nb:STO/Au 器件在电场作用下由于界面处电荷陷阱的作用导致的电阻转变。其中 In/Nb:STO 是欧姆接触，而高功函数的 Au 与 n 型 Nb:STO 之间的接触为肖特基接触[139]。如图所示，Au 电极上的正电压使器件转变到低阻态，反之 Au 电极上的负电压使器件转变到高阻态。高阻态时的 *I-V* 曲线表现出整流特性，表明存在肖特基势垒；而低阻态时的 *I-V* 曲线为线性，表明肖特基势垒消失了。图 4.121(b)和 4.121(c)分别给出了电荷在 Au/Nb:STO 界面处未填充和填充状态时的能带示意图。而界面处的电荷陷阱被认为是在 Nb:STO 表面溅射沉积 Au 电极时由于 Au 原子的轰击形成的缺陷导致。在肖特基界面施加一个比较大的正向偏置电压时，电子从缺陷中被抽出，导致界面处积累带正电的电荷陷阱(图 4.121(b))。这些未被填充的带正电的电荷陷阱改变了界面处电势的分布。为了保持 Au 电极与 Nb:STO 之间费米能级位置的抑制，故界面处肖特基势垒高度降低，耗尽层宽度减小。因此 Au/Nb:STO 界面的接触电阻降低，器件转变到了低阻态。反过来，当施加一个比较大的反向偏置电压时，大量电子从 Au 电极注入并填充进入界面的电荷陷阱，中和了这些带正电的电荷缺陷，使得 Au/Nb:STO 界面的肖特基势垒恢复，器件转变回高阻态(图 4.121(c))。

4.4.3　纳米插入层陷阱型

在绝缘体材料中间人为的引入一层纳米颗粒层可以作为电荷俘获释放的陷阱，从而构成具有电阻变化的阻变存储器，如图 4.122(a)所示。在这种结构的阻变存储器中，基体材料通常是比较绝缘的材料如 Alq_3 等有机物，或者 SiO_x 等无机物。而中间的纳米插入层通常是利用薄膜岛状生长的特点直接沉积一层数纳米的薄层，由

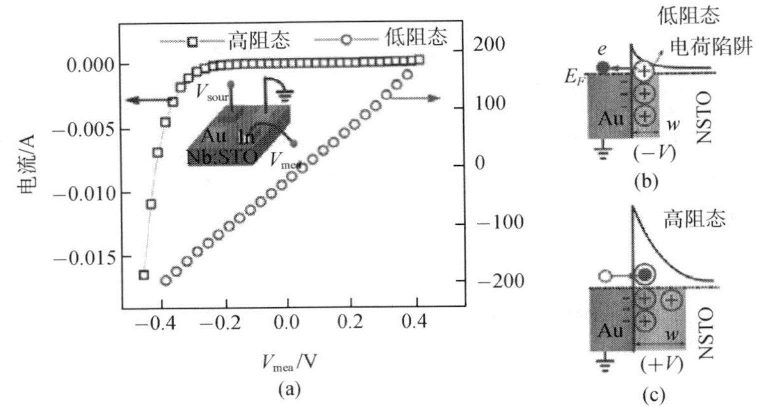

图 4.121 (a) In/Nb:STO/Au 结构在高阻态和低阻态时的 I-V 特性曲线；(b)和(c)为 Au/Nb:STO 界面分别在电子未填充和填充状态时的能带示意图[139]

于薄膜不连续而在基体中成为纳米颗粒状。组成中间的纳米层的材料一般是 Cu、Al 和 Pt 等金属或者是其他半导体材料。由这种中间纳米颗粒层对电荷的俘获和释放导致的电阻可以进一步分为两种：普通的双极性电阻转变和特别的单极性电阻转变。

首先来看一下由于纳米插入层导致的特别的单极性电阻转变类型。图 4.122(b)给出了 Alq_3 基体中插入 Al 薄层之后表现出的特别的单极性电阻转变特性[140]。5nm 的 Al 层插入 Alq_3 介质材料中构成了 Al/Alq_3/Al/Alq_3/Al 的器件结构。由图中的 I-V 曲线可以看出，器件发生电阻转变的 V_{Reset} 电压要大于 V_{Set} 电压，这种电阻转变不同于前面章节中介绍的普通的单极性阻变特征($V_{Reset}<V_{Set}$)。这种独特的单极性电阻转变的特点如下：

(1) 器件处于低阻态时表现出“N”字型的 I-V 曲线，即器件在 V_{max} 时达到一个最大电流值，超过 V_{max} 之后的一段电压区间内器件表现出负微分电阻的特征，在 V_{min} 电压处达到电流的最小值；

(2) 给器件施加大小相当于 V_{min} 的电压后，器件停留在高阻态；

(3) 当器件处于高阻态时电流很小，只有当电压增大到 V_{th} 时器件才转变到低阻态；

(4) V_{th} 的值非常接近 V_{max}，但是略小于 V_{max}；

(5) 控制扫描的电压停留在负微分电阻区域，可以获得多值存储的，如图 4.122(c)所示。

这种特殊的单极性电阻转变特性与 Simmons 和 Verderber 在 Au/SiO_x/Al 结构中观察到的电阻转变现象非常相似，即 Au/SiO_x/Al 的 I-V 曲线中 V_{Reset} 大于 V_{Set}。他们解释这一电阻转变现象时采用的就是前面提到的 SV 模型[106]。根据这一模型，

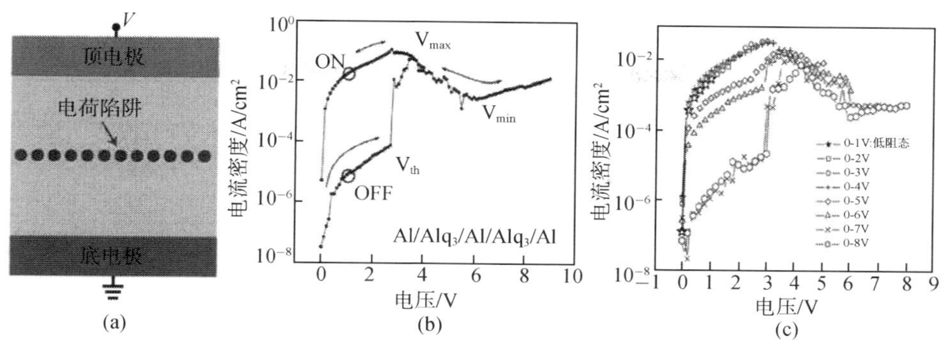

图 4.122 (a) 纳米插入层控制的电荷陷阱型阻变器件的结构示意图；(b)~(c) Al/Alq_3/Al (5nm)/Alq_3/Al 器件的电阻转变特性[140]；(b)典型的 *I-V* 曲线；(c)控制 Reset 电压获得的多级阻变特性

Au/SiO_x/Al 器件在电初始化之后的低阻态是由于电场作用下 Au 原子迁移进入 SiO_x 中导致的。这些 SiO_x 中间的 Au 原子不但可以充当电荷陷阱，还能促进电子通过这些 Au 原子进行直接隧穿。负微分电阻现象的出现是由于电子以隧穿的形式进入 Au 原子形成的电荷陷阱，随后这些注入的电子形成一个与外加电场方向相反的空间电场，这个额外的空间电场减小了通过器件的电流。如果在负微分区间或者超过负微分的区间撤去电压，被陷阱捕获的电子都会留在缺陷处，导致器件停留在高阻态。反之，如果缓慢的减小外加电压，则陷阱中的电子有足够的时间逃逸出去，器件回到低阻态。而 V_{th} 处电流的急剧增加就是由陷阱中的电子大量释放出来导致。Au 原子在这里所起的作用跟 Alq_3 中的 Al 纳米层一样，都是作为绝缘体中的电荷陷阱，而这些电荷陷阱则是导致电阻转变的关键。

纳米插入层导致的电荷陷阱还能导致普通的双极性电阻转变。例如在 Cu/ZnO/Pt 器件的 ZnO 介质中插入一层 Cu 纳米层就可以获得由于电荷俘获释放导致的电阻转变[6]，并且这种电荷俘获释放型的电阻转变在薄膜经过高温退火之后会转变成导电细丝控制型的电阻转变。下面就来详细阐述 Cu/ZnO/Cu/ZnO/Pt 由于 Cu 纳米层电荷陷阱导致的电阻转变及其在退火之后物理机制的变化。

图 4.123(a)给出了 Cu/ZnO/Cu/ZnO/Pt 器件退火前的电阻转变特性 *I-V* 曲线。器件的初始态处于高阻态，电阻约为 $10^4\Omega$。当对初始态器件施加 3.5V 左右的正向电压时，器件由高阻态转变到低阻态，阻值约为 50Ω，这是器件的电初始化过程。之后器件可以在高低阻态之间反复转变。其中 Set 过程需要 1.7V 左右的正向电压，而 Reset 过程需要–1.2V 左右的反向电压。器件 A 的开关比约为 200，并且 Reset 电流超过 50mA。图 4.123(b)给出了器件退火后的电阻转变特性 *I-V* 曲线。与退火前器件

的特点不同，退火后的器件并不需要一个高电压的初始化过程。此外器件的阻变阈值电压较低(V_{Set} 约 0.9V，V_{Reset} 约–0.6V)，写入电流较小(1mA)，开关比也更大(约 10^4)。由于退火的作用[141]，器件的高阻态阻值也从 $10^4\Omega$ 增加到了 $10^7\Omega$ 数量级。可见对介质层进行退火处理显著改变了阻变存储器的电阻转变特性。

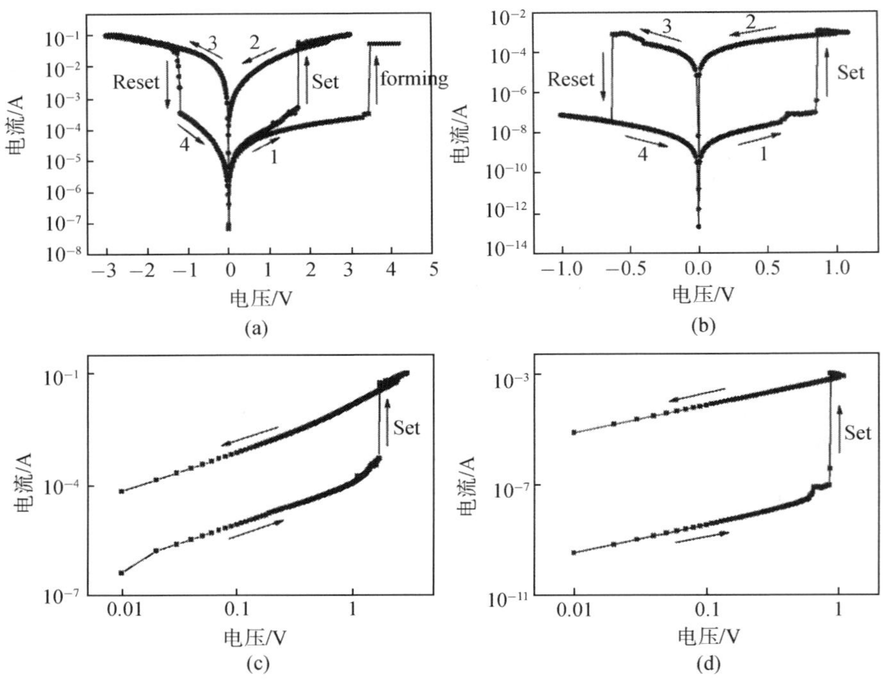

图 4.123 (a)介质层未经快速退火处理的 Cu/ZnO/Cu/ZnO/Pt 阻变存储器的阻变特性；(b) 介质层经过快速退火处理的 Cu/ZnO/Cu/ZnO/Pt 阻变存储器的阻变特性；(c)和(d)分别是(a)和(b)的正电压区域在双对数坐标下的情况

为了更好地认识器件阻变特性的变化，图 4.123(a)和 4.123(b)中正电压方向的 *I-V* 曲线分别在图 4.123(c)和 4.123(d)中以双对数坐标显示。结果表明，两类器件在高阻态的导电机制是类似的：在低电压范围内电流与电压成线性关系，表现为欧姆导电，而在高电压范围内电流正比于电压的平方，因此整体上高阻态导电都可以表示为 $I \propto aV + bV^2$ 的形式，表明两种器件的高阻态都服从空间电荷限制导电机制[12, 142]。然而，两者在低阻态的导电机制截然不同。退火前的器件的低阻态仍然分为两段：$I \propto V$ 以及 $I \propto V^2$ 的平方，说明器件 A 的阻变机制为缺陷对电荷的捕获/释放过程[143]。而退火后器件的低阻态表现为完全的欧姆导电，这与导电细丝模型是一致的。考虑到顶电极为 Cu 并且退化后器件表现出双极阻变特征，器件的工作机制应为氧化还原反应控制的 Cu 导电细丝形成/断开的过程。两类器件的导电机制方面的差异在 Reset 过程中清楚地显示出来。退火后的器件的 Reset 过程发生在电压由 0 向负偏压扫描的过程中，这与 Cu 导电细丝的断开过程是一致的。而退火前的器件的 Reset 过程却发生在由负偏压扫描回到 0 的过程中，其原因是由于电荷释放过程的滞后效应[144]。因此，退火处理不仅显著影响了阻变存储器的电阻转变性能，还从根本上改变了器件的电阻转变机制。

对于介质层进行退火处理所引起的 Cu/ZnO/Cu/ZnO/Pt 阻变存储器的阻变机制转变必然是由于退火过程中器件的结构变化引起的。图 4.124 给出了 ZnO/Cu/ZnO 三层膜在退火前后的截面 SEM 照片。从图 4.124(a)中可以很明显的观察到退火处理前两层 ZnO 夹着一层 Cu 金属的三明治结构，其中 Cu 层约为 3nm。然而，退火处理后，两层 ZnO 中间的 Cu 层消失了，留下了一系列的孔洞，如图 4.124(b)所示。这一现象说明退火处理使得 Cu 层扩散进入了 ZnO，这种变化与阻变机制的转变有着内在的联系。

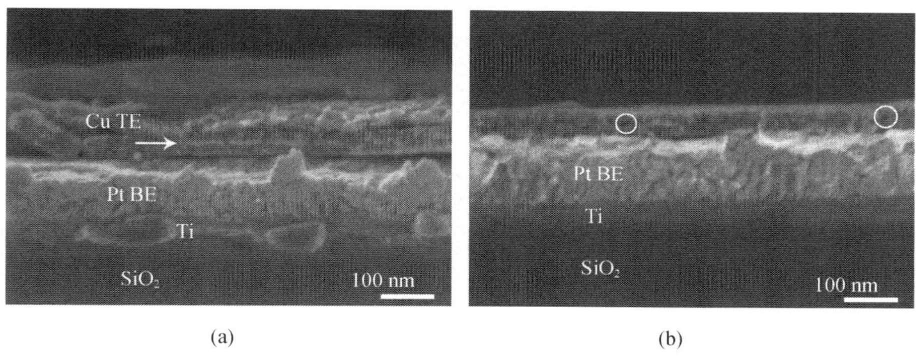

(a)　(b)

图 4.124　存储介质层(a)退火处理前、(b)退火处理后 Cu/ZnO/Cu/ZnO/Pt 阻变存储器的截面 SEM 图像

图 4.125 给出了俄歇电子能谱对退火前后的 ZnO/Cu/ZnO 三层膜的元素深度剖析。在退火处理前 ZnO/Cu/ZnO 的 AES 深度剖析谱中，很容易发现在经过 19min 左右的 Ar 离子溅射后存在一个明显的 Cu 原子浓度升高、Zn 原子浓度相应降低的区域，这对应于 ZnO/Cu/ZnO 三层膜的 Cu 薄层。结果进一步表明，退火处理后 Cu 元素很明显已经均匀扩散进入 ZnO，如图 4.125(b)所示，这与 SEM 分析结果是一致的。

图 4.126(a)和 4.126(b)分别给出了退火处理前后 $Pt/Ti/SiO_2/Si$ 基片上 ZnO/Cu/ZnO 三层膜的 XRD 谱。与退火前相比，退火后的 ZnO/Cu/ZnO 三层膜 XRD 谱中出现了第二相 CuO 的衍射峰。这说明 Cu 扩散进入 ZnO 后以+2 价形式存在。考虑到 AES 深度剖析所反映的 Cu 元素的均匀分布，CuO 在 ZnO 中可能以小团簇的形式均匀分

布在 ZnO 介质中。

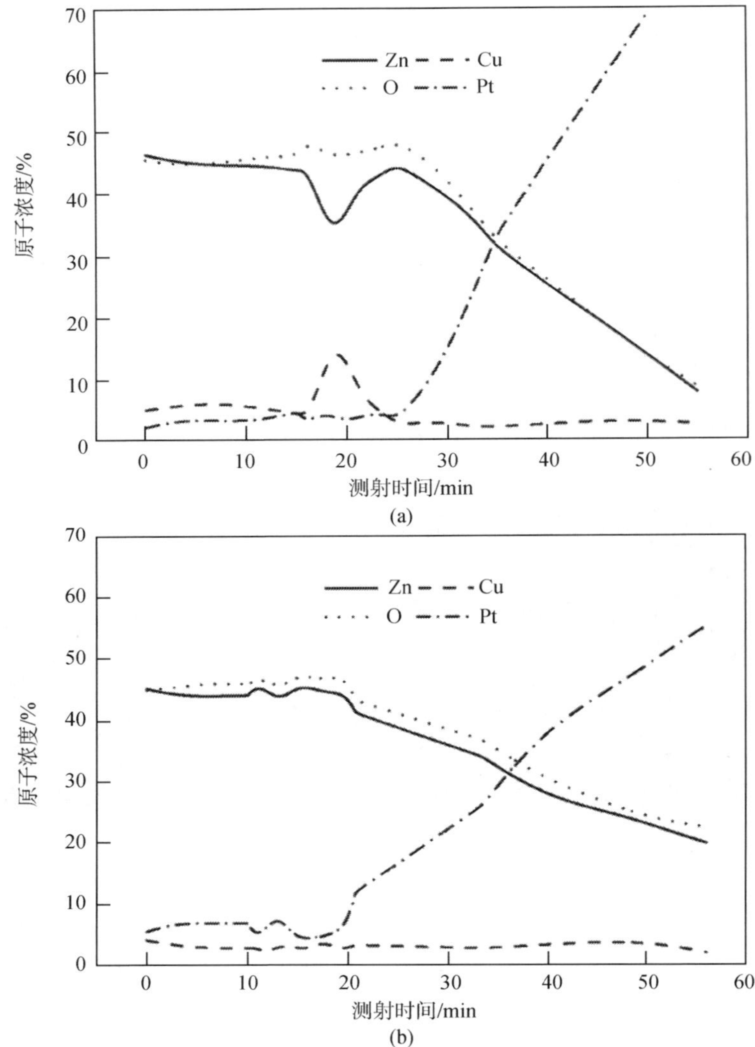

图 4.125　存储介质层(a)退火处理前、(b)退火处理后 $Pt/Ti/SiO_2/Si$ 基片上 ZnO/Cu/ZnO 三层膜中 Zn、Cu、O、Pt 元素的 AES 深度剖析

为了进一步确定 Cu 在 ZnO 中的化学状态，对退火后的薄膜进行了 XPS 分析，如图 4.127 所示。Cu $2p_{3/2}$ 和 Cu $2p_{1/2}$ 特征峰分别位于 933.9eV 和 953.6eV 附近，相应的卫星峰结合能分别为 942.2eV 和 962.2eV，证明 Cu 在 ZnO 中确实以+2 价形式存在[145]。上述 XRD 和 XPS 的分析结果说明 Cu 扩散进入 ZnO 后其化学状态也从

金属态变成了+2 价。这些结果对于分析退火前后阻变机制转变的原因有着重要的启示作用。

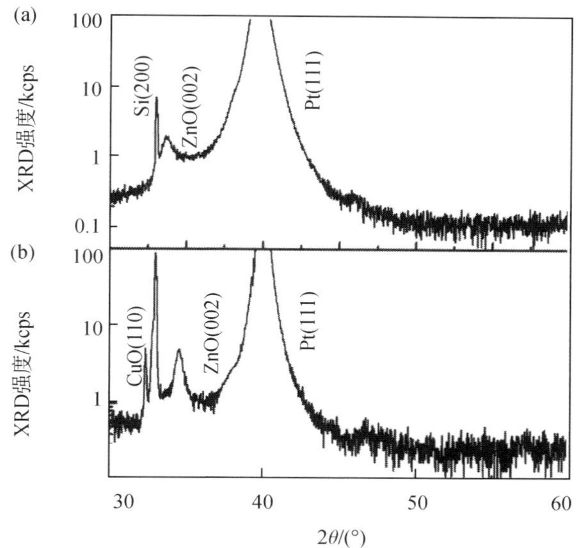

图 4.126　(a)退火处理前，(b)退火处理后 ZnO/Cu/ZnO 介质层的 XRD 图谱

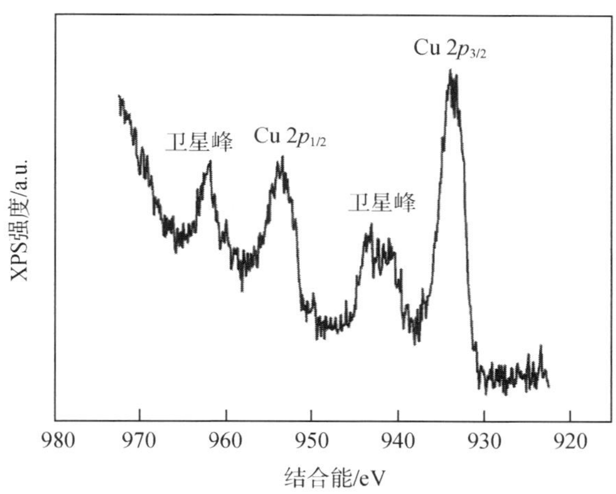

图 4.127　退火处理后 ZnO/Cu/ZnO 介质层的 Cu 2p XPS 图谱

上述分析结果表明介质层退火处理前后 Cu/ZnO/Cu/ZnO/Pt 阻变存储器阻变机制转变的原因与 ZnO/Cu/ZnO 三层膜中 Cu 的存在状态密切相关。在退火前的 ZnO/Cu/ZnO 三层膜中，Cu 的功函数为 4.65eV，而夹在 Cu 金属层两边的 ZnO 电子亲和势为 4.35eV，因此电子倾向于被 Cu 插层捕获以降低能量[146]，如图 4.128 所示。

此时 Cu 插层的作用相当于电子的捕获层，在不同方向的外电场作用下电子被 Cu 插层捕获/释放，因此器件表现出高低阻态转变，如图 4.123(a)和 4.123(c)所示。退火处理后，ZnO/Cu/ZnO 三层膜中的 Cu 插层分散进入了两边的 ZnO 介质中，并且失去电子以 Cu^{2+}存在，因此上述电荷捕获/释放机制不再起作用。然而 ZnO 介质层中充足的 Cu^{2+}离子的存在促使 Cu 导电细丝的形成/断开机制开始起作用，因为该机制本质上是 Cu^{2+}离子在外电场作用下的迁移以及伴随的氧化还原反应过程[7]。由于退火工艺使得器件的 ZnO 介质层中分布了充足的 Cu^{2+}离子，导电细丝形成过程中 Cu 电极的 Cu 原子氧化产生 Cu^{2+}离子的过程不再需要，并且 Cu^{2+}离子向 Pt 离子迁移所需的平均距离也大大缩短，两者都加速了 Cu 导电细丝的最终形成，因此退火后的器件表现为不需要初始化过程。

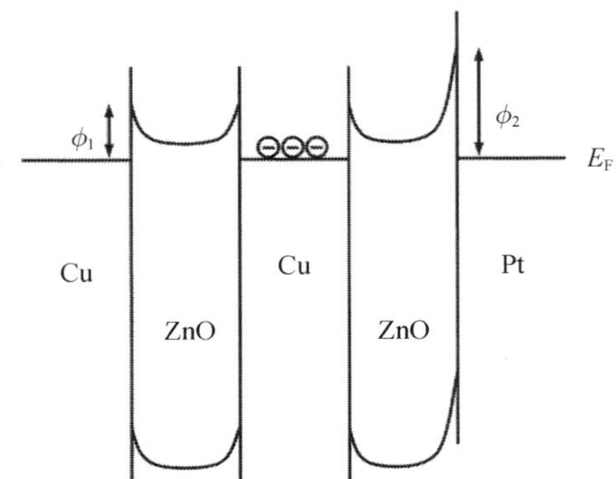

图 4.128　Cu/ZnO/Cu/ZnO/Pt 阻变存储器的能带结构图

基于以上讨论，对于 Cu/ZnO/Cu/ZnO/Pt 阻变存储器而言，Cu 纳米层对电子的俘获和释放可以导致电阻转变。对薄膜进行退火处理后，金属 Cu 纳米层转变成了氧化态的 Cu^{2+}，并且使得器件的电阻转变机制从电荷俘获释放型变成了 Cu 导电细丝控制型。这一结果还证明阻变存储器领域中不同的阻变机制并不是完全矛盾的，在特殊的条件下可以相互转化。

4.4.4　均匀分布陷阱型

材料内部均匀分布的杂质或者缺陷也可以作为电荷俘获释放的陷阱，这些电荷陷阱随机的分布于介质材料中，其构成的阻变器件示意图如图 4.129(a)所示。根据杂质或缺陷尺寸的大小可以把这些电荷陷阱分成两大类：纳米颗粒构成的电荷陷阱和原子级别的电荷陷阱。

纳米颗粒级别的电荷陷阱包括金属纳米颗粒(Au、Ag)及其衍生物(被其他物质包覆的金属纳米颗粒)[147, 148]，半导体纳米颗粒(ZnO、ZnS、CdSe 纳米颗粒)[149]，碳纳米管[150]，石墨烯量子点[151]等等。这些纳米颗粒级别的电荷陷阱导致的电阻转变行为与上面讲述的纳米插入层陷阱导致的电阻转变特性十分相似，既可以表现出普通的双极性电阻转变，又能表现出特别的单极性电阻转变。例如 Al/PS (Au 纳米颗粒)/Al 器件表现的是普通的双极性阻变特性[148]，而 Al/xBP9F (Au 纳米颗粒)/ITO 器件表现出特别的单极性电阻转变[147]。与纳米插入层陷阱型的电荷俘获释放过程相似，双极性的电阻转变可以用缺陷控制的 SCLC 模型来解释，而特别的单极性电阻转变特性可以用 SV 模型解释。纳米颗粒陷阱与纳米插入层陷阱的电荷俘获释放特点有很多相同点，导致的电阻转变行为也类似。但是原子级别的电荷陷阱的电阻转变特点却不太一样，本节内容将主要讲述原子级别电荷陷阱的相关特征。

原子级别的电荷陷阱通常指空位等本征的晶格缺陷或者原子级别的掺杂物。美国宾夕法尼亚大学的 Chen 等人讨论了绝缘体中大量原子级别的电荷陷阱所导致的电阻转变特性[152]。他们一共制备了六种导体掺杂绝缘体的固溶体材料，包括 SiO_2:Pt、Si_3N_4:Pt、$LaAlO_3$:$LaNiO_3$、$LaAlO_3$:$SrRuO_3$、$CaZrO_3$:$LaNiO_3$ 和 $CaZrO_3$:$SrRuO_3$，其中冒号前面的是作为基体的绝缘材料，而冒号后面的是作为掺杂物的导体材料。由于不存在导体团簇、有序化、以及相分离，他们利用高分辨透射电镜等手段证明这六种材料是固溶体材料。这六种材料表现独特的双极性电阻转变，下面以 SiO_2:Pt 为例来讲述这类材料的电阻转变特性以及物理机制。

在这类特殊的 SiO_2:Pt 固溶体中，Pt 原子的摩尔分数高达 20%至 38%。如此高浓度的掺杂明显不同于一般掺杂，这里的掺杂浓度是接近渗流阈值，因为 Pt 在 SiO_2 中的渗流阈值就是 38%。根据 Anderson 提出的区分绝缘体和导体的标准，在 0K 时绝缘体中电子的扩散距离 ζ 是有限的，而导体的扩散距离是无限的。掺杂浓度小于 38%的 SiO_2:Pt 必然是绝缘体，有一个有限长度的 ζ。而 ζ 的大小可以通过测量不同厚度的薄膜的导电性获得。也就是说当薄膜的厚度 $\delta < \zeta$ 时薄膜必然表现出金属特性；反之当 $\delta > \zeta$ 时，薄膜则表现出绝缘体特性。图 4.129(b)给出了不同厚度的 SiO_2:0.2Pt 薄膜构成的 Pt/SiO_2:0.2Pt/Mo 器件的 R-V 曲线。其中，正向电压是指电流从 Pt 电极流向 Mo 电极。由图可以看出，当 SiO_2:0.2Pt 薄膜的厚度为 5.5nm 时，器件始终表现出低电阻的状态；当薄膜厚度为 21nm 时，器件一直表现出绝缘体的状态；当薄膜的厚度处于两者之间时，器件表现出双极性电阻转变的特征。并且当 SiO_2:0.2Pt 薄膜的厚度小于或等于 16nm 时，所有器件的初始态都是低阻态，而厚度为 21nm 时器件的初始态即为高阻态，由此表明 SiO_2:0.2Pt 薄膜的 ζ 值在 16nm 和 21nm 之间。这些厚度在 7nm 和 16nm 之间的 SiO_2:0.2Pt 薄膜初始态处于低阻态，然后在电压的激励下表现出电阻转变现象，这与传统的双极性电阻转变器件很不一样，对于普通的阻变器件来说器件的初始态通常为高阻态。

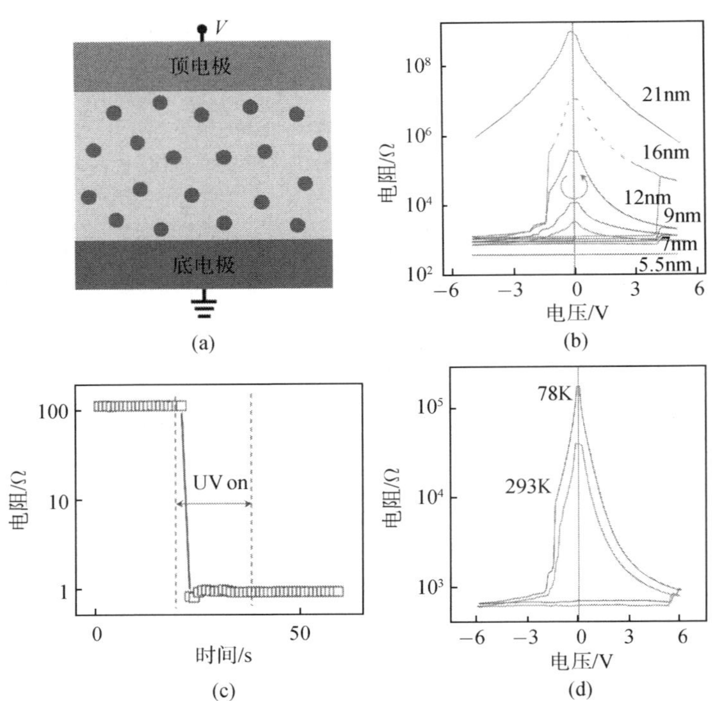

图 4.129　(a) 均匀分布的电荷陷阱的阻变器件示意图；(b) 不同厚度的 SiO_2:0.2Pt 薄膜的 Pt/SiO_2:0.2Pt/Mo 器件的 *R-V* 曲线；(c) Pt/SiO_2:0.2Pt/Mo 器件在两个不同温度下的 *R-V* 曲线；(d) 紫外辐射导致 Pt/SiO_2:0.2Pt/Mo 器件的电阻转变[152]

这类材料的电阻转变行为还有几个特点：①器件的 Reset 电压 V_{Reset} 与掺杂浓度 f 和薄膜的厚度 δ 都无关；②*R-V* 曲线在低温下窗口变大，但是 V_{Reset} 仍然保持不变(图 4.129(c))；③紫外辐射可以使器件从高阻态转变到低阻态(图 4.129(d))。这些现象说明 Pt/SiO_2:0.2Pt/Mo 器件的电阻转变与热效应无关，而是基于电荷俘获释放机制导致的电阻变化。器件从低阻态向高阻态的电阻转变是由于从低功函数的电极通过 Fowler-Nordheim 隧穿方式注入的电子被陷阱俘获，这些被俘获的电子会产生库仑排斥力进而阻挡电子的传输。在非常薄的 SiO_2:0.2Pt 薄膜(5nm)中由于电子可以直接隧穿通过薄膜，故被陷阱俘获的电子难以阻挡其他电子的传输。在反向电压的作用下，电子从电荷陷阱的位置释放，导致器件从高阻态逐渐转变到低阻态。

4.5　电致热化学转变型阻变存储器

在一些介质材料中，电阻转变主要由电流引起的焦耳热效应控制，在热效应的作用下通过化学反应引起电阻变化，这些材料通常表现出单极性或者无极性电阻转变现象，即电阻转变只与电压的大小相关而与电压的极性无关。这类热化学反应性阻变存储器的初始态为高阻态，在电场的作用下介质材料发生热分解或其他热化学反应而形成导电细丝，使器件转变到低阻态。如果对器件施加极性相同的电压(不限流)，由于此时薄膜中的电流主要通过尺寸很小的局域性导电通道传输，因此流过导电通道的电流密度非常大，由此产生大量的焦耳热，使得导电细丝的温度急剧上升，最终由于温度过高导致导电通道的断裂，使器件重新回到高阻态。由于这个过程非常类似于电路中保险丝连接和熔断过程，因此这个模型又被形象地称为"熔丝与反熔丝"模型。有众多器件表现出这种与电压极性无关的热化学型电阻转变，根据介质材料的特征可以分成两大类：有机物与无机物，而此处的无机物主要指氧化物。

4.5.1　氧化物中的热化学转变

许多半导体的金属氧化物可以表现出热化学性质的电阻转变特性。这类热化学型电阻转变特性的单极性特点通常源于其结构的对称性，其一般结构为同一种惰性电极中间夹着一层氧化物，例如 Pt/NiO/Pt[36, 153]、Pt/CoO/Pt[154]、Pt/TiO_2/Pt[155]和 Pt/ZnO/Pt[156]等。这类热化学反应控制的电阻转变在 Set 过程中需要使用限制电流来防止器件击穿，而在 Reset 过程中则通常表现出比较大的电流。这类材料在低阻态时生成的导电细丝通常由其低价态的氧化物组成，下面将具体讲述这些导电细丝的形成过程及其化学成分。

热化学反应导致的导电细丝在 n 型半导体和 p 型半导体中的生成方向和断开位置并不相同。图 4.130(a)所示的三点测试法是常用的用来表征导电细丝断开位置的方法[153-155]。这种方法的具体操作过程如下。首先在氧化物薄膜上面的 A 和 C 电极之间施加电压使之发生高阻态→低阻态→高阻态的电阻转变。例如，在 A 电极上施加正向电压而 C 电极接地使两者之间的薄膜转变到低阻态，然后在同样的电压极性下使 A–C 之间发生 Reset 过程并转变回高阻态。由于 A–C 之间的电阻转变是通过电极下面的介质材料发生，并且 A–C 之间的距离远大于薄膜的厚度。所以 A–C 之间的电流传导实际上是穿过上电极下面的介质薄膜并通过底电极 B 形成导电通路。最后通过测量 A–B 端和 B–C 端的 *I-V* 曲线就能够知道 A 电极和 C 电极底下的介质材料的电阻大小，从而推断出导电细丝的断开位置。也就是说当 A–C 之间完成一次高阻态→低阻态→高阻态的电阻转变周期之后，如果 A–B 端处于高阻态而 B–C 端处于低阻态，那么说明导电细丝在 A 电极的附近断开，反之说明在 C 电极附近断开。Nagashima 等人利用这种方法研究了多种 p 型(NiO_x 和 CoO_x)和 n 型(TiO_{2-x}，掺钇的氧化锆(YSZ)和 SnO_{2-x})氧化物在单极性转变时导电细丝的断开位置[154]，如图 4.130(b)至图 4.130(f)所示。从图中结果可以看出，在 p 型氧化物中电阻转变的活化区在阴极附近；而 n 型氧化物中电阻转变的活化区域在阳极附近。也就是说，p 型氧化物中导电细丝在阴极附近断开，而 n 型氧化物中导电细丝在阳极附近断开。

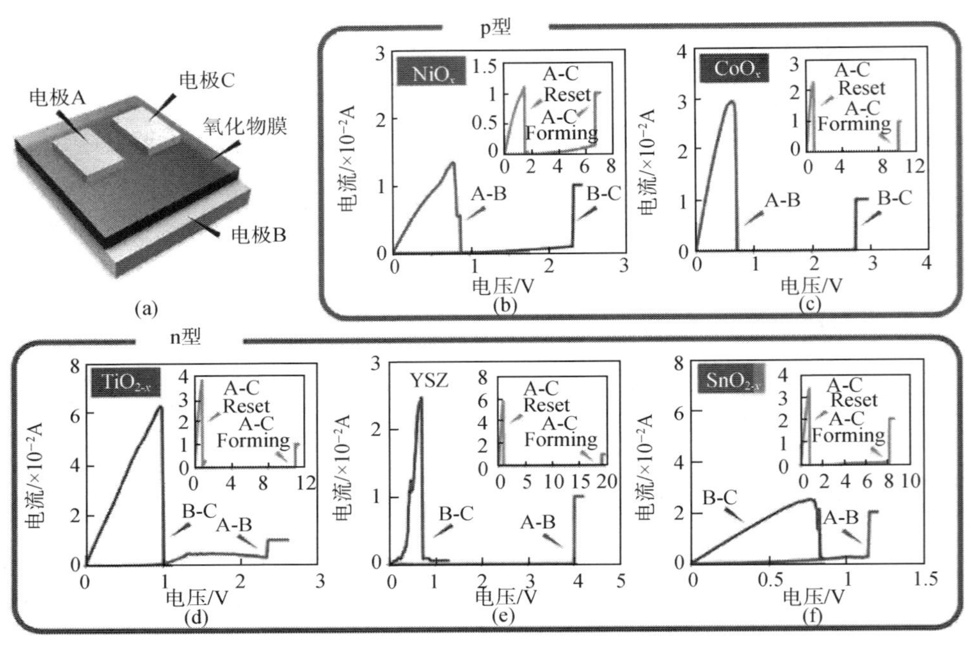

图 4.130 (a) 三点测试法的示意图；(b–c) *p* 型氧化物和(d–f) n 型氧化物在 A–C 端发生 Reset 之后 A–B 端和 B–C 端之间的典型 *I-V* 曲线

插图中为 A–C 端的初次转变的 *I-V* 曲线[154]

热化学反应形成的导电细丝的成分通常为低价态的氧化物甚至金属原子。众多研究者在这些导电细丝成分的表征方面做了很多工作。例如，Park 等人利用高分辨透射电镜和电子能量损失谱系统的表征了多晶 NiO_x ($x = 1-1.5$)薄膜在高阻态、低阻态以及失效后的结构变化[157]，他们发现 NiO_x 薄膜中的导电细丝是由 Ni 金属原子组成，并且主要出于晶界的位置。Hwang 教授的课题组则利用原位高分辨透射电镜证明了 TiO_2 薄膜在单极性电阻转变中形成的导电细丝的组成为 Ti_nO_{2n-1}(也被称为 Magnéli 相)，并且这种导电细丝的生长方向是从阴极向阳极生成，因为导电细丝最细小的部分是在阳极附近[78]。此外，Chen 等人利用原位透射电镜表征了 ZnO 薄膜在单极性电阻转变过程中形成的导电细丝的成分[156]，如图 4.131 所示。他们证明了 ZnO 薄膜中导电细丝的成分是 Zn 占多数的 ZnO_{1-x}。更重要的是，他们记录了导电细丝随施加电压的生长过程。该器件在电初始化和随后的 Reset 过程的 *I-V* 曲线如图 4.131(f)所示。而图 4.131(a)~(d)分别对应于 *I-V* 曲线中的标记点位置的 TEM 照片，从图中可以明显的看出导电细丝从阴极向阳极的生长过程。而在 Reset 过程中，导电细丝在阳极附近断开，与图 4.130 中得出的结果一致。

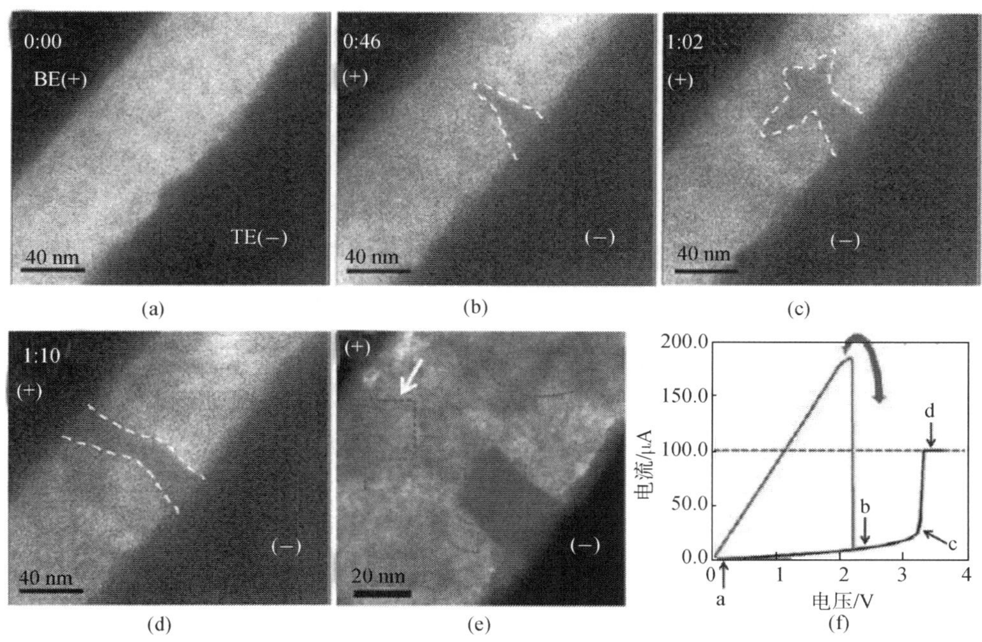

图 4.131　Pt/ZnO/Pt 器件中导电细丝生长过程的原位透射电镜表征[156]

(a)~(d) 对应于(f)图中不同 Set 过程中导电细丝的形貌;(e) Reset 过程之后导电细丝的形貌;
(f) 器件的 *I-V* 曲线

以上的结果都可以用 Kim 等人提出的模型来解释这些热化学反应导致的单极性电阻转变行为[158]，如图 4.132 所示。对于 NiO 等 p 型氧化物来说，在电场的作用下空穴从阳极注入到薄膜中(图 4.132(a))。由于界面不平整，这一过程通常发生在某些局域位置并伴随着焦耳热效应，热效应促进化学反应的进行同时导致氧缺失。根据缺陷反应式 $NiO \rightarrow Ni_i'' + 2e^- + 1/2O_2(g)$，氧缺失会在 NiO 薄膜中生成 Ni 间隙原子。因此，空穴的注入位置就相当于 Ni_i'' 的供给源。当 Ni_i'' 大量积累时，会聚集形成金属 Ni 的导电细丝，并且从阳极向阴极方向生长(图 4.132(b))。在这种生长模式下，导电细丝最细的部分自然就在阴极附近。也就是说电阻转变的活化区域是在阴极附近。

在 TiO_2 等 n 型氧化物中导电细丝的生长方向就不太一样。在电场的作用下电子从阴极注入介质材料中(图 4.132(c))。电流产生的热效应加速了局域位置氧空位的生成，氧空位在电场的作用下向阴极迁移。由于电场的不均匀性，氧空位会在阴极电子注入的位置聚集，氧空位的堆积导致薄膜中形成 Ti_nO_{2n-1} 的导电相。这种导电相充当了导电细丝的作用，并且从阴极向阳极生长(图 4.132(d))。这时候形成的导电细丝的形状通常是圆锥形，并且其细小的部分在阳极附近。所以 n 型氧化物的电阻转变活化区域在阳极附近。

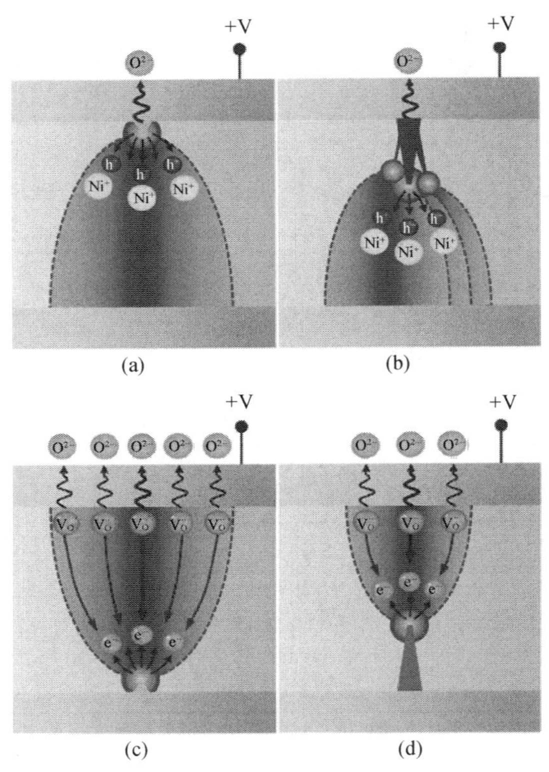

图 4.132　热化学反应导致的导电细丝的生长过程示意图[158]：(a)~(b) p 型 NiO，(c)~(d) n 型 TiO_2

4.5.2　有机物中的热化学转变

有机物介质材料也可以通过热化学反应产生电阻转变效应，在电流产生的热效应作用下有机物中能够生成富含碳的导电细丝，导电细丝的连通使得器件转变到低阻态，而焦耳热作用下导电细丝的断开使器件回到高阻态。这种由于热化学反应导致的电阻转变现象早在 1970 年代就已经在一些辉光放电技术中的聚合物中观察到了[159, 160]。例如，W/聚苯乙烯/W 构成的器件转变到低阻态时表现出许多导电细丝的特点：① 其 I-V 曲线表现出欧姆特性；②其低阻态的电阻随着温度的降低而降低；③低阻态的电流大小与电极面积的大小没有关系。这些特点都说明聚苯乙烯中形成了富含碳的导电细丝。在对该器件周围的气氛进行色谱分析时还出现了许多额外的氢的峰位，表明聚苯乙烯在电阻转变的过程中还会释放氢气，这更加证实了聚苯乙烯在电流导致的热效应作用下会发生分解反应，生成富含碳的导电细丝。其他有机物在电场作用下也同样会由于生成富钽的导电细丝而发生电阻转变。

4.6　其他类型的阻变存储器

4.6.1　无机物中独特的电阻转变类型

1. Mott 绝缘体中的金属—绝缘体转变

一些 Mott 绝缘体在电场或者温度的作用下会发生金属—绝缘体转变导致的电阻转变效应，从而拥有两个不同的电阻态，这种双阻态行为也可以应用于阻变存储器。根据金属—绝缘体转变的起因，可以把这些表现出电阻转变特征的 Mott 绝缘体分成两大类：一类是由焦耳热导致的金属—绝缘体转变；另一类是由电场作用下的电子相分离导致的转变。

第一类由焦耳热导致的金属—绝缘体转变的物质通常包括 VO_2[161]、Ca_2RuO_4[162]、NbO_2[163]等氧化物。这些材料有一个特定的金属—绝缘体转变温度 T_{IMT}，当温度高于 T_{IMT} 时，材料从绝缘态突变成金属态；反之，当温度低于 T_{IMT} 时，又从金属态转变回绝缘态。例如 VO_2 的转变温度为~340K，Ca_2RuO_4 的转变温度为~357K。这些材料的转变温度都是略微高于室温，因此在电场作用下产生的焦耳热就足以使其温度超过 T_{IMT} 而发生转变。由于这类材料的电阻转变与温度有关，所以其转变类型为阈值转变，也就是说当外加电压大于某一阈值 V_{th} 时，器件转变到低阻态。具有这种阈值转变特点的材料通常在十字交叉阵列中充当开关的作用[163, 164]。

第二类由电子相分离导致的金属—绝缘体转变通常指三元硫族化合物 AM_4X_8(A 指 Ga、Ge 等元素，M 指 Nb、Ta 等元素，X 指 S、Se 等元素)的转变，这种电场作用下的相转变一般发生在纳米尺度。图 4.133(a)给出了 AM_4X_8 的晶体结构[165]。如图所示，4 个 M 原子组成一个 M_4 的四面体结构。AM_4X_8 的这种结构被称为缺陷型立方尖晶石结构，在正常的尖晶石结构中把硫八面体中的金属原子从中心沿着[111]方向移动就可以得到 M_4 的团簇。M_4 团簇中的 M—M 键长比较大，使得 M—M 之间形成的不是金属键，而类似于分子间作用力的特点，因此 M_4 团簇内部形成了类似于分子类型的电子态。AM_4X_8 结构通常表现出较小的 Mott-Hubbard 带隙(0.1eV 到 0.3eV)，所以它对于外界的扰动非常敏感。例如，掺杂、电场、外部压力都非常容易使 AM_4X_8 发生金属—绝缘体转变[166, 167]。电场作用下的金属—绝缘体转变在其物理机制以及应用前景上尤其受人关注。Cario 等人在 2008 年首次从实验上证实了 $GaTa_4Se_8$ 单晶体在电场作用下的易失性和非易失性电阻转变[168]。从那以后，AM_4X_8 家族的其他材料也陆续被报道表现出类似的电致阻变效应。Besland 等人在 2011 年证明了 Au/GaV_4S_8/Au 结构的非易失性电阻转变行为，在宽度为 10μs，幅值为±2.5V 的电压脉冲作用下，器件的电阻窗口比值达到 33%，如图 4.133(b)所示。

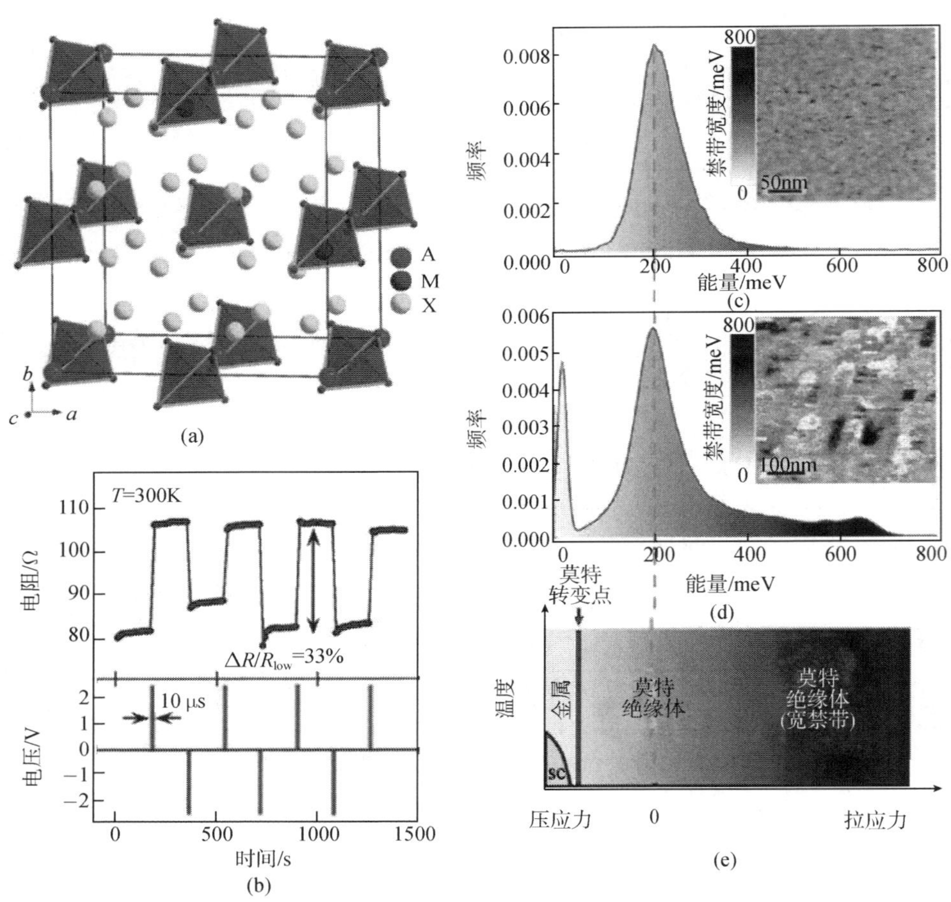

图 4.133 (a) AM_4X_8 的晶体结构[165]；(b) Au/GaV_4S_8/Au 结构的双极性电阻转变行为[170]；(c) $GaTa_4Se_8$ 晶体在原始态的禁带宽度分布的直方图，插图为禁带宽度在面内的分布；(d) $GaTa_4Se_8$ 晶体转变到低阻态之后的禁带宽度分布图；(e) $GaTa_4Se_8$ 晶体的温度—压力相图[171]

AM_4X_8 结构在电场的作用下既可以表现出易失性，又可以表现出非易失性的电阻转变特性。当外加电场强度略微大于某一阈值 E_{th}(大小为几个 kV/cm)时，AM_4X_8 表现出易失性电阻转变；当外加电场强度远大于 E_{th} 时，AM_4X_8 则表现出非易失性电阻转变行为[166, 169]。E_{th} 的大小与禁带宽度的大小成指数关系 $E_{th} \propto E_g^{2.5}$，与半导体中雪崩击穿强度的大小一致。由此可知，AM_4X_8 结构的易失性电阻转变即来源于材料的雪崩击穿[166]。

Corraze 等人利用透射电镜研究了 $GaNb_4Se_8$ 晶体在转变到低阻态后的结构变化来表征 AM_4X_8 结构的非易失性电阻转变行为[170]。他们从高分辨透射电镜照片以及汇聚束电子衍射的结果认为 $GaNb_4Se_8$ 在电阻转变之后没有发生任何晶体学对称性上的变化和非晶化特征。与此相反，$GaTa_4Se_8$ 晶体的扫描隧道显微镜研究给出了不一样的结果[171]。图 4.133(c)给出了处于原始态的 $GaTa_4Se_8$ 晶体的能带宽度的直方图，表明原始态的 $GaTa_4Se_8$ 晶体表现出均匀的绝缘态电子相特征，禁带宽度大约为 200meV。而低阻态的 $GaTa_4Se_8$ 晶体则表现出非常不均匀的电子相(图 4.133(d))。在原来均匀的绝缘态电子相中出现了大小为 30－50nm 的两种禁带宽度不同的区域。其中一类区域的禁带宽度为 0，表现出明显的金属特性。而另一区域是更加绝缘的电子相，禁带宽度分布在 400~700meV 的范围。值得注意的是，Mott 绝缘体在负压力(体积膨胀)的作用下会导致禁带宽度的增加，而正压力(体积收缩)的作用下导致从绝缘体到金属的一阶相变，如图 4.133(e)中 $GaTa_4Se_8$ 的温度—压力相图所示。AM_4X_8 结构在电场诱导下能够发生与压力作用下相同的金属—绝缘体转变，这种转变是由于纳米尺度的电子相分离并且伴随着晶格的畸变。而这种电场作用下的电子相分离就是导致 AM_4X_8 结构非易失性电阻转变的原因。

2. 碳材料中的 sp^2/sp^3 电子转变

碳材料中由于电子轨道的转变可以产生电阻转变效应。众所周知，碳材料中以 sp^2 杂化轨道为主的石墨是导电的，而以 sp^3 杂化轨道为主的金刚石则是绝缘态的。这一现象说明碳材料可以表现出不同的电阻态形式。非晶碳(a-C)中，sp^2 杂化与 sp^3 杂化之间的竞争就可以导致材料电阻率的转变。因此，许多研究组利用两个惰性电极(Pt、W 等)之间的非晶碳的单极性电阻转变来制备基于碳材料的阻变存储器[172-174]。相比于其他的存储介质材料，碳材料具有成分简单、成本低廉、工艺兼容等优点而受到广泛关注，并且基于碳材料的阻变存储器还有可能构成未来“全碳材料电子器件”。

碳材料的电阻转变的 Set 过程可以认为是部分碳原子的电子轨道发生了从 sp^3 到 sp^2 的转变，在焦耳热的作用下形成了富含 sp^2 杂化轨道的导电细丝。这一现象曾通过原位透射电镜的方法在非晶碳纳米线中观察到了，在较高的偏压下通过焦耳热辅助作用非晶碳纳米线中生成了管状的导电细丝[175]。碳材料电阻转变的 Reset 过程被认为导电细丝被焦耳热熔断导致。计算机模拟的结果表明直径为 5nm 的碳导电细丝在脉冲宽度为 1ns，电流密度为 1.7 GA/cm^2 的电压作用下在局域位置可以产生高到 3928K 的温度，足以把富含 sp^2 杂化轨道的导电细丝熔断[173]。sp^2/sp^3 杂化轨道的转变很好的解释了碳材料中的电阻转变行为。但是另外的一种观点则认为碳材料在发生电阻转变时并没有发生 sp^2 与 sp^3 轨道之间的转化，只是在 sp^3 的基体中 sp^2 的碳原子的分布发生了变化[176]。X 射线近邻吸收精细结构谱表明在发生电阻转变前后碳材料中 sp^2 与 sp^3 的比例并没有变化。因此，为了促进基于碳材料的阻变存储器的实用化，必须对于碳材料的电阻转变机理进行更加深入的研究。

4.6.2　有机物中独特的电阻转变类型

1. 有机物中的电荷转移

某些复杂有机物分子在电场的作用下会发生从电子给体到电子受体之间的电荷转移过程。例如有机物分子或者混合物中的咔唑基团、四硫富瓦烯等可以充当电子给体，在电场的作用下可以转移电子到富勒烯、石墨烯、掺杂的金属纳米颗粒等电子受体，从而导致电阻转变[177-180]。在发生电子转移之后，有机材料中会出现部分填充的最高占据分子轨道(HOMO)或者部分填充的最低未占据分子轨道(LUMO)，最终导致材料电导率的升高。以 PVK-C_{60} 高分子聚合物材料为例，其包含的咔唑基团相当于电子给体，其包含的富勒烯部分相当于电子受体。利用循环伏安法测得 PVK-C_{60} 的 HOMO 和 LUMO 分别为–5.57eV 和–3.56eV[180]。当 PVK-C_{60} 夹在 Al 电极和 ITO 电极之间时表现出双极性电阻转变特性，如图 4.134(a)所示。由于 Al 和 ITO 的功函数分别为 4.28eV 和 4.8eV，则 Al/PVK-C_{60} 和 PVK-C_{60}/ITO 的界面势垒在正向电压的作用下的势垒高度分别为 1.29 eV 和 1.24eV，而在负向电压下势垒高度分别为 0.72eV 和 0.77eV。因此，在负向电压的作用下电荷更容易注入到介质材料中，正如图中的 *J-V* 曲线所示高阻态的 Al/PVK-C_{60}/ITO 器件只能在负向电压的作用下才能转变到低阻态。器件从高阻态向低阻态的转变可以认为是电场作用下电子从咔唑基团转移到富勒烯基团，从而导致 PVK-C_{60} 成为了重度 p 型掺杂的材料，如图 4.134(b)所示。富勒烯基团中的电子可以与带正电的咔唑基团同时稳定的存在于同一个体系中，故而这种电阻转变是非易失性的。在接下来的正向电压扫描过程中，带负电的富勒烯失去电子，电子中和了带正电的咔唑基团，导致器件转变回高阻态。这就是有机物中电荷转变导致电阻转变的一般过程。

2. 有机物构型转变

有机物分子构型的转变同样会导致电阻的变化，从而可以用于制备阻变存储器[181-184]。

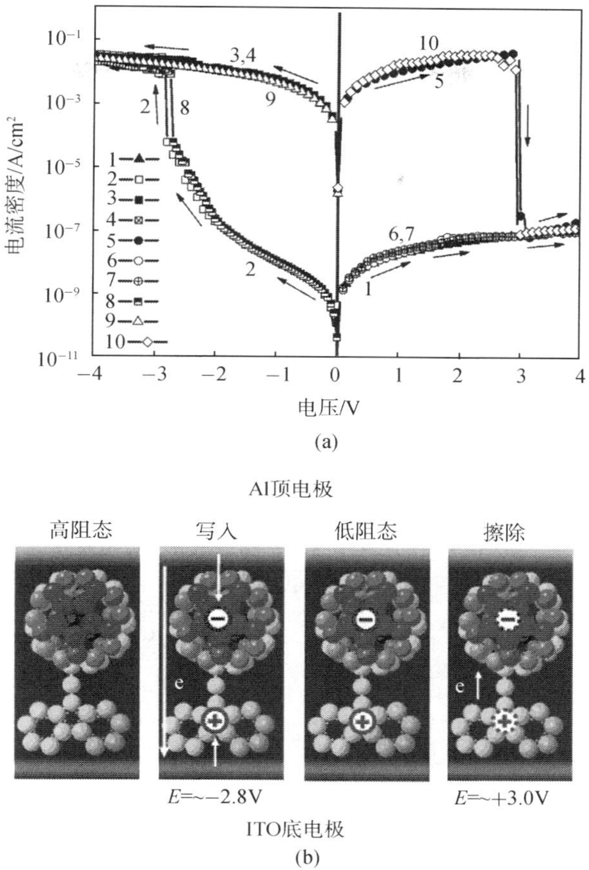

(a)

(b)

图 4.134　(a) Al/PVK-C_{60}/ITO 结构的电阻转变曲线，电压施加于 Al 电极，ITO 接地；(b) PVK-C_{60} 材料中电场作用下的电荷转移示意图[180]

能够发生构型转变的有机物至少有两种以上的异构体，在不同的异构体之间的转变往往伴随着导电性的变化。具有多种异构体的一类代表性高分子有机物就是包含咔唑基团的有机物。如前所述，咔唑基团在大分子有机物中充当电子给体和空穴的传输载体，不同的分子间相临近的咔唑基团倾向于形成部分或者全部面对面的构型以增加电子的离域度。当这些有机物处于原始状态时，这些咔唑基的取向是随机分布的。在外电场的作用下空穴从电极注入有机物中，导致电极附近有机物分子的咔唑基团被氧化而带正电。作为有效的电子给体，附近分子的咔唑基团会提供电子给带正电的咔唑基团，从而使两个咔唑基团之间形成面对面的分布。在此过程中，正电荷会从原来的分子向附近的分子传导。如果外加电场持续施加，就会使得这种电荷传导和分子构型转变的过程逐渐传播直至贯穿整个有机物薄膜厚度。一旦大部分分子的咔唑基团发生构型转变之后，电荷就会非常容易通过这些咔唑基团进行传导，使得整个有机物薄膜转变到低阻态。图 4.135(a)展现了 PVK-PF 高分子的这种构型转变。而 PMCz 高分子的构型转变还被高分辨透射电镜直接观察到了，如图 4.135(b)和(c)所示。在高电阻的原始态时，PMCz 分子显示出非晶结构的特征。而当该材料转变到低阻态之后，电镜照片中出现了明显的晶格有序化区域，这一变化与 PVK-PF 中咔唑基团的有序化非常类似。有机物高分子中这种咔唑基团有序化的稳定性在不同化学结构的分子中是不一样的。正因为稳定性的不同，有的分子(PVBCz)表现出易失性的电阻转变特性[183]，而有的分子(PVK-PF)表现出非易失性的电阻转变[184]，还有的分子(PCz、PMCz)表现出一次性擦写型的非易失性电阻转变[182, 183]。

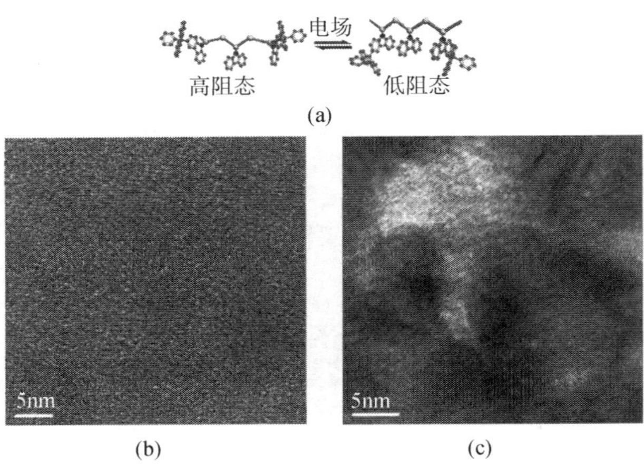

图 4.135　(a) PVK-PF 在电场作用下的分子构型转变[184]；(b)和(c)分别为 PMCz 薄膜在高阻态和低阻态时的高分辨透射电镜照片[183]

参 考 文 献

[1] Waser R, Dittmann R, Staikov G, et al. Redox-based resistive switching memories - nanoionic mechanisms, prospects, and challenges. Advanced Materials, 2009, 21(25-26): 2632-2663.

[2] Schindler C, Meier M, Waser R, et al. Resistive switching in Ag-Ge-Se with extremely low write currents. Non-Volatile Memory Technology Symposium, 2007, 82-85.

[3] Lu W, Jeong D S, Kozicki M, et al. Electrochemical metallization cells—blending nanoionics into nanoelectronics? MRS Bulletin, 2012, 37(02): 124-130.

[4] Hirose Y, Hirose H. Polarity-dependent memory switching and behavior of Ag dendrite in Ag-photodoped amorphous As_2S_3 films. Journal of Applied Physics, 2008, 47(6): 2767-2772.

[5] Yang Y C, Pan F, Liu Q, et al. Fully room-temperature-fabricated nonvolatile resistive memory for ultrafast and high-density memory application. Nano Letters, 2009, 9(4): 1636-1643.

[6] 杨玉超. 新型非易失性存储材料与器件研究[博士学位论文]. 北京：清华大学, 2010.

[7] Waser R, Aono M. Nanoionics-based resistive switching memories. Nature Materials, 2007, 6(11): 833-840.

[8] Yang L, Wu X, Huang G, et al. In situ synthesis of Mn-doped ZnO multileg nanostructures and Mn-related Raman vibration. Journal of Applied Physics, 2004, 97(1): 014308.

[9] Gu Z B, Yuan C S, Lu M-H, et al. Magnetic and transport properties of (Mn, Co)-codoped ZnO films prepared by radio-frequency magnetron cosputtering. Journal of Applied Physics, 2005, 98(5): 053908.

[10] Mi W, Bai H, Liu H, et al. Microstructure, magnetic, and optical properties of sputtered Mn-doped ZnO films with high-temperature ferromagnetism. Journal of Applied Physics, 2007, 101(2): 023904.

[11] Jin Z, Fukumura T, Kawasaki M, et al. High throughput fabrication of transition-metal-doped epitaxial ZnO thin films: A series of oxide-diluted magnetic semiconductors and their properties. Applied Physics Letters, 2001, 78(24): 3824-3826.

[12] Lampert A, Mark P. Current injection in solids. New York: Academic, 1970.

[13] Wang Z, Griffin P B, McVittie J, et al. Resistive switching mechanism in $Zn_xCd_{1-x}S$ nonvolatile memory devices. IEEE Electron Device Letters, 2007, 28(1): 14-16.

[14] Chang W Y, Lai Y C, Wu T B, et al. Unipolar resistive switching characteristics of ZnO thin films for nonvolatile memory applications. Applied Physics Letters, 2008, 92(2): 022110.

[15] Choi B J, Jeong D S, Kim S K, et al. Resistive switching mechanism of TiO_2 thin films grown by atomic-layer deposition. Journal of Applied Physics, 2005, 98(3): 033715.

[16] Brewer J E, Zhirnov V V, Hutchby J A. Memory technology for post CMOS era. Circuits and Devices Magazine, IEEE, 2005, 21(2): 13-20.

[17] Müller G, Happ T, Kund M, et al. Status and outlook of emerging nonvolatile memory technologies. International Electron Devices Meeting, 2004, 567-570.

[18] Soni R, Meuffels P, Kohlstedt H, et al. Reliability analysis of the low resistance state stability of $Ge_{0.3}Se_{0.7}$ based solid electrolyte nonvolatile memory cells. Applied Physics Letters, 2009, 94(12): 123503-1-3.

[19] Wang W, Fujita S, Wong S S. Elimination of forming process for TiO_x nonvolatile memory devices. IEEE Electron Device Letters, 2009, 30(7): 763-765.

[20] Han J, Senos A, Mantas P. Varistor behaviour of Mn-doped ZnO ceramics. Journal of the European Ceramic Society, 2002, 22(9): 1653-1660.

[21] Shinde V, Gujar T, Lokhande C, et al. Mn doped and undoped ZnO films: A comparative structural, optical and electrical properties study. Materials Chemistry and Physics, 2006, 96(2): 326-330.

[22] Schindler C, Staikov G, Waser R. Electrode kinetics of Cu-SiO_2-based resistive switching cells: Overcoming the voltage-time dilemma of electrochemical metallization memories. Applied Physics Letters, 2009, 94(7): 072109.

[23] Inoue I H, Yasuda S, Akinaga H, et al. Nonpolar resistance switching of metal/binary-transition-metal oxides/metal sandwiches: Homogeneous/inhomogeneous transition of current distribution. Physical Review B, 2008, 77(3).

[24] Janousch M, Meijer G I, Staub U, et al. Role of oxygen vacancies in Cr-doped $SrTiO_3$ for resistance-change memory. Advanced Materials, 2007, 19(17): 2232-2235.

[25] Chang S, Chae S, Lee S, et al. Effects of heat dissipation on unipolar resistance switching in Pt / NiO / Pt capacitors. Applied Physics Letters, 2008, 92(18): 183507.

[26] Guo X, Schindler C. Understanding the switching-off mechanism in Ag^+ migration based resistively switching model systems. Applied Physics Letters, 2007, 91(13): 133513.

[27] Seo S, Lee M J, Seo D H, et al. Reproducible resistance switching in polycrystalline NiO films. Applied Physics Letters, 2004, 85(23): 5655-5657.

[28] Kinoshita K, Tsunoda K, Sato Y, et al. Reduction in the Reset current in a resistive random access memory consisting of NiO_x brought about by reducing a parasitic capacitance. Applied Physics Letters, 2008, 93(3): 033506.

[29] Easwarakhanthan T, Hussain S S, Pigeat P. Spectroellipsometric investigation of optical, morphological, and structural properties of reactively sputtered polycrystalline AlN films. Journal of Vacuum Science & Technology A, 2010, 28(3): 495-501.

[30] Sinha N, Wabiszewski G E, Mahameed R, et al. Piezoelectric aluminum nitride nanoelectromechanical actuators. Applied Physics Letters, 2009, 95(5): 053106.

[31] 陈超. 新型阻变存储器材料及其电阻转变机理研究[博士学位论文]. 北京：清华大学，2014.

[32] Rosenberger L, Baird R, McCullen E, et al. XPS analysis of aluminum nitride films deposited by plasma source molecular beam epitaxy. Surface and Interface Analysis, 2008, 40(9): 1254-1261.

[33] Barshiha H C, Deepthi B, Rajam K S. Growth and characterization of aluminum nitride coatings prepared by pulsed-direct current reactive unbalanced magnetron sputtering. Thin Solid Films, 2008, 516(12): 4168-4174.

[34] Cho B, Yun J M, Song S, et al. Direct observation of Ag filamentary paths in organic resistive memory devices. Advanced Functional Materials, 2011, 21(20): 3976-3981.

[35] Gao S, Zeng F, Chen C, et al. Conductance quantization in a Ag filament-based polymer resistive memory. Nanotechnology, 2013, 24(33): 335201.

[36] Jung K, Seo H, Kim Y, et al. Temperature dependence of high- and low-resistance bistable states in polycrystalline NiO films. Applied Physics Letters, 2007, 90(5): 052104.

[37] Choi J, Song J, Jung K, et al. Bipolar resistance switching characteristics in a thin Ti-Ni-O compound film. Nanotechnology, 2009, 20(17): 175704.

[38] Do Y H, Kwak J S, Hong J P, et al. Al electrode dependent transition to bipolar resistive switching characteristics in pure TiO_2 films. Journal of Applied Physics, 2008, 104(11): 114512.

[39] Miao F, Strachan J P, Yang J J, et al. Anatomy of a nanoscale conduction channel reveals the mechanism of a high-performance memristor. Advanced Materials, 2011, 23(47): 5633-5640.

[40] 王之顺. 基于 PEDOT: PSS 材料的阻变存储器的制备与性能研究[硕士学位论文]. 北

京: 清华大学, 2012.

[41] 杨晶. PEDOT: PSS 导电行为调控及神经网络模拟[硕士学位论文]. 清华大学, 2012.

[42] Kim T W, Oh S H, Choi H, et al. Reliable organic nonvolatile memory device using a polyfluorene-derivative single-layer film. IEEE Electron Device Letters, 2008, 29(8): 852-855.

[43] Zuo Q Y, Long S B, Liu Q, et al. Self-rectifying effect in gold nanocrystal-embedded zirconium oxide resistive memory. Journal of Applied Physics, 2009, 106(7): 073724.

[44] Seo J W, Baik S J, Kang S J, et al. Evidence of Al induced conducting filament formation in Al/amorphous silicon/Al resistive switching memory device. Applied Physics Letters, 2010, 96(5): 053504.

[45] Choi H, Pyun M, Kim T W, et al. Nanoscale resistive switching of a copper–carbon-mixed layer for nonvolatile memory applications. IEEE Electron Device Letters, 2009, 30(3): 302-304.

[46] Kim T W, Choi H, Oh S H, et al. Resistive switching characteristics of polymer non-volatile memory devices in a scalable via-hole structure. Nanotechnology, 2009, 20(2): 025201.

[47] Liu X H, Ji Z Y, Tu D Y, et al. Organic nonpolar nonvolatile resistive switching in poly(3,4-ethylene-dioxythiophene): Polystyrenesulfonate thin film. Organic Electronics, 2009, 10(6): 1191-1194.

[48] Kwan W L, Lei B, Shao Y, et al. Direct observation of localized conduction pathways in photocross-linkable polymer memory. Journal of Applied Physics, 2009, 105(12): 124516.

[49] Joo W J, Choi T L, Lee J, et al. Metal filament growth in electrically conductive polymers for nonvolatile memory application. The Journal of Physical Chemistry B, 2006, 110(47): 23812-23816.

[50] Joo W J, Choi T L, Lee K H, et al. Study on threshold behavior of operation voltage in metal filament-based polymer memory. The Journal of Physical Chemistry B, 2007, 111(27): 7756-7760.

[51] Kim D M, Park S, Lee T J, et al. Programmable permanent data storage characteristics of nanoscale thin films of a thermally stable aromatic polyimide. Langmuir, 2009, 25(19): 11713-11719.

[52] Sawa A. Resistive switching in transition metal oxides. Materials Today, 2008, 11(6): 28-36.

[53] Schindler C, Szot K, Karthauser S, et al. Controlled local filament growth and dissolution in Ag-Ge-Se. Physica Status Solidi-Rapid Research Letters, 2008, 2(3): 129-131.

[54] Szot K, Speier W, Bihlmayer G, et al. Switching the electrical resistance of individual dislocations in single-crystalline $SrTiO_3$. Nature Materials, 2006, 5(4): 312-320.

[55] Yun J B, Kim S, Seo S, et al. Random and localized resistive switching observation in Pt/NiO/Pt. Physica Status Solidi-Rapid Research Letters, 2007, 1(6): 280-282.

[56] Jo S H, Kim K H, Lu W. Programmable resistance switching in nanoscale two-terminal devices. Nano Letters, 2009, 9(1): 496-500.

[57] Jo S H, Lu W. CMOS compatible nanoscale nonvolatile resistance switching memory. Nano Letters, 2008, 8(2): 392-397.

[58] Ahn S E, Lee M J, Park Y, et al. Write current reduction in transition metal oxide based

resistance-change memory. Advanced Materials, 2008, 20(5): 924-928.

[59] Guan W, Liu M, Long S, et al. On the resistive switching mechanisms of Cu/ZrO_2:Cu/Pt. Applied Physics Letters, 2008, 93(22): 223506.

[60] Bid A, Bora A, Raychaudhuri A. Temperature dependence of the resistance of metallic nanowires of diameter≥ 15nm: applicability of Bloch-Gr ü neisen theorem. Physical Review B, 2006, 74(3): 035426.

[61] Yang Y C, Gao P, Gaba S, et al. Observation of conducting filament growth in nanoscale resistive memories. Nature Communications, 2012, 3: 732.

[62] Liu Q, Sun J, Lv H, et al. Real-time observation on dynamic growth/dissolution of conductive filaments in oxide-electrolyte-based ReRAM. Advanced Materials, 2012, 24(14): 1844-1849.

[63] Pan F, Gao S, Chen C, et al. Recent progress of resistive random access memories: materials, switching mechanisms, and performance. Materials Science & Engineering R-Reports, 2014, 83: 1-59.

[64] Choi S J, Park G S, Kim K H, et al. In situ observation of voltage induced multilevel resistive switching in solid electrolyte memory. Advanced Materials, 2011, 23(29): 3272-3277.

[65] Gao S, Song C, Chen C, et al. Formation process of conducting filament in planar organic resistive memory. Applied Physics Letters, 2013, 102(14): 141606.

[66] Russo U, Kamalanathan D, Ielmini D, et al. Study of multilevel programming in programmable metallization cell (PMC) memory. IEEE Transactions on Electron Devices, 2009, 56(5): 1040-1047.

[67] Kund M, Beitel G, Pinnow C U, et al. Conductive bridging RAM (CBRAM): An emerging non-volatile memory technology scalable to sub 20nm. IEEE InternationalElectron Devices Meeting, 2005, 754-757.

[68] Hiatt W, Hickmott T. Bistable switching in niobium oxide diodes. Applied Physics Letters, 1965, 6(6): 106-108.

[69] Devan R S, Ho W D, Chen C H, et al. High room-temperature photoluminescence of one-dimensional Ta_2O_5 nanorod arrays. Nanotechnology, 2009, 20(44): 445708.

[70] Chen K, Yang G R, Nielsen M, et al. X-ray photoelectron spectroscopy study of Al/Ta_2O_5 and Ta_2O_5/Al buried interfaces. Applied Physics Letters, 1997, 70(3): 399-401.

[71] Lee M J, Lee C B, Lee D, et al. A fast, high-endurance and scalable non-volatile memory device made from asymmetric Ta_2O_{5-x}/TaO_{2-x} bilayer structures. Nature Materials, 2011, 10(8): 625-630.

[72] Kim S, Kim S J, Kim K M, et al. Physical electro-thermal model of resistive switching in bi-layered resistance-change memory. Scientific Reports, 2013, 3: 1680.

[73] Ezhilvalavan S, Tseng T Y. Conduction mechanisms in amorphous and crystalline Ta_2O_5 thin films. Journal of Applied Physics, 1998, 83(9): 4797-4801.

[74] Blonkowski S, Regache M, Halimaoui A. Investigation and modeling of the electrical properties of metal-oxide-metal structures formed from chemical vapor deposited Ta_2O_5 films. Journal of Applied Physics, 2001, 90(3): 1501-1508.

[75] Chang S H, Lee J S, Chae S C, et al. Occurrence of both unipolar memory and threshold

resistance switching in a NiO film. Physical Review Letters, 2009, 102(2): 026801.
[76] Kozicki M N, Balakrishnan M, Gopalan C, et al. Programmable metallization cell memory based on Ag-Ge-S and Cu-Ge-S solid electrolytes. 6th Annual Non-Volatile Memory Technology Symposium, Dallas, TX, 2005, 83-89.
[77] Burr G W, Kurdi B N, Scott J C, et al. Overview of candidate device technologies for storage-class memory. IBM Journal of Research and Development, 2008, 52(4-5): 449-464.
[78] Kwon D H, Kim K M, Jang J H, et al. Atomic structure of conducting nanofilaments in TiO_2 resistive switching memory. Nature Nanotechnology, 2010, 5(2): 148-153.
[79] Chae S C, Lee J S, Kim S, et al. Random circuit breaker network model for unipolar resistance switching. Advanced Materials, 2008, 20(6): 1154-1159.
[80] Jeong H Y, Lee J Y, Choi S Y. Interface-engineered amorphous TiO_2-based resistive memory devices. Advanced Functional Materials, 2010, 20(22): 3912-3917.
[81] Lee W H, Lin J C, Lee C. Characterization of tantalum nitride films deposited by reactive sputtering of Ta in N_2/Ar gas mixtures. Materials Chemistry and Physics, 2001, 68(1): 266-271.
[82] 唐光盛. 离子轰击诱导表面纳米结构及其在阻变存储器中的应用[博士学位论文]. 北京: 清华大学, 2013.
[83] Zier M, Oswald S, Reiche R, et al. XPS and ARXPS investigations of ultra thin TaN films deposited on SiO_2 and Si. Applied Surface Science, 2005, 252(1): 234-239.
[84] Frenkel J. On pre-breakdown phenomena in insulators and electronic semi-conductors. Physical Review, 1938, 54(8): 647-648.
[85] Lin C C, Tu B C, Lin C C, et al. Resistive switching mechanisms of V-$SrZrO_3$ doped memory films. IEEE Electron Device Letters, 2006, 27(9): 725-727.
[86] Strachan J P, Pickett M D, Yang J J, et al. Direct identification of the conducting channels in a functioning memristive device. Advanced Materials, 2010, 22(32): 3573-3577.
[87] Wei Z, Kanzawa Y, Arita K, et al. Highly reliable TaO_x ReRAM and direct evidence of redox reaction mechanism. International Electron Devices Meeting, Technical Digest, 2008, 293-296.
[88] Miao F, Yi W, Goldfarb I, et al. Continuous electrical tuning of the chemical composition of TaO_x-based memristors. ACS Nano, 2012, 6(3): 2312-2318.
[89] Yang J J, Zhang M X, Strachan J P, et al. High switching endurance in TaO_x memristive devices. Applied Physics Letters, 2010, 97(23): 232102.
[90] Choi G M, Tuller H L, Goldschmidt D. Electronic-transport behavior in single-crystalline $Ba_{0.03}Sr_{0.9}7TiO_3$. Physical Review B, 1986, 34(10): 6972-6979.
[91] Ihrig H. On the polaron nature of the charge transport in $BaTiO_3$. Journal of Physics C: Solid State Physics, 1976, 9(18): 3469-3474.
[92] Bieger T, Maier J, Waser R. Kinetics of oxygen incorporation in $SrTiO_3$(Fe-doped): an optical investigation. Sensors and Actuators B: Chemical, 1992, 7(1): 763-768.
[93] Ohly C, Hoffmann　Eifert S, Guo X, et al. Electrical conductivity of epitaxial $SrTiO_3$ thin films as a function of oxygen partial pressure and temperature. Journal of the American Ceramic Society, 2006, 89(9): 2845-2852.
[94] Schroeder H, Schmitz S, Meuffels P. Leakage currents in high-permittivity thin films.

Applied Physics Letters, 2003, 82(5): 781-783.
[95] Cox P A. Transition Metal Oxides: an Introduction to Their Electronic Structure and Properties. Oxford University Press, 2010.
[96] Sørensen O T. Nonstoichiometric oxides. Elsevier, 2012.
[97] Jia C, Lentzen M, Urban K. Atomic-resolution imaging of oxygen in perovskite ceramics. Science, 2003, 299(5608): 870-873.
[98] Jia C, Houben L, Urban K. Atom vacancies at a screw dislocation core in $SrTiO_3$. Philosophical Magazine Letters, 2006, 86(11): 683-690.
[99] Szot K, Speier W, Carius R, et al. Localized metallic conductivity and self-healing during thermal reduction of $SrTiO_3$. Physical Review Letters, 2002, 88(7): 075508.
[100] Nauenheim C, Kuegeler C, Ruediger A, et al. Investigation of the electroforming process in resistively switching TiO_2 nanocrosspoint junctions. Applied Physics Letters, 2010, 96(12): 122902.
[101] Shih A, Zhou W, Qiu J, et al. Highly stable resistive switching on monocrystalline ZnO. Nanotechnology, 2010, 21(12): 125201.
[102] Dearnaley G. Electronic conduction through thin unsaturated oxide layers. Physics Letters A, 1967, 25(10): 760-761.
[103] Jeong D S, Thomas R, Katiyar R S, et al. Emerging memories: resistive switching mechanisms and current status. Reports on Progress in Physics, 2012, 75(7): 076502.
[104] Hickmott T. Potential distribution and negative resistance in thin oxide films. Journal of Applied Physics, 2004, 35(9): 2679-2689.
[105] Hickmott T W. Impurity conduction and negative resistance in thin oxide films. Journal of Applied Physics, 1964, 35(7): 2118-2122.
[106] Simmons J G, Verderber R R. New conduction and reversible memory phenomena in thin insulating films. Proceedings of the Royal Society of London. Series A. Mathematical and Physical Sciences, 1967, 301(1464): 77-102.
[107] Barriac C, Pinard P, Davoine F. Electrical conduction in alumina thin films. CR Acad. Sci. Paris Ser. A B, 1968, 266: 423-426.
[108] Greene P, Bush E, Rawlings I. Proceedings of the Symposium on Deposited Thin Film Dielectric Materials. New York, 1968.
[109] Dearnaley G, Morgan D V, Stoneham A M. A model for filament growth and switching in amorphous oxide films. Journal of Non-Crystalline Solids, 1970, 4(0): 593-612.
[110] Chudnovskii F A, Odynets L L, Pergament A L, et al. Electroforming and switching in oxides of transition metals: The role of metal–insulator transition in the switching mechanism. Journal of Solid State Chemistry, 1996, 122(1): 95-99.
[111] Jeong D S. Resistive Switching in $Pt/TiO_2/Pt$. Forschungszentrum Jülich, 2009.
[112] Park K C, Basavaiah S. Bistable switching in $Zr/ZrO_2/Au$ junctions. Journal of Non-Crystalline Solids, 1970, 2(0): 284-291.
[113] Meijer G I, Staub U, Janousch M, et al. Valence states of Cr and the insulator-to-metal transition in Cr-doped $SrTiO_3$. Physical Review B, 2005, 72(15): 155102.
[114] Jeong D S, Schroeder H, Breuer U, et al. Characteristic electroforming behavior in $Pt/TiO_2/Pt$ resistive switching cells depending on atmosphere. Journal of Applied Physics,

2008, 104(12): 123716.

[115] Barsoum M W. Fundamentals of ceramics. CRC Press, 2002.

[116] Kröger F A, Vink H J. Relations between the Concentrations of Imperfections in Crystalline Solids. Solid State Physics, Vol. 3 (Eds: Frederick S, David T), Academic Press, 1956, 307-435.

[117] Rodriguez J A, Hanson J C, Frenkel A I, et al. Experimental and theoretical studies on the reaction of H_2 with NiO: Role of O vacancies and mechanism for oxide reduction. Journal of the American Chemical Society, 2001, 124(2): 346-354.

[118] Wang S, Awano M, Maeda K. Synthesis and characterization of dense NiO-(CGO) cathode interlayer for electrocatalytic reduction of NO. Journal of the Electrochemical Society, 2003, 150(12): D209-D214.

[119] Ostyn K M, Carter C B. On the reduction of nickel oxide. Surface Science, 1982, 121(3): 360-374.

[120] Kim G H, Lee J H, Seok J Y, et al. Improved endurance of resistive switching TiO_2 thin film by hourglass shaped Magnéli filaments. Applied Physics Letters, 2011, 98(26): 262901.

[121] Yajima T, Fujiwara K, Nakao A, et al. Spatial redistribution of oxygen ions in oxide resistance switching device after forming process. Japanese Journal of Applied Physics, 2010, 49(6R): 060215.

[122] Jeong D S, Schroeder H, Waser R. Coexistence of bipolar and unipolar resistive switching behaviors in a Pt/TiO_2/Pt stack. Electrochemical and Solid-State Letters, 2007, 10(8): G51-G53.

[123] Yang J J, Strachan J P, Miao F, et al. Metal/TiO_2 interfaces for memristive switches. Applied Physics A-Materials Science & Processing, 2011, 102(4): 785-789.

[124] Baikalov A, Wang Y Q, Shen B, et al. Field-driven hysteretic and reversible resistive switch at the Ag-$Pr_{0.7}Ca_{0.3}MnO_3$ interface. Applied Physics Letters, 2003, 83(5): 957-959.

[125] Sim H, Choi H, Lee D, et al., Excellent resistance switching characteristics of Pt/$SrTiO_3$ schottky junction for multi-bit nonvolatile memory application, 2005, 758-761.

[126] Asanuma S, Akoh H, Yamada H, et al. Relationship between resistive switching characteristics and band diagrams of Ti/$Pr_{1-x}Ca_xMnO_3$ junctions. Physical Review B, 2009, 80(23): 235113.

[127] Sawa A, Fujii T, Kawasaki M, et al., Interface transport properties and resistance switching in perovskite-oxide heterojunctions, 2005, 59322C.

[128] Sawa A, Fujii T, Kawasaki M, et al. Interface resistance switching at a few nanometer thick perovskite manganite active layers. Applied Physics Letters, 2006, 88(23): 232112.

[129] Fujii T, Kawasaki M, Sawa A, et al. Electrical properties and colossal electroresistance of heteroepitaxial $SrRuO_3$/$SrTi_{1-x}Nb_xO_3$ ($0.0002 \leqslant x \leqslant 0.02$) Schottky junctions. Physical Review B, 2007, 75(16): 165101.

[130] Tomioka Y, Asamitsu A, Kuwahara H, et al. Magnetic-field-induced metal-insulator phenomena in $Pr_{1-x}Ca_xMnO_3$ with controlled charge-ordering instability. Physical Review B, 1996, 53(4): R1689-R1692.

[131] Tomioka Y, Tokura Y. Global phase diagram of perovskite manganites in the plane of

quenched disorder versus one-electron bandwidth. Physical Review B, 2004, 70(1): 014432.

[132] Tokura Y, Taguchi Y, Okada Y, et al. Filling dependence of electronic properties on the verge of metal -mott-insulator transitions in $Sr_{1-x}La_xTiO_3$. Physical Review Letters, 1993, 70(14): 2126-2129.

[133] Tsui S, Baikalov A, Cmaidalka J, et al. Field-induced resistive switching in metal-oxide interfaces. Applied Physics Letters, 2004, 85(2): 317-319.

[134] Seong D J, Jo M, Lee D, et al. HPHA effect on reversible resistive switching of Pt/Nb-doped $SrTiO_3$ schottky junction for nonvolatile memory application. Electrochemical and Solid-State Letters, 2007, 10(6): H168-H170.

[135] Nian Y, Strozier J, Wu N, et al. Evidence for an oxygen diffusion model for the electric pulse induced resistance change effect in transition-metal oxides. Physical Review Letters, 2007, 98(14): 146403.

[136] 王艳. 基于二元金属氧化物的阻变存储器研究[博士学位论文]. 兰州：兰州大学, 2012.

[137] 谢宏伟. 二元过渡金属氧化物的阻变存储器研究[博士学位论文]. 兰州：兰州大学, 2013.

[138] 管伟华. 前瞻非挥发性半导体存储器研究[硕士学位论文]. 北京：中国科学院微电子研究所, 2008.

[139] Yan Z, Liu J M. Coexistence of high performance resistance and capacitance memory based on multilayered metal-oxide structures. Scientific Reports, 2013, 3: 2482.

[140] Bozano L, Kean B, Deline V, et al. Mechanism for bistability in organic memory elements. Applied Physics Letters, 2004, 84(4): 607-609.

[141] Alivov Y I, Chernykh A, Chukichev M, et al. Thin polycrystalline zinc oxide films obtained by oxidation of metallic zinc films. Thin Solid Films, 2005, 473(2): 241-246.

[142] Lee S, Char K, Kim D, et al. Resistive memory switching in epitaxially grown NiO. Applied Physics Letters, 2007, 91(20): 202115.

[143] Shang D S, Wang Q, Chen L D, et al. Effect of carrier trapping on the hysteretic current-voltage characteristics in $Ag/La_{0.7}Ca_{0.3}MnO_3/Pt$ heterostructures. Physical Review B, 2006, 73(24): 245427.

[144] Park K H, Jung J H, Li F, et al. Carrier transport mechanisms of nonvolatile memory devices based on nanocomposites consisting of ZnO nanoparticles with polymethylmethacrylate nanocomposites sandwiched between two C60 layers. Applied Physics Letters, 2008, 93(13): 132104.

[145] Paschoalino M, Guedes N, Jardim W, et al. Inactivation of *E. coli* mediated by high surface area CuO accelerated by light irradiation >360nm. Journal of Photochemistry and Photobiology A: Chemistry, 2008, 199(1): 105-111.

[146] David R L. CRC Handbook of Chemistry and Physics. Boca Raton: CRC Press, 1996~1997.

[147] Bozano L D, Kean B W, Beinhoff M, et al. Organic materials and thin-film structures for cross-point memory cells based on trapping in metallic nanoparticles. Advanced Functional Materials, 2005, 15(12): 1933-1939.

[148] Lin H T, Pei Z, Chan Y J. Carrier transport mechanism in a nanoparticle-incorporated

organic bistable memory device. IEEE Electron Device Letters, 2007, 28(7): 569-571.

[149] Kim T W, Yang Y, Li F, et al. Electrical memory devices based on inorganic/organic nanocomposites. NPG Asia Materials, 2012, 4(6): e18.

[150] Hwang S K, Lee J M, Kim S, et al. Flexible multilevel resistive memory with controlled charge trap B-and N-doped carbon nanotubes. Nano Letters, 2012, 12(5): 2217-2221.

[151] Kou L, Li F, Chen W, et al. Synthesis of blue light-emitting graphene quantum dots and their application in flexible nonvolatile memory. Organic Electronics, 2013, 14(6): 1447-1451.

[152] Chen A B K, Kim S G, Wang Y, et al. A size-dependent nanoscale metal-insulator transition in random materials. Nature Nanotechnology, 2011, 6(4): 237-241.

[153] Kim K M, Choi B J, Song S J, et al. Filamentary resistive switching localized at cathode interface in NiO thin films. Journal of the Electrochemical Society, 2009, 156(12): G213-G216.

[154] Nagashima K, Yanagida T, Kanai M, et al. Carrier type dependence on spatial asymmetry of unipolar resistive switching of metal oxides. Applied Physics Letters, 2013, 103(17): 173506.

[155] Kim K M, Choi B J, Hwang C S. Localized switching mechanism in resistive switching of atomic-layer-deposited TiO_2 thin films. Applied Physics Letters, 2007, 90(24): 242906.

[156] Chen J Y, Hsin C L, Huang C W, et al. Dynamic evolution of conducting nanofilament in resistive switching memories. Nano Letters, 2013, 13(8): 3671-3677.

[157] Park G S, Li X S, Kim D C, et al. Observation of electric-field induced Ni filament channels in polycrystalline NiO_x film. Applied Physics Letters, 2007, 91(22): 222103.

[158] Kim K M, Jeong D S, Hwang C S. Nanofilamentary resistive switching in binary oxide system; a review on the present status and outlook. Nanotechnology, 2011, 22(25): 254002.

[159] Segui Y, Ai B, Carchano H. Switching in polystyrene films: Transition from on to off state. Journal of Applied Physics, 1976, 47(1): 140-143.

[160] Pender L, Fleming R. Memory switching in glow discharge polymerized thin films. Journal of Applied Physics, 2008, 46(8): 3426-3431.

[161] Kim J, Ko C, Frenzel A, et al. Nanoscale imaging and control of resistance switching in VO_2 at room temperature. Applied Physics Letters, 2010, 96(21): 213106.

[162] Nakamura F, Sakaki M, Yamanaka Y, et al. Electric-field-induced metal maintained by current of the Mott insulator Ca_2RuO_4. Scientific Reports, 2013, 3: 2536.

[163] Liu X, Sadaf S M, Son M, et al. Diode-less bilayer oxide (WO_x–NbO_x) device for cross-point resistive memory applications. Nanotechnology, 2011, 22(47): 475702.

[164] Lee M J, Park Y, Suh D S, et al. Two series oxide resistors applicable to high speed and high density nonvolatile memory. Advanced Materials, 2007, 19(22): 3919-3923.

[165] Dorolti E, Cario L, Corraze B, et al. Half-metallic ferromagnetism and large negative magnetoresistance in the new lacunar spinel $GaTi_3VS_8$. Journal of the American Chemical Society, 2010, 132(16): 5704-5710.

[166] Guiot V, Cario L, Janod E, et al. Avalanche breakdown in $GaTa_4Se_{8-x}Te_x$ narrow-gap Mott insulators. Nature Communications, 2013, 4: 1722.

[167] Phuoc V T, Vaju C, Corraze B, et al. Optical conductivity measurements of $GaTa_4Se_8$ under

high pressure: Evidence of a bandwidth-controlled insulator-to-metal Mott transition. Physical Review Letters, 2013, 110(3): 037401.
[168] Vaju C, Cario L, Corraze B, et al. Electric-pulse-driven electronic phase separation, insulator–metal transition, and possible superconductivity in a Mott insulator. Advanced Materials, 2008, 20(14): 2760-2765.
[169] Cario L, Vaju C, Corraze B, et al. Electric-field-induced resistive switching in a family of Mott insulators: Towards a new class of RRAM memories. Advanced Materials, 2010, 22(45): 5193-5197.
[170] Souchier E, Cario L, Corraze B, et al. First evidence of resistive switching in polycrystalline GaV_4S_8 thin layers. Physica Status Solidi-Rapid Research Letters, 2011, 5(2): 53-55.
[171] Dubost V, Cren T, Vaju C, et al. Resistive switching at the nanoscale in the Mott insulator compound $GaTa_4Se_8$. Nano Letters, 2013, 13(8): 3648-3653.
[172] Di F, Dan X, Chen H Z, et al. Preparation and characteristics of nanoscale diamond-like carbon films for resistive memory applications. Chinese Physics Letters, 2010, 27(9): 098102.
[173] Kreupl F, Bruchhaus R, Majewski P, et al. Carbon-based resistive memory, IEEE International Electron Devices Meeting, 2008, 1-4.
[174] Fu D, Xie D, Feng T, et al. Unipolar resistive switching properties of diamondlike carbon-based RRAM devices. IEEE Electron Device Letters, 2011, 32(6): 803-805.
[175] Huang J, Chen S, Ren Z, et al. Real-time observation of tubule formation from amorphous carbon nanowires under high-bias Joule heating. Nano Letters, 2006, 6(8): 1699-1705.
[176] Sebastian A, Pauza A, Rossel C, et al. Resistance switching at the nanometre scale in amorphous carbon. New Journal of Physics, 2011, 13(1): 013020.
[177] Ouyang J, Chu C W, Szmanda C R, et al. Programmable polymer thin film and non-volatile memory device. Nature Materials, 2004, 3(12): 918-922.
[178] Chu C W, Ouyang J, Tseng J H, et al. Organic donor–acceptor system exhibiting electrical bistability for use in memory devices. Advanced Materials, 2005, 17(11): 1440-1443.
[179] Ling Q D, Lim S L, Song Y, et al. Nonvolatile polymer memory device based on bistable electrical switching in a thin film of poly (n-vinylcarbazole) with covalently bonded C60. Langmuir, 2007, 23(1): 312-319.
[180] Zhuang X D, Chen Y, Liu G, et al. Conjugated-polymer-functionalized graphene oxide: Synthesis and nonvolatile rewritable memory effect. Advanced Materials, 2010, 22(15): 1731-1735.
[181] Bandyopadhyay A, Pal A J. Multilevel conductivity and conductance switching in supramolecular structures of an organic molecule. Applied Physics Letters, 2004, 84(6): 999-1001.
[182] Teo E, Ling Q, Song Y, et al. Non-volatile WORM memory device based on an acrylate polymer with electron donating carbazole pendant groups. Organic Electronics, 2006, 7(3): 173-180.
[183] Lim S L, Ling Q, Teo E Y H, et al. Conformation-induced electrical bistability in non-conjugated polymers with pendant carbazole moieties. Chemistry of Materials, 2007,

19(21): 5148-5157.
[184] Xie L H, Ling Q D, Hou X Y, et al. An effective friedel-crafts postfunctionalization of poly (N-vinylcarbazole) to tune carrier transportation of supramolecular organic semiconductors based on π-stacked polymers for nonvolatile flash memory cell. Journal of the American Chemical Society, 2008, 130(7): 2120-2121.

第 5 章　阻变存储器的性能优化

经过半个多世纪的发展，阻变存储器的各项性能都取得了飞速发展，各种高速、高循环次数、低功耗、高密度的阻变存储器器件不断被报道。例如，在 HfO_x 和 WO_x 阻变存储器中，单个阻变单元的尺寸已经降低到了 10nm，表明了阻变器件优越的小型化前景[1, 2]。而在 TaO_x 和 Pt 掺杂的 SiO_2 器件中，已经证明了其数据擦写速度可以快至 100ps[3, 4]。在器件的功耗方面，有报道称 Ni/GeO/HfON/TaN 和 TiN/Hf/HfO_2/TiN 阻变器件的单次电阻转变所消耗的功率在 0.1pJ 以下[2, 5]。在 Pt/Ta_2O_{5-x}/TaO_{2-x}/Pt 器件中已经实现了高达 10^{12} 的循环次数[6]。至于器件电阻态的保持性能在实验上已经被证明了可以稳定保持几个月以上，对于实验数据的外推更是证明了 85℃下长达 10 年以上的保持性能[7]。这些报道的阻变存储器的各项性能都达到或超过了当前主流存储器的性能。例如电脑的主存储器(DRAM)的擦写速度在数个纳米的量级，速度最快的静态随机存储器(SRAM)的速度也是在数百皮秒的量级，而目前报道的擦写速度最快的阻变存储器已经超过了这两种存储器。在循环擦写寿命方面，目前报道的数值虽然还达不到 DRAM 的性能(10^{16})，但是已经远远超过了闪存(10^6)的擦写寿命。在低功耗以及小型化方面，阻变存储器更是比其他类型的存储器具有优势。尽管阻变存储器的各个单项性能都很优秀，但是目前可以实用化的阻变存储器产品却迟迟没有面市。

实用化的阻变存储器产品之所以迟迟没有推出，是因为目前报道的各项优异性能是在不同的阻变器件中实现的。这恰似木桶原理，只有所有的优异性能集中于同一阻变存储器单元，才有可能使之取代传统存储器。阻变存储器目前面临的另一个难题就是性能的分散性，同一阵列上不同单元的性能存在差异性，并且同一单元器件的不同次操作也存在差异。为了解决这些问题，就需要从材料改性和结构优化等多方面来进一步提升阻变存储器的各项性能，使之早日实现商业化。本章将主要介绍各种提升阻变存储器性能的方法和措施，其中包括掺杂、电极工程、界面工程、结构和测试优化以及多值存储等。

5.1　介质材料的掺杂改性

掺杂是一种改变材料性能的有效手段，材料的各种性能包括导电性、磁性以及发光性能等都可以通过掺杂进行调控。例如半导体行业的基础材料——Si 的导电性就是通过改变掺杂浓度来实现的。在固溶度范围以外的掺杂还能在材料内部引入杂质缺陷或者第二相，改变材料的结构和功能特性。在阻变存储器领域，掺杂也被认为是一种有效调控器件性能的方法而被广泛使用，人们通过对介质材料的掺杂来改善阻变器件的各项性能。

5.1.1 氧化物阻变存储器的掺杂改性

1. 掺杂离子对氧空位生成能的影响

在氧离子迁移型阻变存储器中，掺杂对于氧化物介质材料最有效的控制就是调控其中氧空位的浓度和迁移率，从而调控器件的电阻转变性能。掺杂离子的化学价态和半径是影响掺杂效果的两个最重要的参数，它们能够影响氧化物中氧空位的生成能力。下面以 ZrO_2 薄膜为例讨论掺杂离子对于氧化物阻变存储器性能的影响。图 5.1 所示为掺杂对于 ZrO_2 薄膜中氧空位生成自由能影响的理论计算结果，以及掺杂对于 ZrO_2 基阻变存储器性能影响的实验验证[8]。在图 5.1(a)和 5.1(b)的理论计算中使用了 96 个原子大小的单斜结构的 ZrO_2 晶胞，通过在晶胞中除去一个氧原子以引入一个氧空位。掺杂离子替代晶胞中 Zr 离子的位置，并假设氧空位与掺杂离子是近邻的。第一性原理计算的结果表明，掺杂离子的化学价态对于 ZrO_2 中氧空位的生成自由能有重要影响，而离子半径的影响则比较小(图 5.1(b))。三价杂质离子的掺入能有效较低 ZrO_2 中氧空位的生成自由能，这是因为三价离子在 ZrO_2 薄膜中相当于受主缺陷，带负电，而氧空位是施主型缺陷，带正电。两种缺陷由于库仑作用力形成偶极子，能有效降低氧空位的生成自由能。因此，从理论上预测三价的 Al 离子和 La 离子的掺杂能有效调控 ZrO_2 中氧空位的形成能。从实验上对比未掺杂和 Al 掺杂的 ZrO_2 基阻变存储器的性能，表明三价 Al 离子的掺入确实对于阻变性能有重要影响，如图 5.1(c)和 5.1(d)所示。Al 离子掺杂后，ZrO_2 基阻变存储器的电初始化电压从 9.89V(标准差为 3.86V)降到了 3.8V(标准差 1.15V)，并且掺杂后器件的高低电阻分布也更加集中[8]。此外，三价 Gd 离子掺杂的 HfO_2 基阻变存储器同样比未掺杂的器件表现出更加稳定和分布更加集中的电阻转变特性，更大的窗口值，甚至更快的擦写速度[9]。这些结果都证明，掺杂离子的价态对于氧化物的电阻转变性能有重要影响。

2. Zr^+掺杂的 ZrO_2 基阻变存储器

掺杂不只是改变材料中的氧空位浓度，还能对其他缺陷产生影响，而阻变材料中的缺陷或杂质是导致阻变现象的主要因素。但是，对于金属氧化物薄膜来说，材

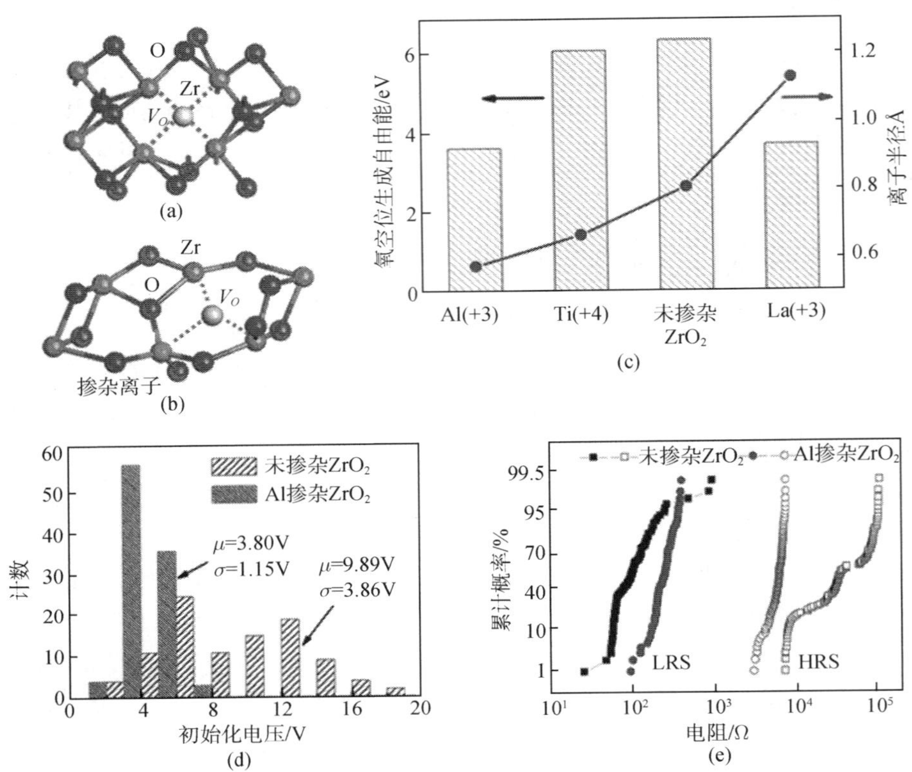

图 5.1 (a)未掺杂与掺杂后的 ZrO_2 的结构示意图；(b)氧空位生成自由能随掺杂离子种类的变化关系；(c)未掺杂与 Al 掺杂的 ZrO_2 基阻变存储器的电初始化电压的统计分布；(d)未掺杂与 Al 掺杂的 ZrO_2 基阻变存储器的高低电阻态的统计分布

共统计了 100 次转变的电阻分布，写入和擦除的脉冲分别为 1.5V/1μs 和−1.5V/100μs[8]

料中自然存在的缺陷种类很多(如:位错、晶粒间界、空位等)，并且分布很不均匀，因此很难保证制备的 RRAM 器件具有均匀、稳定的电阻转变性能。离子注入是半导体工艺中最成熟的掺杂技术之一，它可以通过调节离子注入的剂量和能量来控制杂质的浓度和分布。采用离子注入工艺对介质材料进行掺杂调控可以获得存储特性优异的阻变器件[10]。

这部分内容主要介绍未掺杂的 Au/Cr/ZrO_2/n^+-Si 器件与 Zr^+ 掺杂的 Au/Cr/ZrO_2:Zr^+/n^+-Si 的电阻转变特性的差异[11]。首先来看一下未掺杂的器件的相关性能。未掺杂的 Au/Cr/ZrO_2/n^+-Si 器件表现出不均匀的电阻转变特性。在测试的所有器件中，约有 40%的器件表现出双极电阻转变特性，10%的器件在较大的电初始化电压(>10V)的激励后可以观测到单极性的电阻转变现象，剩余的器件则没有观察到电阻转变现象。

未掺杂的 ZrO_2 薄膜的电阻转变性能非常分散。由于制备方法、化学剂量配比和上下电极材料都会对 ZrO_2 薄膜中的缺陷的种类和密度产生很大的影响，从而导致阻变特性的差异。ZrO_2 薄膜中缺陷的分布和种类不均匀导致了 $Au/Cr/ZrO_2/n^+$-Si 器件的阻变特性的均匀性和稳定性较差。为了得到均匀、稳定的 ZrO_2 基阻变器件，需要人为地控制 ZrO_2 薄膜中的缺陷种类和分布，而掺杂是一种非常有效的调节氧化物中缺陷种类和分布的方法，接下来介绍利用离子注入掺杂技术改性后器件性能的优化。

通过在 ZrO_2 薄膜中注入一定量的 Zr 离子来改善薄膜中缺陷的分布。制备的 $Au/Cr/ZrO_2:Zr^+/n^+$-Si 器件的电阻转变性能如图 5.2 所示。图中给出了未掺杂的 $Au/Cr/ZrO_2/n^+$-Si 器件与掺杂后的 $Au/Cr/ZrO_2:Zr^+/n^+$-Si 器件在 0V→4V→−4V→0V 扫描电压下的 *I-V* 曲线。由图可以看出，$Au/Cr/ZrO_2:Zr^+/n^+$-Si 器件也表现出双极性电阻转变现象，其 Set 电压为 3.2V 左右，Reset 电压为−3.1V 左右。与 $Au/Cr/ZrO_2/n^+$-Si 器件相比，掺 Zr^+的器件的高低阻态的比值要高两到三个数量级。同时，Zr^+掺杂的样品的器件产率也有很大的提高。

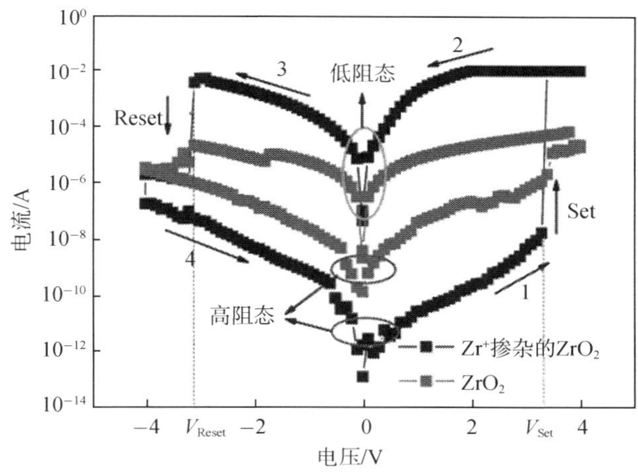

图 5.2　$Au/Cr/ZrO_2/n^+$-Si 器件与掺杂 Zr 离子的 $Au/Cr/ZrO_2:Zr^+/n^+$-Si 器件的电阻转变特性曲线的对比[11]

图 5.3 是 $Au/Cr/ZrO_2:Zr^+/n^+$-Si 器件在双对数坐标下的电流和电压曲线。在高阻态的低电压区间(0~1V)，器件的电流和电压满足欧姆定律的关系(*I-V*)；而当电压区间变为 1~3V 时，器件的电流和电压满足二次方的关系($I\sim V^2$)，在电压超过一个定值时，器件的电流和电压成指数倍的增长。相同的情况也出现在器件的低阻态区域。这种电流电压的变化趋势满足缺陷控制的空间电荷限制电流模型(SCLC)。缺陷控制

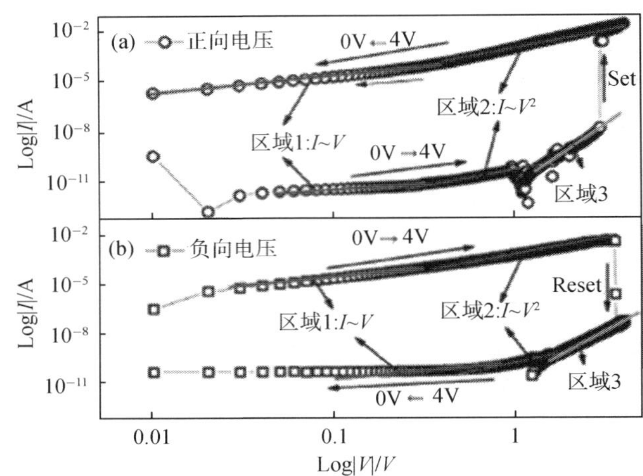

图 5.3　双对数坐标下的 $Au/Cr/ZrO_2:Zr^+/n^+$-Si 器件的电流电压曲线：(a)正向电压；(b)负向电压[11]

的 SCLC 模型的传输公式[12]可以由公式(5.1)表示：

$$J=\frac{9}{8}\left(\frac{\theta}{\theta+1}\right)\varepsilon\mu\frac{V^2}{L^3} \tag{5.1}$$

其中，J 是电流密度，ε 是介电常数，μ 是电子迁移率，V 是电压，L 是薄膜厚度，θ 是一个可变因子，与缺陷导致的陷阱密度相关，可由式(5.2)表示：

$$\theta=\frac{n(x)}{n_t(x)}=\frac{N_c}{N_t}\exp\left[\frac{-(E_c-E_t)}{k_{\mathrm{B}}T}\right] \tag{5.2}$$

其中，N_t 为材料中的陷阱密度，E_t 为陷阱能级，N_c 为自由载流子浓度。当器件处于低阻态时，ZrO_2 薄膜中的陷阱大部分被电子填满，因此 N_t 很小，从 θ 值很大($\gg 1$)，式(5.1)可以近似为式(5.3)：

$$J_{\mathrm{LRS}}=\frac{9}{8}\varepsilon\mu\frac{V^2}{L^3} \tag{5.3}$$

当器件处于高阻态时，ZrO_2 薄膜中的陷阱大部分没有被电子占据，因此 N_t 的值很大，而从 θ 值很小($\ll 1$)，式(5.1)可以近似为(5.4)式：

$$J_{\mathrm{HRS}}=\frac{9}{8}\theta\varepsilon\mu\frac{V^2}{L^3} \tag{5.4}$$

由式(5.3)和式(5.4)可以得出高低阻态之比(存储窗口)与陷阱密度之间的关系为：

$$\frac{R_{\mathrm{HRS}}}{R_{\mathrm{LRS}}}=\frac{\dfrac{V_{\mathrm{read}}}{AJ_{\mathrm{HRS}}}}{\dfrac{V_{\mathrm{read}}}{AJ_{\mathrm{LRS}}}}=\frac{1}{\theta}=\frac{N_t}{N_c}\exp\left[\frac{E_c-E_t}{kT}\right] \tag{5.5}$$

其中，A 为器件面积。由(5.5)式可以看出，电阻转变的窗口与材料中的陷阱密度、陷阱能级和温度等因素相关。在 Au/Cr/ZrO_2:Zr^+/n^+-Si 器件中，掺入一定含量的 Zr^+ 离子，提高了 ZrO_2 薄膜中的陷阱密度，从而使得器件的转变窗口有明显的增加。根据以上分析，可以知道 Zr^+ 陷阱能级对电子的捕获和释放是造成 Au/Cr/ZrO_2:Zr^+/n^+-Si 器件电阻转变的主要原因。当向器件施加正向电压时，流过 ZrO_2 薄膜的电子有一部分被 Zr^+陷阱捕获，这时电流的传输满足式(5.4)。而当陷阱能级被填满时，器件的电流传输满足公式(5.3)，这时器件由高阻态转变到低阻态。当加反向电压时，被电子占据的陷阱能级将释放出电子，从而使得器件从低阻态转变回高阻态

3. 惰性金属 Au 掺杂的 ZrO_2 基阻变存储器

Au、Cu 等金属元素在半导体材料中容易形成深能级陷阱，并且容易在半导体材料中迁移，这些特性都有利于氧化物材料发生电阻转变现象[10]。因此，以 Au 掺杂的 ZrO_2 薄膜有望获得性能优异的阻变存储器器件。下面将介绍 Au 掺杂的 Au/Cr/ZrO_2:Au^+/n^+-Si 器件的存储特性，并讨论这类掺杂元素对 ZrO_2 薄膜电阻转变特性的影响[13]。

图 5.4 给出了 Au/Cr/ZrO_2:Au^+/n^+-Si 器件的典型的 I-V 曲线。由图可以看出，掺 Au 的器件表现出单极性电阻转变现象，当采用 10mA 限流的正向直流电压扫描时，Au/Cr/ZrO_2:Au^+/n^+-Si 器件在 8V 附件发生 Set 过程，器件由高阻态变为低阻态，当直流扫描电压重新从 0V 开始向正向扫描时，器件在 2.2V 左右发生 Reset 过程，器件由低阻态回到高阻态。Cu 掺杂的器件 Au/Cr/ZrO_2:Cu^+/n^+-Si 也表现出类似的单极电阻转变特性。与未掺杂的 Au/Cr/ZrO_2/n^+-Si 器件表现出的单极电阻转变特性相比，掺杂 Au 离子的器件不需要电初始化过程来激活电阻转变现象。

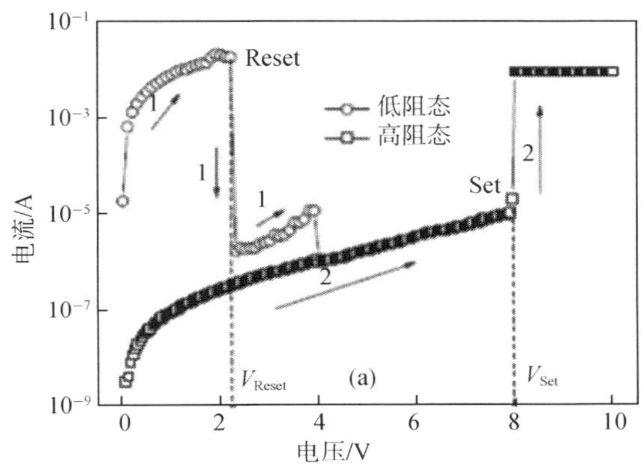

图 5.4　掺杂的 Au/Cr/ZrO_2:Au^+/n^+-Si 器件的单极性电阻转变特性曲线[13]

基于对高低阻态的电流电压关系，高低阻态的电阻值与器件面积的关系，以及和高低阻态的电阻值与温度的关系的研究，可以知道导电细丝的形成和破灭机制是导致 $Au/Cr/ZrO_2:Au^+/n^+$-Si 器件发生电阻转变现象的主要原因。电流在绝缘体中的各种传导机制可以由等温 *I-V* 曲线关系进行区分：如肖特基传导机制满足 $\ln I\sim V^{1/2}$，Frenkel-Pool 传导机制满足 $\ln I/V\sim V^{1/2}$，空间电荷限制传导机制则满足 $I\sim V^2$，而导电细丝传导机制和离子电流传导机制则满足欧姆关系($I\sim V$)。图 5.5 是 $Au/Cr/ZrO_2:Au^+/n^+$-Si 器件在双对数坐标下的 *I-V* 曲线。从图中可以看出，器件低阻态的电流与电压关系符合欧姆传导机制($I\sim V$),其电流传导机制可能是基于导电细丝传导或离子电流传导。图 5.5 的插图给出了 $Au/Cr/ZrO_2:Au^+/n^+$-Si 器件的高低阻态的电阻与器件面积的关系。从图中可以看出，低阻态的电阻基本不随器件面积的变化而变化，这说明低阻态中的电流主要是通过 ZrO_2 薄膜中的局域导电通道进行传输。结合低阻态下的 *I-V* 曲线的拟合结果，这个关系进一步证明了 $Au/Cr/ZrO_2:Au^+/n^+$-Si 器件的电阻转变机制为局域性的导电细丝传导机制。另外，从图中还可以看出高阻态的电阻随着器件面积的减小而增加,这说明在器件面积缩小的情况下 $Au/Cr/ZrO_2:Au^+/n^+$-Si 器件的存储窗口反而会有增加的趋势,预示该器件具有较好的尺寸缩小特性。

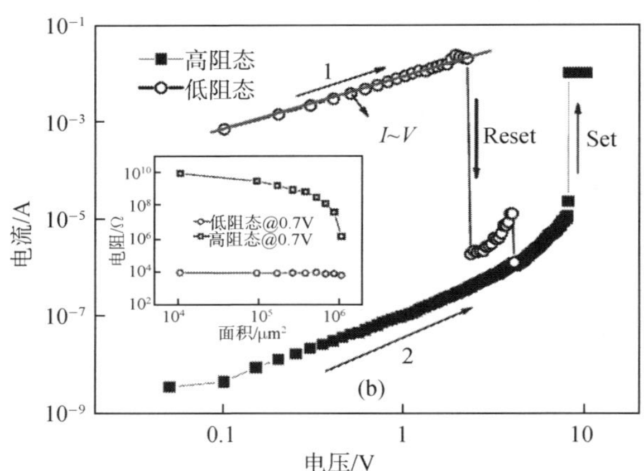

图 5.5　$Au/Cr/ZrO_2:Au^+/n^+$-Si 器件在双对数坐标下的 *I-V* 特性曲线，插图为器件的高低阻态的电阻值与器件面积的关系[13]

为了进一步确认 $Au/Cr/ZrO_2:Au^+/n^+$-Si 器件的电流传输机制，还可以测试高低阻态的电流与温度的关系，如图 5.6 所示。在变温测试之前,先将不同的器件设置到高阻态或低阻态，然后再将探针台的测试温度降到 100K，接着从 100K 开始一直升温到 400K，每升温 20K 对器件进行一次读操作(0.7V 读取电压)，并记录各个器件对应的电流值。从图 5.6(a)中可以看出，低阻态电流随温度的升高而增加，说明器件在低阻态中形成的导电细丝是非金属性质的。同时，对低阻态的电流与温度的关系进行拟合发现在 200K 到 420K 的温度区间内电流与温度符合 $\ln I \sim T^{1/4}$ 的关系式，如图中插图所示，这说明低阻态的电流传输机制为 VRH 机制[14]。图 5.6(b)给出了高阻态电流随温度的变化关系。从图中可以看出，器件的高阻态电流随温度的增加按指数关系增长，表现出典型的半导体(或绝缘体)温度特性。当温度从 100K 增加到 420K 时，高阻态电流从 1.5×10^{-9}A 增加到 5.7×10^{-8}A。

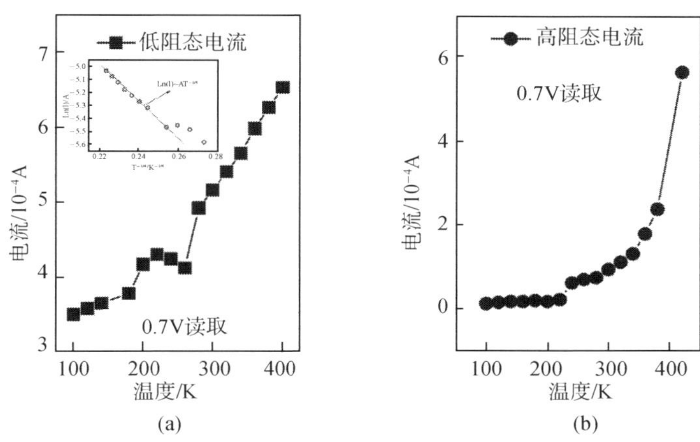

图 5.6　$Au/Cr/ZrO_2:Au^+/n^+$-Si 器件的高低阻态的电流值与温度的关系，插图为器件在低阻态的电流与温度的关系的 VRH 机制拟合[13]

根据以上分析，可以认为局域的导电通道的形成和破灭是导致 $Au/Cr/ZrO_2:Au^+/n^+$-Si 器件发生电阻转变现象的主要原因。在没有掺杂的 $Au/Cr/ZrO_2/n^+$-Si 器件中，产生单极电阻转变现象之前必须要施加一个电初始化电压，在这个过程中 ZrO_2 薄膜在强电场的作用下将会产生一些可移动的缺陷，这些缺陷在氧化物薄膜中渗透并形成一些局域的导电通道。而对于掺 Au^+的 $Au/Cr/ZrO_2:Au^+/n^+$-Si 器件来说，并不需要电初始化过程就可以出现单极的电阻转变现象，这说明 Au 杂质在形成局域导电通道中起到重要的作用。

在金属氧化物中，二维的晶格缺陷，位错或晶界容易成为金属离子或氧离子迁移的通路。对于 $Au/Cr/ZrO_2:Au^+/n^+$-Si 器件的 Set 过程来说，掺杂的 Au^+离子在电场的作用下，容易沿着 ZrO_2 薄膜中的晶界迁移和聚集，并最终形成连接上下电极的由 Au^+离子缺陷构成的局域性导电通道，这个过程类似于 Choi 等人提出的 TiO_2 薄膜中的导电细丝形成模型[15]。当这些导电通道形成以后，电子通过跃迁的方式从这些由 Au^+离子形成的导电通道中传输，使得通过 ZrO_2 薄膜的电流急剧增加，器件由高阻态转变到低阻态。对于 Reset 过程来说，由于器件中的电流主要通过这些局域的导电通道来传输，同时由于导电通道的尺寸一般都在纳米量级，这使得大量的焦耳热在导电通道内产生，导致导电通道周围的环境温度升高，加剧了 Au^+离子的热运动，最终导致局域性导电通道的破灭。在这种情况下，器件将由低阻态转变到高阻态。总之，利用离子注入技术制备的 Au^+离子掺杂的 $Au/Cr/ZrO_2{:}Au^+/n^+$-Si 器件具有稳定的单极性电阻转变特性，较好的循环擦写寿命，较快的操作速度和较好的高温保持特性等优点。

4. 活性金属 Ti 掺杂的 ZrO_2 基阻变存储器

前面讨论的器件都是在低阻硅衬底上制备的器件。在 n^+-Si 衬底上制备的 ZrO_2 基阻变存储器件存在以下两个方面的不利因素：第一，在淀积 ZrO_2 薄膜和后续的高温退火工艺中，Si 衬底与 ZrO_2 薄膜之间会形成一层 ZrSiO 的界面层，这层界面层可能会影响器件的均匀性，并造成较大的 Set 电压；第二，基于低阻 Si 电极的阻变器件与晶体管或其他整流器件集成比较困难，难以制备大规模存储阵列，这主要是因为 Si 薄膜的生长工艺一般需要较高的温度(>900℃)，这个高温工艺会对其他整流器件产生损伤[10]。基于以上考虑，如果选用金属电极作为下电极，就有可能避免这些问题。因此，以下内容介绍在金属 Pt 电极上制备的 ZrO_2 基阻变存储器的掺杂改性，重点比较未掺杂的 $Cu/ZrO_2/Pt$ 器件和 Ti^+离子掺杂的 $Cu/ZrO_2{:}Ti/Pt$ 器件的性能变化[16]。

先来看一下未掺杂器件的电阻转变性能，图 5.7 给出了 $Cu/ZrO_2/Pt$ 器件的电阻转变特性。由图可知，$Cu/ZrO_2/Pt$ 器件的初始状态为高阻态，电阻值在 $10^9\Omega$ 以上。图中给出了 $Cu/ZrO_2/Pt$ 器件 10 次重复测试的 *I-V* 曲线。从图中可以看出，该器件也需要一个电初始化(~10V)过程来激活器件的电阻转变行为，随后的测试中，$Cu/ZrO_2/Pt$ 器件可以在正向扫描电压下发生 Set 过程，但是 Set 电压的分布非常离散(0.5–9V)。在 Set 和电初始化过程中均采用 1mA 的限流来防止器件损坏。$Cu/ZrO_2/Pt$ 器件可以在正、负两个方向的扫描电压下发生 Reset 过程，并且在正、负扫描电压下的 Reset 电压分布范围基本对称。图 5.7 只给出了负向 Reset 的操作，从图中可以看出 Reset 电压分布很集中，Reset 电压分布在–0.6V 到–1.4V 之间。

与 $Cu/ZrO_2/Pt$ 器件相比，Ti^+掺杂后的 $Cu/ZrO_2{:}Ti/Pt$ 器件的初始状态也为高阻态($>10^9\Omega$)。但是，掺 Ti^+的器件不需要电初始化过程来激活器件的电阻转变特性，这与前面介绍的 Au^+掺杂的器件类似。图 5.8 给出了 $Cu/ZrO_2{:}Ti/Pt$ 器件 10 次重复测试的 *I-V* 曲线。从图中可以看出，$Cu/ZrO_2{:}Ti/Pt$ 器件的第一次 SET 过程所需要的

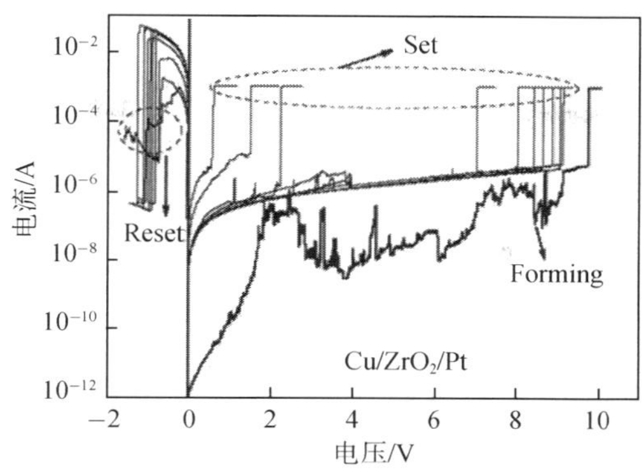

图 5.7　$Cu/ZrO_2/Pt$ 器件的 10 次循环的电阻转变特性[16]

电压并不一定比随后发生 Set 过程所需的电压高。同时，与图 5.7 中 $Cu/ZrO_2/Pt$ 器件的 *I-V* 曲线相比，Cu/ZrO_2:Ti/Pt 器件的 Set 过程更加集中，并且 Set 所需的电压也较小，而 Reset 过程基本与 $Cu/ZrO_2/Pt$ 器件相似。

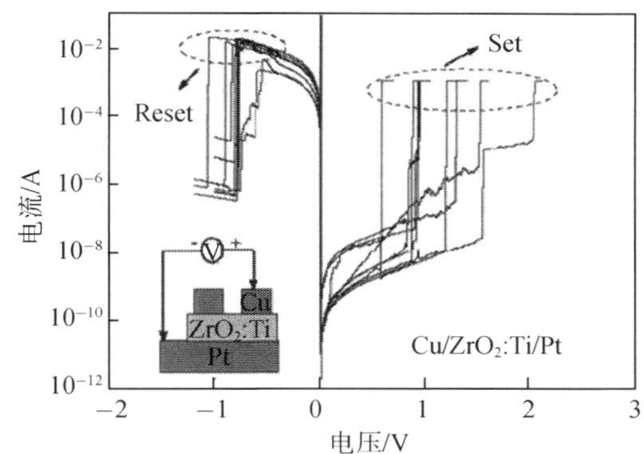

图 5.8　掺杂后 Cu/ZrO_2:Ti/Pt 器件的多次循环的电阻转变特性[16]

图 5.9 给出了 $Cu/ZrO_2/Pt$ 器件和 Cu/ZrO_2:Ti/Pt 器件的 Set 和 Reset 电压的统计图，统计数据来自多个器件的多次重复测试。从图中可以看出 $Cu/ZrO_2/Pt$ 器件的 Set 和 Reset 电压平均值分别为 5.3lV 和–0.94V，而掺 Ti^+的 Cu/ZrO_2:Ti/Pt 器件的 Set 和 Reset 电压平均值分别为 1.43V 和–0.66V，低的操作电压有利于功耗的降低。同时，从图中的误差棒能够看出，掺 Ti^+的器件的 Set 电压分布范围更加集中。

图 5.10 给出了 $Cu/ZrO_2/Pt$ 器件与 Cu/ZrO_2:Ti/Pt 器件在 50 次重复测试中的高低阻态电阻值的分布。从图中可以看出，Cu/ZrO_2:Ti/Pt 器件具有更加稳定的高阻状态。与 $Cu/ZrO_2/Pt$ 器件对比的结果来看，Ti 掺杂可以消除电初始化过程，降低器件的 Set 电压，同时提高器件电阻转变参数的均匀性和稳定性，这些都有利于存储器件

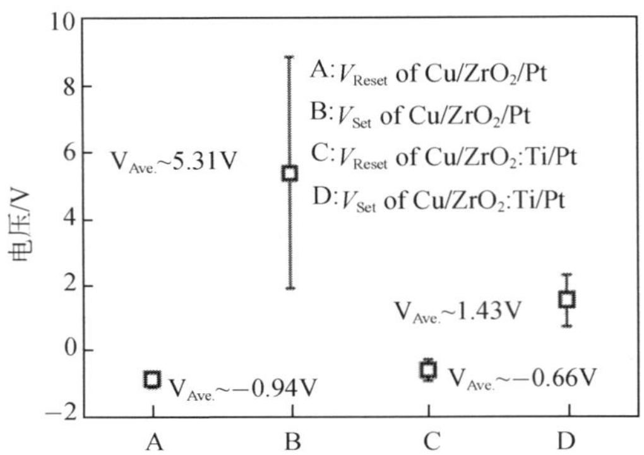

图 5.9　$Cu/ZrO_2/Pt$ 器件与 Cu/ZrO_2:Ti/Pt 器件的转变电压的统计分布[16]

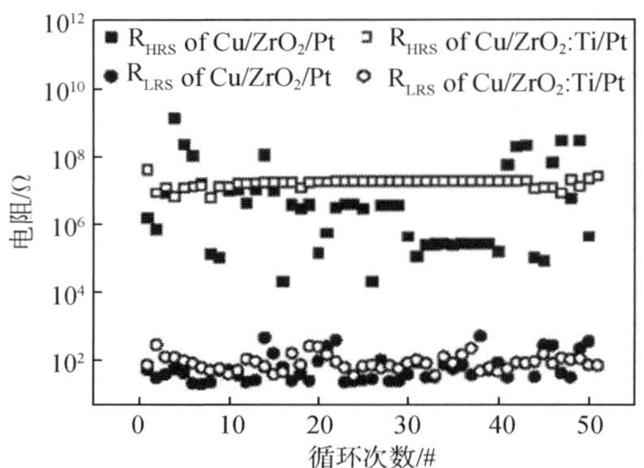

图 5.10　$Cu/ZrO_2/Pt$ 器件与 Cu/ZrO_2:Ti/Pt 器件在重复测试中的高低阻态阻值的分布[16]

的实际应用。

图 5.11 是 Cu/ZrO_2:Ti/Pt 器件在双对数坐标下的 *I-V* 曲线。从图中可以看出，Cu/ZrO_2:Ti/Pt 器件与 $Au/Cr/ZrO_2:Au^+/n^+$-Si 器件类似，其低阻态的电流与电压关系符合欧姆传导机制($I \sim V$)，而高阻态的 *I-V* 曲线满足陷阱控制空间电荷限制传导模型。同时，由图 5.12 也可以看出 Cu/ZrO_2:Ti/Pt 器件的低阻态电阻基本上不随器件面积的变化而变化。因此，确定 Cu/ZrO_2:Ti/Pt 器件的电阻转变现象是由导电细丝的形成和破灭导致。

虽然从 *I-V* 曲线和高低阻态的电阻值与面积的关系，可以确认导电细丝机制主导了 Cu/ZrO_2:Ti/Pt 器件的电阻转变现象，但是导电细丝的成分是什么？导电细丝的形成和破灭是由什么因素控制呢？关于氧化物中导电细丝的成分与导电细丝的形成和破灭的机制主要分为三类：阳离子(金属离子)的氧化还原反应；阴离子(氧空位

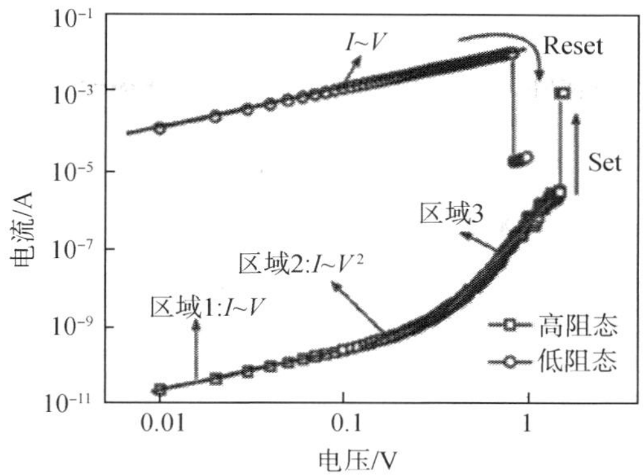

图 5.11　Cu/ZrO_2:Ti/Pt 器件在双对数坐标下的 *I-V* 特性曲线[16]

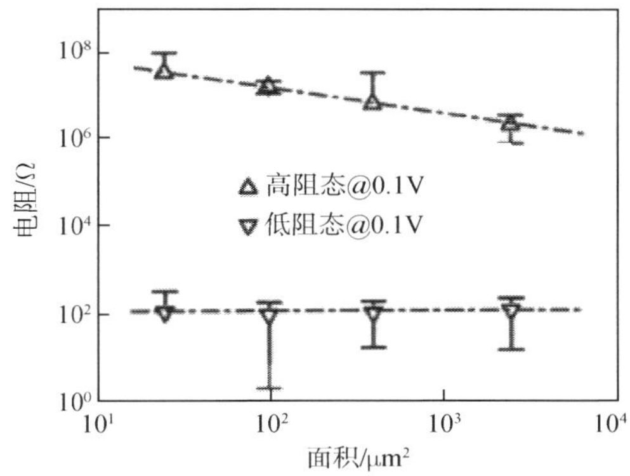

图 5.12　Cu/ZrO_2:Ti/Pt 器件的高低阻态的电阻值与器件面积的关系[16]

或氧离子)的氧化还原反应；热效应引起的熔丝和反熔丝模型。而哪种机制主导氧化物中导电细丝的形成和破灭过程与氧化物的化学剂量配比、上下电极成分或掺杂物质种类相关。

利用 Cu 或 Ag 做电极的阻变器件的导电细丝通常由金属导电细丝组成，因为 Cu 和 Ag 这样的易氧化金属在电压激励下可以被氧化，并在电场作用下容易向氧化物中迁移。为了排除 Cu 电极的影响，比较 Ti 上电极的 Ti/ZrO_2:Ti/Pt 器件性能与 Cu 上电极性能。可以发现 Ti/ZrO_2:Ti/Pt 器件的电阻转变特性与 Cu/ZrO_2:Ti/Pt 器件相似，Set 过程也只能在正向电压下实现，如图 5.13 所示。但是，从图中也能够看出，Ti/ZrO_2:Ti/Pt 器件的 Set 和 Reset 电压要比 Cu/ZrO_2:Ti/Pt 器件高，这是由于 Ti 电极与 ZrO_2 薄膜之间的界面生成氧化物而引起的差异。

为了探究 Ti^+掺杂在 Cu/ZrO_2:Ti/Pt 器件的电阻转变过程中所起的作用，图 5.14 给出了 Ti^+掺杂的 ZrO_2:Ti 薄膜和无掺杂的 ZrO_2 薄膜的 XPS 分析。用于材料分析的

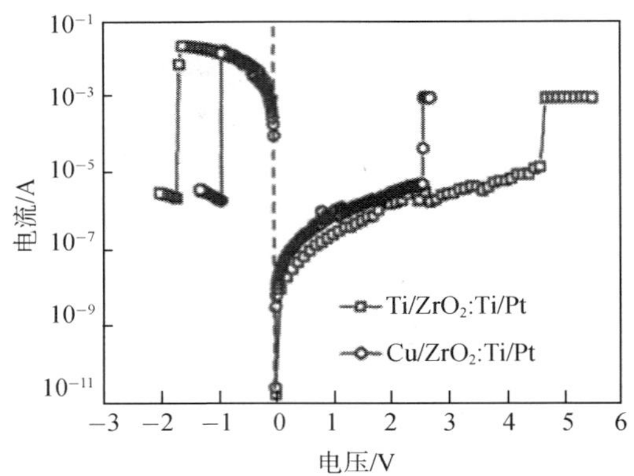

图 5.13　Ti/ZrO_2:Ti/Pt 和 Cu/ZrO_2:Ti/Pt 结构的阻变器件的电阻转变特性[16]

ZrO_2:Ti 薄膜样品中，Ti^+的离子注入剂量为 $1\times10^{15}cm^{-2}$。从图中可得，掺 Ti^+的 ZrO_2:Ti 薄膜与无掺杂的 ZrO_2 薄膜相比，Zr 元素 3d 轨道的 XPS 谱线有一定的差别。掺 Ti^+的 ZrO_2:Ti 薄膜的谱线中出现了能量为 182.4eV 和 179.0eV 的峰值，这说明 Ti^+掺杂的 ZrO_2:Ti 薄膜中含有一些金属态的 Zr(或者由氧空位贡献)。由 XPS 分析结果可知，Ti 在 ZrO_2 薄膜中引入了一定量的氧空位(Zr^0)，这主要是由于 Ti 与氧结合的 Gibbs 自由能比 Zr 更加小。而 Ti^{3+}离子的半径为 0.76Å，与 Zr^{4+}离子的半径 0.78Å 相似，因此在 ZrO_2 晶格中 Ti^{3+}离子容易代替 Zr^{4+}离子与 O^{2-}结合，同时会产生氧空位[17]。与 Cu/ZrO_2/Pt 器件相比，Ti^+掺杂的样品不需要电初始化过程来激活器件的电阻转变特性，这应归功于 Ti^+掺杂引入了足够多的氧空位，从而在较小的电压就能形成局域的导电通道。

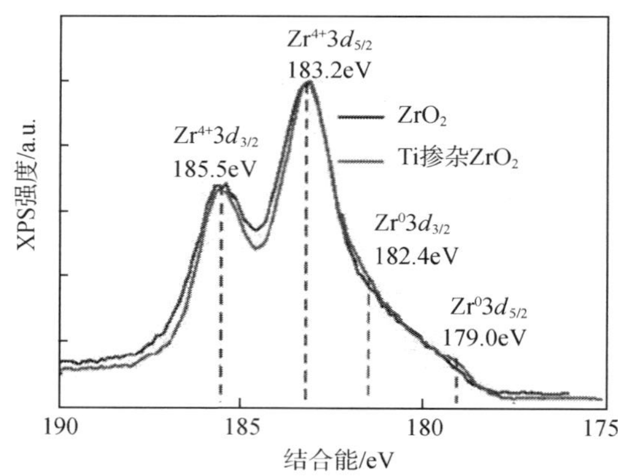

图 5.14　未掺杂的 ZrO_2 薄膜和 Ti^+掺杂的 ZrO_2:Ti 薄膜中 Zr 元素的 XPS 谱

在 Cr 掺杂的 $SrTiO_3$ 薄膜的电阻转变中，通过 XANES 技术分析低阻态薄膜中

Cr 元素的 *K* 边 XANES 谱线发现在 Cr^{3+} 离子周围聚集了大量的氧空位从而形成了局域性的导电通道，即 Cr 离子在氧空位形成的导电细丝过程中起到了一个种子的过程[18]。而 Ti 离子在 ZrO_2 薄膜中能起到这种类似种子的作用，这有助于导电细丝的形成和减小导电细丝形成过程的随机性，从而提高了器件电阻转变的均匀性和稳定性。

5. ZrO_2 基阻变存储器中掺杂的作用总结

中国科学院微电子研究所刘明研究员领导的研究团队重点研究了利用离子注入技术对不同金属离子掺杂的 ZrO_2 基阻变存储器电阻转变性能的影响极其规律[10]。他们的研究结果如表 5.1 所示。从表中可以看出，掺杂对 ZrO_2 薄膜的电阻转变特性有如下几点的改善：

(1) 掺杂可以消除 ZrO_2 薄膜发生电阻转变现象所需要的电初始化过程，较大电压的电初始化过程需要更加复杂的外围电路来提供，因此掺杂可以简化存储器的外围电路设计；

(2) 掺杂可以提高基于 ZrO_2 薄膜的阻变器件的产率；

表 5.1　掺杂 ZrO_2 薄膜的阻变存储器的电阻转变特性与阻变机制[10]

器件结构	电初始化	转变类型	Set / Reset 电压	存储窗口	Set / Reset 速度	器件产率	转变机制
$Au/Cr/ZrO_2/n^+$-Si	是	双极/单极	−2~ −3.5V / 1.5~3V	~10^3	/	~50%	多种机制共同作用
Au/ZrO_2:Au 纳米颗粒/n^+-Si	否	双极	−2~ −3.5V / 1.5~3V	~10^3	/	>70%	电荷俘获释放
$Au/Cr/ZrO_2:Zr/n^+$-Si	否	双极	3.2V / −3.2V	~10^6	/	~90%	电荷陷阱控制
$Au/Cr/ZrO_2:Au/n^+$-Si	否	单极	4.5~10V / 1.5~4V	>10^4	50ns / 100ns	~90%	导电细丝
$Cu/ZrO_2/Pt$	是	双极	0.5~10V / −0.5~−1.5V	>10^4	50ns / 100ns	<40%	导电细丝
$Cu/ZrO_2:Cu/Pt$	否	无极	2.1~3.6V / 0.8~1.5V	~10^6	50ns / 100ns	~100%	导电细丝
$Cu/ZrO_2:Au/Pt$	否	无极	2~5V / 0.5~1.2V	>10^4	5ns / 100ns	~100%	导电细丝
$Cu/ZrO_2:Ti/Pt$	否	双极	1~4V / −0.5~−1.5V	>10^4	5ns / 100ns	~100%	导电细丝
$Ti/ZrO_2:Ti/Pt$	否	双极	3~10V / −0.5~−5V	>10^4	50ns / 100ns	~100%	导电细丝

(3) 掺杂可以改善基于 ZrO_2 薄膜的阻变存储器的器件与器件之间的电阻转变特性的均一性；

(4) 掺杂可以降低基于 ZrO_2 薄膜的阻变器件的操作电压，有利于在低电压、低功耗的存储器领域得到应用；

(5) 掺杂可以减小基于 ZrO_2 薄膜的阻变器件转变参数的离散程度，提高了器件的稳定性和可靠性。

在其他二元氧化物中，掺杂同样能改善阻变存储器的阻变特性。例如，Li 掺杂改善了基于 NiO 的阻变器件的保持特性和转变电压的稳定性[19]。Ti 掺杂改善了基于 NiO 的阻变器件的高低阻态电阻值的离散性[20]。通过热扩散或紫外光照的方法在 SiO_2 薄膜中进行 Cu 掺杂来消除 Cu/SiO_2/W 器件的电初始化电压，并且能获得较好的阻变特性[21]。由表 5.1 可以看出，不同的掺杂元素在氧化物中引入的缺陷种类不同，从而造成阻变特性和阻变机制的差异。具体来说，引入的掺杂物质可以分为三类：①固定电荷陷阱缺陷，如在 ZrO_2 薄膜中引入 Au 纳米晶和 Zr^{+}离子缺陷，电阻转变现象主要由固定陷阱的充放电引起氧化物内部自建电场的差异导致，因此器件表现出双极性的电阻转变特性；②可动金属离子：如在 ZrO_2 薄膜中引入 Au 离子或 Cu 离子，电阻转变现象主要与金属离子的电化学和电迁移效应相关，因此器件表现出无极性电阻转变特性；③可动阴离子(氧空位)：如在 ZrO_2 薄膜中引入 Ti 离子或 Y 离子，由于 Ti、Y 等离子与 Zr 离子相比有更强的夺氧能力，因此会在 ZrO_2 薄膜中引入一些氧空位，而基于氧空位的导电细丝的形成过程需要与外界进行氧离子的交换，因此这类掺杂的器件的 Set 过程与电压的极性有很大的关系[22]。

5.1.2　氮化物阻变存储器的掺杂改性

狭义的掺杂仅仅指杂质原子进入晶格或者生成第二相，而广义的掺杂还包括在介质材料中掺入纳米颗粒。当贵金属纳米颗粒如 Pt、Ru、Ni 等掺杂进入阻变介质材料时，能够避免与介质材料发生化学反应，同时又能起到加强局域电场和减小介质层的有效厚度等作用。掺杂金属纳米颗粒通常有利于金属导电细丝的生成而有效减小电阻转变电压。例如在 Pt 纳米颗粒掺杂的 $SrZrO_3$ 和 SiO_2 薄膜中[23, 24]，在 Ni 纳米颗粒掺杂的 NiO 中都观察到了类似的现象[25]。另一方面，掺杂的金属纳米颗粒将成为导电细丝形成的优先位置，因而能够减小导电细丝形成的随机性而提高电阻转变的稳定性。例如在 Pt 纳米颗粒掺杂的 TiO_2 和 NiO 薄膜[23, 26]以及 Ru 纳米颗粒掺杂的 Al_2O_3 薄膜[27]中就获得了类似的结果。这些结果都证明了掺杂纳米颗粒进入介质材料可以有效的改进阻变存储器的存储特性。

掺杂纳米颗粒除了影响电阻转变特性以外，还能对电阻转变极性产生影响。例如，掺杂纳米颗粒可以使双极性器件转变成为单极性器件。双极性电阻转变器件在十字交叉阵列结构中与二极管集成时会遭遇难题，因为目前的二极管的反向电流难以使阻变器件转变回高阻态。而单极性器件就可以有效避免这个问题。通过在 AlN 薄膜中引入 Cu 纳米颗粒就可以实现双极性到单极性器件的转变。下面主要介绍一下本书作者在 AlN 薄膜中掺杂 Cu 纳米颗粒对器件改性的相关结果[28]。

1. AlN:Cu 薄膜的制备

阻变介质层 AlN:Cu 薄膜是利用磁控溅射仪配合退火操作获得。依次利用磁控溅射沉积 50nmAlN、3nmCu、50nmAlN，得到 AlN/Cu/AlN 的三明治结构。图 5.15 给出了制备的多层膜的截面低倍透射电镜照片，由图可以看出各层 AlN 薄膜与 Pt 电极之间界面明锐，上下两层 AlN 薄膜厚度均匀，都为 50nm 左右。然后将制备的 AlN/Cu/AlN 三层膜在 700℃的 N_2 气氛下快速退火 60s，使两层 AlN 中间的 Cu 层扩散到 AlN 薄膜中形成 AlN:Cu 薄膜。在 Si 基片上制备的 AlN:Cu 薄膜的 X 射线衍射的表征结果如图 5.16 所示。图中可以看到明显的 AlN(002)峰和非常微弱的 Cu(111)峰，表明 AlN 仍然是 *c* 轴择优取向的多晶薄膜，但是薄膜的晶体质量较差，这是由于大量 Cu 原子扩散进入 AlN 晶格的结果。最后用磁控溅射在退火后的薄膜上面利用金属掩膜版制备 50nm 厚、大小不同(直径 20μm、50μm、100μm、300μm)的 Pt 上电极，得到 Pt/AlN:Cu/Pt 器件。如图 5.15(a)所示，所有电压激励都施加在上电极，而下电极接地。

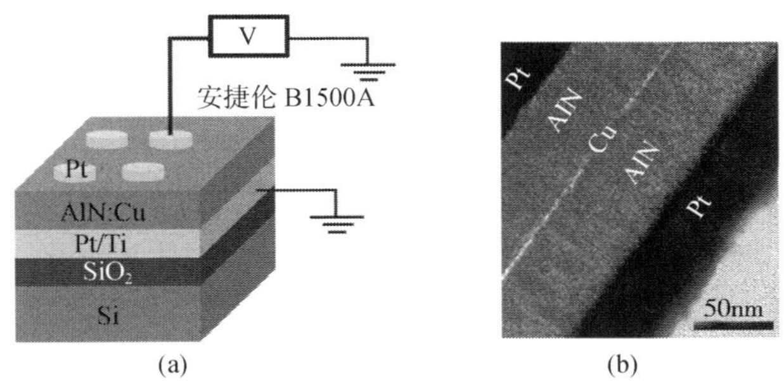

图 5.15　(a)Pt/AlN:Cu/Pt 器件的结构和测试示意图；(b)制备的多层膜结构的截面低倍透射电镜照片

2. 掺杂后 Pt/AlN:Cu/Pt 器件的电阻转变特性

用直流电压扫描测试 Pt/AlN:Cu/Pt 器件的电阻转变特性的结果如图 5.17(a)所示。器件的初始态处于低阻态。当电压正向扫描到约 0.7V 时，电流突然减小，器件的电阻转变到高阻态。撤消电压后，器件仍然保持在高阻态。当再次施加正向电

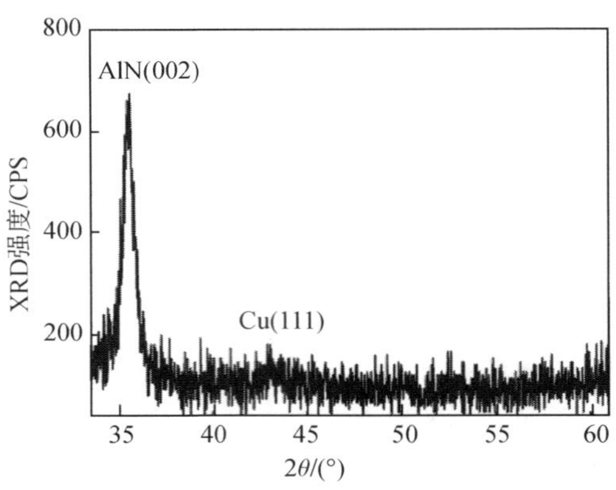

图 5.16　在 Si 基片上制备的 AlN:Cu 薄膜的 XRD 图谱

压超过 2V 时，电流突然急剧增大到设定的限制电流值(1mA)，器件的电阻又转变回低阻态，撤消电压后，器件稳定在低阻态。并且在施加负向电压时能够得到同样的现象，器件在–0.7V 时转变到高阻态，而高阻态在–2V 时转变回低阻态。由第 4 章中的介绍可知，Cu/AlN/Pt 器件和 TiN/AlN/Pt 器件都表现出双极性电阻转变。而 Pt/AlN:Cu/Pt 器件用同一极性的操作电压就可以同时完成 Set 和 Reset 过程，表现出单极性电阻转变特性。由于 Pt/AlN:Cu/Pt 器件结构的对称性，无论施加正向或负向电压对该器件的结果都是一样的，都能使器件发生 Set 和 Reset 操作，所以 Pt/AlN:Cu/Pt 器件的 *I-V* 曲线也是对称的，如图 5.17(a)所示。这种与电压极性无关的器件又可以被称为非极性阻变存储器。在大多数情况下，单极性阻变存储器其实就是非极性阻变存储器，因为单极性阻变存储器的电阻转变机理往往是和电压极性无关的。AlN:Cu 薄膜的这一电阻转变行为和文献中报道的 Cu 掺杂 ZrO_2 薄膜[29]和 Cu 掺杂 SiO_2 薄膜[21]的非极性电阻转变特性是一致的。

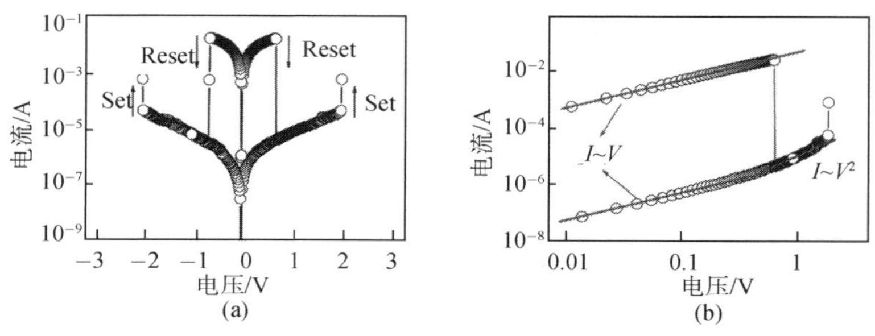

图 5.17　Pt/AlN:Cu/Pt 器件在(a)半对数坐标和(b)双对数坐标下的直流扫描 *I-V* 曲线及其线性拟合结果

进一步观察 Pt/AlN:Cu/Pt 器件在高低阻态的导电机制。将器件的 I-V 曲线画在双对数坐标下并对各段进行线性拟合，结果如图 5.17(b)所示。低阻态的导电机制比较简单，符合欧姆导电定律($I \propto V$)，暗示着低阻态由金属态的导电通道控制。而高阻态的导电机理分为两段，符合经典的 SCLC 导电机理[12, 30]，显示了 AlN 薄膜的本征导电特性：在较低的电压下，I-V 曲线的斜率为 1，是欧姆导电区($I \propto V$)，这时候薄膜中以热激发的载流子占主导，所以电流的大小取决于薄膜的导电率并且与电压成正比；当电压较大时，I-V 曲线的斜率增加到 2，这是因为由电极注入的载流子浓度快速的增加并且超过了薄膜中由热激发的载流子的平衡浓度。此时的电流是由电极注入的载流子浓度决定的，符合 Child 导电定律($I \propto V^2$)。图 5.17(b)只给出了正向电压扫描下的导电机制拟合曲线，由于 I-V 曲线的对称性，在负向扫描时的导电机制与正向扫描相同，都符合经典 SCLC 导电机制。

图 5.18(a)还给出了 Pt/AlN:Cu/Pt 器件在连续电压扫描下的 I-V 曲线。如图所示，在正向电压的激励下，器件表现出稳定的单极性电阻转变特性，能够在高低阻态之间来回的转变。低阻态的电流分布很集中，表现出很小的器件电阻(小于 $10^2\Omega$)；而高阻态的电流分布较为分散(10^{-8}~10^{-6}A)，这是由于高阻态时残留的导电细丝导致。器件的 Set 转变电压(V_{Set})高于 Reset 转变电压(V_{Reset})，进一步统计转变阈值电压在不同器件之间的分布如图 5.18(b)。图中为 108 个 Pt/AlN:Cu/Pt 器件的 V_{Set} 和 V_{Reset} 的统计分布。由图可以看出，V_{Reset} 的分布较为集中，分布在 0.3~1.2V 的范围；而 V_{Set} 的值分布较为分散，在大约 1.5~3.4V 之间。显然，V_{Set} 和 V_{Reset} 之间没有重叠，但是相对于双极性阻变存储器(转变电压的极性不同)，V_{Set} 和 V_{Reset} 的间隔还是太小，对薄膜质量和器件制备过程进行工艺优化可以进一步的改善器件性能的均匀性。

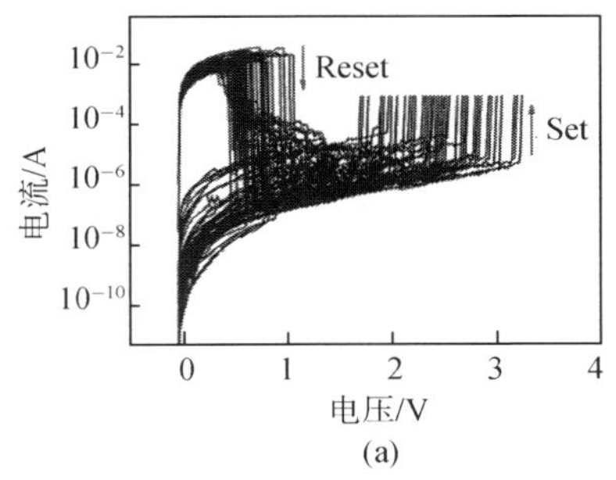

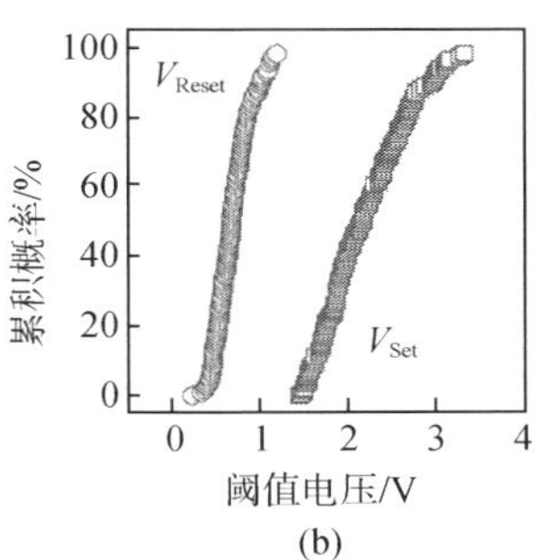

图 5.18　(a)Pt/AlN:Cu/Pt 器件在单向电压下的连续 40 次循环扫描的 I-V 曲线及其(b)电阻转变阈值电压的统计分布图

3. Pt/AlN:Cu/Pt 器件的电阻转变机理

在 Pt/AlN:Cu/Pt 器件的 I-V 曲线扫描中(图 5.17)发现器件的初始态是低阻态，

结合 Cu/AlN/Pt 双极性电阻转变的机理，暗示着 Pt/AlN:Cu/Pt 器件在退火之后就已经在薄膜内部形成了相互连通的 Cu 导电通道。为了进一步揭示退火后器件内部 Cu 原子的分布状态和化学价态，可以对退火前和退火后的 Pt/AlN:Cu/Pt 器件分别进行了俄歇电子能谱(AES)深度剖析的表征，如图 5.19 所示。在没有退火的器件中，随着剖析的深度增加，在 AlN 薄膜中出现一个强烈的 Cu 的尖峰(图 5.19(a)中的实线)，证明了在未退火的器件中 3nm 的 Cu 的存在，与预期的 AlN/Cu/AlN 结构相同。但是在退火后的 Pt/AlN:Cu/Pt 器件中，Cu 的信号明显的弱化，Cu 的峰宽化，说明在快速退火之后，有大量的 Cu 原子已经沿着 AlN 的晶界等位置进行了扩散。由于 AlN 晶格对 Cu 原子的溶解度比较低，Cu 原子便在 AlN 薄膜的晶界等缺陷处富集。

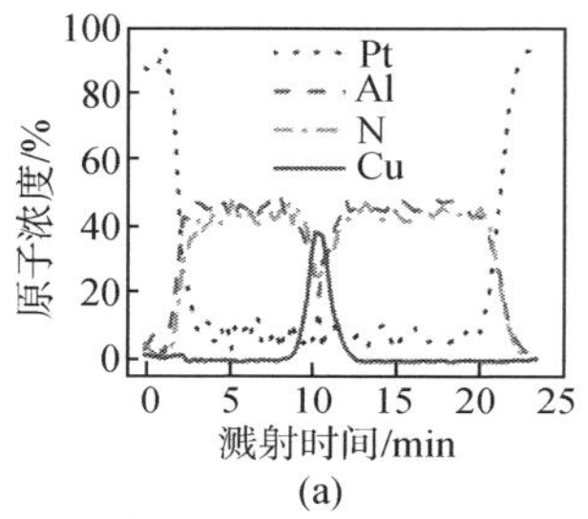

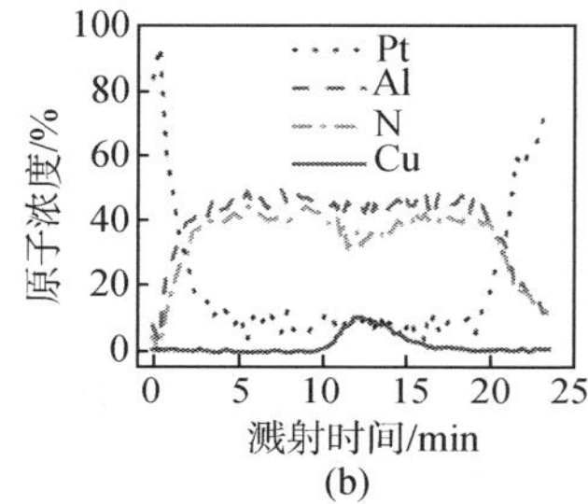

图 5.19　(a)退火前和(b)退火后的 Pt/AlN:Cu/Pt 器件的 AES 深度剖析，图中为 Pt、Al、N 和 Cu 的原子浓度百分比随剖析深度的变化

为了更进一步揭示 Pt/AlN:Cu/Pt 器件中的 Cu 在退火后的化学价态，直接对 AlN:Cu 薄膜的表面进行 XPS 表征，能够测到 Cu 2*p* 的 XPS 峰位。由于 XPS 检测的深度信息小于 10nm，所以表明 Cu 元素已经扩散到了 AlN 薄膜的表面。测得的 XPS 谱线如图 5.20 所示，对图中的实验谱进行拟合，可以得出两种化学价态的 Cu。拟合的其中一条谱线的 $2p_{3/2}$ 峰位于 932.38eV，表现出的是单质态的 Cu 的价态[31]，表明 Pt/AlN:Cu/Pt 器件中的 Cu 主要以金属态存在；而另外一条拟合的 $2p_{3/2}$ 峰位于 933.0eV，与 Cu–N 键的结合能相吻合[31, 32]，表明在退火后有一小部分的 Cu 与 N 结合生成化合物 Cu_xN。结合 AES 和 XPS 的结果可以知道，在退火过程中 Cu 原子大量往 AlN 的晶格等缺陷处扩散并部分的与 N 键结合生成 Cu_xN 等化合物，但是大部分的 Cu 原子仍然以金属态存在于 AlN 薄膜中。这些富余的 Cu 原子会在 AlN 晶格中的缺陷处团聚，形成一个个的 Cu 纳米球或是各种形状的 Cu 枝晶。由于 Cu 薄膜厚度只有 3nm，在 AlN 上面沉积 Cu 时由于晶格的不匹配会成岛状生长，而在退火后这些岛状的 Cu 会因为扩散而进一步变小并且球化成为 Cu 纳米晶，得到一种 Cu 纳米岛掺杂的 AlN 薄膜，同文献中 Cu 掺杂的 ZrO_2 薄膜类似[29]。

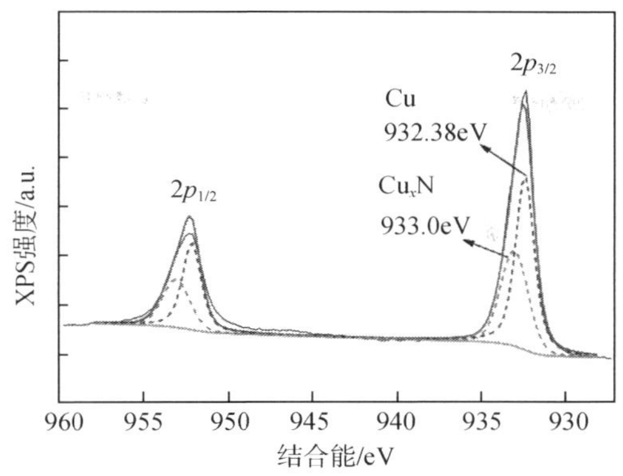

图 5.20　退火后的 Pt/AlN:Cu/Pt 器件中 Cu 的 XPS 实验谱及其分峰拟合谱

由于在退火后的 AlN:Cu 薄膜中存在大量的金属态的 Cu 原子团聚形成的纳米球或纳米岛，在施加电场时电子可以非常容易的在这些断续的 Cu 纳米岛之间隧穿，或者这些形状不规则的 Cu 纳米岛在某些局域位置本来就是连通的，所以 Pt/AlN:Cu/Pt 器件在一开始时表现出低阻态的特性。制备工艺过程中的退火使得器件处于低阻态的这一过程同文献中的称之为“热初始化”的过程相似[33, 34]。相对于长时间的高电压下使器件转变到低阻态的“电初始化”过程，热初始化过程是通过一个高温的退火过程使器件变成低阻态。处于低阻态的 Pt/AlN:Cu/Pt 器件的电阻只有不到 $10^2\Omega$。当电压施加在 Pt 上电极时，电流都从 AlN:Cu 薄膜中的 Cu 导电通道流过。在大电流下局部区域的焦耳热很严重(I^2R，I 指流过的电流，R 指电阻的大小)。在焦耳热作用下，导电通道内的温度急剧升高，使得导电通道内的 Cu 原子向外扩散最终使得导电通道的断开而使得器件转变到高阻态[33, 35]。正因为单极性电阻转变主要依赖焦耳热使导电通道断开，故单极性电阻转变在 Reset 过程中的电流通常比较大(5.18(a))。由于 AlN:Cu 薄膜中 Cu 原子的浓度高，Cu 导电细丝只是在局域位置稍有断开。当再次施加正向电压时，在电场作用下的电化学氧化还原反应以及电场下强化的热漂移作用使得断开的 Cu 导电细丝再次连接起来，从而使器件转变回了低阻态[21, 35]。相对于双极性电阻转变中占主导作用的氧化还原反应，在单极性电阻转变中焦耳热效应和热漂移运动占主导作用。广泛分布的 Cu 纳米岛还能起到增强局部电场的作用，使得 Pt/AlN:Cu/Pt 器件的介质层 AlN 薄膜在厚度增加的情况下相对于 Cu/AlN/Pt 器件的转变阈值电压的值反而减小。Cu 纳米岛还能使得导电细丝在 Reset 过程中只是局域位置很短距离的断开，这也保证了该器件可以在很短的脉冲电压下完成写入和擦除操作，这一点将在下面讨论。

4. 掺杂后 Pt/AlN:Cu/Pt 器件的存储特性

Pt/AlN:Cu/Pt 器件的初始态为低阻态，这使得器件在初次 Reset 过程中有一个比较大的电流(大于 10mA，图 5.17(a))。这一大电流对器件的实际应用是不利的。在 1D1R 结构中，二极管能够承受的电流密度有限。当器件的 Reset 过程中需要的电流密度太高时，由于二极管的限制，会使得器件无法完成电阻转变。当然图 5.17 中的器件由于尺寸比较大(直径 300μm)，器件需要的电流密度并不高。但是 Pt/AlN:Cu/Pt 器件的电阻转变是基于导电细丝的机理，低阻态的电流主要从 Cu 导电细丝流过，也就是说当器件尺寸减小时，平均电流密度反而会变大。不同尺寸的器件在初次 Reset 过程中的最大电流密度 J 随器件面积 S 的变化结果如图 5.21 所示。显然，当器件面积减小时，最大电流密度随之增大。对双对数坐标下的电流密度 J 和器件面积 S 做线性拟合得到的结果为

$$\log J \propto -0.36 \log S \tag{5.6}$$

假设与 Pt/AlN:Cu/Pt 器件串联的二极管的极限电流密度为 $3.5\times10^4 \text{A/cm}^2$(文献中的 1D1R 结构中的典型值[36])，那么由公式(5.6)估计的器件的单元尺寸应小于 120nm。也就是说 Pt/AlN:Cu/Pt 器件可以在 100nm 级别的尺寸下工作。作为下一代高密度存储器所需要的器件尺寸必须达到 10nm 的量级，这需要进一步的减小 Cu 的掺杂浓度，或者系统的研究退火温度和保温时间以改善 Cu 原子在 AlN 薄膜内部的分布，最终减小器件在 Reset 过程中的电流密度。

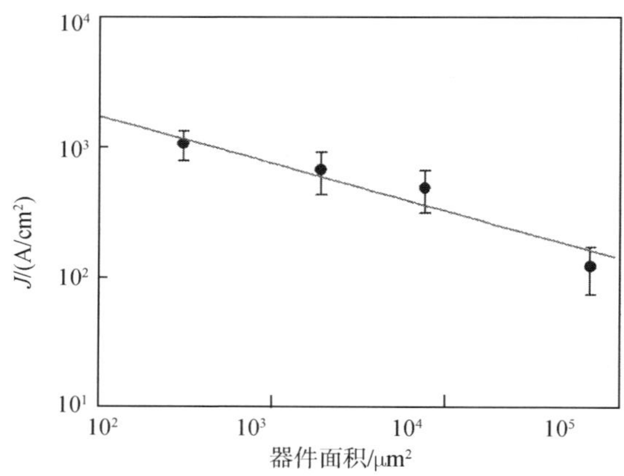

图 5.21　Pt/AlN:Cu/Pt 器件在初次 Reset 过程中的最大电流密度 J 与器件面积 S 的关系

图 5.22 给出了 Pt/AlN:Cu/Pt 器件作为存储器的两个重要的性能参数：疲劳特性和保持特性。疲劳特性在循环的脉冲电压下测得，写入和擦除的脉冲分别为 4V/1ms、1.5V/1ms，所有电阻值在 0.1V/1ms 的脉冲下读取。由图 5.22(a)所示，器件在经历了 1000 次连续的擦写循环操作后，高低阻态的值没有明显退化，存储窗口值也保持在 100 倍，表明了器件良好的重复擦写性能。而图 5.22(b)验证了器件非

易失性存储器的本质，在室温下 10^6s 和 85℃下 10^4s 内高低电阻态的电阻值没有明显的变化。对电阻–时间曲线进行外推的结果表明，数据的保持能力至少超过 10 年。

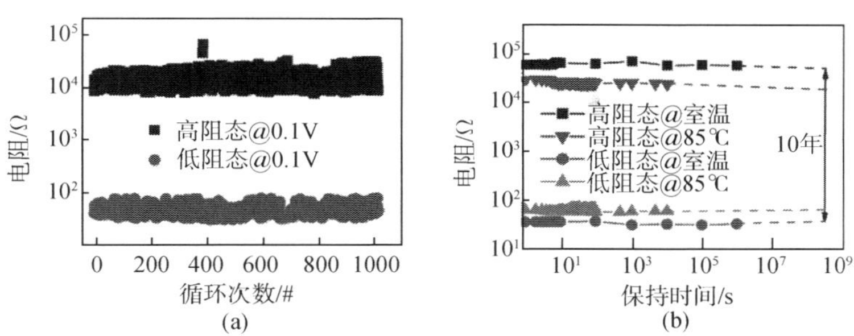

图 5.22　Pt/AlN:Cu/Pt 器件的(a)循环疲劳特性和(b)数据保持特性

Pt/AlN:Cu/Pt 器件还是一类可以进行高速擦写的阻变存储器。如图 5.23(a)所示为脉冲测试的电路示意图，脉冲由安捷伦 81110A 脉冲发生器给出，然后分成两路，一路直接进入示波器作为电压信号，另一路脉冲首先经过被测试器件然后再进入示波器，这一路脉冲电压除以示波器的内阻(50Ω)作为电流信号。图 5.23(b)为示波器监测到的一组电压和电流信号。用于写入和擦除操作的电压脉冲分别为 6V/100ns 和 2V/100ns，用于检测电阻大小的脉冲为 0.2V/100ns。因为所需的电阻转变阈值电压会随着脉冲宽度的减小而增加[37]，再加上寄生电容的影响，在此处用于脉冲测试

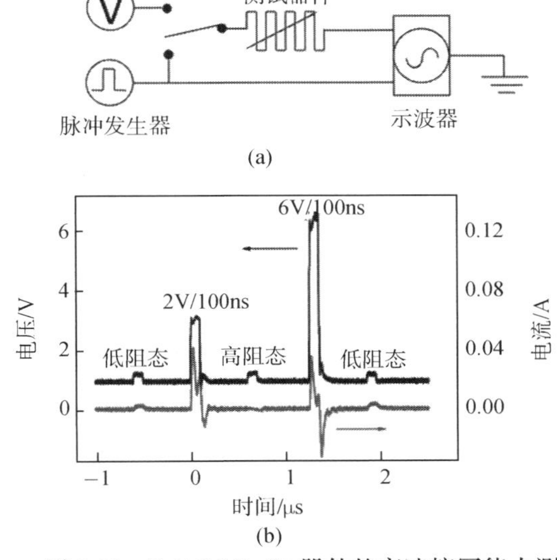

图 5.23　Pt/AlN:Cu/Pt 器件的高速擦写能力测试

(a)为脉冲测试的电路示意图；(b)为示波器检测的电压和电流的变化

的写入和擦除电压明显高于图 5.17 中直流扫描所需的电压大小。由图 5.23(b)所示，首先是一个 0.2V 的检测电压，由于器件处于低阻态，电压下方对应的电流信号有一个明显的方波信号。随后，施加一个 2V/100ns 的脉冲激励。紧接着又施加一个 0.2V 的检测电压，而与检测电压对应的电流信号中却没有看到方波信号，表明此时器件的电阻已经转变到了高阻态。随后，施加一个 6V/100ns 的脉冲激励。在后面施加的 0.2V 的检测电压对应的电流信号中又出现了明显的方波信号，表明器件又转变到了低阻态。因此这一连串的脉冲电压测试证明了 Pt/AlN:Cu/Pt 器件能够在短至 100ns 的脉冲电压下完成写入、擦除和读取等操作，表明 Pt/AlN:Cu/Pt 单极性阻变存储器是一种高速的阻变存储器。高至 100ns 级别的擦写速度已经远远超过了传统非易失性存储器——闪存的速度，表明基于掺杂 Cu 纳米颗粒的 AlN 薄膜的单极性阻变器件也是一种有潜力的下一代非易失性存储器材料，掺杂是一种改善器件性能的有效方法。

5.2　电 极 工 程

电极作为阻变存储器结构中不可或缺的组成部分，不仅仅是起着传导电压的作用，还对器件的电阻转变性能有关键作用。在 Ag、Cu 作为电极的阻变存储器中，电极能够被氧化成相应的金属离子并迁移进入介质材料内部组成导电细丝。因而在金属导电细丝型阻变存储器中，电极直接参与电阻转变过程。在氧离子迁移型阻变存储器和界面势垒调节型阻变存储器中，电极同样对器件的性能有重要影响。金属电极功函数的高低直接决定了界面势垒的高低，从而影响器件的电阻值。此外，电极还能与介质材料发生化学反应而生成界面层，这层额外生成的界面层对于器件的性能同样能产生重要影响。因此，电极工程优化阻变存储器的性能有重要意义，它能够指导人们选择合适的电极去获取最佳的器件性能，从而推动阻变存储器的实际应用。本小节以氧离子迁移型的 Ta_2O_5 基阻变存储器为例，从材料的微观结构、化学价态等方面详细介绍不同电极对于阻变存储器中介质材料以及器件性能的影响。同时也简要介绍电极的合金化和电极表面形貌修饰对于阻变存储器性能的影响。

5.2.1　氧离子迁移型器件的电极优化

在第 4 章介绍的 W/Ta_2O_5/Pt 阻变存储器中，已经知道该器件表现出双极性电阻转变特性，电场作用下氧离子迁移导致的氧空位导电细丝的形成和断开是电阻转变的物理本质。Pt 电极作为惰性电极与 Ta_2O_5 薄膜形成的势垒决定着高阻态的电阻，而 W 电极作为活性电极在电场作用下能从 Ta_2O_5 薄膜中夺取部分氧离子从而有助于薄膜中氧空位导电细丝的形成。这种惰性电极搭配活性电极的非对称结构对于器件获得稳定的电阻转变特性有重要意义。如前所述，如果器件的上下电极都使用惰性电极 Pt 将会产生有害的气泡问题。活性电极和惰性电极搭配的非对称结构对于稳定的双极性电阻转变特性有重要意义。相对而言，活性电极对于氧化物的电阻转变特性的影响要明显一些。例如，在 TiO_2 基阻变存储器的底电极 Pt 的下面引入的活性金属 Ti 会扩散到 TiO_2/Pt 界面并与 TiO_2 薄膜发生反应，导致在 TiO_2 薄膜里产生氧空位，从而能改善器件的均匀性和产率[38]。本节系统的介绍不同化学活性的金属电极(Ni，Co，W，Cr，Al，Ti，Ta，Zr 和 Hf)对 Ta_2O_5 基阻变存储器电阻转变特性的影响[39]。通过选用不同的金属作为器件的上电极并测试其电阻转变特性，讨论不同上电极与 Ta_2O_5 薄膜接触时界面处的氧缺失程度与器件电阻转变性能的关系，提出指导 Ta_2O_5 基阻变存储器电极选择的基本原则。所有器件的 Ta_2O_5 薄膜都是在 Pt/Ti/SiO_2/Si(100)基片上制备，Ta_2O_5 薄膜沉积完之后利用金属掩膜版制备大小为直径 100μm，厚度为 40nm 的金属上电极，包括 Ni，Co，W，Cr，Al，Ti，Ta，Zr 和 Hf。然后在所有器件的上电极上覆盖一层 50nm 的 Pt 保护层以避免空气中的氧气对于器件性能的影响。最后得到 Pt/M/Ta_2O_5/Pt(M 代表不同的金属电极)结构的阻变存储器器件，测试时所有电压都施加在上电极而底电极接地。

1. 不同上电极对 Ta_2O_5 薄膜电阻转变行为的影响

在直流电压扫描的模式下对所有器件的电阻转变行为进行测试。结果表明所有器件的初始态都是处于高阻态，因为在氩氧混合气体中沉积的初始态的 Ta_2O_5 薄膜的氧空位数量非常少，需要对器件施加一个大于 6V(限流 1mA)的正向电压来激活器件，激活之后的器件表现出双极性电阻转变特性。所有器件都是在正向电压下转变到低阻态(Set)，而在负向电压下转变回高阻态(Reset)。图 5.24 给出了 Ni，Al 和 Hf 三种不同化学活性(Ni 性质较为惰性，而 Hf 性质最为活泼)的金属作为上电极时 Pt/M/Ta_2O_5/Pt 器件的典型 I-V 曲线。由图可见不同化学活性的金属做上电极时 Ta_2O_5 薄膜的电阻转变行为有明显差别。Ni/Ta_2O_5/Pt 器件在高阻态时的电阻很高，Set 和 Reset 过程都非常陡峭，而低阻态电阻却非常低且 Reset 过程的电压(V_{Reset})也非常小。研究还发现正向电压也能使 Ni/Ta_2O_5/Pt 器件转变回高阻态，即表现出单极性电阻转变行为。但是这种单极性转变的重复性很差，多次转变即可使器件损坏。而使用正负电压交替激励的双极性电阻转变却可以重复循环，接下来关于 Ni/Ta_2O_5/Pt 器件的讨论都在基于器件在双极性电阻转变下的行为。Al/Ta_2O_5/Pt 和 Hf/Ta_2O_5/Pt 器件则不能在单极性模式下发生电阻转变，只能在双极性模式下进行操作。其中，Al/Ta_2O_5/Pt 器件表现出较低的高阻态阻值和 Set 过程中极小的转变电压(V_{Set})，而

Hf/Ta_2O_5/Pt 器件的转变电压 V_{Set} 和 V_{Reset} 的值都很高。图 5.24 给出的差异明显的 *I-V* 曲线证实了不同化学活性的 Ni，Al 和 Hf 电极对电阻转变的重要影响。

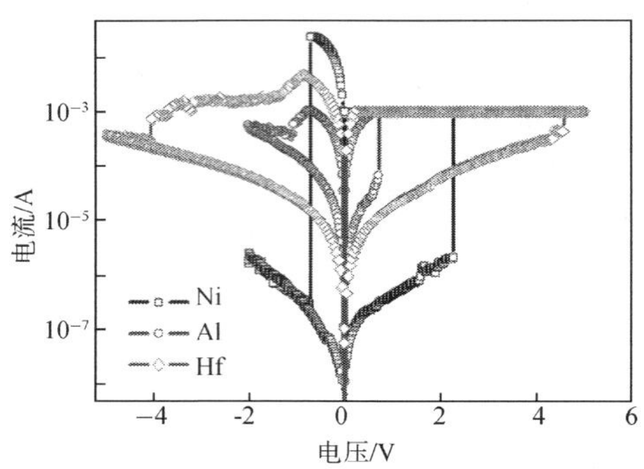

图 5.24　Ni，Al 和 Hf 作为上电极时 Pt/M/Ta_2O_5/Pt 器件的典型电阻转变 *I-V* 曲线

为了更进一步的探究电极对 Ta_2O_5 薄膜电阻转变行为的影响，需要更多的不同金属上电极时 Ta_2O_5 薄膜的重复电压扫描下的 *I-V* 曲线。图 5.25 给出了 Ni，Co，W，Al，Ti，Ta，Zr 和 Hf 分别作为上电极时的 M/Ta_2O_5/Pt 器件在重复电压扫描下的 *I-V* 曲线。每个器件的 *I-V* 曲线都取自 10 个不同的单元，每个单元上循环 10 次，则每个器件共有 100 条重复循环的 *I-V* 曲线。

由图 5.25 所示，不同金属电极的器件在重复电压扫描下的 *I-V* 曲线表现出了明显的差异。Ni 和 Co 做上电极的器件的 *I-V* 曲线比较分散，高低阻态的电阻值以及 Set 过程的转变电压分布较宽。而 W，Al，Ti 和 Ta 上电极的器件的电阻转变有一定的相似性，*I-V* 曲线的重复性好，分散性小，转变电压(V_{Set} 和 V_{Reset})都比较小。Zr 和 Hf 上电极的器件也表现出了共同特点，即电阻转变阈值电压(V_{Set} 和 V_{Reset})都很大。图 5.25 中的 *I-V* 曲线也再次验证了图 5.24 中三种上电极的电阻转变曲线的差异，并且这几种电极在电阻转变曲线的分散性方面也有差异。为了能够更直观的观察转变阈值电压(V_{Set} 和 V_{Reset})和高低阻态电阻值(R_{HRS} 和 R_{LRS})的差异，把不同金属上电极的电阻转变曲线中的这些参数提取出来画成概率分布图。

图 5.26(a)给出了所有的金属上电极对应的 Ta_2O_5 基阻变存储器的转变阈值电压的统计分布。图中处于负电压范围的是 V_{Reset} 的分布，由图所示除了最左边的 Zr 和 Hf 电极的 V_{Reset} 值比较大以外，其他电极的 V_{Reset} 的值非常接近以至于重叠在一起而无法分辨。而对于正向电压部分，可以看到处于右端的 Ni，Co，Zr 和 Hf 电极对应器件的 V_{Set} 的值较大，而其他电极的 V_{Set} 值非常接近而重叠在一起。也就是说，除了 Ni，Co，Zr 和 Hf 电极对应器件的阈值电压有明显差别外，其他电极对应器件的阈值电压的大小和分布范围都相同。因此图 5.26(b) 给出了 6 种具有代表性的金

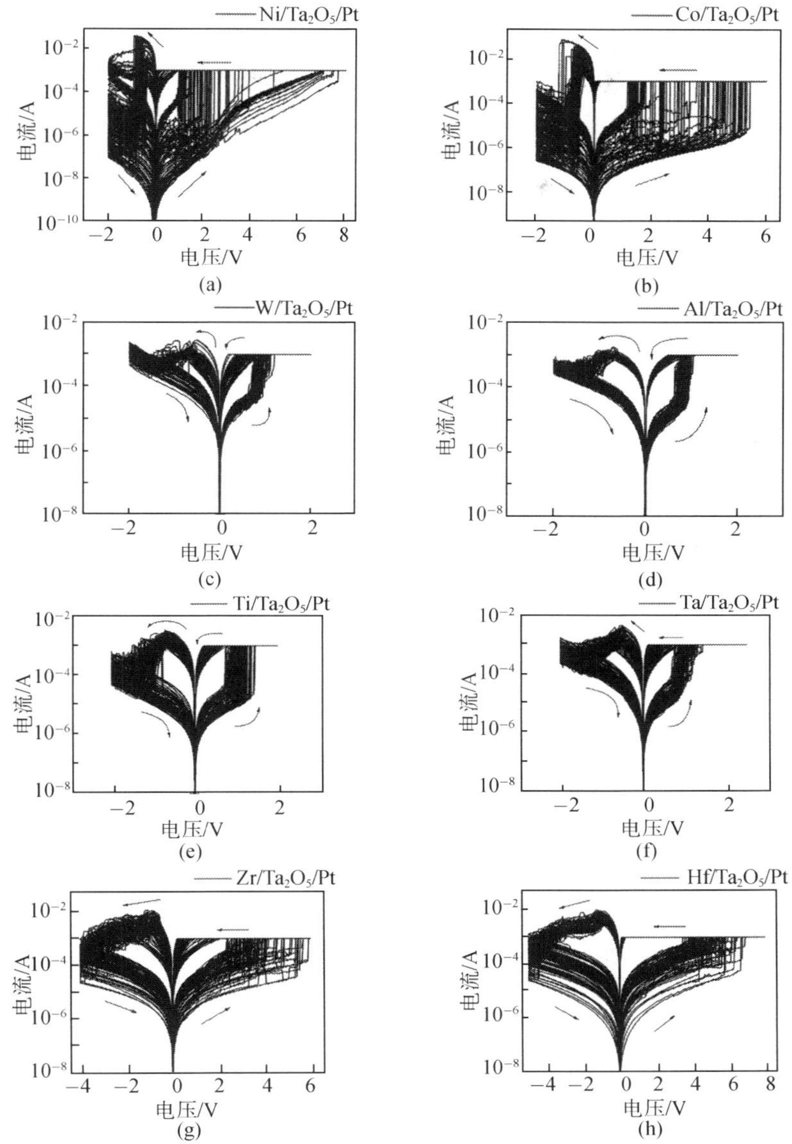

图 5.25 不同金属上电极时的 Pt/M/Ta_2O_5/Pt 器件在重复电压扫描下的 *I-V* 曲线，对应的上电极 M 分别为：(a)Ni；(b)Co；(c)W；(d)Al；(e)Ti；(f)Ta；(g)Zr；(h)Hf

属电极对应器件的阈值电压的统计方框图，图中能够明显看出 3 类不同类型的金属电极对应器件的阈值电压之间的差异。第一类是较为惰性的金属 Ni 和 Co 电极对应的器件，其 V_{Set} 的平均值比较大而且分布异常的分散，从 1V 到 6V 之间都有分布；但是其 V_{Reset} 的分布却很集中，而且在所有器件中其 V_{Reset} 的平均值最小(小于 1V)。第

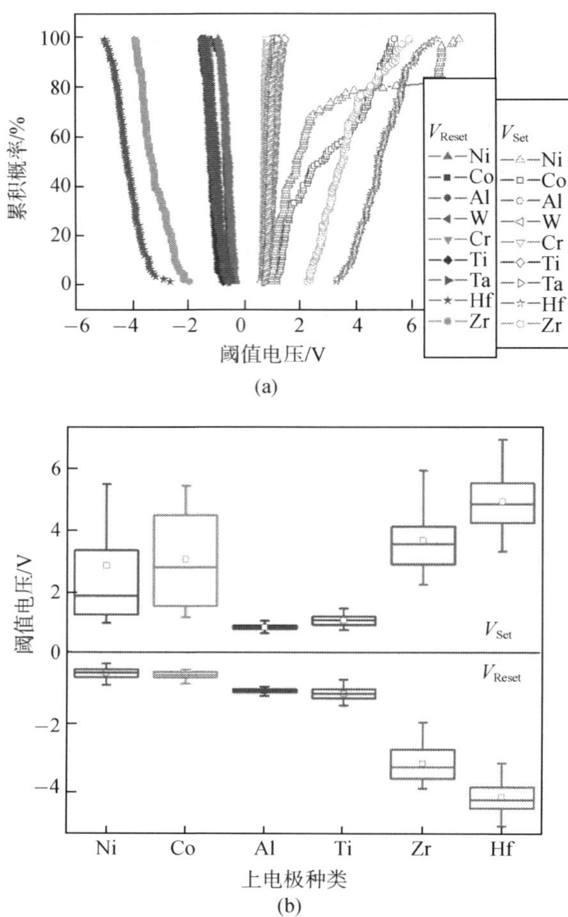

图 5.26 (a)不同金属上电极时的 $M/Ta_2O_5/Pt$ 器件电阻转变阈值电压的统计分布；(b)6 种代表性金属上电极对应器件的电阻转变阈值电压的统计方框图

二类较为活泼的金属是 Al 和 Ti 电极对应的器件，其 V_{Set} 和 V_{Reset} 的分布都非常集中且数值比较小。第三类是活性非常高的金属 Zr 和 Hf 电极对应的器件，其特点是 V_{Set} 和 V_{Reset} 的值都比较大，分布也较分散，但其分散性不如第一类电极的 V_{Set} 的分散性大。电阻转变阈值电压过大或者过于分散都不利于器件进行稳定的擦写操作，故从阈值电压来看，Al 和 Ti 金属电极对应的 $M/Ta_2O_5/Pt$ 器件转变电压小且性能稳定，可重复性好，表明 Al 和 Ti 是一类适合于 $M/Ta_2O_5/Pt$ 器件的上电极。

上电极除了影响器件的阈值电压以外，也对器件高低阻态的电阻值有影响。图 5.27(a)给出了所有的金属上电极对应的 Ta_2O_5 基阻变存储器的高低阻态电阻值的统计分布。图中左侧电阻处于 5kΩ 以下的区域用空心符号表示的部分为各器件低阻态

(R_{LRS})的分布范围，而右侧 5kΩ 以上的区域用实心符号表示的部分为各器件高阻态(R_{HRS})的分布范围。由图所示，在低阻态的分布区间内 Ni 和 Co 电极对应的器件分布范围较宽且电阻较小，其他金属对应的器件低阻态的大小相当。在高阻态的分布区间内同样是 Ni 和 Co 电极对应的器件分布范围最宽且电阻的平均值较高。此外，Cr 和 W 电极对应的器件高阻态的电阻值较小但是分布很集中，其他电极对应的器件的高阻态电阻值重叠在一起。依照图 5.26(b)中的几种代表性电极，图 5.27(b)同样给出了这几种电极的高低阻态电阻值的统计方框图。如图所示，Ni 和 Co 电极对应的器件的 R_{HRS} 和 R_{LRS} 都非常的分散(Ni 电极对应的器件尤其明显)。其中 R_{LRS} 从十多欧姆到数百欧姆不等，而 R_{HRS} 的分布则更为广泛。就电阻的平均值来说，Ni

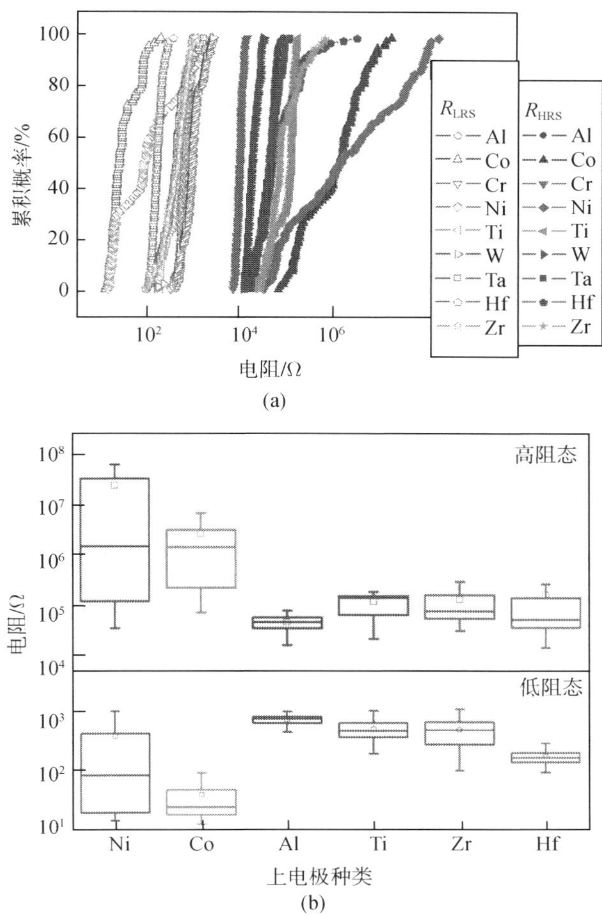

图 5.27　(a)不同金属上电极时的 $M/Ta_2O_5/Pt$ 器件高低阻态的电阻值的统计分布；(b)6 种代表性金属上电极对应器件的高低阻态的电阻值的统计方框图

和 Co 电极对应的器件的低阻态最低而高阻态最高。Al，Ti，Zr 和 Hf 电极对应的器件的高低阻态的分散性则要小的多。尤其是 Al 和 Ti 电极对应的器件的高低阻态分布非常均匀和集中，表现出了器件稳定的电阻转变特性，图 5.25 中的 *I-V* 曲线也更加直观的证明了这一点。Al 和 Ti 电极对应的器件中，虽然由电阻平均值计算出来的存储窗口值(R_{HRS}/R_{LRS})比较小，但是由于其分散性小的特点，稳定的存储窗口值更能保证器件存储数据的安全性，并且超过 10 倍的存储窗口已经足够外部电路来识别存储的信息。结合阈值电压和高低阻态的分布情况，都说明了 Al 和 Ti 电极对应的器件是性能最稳定的 Ta_2O_5 基阻变存储器。而不同的金属电极对应的器件的各项性能的差异也说明了上电极对 Ta_2O_5 基阻变存储器的电阻转变特性有重要的影响。

2. 不同金属电极对 Ta_2O_5 薄膜微观结构的影响

电阻转变曲线的差异已经证明了不同金属上电极对于 Ta_2O_5 基阻变存储器性能的影响，这是因为不同化学活性的金属电极影响了 Ta_2O_5 薄膜中氧离子的分布或迁移行为。微观元素分析能够揭示不同器件中氧离子的分布对于电阻转变行为的影响，因此，图 5.28 给出了 Ni，Al 和 Hf 三种不同活性的金属电极对应的器件在经历 100 次的重复擦写循环之后的 AES 深度剖析。

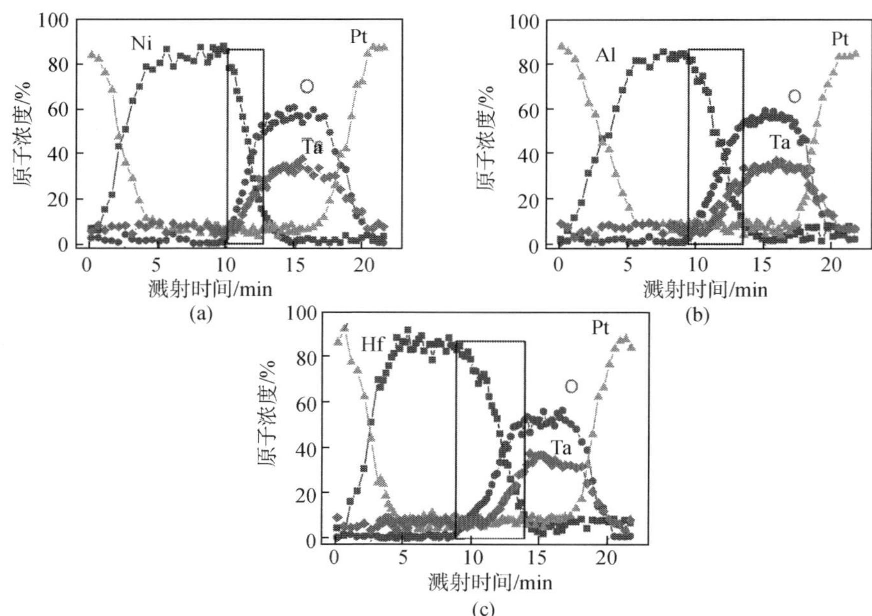

图 5.28　(a)$Ni/Ta_2O_5/Pt$，(b)$Al/Ta_2O_5/Pt$ 和(c)$Hf/Ta_2O_5/Pt$ 器件在多次擦写循环之后的 AES 深度剖析的原子浓度分布图

图中黑色方框表示氧离子的扩散区间

在 AES 深度剖析测试中，首先用 Ar^+(2keV)刻蚀 10min，把各个器件的上电极上覆盖的 Pt 保护层给刻蚀掉，然后每刻蚀 10s 就采集一次数据，记录各种元素的信号强度，最后换成原子浓度百分比随刻蚀时间的变化曲线，如图 5.28 所示。图中用黑框表示了氧元素在界面的扩散范围。Ni/Ta_2O_5/Pt 器件中，氧原子的浓度在刻蚀到第 10min 时急剧的升高(图 5.28(a))，氧原子浓度如此陡峭的变化说明了在 Ni/Ta_2O_5 界面处氧原子的扩散作用非常弱。而图 5.28(b)中氧原子浓度的变化则相对要平缓一些，在刻蚀到第 8min 时，氧原子的浓度开始增加，表明氧原子在 Al/Ta_2O_5 界面往 Al 电极的方向存在着扩散作用。而在 Hf/Ta_2O_5 界面，这种扩散作用则更加明显(图 5.28(c))。氧原子浓度在刻蚀到第 7min 的时候就开始缓慢的增加，并经过较宽的一个区域才达到稳定的平衡值。甚至在 Hf/Ta_2O_5 界面处 Ta 原子的相对浓度也要高于 Ta_2O_5/Pt 界面一侧。Ta 原子的相对浓度较高，则说明 Hf/Ta_2O_5 界面处 O/Ta 原子比降低了，表明界面处的 Ta_2O_5 薄膜中产生了一定程度的氧缺失[40, 41]。Ta_2O_5 薄膜中氧缺失的原因则是因为有大量氧原子已经扩散到了 Hf 电极一侧。显然，在电场作用下，这三种不同化学活性的金属电极与 Ta_2O_5 薄膜搭配时对氧原子的夺取能力不一样，使得氧原子的扩散程度出现差异，而氧原子扩散程度的这种差异与图 5.25 中的 *I-V* 曲线的差异也存在一一对应的关系，说明氧原子的扩散影响着器件的电阻转变性能。

Al/Ta_2O_5 界面和 Hf/Ta_2O_5 界面的氧原子有比较明显的扩散行为，这种扩散一方面导致 Ta_2O_5 薄膜中的氧缺失，另一方面也有可能在界面处形成一些非化学计量比的界面氧化物。为了证实界面处的结构变化，图 5.29 给出了 Al/Ta_2O_5/Pt 器件和 Hf/Ta_2O_5/Pt 器件在超过 100 次循环擦写操作之后的 Al/Ta_2O_5 界面和 Hf/Ta_2O_5 界面的截面 TEM 照片。由图 5.29(a)所示，Al 电极的区域显示出明显的晶格条纹像，且 Al 的晶粒尺寸较大，整个 Al 电极的区域晶界位置很少，而 Ta_2O_5 薄膜显示出典型的非晶结构，不存在长程有序的晶格条纹。而在 Al 电极和 Ta_2O_5 薄膜的界面则存在一层 1~2nm 的均匀界面层，界面层与 Al 电极有着相同的衬度，但 Al 的晶格条纹并没有延伸到这一界面层。结合 AES 的分析结果，这层界面层应该是高度氧缺失的 AlO_x 界面氧化物。在图 5.29(b)中，Hf 电极的区域同样显示出晶格条纹像，但是存在各种不同取向的细小的 Hf 的晶粒。一层比较厚的(6~7nm)界面层同样存在于 Hf/Ta_2O_5 界面，界面层显示出非晶结构但是与 Ta_2O_5 薄膜有着不一样的衬度，Hf 电极的晶格条纹都终止于该界面层。这层界面氧化物被认为是非化学计量比的 HfO_x 层。这些界面氧化物都是由于在镀膜过程中或者电场作用下金属电极夺取 Ta_2O_5 薄膜中的氧原子形成的。因此，AES 和 TEM 的结果都证明了 Ta_2O_5 薄膜中氧原子在器件使用不同电极时扩散程度存在差异。

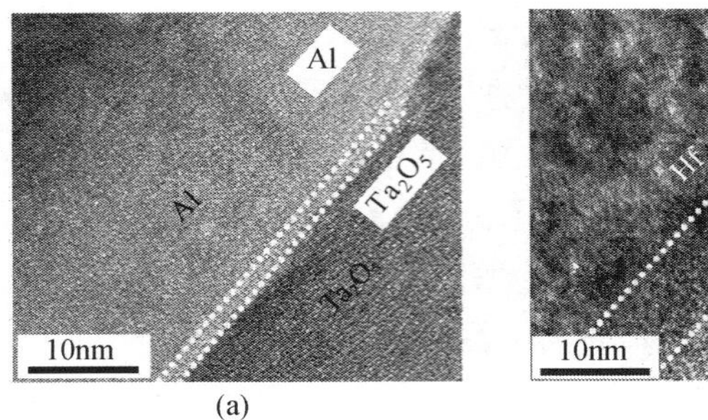

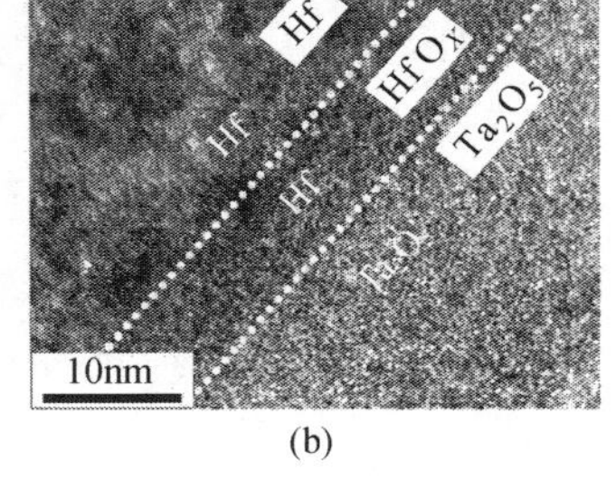

(a)　　(b)

图 5.29　(a)Al/Ta_2O_5/Pt 和(b)Hf/Ta_2O_5/Pt 器件的截面 TEM 照片

一旦氧原子向金属上电极发生迁移之后，就表明 Ta_2O_5 薄膜中会产生一定程度的氧缺失。为了验证与不同金属上电极相接触的 Ta_2O_5 薄膜中氧缺失的程度，利用 XANES 技术分析了 Ta_2O_5 薄膜与不同金属相接触的界面处的结构信息。所有样品的 Ta L_3 边 XANES 谱线都是在荧光模式(深度信息约为 100nm)下检测所得，如图 5.30 所示，所有金属覆盖的 Ta_2O_5 样品的谱线都和无覆盖的 Ta_2O_5 薄膜(参照样品)的谱线相类似，而与金属 Ta 标样的谱线有明显差别。不管有没有覆盖金属层，所有 Ta_2O_5 薄膜样品的谱线比金属 Ta 标样的谱线都发生了右移，也即向高能量端偏移。

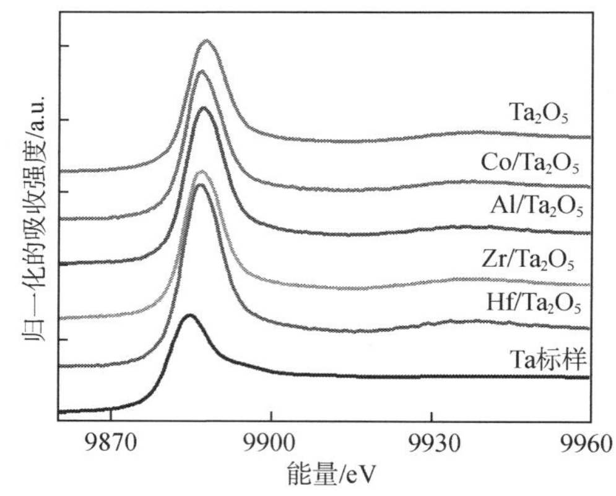

图 5.30　不同金属层覆盖的 Ta_2O_5 薄膜以及金属 Ta 标样在 Ta L_3 边的归一化的 XANES 实验谱

图 5.31 进一步显示了不同的 Ta_2O_5 薄膜样品在 Ta L_3 边的 XANES 实验微分谱，微分谱中的最大值即对应着不同样品 Ta L_3 吸收边的具体位置。图 5.31(a)的结果与图 5.30 反映的结果一致，所有 Ta_2O_5 薄膜样品的 Ta L_3 吸收边的位置比金属 Ta 标样的 L_3 吸收边都发生了右移。图 5.31(b)给出了从 XANES 微分谱中读取的不同样品的 Ta L_3 吸收边的位置。如图所示，金属 Ta 标样的 L_3 吸收边在 9881eV，而 Ta_2O_5

参照样品的吸收边在 9884.08eV，右移了 3.08eV。而在不同的金属覆盖的 Ta_2O_5 薄膜样品中，Hf 和 Zr 覆盖的样品的吸收边比 Ta_2O_5 参照样品的吸收边降低了 0.62eV；Al 覆盖的样品的吸收边比参照样品的吸收边有略微的下降；而 Co 覆盖的样品的吸收边几乎跟 Ta_2O_5 参照样品的吸收边相同。Ta L_3 吸收边的位置反映了 Ta 的氧化价态[40, 41]，L_3 边的位置越靠近高能量端说明 Ta 的氧化价态越高，反之则说明 Ta 的价态低。这说明 Co 覆盖的 Ta_2O_5 薄膜中 Ta 的价态是接近于参照样品的 Ta 的价态，也就是+5 价。而 Hf 和 Zr 覆盖的 Ta_2O_5 样品中 Ta 的价态已经有所降低，Ta 价态的降低说明该样品中 Ta_2O_5 的部分氧原子被 Hf 或者 Zr 所夺取而使 Ta_2O_5 被部分还原。因为氧原子被活性金属层夺取，一方面使得 Ta_2O_5 薄膜中产生了氧空位，另一方面氧原子与金属层反应在界面生成非化学计量比的界面氧化物。这一结果与 AES 和 TEM 的分析相一致，L_3 吸收边的降低程度正比于该种金属从 Ta_2O_5 薄膜中夺取氧原子的能力。而 Ta_2O_5 薄膜中氧缺失程度的差异导致了其电阻转变特性的差异。

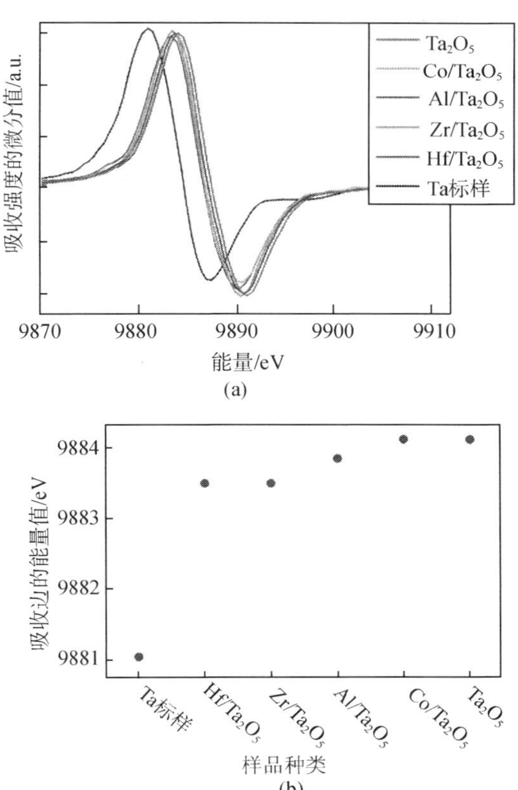

图 5.31　(a)不同金属层覆盖的 Ta_2O_5 薄膜以及金属 Ta 标样在 Ta L_3 边的 XANES 实验微分谱；(b) 不同样品在 Ta L_3 边的 XANES 实验谱的吸收边位置

3. 电极对 Ta_2O_5 基阻变器件性能影响的微观解释

综合上面的成分和结构分析结果，结合不同金属电极对应器件的电阻转变特性，能清楚的表明金属电极化学活性的差异通过影响 Ta_2O_5 薄膜中氧缺失程度的差异最终导致了电阻转变特性的差异。在镀膜过程中或者电场作用下，Ta_2O_5 薄膜中的氧离子不同程度的被金属电极所夺取，因此在电极与 Ta_2O_5 薄膜的界面处产生一定数量的氧空位，界面处的氧空位在电场作用下进行迁移形成氧空位导电细丝使器件转变到低阻态。界面氧空位浓度的差异影响着后续形成的氧空位导电细丝的形态进而影响到器件的电阻转变特性。图 5.32 给出了三类不同化学活性的金属上电极对应的 Ta_2O_5 基阻变存储器的电阻转变机理的示意图，分别对应着图 5.25 至图 5.27 中三类不同类型的电阻转变曲线。

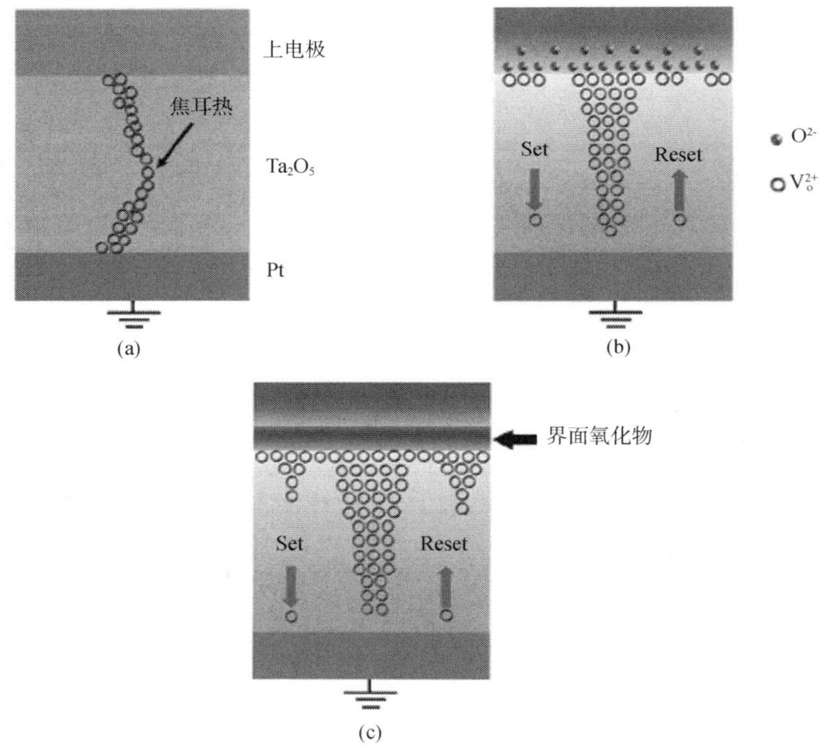

图 5.32　三类不同化学活性的金属上电极对应的 Ta_2O_5 基阻变存储器的电阻转变机理的示意图

(a)　较为惰性的电极；(b)较为活性的电极；(c)过于活泼的电极

表 5.2　不同金属对应的氧化物标准生成 Gibbs 自由能[42]

金属种类	氧化物标准生成 Gibbs 自由能(kJ/mol O_2)
Ni	−423.4(2NiO)
Co	−428(2CoO)
W	−533.9(WO_2)
Cr	−705.4(2/3Cr_2O_3)
Al	−1054.9(2/3Al_2O_3)
Ti	−888.8(TiO_2)
Ta	−764.4(2/5Ta_2O_5)
Zr	−1042.8(ZrO_2)
Hf	−1088.2(HfO_2)

第一类是较为惰性的金属电极(例如 Ni 和 Co 等)，当其与 Ta_2O_5 薄膜接触时，从 Ta_2O_5 中夺取氧原子的能力较差。从表 5.2 中的氧化物标准生成 Gibbs 自由能可以看出，Ni 和 Co 的氧化物标准生成 Gibbs 自由能比 Ta_2O_5 的标准生成自由能要低很多。(如果考虑非标准状况下低价氧化物的生成自由能，则 Ta 的低价氧化物的生成自由能会更高。)由于这类惰性电极从 Ta_2O_5 中夺取的氧原子很少，此时的 Ta_2O_5 薄膜几乎不存在氧缺失而处于接近化学计量比的状态。要使器件转变到低阻态则需要一个比较高的电压来产生氧空位导电细丝。故这类器件的高阻态电阻比较高，而 V_{Set} 电压值也比较高。另一方面，由于金属电极与氧的亲和力差，氧离子在 Set 过程中在上电极的界面被还原成氧气而释放出来[43, 44]，很容易在电极表面产生破坏性的气泡(图 5.33)，这一点在介绍氧化物阻变存储器的电初始化过程时有详细介绍。这种在较高的电压下发生的 Set 过程非常的陡峭(图 5.25)，也可以认为是一种“软击穿”过程[45]，通常沿晶界和晶格缺陷处形成电阻很低的导电通道。在 Reset 过程中，从导电通道流过的电流非常大，产生严重的焦耳热效应，热量的积聚能大大加速 Reset 过程，甚至把导电通道给熔断而使器件转变到高阻态(图 5.32(a))，所以这类器件的 Reset 过程也非常的陡峭(图 5.25)。Reset 过程的焦耳热占主导作用的另一个证明就是这类惰性电极的器件能够在单极性模式下发生电阻转变。但是氧离子和氧空位的复合在 Reset 过程的作用也不容忽视，这就是为什么单极性模式下的电阻转变使得器件很容易永久失效；而在双极性模式下，器件可以重复进行擦写循环操作。这种由焦耳热主导的 Reset 过程使得导电细丝的断开位置非常的随机，高阻态时残留在 Ta_2O_5 薄膜内的导电细丝状况也是随机的[46, 47]，所以高阻态电阻(R_{HRS})的分布和 V_{Set} 电压值都非常分散，如图 5.26 和图 5.27 所示。总之，Ni 和 Co 等惰性金属做上电极的器件的特点就是在 Reset 过程由焦耳热主导，致使 V_{Reset} 较小，而 V_{Set} 和 R_{HRS} 分布较分散。

第二类是较为活性的金属电极，这类上电极的 Ta_2O_5 基阻变存储器在 Reset 过程中氧化还原反应占主导机制而非焦耳热。例如 Al 和 Ti 等电极，其氧化物的标准生成 Gibbs 自由能与 Ta_2O_5 的生成 Gibbs 自由能相当或者略大。所以在电场作用下电极能够从 Ta_2O_5 薄膜中夺取氧原子，使得 Ta_2O_5 薄膜与电极邻近区域部分的被还原在薄膜中产生一定数量的氧空位。如此一来，整个 Ta_2O_5 薄膜中产生了沿梯度分布的氧空位浓度：靠近上电极的部分氧空位多，而靠近 Pt 底电极的部分几乎没有氧空位。随着上电极上正向电压的不断增加，氧空位在电场作用下朝着 Pt 底电极迁移形成圆锥状的氧空位导电细丝，导电细丝连通 Pt 底电极之后整个器件就转变到了低阻态[35, 48]，如图 5.32(b)所示。而当电压极性反转时，氧离子在电场作用下向 Pt 底电极迁移，以及热效应辅助下的氧离子的扩散作用，都使氧离子与氧空位发生复合作用而使导电细丝与 Pt 底电极断开。这种电场作用下的氧化还原反应比第一类惰性电极里的焦耳热导致的熔断效应要更加平稳，故这类电极的 Reset 过程比较平缓(图 5.25)。另一方面，由于 Ta_2O_5 薄膜靠近上电极一侧的氧空位浓度较高，故 Reset 过程中导电细丝更容易在 Ta_2O_5/Pt 界面的薄弱处断开，而导电细丝的主要部分则残留在高阻态[46]，故这类器件的 R_{HRS} 的值不高。在下一次的 Set 过程中，氧空位沿着残留的导电细丝继续生长，所以器件需要的 V_{Set} 也较小。总之，这类电场下的氧化还原反应控制的电阻转变比焦耳热控制的电阻转变效应的均匀性和可控性都要好的多，故这类器件的转变阈值电压和高低电阻态分布的分散性都比较小。

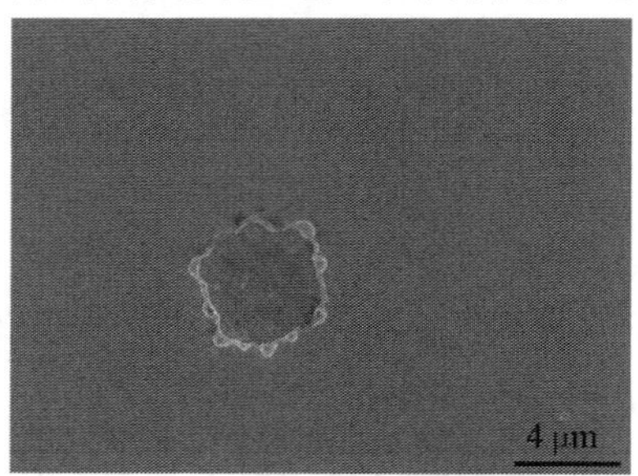

图 5.33　惰性金属做上电极时 Ta_2O_5 基阻变存储器电阻转变时产生的气泡的 SEM 图

第三类是过于活泼的金属电极，例如 Zr 和 Hf 电极，其氧化物标准生成 Gibbs 自由能比较大(表 5.2)。当这类电极与 Ta_2O_5 薄膜相接触时或者在正向电压的辅助作用下，能够从 Ta_2O_5 中大量的夺取氧原子而在电极与 Ta_2O_5 薄膜的界面处额外形成一层比较厚的界面氧化物[49](图 5.29(b))。电极捕获氧原子的能力太强又会使得在 Reset 过程中氧离子向 Ta_2O_5 薄膜的迁移变得困难。而界面氧化物的存在相当于是有两层氧化物同时在发生电阻转变，这就增加了电阻转变过程的复杂性。所以这类器件的特点是转变阈值电压的值比较大，分散性也变大(图 5.26~图 5.27)。需要指出的是，表 5.2 中 Al_2O_3 的标准生成 Gibbs 自由能与 ZrO_2 和 HfO_2 的标准生成 Gibbs 自由能数值相近，然而 Al 电极的器件与 Zr 和 Hf 电极的器件的电阻转变特性却很不一样。原因就在于这些电极与 Ta_2O_5 薄膜接触时生成的都是一些非化学计量比的低价态氧化物，例如 AlO 和 ZrO 等[50, 51]。此外，这种反应是在电场作用下发生更非标准状况下进行。因此，那些非平衡状态下的低价氧化物的生成自由能更能够表征这些电极与 Ta_2O_5 薄膜接触时的化学活性差异[50, 52]。而图 5.29 已经证明了 Hf/Ta_2O_5 界面相对于 Al/Ta_2O_5 界面有着更厚的界面氧化物，而正是这层界面氧化物使得器件的电阻转变特性变差。因而，可以认为化学活性与 Ta 相当，同时又不在界面处形成太厚的界面氧化物层的金属是 Ta_2O_5 基阻变存储器的最佳上电极。当然金属 Ta 本身也是最佳的上电极之一。其他氧化物中也有类似规律，例如 TiO_2 薄膜的最佳的上电极通常是 Al 或者 Ti[53]。

综上所述，当固定 Pt 作为底电极时，不同化学活性的金属上电极对于 Ta_2O_5 基阻变存储器的电阻转变特性有重要影响。由于化学活性不同的金属对于 Ta_2O_5 薄膜中氧离子的夺取能力有差异，使得在电场作用下氧空位导电细丝的形成和断开过程有差别，进而使得电阻转变特性发生差异。此外，从上述讨论中还可以发现化学活性与 Ta 相当，并且与 Ta_2O_5 薄膜接触时不在界面处形成太厚的界面氧化物的金属是 Ta_2O_5 基阻变存储器上电极的最佳选择。这也就给其他氧离子迁移型的氧化物基阻变存储器的电极选择提供了理论指导：选择那些化学活性与氧化物介质材料中金属的化学活性相当的金属作为阳极，而惰性电极作为阴极。那些阻变性能优异的阻变存储器的电极选择一般遵循这一原则。例如 TiN/TiO_2/Pt 器件($>2\times10^6$ 次)和 Ta/TaO_x/Pt ($>1\times10^{10}$ 次)器件都表现出非常优异的循环擦写特性[54]。

5.2.2　电极的合金化

不同的电极会对阻变存储器的电阻转变性能产生影响，即使是同一种电极经过改性之后也能影响到介质材料的电阻转变过程。尤其是电极参与阻变过程的金属导电细丝型阻变器件中，通过调控电极就能调控电阻转变特性。例如，采用合金电极或者对电极的形貌进行修饰就可以调节电阻转变的相关参数如保持特性、热稳定性以及重复性等。下面介绍电极合金化优化电阻转变特性的机理以及应用。

Goux 等人[55]系统研究了电极合金化对于 Cu/Al_2O_3/n^+-Si 阻变存储器性能的影响，他们采用合金电极 Cu_xTe_{1-x} 来替代 Cu 电极，构建 Pt(50nm)/Cu_xTe_{1-x}(50nm)/Al_2O_3(3nm)/ n^+-Si 的器件结构，并改变合金电极中 Cu 的含量来观察阻变特性的变化。研究发现，合金电极通过影响 Cu 导电细丝的生成过程来影响电阻转变特性，不同 Cu 含量的合金电极表现出不一样的阻变行为。

图 5.34(a)给出了 Pt/Cu_xTe_{1-x}/Al_2O_3/ n^+-Si 器件的电初始化电压和原始电阻值随

Cu_xTe_{1-x}薄膜中 Cu 含量的变化规律。从图中可以看出，随着 Cu 含量的增加，器件的原始电阻值逐渐降低，表明 Cu 含量比较高的电极更容易导致 Cu 向 Al_2O_3 薄膜中的扩散，使器件电阻降低。而器件的电初始化电压在 Cu 含量比较低时不随 x 发生明显的变化，只有当 $x>0.7$ 时，电初始化电压突然急剧的降低。再来看看不同 Cu 含量的 Cu_xTe_{1-x} 薄膜的 XRD 谱，如图 5.34(b)所示。由图可知，当 $x<0.5$ 时，Cu_xTe_{1-x} 薄膜表现出非晶的特征，XRD 谱中没有明显的衍射峰。当 $x>0.5$ 时，才能看到比较明显的 CuTe 相的衍射峰，而 Cu 的立方相衍射峰只有在 $x>0.7$ 时才明显，这些结果都与 Cu–Te 相图非常吻合。当 $x>0.7$ 时，Cu_xTe_{1-x} 薄膜的表面形貌与 $0.5<x<0.7$ 范围内的薄膜也明显不同(图 5.34(c))。$x>0.7$ 时，Cu_xTe_{1-x} 薄膜的表面更粗糙，可以看到由于 Cu 立方相的析出而导致的大块的突起。因此，XRD 的结果能够较好地诠释 $x>0.7$ 时器件的电初始化电压急剧降低的原因是由于 Cu 单质相的析出，使器件更容易转变到低阻态。

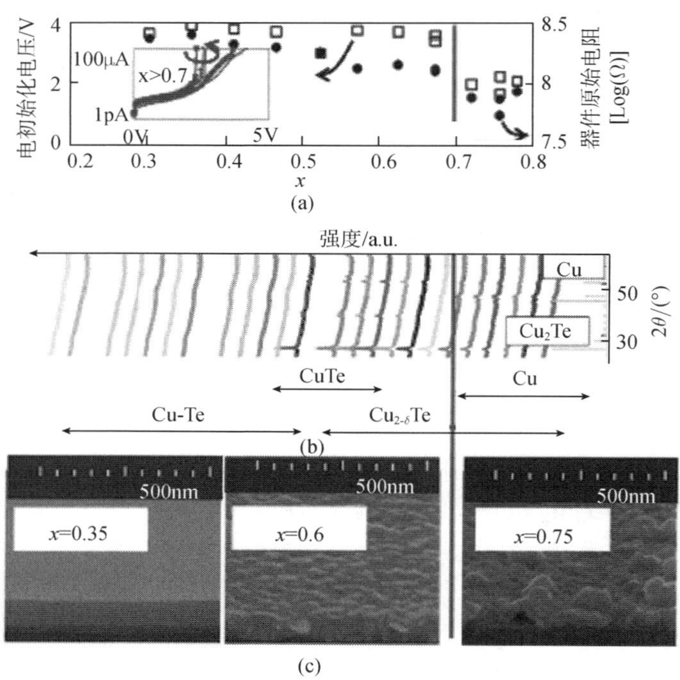

图 5.34　(a)电初始化电压和器件的原始电阻随 Cu_xTe_{1-x} 薄膜中 Cu 含量的变化关系，插图是电初始化过程中的 I–V 曲线；(b) 不同 Cu 含量的 Cu_xTe_{1-x} 薄膜的 XRD 图谱；(c)几种典型 Cu 含量的 Cu_xTe_{1-x} 薄膜的表面形貌[55]

再来看看电极合金化对于电阻转变特性的影响，依据 Cu 含量的多少可以分为三种情况来讨论，如图 5.35 所示。当 $x<0.5$，即 Cu 含量比较少的时候，生成的 Cu

导电细丝不稳定，导致器件的电阻转变特性也很不稳定。此时器件表现出非常大的 R_{LRS} 比较小的 I_{Reset} 值，如图 5.35(a)和 5.35(b)所示。并且低含量 Cu 的合金电极经常导致易失性的电阻转变(图 5.35(c))，也就是说 Set 过程中生成的 Cu 导电细丝在撤去外加电压时会断开，使器件不能稳定在低阻态。当 Cu 含量非常高，也就是图 5.35(c)中(3) 对应的曲线(x>0.7)，可以在 Al_2O_3 介质中生成非常稳定的 Cu 导电细丝。但是这是需要一个非常大的 Reset 电流才能使 Cu 导电细丝断开，也就是说 I_{Reset} 远远大于限制电流值(图 5.35(c))。这种情况与纯 Cu 作为电极时的电阻转变特性相同。非常有意思的是，当 Cu 的含量处于一个适当的范围时：0.5<x<0.7，器件表现出非常稳定的电阻转变特性(图 5.35(c)中(2)对应的曲线)，并且 Reset 过程的电流值 I_{Reset} 与限制电流值的大小相当。这时候器件在 10^3 重复的电阻转变过程中表现出良好的性能均一性，并且高低电阻态的在 85℃的保持时间超过 10^4s。

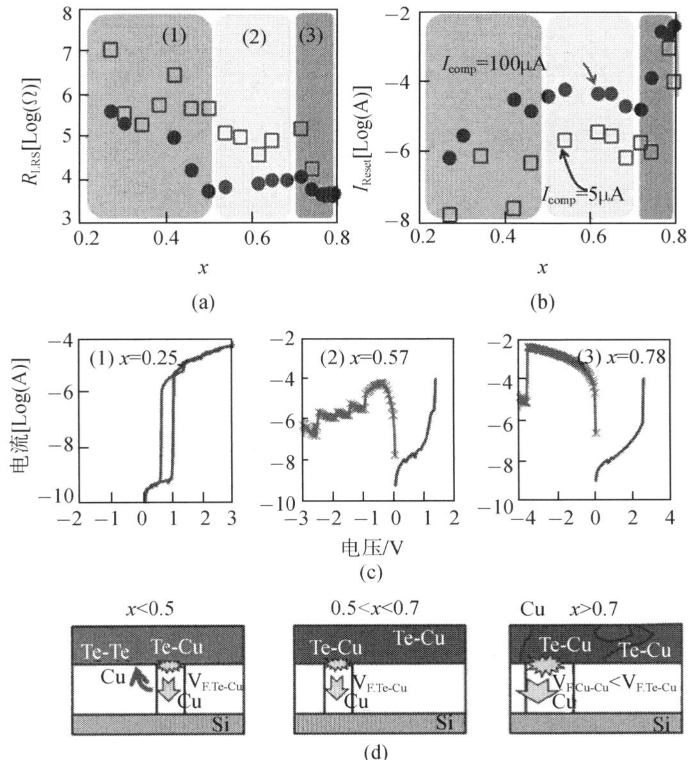

图 5.35　$Pt/Cu_xTe_{1-x}/Al_2O_3$/n-Si 阻变存储器中(a)低阻态电阻 R_{LRS} 和(b) Reset 电流 I_{Reset} 随 Cu_xTe_{1-x} 薄膜中 Cu 的百分比 x 的变化关系，其中圆点和方框分别表示限制电流为 100μA 和 5μA 时的数据；(c)不同 Cu 含量的 $Pt/Cu_xTe_{1-x}/Al_2O_3$/n-Si 器件的典型电阻转变曲线，其中 x 的大小分别为：(1) x<0.5，(2) 0.5<x<0.7，(3) x>0.7；(d)不同 Cu 含量的 $Pt/Cu_xTe_{1-x}/Al_2O_3$/n-Si 器件中对应的 Cu 导电细丝生成的示意图[55]

不同 Cu 含量的合金电极对器件电阻转变行为的影响可以通过考察 Cu 与 Te 之间的键合能来理解。由于 Cu-Te 之间的键能比 Cu-Cu 之间的键能要大，随着 Cu_xTe_{1-x} 薄膜中 Cu 含量的增加，Cu 扩散的势垒高度会随之降低进而影响 Cu 导电细丝的生成过程。当 $x<0.5$ 时，Cu_xTe_{1-x} 薄膜中稳定存在的物相为 CuTe 和 Te 相，此时 Cu 单质相不能够稳定存在，因此 Cu 原子很难向 Al_2O_3 薄膜中迁移。即使 Cu 原子能在 Al_2O_3 薄膜中形成导电细丝，此时的导电细丝也比较细小和不稳定，当外加电压撤销时，Cu 原子很容易扩散回 Cu_xTe_{1-x} 电极而出现图 5.35(c)所示的易失性电阻转变。另一个极端情况就是当 Cu 含量非常高时($x>0.7$)，Cu 原子由于来源丰富很容易迁移进入 Al_2O_3 薄膜，从而导致在 Set 过程中形成过于粗大的 Cu 导电细丝。此时需要非常大的 Reset 电流才能使 Cu 导电细丝断开，导致 I_{Reset} 远远大于限制电流值。当 Cu 含量比较适中时($0.5<x<0.7$)，Cu_xTe_{1-x} 薄膜中的主要物相为缺 Cu 的 $Cu_{2-\delta}Te$ 相。$Cu_{2-\delta}Te$ 相非常稳定，有利于生长出大小适当的 Cu 导电细丝，这时 Cu 导电细丝不会长得太大，在撤除电压时也不会断开，因而获得了非常均匀的电阻转变特性。

5.2.3　电极界面形貌的修饰

除了电极合金化之外，对于电极与介质材料界面的适当修饰也能起到改善电阻转变性能的作用。通过在电极表面引入纳米颗粒来改变界面状态以及施加电压时电场的分布等参数，可以控制导电细丝的生长过程。Shi 等人在 Ag/ZnO/Pt 阻变器件的 Pt 底电极和 ZnO 介质层之间引入弥散分布的 Ag 纳米颗粒，极大的改善了器件电阻转变性能的均一性和稳定性[56]，如图 5.36 所示。他们利用脉冲激光沉积技术在商用化的 Pt 基片上面沉积 Ag 纳米颗粒，沉积的工作气体是 Ar，气压为 10Pa。如图 5.36(a)所示，没有沉积 Ag 纳米颗粒的 Pt 电极的平均晶粒尺寸大概在 100nm 左右，而沉积的 Ag 纳米颗粒的大小约为 20nm。Ag 纳米颗粒均匀分布于 Pt 基片的表面，颗粒密度在 $120\mu m^{-2}$ 左右。然后分别在洁净的 Pt 基片和 Ag 纳米颗粒修饰过的 Pt 基片上沉积 ZnO 薄膜和 Ag 电极，制备成 Ag/ZnO/Pt 器件。其中 ZnO 薄膜的厚度为 100nm，能够充分覆盖和包裹 Ag 纳米颗粒。图 5.36(c)和(d)分别给出了未进行修饰和已修饰 Ag 纳米颗粒的器件的 I-V 曲线。由图可以看出，修饰了 Ag 纳米颗粒的器件表现出更加稳定电阻转变特性。两种器件的 I-V 曲线对应的高低电阻态和转变电压的统计分布如图 5.36(e)和(f)所示。在没有进行 Ag 纳米颗粒修饰的 Ag/ZnO/Pt 器件中，转变电压和高低电阻态的分布都非常大，V_{Set} 分布在 0.1V 到 2V 之间，而 V_{Reset} 分布在−0.2V 到−0.8V 之间；低阻态电阻值 R_{LRS} 在~10Ω 到~10^2 Ω 的量级，而高阻态电阻 R_{HRS} 在~10^6Ω 到~10^8Ω 量级。相反，Ag 纳米颗粒修饰过的器件的转变电压和高低电阻的分布都更加集中。例如，V_{Set} 分布在 0.1V 到 0.23V 之间，

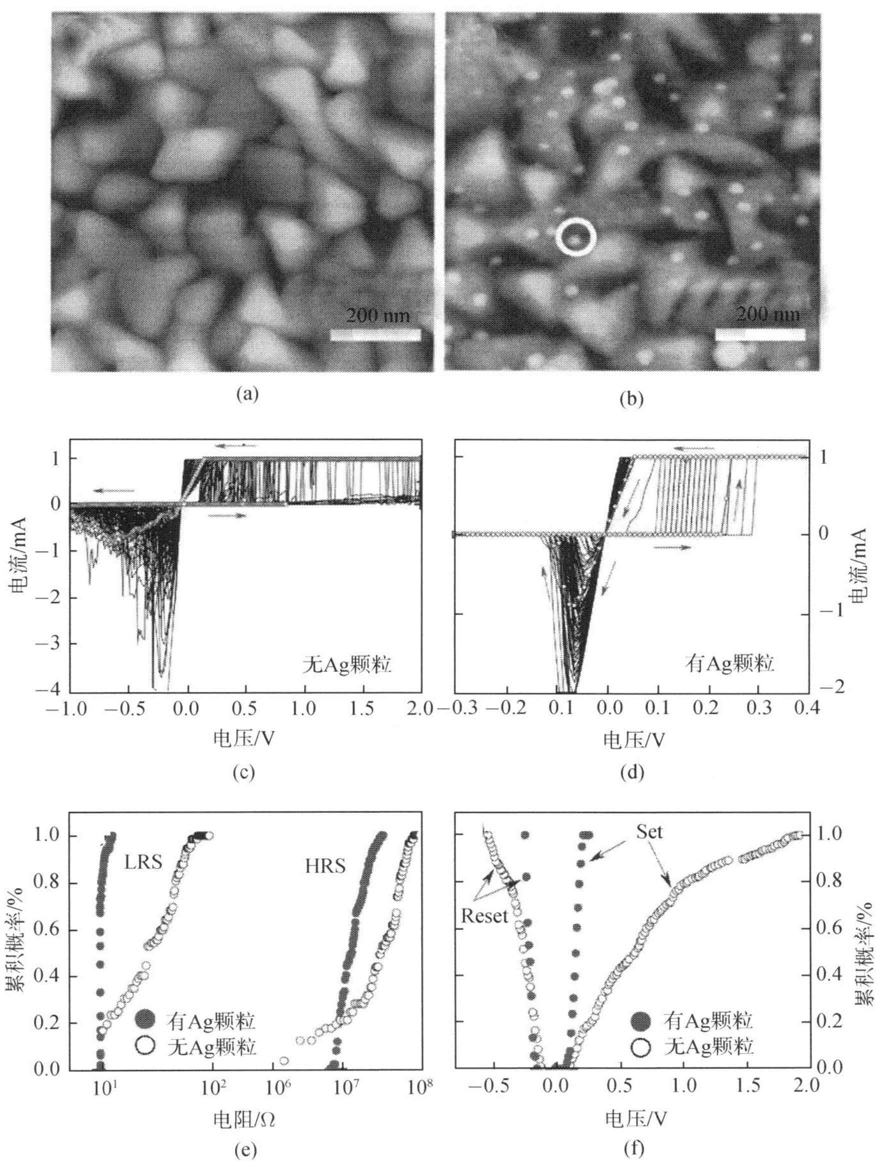

图 5.36　(a)洁净的 Pt 基底和(b) Ag 纳米颗粒修饰后的 Pt 基底的 AFM 照片，(c)和(d)是(a)和(b)两种基片分别对应的 Ag/ZnO/Pt 器件的循环 *I-V* 曲线，(e)和(f)分别是(c)和(d)两种器件循环扫描的高低阻态和转变电压的统计分布[56]

而 V_{Reset} 分布在−0.13V 到−0.23V 之间；R_{LRS} 分布在~10Ω 到~20Ω 的范围，而 R_{HRS} 分布在~0.8×10^6Ω 到~3×10^7Ω 的范围。显然，经过 Ag 纳米颗粒的修饰后，器件电

阻转变的均匀性明显提升。性能均匀性的改善源于导电细丝形成和断开过程随机性的降低，这是由于 Pt 电极上面的 Ag 纳米颗粒可以充当于 Ag 导电细丝生长的形核点或种子。并且在重复擦写的操作过程中，Ag 导电细丝都倾向于在 Ag 纳米颗粒的位置形成，从而大大降低了 Ag 导电细丝生长过程中的随机性。这些结果证明了通过对电极界面形貌进行适当的修饰可以大大改善阻变存储器的存储性能。

5.3 界 面 工 程

界面对于多层膜结构的阻变存储器器件是至关重要的。器件电阻的变化大多是通过界面发生作用的，界面势垒、界面氧化物等参数都是决定阻变器件性能的关键因素。通过调控阻变介质材料与两个电极的界面状态就能对阻变器件的电阻转变特性进行调控。事实上，上一节关于阻变存储器的电极工程中，不同电极对于器件性能的影响通常是通过界面起作用的。因此，本小节的界面工程特指在电极与阻变介质材料之间插入非常薄(几个纳米)的一层材料来改变界面状态的相关手段。插入的这一层材料既可以是 Al、Ti、Cu 等金属单质，也可以是 SiO_x、AlO_x、ZrO_x 等氧化物材料。

在电极与阻变介质之间插入一层额外的薄层带来的最直接的影响就是增加了整个器件的电阻，因为插入层相当于串联的一个电阻。例如，在 TiN/V:SiO_2/Pt 阻变器件的 TiN/V:SiO_2 界面处插入一层 3nm 的非晶 Si 层，就能大大减小器件的操作电流[57]。这时候器件低阻态的导电机制由插入前的 Poole-Frenkel 发射机制转变为肖特基发射机制。这些变化都是由于 Si 插入层导致的，非晶 Si 层的插入增加了整个器件的电阻，从而能够减小器件的操作电流。非晶 Si 对于界面势垒的影响则导致器件的导电机制也发生了变化。除了能增加器件的电阻值以外，界面插入层还能起到很多功能性的作用，下面就分别讨论不同类型的插入层对于器件性能的调控。

5.3.1 金属插入层对界面的调控

在介质材料与电极之间插入非常薄(几个纳米)的一层金属就能够对器件的电阻转变性能产生非常大的影响，这是因为与介质材料直接接触的金属担当了电极的作用。插入金属薄层对于阻变器件性能进行调控的方法与电极工程非常相似。电极工程通过优化电极材料来获得最佳的性能的时候往往不能够兼顾多个方面的考虑，例如，使器件阻变性能最佳的电极的导电性可能不是最好的，或者制备成本比较高。而插入金属薄层的方法就可以从多个方面考虑来优化器件的性能，例如，让插入的金属层发挥功能性作用，而电极发挥导电作用和保护作用。

由上一节的讨论中可知在氧离子迁移型的阻变存储器中，电极与氧离子的亲和力的大小对于器件的存储特性有重要影响。图 5.37 给出了不同金属插入层的 Pt/a-TiO_2/Al 器件的电阻转变特性[49]。如图所示，在 Pt/a-TiO_2/Al 阻变器件的上电极 Pt 与 a-TiO_2 薄膜之间分别插入 5nm 厚的 Ni、Mn、W 金属层时，器件的电阻转变曲线表现出了明显的差异。金属层的插入明显的使得 *I-V* 曲线的窗口值增大，也就是提高了器件的高低电阻之比。没有插入层的 Pt/a-TiO_2/Al 器件表现出最小的窗口值，而插入了 Ni、Mn、W 金属层的器件的窗口值依次增大。插入的金属层之所以能够提高器件的转变窗口值，是因为这些插入的金属的化学活性都比 Pt 电极活性高，能够从 a-TiO_2 薄膜从夺取氧离子在界面处发生氧化反应生成额外的界面氧化层。这一过程促使 a-TiO_2 薄膜产生一定数量的氧空位，使电阻转变更加明显。三种金属与氧原子的亲和力随着 Ni、Mn、W 的顺序依次增大，所以图中器件电阻转变的窗口值也依这个顺序增大。

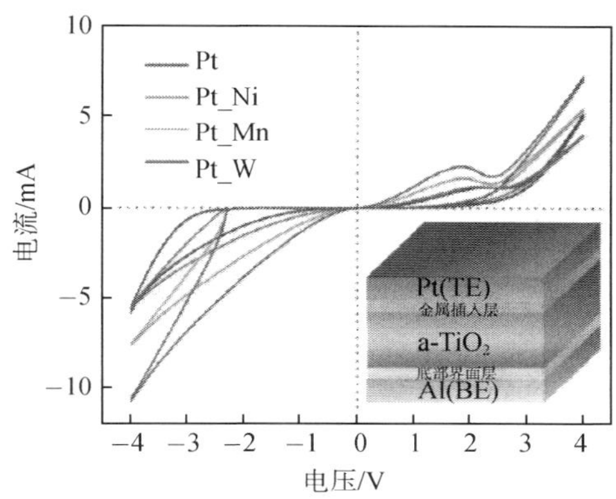

图 5.37　不同金属插入层的 Pt/a-TiO_2/Al 器件的 *I-V* 曲线[49]

透射电镜对器件微结构的表征证明了界面氧化物存在的证据，如图 5.38 所示。Al 底电极与 a-TiO_2 薄膜之间有一层同样是非晶的界面层，这层界面层是在沉积 a-TiO_2时就已形成的，所以比较厚。在 a-TiO_2/Al 结构上面沉积 Al 上电极之后，上界面也形成了厚度大约为 3nm 的非晶界面层(图 5.38(b))，这层界面氧化物是由 Al 与 TiO_2之间的氧化反应而产生的。而在镀 Pt 上电极的器件中，界面形态就完全不一样，Pt/TiO_2界面明锐(图 5.38(d))，没有发现界面层。在 Pt/TiO_2界面插入一层 Ni 之后，形成了非常薄的界面层，并且 TiO_2 薄膜本身的衬度也发生了变化，这些都是由 TiO_2 薄膜中氧离子的迁移导致的。从电阻转变曲线的变化以及电镜照片都说明了界面处插入的金属层对器件产生着重要的影响。

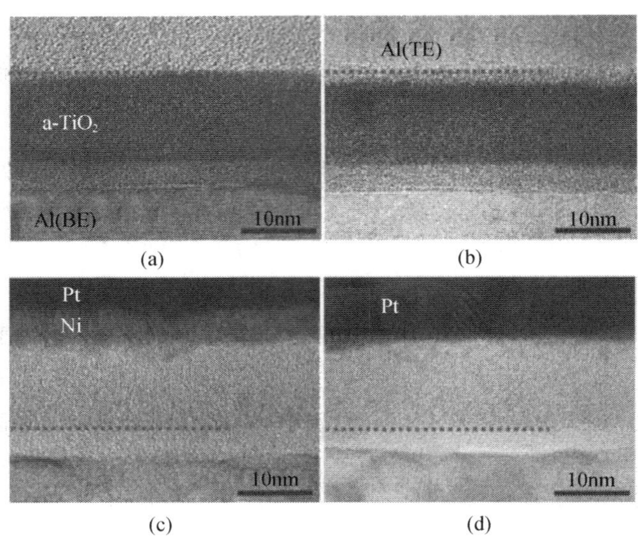

(a)　(b)　(c)　(d)

图 5.38　(a)没有镀上电极的 a-TiO_2/Al 结构；(b) Al/a-TiO_2/Al 结构；(c)Pt/Ni/a-TiO_2/Al 结构；(d) Pt/a-TiO_2/Al 结构的截面高分辨透射电镜照片[49]

5.3.2　氧化物插入层对界面的调控

除了金属层以外，直接在界面引入额外的氧化物层也能起到调控电阻转变特性的作用。图 5.39 就给出了一个通过调控界面氧化物厚度来调控电阻转变特性的例子。图中在 Al/PI:PCBM/Al 的阻变器件中利用等离子体氧化的方法处理 Al 底电极，从而在 PI:PCBM/Al 界面形成 AlO_x 层[58]。由图可以看出，在没有经过氧等离子体处理过的器件中，PI:PCBM/Al 界面会形成一层自然氧化层，厚度为 3nm 左右。在经过氧等离子体处理的样品中，随着处理时间的增加，界面氧化物的厚度越来越厚，但是上电极的界面处自然氧化层的厚度依然是 3nm 左右(图 5.39(b))。经过不同处理时间样品的 *I-V* 曲线如图 5.39(c)所示，可以看出在界面增加的 AlO_x 层减小了器件的操作电流，随着氧化层厚度的增加，器件的操作电流逐渐减小。操作电流的减小意味着高低阻态的电阻值都增加了，如图 5.39(d)所示。随着等离子体氧化时间的增加，高低阻态的电阻值都增加了。并且器件存储窗口值(高低电阻之比)也随处理时间的增加而变大。当氧等离子体处理时间超过 10 分钟以后高阻态的电阻值就已经增加不明显了，故处理时间为 20 分钟的样品的存储窗口比 10 分钟的样品略有下降。等离子化时间太长的样品的存储窗口值下降的原因是因为长时间的等离子处理会导致氧化不均匀，获得的 AlO_x 太厚并且界面粗糙(图 5.39(b))。所以适当时间的等离子体氧化对于界面的处理可以改善阻变存储器的存储性能。

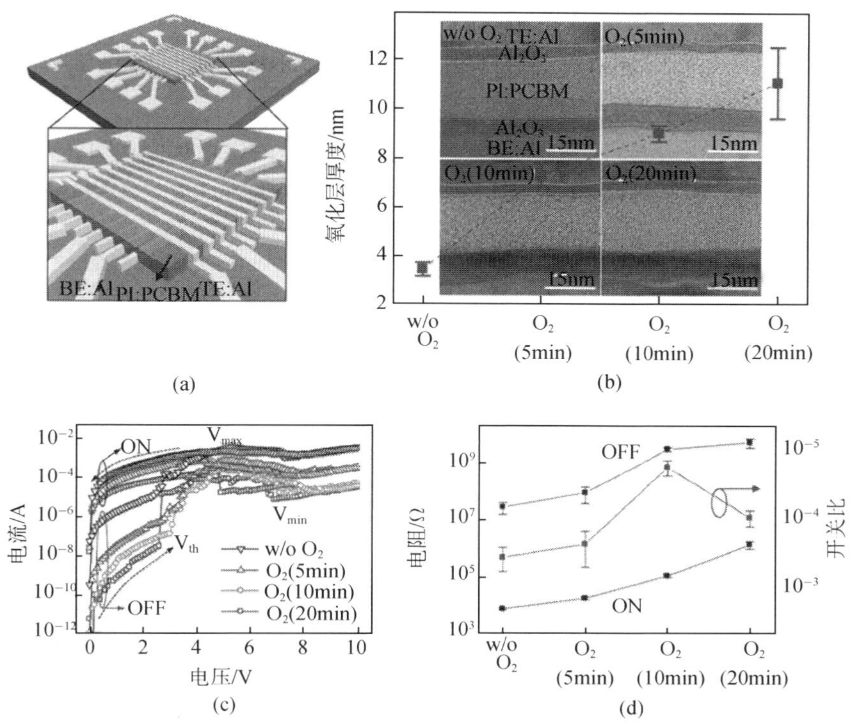

图 5.39 (a) 8×8 的 Al/PI:PCBM/Al 阻变器件的结构示意图；(b) AlO_x 的厚度与等离子氧化时间的关系，插图是不同氧化时间处理的器件的 TEM 照片；(c)经不同氧化时间处理的器件的 *I-V* 曲线；(d)器件的高低电阻态与存储窗口值随等离子体氧化时间的变化关系[58]

在上述 Al/PI:PCBM/Al 器件中引入 AlO_x 最明显的作用就是减小了器件的操作电流，这说明 AlO_x 扮演了串联电阻的作用。界面氧化物除了扮演这种串联电阻的作用以外，还有一个普遍的作用就是充当储氧池，也就是说相当于氧离子的储存罐。储氧池里面的氧离子在正负电场的作用下分别供应或容纳介质材料里面的氧离子，促使电阻转变的顺利进行。选择一个适当的氧化物层作为储氧池就可以极大的改善器件的电阻转变性能。例如，在 Pt/NiO/Pt 器件的上下电极的界面分别插入一个 5nm 厚的 IrO_2 薄层形成 $Pt/IrO_2/NiO/IrO_2/Pt$ 结构就可以大大改善转变电压(V_{Set} 和 V_{Reset})和高低电阻(R_{on} 和 R_{off})的分散性[59]。同样，在基于 HfO_x 薄膜的阻变器件中，上电极与 HfO_x 薄膜的界面处插入的 ZrO_x 层也能极大的改善器件的均匀性[60]。界面处额外引入的储氧池能够改善介质材料内部导电细丝形貌的分布，故而能够改善器件性能的均匀性。图 5.40 给出了 Cu/ZnO/AZO 阻变器件在插入一层 5nm 的 CuO 后(Cu/CuO/ZnO/AZO)电阻转变特性的变化[61]。由图可以看出，在插入 CuO 后，器件的存储窗口值和电阻转变的均匀性有明显的改善，Set 与 Reset 过程中的转变电压以及高低阻态的电阻值分布都非常均匀。这些性能的提高都是由于 CuO 的储氧池作用导致的。例如，在图 5.40 所示的器件结构中，当在 Cu/CuO/ZnO/AZO 器件施加正向电压时，氧离子会从 ZnO 层向 CuO 层迁移并储存在此；而当负向电压施加于器件时，氧离子又可以从 CuO 层释放出来去中和导电细丝里的氧空位，从而使导电细丝断开。通常，可变价氧化物或者非化学计量比的氧化物可以作为储氧池层来调节器件的存储性能。

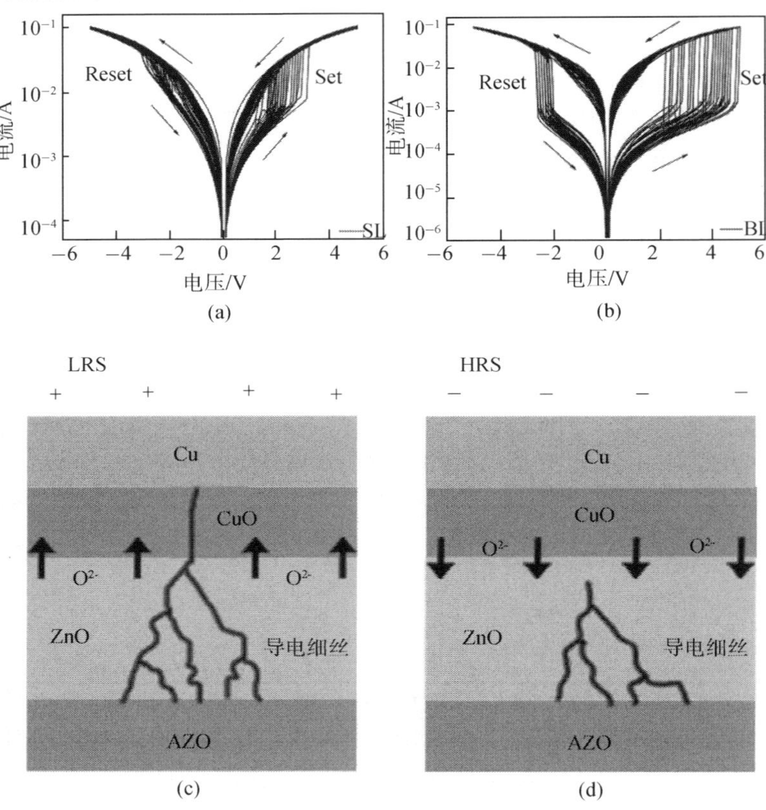

图 5.40　(a) Cu/ZnO/AZO 和(b) Cu/CuO/ZnO/AZO 器件重复扫描的 *I-V* 曲线，Cu/CuO/ZnO/AZO 器件分别处于高低阻态时的导电细丝模型示意图；(c) 低阻态；(d) 高阻态[61]

5.3.3　其他功能层对界面的调控

在界面引入一些具有特殊性能的材料也能改善阻变器件的电阻转变特性的均匀性。器件在电阻转变过程中的均匀性与导电细丝的状态及其形成与断开过程的特性相关。因而，引入界面层来改善均匀性的出发点就是减小导电细丝的分散性。恰当的界面层可以引导导电细丝的形成，正如电极工程中经常使用纳米颗粒来促进导电细丝在固定位置的形成一样。例如在 Al/Cu_xO/Cu 阻变器件的界面引入 $Ge_2Sb_2Te_5$(GST)相变材料就可以引导导电细丝形成从而减小器件阻变特性的分散性[62]。图 5.41 给出了 GST 界面层对于 Al/Cu_xO/Cu 器件的性能改善结果。如图所示，原始 Al/Cu_xO/Cu 器件的电阻转变曲线非常分散，Set 电压分布在 0.5V 到 2.15V 的范围。在 Al 上电极与 Cu_xO 薄膜之间插入一层 GST 薄膜之后，可以清晰的看到器件的电阻转变特性变得更加集中，Set 电压分布在 1V 到 1.3V 之间。经过 300 次电阻转变

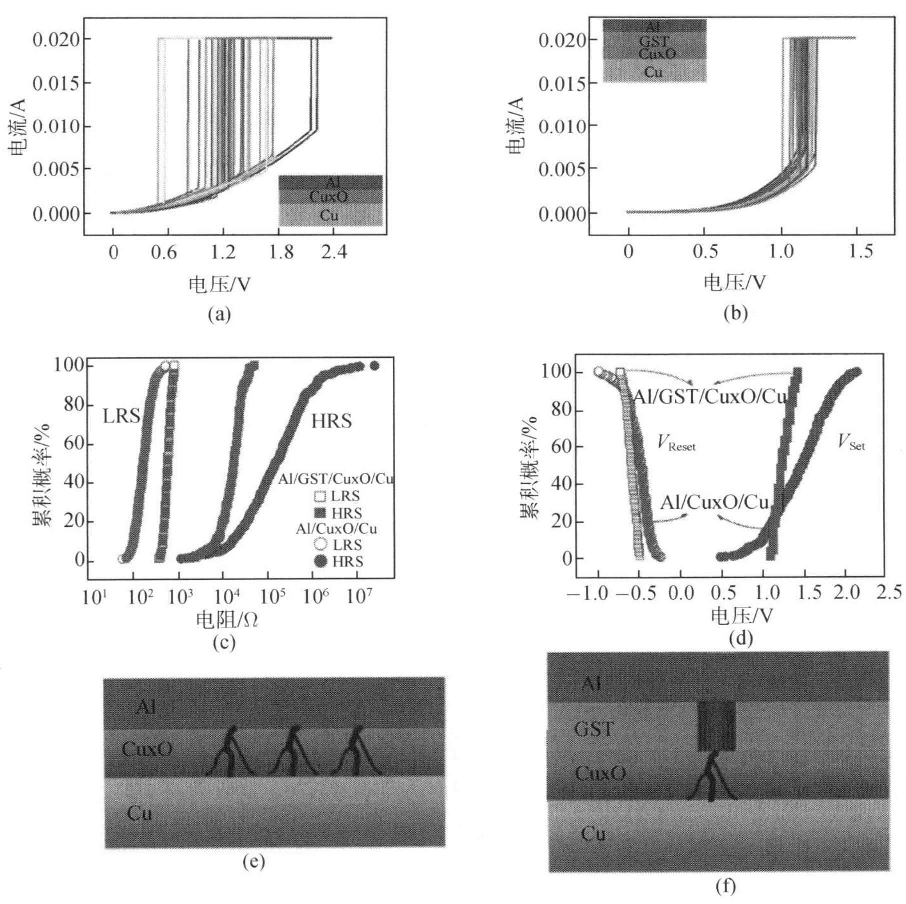

图 5.41　(a) Al/Cu_xO/Cu 器件与(b) Al/GST/Cu_xO/Cu 器件的重复 Set 过程的 I-V 曲线以及两个器件的转变电压(V_{Set}，V_{Reset})与高低电阻态(R_{on}，R_{off})的统计分布；(e) Al/Cu_xO/Cu 器件与(b) Al/GST/Cu_xO/Cu 器件形成导电细丝的示意图[62]

的统计数据表明，Al/Cu_xO/Cu 器件的转变电压非常分散，V_{Set} 和 V_{Reset} 分别约为(1.34 ± 0.84)V 和(−0.59 ± 0.37)V；而插入了 GST 层的 Al/GST/Cu_xO/Cu 器件的电阻转变参数的分散性要小的多，对应的 V_{Set} 和 V_{Reset} 分别为(1.29 ± 0.17) V 和(−0.5 ± 0.1) V。同样，高低电阻的分布也在插入 GST 层之后变得更加集中，并且 Al/GST/Cu_xO/Cu 器件的低阻态比原始器件的高了大约 500 Ω，而高阻态则降低了一个数量级。插入 GST 之后的低阻态电阻升高是因为 GST 充当了串联电阻的作用，而高阻态电阻降低则是因为原始器件的 Al/Cu_xO 存在 AlO_x 的界面氧化物，而 GST 的插入使这层自然氧化物消失。

GST 是一种典型的相变材料，它在温度或者外加的电场作用下可以在晶态与非晶态之间转变，并出现相应的低阻态和高阻态。通常一个时间较短幅值较高的电压(或电流)脉冲可以使 GST 熔化并在冷却的过程中形成非晶，非晶态是一种高阻态。而时间较长幅值较低的的电压(或电流)就相当于对 GST 进行退火，在局域位置形成低电阻的晶态。在 Al/Cu_xO/Cu 器件中，导电细丝是随机分布的，形成如图 5.41(e)所示的树状的导电细丝。而在插入相变材料 GST 之后的 Al/GST/Cu_xO/Cu 器件中，在转变到低阻态之后，GST 中形成的晶态的导电通道在直流扫描模式下很难变成非晶态，故 GST 中的导电通道一直存在，并且位置比较固定。而 Cu_xO 薄膜中导电细丝的形成就会沿着 GST 的位置形成，也就是说 GST 中的导电通道会引导 Cu_xO 薄膜中导电细丝的生长，如图 5.41(f)所示。正因为 GST 薄膜中导电通道的位置通常是固定的，故 Cu_xO 薄膜中导电细丝的生成位置也相对固定，导电细丝的随机性大大降低，故器件电阻转变的分散性也大大降低。

5.4　多值存储与量子导电

阻变存储器有望成为下一代非易失性存储器的最大优势就在于其小型化的巨大潜力，其电阻转变机理保证了在大小只有数个纳米的单元器件中实现电阻转变。小型化的目的是为了获得高密度的存储器，但是即使电阻转变的机理支持器件尺寸的不断减小，存储密度的提高也依赖于微电子加工技术的不断进步。然而，微加工技术的进步正面临越来越大的挑战，为了获得小型化器件所需要付出的代价也越来越大。在此情况下，多值存储概念提供了一条等效提高存储密度的有效途径。多值存储技术通过单个存储单元进行多个数据的存储来提高存储密度，这个技术在不增加成本的前提下能够使得存储密度成倍的增长，在传统浮栅结构的闪存产品中多值存储技术已被大量采用。相比于磁随机存储器和铁电随机存储器，阻变存储器的优势之一就在于其具备多值存储潜力。例如在 Ag-Ge-S[63]、TiO_2[64]、ZrO_2[65]、HfO_2[66]

等多种体系中已经观察到了多级电阻转变的现象。通常有两种方法来实现多级电阻转变：第一种是利用两种或两种以上的电阻转变机理在同一个阻变器件中同时发生作用来获得多个电阻值；另一种是在电阻转变过程中控制转变电压或限流值来获得不同大小的导电细丝从而获得不同的电阻值。本小节以具体实例来分别介绍这两种类型多级阻变的相关特点，同时对于导电细丝精确控制过程中的量子导电现象进行详细描述。

5.4.1　不同电阻转变机制耦合导致的多值存储

当不同的电阻转变机制可以在同一个阻变器件中发挥作用时，器件就会在这些由不同机制导致的电阻态之间来回转变。但是，在同一个器件中使两种机制同时起作用并获得不同的电阻态不是一件容易的事情。通常需要满足几个要求：首先，这两种转变机制获得的低阻态电阻值必须有差异，才能够被观察到；其次，低阻态电阻值较高的机制必须要有相对较小的 Set 转变电压，或者低阻态电阻值较低的机制要有相对较小的 Reset 电压，此时两种机制导致的电阻转变现象才能分开而不至于被掩盖。目前，已经在 Ti/ZrO_2:Cu/n-Si，Cu/TaO_x/Pt，Al/TiO_x/Cu，以及 Al/BCNT/NCNT/Al 等器件中观察到了多种机制耦合产生的多级电阻转变现象。下面以 Cu/TaO_x/Pt 器件为例，描述这一类型多级阻变的特性，并探讨多级阻变效应产生的物理机制[67]。

1. Cu/TaO_x/Pt 阻变存储器的多级阻变现象

图 5.42 给出了 Cu/TaO_x/Pt 器件中典型的多级阻变特性 *I-V* 曲线。刚制备的 Cu/TaO_x/Pt 存储器处于高阻态，电阻约为 10^7~$10^8\Omega$。器件在表现出阻变效应之前并不需要初始化过程。当对器件施加逐渐增大的正向电压时，可以观察到一个分阶段的 Set 过程，如图 5.42 所示。其中在 0.8V 左右器件从高阻态转变到中间阻态(约 $10^4\Omega$)，可以称之为“Set1”过程；在 1.8V 左右器件进一步从中间阻态转变到低阻态(约 50Ω)，可以称之为“Set2”过程。在“Set2”过程中对器件施加 1mA 的限流值以防止电击穿。为了使器件转变回高阻态则必须对 Cu/TaO_x/Pt 阻变存储器施加反向电压。为了证明这一点，图 5.43(a)和图 5.43(b)分别给出了器件的双极阻变 *I-V* 曲线以及对器件低阻态施加正向电压时的情况，表明正向电压无法使器件发生 Reset 转变。图 5.42 中的 Reset 过程同样分为两个阶段，并在内插图中放大显示。在–0.3V 左右器件从低阻态转变回到中间阻态，可以称为“Reset1”；电压增大至–0.4V 左右器件进一步从中间阻态转变回到高阻态，可以称为“Reset2”。值得注意的是，Reset 过程中各阻态的电阻值与 Set 过程是完全对应的，证明该多级阻变过程是完全可逆的。容易想象，可以通过施加满足 $V_{Set1}<V<V_{Set2}$ 或 $V_{Reset2}<V<V_{Reset1}$ 的电压 V 来稳定地获得中间阻态。

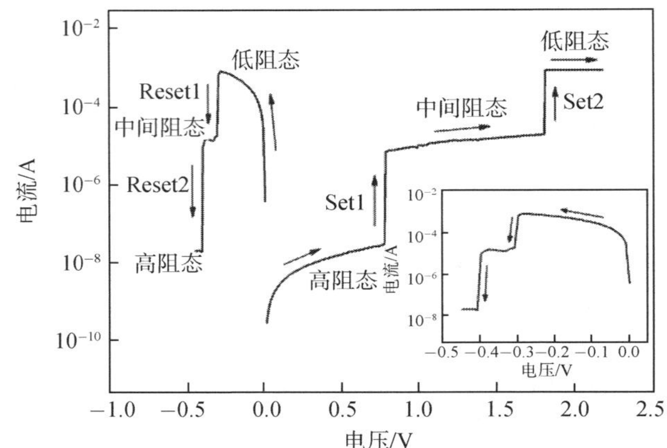

图 5.42　Cu/TaO$_x$/Pt 阻变存储器的多级阻变特性 *I-V* 曲线

内插图显示 Reset 过程的放大

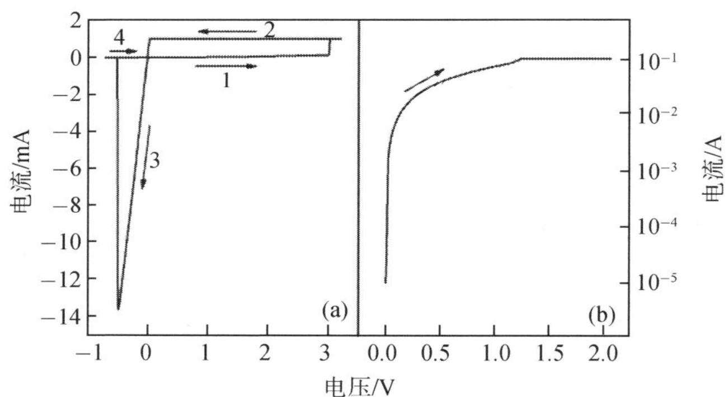

图 5.43　(a)Cu/TaO$_x$/Pt 的双极阻变特性;(b)使用正向电压 Reset 器件时的 *I-V* 曲线

需要指出的是，在测量过程中采用较小的扫描步进电压(如 1mV 或更小)有助于观察到上述多级阻变过程。而在采用较大扫描步进电压如 10mV 时，由于扫描速度较快，观测到如图 5.42 所示的多级阻变效应的几率就较低，这种多级阻变效应对于扫描速度的依赖现象在多级阻变系统中是普遍存在的[68, 69]。

在采用较大扫描步进电压的情况下，多级阻变效应不容易观测并不等同于不存在。图 5.44 给出了扫描步进电压为 10mV 条件下 Cu/TaO$_x$/Pt 阻变存储器的电阻转变特性 *I-V* 曲线。可以发现，在此条件下只有少数曲线表现出多级阻变特征。尽管如此，器件在高阻态与低阻态之间的转变是非常稳定的，测得的 30 次循环转变过程中电阻值的变化如内插图所示，结果显示高阻态与低阻态之间的开关比超过 10^4，表现出非常显著的存储窗口。

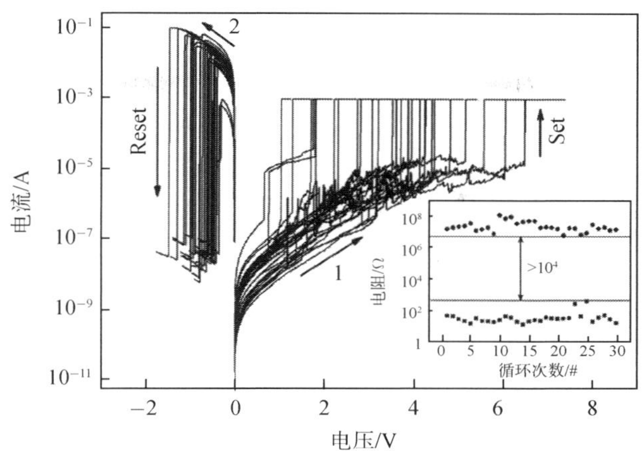

图 5.44　扫描步进电压为 10mV 条件下 Cu/TaO_x/Pt 阻变存储器在高阻态和低阻态之间的循环转变特性

内插图显示循环过程中器件阻值的变化

如果在较小扫描步进电压 (如 1mV)条件下将 Cu/TaO_x/Pt 阻变存储器设置为中间阻态，之后换用大的扫描步进电压继续测量器件的阻变特性，所得结果如图 5.45 所示。有趣的是，器件不像图 5.44 中显示的那样在高阻态与低阻态之间转变，而是在中间阻态与低阻态之间转变。这种现象并不是偶然发生的，图 5.45 给出了 30 个循环的这种阻变特性 I-V 曲线，证明在大的扫描电压步进条件下器件的中间阻态同样是稳定存在的。上述结果表明，在 1mV 步进条件下稳定获得的中间阻态在换用

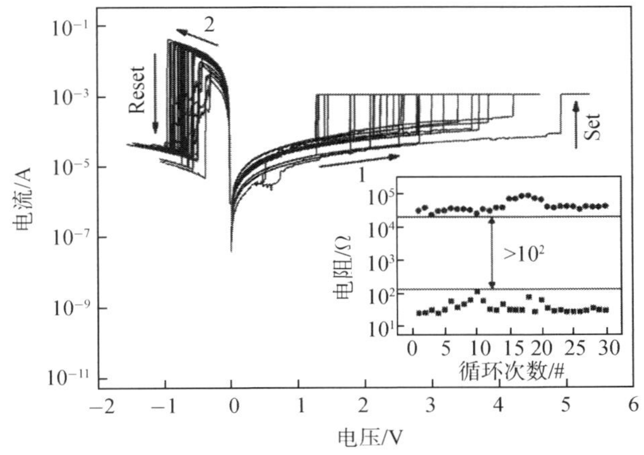

图 5.45　扫描步进电压为 10mV 条件下 Cu/TaO_x/Pt 阻变存储器在中间阻态和低阻态之间的循环转变特性

内插图显示循环过程中器件电阻的变化

更大步进时依然能够保持。为了使器件回到高阻态，必须对其施加更高的负偏压(约–2V)。图 5.45 的内插图同样给出了中间阻态与低阻态循环转变过程中器件电阻值的变化，显示中间阻态与低阻态的开关比也超过 10^2。

图 5.46 是不同 $Cu/TaO_x/Pt$ 器件的高阻值、中间阻值与低阻值的统计分布图。结果表明 $Cu/TaO_x/Pt$ 阻变存储器任意相邻两个阻态之间的开关比都大于 20，证明 $Cu/TaO_x/Pt$ 阻变存储器在多值存储稳定性方面的优势。此外，$Cu/TaO_x/Pt$ 阻变存储器的保持特性证实 3 个阻态断电后的保持时间均超过 2000s，这说明器件的 3 个电阻态都是非易失性的。

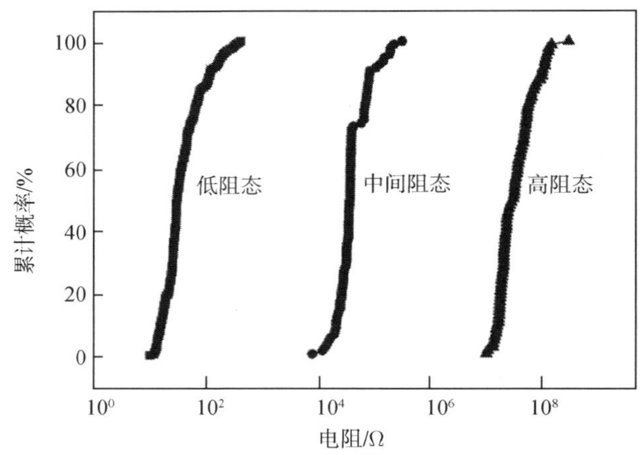

图 5.46　$Cu/TaO_x/Pt$ 阻变存储器高阻态、低阻态与中间阻态的电阻值统计分布

2. $Cu/TaO_x/Pt$ 结构多值存储现象的物理机制

器件在高阻态、中间阻态与低阻态时电阻随温度的变化规律可以揭示 $Cu/TaO_x/Pt$ 阻变存储器中多级阻变效应的物理机制。图 5.47(a)给出了 $Cu/TaO_x/Pt$ 的高阻态电阻随温度的变化关系。结果显示 $Cu/TaO_x/Pt$ 阻变存储器的高阻态电阻随温度的升高而降低，这种现象对应于 TaO_x 薄膜的半导体特性，即电阻与温度的关系满足：

$$R = R_0 \exp(\phi_t / k_B T) \tag{5.7}$$

其中，ϕ_t 为半导体的热激活能，k_B 为玻尔兹曼常数。

与此同时，$Cu/TaO_x/Pt$ 阻变存储器的低阻态电阻随温度的变化如图 5.47(b)所示。与高阻态相反，器件低阻态的电阻值随温度的升高而近似线性升高。这种现象与 Ag/ZnO:Mn/Pt 阻变存储器的低阻态温度特性是一致的[48]，表明器件低阻态的存在是由于金属导电细丝的形成。图 5.48 进一步给出了 $Cu/TaO_x/Pt$ 阻变存储器的低阻

态 I-V 曲线，结果显示完全的线性特征，这也为低阻态中 Cu 导电细丝的形成提供了进一步的证据。

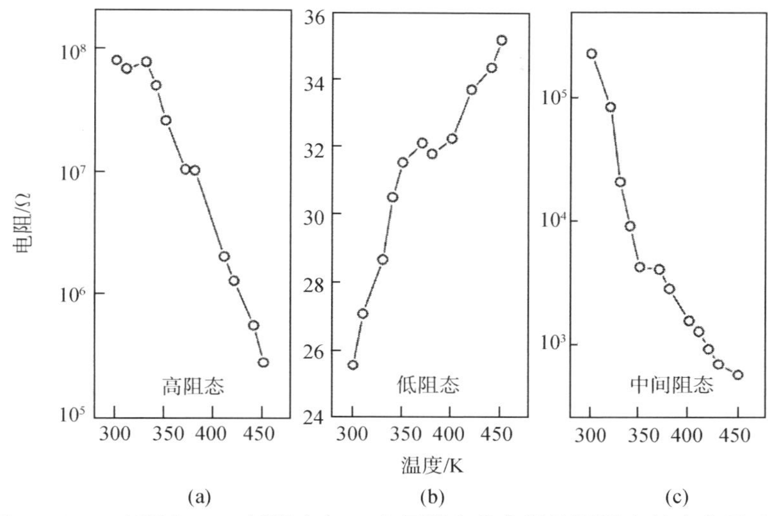

图 5.47　(a)高阻态；(b)低阻态与(c)中间阻态的电阻值随温度的变化关系

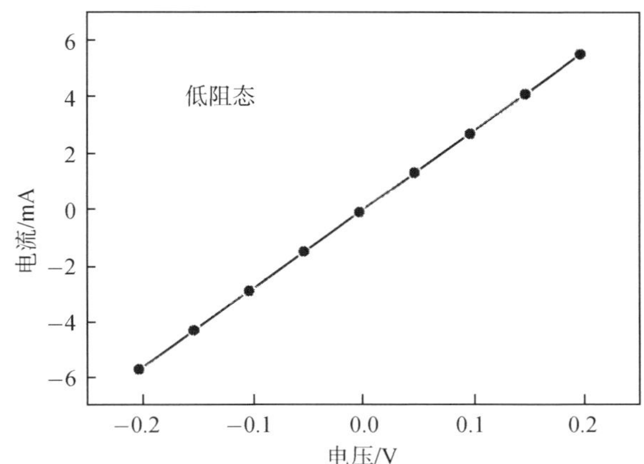

图 5.48　小电压范围内 $Cu/TaO_x/Pt$ 阻变存储器的低阻态 I-V 曲线

$Cu/TaO_x/Pt$ 阻变存储器中多级阻变效应的存在核心在于中间阻态的出现，因此澄清多级阻变机制的关键在于阐述中间阻态的特征与形成原因。图 5.47(c)显示了 $Cu/TaO_x/Pt$ 阻变存储器的中间阻态电阻随温度的变化规律。结果显示该曲线表现出与高阻态类似的特征，即电阻随温度的升高而降低，这证明器件的中间阻态同样为半导体性质。由于 $Cu/TaO_x/Pt$ 阻变存储器的中间阻态与低阻态存在截然不同的特征，因此可以断定中间阻态的形成不可能是由于金属导电细丝的形成，高阻态与中间阻态之间的转变必定存在不同的电阻转变机制。

为了了解 $Cu/TaO_x/Pt$ 阻变存储器中的多级阻变效应，首先看一看 $Pt/TaO_x/Pt$ 结构中的普通电阻转变效应。该系统中的阻变效应被认为是来源于两种钽氧化物之间的氧化还原反应形成，可用下式表示：

$$Ta_2O_5 + 2e^- \longleftrightarrow 2TaO_2 + O^{2-} \tag{5.8}$$

与充分氧化的 Ta_2O_5 相比，TaO_2 具有较低的禁带宽度以及较高的电导率[37]，因此式(5.8)表示的氧化还原反应可以导致在两个半导体状态之间的阻变效应。值得注意的是：第一，$Cu/TaO_x/Pt$ 阻变存储器的中间阻态也是半导体性的，因此高阻态与中间阻态之间的转变也是两个半导体状态之间的阻变，并且 $Cu/TaO_x/Pt$ 阻变存储器的中间阻态电阻值为 $10^4\Omega$ 量级；第二，要想在 TaO_x 系统中观察到阻变效应，一个必要条件是所用电极材料的电势必须高于金属 Ta，而 $Cu/TaO_x/Pt$ 器件的底电极材料 Pt 满足这一条件；第三，Set 和 Reset 的方向与电极材料的功函数有关，两种氧化物的电阻转变发生在具有高功函数的电极界面附近[70]，对于非对称的器件结构 $Cu/TaO_x/Pt$ 来说，这种转变就发生在 Pt 电极一侧，因此式(5.8)所表示的反应只能发生在底电极 Pt 的界面附近。综上所述，通过式(5.8)所表示的氧化还原反应来解释 $Cu/TaO_x/Pt$ 结构中中间阻态的出现是非常合理的。

基于上述对于中间阻态和低阻态产生机制的分析，$Cu/TaO_x/Pt$ 阻变存储器的多级阻变效应应当来源于两种机制的共同作用，如图 5.49 所示。对器件施加正向电压时，由于库仑排斥力的作用 O^{2-} 离子远离 Pt 底电极界面，根据式(5.8)，底电极界面附近 O^{2-} 离子的减少将导致部分 Ta_2O_5 被还原为 TaO_2，器件因此转变到中间阻态。当继续对器件施加更高的正向电压时，Cu^{2+} 离子的迁移和氧化还原反应所引起的 Cu 沉积将导致存储介质中形成 Cu 导电细丝，可用下式表示：

$$Cu^{n+} + ne^- \longleftrightarrow Cu \quad (n = 1,2) \tag{5.9}$$

因此，器件进一步由中间阻态转变到低阻态。与其他固态电解质材料相比，在 TaO_x 中形成导电细丝需要较高的 Set 电压，这就决定了 Set1 和 Set2 转变发生的先后顺序。对处于低阻态的器件施加反向电压时，根据式(5.9)，Cu 导电细丝断开，器件

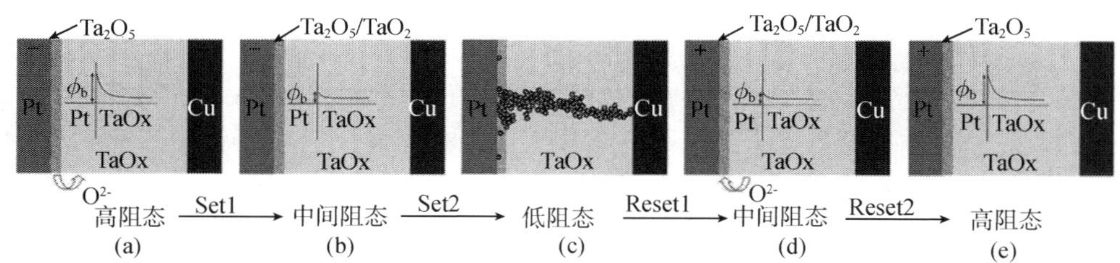

图 5.49　$Cu/TaO_x/Pt$ 阻变存储器的多值存储模型示意图

由低阻态转变到中间阻态。之后在库仑吸引力的作用下，O^{2-}离子向 Pt 电极附近迁移，根据式(5.8)，TaO_2逐渐被氧化成为Ta_2O_5，最终器件由中间阻态回到高阻态。

在理解了 Cu/TaO_x/Pt 阻变存储器中多级阻变效应的物理机制后，图 5.45 所示的中间阻态与低阻态之间的转变现象就变得很容易解释。与Ta_2O_5一样，TaO_2也是一种稳定的钽氧化物相，并且具有比Ta_2O_5更低的能量。因此，器件到达稳定的中间阻态后，出于降低系统总能量的目的，器件并不倾向于回到高阻态，而是可以在中间阻态和低阻态之间稳定地反复转变。总之，Cu/TaO_x/Pt 阻变存储器高阻态与中间阻态之间的转变由Ta_2O_5与TaO_2两种钽氧化物之间的氧化还原反应引起，而低阻态的产生对应于器件中 Cu 导电细丝的形成。两种电阻转变机制的耦合作用最终导致 Cu/TaO_x/Pt 出现多级阻变效应。

5.4.2　调控导电细丝形态获得的多值存储

利用多种电阻转变机制耦合可得到稳定的多值存储性能，但是获得的电阻态的数目有限，通常只有三个电阻态，而通过调控导电细丝的生长过程可以获得三个以上的电阻态。理论上，任何一个体系只要精细控制其电阻转变过程中的参数就可以控制导电细丝的大小或者长短，从而获得多个不同的电阻态。当然，要想在高低阻态之间获得多的中间电阻态，首先要保证有非常大的存储窗口(通常要求大于 100 倍)。目前实现多级阻变主要有两种控制方法，一种是在 Set 过程中通过不同的限制电流来得到不同阻值的低阻态[66]。例如在图 5.50(a)中，Cu/HfO_2:Cu/Pt 器件在电阻转变过程中控制限制电流(I_{comp})值总共获得了 4 个电阻态。另一种是在 Reset 过程中通过不同的电压幅值 (或电压持续的时间)来得到不同阻值的高阻状态，这种方法要求器件的 Reset 是渐变过程[71]。例如在图 5.50(b)中的石墨烯/SiO_2/石墨烯器件中

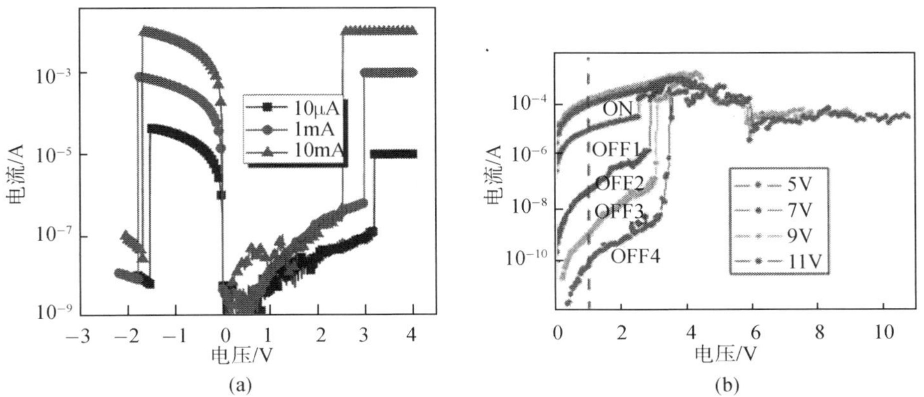

图 5.50　(a) Cu/HfO_2:Cu/Pt 器件中统括控制限制电流获得的多级阻变[66]；(b)石墨烯/SiO_2/石墨烯器件中控制扫描电压获得的多级阻变[71]

通过控制扫描电压的大小获得了 5 个不同的电阻态。

在导电细丝型阻变器件中，导电细丝的生长是逐渐进行的。如果能控制导电细丝的生长，使其能够停留在多个中间状态，那么就可以实现多级电阻转变。在通常的直流电压扫描中，由于扫描速度太大(~1V/s)，很难看到各个中间过程。当使用非常慢的扫描速度时，就可以发现电阻是一点一点逐渐变化的。图 5.51 给出了 Cu/ZrO_2:Cu/Pt 器件在非常慢的速度(步进为 1mV，速度为 10mV/s)扫描下的电阻转变曲线。可以看出，Cu/ZrO_2:Cu/Pt 器件出现台阶式的 Set 和 Reset 过程。这种台阶状的电阻转变就是器件内部导电细丝逐渐生长和断开的过程[10, 69]。台阶状的电阻转变就表明了能够获得多级电阻转变的潜力。例如，利用限制电流来控制 Set 过程，使导电细丝的生长停留在各个阶段就可以获得多个电阻态。图 5.52 是 Cu/ZrO_2:Cu/Pt 器件在不同限制电流(I_{comp})下的电阻转变特性。由图可以看到，器件的低阻态阻值

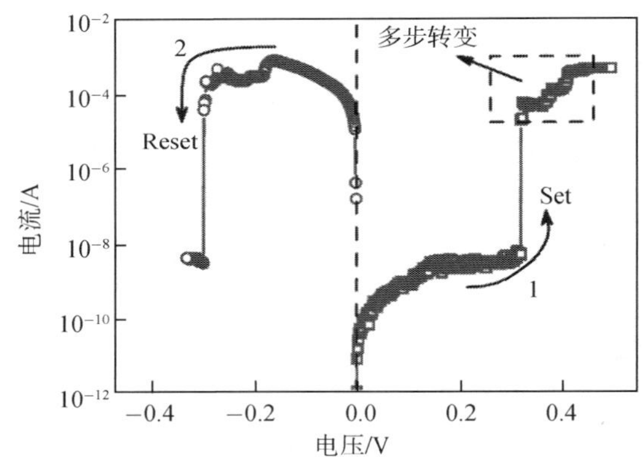

图 5.51　Cu/ZrO_2:Cu/Pt 器件在小步进扫描电压下的台阶状电阻转变曲线[69]

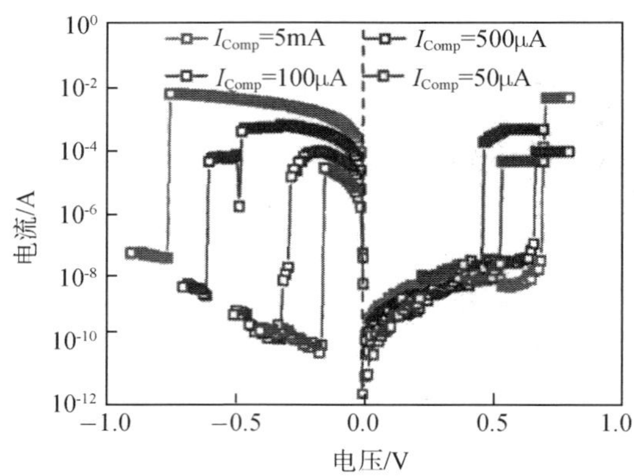

图 5.52　Cu/ZrO_2:Cu/Pt 器件在不同限制电流下的 I-V 曲线[69]

随 I_{comp} 的减小而增加。同时，器件的 Reset 电流随 I_{comp} 的减小而减小。这些不同限制电流下的 *I-V* 曲线表明了器件的多值存储的潜力。

$Cu/ZrO_2:Cu/Pt$ 器件的低阻态电阻值和 Reset 电流与 I_{comp} 关系的统计结果如图 5.53 所示。通过多个单元器件在不同限流下的多次重复测试可得，器件的低阻态电阻的平均值由 5mA 限流时的 140Ω 增加到 50μA 限流时的 4.85kΩ，电阻值增加了近 35 倍。同时，器件的 Reset 电流的平均值由 5mA 限流时的 1.3mA 减小到 50μA 限流时的 35.8μA，Reset 电流的平均值基本上与限流值在同一个量级上。但是，$Cu/ZrO_2:Cu/Pt$ 器件在不同限流值时得到的低阻值和 Reset 电流值存在一定的离散性，导致这个现象的原因有两点：第一，测试电路中寄生电容会对器件的转变造成一定的影响；第二，直流扫描模式进行 Set 和 Reset 过程时时间的控制不够精确。因此采用合适的脉冲测试方法可以更加精确的控制流过器件的电荷总量，从而获得分布更加集中的高低阻态与中间阻态。

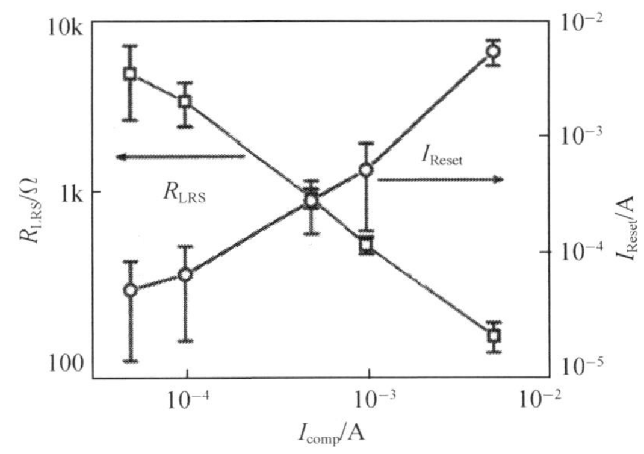

图 5.53　$Cu/ZrO_2:Cu/Pt$ 器件低阻态的电阻(R_{LRS})和 Reset 电流(I_{Reset})与限制电流(I_{comp})的变化关系[69]

图 5.54 给出了 $Cu/ZrO_2:Cu/Pt$ 器件在不同限流下得到的电阻状态的数据保持特性。图中 $Cu/ZrO_2:Cu/Pt$ 器件的四个存储态的电阻值分别为 5mA、500μA 和 50μA 限流下得到的低阻态电阻值和 Reset 过程后得到的高阻态电阻值。由图 5.54 可以看出，在 10^4s 的连续读取电压下，四个状态的电阻值都没有表现出明显的变化，同时利用外推法可以预测在室温情况下 $Cu/ZrO_2:Cu/Pt$ 器件的四个存储态都具有十年的保持时间，表明了利用限制电流获得的多级电阻转变的稳定性和可靠性非常高，可利用与多值存储。

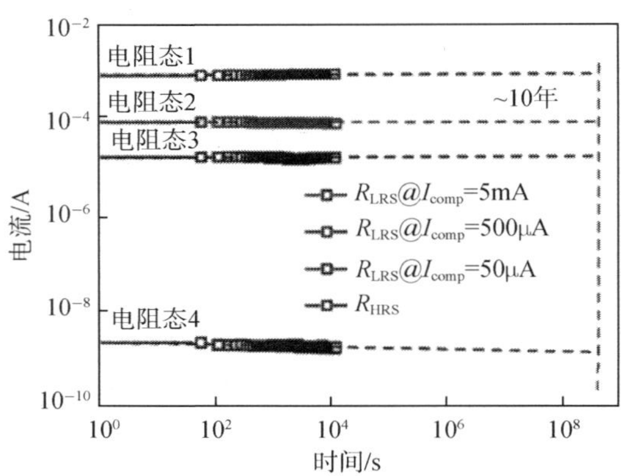

图 5.54　Cu/ZrO_2:Cu/Pt 器件四个存储状态的保持能力[69]

5.4.3　量子导电行为

控制导电细丝的生长速度可以获得一系列导电细丝生长的中间过程，从而得到高低阻态之间的多个中间电阻态。如果对于导电细丝的生长过程进行更加精细的控制，将导电细丝的尺寸控制到几个原子大小，则能够在阻变器件里面观察到一类奇特的电阻转变现象——量子导电。量子导电现象是指电导(或电阻)的变化是以某个单位电导值的整数倍发生不连续的变化，器件的电导值满足，

$$G = nG_0 \ (n = 1, 2, 3\cdots) \tag{5.10}$$

而 G_0 的大小为，

$$G_0 = 2e^2 / h \approx 77.5\mu\text{S} \tag{5.11}$$

其中，e 是单元电荷的电量，h 是普朗克常数[72]，G_0 就是指单原子接触时的电导值。当导电细丝的尺寸为几个原子大小时，导电细丝没增加或减少一个原子时，电导值就会相应的成 G_0 的整数倍变化。正因为电导(或电阻)呈不连续的变化，如果能稳定的控制量子导电现象就可以获得一种全新的多值存储的阻变存储器，从而大幅提高现有阻变存储器的数据存储能力。

量子导电现象最早是在金属导电细丝的体系观察到的，金属导电细丝与电极接触的电导值以不连续的量子态(G_0)增加或减少。早在 1991 年的时候，就有研究人员报道了 Cr/a-Si:H/V 结构中的导电量子化现象[73]。稍后一些时候，Yun 等人也报道了 V/a-V_2O_5/V 结构中类似的量子导电现象[74]。这时候人们主要关注导电量子化背后的物理机制。直到 2012 年左右，陆续有研究人员在阻变存储器体系报道了可控性比较好的量子导电行为，人们发现如果能够精确控制量子导电行为就可以获得一种存储密度成倍增加的多值存储器，因此有关阻变存储器中量子导电现象的报道就

越来越多了。表 5.3 给出了目前报道的在阻变存储器的三明治结构中量子导电现象及其导电细丝的类型。下面以 Ta_2O_5 薄膜[28, 75]和 P3HT:PCBM[7]为例来分别介绍无机物和有机物介质中量子导电行为。

表 5.3　已报道的阻变存储器中的量子导电行为[76]

器件结构	导电细丝类型	量子化类型
Cr/a-Si:H/V	未知	G_0, $1/2G_0$
V/a-V_2O_5/V	未知	G_0, $1/2G_0$
Ag/GeS_2/W	Ag	G_0
Ag/AgI/Pt	Ag	G_0
Nb/ZnO/Pt	Nb	G_0, $1/2G_0$
ITO/ZnO/ITO	氧空位	G_0, $1/2G_0$
W/CeO_x/SiO_2/$NiSi_2$	氧空位	G_0, $1/2G_0$
Ag/Ta_2O_5/Pt	Ag	G_0
Pt/HfO_2/Pt	氧空位	G_0
Ti (Ta,W)/Ta_2O_5/Pt	氧空位	G_0
Ag/P3HT:PCBM/ITO	Ag	G_0, $1/2G_0$
n-Si/SiO_x/p-Si	氧空位	G_0, $1/2G_0$
Ag/a-$La_{1-x}Sr_xMnO_3$/Pt	Ag	G_0
Ti/TiO_2/STO_3/n-Si	氧空位	G_0

1) 金属导电细丝在无机物薄膜中的量子导电现象

由表 5.3 可以看出，已有关于阻变存储器中量子导电现象大多是在无机材料薄膜体系中观察到的，而这些薄膜中导致电导变化的原因也大多是由于金属导电细丝的变化。像金属导电细丝型阻变存储器一样，这些器件都包含一个惰性电极、一个可迁移的活性金属电极以及中间的介质薄膜。例如在 Ag/Ta_2O_5/Pt 结构的阻变存储器中就观察到了明显的量子导电现象[75]，如图 5.55 所示。当 Set 过程的脉冲电压的幅值从 0.3V 按照 0.05V 的步进增加到 0.7V 时，Ag/Ta_2O_5/Pt 器件的电导值以台阶状跳跃的方式从 0 增加到 $9G_0$；然后当施加负向脉冲电压的幅值从−0.1V 增加到−0.5 V 时(步进为−0.05V)，器件的电导值又从 $9G_0$ 呈台阶状下降到了 0。由图可以看出，尽管台阶出现的位置存在一定的离散性，但是每一个平台的数值都是在 G_0 的整数倍附近。电导值呈现台阶状不连续的升高或降低表明电导值的变化是量子化的，电导值以 G_0 的整数倍变化。图 5.55(c)是对于每次台阶跳跃之后出现平台的电导值的统计分布，图中虚线是对直方图的高斯拟合。统计结果同样表明电导值倾向于在 G_0 的整数倍出现，说明 Ag/Ta_2O_5/Pt 器件的电导变化是量子化的。

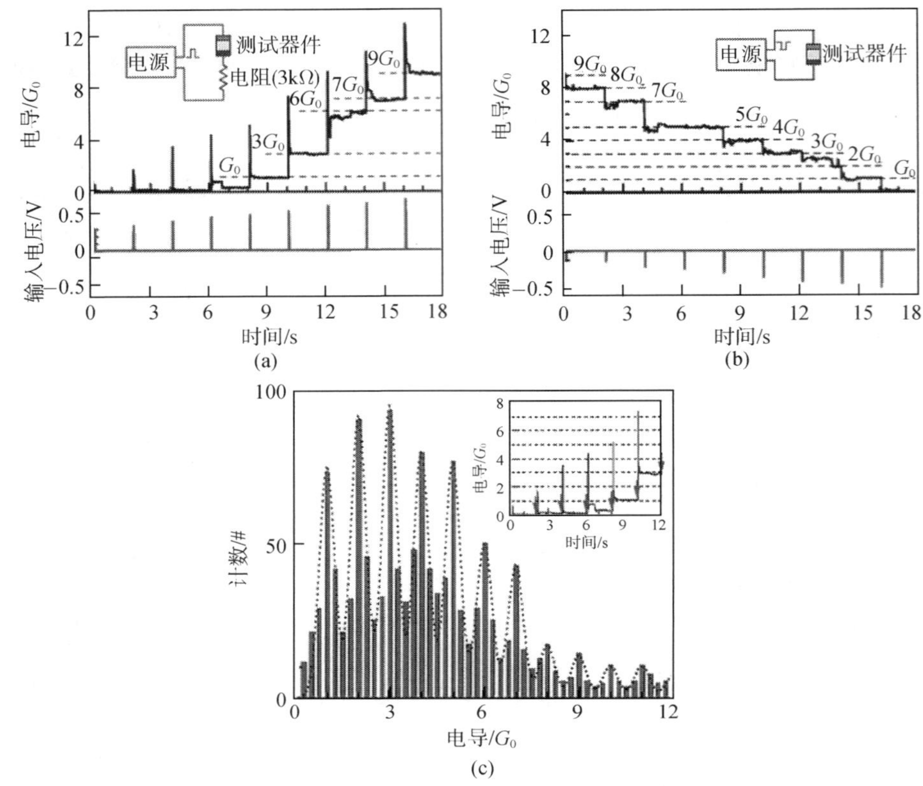

图 5.55　$Ag/Ta_2O_5/Pt$ 器件中的量子导电行为

(a)在正向脉冲下电导呈量子化增加；(b)负向脉冲下电导呈量子化降低，其中脉冲宽度为 20ms，脉冲间隔为 2s；(c) 器件电导值的统计分布直方图[75]

2) 金属导电细丝在有机物中的量子导电行为

除了在无机物薄膜中的量子导电行为以外，金属导电细丝在有机物中的形成和断开过程同样能出现量子导电现象[7]。图 5.56 是 Ag/P3HT:PCBM/ITO 器件中的量子导电现象，由图可以看出，在 0.25V/s 的直流正向电压的扫描下，器件的电导值以台阶的形式从 0 跳跃到 $1G_0$，再转变到 $2G_0$、$3G_0$，最后转变到了非常低的电阻态。而在 0.15V/s 的负向电压的扫描下，器件的电导值从 $7G_0$ 逐步跳转到 $3G_0$，然后又跳跃回 $1G_0$。图 5.56(b)的插图还给出了器件在 $1G_0$ 和 $3G_0$ 间来回振荡的曲线。所有这些现象都说明 Ag/P3HT:PCBM/ITO 器件在导电细丝大小为几个原子的临界点时的电导变化是不连续的，量子化的。图 5.56(c)是 Ag/P3HT:PCBM/ITO 器件在 150 次 Set 和 Reset 转变中 800 多次台阶处电导值的统计分布图。从图可知，电导值集中出现于 $G_0/2$ 的整数倍，呈现出量子化的分布状态。Ag/P3HT:PCBM/ITO 器件的

电导值以 $G_0/2$ 的整数倍呈量子化分布，这和 $Ag/Ta_2O_5/Pt$ 器件中电导值呈 G_0 的整数倍分布特点稍有不同。这些多出来的 G_0 的半整数倍量子态是由于 Ag 导电细丝与有机物中氢原子等的交互作用相关。在脉冲电压的作用下，Ag/P3HT:PCBM/ITO 器件同样能表现出 $G_0/2$ 整数倍的量子化的电导转变，如图 5.56(d)和 5.56(e)所示。在 1μs 的正向脉冲电压和 5ms 的负向脉冲电压的作用下，器件的电导值也是以 $G_0/2$ 的整数倍出现。这种电导的量子化行为还能通过恰当的限流值来控制，如图 5.56(f)所示。选择大小适当的限流值，器件可以在高阻态和 $1G_0$ 之间来回转变。脉冲电压下和限制电流控制下的量子导电行为说明这种量子化的电导转变是可控的，由此提供了一种多值存储的方式。利用每一个量子态作为一个存储态，可以大大提高器件的存储密度和容量。然而，由于导电细丝形成和断开过程中的随机性，这种电导值的量子化的重复性还比较差。每次转变到同一个量子态所需要施加的电压也存在差别。因此，进一步优化器件结构和制备工艺来精确控制量子化电导的转变有望推动导电量子化在多值存储中的应用。

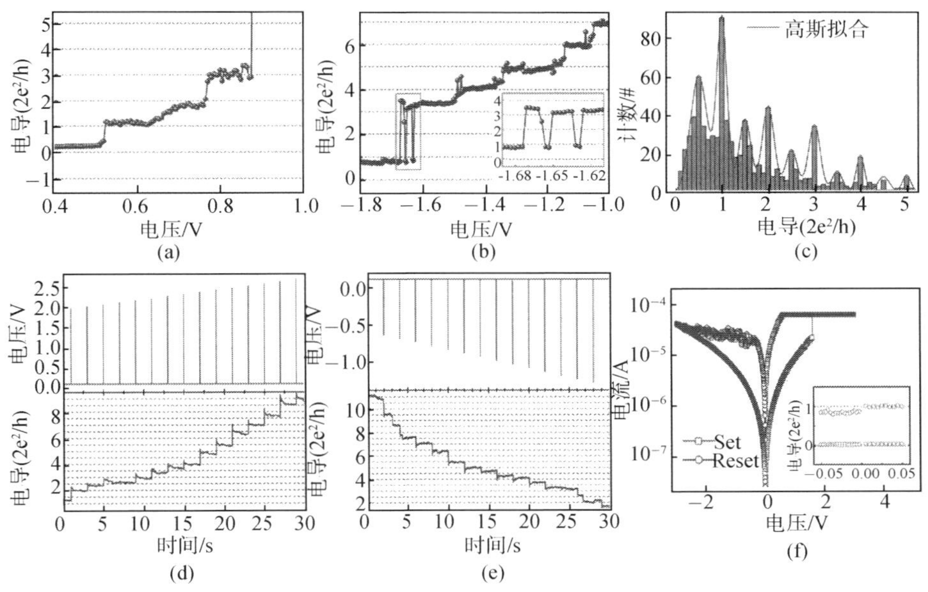

图 5.56　Ag/P3HT:PCBM/ITO 器件中的量子导电行为 (a)直流扫描的 Set 过程中的电导量子化；(b)负向直流电压扫描时的电导量子化，插图为电导在 $1G_0$ 和 $3G_0$ 之间的振荡；(c) 器件电导值的统计分布直方图；(d) 和(e)分别为正向和负向脉冲电压下的量子化转变；(f)利用限制电流控制器件的量子态，插图为利用限流获得的高阻态和 $1G_0$ 量子态在读取电压下的 G-V 曲线

3) 氧空位导电细丝的量子导电行为

前面所讲的量子导电现象都是在金属(Ag)导电细丝体系中观察到的，金属导电细丝与电极接触的电导值以不连续的量子态增加或减少。事实上，氧空位导电细丝在形成和断开的过程中也能表现出量子导电的特征。例如，Zhu 等人报道量子导电现象与导电细丝的类型无关，只与导电细丝的大小相关，也就是说量子导电现象可以在氧空位组成的导电细丝中实现[77]。下面就以 Ta_2O_5 基阻变存储器为例来详细了解氧离子迁移体系中氧空位导电细丝导致的电导量子化转变过程及其特点。

由电极工程中对于 Ta_2O_5 基阻变存储器的介绍可知，选用 Ti、Ta 等金属做上电极时的器件表现出稳定的电阻转变特性。如图 5.25 所示，这些器件在 Reset 过程中都是从低阻态逐渐变到高阻态，*I-V* 曲线表现出多个细小的台阶。Reset 过程中这种阶梯状的电阻转变就暗示了器件多值存储的潜力。而 Set 过程通常是突变的。导致这种差别的原因是由于在 Set 过程中，导电细丝的生长与局域的温度和电场强度形成一个正反馈过程。当导电细丝连通上下两个电极使器件转变到低阻态以后，即使有限制电流的作用，低阻态时的大电流也会使导电细丝进一步长大。这使得器件在电压撤销之后的实际电阻大小通常比由 V_{Set} 和限制电流算出来的名义电阻(V_{Set}/I_{CC})要小。而在 Reset 过程中，导电细丝的减小甚至消失过程与局域的温度和电场强度都构成一个负反馈过程。因此，在 Ta_2O_5 基阻变存储器的 Reset 过程中的氧空位组成的导电细丝是逐渐减小直至最后与电极断开。在导电细丝完全断开前，通过控制 V_{Reset} 的大小就可以控制氧空位导电细丝的大小，从而获得不同的电阻值。

利用很慢的电压扫描速度和非常小的电压扫描步进，器件电阻的阶梯状转变特征会更加明显，其电导显示出量子导电的现象。图 5.57 给出了在慢速和小步进电压扫描下 $Ti/Ta_2O_5/Pt$ 器件的电导随着时间(电压)的演变特征。电压扫描的步进为 0.005V，每一步停留 2s(扫描速度约为 0.0025V/s)。图中记录电导($G=I/V$)随着电压的变化，电导的单位为单原子接触时的电导值 G_0。由图 5.57(a)所示，在慢速小步进的正向电压扫描时，电导值出现台阶式转变。处于某一电导值的台阶是平的，而电导的增加则是跳跃和突变的。例如，在 0.72V 时，电导值从 $0.5G_0$ 突变到 $1G_0$，然后电导值一直处于平稳状态，直到 0.97V 时才突然转变到 $2.4G_0$。进一步逐渐增加电压，可使得器件的电导转变到 G_0 的更多整数倍。需要指出的是，电导值有时候并不完全处于 G_0 的整数倍，这是由于除了导电细丝与电极接触处的电阻以外，导电细丝的其余部分也对整个器件的电阻值有贡献[78]。此外在原子接触处对杂质原子的吸附也对整个电导值有影响[77, 79]，故器件的电导值总是在单原子接触电导 G_0 的附近波动。

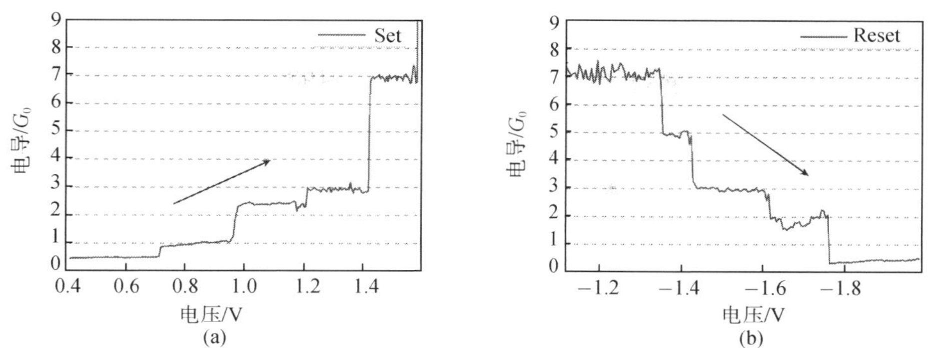

图 5.57　在慢速和小步进(0.0025V/s)电压扫描下 Ti/Ta_2O_5/Pt 器件电导的量子化转变特征

(a)正向电压扫描;(b)负向电压扫描

当对 Ti/Ta_2O_5/Pt 器件施加以负电压时，其电导值同样表现出呈量子化减小的现象，如图 5.57(b)所示。随着负向电压的增加，器件的电导值依次约为 $7G_0$、$5G_0$、$3G_0$ 到 $2G_0$。直到−1.76V 时，器件的电导值突变到 $1G_0$ 以下，这说明原子接触已经断开，或者说导电细丝已经断开。这时整个器件的电阻值已经高于 12.9kΩ($1/G_0$)，说明器件已经转变到了高阻态。器件在低阻态时的电阻主要由导电细丝最细的部分(原子接触)决定，而在高阻态的电阻值主要由残留的导电细丝与电极之间的隧穿作用决定[78]。进一步增加负向电压可以使隧穿距离连续的增加，从而导致高阻态的电阻也出现连续增加。

在脉冲电压的激励下能够比直流扫描下更好的观察到量子导电行为，图 5.58 给出了 Ti/Ta_2O_5/Pt 器件的电导在脉冲电压激励下的量子化转变现象。正向和负向脉冲电压的宽度分别为 100ns 和 1μs，脉冲之间的间隔都为 2s。如图 5.58(a)所示，脉冲电压的幅值以 0.05V 的步进从 1V 增加到 1.35V，每个脉冲之间用 0.2V 的电压测量器件的电导值。从图 5.58(a)中至少可以观察到 6 个不同的量子化的电导值，器件的电导在第一个脉冲时从很低的电导值转变到 $1G_0$，这表明氧空位导电细丝与 Pt 底电极之间形成了单原子接触，如图 5.58(a)中的插图所示。随着更多的脉冲电压的激励，更多的氧离子被抽取到 Ti 电极的一侧，使得导电细丝与 Pt 电极之间的接触原子增多。非常有意思的是，在最初的 4 个脉冲激励下，每个脉冲使器件的电导增加一个 G_0，表明此时导电细丝与 Pt 电极的接触是一个原子一个原子的长大。而在任意两个脉冲之间，电导值始终处于水平。在随后的脉冲激励下，电导值在第六个脉冲时从 $4G_0$ 转变到 $7G_0$，然后在第八个脉冲时转变到 $10G_0$。进一步的脉冲激励使器件的电阻降到 1kΩ 以下(电导大于 $10G_0$)，表明在 Ta_2O_5 薄膜中形成了非常粗的氧空位导电细丝。在负向脉冲电压的激励下，器件的电导同样呈量子化降低，如图

5.58(b)所示。图中脉冲电压以−0.025V 的步进从−1.4V 变化到−1.6V，两个脉冲之间用−0.2V 的电压测量器件的电导值。在负向脉冲的作用下，氧离子往 Pt 电极的方向迁移，与导电细丝中的氧空位复合而使得导电细丝的尺寸不断减小，如图 5.58(b)中的插图所示。当导电细丝与 Pt 的接触点面积达到数个原子的大小时，整个器件的电导值就会成量子化的台阶状降低。每增加一点负向脉冲的幅值，就使得器件的电导值降低 G_0 的整数倍。最后，当氧空位导电细丝与 Pt 电极之间完全断开以后，器件的电导就降低到 G_0 以下。

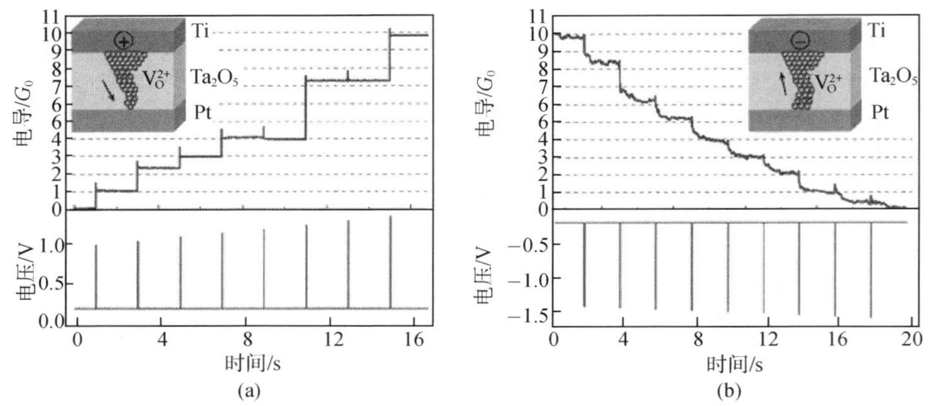

图 5.58　脉冲电压激励下 Ti/Ta_2O_5/Pt 器件的量子导电现象

(a)正向脉冲电压(宽度 100ns，间隔 2s)下电导的量子化增加，插图显示了氧空位导电细丝的生长过程;(b)负向脉冲电压(宽度 1μs，间隔 2s)下电导的量子化降低，插图显示了氧空位导电细丝的溶解过程

在图 5.58 中测试器件电导的量子化跳跃时使用的脉冲电压都是逐渐增加的。逐渐增大的脉冲电压在观察量子导电现象时是非常重要的[75]。图 5.59 给出了在固定脉冲电压幅值的情况下增加脉冲宽度的方法来观察 Ti/Ta_2O_5/Pt 器件的电导值的变化。脉冲电压的幅值固定在−1.4V，脉冲宽度以 1ms 的增量从 1ms 增加到 15ms，两个脉冲之间的间隔为 400ms。如图所示，在经过了连续多个脉冲电压激励后，电导值表现的是连续变化，并且变化的量很小。这是由于导电细丝每增大或减小一个原子都需要克服一定的势垒，要么通过增大电压值，要么利用连续不断的电压激励积累的热效应等来使得导电细丝的尺寸发生进一步变化。并且导电细丝的变化对脉冲宽度不如对脉冲幅值电压敏感，通常脉冲宽度必须成指数级增加才能抵得上脉冲电压成线性增加对导电细丝生长的贡献作用。

图 5.60 还给出了在较短的脉冲间隔下 Ti/Ta_2O_5/Pt 器件电导值的量子化转变，脉冲电压的宽度和图 5.58(b)中一样为 1μs，而两个脉冲之间的间隔则要小得多，只有 10μs，脉冲电压以−0.025V 的步进从−1.4V 变化到−1.675V。由图可见，虽然电导

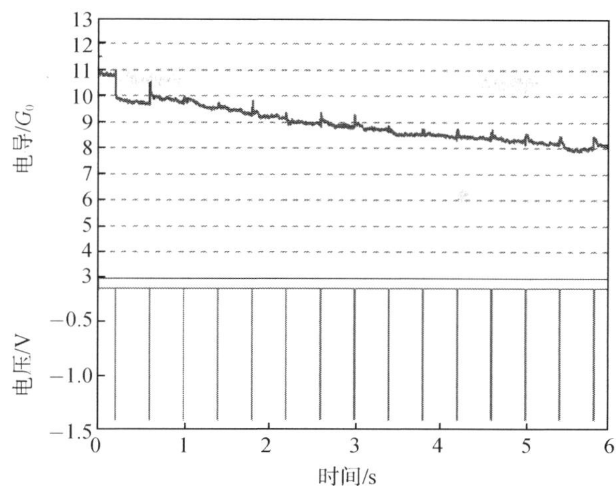

图 5.59　$Ti/Ta_2O_5/Pt$ 器件在幅值固定而宽度增加的脉冲电压激励下电导值的变化

脉冲电压的幅值为−1.4V，脉冲宽度从 1ms 增加到 15ms

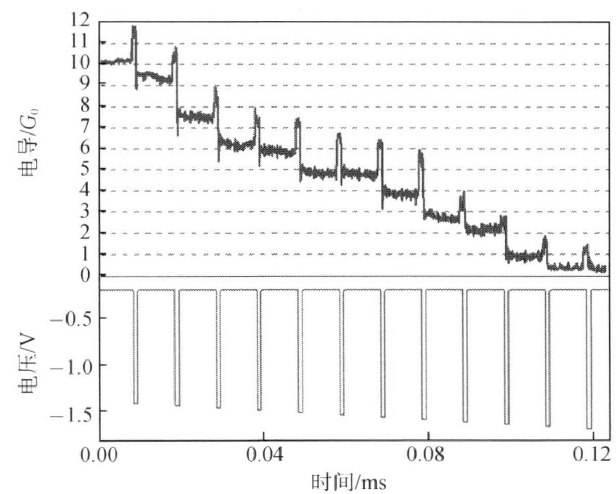

图 5.60　$Ti/Ta_2O_5/Pt$ 器件在较短间隔的脉冲电压激励下电导值的量子化转变，脉冲电压之间的间隔为 10μs

值的波动比较大，但器件的电导值依然呈量子化的台阶式变化，表明脉冲间隔对导电细丝的生长没有什么影响。但是由于导电细丝在结构上和电化学状态上的不稳定性，当脉冲电压撤销后导电细丝中的部分氧空位可能会在热运动的作用下与氧离子复合或者又额外产生氧空位。因此通常使用比脉冲宽度要大得多的脉冲间隔以保证在电压激励撤消后导电细丝能充分达到平衡态。总之，不管脉冲电压之间的间隔为多大，都表明了 $Ti/Ta_2O_5/Pt$ 器件的电导值表现出量子化的转变。虽然这种量子导电现象在不同批次的器件中的一致性不是很好，但是电导值都是以 G_0 的整数倍出现，这充分证明了 $Ti/Ta_2O_5/Pt$ 器件中氧空位导电细丝与电极的接触面积是以原子为单位增大或减小。这一结果与金属导电细丝的体系完全相同，这说明了不管导电细丝的种类或导电性，只要导电细丝的尺寸到了原子级别就能观察到量子导电现象[77, 80, 81]。

通过对 22 个 $Ti/Ta_2O_5/Pt$ 器件在脉冲电压激励下的 622 次电导转变值的统计，图 5.61 给出了所有电导值的统计分布直方图。图中电导值的计数以 $0.2G_0$ 为单位，所有电导值都是在负脉冲电压的激励下统计所得，因为负脉冲电压下更容易观察到电导值的量子化跳跃。图中的虚线是对统计数据的高斯拟合，以便于更好的观察数据的分布。由图所示，大部分的电导值都集中分布在 G_0 的整数倍附近，表明了基于氧空位导电细丝的 $Ti/Ta_2O_5/Pt$ 器件的电导转变确实是量子化的。值得注意的是在 G_0 的较小整数倍时，分布更为集中；而在 G_0 的较大整数倍时，电导的分布更为平坦，峰值不明显。这说明在 G_0 的较大整数倍时量子导电现象不明显，这是由于当导电细丝与电极的接触点达到或超过 6 个原子时，接触电阻的大小已经降低到 2kΩ 左右，这时的电阻值已经接近导电细丝自身的电阻值[78]。所以在接触点面积变大之后，器件的总体电导值由于受到导电细丝电导值的影响而偏离 G_0 的整数倍。

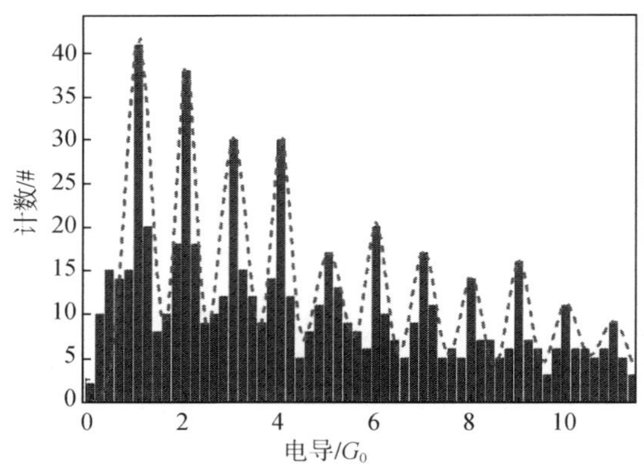

图 5.61　$Ti/Ta_2O_5/Pt$ 器件的电导值的统计分布直方图，图中虚线是对数据的高斯拟合

除了 $Ti/Ta_2O_5/Pt$ 器件以外，在 $W/Ta_2O_5/Pt$ 和 $Ta/Ta_2O_5/Pt$ 器件中都能观察到类似的量子导电现象，表明在这些不同上电极的 Ta_2O_5 基阻变存储器中，都是基于氧空位导电细丝的形成和断开的电阻转变机理。由上一节所述，这些比较活泼的 W、Ti 和 Ta 电极与 Ta_2O_5 薄膜接触时能够夺取 Ta_2O_5 中的氧原子，在薄膜靠近上电极一侧产生大量氧空位，在电压下使得氧空位导电细丝朝向 Pt 电极生长。由于活性上电极在 Ta_2O_5 薄膜中产生的氧空位浓度梯度，使得导电细丝的最薄弱处(原子接触)在靠近 Pt 电极的位置[33, 82, 83]，如图 5.58 中的插图所示。由于导电细丝通常在靠近

Pt 电极的一侧断开，故 Pt 电极的性质会影响导电细丝的断开过程[82]，而上电极通常相当于一个氧离子的存储池。这种活性电极搭配 Pt 电极的非对称结构有利于氧空位导电细丝稳定的生长和溶解，从而有利于实现量子导电行为。在 Ta_2O_5 基阻变存储器中观察到的量子导电行为暗示着量子导电现象可以在其他基于氧离子迁移的阻变存储器中实现。另一方面，由于器件的电导在 G_0 的整数倍之间不连续的变化，如果是每一个量子态作为器件的一个存储态，则阻变存储器的存储能力将大大提高[81, 84]。当然利用量子导电进行多值存储的前提是要获得能够稳定可重复的量子电导转变。在目前的器件中电导发生量子化转变的电压值的分散性还太大，进一步的将器件尺寸减小到数纳米的尺寸有望减小器件的分散性而推动量子导电行为的实际应用[84]，进一步提高阻变存储器的信息存储密度。

5.5　器件结构和外围电路优化

前面四节所描述的性能改善方法(掺杂改性、电极工程、界面工程和多值存储)都是从材料的角度出发来获得存储性能更加优异的阻变存储器。实际上，除了组成阻变存储器的介质材料和电极材料以外，器件结构本身以及外围电路设计都会影响到阻变存储器性能的发挥。本节主要介绍各种提高阻变存储器性能的新型结构和外围电路优化方法。

5.5.1　十字交叉阵列的边缘效应

十字交叉阵列结构的阻变存储器被认为是具有理论上最小的特征尺寸($4F^2$)的集成结构，但是普通的十字交叉阵列的单元结构存在着边缘效应的问题[85]，如图 5.62(a)所示。普通十字交叉阵列的单元结构的制备顺序为：首先在平整的绝缘基底上沉积条状的底电极，然后镀上中间的介质薄膜层，最后制备与底电极垂直交叉的条状顶电极。然而，由于存在边缘效应，利用上述方法制备的十字交叉阵列的器件性能比较差。所谓边缘效应是指十字交叉阵列中底电极的边缘具有更强的电场集中效应，那么底电极边缘处和角上的介质材料会优先于底电极正上方的介质发生电阻转变。这种角落或边缘处的电场集中效应还会带来热量集中等有害的影响。

为了避免或消除十字交叉阵列的这种边缘效应，人们从器件结构上面做了很多新颖的设计来获得更好的器件性能。第一种常见的方法就是采用通孔(via-hole)结构[86]。这种结构把交叉点做成通孔，在交叉点以外的位置镀上绝缘物质以消除边缘效应，如图 5.62(b)所示。制备这种结构的一般顺序为：首先在平面基底上沉积条状的底电极，然后在整个基片上覆盖一层绝缘物质并在交叉点位置刻蚀出通孔，最后依次镀上大面积的介质薄膜材料以及与底电极垂直相交的条状顶电极，顶电极与底电极在通孔处相交。由于通孔的限制作用，底电极与顶电极之间的电场类似于匀强电场，因而有利于获得一致性性能更好的集成阵列。利用通孔结构制备的 $Al/TiO_x/Al$ 器件就证明了比普通十字交叉阵列表现出更好的均匀性[86]。相对于普通十字交叉阵列结构，通孔结构的 $Al/TiO_x/Al$ 器件存储窗口值更大，转变电压更集中。

第二种解决边缘效应的方法就是采用平面型的十字交叉阵列结构[85]，如图5.62(c)所示。平面型的十字交叉阵列是指将底电极镀到先前制备的槽里面，这样镀完底电极之后的基片是平整的，因而也不存在边缘效应。这种结构的器件制备的一般顺序为：首先在绝缘基片上刻蚀出条状的槽形，然后将条状底电极沉积到刻蚀好的槽里面，最后依次沉积大面积的介质薄膜材料以及与底电极垂直相交的条状顶电极。这种平面型十字交叉阵列中底电极与顶电极之间的电场也类似于匀强电场。Xia等人已经证明了利用平面型十字交叉阵列制备的50nm×50nm的 TiO_2 基阻变存储器的循环寿命等参数都比普通的十字交叉阵列结构高出几个数量级[85]。

前面两种方法都是采用改进器件结构以消除边缘效应的思路，还有另一种思路就是利用边缘效应来制备阻变存储器器件[87]。如图 5.62(d)所示，在底电极与顶电极的交叉点位置镀上高度绝缘的材料，然后将阻变介质材料镀在顶电极的周围，这样底电极与顶电极之间的电场线是成圆弧形并且通过介质材料。这种方法是利用了边缘效应并且改善了边缘处电场的分布状况以获得性能更加稳定的阻变存储器。这种新型的器件结构特别适用于导电细丝型的电阻转变器件，因为这种边缘处的电场分布能够非常好的限制导电细丝的生成位置，从而能够减小导电细丝的随机性分布。在利用这种边缘效应制备的 NiO 基阻变存储器中，已经证明了这种结构相对于普通的十字交叉阵列结构可以获得更低的 Reset 电流，分布更加集中的低阻态，

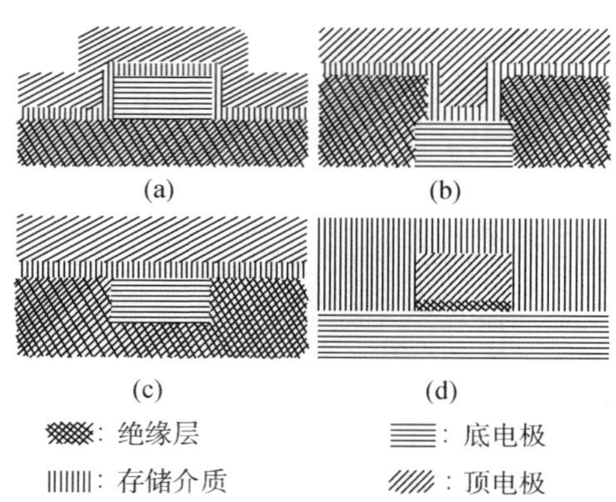

图 5.62　阻变存储器的各种单元结构示意图

(a)普通的十字交叉阵列结构；(b)通孔结构；(c)平面交叉阵列结构；(d)利用边缘电场效应的新型结构

以及更大阻变窗口值。

5.5.2　三维存储

跟多值存储一样，三维存储也是一种可以大大提高阻变存储器的存储密度的方法。三维存储可以把单个存储单元的面积从 $4F^2$ 进一步减小到 $4F^2/n$(其中 n 是指堆垛层数)。由十字交叉阵列的特点可以看出，该结构特别便于实现三维存储。只需要交替垂直排列电极，电极之间用存储介质材料隔离开，就可以把多层存储阵列堆叠起来形成立体的三维存储结构。显然这种立体的三维存储方式可以极大地提高芯片的存储密度。图 5.63 给出了 Al/PI:PCBM/Al 结构的阻变器件中实现的三维存储的示意图[88]。如图所示，在绝缘的基片上，制备垂直交叉的 Al 电极，Al 电极之间填充 PI:PCBM 的阻变介质材料，构成了三层的 8×8 的三维结构。在垂直相交的 Al 电极中间总共获得了 192 个存储单元。最底下一层存储单元的上电极同时作为第二层存储单元的底电极，依此类推，中间的 Al 电极是上下两个存储单元所共用的。而 Al 电极之间的有机物 PI:PCBM 是利用旋涂的方法来填充。图 5.63(b)给出了 Al/PI:PCBM/Al 三维结构的其中一个交叉点位置的截面 TEM 照片。从图中可以看出，三层 PI:PCBM 介质层与四层 Al 电极的结构清晰可见，每层介质材料与电极之间的界面明锐，表明旋涂法可以方便的制备出多层立体的有机物阻变存储器。

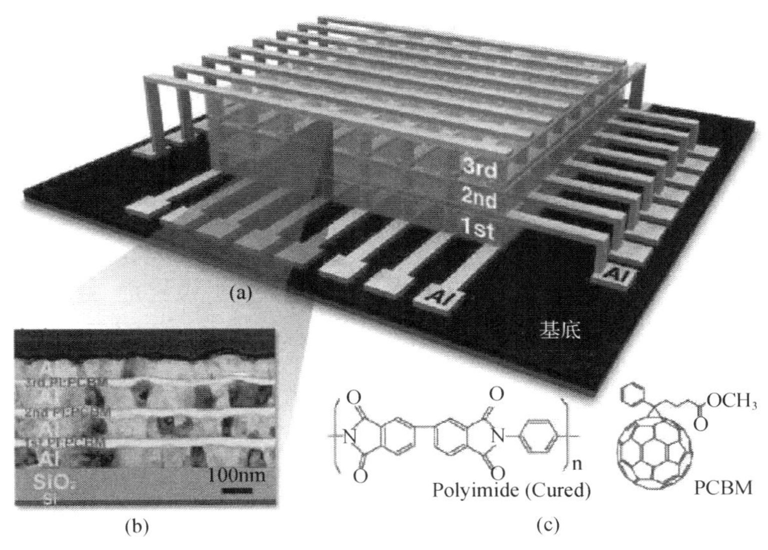

图 5.63　三维存储的阻变存储器

(a)三层阻变材料组成的三维立体存储的阻变存储器的结构示意图；(b) Al/PI:PCBM/Al 结构构成的三维立体存储器件的界面 TEM 照片；(c)阻变介质材料中的 PT 与 PCBM 的分子结构[88]

图 5.64 给出了 Al/PI:PCBM/Al 三维阻变存储器的电阻转变特性的验证。由图可见，在逐层堆叠的三层 Al/PI:PCBM/Al 结构中，第一层和第二层的 64 个存储单元中各有 56 个单元是有效的，可以进行电阻转变；而第三层的 64 个存储单元中只有 48 个单元是有效的。也就是说，利用旋涂法制备的 Al/PI:PCBM/Al 有机物三维阻变存储器的器件产率为 83.3%(160/192)。虽然这个产率相对于实际应用的存储器来说太低，但是已经充分证明了这种三维阻变存储器的可行性。进一步的优化薄膜制备和器件加工工艺可以获得更高的器件产率。图 5.64(b)给出了每一层器件的高低电阻态在 0.3V 读取电压下的电流分布。除了第三层的高阻态的电流分布略微离散以外，其他基层的高低阻态都分布在同样的区间。器件的不同层器件的 Set 电压也同样分布在 2.8V 到 4.4V 的区间。这些结果都说明不同层器件的转变特性是相同的，在同样的转变参数下可以获得稳定可靠的存储状态。第三层器件的高阻态电阻值偏高是由于随着沉积层数的增加，器件的表面起伏逐渐增大，使得其电阻值与其他层的电阻值产生偏差，这些问题都可以通过优化器件设计和加工工艺来改善。在器件加工工艺允许的条件下，可以堆叠更多存储层，获得更高的存储密度。

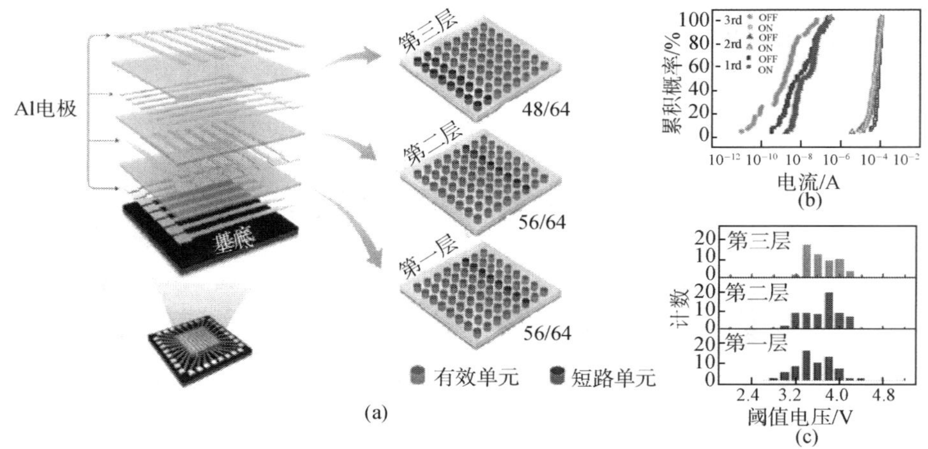

图 5.64　(a) Al/PI:PCBM/Al 三维存储器件的产率示意图以及 (b)高低电阻态与(c)Set 转变电压的分布[88]

在平面内交替堆叠十字交叉阵列的三维存储结构虽然在理论上可以极大的提高阻变存储器的存储密度，但是在实际的制备过程中多层堆垛会使表面的起伏加大，同时最底层的器件在经过多次光刻刻蚀工艺之后性能也有可能会退化，要实现多层的堆垛是比较困难的。因此，有人提出了一些新型的三维存储结构，例如垂直结构的三维十字交叉阵列(图 5.65)，该结构能够减少器件制备过程中的光刻工艺，

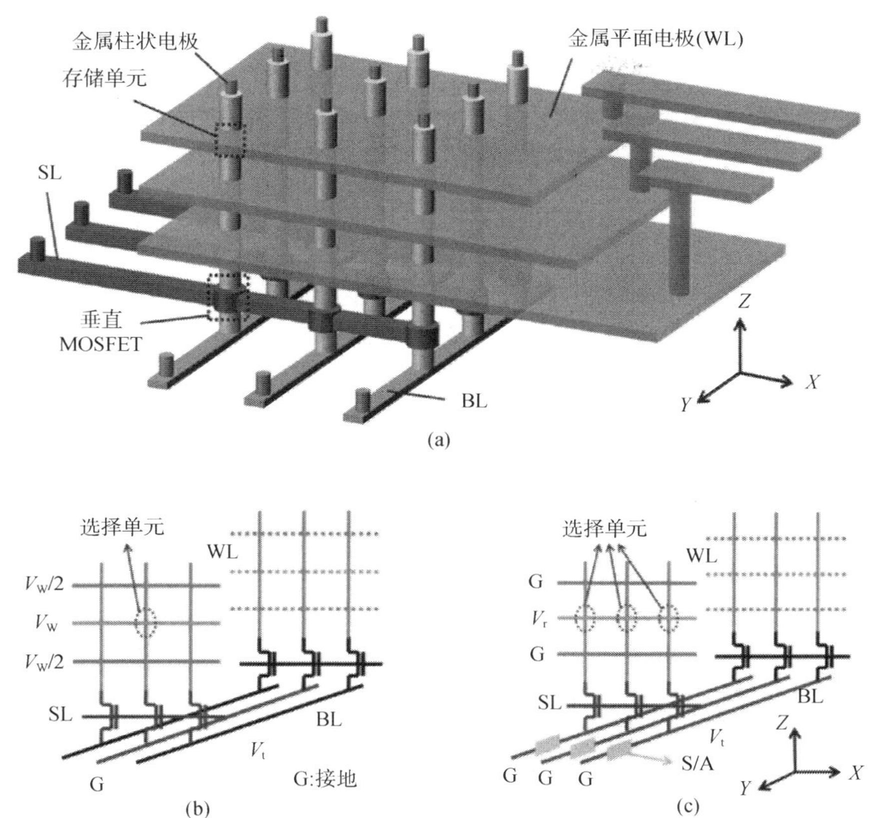

图 5.65　(a)新型垂直结构的三维十字交叉阵列示意图及其(b)写和(c)读操作的电路示意图，其中 WL 指字线，BL 指位线，SL 指选择线，G 指接地，S/A 是读出放大器[90]

并降低器件的制造成本。该垂直型的三维十字交叉阵列把 MIM 结构的阻变存储器中的其中一个电极(M)做成交替叠加的平面电极(中间用绝缘层隔开)，然后把另一个电极做成柱状，在每一个柱状电极与平面电极的交叉点填充阻变介质材料并构成一个存储单元。这种结构最大的优点就是能极大地减少光刻和刻蚀步骤，并且平面电极的堆垛层数增加不会导致光刻工艺的增加[89, 90]。图 5.66 以 TiN/HfO_x/Pt 阻变单元为例，给出了垂直型三维十字交叉阵列的一般制备顺序。如图所示，首先在绝缘基片上沉积交替沉积 Pt 平面电极和 SiO_2 绝缘层，然后利用干法刻蚀一步刻蚀到基片，接着利用原子层沉积技术在刻蚀出来的孔洞四周镀上 HfO_x 薄膜，最后利用 TiN 电极填充孔洞形成柱状的 TiN 电极。由此，柱状的 TiN 电极与平面 Pt 电极以及两者之间的 HfO_x 薄膜构成了一个存储单元。由图 5.66 所示的制作流程可以看出，在第一步平面电极的沉积过程中，无论沉积多少层平面电极都只需要一次刻蚀过程，因而能降低制造成本。

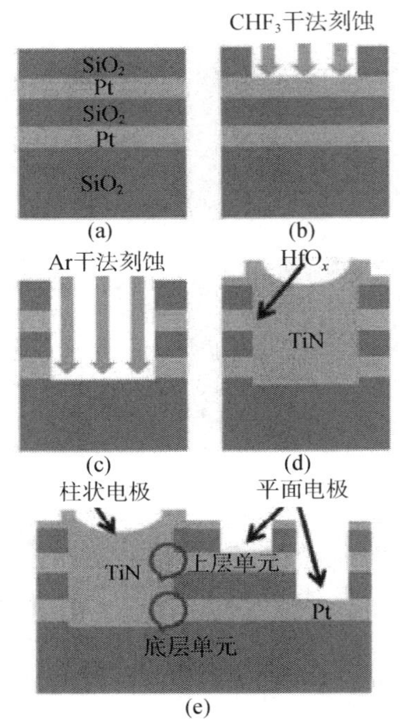

图 5.66　基于 TiN/HfO_x/Pt 阻变单元的垂直型三维阻变存储器[90]

垂直型三维十字交叉阵列的写入和读取操作流程如图 5.65(b)和 5.65(c)所示。平面电极作为字线，而柱状电极通过一个场效应晶体管与位线相连，而晶体管的门电极用一组选择线来控制。通过在字线、位线和选择线上面施加适当的电压就可以选择三维结构中的任意存储单元并对其实施写入及读取等操作。例如在写的过程中，写入电压(V_w)施加在被选择单元的字线上，而其他没有被选择的字线上则施加大小为 $V_w/2$ 的电压以防止误操作。然后通过开启被选择器件的柱状电极对应的晶体管，并使对应的位线接地就可以对选择的特定器件实施写操作。在读取的过程中，在被选择单元的字线上施加读取电压(V_r)，位线接地，在晶体管门电极的选择线上施加电压打开晶体管，通过读取放大器一次读取一排器件的存储状态。由于在这种垂直结构器件的侧壁做图形非常困难，难以引入电流选择器件来控制读取过程。而开发非线性存储单元构成的垂直型三维阻变存储器有望解决这一问题，非线性器件能够在无需外部选择器件的情况下优化器件的读取过程，推动低成本垂直型三维阻变存储器的实用化。

5.5.3　外围电路优化

外围测试电路也会影响阻变存储器的性能参数，合理的外围电路设计有利于充分发挥阻变存储器的各项性能。最典型的例子就是外围测试电路对于阻变存储器的功耗的影响。阻变存储器的功率耗散主要是在 Reset 过程。Reset 过程电流较大并且不能使用限制电流(要不然无法转变回高阻态)，功率耗散比较大，不利于器件的实际应用。人们发现在较大的限制电流下，Reset 过程中的电流 I_{Reset} 与限制电流 I_{comp} 近似满足关系 $I_{\mathrm{Reset}} \approx I_{\mathrm{comp}}$，因此通过减小限制电流可以减小 Reset 电流，从而降低器件的功耗。通常有三种提供限制电流的方法[91]：①半导体分析仪提供限制电流，②串联电阻提供限流，③串联晶体管提供限流，如图 5.67 所示。

下面以 Pt/NiO_x/Pt 器件为例来看看不同的外围电路对于 I_{Reset} 大小的影响。当直接使用半导体分析仪提供限制电流的情况下(图 5.67(a))，当 I_{comp}>1mA 时，I_{Reset} 随 I_{comp} 的减小而减小。然而，当 I_{comp}<1mA 时，I_{Reset} 不再随 I_{comp} 变化并始终保持在 1mA 左右，如图 5.67(d)所示。这一现象说明当限制电流小于 1mA 时，半导体分析仪提供的限制电流不能够有效的限制通过阻变器件的实际电流。之所以导致这一原因是因为阻变器件发生电阻转变的速度(纳秒量级)非常快，比半导体分析仪的响应速度(微秒量级)快得多。因而在 Set 过程中由于半导体分析仪的限制电流来不及响应而在转变的瞬间发生过流现象，这一过流现象就会导致实际通过器件的电流大于限制电流，最后导致在较小的限流下(<1mA)Reset 过程中的电流不受 I_{comp} 大小的控制。当使用串联电阻来限制低阻态的电流时，I_{Reset} 同样不随 I_{comp} 的变化而变化，导致这一现象的原因则是由于测试设备中的同轴电缆、探针等存在的寄生电容导致[92]。另一个有效的提供限制电流的方法是串联晶体管。如图 5.67(d)所示，当限制电流减小至 100 μA 时，I_{Reset} 仍然随 I_{comp} 的减小而减小，也就是说串联晶体管能够有效抑制 Set 过程中的过流现象，从而减小 Reset 电流并降低功耗。

另外 Chen 等人报道某些阻变器件在 Reset 过程中会首先经历一个短暂的电阻降低过程然后再转变到高阻态，从而导致在 Reset 过程也有可能出现过流现象[93]。他们认为产生这一现象的原因是因为 Reset 过程中需要足够的能量使器件从低阻态转变回高阻态，例如产生足够的焦耳热等等。在 Reset 过程中的这一过流现象会极大的损害器件的可靠性，同时增加器件的功耗。虽然这一理论还有待进一步验证，但是 Set 和 Reset 过程中的过流现象应该引起人们的关注。通过怎样的器件结构和外围电路设计来减小工作电流和降低器件功耗是阻变存储器应用之前急需解决的一类问题。

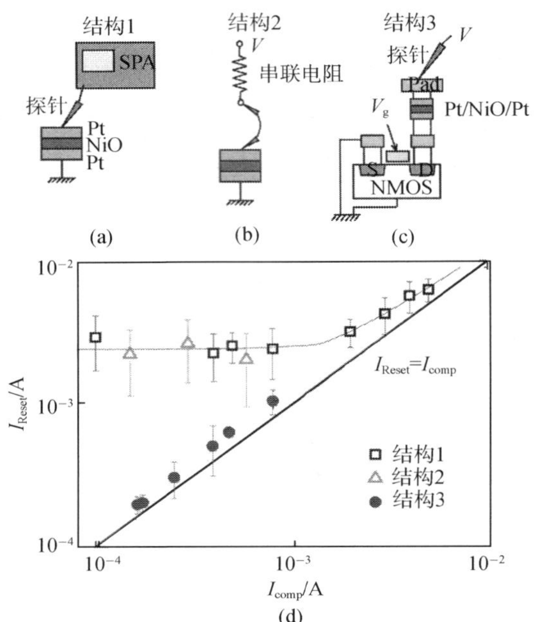

图 5.67　阻变存储器测试过程中提供限制电流的方法(以 Pt/NiO$_x$/Pt 器件为例) (a)靠半导体分析仪(SPA)提供限制电流;(b)利用串联电阻来限流；(c)利用晶体管提供限制电流；(d)三种提供限制电流方法测得的 Reset 过程的电流 I_{Reset} 与限制电流 I_{comp} 的关系[91]

参 考 文 献

[1] Ho C, Hsu C L, Chen C C, et al. 9 nm half-pitch functional resistive memory cell with <1μA programming current using thermally oxidized sub-stoichiometric WO_x film. IEEE International Electron Devices Meeting, 2010, 19.1. 1-19.1. 4.

[2] Govoreanu B, Kar G, Chen Y, et al. 10×10nm^2 Hf/HfO_x crossbar resistive RAM with excellent performance, reliability and low-energy operation. International Electron Devices Meeting, 2011, 31.6.1-31.6.4.

[3] Torrezan A C, Strachan J P, Medeiros-Ribeiro G, et al. Sub-nanosecond switching of a tantalum oxide memristor. Nanotechnology, 2011, 22(48): 485203.

[4] Choi B J, Torrezan A C, Norris K J, et al. Electrical performance and scalability of Pt dispersed SiO_2 nanometallic resistance switch. Nano Letters, 2013, 13(7): 3213-3217.

[5] Cheng C, Tsai C, Chin A, et al. High performance ultra-low energy RRAM with good retention and endurance. IEEE International Electron Devices Meeting, 2010, 19.4. 1-19.4. 4.

[6] Lee M J, Lee C B, Lee D, et al. A fast, high-endurance and scalable non-volatile memory device made from asymmetric Ta_2O_{5-x}/TaO_{2-x} bilayer structures. Nature Materials, 2011, 10(8): 625-630.

[7] Gao S, Zeng F, Chen C, et al. Conductance quantization in a Ag filament-based polymer resistive memory. Nanotechnology, 2013, 24(33): 335201.

[8] Zhang H, Gao B, Sun B, et al. Ionic doping effect in ZrO_2 resistive switching memory. Applied Physics Letters, 2010, 96(12): 123502.

[9] Zhang H, Liu L, Gao B, et al. Gd-doping effect on performance of HfO_2 based resistive switching memory devices using implantation approach. Applied Physics Letters, 2011, 98(4): 042105.

[10] 刘琦. 高速、高密度、低功耗的阻变非挥发性存储器研究[博士学位论文]. 合肥: 安徽大学, 2010.

[11] Liu Q, Guan W H, Long S B, et al. Resistive switching memory effect of ZrO_2 films with Zr^+ implanted. Applied Physics Letters, 2008, 92(1): 012117.

[12] Lampert A, Mark P. Current injection in solids. New York: Academic, 1970.

[13] Liu Q, Guan W, Long S, et al. Resistance switching of Au-implanted-ZrO_2 film for nonvolatile memory application. Journal of Applied Physics, 2008, 104(11): 114514.

[14] Mott N F, Davis E A. Electronic Processes in Non-Crystalline Materials. Oxford University Press, 2012.

[15] Choi B J, Jeong D S, Kim S K, et al. Resistive switching mechanism of TiO_2 thin films grown by atomic-layer deposition. Journal of Applied Physics, 2005, 98(3): 033715.

[16] Liu Q, Long S, Wang W, et al. Improvement of resistive switching properties in-based reRAM with implanted Ti ions. IEEE Electron Device Letters, 2009, 30(12): 1335-1337.

[17] Cong Y, Li B, Wang X J, et al. Synthesis and optical property studies of nanocrystalline ZrO_2: Ti long-lasting phosphors. Journal of the Electrochemical Society, 2008, 155(11): K195-K198.

[18] Janousch M, Meijer G I, Staub U, et al. Role of oxygen vacancies in Cr-doped $SrTiO_3$ for resistance-change memory. Advanced Materials, 2007, 19(17): 2232-2235.

[19] Jung K, Choi J, Kim Y, et al. Resistance switching characteristics in Li-doped NiO. Journal of Applied Physics, 2008, 103(3): 034504.

[20] Tsunoda K, Kinoshita K, Noshiro H, et al. Low power and high speed switching of Ti-doped NiO ReRAM under the unipolar voltage source of less than 3 V. IEEE, 2007, 1-2:767-770.

[21] Schindler C, Thermadam S C P, Waser R, et al. Bipolar and unipolar resistive switching in Cu-doped SiO_2. IEEE Transactions on Electron Devices, 2007, 54(10): 2762-2768.

[22] Jeong D S, Schroeder H, Breuer U, et al. Characteristic electroforming behavior in Pt/TiO_2/Pt resistive switching cells depending on atmosphere. Journal of Applied Physics, 2008, 104(12): 123716.

[23] Lin M H, Wu M C, Lin C H, et al. Resistive switching characteristics and mechanisms of Pt-embedded $SrZrO_3$ memory devices. Journal of Applied Physics, 2010, 107(12): 124117.

[24] Uenuma M, Kawano K, Zheng B, et al. Resistive random access memory utilizing ferritin protein with Pt nanoparticles. Nanotechnology, 2011, 22(21): 215201.

[25] Chen L, Gou H Y, Sun Q Q, et al. Enhancement of resistive switching characteristics in-based RRAM with embedded ruthenium nanocrystals. IEEE Electron Device Letters, 2011, 32(6): 794-796.

[26] Chang W Y, Cheng K J, Tsai J M, et al. Improvement of resistive switching characteristics

in TiO_2 thin films with embedded Pt nanocrystals. Applied Physics Letters, 2009, 95(4): 042104.

[27] Liu C Y, Huang J J, Lai C H. Resistive switching characteristics of a Pt nanoparticle-embedded SiO_2-based memory. Thin Solid Films, 2013, 529: 107-110.

[28] 陈超. 新型阻变存储器材料及其电阻转变机理研究[博士学位论文]. 北京：清华大学, 2014.

[29] Guan W, Long S, Liu Q, et al. Nonpolar nonvolatile resistive switching in Cu doped ZrO_2. IEEE Electron Device Letters, 2008, 29(5): 434-437.

[30] Chen C, Yang Y C, Zeng F, et al. Bipolar resistive switching in Cu/AlN/Pt nonvolatile memory device. Applied Physics Letters, 2010, 97(8): 083502.

[31] Wagner C D, Riggs W M, Davis L E, et al. Handbook of X-Ray Photoelectron Spectroscopy. Eden Prairie: Perkin-Elmer Corporation, 1979.

[32] Soto G, Diaz J, de La Cruz W. Copper nitride films produced by reactive pulsed laser deposition. Materials letters, 2003, 57(26): 4130-4133.

[33] Waser R, Aono M. Nanoionics-based resistive switching memories. Nature Materials, 2007, 6(11): 833-840.

[34] Shih A, Zhou W, Qiu J, et al. Highly stable resistive switching on monocrystalline ZnO. Nanotechnology, 2010, 21(12): 125201.

[35] Miao F, Strachan J P, Yang J J, et al. Anatomy of a nanoscale conduction channel reveals the mechanism of a high-performance memristor. Advanced Materials, 2011, 23(47): 5633-5640.

[36] Kang B S, Ahn S E, Lee M J, et al. High-current-density CuO_x/ZnO_x thin-film diodes for cross-point memory applications. Advanced Materials, 2008, 20(16): 3066-3069.

[37] Waser R, Dittmann R, Staikov G, et al. Redox-based resistive switching memories - nanoionic mechanisms, prospects, and challenges. Advanced Materials, 2009, 21(25-26): 2632-2663.

[38] Yang J J, Strachan J P, Xia Q, et al. Diffusion of adhesion layer metals controls nanoscale memristive switching. Advanced Materials, 2010, 22(36): 4034-4038.

[39] Chen C, Gao S, Zeng F, et al. Migration of interfacial oxygen ions modulated resistive switching in oxide-based memory devices. Journal of Applied Physics, 2013, 114(1): 014502.

[40] Nemana S, Gates B C. Redox chemistry of tantalum clusters on silica characterized by X-ray absorption spectroscopy. Journal of Physical Chemistry B, 2006, 110(35): 17546-17553.

[41] Nemana S, Okamoto N L, Browning N D, et al. Chemistry of tantalum clusters in solution and on SiO_2 supports: Analogies and contrasts. Langmuir, 2007, 23(17): 8845-8854.

[42] Dean J A. Lange's Handbook of Chemistry. Columbus: McGraw-Hill Professional, 1998.

[43] Kwon D H, Kim K M, Jang J H, et al. Atomic structure of conducting nanofilaments in TiO_2 resistive switching memory. Nature Nanotechnology, 2010, 5(2): 148-153.

[44] Yang J J, Miao F, Pickett M D, et al. The mechanism of electroforming of metal oxide memristive switches. Nanotechnology, 2009, 20(21): 215201.

[45] Yao J, Zhong L, Natelson D, et al. Silicon oxide: a non-innocent surface for molecular

electronics and nanoelectronics studies. Journal of the American Chemical Society, 2011, 133(4): 941-948.

[46] Liu Q, Long S B, Lv H B, et al. Controllable growth of nanoscale conductive filaments in solid-electrolyte-based ReRAM by using a metal nanocrystal covered bottom electrode. ACS Nano, 2010, 4(10): 6162-6168.

[47] Deleruyelle D, Dumas C, Carmona M, et al. Direct observation at nanoscale of resistance switching in NiO layers by conductive-atomic force microscopy. Applied Physics Express, 2011, 4(5): 051101.

[48] Yang Y C, Pan F, Liu Q, et al. Fully room-temperature-fabricated nonvolatile resistive memory for ultrafast and high-density memory application. Nano Letters, 2009, 9(4): 1636-1643.

[49] Jeong H Y, Lee J Y, Choi S Y. Interface-engineered amorphous TiO_2-based resistive memory devices. Advanced Functional Materials, 2010, 20(22): 3912-3917.

[50] Aita C R. Modelling the growth kinetics of sputter-deposited nanocrystalline zirconia films. Nanostructured Materials, 1994, 4(3): 257-263.

[51] Pangilinan G I, Russell T P. Role of Al-O_2 chemistry in the laser-induced vaporization of Al films in air. Journal of Chemical Physics, 1999, 111(2): 445-448.

[52] Yang J J, Strachan J P, Miao F, et al. Metal/TiO_2 interfaces for memristive switches. Applied Physics a-Materials Science & Processing, 2011, 102(4): 785-789.

[53] Do Y H, Kwak J S, Hong J P, et al. Al electrode dependent transition to bipolar resistive switching characteristics in pure TiO_2 films. Journal of Applied Physics, 2008, 104(11): 114512.

[54] Yang J J, Zhang M X, Strachan J P, et al. High switching endurance in TaO_x memristive devices. Applied Physics Letters, 2010, 97(23): 232102.

[55] Goux L, Opsomer K, Degraeve R, et al. Influence of the Cu-Te composition and microstructure on the resistive switching of Cu-Te/Al2O3/Si cells. Applied Physics Letters, 2011, 99(5): 053502.

[56] Shi L, Shang D, Chen Y, et al. Improved resistance switching in ZnO-based devices decorated with Ag nanoparticles. Journal of Physics D-Applied Physics, 2011, 44(45): 455305.

[57] Chen Y T, Chang T C, Peng H K, et al. Insertion of a Si layer to reduce operation current for resistive random access memory applications. Applied Physics Letters, 2013, 102(25): 252902.

[58] Cho B, Song S, Ji Y, et al. Electrical characterization of organic resistive memory with interfacial oxide layers formed by O_2 plasma treatment. Applied Physics Letters, 2010, 97(6): 063305.

[59] Kim D, Lee M, Ahn S, et al. Improvement of resistive memory switching in NiO using IrO_2. Applied Physics Letters, 2006, 88(23): 232106.

[60] Lee J, Bourim E M, Lee W, et al. Effect of ZrO_x/HfO_x bilayer structure on switching uniformity and reliability in nonvolatile memory applications. Applied Physics Letters, 2010, 97(17): 172105.

[61] Yang F, Wei M, Deng H. Bipolar resistive switching characteristics in CuO/ZnO bilayer

structure. Journal of Applied Physics, 2013, 114(13): 134502.

[62] Lv H, Wan H, Tang T. Improvement of resistive switching uniformity by introducing a thin GST interface layer. IEEE Electron Device Letters, 2012, 31(9): 978-980.

[63] Russo U, Kamalanathan D, Ielmini D, et al. Study of multilevel programming in programmable metallization cell (PMC) memory. IEEE Transactions on Electron Devices, 2009, 56(5): 1040-1047.

[64] Chae S C, Lee J S, Choi W S, et al. Multilevel unipolar resistance switching in TiO_2 thin films. Applied Physics Letters, 2009, 95(9): 093508.

[65] Liu M, Abid Z, Wang W, et al. Multilevel resistive switching with ionic and metallic filaments. Applied Physics Letters, 2009, 94(23): 233106.

[66] Wang Y, Liu Q, Long S B, et al. Investigation of resistive switching in Cu-doped HfO_2 thin film for multilevel non-volatile memory applications. Nanotechnology, 2010, 21(4): 045202.

[67] 杨玉超. 新型非易失性存储材料与器件研究[博士学位论文]. 北京：清华大学, 2010.

[68] Lee M J, Han S, Jeon S H, et al. Electrical manipulation of nanofilaments in transition-metal oxides for resistance-based memory. Nano Letters, 2009, 9(4): 1476-1481.

[69] Liu Q, Dou C, Wang Y, et al. Formation of multiple conductive filaments in the Cu/ZrO_2: Cu/Pt device. Applied Physics Letters, 2009, 95(2): 023501.

[70] Wei Z, Kanzawa Y, Arita K, et al. Highly reliable TaO_x ReRAM and direct evidence of redox reaction mechanism. International Electron Devices Meeting, Technical Digest, 2008, 293-296.

[71] He C, Shi Z, Zhang L, et al. Multilevel resistive switching in planar graphene/SiO_2 nanogap structures. ACS Nano, 2012, 6(5): 4214-4221.

[72] Krans J M, Muller C J, Yanson I K, et al. One-atom point contacts. Physical Review B, 1993, 48(19): 14721-14724.

[73] Hajto J, Owen A, Gage S, et al. Quantized electron transport in amorphous-silicon memory structures. Physical Review Letters, 1991, 66(14): 1918.

[74] Yun E J, Becker M, Walser R. Room temperature conductance quantization in V/amorphous-V_2O_5/V thin film structures. Applied Physics Letters, 1993, 63(18): 2493-2495.

[75] Tsuruoka T, Hasegawa T, Terabe K, et al. Conductance quantization and synaptic behavior in a Ta_2O_5-based atomic switch. Nanotechnology, 2012, 23(43): 435705.

[76] Pan F, Gao S, Chen C, et al. Recent progress of resistive random access memories: materials, switching mechanisms, and performance. Materials Science & Engineering R-Reports, 2014, 83: 1-59.

[77] Zhu X J, Su W J, Liu Y W, et al. Observation of conductance quantization in oxide-based resistive switching memory. Advanced Materials, 2012, 24(29): 3941-3946.

[78] Tappertzhofen S, Valov I, Waser R. Quantum conductance and switching kinetics of AgI-based microcrossbar cells. Nanotechnology, 2012, 23(14): 145703.

[79] Li C Z, He H X, Bogozi A, et al. Molecular detection based on conductance quantization of nanowires. Applied Physics Letters, 2000, 76(10): 1333-1335.

[80] Cartoixa X, Rurali R, Sune J. Transport properties of oxygen vacancy filaments in

metal/crystalline or amorphous HfO_2/metal structures. Physical Review B, 2012, 86(16): 165445.

[81] Jameson J R, Gilbert N, Koushan F, et al. Quantized conductance in Ag/GeS_2/W conductive-bridge memory cells. IEEE Electron Device Letters, 2012, 33(2): 257-259.

[82] Kim S, Kim S J, Kim K M, et al. Physical electro-thermal model of resistive switching in bi-layered resistance-change memory. Scientific Reports, 2013, 3: 1680.

[83] Chen C, Song C, Yang J, et al. Oxygen migration induced resistive switching effect and its thermal stability in W/TaO_x/Pt structure. Applied Physics Letters, 2012, 100(25): 253509.

[84] Terabe K, Hasegawa T, Nakayama T, et al. Quantized conductance atomic switch. Nature, 2005, 433(7021): 47-50.

[85] Xia Q, Pickett M D, Yang J J, et al. Impact of geometry on the performance of memristive nanodevices. Nanotechnology, 2011, 22(25): 254026.

[86] Yu L E, Kim S, Ryu M K, et al. Structure effects on resistive switching of devices for RRAM applications. IEEE Electron Device Letters, 2008, 29(4): 331-333.

[87] Lee B, Wong H S. Fabrication and characterization of nanoscale NiO resistance change memory (RRAM) cells with confined conduction paths. IEEE Transactions on Electron Devices, 2011, 58(10): 3270-3275.

[88] Song S, Cho B, Kim T W, et al. Three-dimensional integration of organic resistive memory devices. Advanced Materials, 2010, 22(44): 5048-5052.

[89] Yoon H S, Baek I G, Zhao J, et al. Vertical cross-point resistance change memory for ultra-high density non-volatile memory applications. Symposium on VLSI Technology, 2009, 26-27.

[90] Yu S, Chen H Y, Gao B, et al. HfO_x-based vertical resistive switching random access memory suitable for bit-cost-effective three-dimensional cross-point architecture. ACS Nano, 2013, 7(3): 2320-2325.

[91] Kinoshita K, Tsunoda K, Sato Y, et al. Reduction in the Reset current in a resistive random access memory consisting of NiO_x brought about by reducing a parasitic capacitance. Applied Physics Letters, 2008, 93(3): 033506-033506-3.

[92] Shima H, Takano F, Muramatsu H, et al. Voltage polarity dependent low-power and high-speed resistance switching in CoO resistance random access memory with Ta electrode. Applied Physics Letters, 2008, 93(11): 113504.

[93] Chen A. Current overshoot during Set and Reset operations of resistive switching memories. Reliability Physics Symposium, 2012, MY. 2.1-MY. 2.4.

第 6 章　阻变存储器的集成结构

阻变存储器作为下一代非易失性存储器的巨大优势之一就是其优异的小型化潜力。由于其简单的三层结构，阻变存储器器件的集成结构可以采用具有理论上最高集成度($4F^2$)的十字交叉阵列结构。但是十字交叉阵列结构存在着严重的串扰电流问题，会导致器件发生信息误读[1]。如图 6.1 所示为十字交叉阵列中的串扰电流示意图。在图中 3×3 的十字交叉阵列中，假设最中间的存储单元(2，2)处于高阻态，而它周围的存储单元都处于低阻态。当外围电路想要读取存储单元(2，2)所存储的信息时，理想的情况应该是电流直接由位线 2 流经该单元然后经字线 2 被检测，如图中电流 I_e 的流经路线所示。但是由于阻变器件的高低阻态之比非常大，通常大于 10 倍，所以电流往往会从其他低阻态的存储单元绕过，而不流经高阻态的存储单元。如图中电流 I_{sneak} 就是一种可能的流经路线，该电流依次流过存储单元(2，1)，(3，1)和(3，2)，串联三个低阻态单元的总电阻比单个高阻态单元的电阻还要低，所以电流倾向于从这三个低阻态单元流过。存储单元(2，2)原本处于高阻态，读出的电流应该是小电流，但是由于串扰电流的影响，使得检测出来的电流 I_{read} 成为一个大电流，从而发生误读，把存储单元(2，2)误读为低阻态。串扰电流问题是十字交叉阵列结构的一个固有的问题，只能通过附加额外的整流器件或者选择具有特殊性能的材料来抑制。本章主要介绍各种解决串扰电流的方法及其器件集成结构。

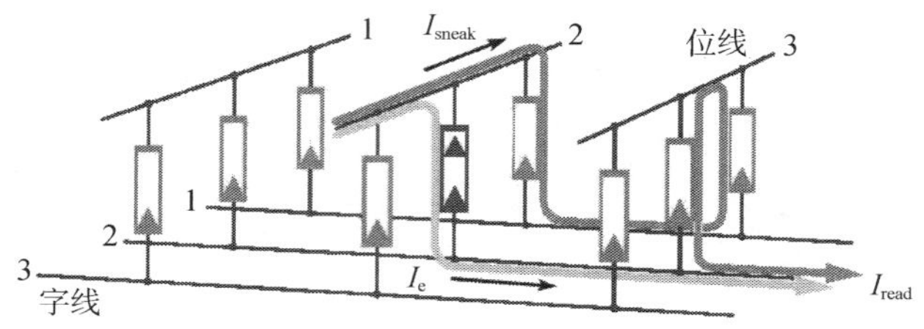

图 6.1　十字交叉阵列结构中的串扰电流示意图[1]

解决串扰电流问题的思路主要有以下几种：第一种方法就是抑制电流反向流过器件，而只允许电流从一个方向流经器件。当电流不能反向流过时，就不会产生串扰电流。这种方法通常通过集成额外的整流器件，如二极管或者利用具有整流效应的材料来实现。第二种方法就是将器件在低阻态时的电流曲线变成非线性的，非线性的电流电压曲线使得所有存储单元(不管是高阻态还是低阻态)在小电压读取时都表现出较高的电阻，再配合以特定的读取方式就可以抑制串扰电流。还有一种方法就是设计全新的存储单元结构和信息读取方式，例如采用互补型阻变存储器结构。表 6.1 列出了这几种解决串扰电流问题的可能方案及其特点。

表 6.1　十字交叉阵列中的串扰电流解决方案[2]

集成结构		适用范围	器件面积	是否破坏性读取	加工温度
1T1R	场效应晶体管	单极/双极	$>8F^2$	否	高
	双极型晶体管	单极/双极	$4F^2$	否	高
1D1R		单极	$4F^2$	否	低
1S1R		单极/双极	$4F^2$	否	低
1R(自整流)		单极/双极	$4F^2$	否	低
CRS		双极	$4F^2$	是	低

由于与 CMOS 工艺的兼容性，人们最先想到的就是利用晶体管作为阻变存储器的整流器件来抑制串扰电流，构成晶体管—电阻器(1T1R)结构。所谓 1T1R 结构就是将一个阻变器件(R 代指 resistor)和一个晶体管(T 代指 transistor)结合在一起组成一个存储单元。图 6.2 给出了 Spansion 公司制备的以 Cu_2O 作为存储介质的 1T1R 结构的示意图。如图所示，当对某个阻变单元进行操作时，对应的晶体管打开，而其他单元对应的晶体管关闭，这样就避免了对周围单元的误操作以及读取时产生串扰电流的问题。1T1R 结构是一种有源结构，器件的最小面积取决于晶体管的大小，因此不能够保持十字交叉阵列结构中 $4F^2$ 的最小单元面积。若采用场效应晶体管，1T1R 的最小单元面积增加为 $8F^2$；若采用双极型晶体管构成垂直结构的器件，则有望做到 $4F^2$ 的单元面积。同时，1T1R 集成结构不利于三维堆叠，因此该结构在高密度集成方面存在劣势。另一方面，晶体管的结构复杂并且制备过程中所需要的加工温度非常高，这些都不利于获得成本低并且性能稳定的阻变存储器。于是，人们提出了多种新型的集成结构应用于阻变存储器，包括二极管—电阻器(1D1R)结构，选通管—电阻器(1S1R)结构，1R 结构(具有自整流效应的阻变存储器)和互补型阻变存储器(CRS)结构，如表 6.1 所示。这几种新型的集成结构都能够保持十字交叉阵列的最小单元面积($4F^2$)，同时都具有制备温度低的优势，是阻变存储器集成结构作为下一代高密度存储器的发展方向。下面就分别以具体实例来介绍这几种新型的阻变存储器集成结构的优缺点。

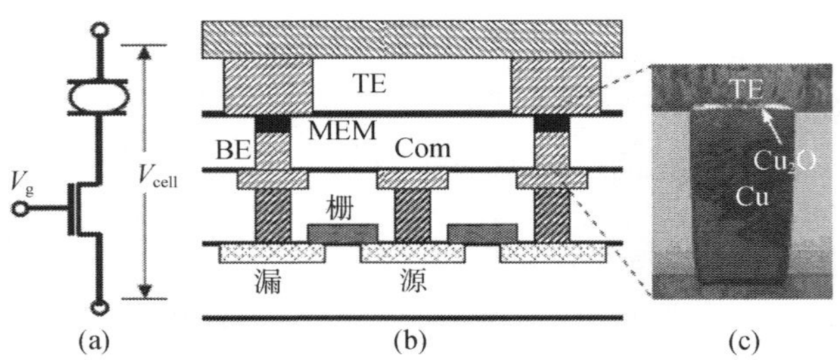

图 6.2　(a) 1T1R 结构的等效电路图；(b) 1T1R 器件结构的截面示意图；(c)Cu_2O 基 1T1R 结构的阻变存储器的截面 TEM 照片

6.1　二极管–电阻器(1D1R)结构

在抑制反向电流方面，如果不用晶体管，自然就会选择二极管。二极管作为简单的两端器件，只允许电流从正向流过；而施加反向电压时，二极管便会截止。所谓 1D1R 结构就是将一个二极管(D，diode)和一个阻变单元结合在一起组成一个存储单元。将二极管和阻变单元串联到一起后，整个存储单元在低阻态时的电流—电压曲线就是非线性的。因为串扰电流不论走哪条路径总要反向流过一个阻变单元，所以通过串联二极管来抑制反向电流就能很好的抑制串扰电流，从而避免数据误读现象。

为了验证二极管对于串扰电流的抑制作用，B.Cho 等人曾做过实验，利用 Al 和 p 型硅构成的肖特基势垒作为二极管，串联一个 Al/PI:PCBM/Au 的阻变单元构成 1D1R 结构(二极管与阻变单元共用 Al 电极)，并研究了该结构对于十字交叉阵列中的反向电流的抑制作用[3]。在图 6.3 所示的 2×2 的十字交叉阵列中，如果仅仅使用单个阻变单元作为存储单元，并使其中一个存储单元(1，1)处于高阻态而把其他三个存储单元都转变到低阻态。如果用小电压去读取每一个点的电阻，读出来的四个存储单元都处于低阻态(图 6.3(a))，表明在不使用二极管的时候十字交叉阵列中的高阻态单元会发生误读而无法读取其真实电阻值。如果采用 1D1R 结构，即每个阻变单元串联一个二极管使两者共同构成一个存储单元时，就能够很好的解决串扰电流问题。如图 6.3(b)所示，同样的 2×2 的十字交叉阵列中，当一个高阻态阻变单元的周围都是低阻态时，外围电路也可以非常清晰的读出这个高阻态阻变单元的电阻值，表明串扰电流已经被有效地抑制。因为 1D1R 结构仍然保持着十字交叉阵列的高集成度，最小单元面积为 $4F^2$，同时也便于三维堆垛，所以 1D1R 结构受到了众多半导体公司的青睐，被认为是阻变存储器最有可能采纳的集成结构。

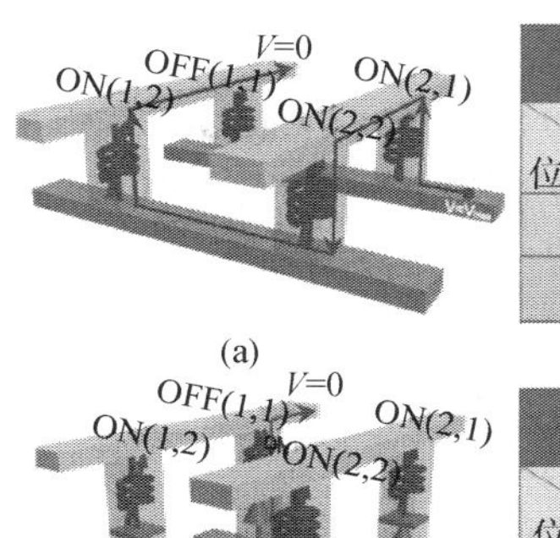

电阻(1R)		
字线 位线	1	2
1	7.9k(ON)	8.3k(ON)
2	3.8k(ON)	12.7k(ON)

(a)

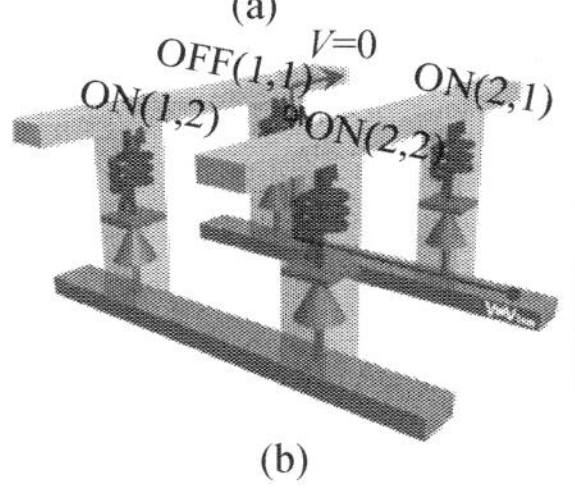

电阻(1D1R)		
字线 位线	1	2
1	4.2M(OFF)	27.3k(ON)
2	24k(ON)	16.3k(ON)

(b)

图 6.3　1D1R 结构抑制串扰电流的示意图

(a)普通 1R 结构产生的误读现象；(b)1D1R 结构有效地抑制了串扰电流[3]

普通的硅基二极管通常需要高温工艺，而且无法进行三维集成。反之，由 p 型和 n 型氧化物半导体组成的氧化物二极管，以及利用氧化物半导体与金属之间的肖特基势垒制备的二极管在工艺方面具有很大的灵活性，可以在低至室温的多种衬底材料上制备。所以在最近 10 年人们投入了大量精力来开发各种基于氧化物半导体的二极管，以期应用于阻变存储器的 1D1R 集成结构。表 6.2 总结了目前报道的各

表 6.2　目前报道的用于阻变存储器集成结构的氧化物二极管和有机物二极管的性能参数[2]

二极管结构	类型	整流比	正向电流密度(A/cm^2)
$Pt/NiO_x/TiO_x/Pt$	pn 结	~10^5 @ ±3 V	
$Pt/TiO_x/Pt$	肖特基型	~10^3 @ ±1 V	~50 @ 1 V
$Pt/(In,Sn)_2O_3/TiO_2/Pt$	肖特基型	~1.6×10^4 @ ±1 V	
$Pt/CuO_x/InZnO_x/Pt$	pn 结	~10^6 @ ±2.45 V	
Ag/ZnO/Ti/Au	肖特基型	~10^7 @ ±2 V	
$Al/SiO_x/p$-Si	肖特基型	~10^4 @ ±2.3 V	~10 @ 10 V
$Ti/TiO_2/Pt$	肖特基型	~10^9 @ ±1 V	
$Ti/TiO_2/Pt$	肖特基型	~10^5 @ ±3 V	
Pt/NiO/ZnO/Pt	pn 结	~10^5 @ ±3 V	
$Pt/WO_3/ZnO/Pt$	隧道结	~10^3 @ ±3 V	
Pt/ZnO:Al/ZnO/Pt	肖特基型	~10^3 @ ±2 V	
$Ni/TiO_x/Ti$	肖特基型	~10^2 @ ±1 V	~25 @ 1 V
Al/P3HT/PEDOT:PSS/Au	肖特基型	~3×10^5 @ ±5 V	~10^{-1} @ 15 V
Al/P3HT:PCBM/PEDOT/ITO	肖特基型	~10^4 @ ±1 V	/
Al/P3HT/Au	肖特基型	~10^5 @ ±2.5 V	~10^{-1} @ 1 V
Al/P3HT/Au	肖特基型	~10^5 @ ±10 V	/

种被用于阻变存储器集成结构的氧化物二极管及其性能参数。从表中可以看到大多数的氧化物二极管都是属于肖特基型，这是因为肖特基型的二极管结构简单，制备方便，易于与阻变存储器集成。也有部分性能优异的氧化物二极管是基于 pn 结构的。然而由于材料自身的原因，氧化物二极管目前最大的问题在于正向电流密度不足。氧化物二极管的正向电流密度普遍只有 10^3A/cm^2 左右，最大也只有 10^4A/cm^2 的量级，而实际使用中期望二极管的电流密度达到 10^5~10^6A/cm^2 的量级。如果正向电流密度不足，就有可能无法驱动阻变单元发生电阻转变，因此进一步改善制备工艺和改良氧化物材料以获得更高的正向电流密度是推动 1D1R 结构实用化进程中急需解决的问题。

柔性电子器件的发展需要基于有机物介质的阻变存储器。实用化的有机阻变存储器集成阵列又依赖于有机物二极管的发展。从表 6.2 可以看出，目前有机物二极管的各项性能还不如氧化物二极管。但是也有部分研究人员从实验上验证了有机物二极管可以有效抑制阻变存储器中的串扰电流。图 6.4 所示为有机物二极管串联有机物阻变存储器组成的 1D1R 结构及其存储特性[3, 4]。图中的阻变单元是 Al/PS:PCBM/Al，而二极管选用的是 Al/P3HT/Au 结构。由图所示，仅仅由 Al/PS:PCBM/Al 构成的 1R 结构表现出单极性电阻转变特性，电流—电压曲线是对称的，在正负电压下都可以完成 Set 和 Reset 转变。其中 Set 电压大约为 3.5V，Reset 电压为 10V 左右，而高低电阻之比为 10^3(图 6.4(a))。而 Al/P3HT/Au 结构的 *I-V* 曲线则表现出明显的整流特性，整流比高达~10^5。该结构在正向偏压下的大电流是由于 Au 电极(功函数为 5.1eV)与 P3HT(最高占据轨道为 4.9eV)之间的*欧姆*接触，而负向偏压下的截止特性则是由于 Al 电极(功函数为 4.1eV)与 P3HT 之间的肖特基势垒。串联二极管和阻变单元构成的 1D1R 结构(Al/PS:PCBM/Al/P3HT/Au)的 *I-V* 曲线如图 6.4(c)所示。由图可见，该串联器件在低阻态时表现出明显的整流效应，表明了器件对于反向电流的抑制作用。由图 6.4(d)~(f)所示，当单独使用 Al/PS:PCBM/Al 构建 1R 结构时，当其中一个存储单元处于高阻态，而其周围的存储单元都处于低阻态时，电流会绕过这个高阻态的单元使得器件发生误读。而串联二极管之后的 Al/PS:PCBM/Al/P3HT/Au 器件能够避免误读的发生，如图 6.4(f)~(h)所示，器件能够清晰的读出分别处于高阻态和低阻态的各个存储单元存储的信息。在更大的存储阵列中，该结构也能很好的抑制串扰电流。如图 6.4(i)所示，在 8×8 的 1D1R 阵列中利用 ASCII 码编程方法写入的“KIST”字母能被准确的读取出来。这一结果证明了 Al/P3HT/Au 二极管能够有效抑制十字交叉阵列中的串扰电流而应用于阻变存储器的集成结构。

值得注意的是，由于二极管限制了反向电流，那么就无法再负向对阻变存储器进行编程等操作，所以 1D1R 结构只适用于具有单极性电阻转变效应的器件。在双极性阻变器件中，需要正反两个方向的电压才能实现高低阻态的转换，故双极性阻变器件不能采用 1D1R 集成结构。

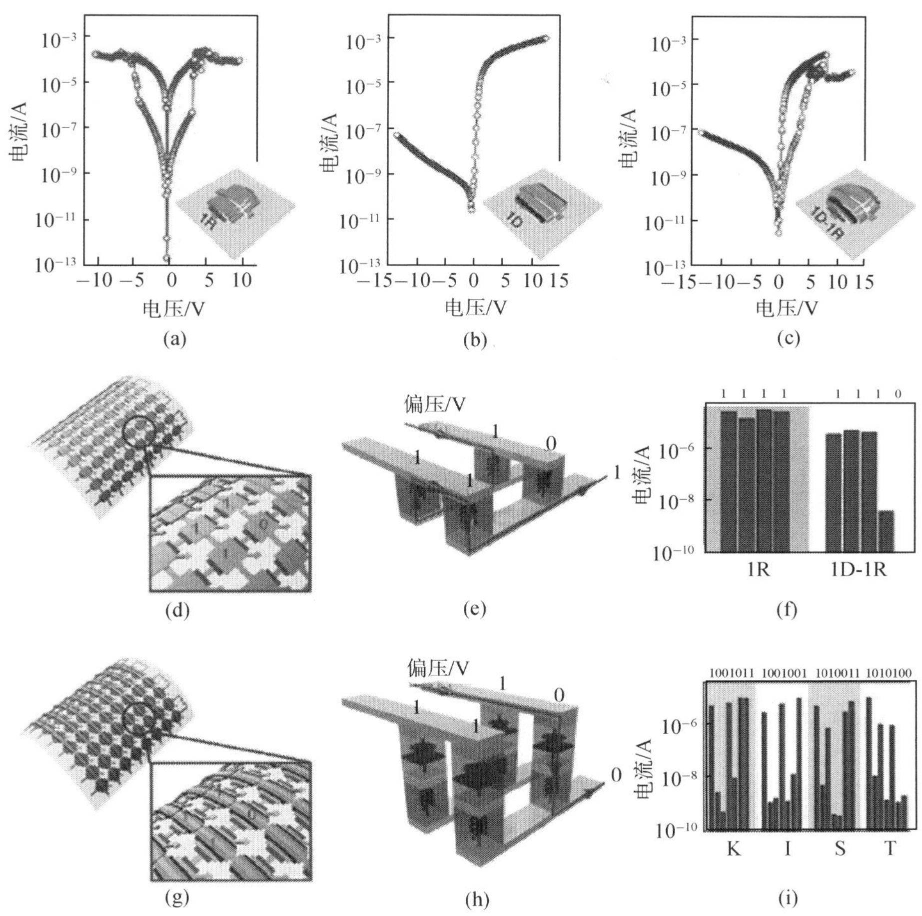

图 6.4　1D1R 结构对串扰电流的抑制：(a) 1R 单元；(b) 1D 单元和(c) 1D1R 集成结构的 *I-V* 曲线；(d)和(e)为 1R 结构中的误读现象；(f)为读取结果；(g)和(h)为 1D1R 结构中读取时电流的路径；(i) 8×8 的 1D1R 结构中利用 ASCII 码编程方法表示的“KIST”字母[4]

6.2　自整流阻变存储器结构

6.2.1　自整流阻变存储器概述

由于串扰电流的路径一般是依次流过几个低阻态单元从而绕过被选择的高阻态单元，所以只要能抑制电流反向流过低阻态单元就可以抑制串扰电流。这给解决串扰电流提供了一种思路：只要阻变存储器本身在低阻态时具有整流效应就可以抑制十字交叉阵列中的串扰电流。这种器件就是具有自整流效应的阻变存储器，这类器件可以以 1R 的结构单独集成在十字交叉阵列中而不用担心串扰电流问题。相比于 1D1R 或 1T1R 结构，具有自整流效应的阻变存储器可以在不用额外引入整流器件的情况下避免串扰电流问题，因而能大大降低器件制备的复杂度从而降低成本。另一方面，附加的二极管或者晶体管还有可能影响阻变存储器性能的发挥，而具有自整流效应的阻变存储器就可以不受这些额外附加器件的影响。基于自整流效应的阻变存储器能够在不使用附加整流器件的情况下解决串扰电流，保持了阻变存储器的简洁和紧凑的三层结构，有利于实现高密度存储。并且这类器件还具有制备工艺简单、成本低廉等特点，是一类极具竞争力的阻变存储器结构。

具有自整流效应的阻变存储器最初被密歇根大学的卢伟教授等人报道，他们基于非晶硅(a-Si)材料制备了一系列具有自整流效应的二维和一维阻变器件。例如，Ag/a-Si/p-Si 阻变存储器在转变到低阻态之后就表现出明显的整流效应[5]，如图 6.5 所示。Ag/a-Si/p-Si 器件的电流—电压曲线在高阻态时正负电压方向的电流大小差不多，而在低阻态时正向电压下的电流是负向电压下电流的 10^4 倍

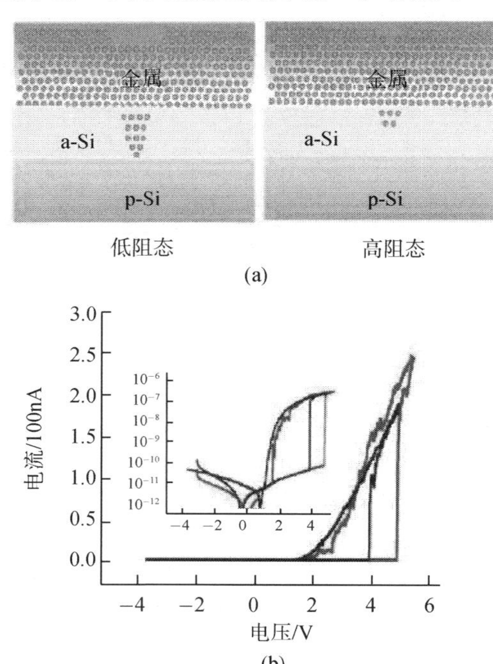

图 6.5　Ag/a-Si/p-Si 阻变器件具有自整流效应的电阻转变现象的机理和电流–电压曲线；(a) 图为电阻转变现象的机理示意图; (b) 图为电流–电压曲线。图(b)中的插图是半对数坐标下的电流–电压曲线[5]

以上。电阻转变是源于 Ag 原子迁移扩散至 a-Si 薄膜中形成 Ag 导电细丝的连通和断开。金属离子的热运动导致在负电压下靠近 p-Si 附近的 Ag 原子扩散回 Ag 电极一侧，使得器件在负电压下表现出高电阻，从而在低阻态时呈现整流特性。后来在基于 ZrO_2、ZnO、SiO_x 薄膜的阻变存储器的低阻态中都发现了整流效应。这些结果表明通过搭配适当的电极和介质材料可以在不同的材料体系同时实现电阻转变效应和低阻态的整流效应。最近几年，自整流效应的阻变存储器受到人们越来越多的关注，被报道的具有自整流效应的阻变存储器体系也不断增加。表 6.3 列出了目前报道的各类具有自整流效应的阻变存储器体系。由表中列出的器件结构可以看出，这些自整流器件既有双极性器件也有单极性器件，说明器件的转变方式对于整流效应没有影响。而整流比从 10^2 到 10^7 不等，对于实用化的器件来说，整流比达到 10^5 才有使用价值。故大多数器件只是提供了一种备选的材料体系，而离实际应用还比较远。这些自整流效应的阻变存储器大多数通过构筑肖特基势垒来实现低阻态的整流效应，因此绝大多数器件都是选用半导体特性的 n 型 Si、p 型 Si 或者 n 型 Ge 来作为其中的一个电极。接下来就以 $Cu/SiO_x/n\text{-}Si$ 和 Al/ZnO/n-Si 两种器件来详细介绍具有自整流效应的器件的电阻转变特性和存储特性。

表 6.3　各类具有自整流效应的阻变存储器[2]

器件结构	器件类型	低阻态整流比
Ag/a-Si/Si	双极性	$\sim 10^7$ @ ±0.5 V
Ag/a-Si/p-Si	双极性	$\sim 5\times 10^2$ @ ±2 V
Au/ZrO_2:纳米 Au/n-Si	双极性	$\sim 7\times 10^2$ @ ±0.5 V
Ag/a-Si/多晶 Si	双极性	$\sim 10^6$ @ ±0.5 V
Al/ZnO/n-Si	双极性	$\sim 10^2$ @ ±0.5 V
$TiN/HfO_x/NiSi$	单极性	$\sim 10^3$ @ ±1 V
$Al/Cr\text{-}SrTiO_3/p\text{-}Si$	双极性	$\sim 10^5$ @ ±1 V
$Ni/AlO_y/n\text{-}Si$	单极性	$\sim 7\times 10^2$ @ ±0.2 V
$Ni/HfO_x/n\text{-}Si$	单极性	$\sim 10^3$ @ ±1 V
$Pt/WO_x/a\text{-}Si/Cu$	双极性	$\sim 10^2$ @ ±0.75 V
$Ni/HfO_x/n\text{-}Ge$	单极性	$\sim 5\times 10^2$ @ ±0.5 V
$Ni/TiO_2/HfO_2/Ni$	双极性	$\sim 10^3$ @ ±2 V
$Cu/SiO_x/n\text{-}Si$	单极性	$\sim 2\times 10^2$ @ ±0.5 V

6.2.2　SiO_x 基自整流阻变存储器

$Cu/SiO_x/n\text{-}Si$ 阻变存储器中的 SiO_x 薄膜是通过 n-Si 电极的等离子体氧化形成，然后在 SiO_x 薄膜上沉积 Cu 顶电极。器件的 *I-V* 曲线如图 6.6 所示，由图可知

$Cu/SiO_x/n\text{-}Si$ 阻变存储器显示出具有自整流效应的单极性阻变特性，并且这种电阻转变行为只能发生在正偏压区间。从图 6.6 可以看出，高阻态的 *I-V* 曲线呈现出较高的对称性(非整流特性)，器件的行为与纯电阻相似。低阻态的 *I-V* 曲线呈现出明显的整流特性，器件的行为与二极管相似。器件在低阻态时由于负向电流受整流效应抑制，不能观察到转变现象，表明器件的单极性转变只能在正向电压区间发生。当电压小于 Reset 电压时，器件低阻态正向电压(正偏压区间)的电流比反向电压(负偏压区间)下的电流明显要大得多，从线性坐标下的 *I-V* 曲线可看得更清楚(图 6.7)。器件低阻态的整流比在 ± 0.5V 可达 2×10^2, 开关比在 0.5V 可达 5×10^2。从 *I-V* 特征来判断，该结构可以有效抑制负向电流，其 *I-V* 曲线与 1D1R 集成结构的 *I-V* 曲线相

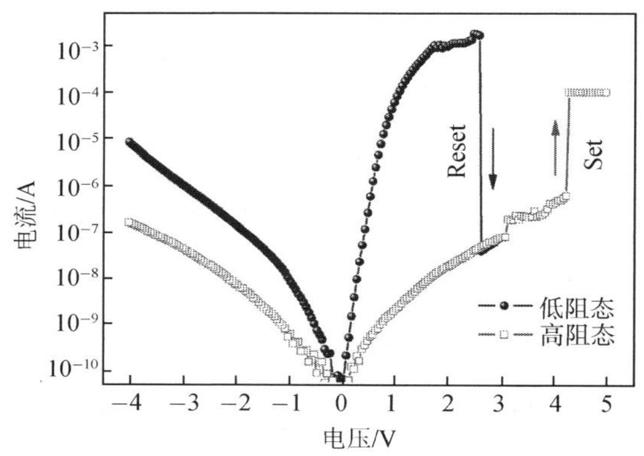

图 6.6　$Cu/SiO_x/n\text{-}Si$ 阻变存储器半对数坐标下的 *I-V* 曲线，器件表现出单极阻变特性，器件的低阻态表现出自整流效应

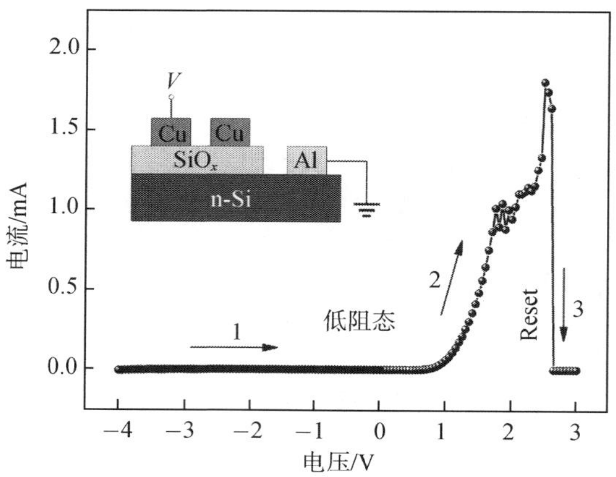

图 6.7　$Cu/SiO_x/n\text{-}Si$ 阻变存储器在线性坐标下低阻态的 *I-V* 曲线，内插图为器件的结构示意图

类似。因而，$Cu/SiO_x/p\text{-}Si$ 结构有望集成到十字交叉阵列中而消除串扰电流问题，开发出高密度的阻变存储器阵列[6]。

$Cu/SiO_x/n\text{-}Si$ 阻变存储器的单极阻变行为的电阻转变机制可通过基于 Cu 导电细丝的熔断/重连接机制解释。低阻态是由于 Cu 原子在电场的作用下迁移进入 SiO_x 薄膜中并连通上下电极而导致，而 Cu 导电细丝在焦耳热的作用下断开使器件转变回高阻态。为了讨论 $Cu/SiO_x/n\text{-}Si$ 阻变存储器低阻态的自整流效应的物理机制。首先应该排除接线端 Al/n-Si 接触(图 6.7 中的插图)的影响，通过测试两个 Al 电极间的 *I-V* 曲线可以得知。两个 Al 电极的 *I-V* 曲线呈现线性欧姆导电特征(如图 6.8 所示)，故完全可以忽略其对于整流效应的影响。

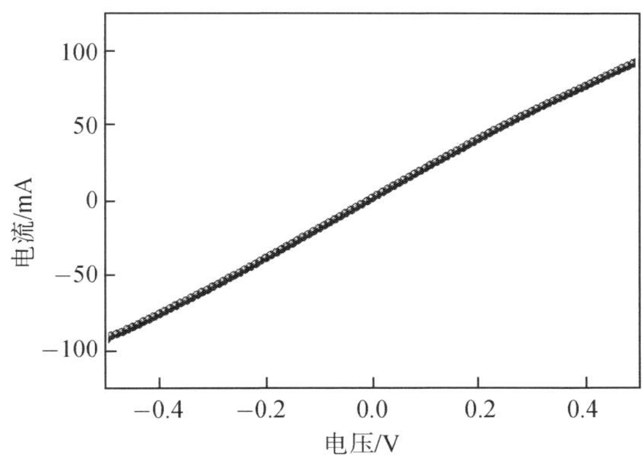

图 6.8　$Cu/SiO_x/n\text{-}Si$ 阻变存储器辅助电极(Al)间的 *I-V* 曲线

排除了 Al 电极接触的影响之后，$Cu/SiO_x/n\text{-}Si$ 阻变存储器低阻态的自整流行为可以通过 SiO_x 介质层中形成的 Cu 导电细丝与 n-Si 构成的内置二极管来解释。从 *I-V* 曲线整流特性来看，表明在 Cu 导电细丝与 n-Si 间构成了肖特基接触。Set 过程完成后，Cu 导电细丝在 SiO_x 介质层中形成，同时金属 Cu 导电细丝连接了 Cu 顶电极与 n-Si 底电极并形成了肖特基势垒，器件由此转变为低阻态。图 6.9(a)给出了 $Cu/SiO_x/n\text{-}Si$ 阻变存储器低阻态的能级示意图，$SiO_x/n\text{-}Si$ 接触变成 Cu(导电细丝)/n-Si 接触，从而形成肖特基二极管。在 Reset 过程中，器件转变为高阻态通过 Cu 导电细丝的热熔断完成，因此导电细丝被认为是在导电细丝直径最小的部位断裂[7]。根据 Yang 等人的报道，导电细丝直径最小的区域在介质层/惰性电极一侧[8]。因此，Cu 导电细丝最有可能在 $SiO_x/n\text{-}Si$ 界面处断开，从而使肖特基势垒坍塌，并在 SiO_x 介质层中形成了隧穿间隙，器件由二极管工作模式转变为电阻模式，如图 6.9(b)所示。即使导电细丝在 SiO_x 介质层中的其他位置断开也会导致器件的整流特性消失。尽管如此，导电细丝的重连接，又会导致低阻态自整流效应的重建。

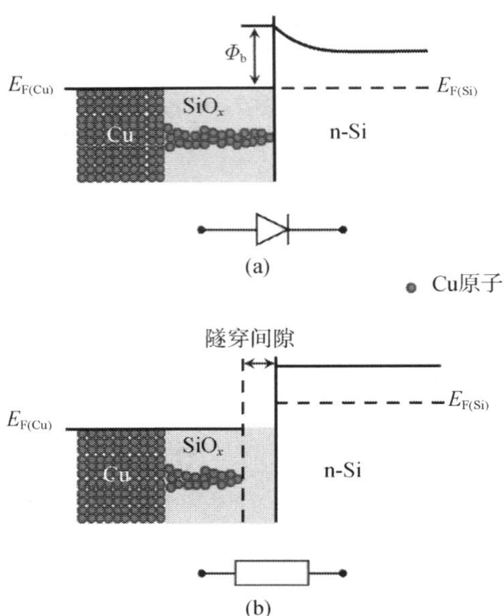

图 6.9　$Cu/SiO_x/n\text{-}Si$ 阻变存储器的能级示意图

(a)低阻态的能级图，Cu 导线细丝在 SiO_x 内生成，与 n-Si 形成了肖特基势垒，产生了内置二极管；(b)高阻态时 Cu 导电细丝断裂，在 SiO_x 内形成隧穿间隙，肖特基二极管失效而转变为电阻模式，Φ_b 为电子势垒，E_F 为费米能级

采用电流–电压(*I-V*)法，可以进一步估算 $Cu/SiO_x/n\text{-}Si$ 阻变存储器低阻态的肖特基势垒高度。在忽略串、并联电阻时，肖特基势垒二极管热电子发射 *I-V* 关系是

$$I = I_s\left[\exp\left(\frac{qV}{n\kappa T}\right)-1\right] \tag{6.1}$$

其中，I_s 是饱和电流，满足

$$I_s = AA^*T^2\exp\left(\frac{-q\phi_b}{k_B T}\right) \tag{6.2}$$

其中，q 是电子电量；k_B 是玻尔兹曼常数；T 是绝对温度；A 是二极管面积；A^*是 Richardson 常数，$A^* = 4\pi q k_B{}^2 m^* / h^3$，对于 n-Si，$A^*$取 $112A/cm^2K^2$；ϕ_b 是有效势垒高度；n 是理想因子[9]。方程(6. 2)经变换表示为

$$I = I_s\exp\left(\frac{qV}{n\kappa T}\right)\left[1-\exp\left(\frac{-qV}{\kappa T}\right)\right] \tag{6.3}$$

根据方程(6. 3)作 $\log\left\{I/\left[1-\exp\left(-qV/\kappa T\right)\right]\right\}$ 与 V 的曲线，根据 $V=0$ 点外推 I_s，如图 6.10 所示。然后再根据 I_s 计算势垒高度，如下式

$$\phi_b = \frac{\kappa T}{q}\ln\left(\frac{AA^*T^2}{I_s}\right) \tag{6.4}$$

由此确定零偏压下的势垒高度 ϕ_b。对于 $Cu/SiO_x/n\text{-}Si$ 阻变存储器，低阻态 Cu 导电细丝的直径大小，据文献报道[8, 10, 11]金属导电细丝直径估算为 30nm，那么 Cu 纳米细丝与 n-Si 之间的肖特基势垒高度可计算出为 0.40eV，比文献报道值 0.60eV 略低[12]。这是由于在等离子体氧化 n-Si 的时候，在 n-Si 表面引入大量缺陷，从而提高了理想因子 n 值，进而降低了势垒高度。

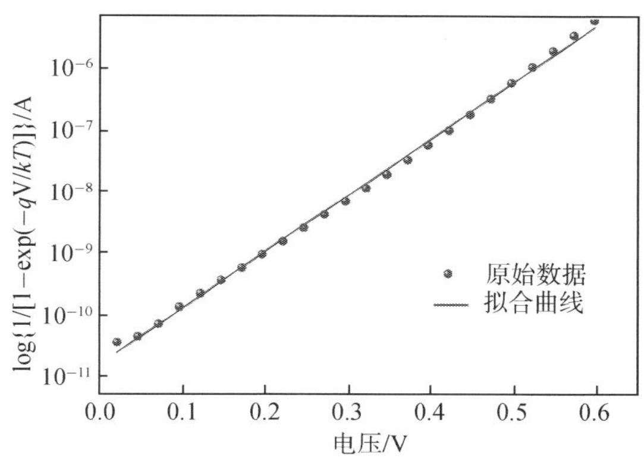

图 6.10　$Cu/SiO_x/n\text{-}Si$ 阻变存储器低阻态正向偏压下 $\log\{I/[1-\exp(-qV/\kappa T)]\}$ 与 V 的曲线及其线性拟合

由上可知 $Cu/SiO_x/n\text{-}Si$ 阻变存储器在低阻态表现出自整流特性是由于 Cu 导电细丝与 n-Si 底电极之间的肖特基势垒导致，并且估算出肖特基势垒的高度约为 0.40eV。器件的整流比在 ± 0.5V 可达 2×10^2，开关比在 0.5V 可达 5×10^2。器件的电阻转变机理来源于 SiO_x 介质层内 Cu 导电细丝的熔丝/反熔丝机制。因为 $Cu/SiO_x/Si$ 阻变存储器中所采用的材料和工艺与 CMOS 技术完全兼容，该器件提供了一种基于现有 Si 基半导体工业的、方便和低成本的开发阻变存储器的技术路线，有望在高密度十字交叉阵列的集成结构中得到应用。

6.2.3　ZnO 基自整流阻变存储器

Al/ZnO/n-Si 器件也是一类表现出自整流效应的阻变存储器。图 6.11 给出了该器件典型的 *I-V* 曲线。如图所示，电压在−8V 到 5V 的范围内扫描时，Al/ZnO/n-Si 器件的初始态处于高阻态。负向电压的作用下，在−7.5V 时转变到了低阻态。当电压撤消后仍然保持在低阻态。然后当正向电压施加到 Al 电极上面时，器件在 1.9V 时转变回高阻态。当电压从 5V 往 0 扫描时，器件稳定的保持在高阻态，说明了

Al/ZnO/n-Si 器件的电阻转变是非易失性的。并且器件只能在正向电压转变回高阻态，当器件在处于低阻态时施加负向电压，即使电流达到仪器所能承受的最大值，器件也不能转变回高阻态，表明了器件的电阻转变是双极性的。器件在 0.5V 时读取的高低电阻之比达到 10^3，如此大的存储窗口非常有利于实际应用中外部电路对存储信息的识别。值得注意的是，Al/ZnO/n-Si 阻变存储器是在负向电压 Set 到低阻态而在正向电压时 Reset，*I-V* 曲线沿顺时针方向发生转变。Al/ZnO/n-Si 器件的这种顺时针方向的电阻转变与 $Pr_{0.7}Ca_{0.3}MnO_3$ 和 $La_{0.7}Ca_{0.3}MnO_3$ 体系非常类似[13, 14]，这种类型的电阻转变行为被认为是活性电极与氧化物薄膜之间的氧化还原反应导致的。非常有意思的是，Al/ZnO/n-Si 阻变存储器在低阻态时表现出整流特性。如图 6.11 所示，器件低阻态时的 *I-V* 曲线是不对称的，在正向电压下的电流值明显高于同电压值的负向电压时的电流值。图 6.11 中的 *I-V* 曲线在±0.5V 时的整流比超过 10^2。低阻态时的整流效应预示着 Al/ZnO/n-Si 器件可以不需要额外集成整流器或者

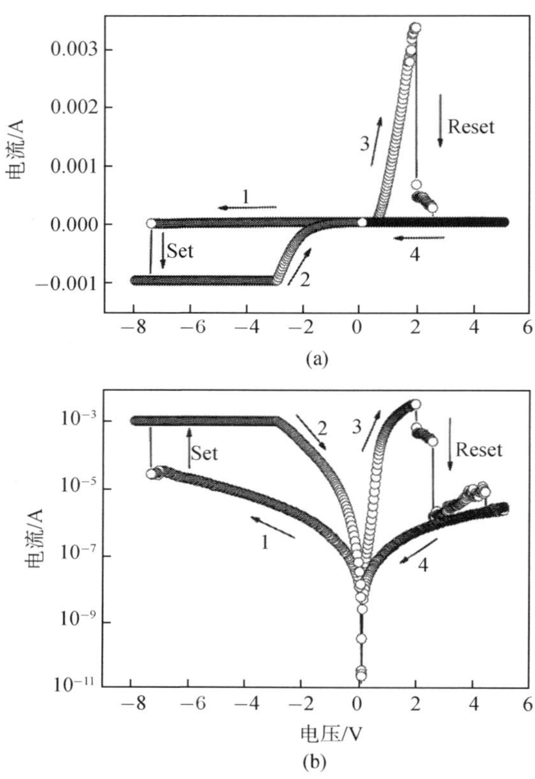

图 6.11　Al/ZnO/Si 器件的典型电阻转变 *I-V* 曲线

(a)线性坐标; (b)对数坐标

电流选择器就可以解决串扰电流问题，有望推动基于该器件的十字交叉阵列的阻变存储器的实用化。

图 6.12(a)给出了器件在直流扫描下的 20 次连续电阻转变 *I-V* 曲线。如图所示，器件的 *I-V* 曲线表现出很好的一致性和可重复性，器件的电阻能够稳定的在高低电阻态之间来回转变。第一次 Set 转变的电压值(V_{Set})略大于后续电阻转变的 V_{Set} 值，但是第一次电阻转变并不能称为电初始化过程，因为在后续的电阻转变过程中的 V_{Set} 值可以达到和第一次转变差不多的量值。在重复擦写的过程中低阻态的电阻值表现出高度一致性，20 条电阻转变 *I-V* 曲线在低阻态时几乎都重合在一起。而高阻态的电阻值也只是表现出轻微的波动性。转变电压 V_{Set} 和 V_{Reset} 的值的分散性则相对较大，尤其是 V_{Set} 的分布。图 6.12(b)进一步给出了 V_{Set} 和 V_{Reset} 的值在所有 106 个测试器件中的统计分布。统计结果和图 6.12(a)中的结果一致，V_{Reset} 的分布比较

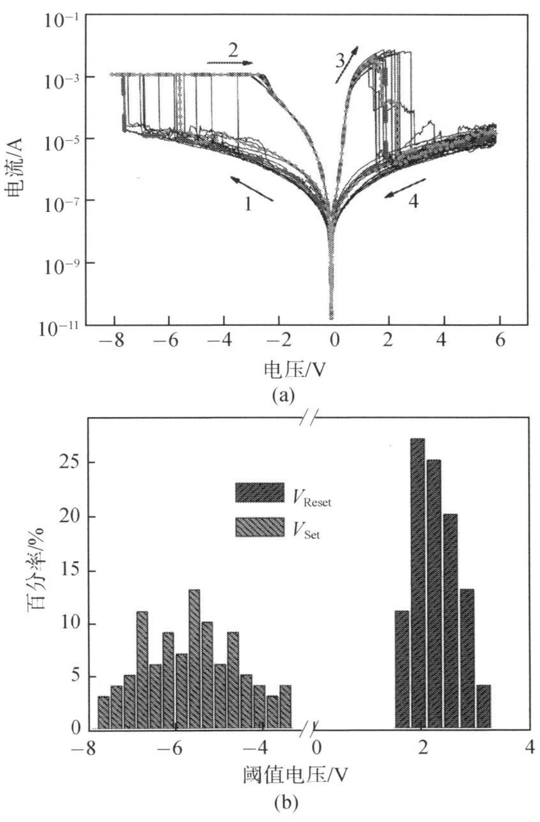

图 6.12　(a)Al/ZnO/Si 器件在直流电压扫描下的连续 20 次电阻循环 *I-V* 曲线；(b)Al/ZnO/Si 器件的电阻转变阈值电压的统计分布

集中，处于 1.5V 到 3.2V 之间，而 V_{set} 的值则分散得多，分布在−7.8V 到−3.2V 之间的范围。在 Al/ZnO/n-Si 器件的实用化之前，需要进一步的优化镀膜工艺和减小器件尺寸到纳米量级以降低器件转变阈值电压的分散性。

Al/ZnO/n-Si 器件的高低电阻态会随着器件尺寸(电极直径分别为 50μm，100μm，300μm 和 1000μm)的变化而变化。图 6.13 给出了器件电阻值随器件尺寸的变化规律。虽然不同尺寸的器件的电阻存在一定的分散性，但是从图 6.13 中的数据可以看出，高阻态和低阻态的电阻值都随着器件面积的增大而减小。低阻态电阻值与器件面积的相关性说明低阻态的电流不是由单根导电细丝控制。但是在器件面积增加了将近 1000 倍时，电阻态的电阻值仅仅降低了 45 倍。这说明低阻态时的导电机理不是完全均匀的导电行为。因为在电场作用下晶界等缺陷处是离子的易迁移通道，电阻转变通常不会在器件的整个面积内发生而只发生在局域位置。所以当器件面积增加时，能够发生电阻转变的局域位置也相对的增加。电阻值与器件面积的弱相关性这一特点与多根导电细丝的模型非常类似，也就是说当面积增大时整个器件发生电阻转变的导电细丝数目也增加，故电阻随面积的增大而降低[15-17]。从图 6.13 中还可以看出，当器件的面积减小时高低阻态的电阻值的分散性都在减小，表明减小器件尺寸有利于获得性能更加优良的阻变存储器。

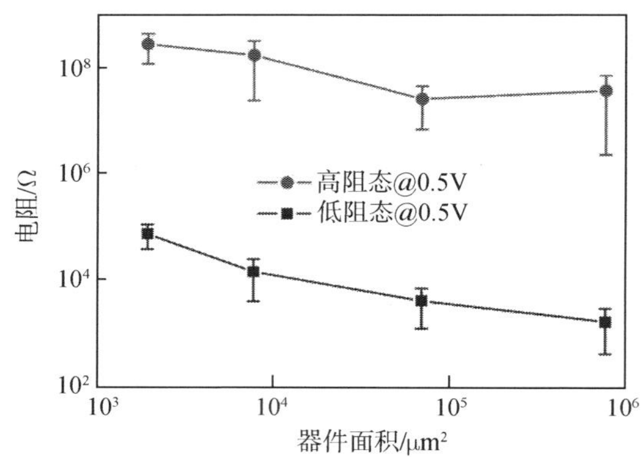

图 6.13　Al/ZnO/n-Si 器件高阻态和低阻态的电阻随器件尺寸的变化

电阻温度特性可以揭示 Al/ZnO/n-Si 器件高低电阻态的输运特性以及器件发生电阻转变的机理。图 6.14 给出了 Al/ZnO/n-Si 器件高低电阻态在不同温度下的 *I-V* 曲线。如图 6.14(a)所示，在 25℃到 120℃的范围内，高阻态的 *I-V* 曲线都表现出对称和非线性的特征，并且随着温度的增加，器件的电流不断增大，表现出典型的半导体的导电行为，而低阻态时的 *I-V* 曲线表现出非对称的特点，即整流效应。从图 6.14(b)中的插图还可以看到低阻态的电流值同样随着温度升高而增加，这与金属导电细丝型的阻变存储器的低阻态的温度特性明显不一样，说明 Al/ZnO/n-Si 器件与金属导电细丝型阻变存储器的导电机理存在差异。此外，即使在温度升高到 120℃时，器件仍然能够在高低阻态之间相互转变，表明器件优异的温度耐受性。

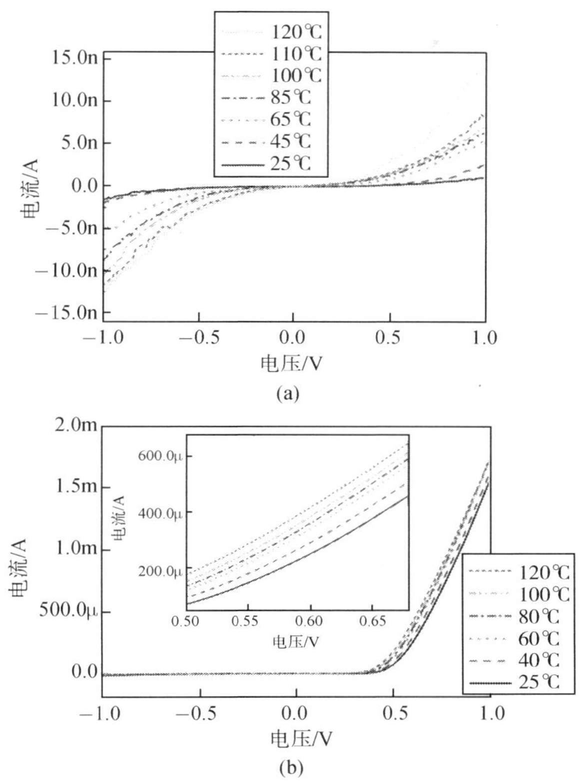

图 6.14 Al/ZnO/n-Si 器件在(a)高阻态和(b)低阻态时的电阻随温度的变化，(b)图中的插图是 *I-V* 曲线在 0.5~0.7V 范围内的放大图

对高低电阻态的电阻值进行 Arrhenius 拟合能更好的揭示其导电机理。如图 6.15 是 Al/ZnO/n-Si 器件高低电阻态的电阻值的 Arrhenius 拟合。对图中的数据点进行拟合可以得出器件高低阻态电阻值的热激活能 Φ_t。低阻态数据的线性相关性非常好，拟合出来的 Φ_t 为 23meV，比文献中报道的 ZnO 的热激活能略低[18, 19]。较低的热激活能暗示着器件在低阻态时 ZnO 薄膜内部产生了大量的晶格缺陷，缺陷对导电的贡献使热激活能的数值偏低。与之相反，高阻态进行拟合得到的 Φ_t 为 242meV，这一数据比文献中的值则要大很多。这有可能是由于高阻态时在 Al/ZnO 的界面存在着绝缘的 AlO_x 势垒层，同 Al/钙钛矿氧化物界面报道的界面反应相类似[20]。

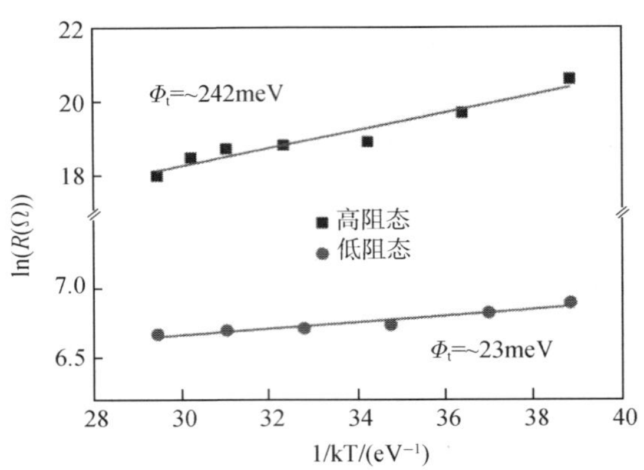

图 6.15　Al/ZnO/n-Si 器件高阻态和低阻态电阻值的 Arrhenius 拟合

为了验证在 Al/ZnO 的界面生成的 AlO_x 势垒层，将 Al/ZnO/n-Si 器件在直流电压扫描下连续擦写 100 次以后做了 Al/ZnO 的界面的截面 TEM 表征，结果如图 6.16 所示。由图中可以看到上部分的 Al 电极和下部分的 ZnO 薄膜的晶格条纹清晰，而两者之间则存在一层厚度约为 4~5nm 的呈非晶特征的界面氧化物，所有晶格条纹都在这一界面氧化物层消失。对这一层进行 EDX 能谱分析，表明其主要成分为 Al 和 O。因此，该界面氧化物即 Al 和 ZnO 中的氧反应生成的 AlO_x。该界面氧化层在镀膜过程中就会形成，然后在循环擦写过程中施加的正向电压下得到加强，该界面氧化物对器件的电阻转变特性有重要影响。

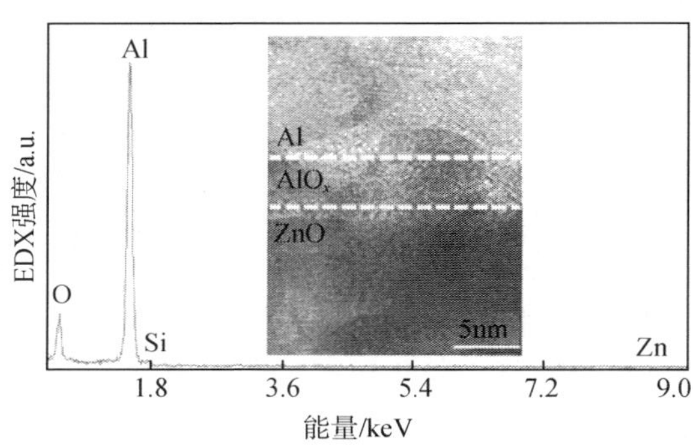

图 6.16　Al/ZnO/n-Si 器件高阻态和低阻态电阻值的 Arrhenius 拟合

高低阻态随器件尺寸的变化规律及其电阻温度特性说明了 Al/ZnO/n-Si 器件的电阻转变机理不同于金属导电细丝机理。为了进一步验证高低阻态的导电机制，对高电阻态的 *I-V* 曲线分别进行 Poole-Frenkel(PF)发射机制和 SCLC 导电机制线性拟合，如图 6.17 所示。图 6.17(a)是对负电压区间的高阻态进行的 PF 发射机制拟合。

在 PF 发射机制中，电流 $I \propto V\exp(V^{1/2})$，所以 $\ln(I/V)$ 与 $V^{1/2}$ 之间应该成线性关系[21]。由图 6.17(a)所示，高阻态的 *I-V* 曲线在 $\ln(I/V)$ 与 $V^{1/2}$ 构成的坐标系里面成很好的线性关系，其拟合的斜率约为 1.56，表明高阻态的导电机制服从 PF 发射机制。PF 发射机制是由于被捕获的电子从势垒层向导带的发射，这也从 *I-V* 曲线的特征说明了在高阻态时 Al/ZnO 界面生成了一层绝缘的 AlO_x 势垒层[14, 21]。

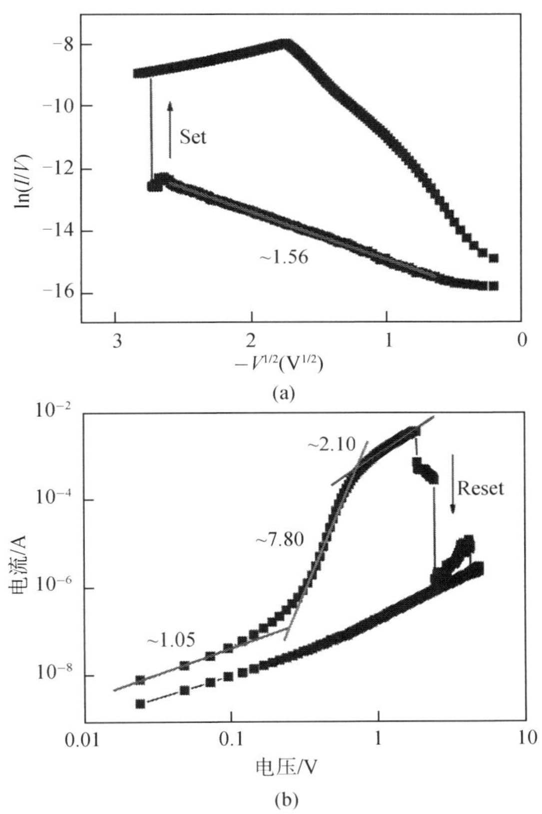

图 6.17　Al/ZnO/n-Si 器件在(a)高阻态和(b)低阻态时对 *I-V* 曲线的线性拟合结果

低阻态的导电机制则服从缺陷控制的 SCLC 机制，如图 6.17(b)所示的低阻态在正向电压区间的 *I-V* 曲线在双对数坐标下明显分为三段。第一段是在较低的电压(<0.2V)下，*I-V* 曲线服从欧姆导电定律，log*I* 与 log*V* 线性拟合的斜率为 1.05。这是因为在很低的电压下，薄膜中热激发的自由电子数目多于从电极注入的电子数，此时的电流大小取决于施加的电压和薄膜的电导率，服从欧姆定律[22]。当施加的电压继续增加时，从电极注入的电子迅速增多，log*I* 与 log*V* 线性拟合的斜率为 7.8。此时，从电极注入的电子有部分被 ZnO 薄膜的缺陷处的陷阱所捕获，注入的电子也

贡献了流过 ZnO 薄膜的电流，这时的导电机制是缺陷控制的 SCLC 机制。当电压继续增大超过 0.9V 时，线性拟合的斜率为 2.1，服从 Child 定律($I \propto V^2$)，这时的导电机制服从无陷阱的 SCLC 机制(trap free-SCLC)[23]。此时的无陷阱 SCLC 并不是指 ZnO 薄膜中没有电子陷阱，而是这些陷阱都被电极注入的电子给填满了，故此时的 *I-V* 曲线服从 Child 定律。

基于上述对高低阻态导电机制和温度特性的分析，Al/ZnO/n-Si 器件的电阻转变机理也逐渐清晰，是一种基于电场作用下的氧化还原反应控制的电阻转变过程，图 6.18 给出了该电阻转变过程的物理模型示意图。由于 Al 电极的化学性质活泼，与 O 的结合能力强。例如，Al_2O_3 的标准 Gibbs 生成自由能(−527.5kJ/mol)就比 ZnO 的生成自由能(−320.5kJ/mol)要负得多[24]，在 ZnO 薄膜上沉积 Al 膜的时候，Al 原子就会夺取 ZnO 薄膜中的氧原子而被部分氧化生成很薄的一层 AlO_x 势垒层。

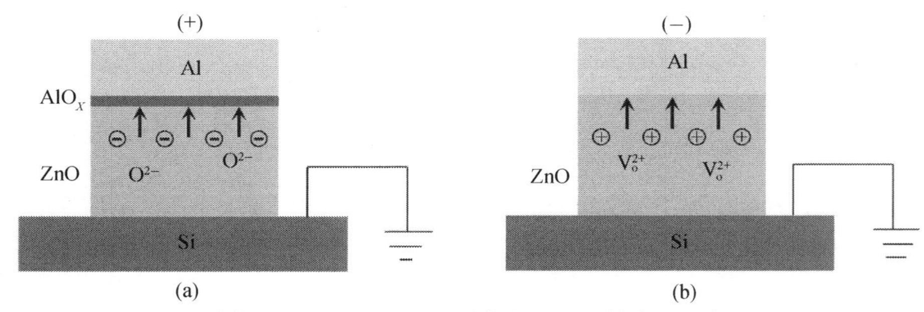

图 6.18　Al/ZnO/n-Si 器件发生电阻转变的示意图

(a)正电压作用下的高阻态；(b)负电压作用下的低阻态

Al/ZnO 界面的 AlO_x 势垒层在正电压的作用下还会加强。如图 6.18(a)所示，在 Al 电极上施加正向电压时，氧离子在电场的作用下向 Al/ZnO 界面迁移和聚集，这些迁移过来的氧离子与 Al 电极反应使得 AlO_x 势垒层变的更完整和更厚。因为 AlO_x 是一种宽禁带半导体材料，AlO_x 薄膜的出现使得器件的电流密度更低，故器件在正电压作用下转变到了高阻态。Al 电极与氧离子的亲和力是实现这种顺时针方向电阻转变的重要原因，如同钙钛矿氧化物中的电阻转变特性一样[13]。当使用 Ag 或 Ni 作为上电极时，则不能在正电压的作用下转变到更高阻态(顺时针方向的电阻转变)而是出现逆时针方向的电阻转变。原因就是 Ag 和 Ni 电极相对 Al 电极要惰性的多，也即 Ag_2O(−11.2kJ/mol)和 NiO(−216kJ/mol)的标准 Gibbs 生成自由能比 ZnO 的生成自由能要正得多[24]，故正向电压作用下不会生成势垒层，也不会向高阻态转变。

当然，由于电场下氧离子的迁移运动是不均匀的，故形成了 AlO_x 界面层中必然存在相当多的缺陷，高阻态时的 PF 发射导电机制也证明了这一点。当负向电压施加在 Al 电极上时，氧离子从 Al/ZnO 界面被抽出，向底电极的方向迁移，也就是氧空位向 Al/ZnO 界面迁移，如图 6.18(b)所示。由于氧离子被大量抽走，AlO_x 层的厚度也随之减小并慢慢分解。当某些局域位置的 AlO_x 层被穿透时，电流增大使得器件转变到了低阻态。正如 Huang 等人证明了肖特基势垒在电场作用下的降低是发生在界面的局域位置[15]，Al/ZnO/n-Si 器件向低阻态的转变也发生在局域位置。当然 AlO_x 层可能在多个位置发生分解，使得 Al/ZnO 界面在多个位置变得更导电，故低阻态电阻随器件面积的增大而减小(图 6.13)。但是，还会有很大一部分 AlO_x 层残留在低阻态，故低阻态的导电机制服从缺陷控制的 SCLC 机制。Al/ZnO 界面控制了器件的电阻转变过程，而 ZnO/n-Si 界面则对器件的整流效应有重要贡献。如文献中在 a-Si 薄膜[5]和 ZrO_2 薄膜[25]中报道的自整流阻变存储器器件同样都使用了一个金属电极搭配 Si 电极的结构。因此，通过一个界面控制电阻转变而另一个界面控制整流效应，可以获得具有自整流效应的 Al/ZnO/n-Si 阻变存储器。

6.2.4　自整流阻变器件在十字交叉阵列中的验证

具有自整流效应的阻变存储器因为其奇特的电阻转变曲线而被认为能够抑制十字交叉阵列中的串扰电流。由于其能够抑制低阻态的反向电流，具有自整流效应的阻变单元在十字交叉阵列中就能够避免读取操作时电流从几个低阻态单元绕过高阻态单元。然而，大多数研究人员只是从单个器件的电阻转变曲线去研究这类器件的整流特性，却没能在实际的十字交叉阵列中去验证这类器件对于串扰电流的抑制作用。

作为最早研究自整流效应阻变存储器的小组，密歇根大学的卢伟教授研究组于 2012 年成功验证了自整流效应的阻变存储器在 40×40 的十字交叉阵列中对于串扰电流的抑制作用[26]。证明自整流效应阻变存储器的确是一类结构简单并且具有高密度潜力的阻变存储器。在不使用外加晶体管或二极管的情况下，他们利用 Ag/a-Si/SiGe 的电阻转变单元制备了 40×40 的十字交叉阵列，结果如图 6.19(a)所示。整个器件在传统的 CMOS 衬底上制备，利用 SiGe 纳米线作为底电极，而 Ag 纳米线作为顶电极。底电极和顶电极的数目各为 40，两类电极之间填充 a-Si 介质层，而电极之间的每一个交叉点则为一个存储单元。利用电子书刻蚀工艺，他们获得了最小尺寸为 50nm 的十字交叉阵列结构。如果每个存储单元存储一个 bit 的信息，该结构可以达到约为 10 Gbits/cm^2 的存储密度。该结构的外围擦写和读取的电路如图 6.19(b)所示，外围电路保证了对于十字交叉阵列中 1600 个存储单元的随机操作。而图 6.19(c)所示则为 1600 个存储单元中随机选择 10 个点的 *I-V* 曲线。从图中可以看出，该器件具有非常好的均匀性，随机挑选的 10 个存储单元的电阻转变曲线近似于重合，并且其低阻态在负向都表现出明显的自整流效应。由于自整流效应能够抑制串扰电流，那么该十字交叉阵列中每一个存储单元的信息都可以自由读取。如果将 1600 个存储单元看做一幅图像的 1600 个像素点，则可以操作特定的存储单元得到想要的图案。例如图 6.19(d)就展示了利用电阻态的高低表示的“MICHIGAN”图案。以上结果充分证明了具有自整流效应的阻变存储器在不添加额外的整流器件的情况下就可以有效抑制十字交叉阵列中的串扰电流，是一种具有实用化潜力的高密度阻变存储器集成结构。

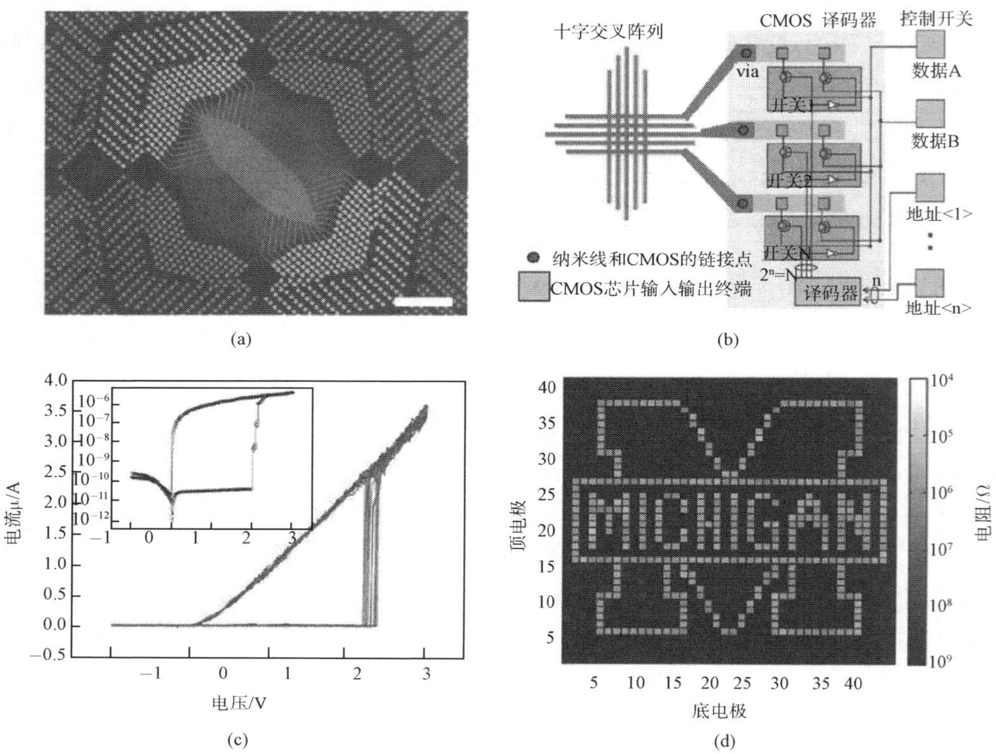

图 6.19　基于 Ag/a-Si/SiGe 自整流阻变存储器的 40 × 40 的十字交叉阵列

(a)CMOS 衬底上制备的十字交叉阵列的 SEM 照片，其中标尺宽度为 5 μm；(b)十字交叉阵列的外围擦写和读取电路；(c)十字交叉阵列中 10 个不同存储单元的 *I-V* 曲线，插图是对数坐标下的 *I-V* 曲线；(d)十字交叉阵列中利用存储数据的高低表示的单词“MICHIGAN”[26]

6.3　互补型阻变存储器结构

6.3.1　互补型阻变存储器概述

利用外加整流器件来抑制串扰电流的方法所面临的最大瓶颈就在于整流器件

允许的电流密度有限。尤其是当整流器件的尺寸减小到 10nm 量级的时候这一问题就会更加突出，从而使得这类器件在小型化方面遇到难题。为了在解决十字交叉阵列的串扰电流现象的同时保持高密度存储特性，诞生了一种全新的阻变存储器结构——互补型阻变存储器(complementary resistive switch，CRS) 结构。互补型阻变存储器的概念最早由德国 Jülich 研究中心的 Waser 等人提出[1]，它有别于一般阻变存储器结构，采用两个双极性阻变存储器背靠背串联组成一个存储单元的结构。如图 6.20 所示，一般的双极性阻变存储器单元由一个活性电极，一个惰性电极和中间的存储介质层组成；而互补型阻变存储器单元则是反接两个双极性阻变单元，共用中间电极，得到五层的存储单元结构。五层结构的互补型阻变存储器表现出一种奇特的具有对称性的电流—电压曲线，能够避免读取操作时的串扰电流。

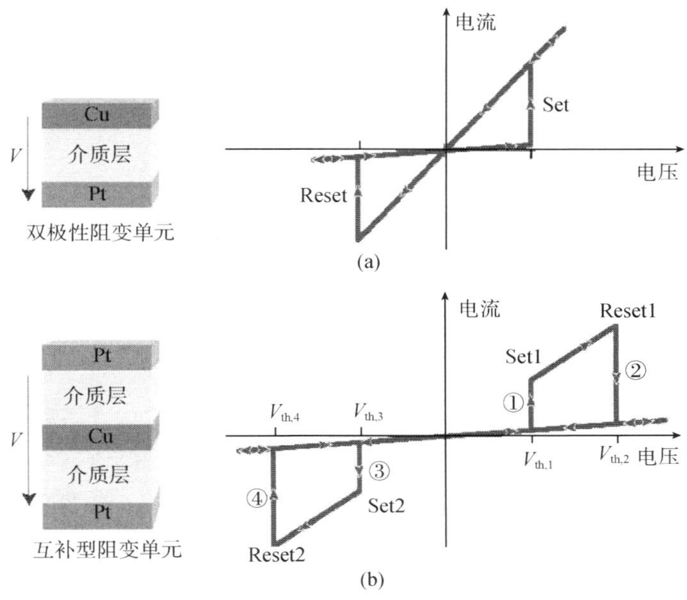

图 6.20　(a)双极性和(b)互补型阻变存储器的结构及其典型电流–电压曲线

互补型阻变存储器在直流电压激励下的典型 *I-V* 曲线如图 6.20 所示。而器件内部两个双极性阻变单元在高低阻态之间的转变可以获得 4 种状态，如图 6.21 所示。在初始态时，因为组成该器件的两个双极性阻变存储器都处于高阻态，互补型阻变存储器也必然处于高阻态。通常施加一个初始电压使其中一个转变到低阻态而另一个仍然处于高阻态。通常把互补型阻变存储器上面一个双极性阻变单元处于低阻态而下面的双极性阻变单元处于高阻态时的存储态定义为“1”态，如图 6.21 所示。当在上电极施加正向电压时，由于上面的阻变单元处于低阻态，故所有的电压降都

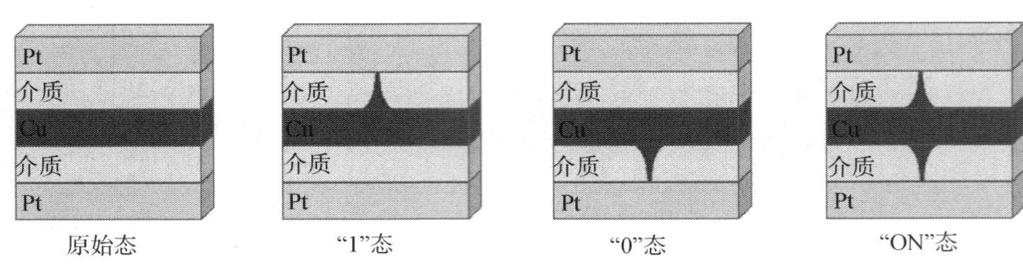

图 6.21　互补型阻变存储器的四种可能的存储状态

发生在下面的阻变单元上。当正向电压增加到 $V_{th,1}$(单个双极性阻变器件的转变电压)时，下面的阻变单元也会转变到低阻态(图 6.20 中的①过程，Set1)，故此时整个互补型阻变存储器表现出低阻态的特性，可以把这一状态称之为"ON"态(图 6.21 中的第四个状态)。当继续增加电压到 $V_{th,2}$ 时，又会使得上面的阻变单元转变回高阻态(图 6.20 中的②过程，Reset1)，从而使互补型阻变存储器转变到了"0"态(图 6.21 中的第三个状态)。当电压往回扫描时，器件始终保持在"0"态。同理，当电压负向扫描时，器件首先表现出低电流的状态。当电压增加到 $V_{th,3}$ 时，上面的阻变单元转变到了低阻态，使得整个器件转变到了"ON"态(图 6.20 中的③过程，Set2)。而进一步增加负向电压到 $V_{th,4}$ 时，又使下面的阻变单元转变到了高阻态(图 6.20 中的④过程，Reset2)，从而使整个互补型阻变存储器转变回了"1"态。并且在电压往回扫描的过程中器件始终保持在"1"态。为了读取器件的存储信息是"0"还是"1"，需要对互补型阻变存储器施加一个介于 $V_{th,1}$ 和 $V_{th,2}$ 之间的读取电压，而读取电压的窗口定义为 $V_{window} = V_{th,2} - V_{th,1}$。

从上面的描述中可以看到，互补型阻变存储器存在以下几个特点：

(1) 器件的原始态电阻相当于串联两个普通的高阻态阻变单元的电阻，而一旦发生电阻转变之后，器件的电阻态不能再回到原始态；

(2) 器件存储的"1"态和"0"态具有相同大小的电阻值，都约等于单个阻变单元的高阻态的电阻，所以互补型阻变存储器存储的不是电阻大小的变化而是两个双极性单元高低阻态分布情况的变化；

(3) 当施加读取电压 $V_{read}(V_{th,1} < V_{read} < V_{th,2})$读取器件的存储状态时，"0"态表现出较小的电流，而"1"态时器件会发生 Set1 过程，表现出较大的电流值并且会被转变到"ON"态，故对于"1"态的读取是一种破坏性的读取方式；

(4)"ON"态时，上下两个阻变单元都处于低阻态，故其电阻值约等于普通阻变单元低阻态电阻值的两倍，并且"ON"态只存在于电阻转变的中间过程和读取过程中；

(5) 由于互补型阻变存储器的读取过程是破坏性的，在读取了"1"态之后，需要额外施加一个超过 $V_{th,4}$ 的负电压重新把器件写成“1”态。

正因为器件的“1”态和“0”态都表现出高阻态，所以互补型阻变存储器能够抑制十字交叉阵列在读取过程中的串扰电流。此外，由于没有附加的整流器件，互补型阻变存储器仍然能够保持 $4F^2$ 的理论最小单元面积，因此是一种有竞争力的保持阻变存储器高密度的串扰电流解决方案。当然，互补型阻变存储器也存在一些缺点，例如破坏性的读取方式等。读取操作后面需要一个再写入过程，这一再写入过程使得互补型阻变存储器的读取操作变得复杂，同时也对阻变单元的循环特性提出了更高的要求。

在 Waser 等人首先实现的互补型阻变存储器中通过串联反接两个 $Pt/SiO_2/GeSe/Cu$ 双极性器件，构成 $Pt/SiO_2/GeSe/Cu/GeSe/SiO_2/Pt$ 的器件结构[1]。该结构表现出了稳定的互补型电阻转变特性，证实了互补型阻变存储器概念的可行性。在这之后，不少研究人员开始关注这一全新的器件结构，并获得了一系列基于金属导电细丝或者是氧空位导电细丝的互补型阻变存储器。特别是三星公司的 Lee 等人已经制备出 30nm 线宽的 Ta_2O_{5-x}/TaO_{2-x} 双层结构的互补型阻变存储器，表明基于十字交叉阵列的互补型阻变存储器小型化的巨大潜力[27]。表 6.4 总结了目前报道的互补型阻变存储器的器件结构及其导电细丝类型。从表中可以看出，构成互补型阻变存储器的双极性阻变单元既可以是基于金属导电细丝型的器件，也可以是基于

表 6.4　报道的互补型阻变存储器结构及其导电细丝类型[2]

器件结构	导电细丝类型
$Pt/SiO_2/GeSe/Cu/GeSe/SiO_2/Pt$	Cu
$Pt/SiO_2/Cu/Pt/Cu/SiO_2/Ti/Pt$	Cu
$Pt/Ta_2O_{5-x}/TaO_{2-x}/Pt/TaO_{2-x}/Ta_2O_{5-x}/Pt$	V_O
Au (Ag)/a-C/CNT/a-C/Au (Ag)	Au (Ag)
$TiN/HfO_x/TiN$	V_O
$W/ZrO_x/HfO_x/TiN/Ir/TiO_x/TiN$	V_O
$Pd/Ta_2O_{5-x}/TaO_y/Pd$	V_O
$TiN/HfO_2/Hf/HfO_2/TiN$	Vo
$Pt/TiO_x/TiO_y$ (TiON)$/TiO_x/Pt$	V_O
$Pt/TiO_{2-x}/TiN_xO_y/TiN$	V_O
$Pt/TaO_x/Ta/TaO_x/Pt$	V_O
$W/Nb_2O_{5-x}/NbO_v/Pt$	V_O
TiN (Pt)/AlN/Cu/AlN/TiN (Pt)	Cu
Pt/AlN/TiN/AlN/Pt	V_N

注：V_O 表示氧空位，V_N 表示氮空位

氧空位导电细丝的器件，甚至还能是基于氮空位的阻变器件，也就是说，互补型阻变存储器可以由任何双极性的电阻转变单元构成。更有意思的是，在一些三层和四层的器件结构中也获得了互补型电阻转变特性，这比 Waser 等人在理论上推导出来的五层结构更为简单和紧凑。接下来，将就具体实例来讨论电极对于互补型阻变存储器性能的影响以及少于五层结构的互补型电阻转变行为的特点与机理。

6.3.2　电极材料对互补型电阻转变特性的影响

电极材料能显著影响双极性阻变单元的电阻转变特性甚至改变电阻转变的物理机制。由此可以预见，电极材料对于双极性阻变存储器的电阻转变特性也会产生重要影响。下面以 AlN 介质材料为例，配合以 Cu，Pt 和 TiN 三种不同特性(Cu 是可迁移的活性电极，Pt 是惰性贵金属电极，TiN 为化合物电极)的电极材料的搭配，讨论电极材料在互补型电阻转变中所起的作用。由上述三种电极两两搭配可以获得三种双极性电阻转变单元：Cu/AlN/Pt，Cu/AlN/TiN 和 TiN/AlN/Pt 器件。然后通过上述三种双极性电阻转变单元的背对背串联得到三种互补型阻变存储器结构：Pt/AlN/Cu/AlN/Pt，TiN/AlN/Cu/AlN/TiN 和 Pt/AlN/TiN/AlN/Pt 器件。图 6.22 给出了其中一个互补型阻变存储器(Pt/AlN/Cu/AlN/Pt)的截面扫描电镜照片。由图可以清晰地看出 SiO_2 基片上的五层膜结构，各层薄膜的厚度均匀，界面明锐。

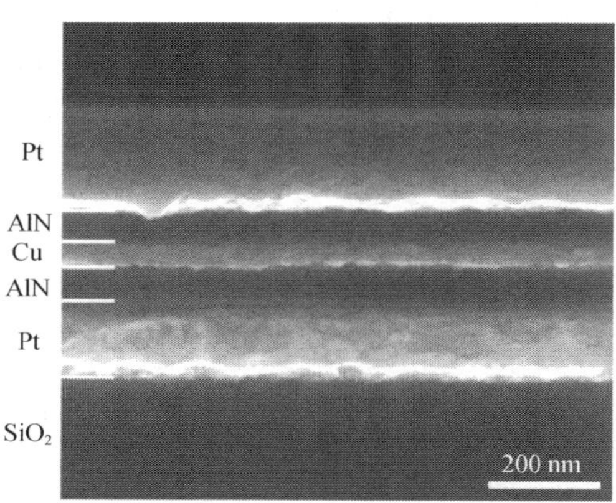

图 6.22　五层膜结构的 Pt/AlN/Cu/AlN/Pt 互补型阻变存储器的截面扫描电镜照片

组成 AlN 基互补型阻变存储器的三种双极性阻变存储单元电阻转变特性如图 6.23 所示。其中，Cu/AlN/Pt 和 Cu/AlN/TiN 器件的电阻转变是基于 Cu 电极的氧化还原反应形成的 Cu 导电细丝的形成和断开机理，而 TiN/AlN/Pt 器件的电阻转变则是基于 AlN 薄膜内部的氮空位等结构缺陷形成的导电细丝。由图 6.23 可以看出，每个双极性阻变单元的电阻转变都是稳定和可重复的。所有器件都可以重复循环擦写 1000 次以上，每个电阻态的保持时间都在 10^5s 以上。而电阻转变的存储窗口值则依 Cu/AlN/Pt，Cu/AlN/TiN 和 TiN/AlN/Pt 器件而逐渐减小，低阻态时的电阻也依此顺序逐渐升高。总之，稳定的电阻转变特性表明每个双极性存储单元都适用于构造互补型阻变存储器。下面就来分别讨论这三种互补型阻变存储器结构的电阻转变性能。

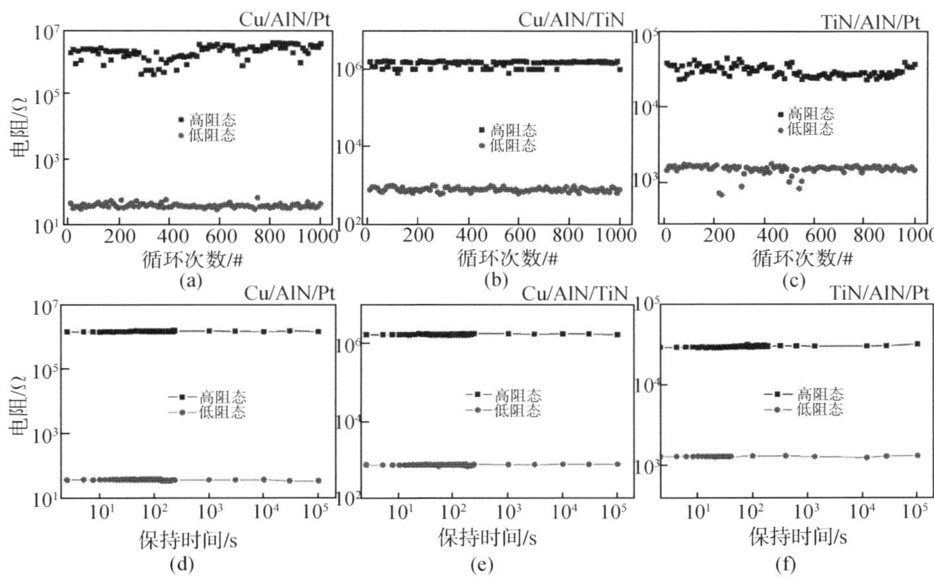

图 6.23　组成 AlN 基互补型阻变存储器的三种双极性阻变存储单元的疲劳特性
(a)Cu/AlN/Pt；(b)Cu/AlN/TiN；(c)TiN/AlN/Pt 和保持特性：(d)Cu/AlN/Pt；(e)Cu/AlN/TiN；(f)TiN/AlN/Pt

1) 基于 Cu 导电细丝的互补型电阻转变行为

图 6.24 给出了 Cu/AlN/Pt 双极性存储单元和 Pt/AlN/Cu/AlN/Pt 互补型阻变存储器的典型 *I-V* 曲线。由图可见，Cu/AlN/Pt 器件的电阻转变陡峭，存储窗口大。器件在 2.2V 转变到低阻态，而在−0.8V 又陡峭的转变回高阻态，高低阻态的比值接近 10^5(图 6.24(a))。然而，这种具有稳定的电阻转变行为的双极性存储单元构成的 Pt/AlN/Cu/AlN/Pt 互补型阻变存储器在电压扫描下的 *I-V* 曲线却非常不稳定，如图 6.24(b)所示。经过−4V 的电压来对器件进行初始化后，当电压按照 0V→4V→−4V→0V 的顺序进行扫描时，Pt/AlN/Cu/AlN/Pt 器件首先表现出高阻态，在低电压时电流很小。当电压增加到大约 2V 时，电流突然变得不稳定，剧烈的发生跳动，器件的电阻值也没有达到图 6.20 所描述的稳定的“ON“态，电流短暂波动以后又降低，器件回到了高阻态。电压往负向扫描的时候发生了同样的现象，电流在−2V

左右时开始波动，随后又回到高阻态。Pt/AlN/Cu/AlN/Pt 器件不能达到稳定的“ON”态，也就意味着不能正常的进行信息存储和读取。

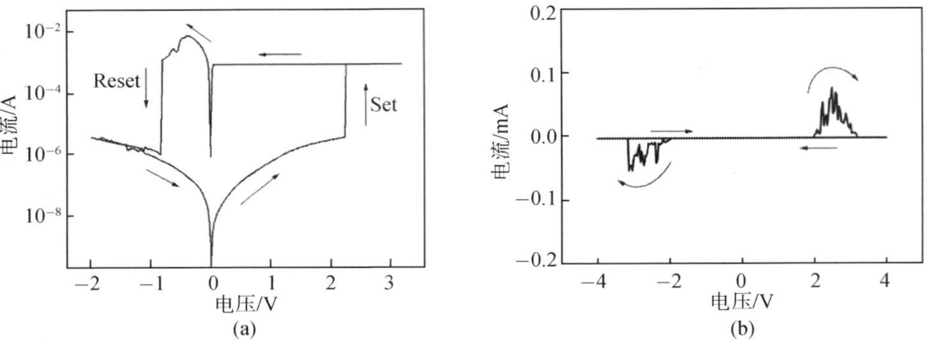

图 6.24　(a)Cu/AlN/Pt 双极性存储单元和(b)Pt/AlN/Cu/AlN/Pt 互补型阻变存储器的典型 *I-V* 曲线

图 6.25 给出了 Cu/AlN/TiN 双极性存储单元和 TiN/AlN/Cu/AlN/TiN 互补型阻变存储器的典型 *I-V* 曲线。Cu/AlN/TiN 器件的 *I-V* 曲线与 Cu/AlN/Pt 器件非常类似，器件首先处于高阻态，在 1.5V 时转变到低阻态，然后在−1.9V 时才完全转变回高阻态，器件的高低阻态之比大于 10^3。与 Cu/AlN/Pt 器件不同的是，Cu/AlN/TiN 器件的低阻态电阻较高(电流较小)，图 6.23 也反映了这一特点。并且 Cu/AlN/Pt 器件的 Reset 转变过程是呈阶梯式下降且转变电压较大。有趣的是，TiN/AlN/Cu/AlN/TiN 器件的 *I-V* 曲线表现出了稳定的互补型电阻转变曲线。经过−4V 的电压对器件进行初始化之后。当电压同样按照 0V→4V→−4V→0V 的顺序进行扫描时，器件在低电压下表现出高阻态，然后在 1.7V 的时候(Set1)转变到了“ON”态，最后在 2.7V

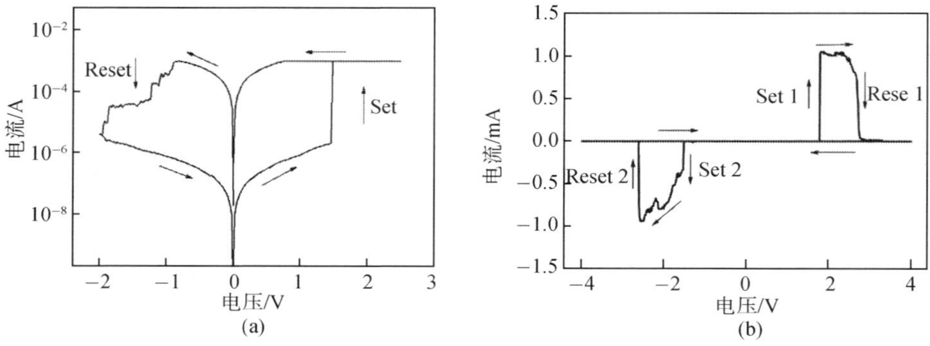

图 6.25　(a)Cu/AlN/TiN 双极性存储单元和(b)TiN/AlN/Cu/AlN/TiN 互补型阻变存储器的典型 *I-V* 曲线

的时候(Reset1)转变到了另一个高阻态。负向扫描时有同样的现象，器件在−1.5V 时(Set2)转变到了“ON”态，而在−2.7V 时(Reset2)转变回高阻态。高阻态与“ON”态之间的比值约为 10^2，而读取电压的窗口值 V_{window} 大于 1V。由此证明 TiN/AlN/Cu/AlN/TiN 器件能发生稳定的互补型电阻转变行为。

2) 基于 Cu 导电细丝的互补型电阻转变机理

要解释 TiN/AlN/Cu/AlN/TiN 器件的互补型电阻转变行为先得弄明白 Cu/AlN/TiN 双极性阻变存储单元的电阻转变机理。由于 Cu 金属容易发生电化学氧化还原，Cu/AlN/TiN 与 Cu/AlN/Pt 器件发生电阻转变的原理一样，受 Cu 导电细丝的形成和断开控制和调节[10, 28]。这其中 TiN 和 Pt 电极一样是惰性电极。Cu 电极上施加的正向电压使得 Cu 原子被氧化成 Cu 离子并在 AlN 薄膜中被还原而生成 Cu 导电细丝使得器件转变到低阻态，而反向电压下的氧化还原反应使得 Cu 导电细丝断开是器件转变回高阻态。

TiN/AlN/Cu/AlN/TiN 器件中上下两个双极性存储单元中 Cu 导电细丝的分布状态就决定了其电阻转变特性，如图 6.26 所示。在经过−4V 的电压来对器件进行初始化之后，初始化过程中的负电压使得 Cu 离子向上迁移，在上面的阻变单元(BRS1)中形成 Cu 导电细丝使之转变到低阻态，此时器件的存储态为“1”态(图 6.26(a))。当在上电极 TiN 施加正向电压时，因为下面的阻变单元(BRS2)仍然处于高阻态，故整个 TiN/AlN/Cu/AlN/TiN 器件表现为高阻态，电流很小,而两个存储单元串联的结果使得此时的电压降都发生在下面的阻变单元。并且正向电压下使 Cu 原子发生氧化还原反应向下迁移，当 Cu 原子逐渐在下面的阻变单元中的 AlN 薄膜中累计形成导电细丝时，便把下面的阻变单元转变到了低阻态，从而使整个互补型阻变器件转变到了“ON”态(图 6.26(b))，其电流变化如图 6.25(b)中的 Set1 过程。一旦下面的阻变单元转变到了低阻态之后，上下存储单元将平分施加的电压，故上面阻变单元的电压降增加。正向电压使得 Cu 离子往下迁移，故下面的阻变单元的 Cu 导电细丝会加强，而上面的阻变单元的 Cu 导电细丝会逐渐溶解。当上面的阻变单元中间的 Cu 导电细丝断开以后使得上面的阻变单元转变到了高阻态，整个互补型器件则转变到了“0”态(图 6.26(c))，其电流变化如图 6.25(b)中的 Reset1 过程。而在电压回扫到 0V 的过程中，器件始终会保持在“0”态。以上所述为施加正电压的电阻转变过程，如果在器件转变到“0”态之后对上电极 TiN 施加负向电压，则会发生相反的过程。负向电压首先会在上面的阻变单元形成 Cu 导电细丝，使得整个器件转变到“ON”态(图 6.25(b)中的 Set2 过程)；随后使得上面的阻变单元的 Cu 导电细丝加强而下面的阻变单元的导电细丝断开，使得器件转变回“1”态(图 6.25(b)中的 Reset2 过程)。因此，TiN/AlN/Cu/AlN/TiN 互补型阻变存储器存储的是 Cu 导电细丝在上下存储单元之间的分布状态而非电阻大小。

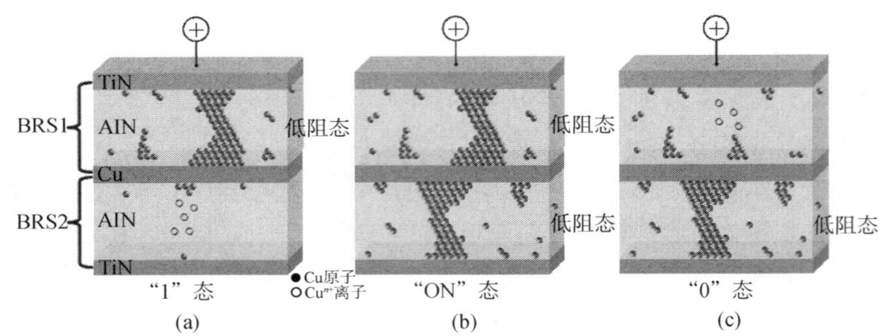

图 6.26　TiN/AlN/Cu/AlN/TiN 器件发生互补型电阻转变的示意图

(a) "1" 态，上面的存储单元处于低阻态而下面的单元处于高阻态;(b) "ON" 态，上下两个存储单元都处于低阻态;(c) "0" 态，下面的存储单元处于低阻态而上面的单元处于高阻态

3) 基于 AlN 薄膜本征缺陷的互补型电阻转变行为

除了基于电化学氧化还原反应的金属导电细丝机理以外，基于 AlN 薄膜本征缺陷形成的导电细丝也可以获得互补型电阻转变行为。图 6.27 所示为 TiN/AlN/Pt 双极性阻变存储器和 Pt/AlN/TiN/AlN/Pt 互补型器件的典型 *I-V* 曲线。由图可见，TiN/AlN/Pt 双极性阻变存储单元在 1V 时转变到低阻态而在−1V 时转变回高阻态。相比于 Cu/AlN/Pt 的电化学氧化还原器件，TiN/AlN/Pt 双极性阻变器件的高低电阻之比非常小，只有 10 倍左右。但是由 TiN/AlN/Pt 双极性单元构成的 Pt/AlN/TiN/AlN/Pt 器件却表现出稳定的互补型电阻转变行为。如图 6.27(b)所示，Pt/AlN/TiN/AlN/Pt 器件在低电压时电流很低，当电压增加到 1V 时，电流突然增大(Set1)，器件转变到 "ON" 态。随着电压继续增大，器件一直稳定在 "ON" 态直到约 2.4V 时电流才减小(Reset1)，使器件转变到高电阻的 "0" 态。负向电压扫描时有同样的效应，器件在约−1.4V 时转变(Set2)到 "ON" 态，而在−2.7V 时转变(Reset2)到高电阻的 "1" 态。

值得注意的是，由于 TiN/AlN/Pt 双极性阻变存储器需要电初始化过程，所以 Pt/AlN/TiN/AlN/Pt 器件也需要一个电初始化过程，并且是一个两步的电初始化过程，如图 6.28 所示。由于有两个未激活的 TiN/AlN/Pt 双极性电阻转变单元，首先需要一个接近−8V 的负向电压使上面的阻变单元转变到低阻态，然后需要施加一个接近 4V 的正向电压使下面的阻变单元转变到低阻态。由于两个双极性存储单元都将转变到低阻态，所以加正向电压时需要同时施加一个限制电流防止器件被大电流损坏。当上下两个阻变存储单元都被激活以后，Pt/AlN/TiN/AlN/Pt 器件就能表现出稳定的互补型电阻转变行为。

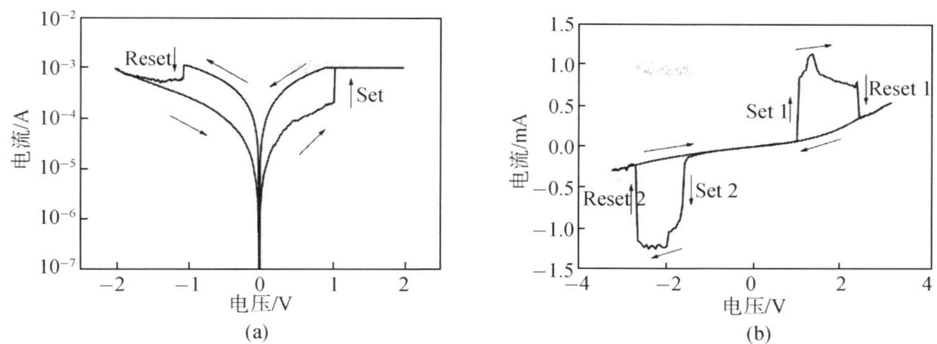

图 6.27　(a)TiN/AlN/Pt 双极性阻变存储器和(b)Pt/AlN/TiN/AlN/Pt 互补型阻变存储器的典型 *I-V* 曲线

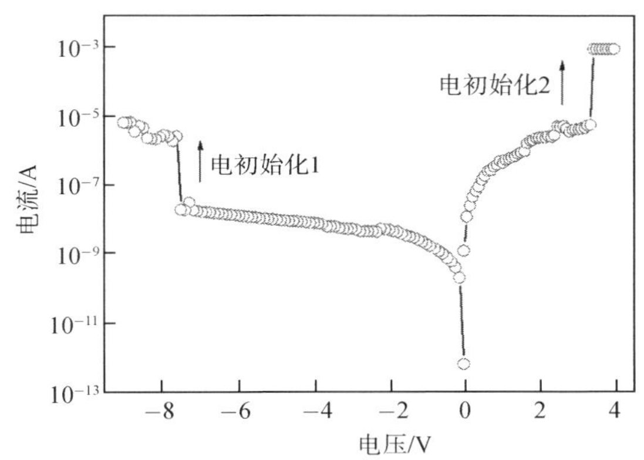

图 6.28　Pt/AlN/TiN/AlN/Pt 互补型阻变存储器的电初始化过程的 *I-V* 曲线

由于 TiN/AlN/Pt 双极性阻变存储单元的高低电阻之比非常小(约 10 倍)，Pt/AlN/TiN/AlN/Pt 器件的“ON”态与高电阻的存储态“0”和“1”之间的比值也仅仅只有几倍大小，由图 6.27 所示。但是 Pt/AlN/TiN/AlN/Pt 器件的读取电压窗口 V_{window} 的值却超过 1V，器件能够稳定的转变到“ON”态。Pt/AlN/TiN/AlN/Pt 器件的互补型电阻转变机理主要是基于 AlN 薄膜的本征缺陷在电场作用下形成导电通道的机理。在电初始化的过程中会在 AlN 薄膜的内部产生大量 V_N^{n+} 、Al_i^{3+} 和 C_{Al}^{+} 等结构缺陷[29, 30]，这些缺陷形成的导电细丝和 TiN/AlN/Cu/AlN/TiN 器件中的 Cu 导电细丝的作用相同，都是电流的通道。因此 Pt/AlN/TiN/AlN/Pt 器件的电阻转变行为和图 6.26 中所描述的非常类似，只需要把图 6.26 中的 Cu 导电细丝改成 V_N^{n+} 、Al_i^{3+} 和 C_{Al}^{+} 等结构缺陷构成的导电细丝。但是 Pt/AlN/TiN/AlN/Pt 互补型阻变存储器的高低阻态之比很小，如此小的电阻比是不能满足大规模交叉阵列结构的读写要求的。另一方面，这种基于 AlN 薄膜结构缺陷的电阻转变需要一个大电压的初始化过程，这种初始化过程也不利于存储器的实际应用。因此，消除电初始化过程和提高器件高低电阻之比是这类器件获得实用化之前需要解决的问题。

4) 实现互补型电阻转变行为的基本要求

TiN/AlN/Cu/AlN/TiN 器件和 Pt/AlN/TiN/AlN/Pt 器件都能显示出稳定的互补型电阻转变曲线，为什么 Pt/AlN/Cu/AlN/Pt 器件的转变曲线却不稳定呢？虽然 Cu/AlN/ Pt 双极性阻变存储器的电阻转变性能稳定，存储窗口大，但是当反接两个 Cu/AlN/Pt 器件之后的 Pt/AlN/Cu/AlN/Pt 器件却不能获得想要的互补型电阻转变效应。通过研究互补型电阻转变过程中两个阻变单元的电压变化特征可以得出实现稳定的互补型电阻转变时其双极性存储单元应该满足的基本条件。

通过图 6.20 和图 6.26 的分析可以知道，无论互补型阻变存储器是处于“0”态还是“1”态，所有的电压降都发生在处于高阻态的那个双极性阻变单元。那么，使互补型阻变存储器转变到“ON”态的转变电压 $V_{th,1}$ 和 $V_{th,3}$ 必然等于处于高阻态的那个双极性阻变单元的 Set 电压 V_{Set}，也即

$$|V_{th,1}| = |V_{th,3}| = |V_{Set}| \tag{6.5}$$

而一旦互补型阻变存储器转变到“ON”态之后，上下两个双极性存储单元将平分施加的电压。所以当互补型阻变存储器再次转变回“0”态或“1”态时，此时的转变电压应该为双极性阻变单元 Reset 电压 V_{Reset} 的两倍，也即

$$|V_{th,2}| = |V_{th,4}| = 2|V_{Reset}| \tag{6.6}$$

要实现稳定的电阻转变，必须要求互补型电阻转变的电压窗口大于 0，即

$$V_{window} = V_{th,2} - V_{th,1} > 0 \tag{6.7}$$

结合公式(6.5)、式(6.6)和式(6.7)，就可以得出实现稳定的互补型电阻转变的基本要求是

$$|V_{Reset}| > |V_{Set}|/2 \tag{6.8}$$

再回过头来考察各双极性阻变存储单元的 V_{Set} 和 V_{Reset} 之间的大小关系。如图 6.25(a)和图 6.27(a)，Cu/AlN/TiN 和 TiN/AlN/Pt 器件的 V_{Set} 和 V_{Reset} 的大小相当，都满足式(6.8)的要求，故由这两种双极性阻变单元构成的 TiN/AlN/Cu/AlN/TiN 和 Pt/AlN/TiN/AlN/Pt 器件都表现出稳定的互补型电阻转变行为。而 Cu/AlN/Pt 器件的 V_{Set} 要远远大于 V_{Reset}，如图 6.24(a)所示，其 V_{Set} 为 2.2V 而 V_{Reset} 为−0.8V，显然不满足式(6.8)的要求。Cu/AlN/Pt 器件在重复电压扫描下的曲线也证明了在绝大多数情况下 V_{Set} 都要大于 V_{Reset} 的两倍，故由其构成的 Pt/AlN/Cu/AlN/Pt 器件因不满足式(6.8)的要求而不能获得稳定的互补型电阻转变效应。

同样是基于 Cu 电极的氧化还原反应引起的电阻转变效应，Cu/AlN/Pt 和 Cu/AlN/TiN 器件在 Reset 过程中的差异使得其 V_{Reset} 的大小不一样。由图 6.23 所示，Cu/AlN/Pt 的低阻态的电阻大小 R_{LRS} 小于或等于 100Ω，而 Cu/AlN/TiN 器件的 R_{LRS} 接近 1000Ω。所以在 Reset 过程中，流经两个器件的电流大小差异很大。当电流较大时，由电流引起的焦耳热效应非常明显。而电场作用下的电化学氧化还原反应和电流引起的焦耳热效应是导致 Cu 导电细丝断开的主要原因。焦耳热效应可以极大的加强电化学氧化还原反应甚至将导电细丝熔断。如图 6.24(a)和图 6.25(a)所示，同样在 1mA 的限制电流下，Cu/AlN/Pt 器件在 Reset 过程中的最大电流值超过 9mA，而 Cu/AlN/TiN 器件在 Reset 过程中的最大电流值不到 1mA。图 6.29(a)给出了两个器件在 Reset 过程中的发热功率($I\times V$)变化。可以看到 Cu/AlN/Pt 器件在 0.48V 时发热功率已经迅速上升到了 3.5mW，而 Cu/AlN/TiN 器件在 0.88V 时发热功率才缓慢上升到 0.8mW。因此，Cu/AlN/Pt 器件在 Reset 过程中短时间内所累计的热量(发热功率的积分值，图 6.29(b))要远远大于 Cu/AlN/TiN 器件所累计的热量。因此，可以认为热效应在 Cu/AlN/Pt 器件的 Reset 过程中起着非常大的作用，其 Reset 过程也往往是很陡峭的转变(图 6.24(a))。而在 Cu/AlN/TiN 器件中虽然热效应也起作用，但是其 Reset 过程主要由电化学氧化还原反应控制。Cu/AlN/Pt 器件 Reset 过程中严重的热效应导致其 V_{Reset} 的值非常小，故 Cu/AlN/Pt 器件的转变电压不满足式(6.8)。因此，由 Cu/AlN/Pt 器件构成的 Pt/AlN/Cu/AlN/Pt 器件中，当其中一个双极性阻变单元转变到低阻态时产生的大电流会马上导致另一个阻变单元中 Cu 导电细丝的断开。两个双极性阻变单元因为不能同时处于低阻态而使得 Pt/AlN/Cu/AlN/Pt 器件不能处于稳定的“ON”态，而只能导致电流的无规则波动。总之，双极性阻变单元的 V_{Set} 小于两倍 V_{Reset} 是获得稳定的互补型阻变存储器的基本要求。

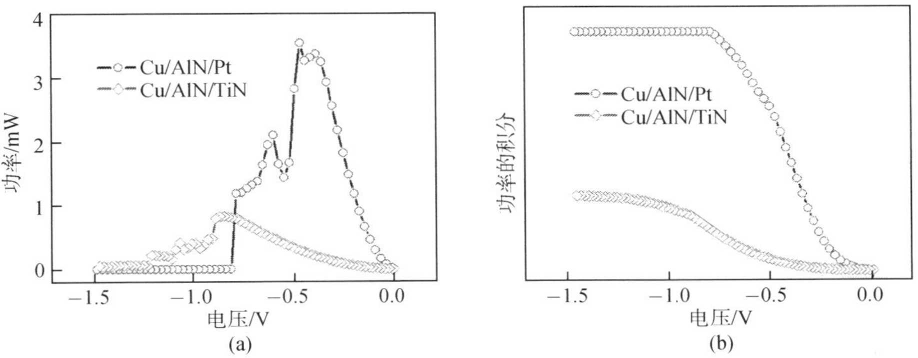

图 6.29 (a)Cu/AlN/Pt 和 Cu/AlN/TiN 器件在 Reset 过程的发热功率；(b) Cu/AlN/Pt 和 Cu/AlN/TiN 器件在 Reset 过程中发热功率的积分值

5) AlN 基互补型阻变存储器的重复性

互补型阻变存储器的这种电阻转变是可重复的，图 6.30 给出了 TiN/AlN/Cu/AlN/TiN 器件和 Pt/AlN/TiN/AlN/Pt 器件的第 1 次扫描和第 10 次扫描时的 *I-V* 曲线。由图所示，虽然转变电压值略有变化，但器件总体上还是保持了互补型电阻转变的基本特征。不管是 TiN/AlN/Cu/AlN/TiN 器件还是 Pt/AlN/TiN/AlN/Pt 器件在经历 10 次扫描之后都能维持稳定的“ON”态，表明这两种器件的互补型电阻转变是可重复性的。但是，两个器件的循环擦写特性并不好，在经历数十次循环之后，器件就失效了。这是由于在不同的金属层上面生长的 AlN 薄膜的晶体质量有差别，使得互补型阻变存储器上下两个双极性阻变单元的 V_{Set} 和 V_{Reset} 存在分散性。随着循环次数的增加，转变电压变得更加离散，如果在某次转变过程中由于转变电压的分散使得恰好不满足式(6.8)，则电流会发生紊乱，使得器件失效。因此，对于互补型阻变存储器来说，改善双极性阻变单元的转变电压的分散性从而提高读取电压窗口 V_{window} 的大小是至关重要的。

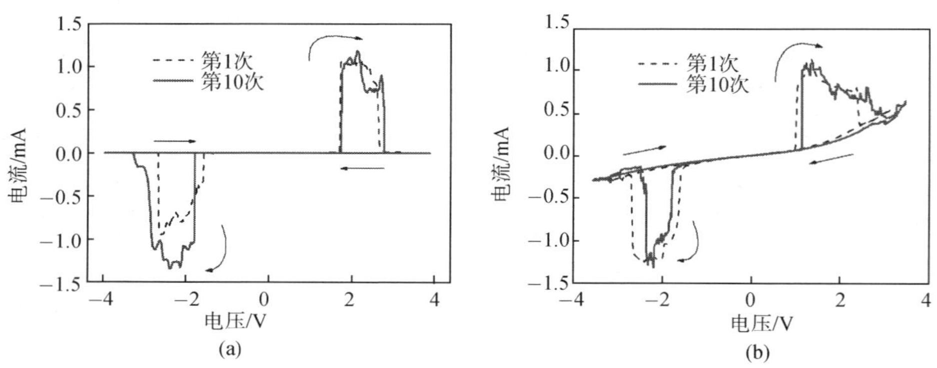

图 6.30　(a)TiN/AlN/Cu/AlN/TiN 器件和(b)Pt/AlN/TiN/AlN/Pt 器件的重复扫描 *I-V* 曲线

6.3.3　互补型阻变存储器的结构简化

互补型阻变存储器的概念被 Waser 提出后，研究人员迅速在其他阻变材料体系获得了类似的互补型电阻转变特性。在最开始的阶段，不同材料体系的互补型阻变存储器均具有相同的五层膜结构，即两个双极性阻变单元串联反接并共用中间电极。但是互补型阻变存储器的五层膜结构过于复杂，制备困难且成本较高。简化互补型阻变存储器的结构，开发结构和工艺过程简单、制备成本低廉的互补型阻变存储器成为了众多研究人员追寻的目标。减少互补型阻变存储器的层数就成为了其中的一条思路，并且被验证是一个可行的方向。通过选择适当的材料和工艺路线，可以把互补型阻变存储器的结构由五层薄膜降低为四层。本小节内容主要展示利用等离子体氧化技术制备的 $Pt/TiO_{2-x}/TiN_xO_y/TiN$ 四层结构的互补型阻变存储器的电阻转变行为。$Pt/TiO_{2-x}/TiN_xO_y/TiN$ 四层结构的典型 *I-V* 曲线如图 6.31 所示，表明了该结构稳定的互补型电阻转变性能。其中的 TiO_{2-x} 纳米介质层是通过室温下等离子体氧化 TiN 薄膜原位生成，简化了器件的制备过程。等离子体氧化技术是一种高效、低成本合成氧化物纳米介质层的方法，且与 CMOS 工艺兼容。接下来就从 $Pt/TiO_{2-x}/TiN_xO_y/TiN$ 器件的等离子体氧化的制备过程开始，详细介绍这一体系的电阻转变特性及其机理。

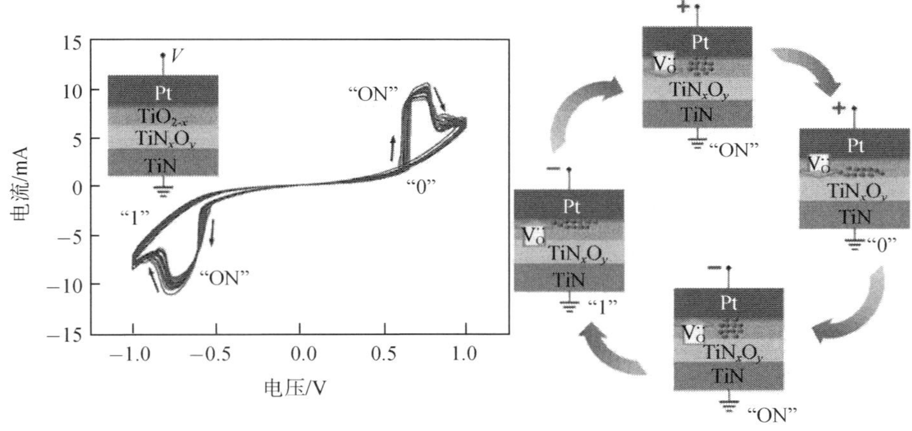

图 6.31　$Pt/TiO_{2-x}/TiN_xO_y/TiN$ 结构的互补型阻变行为及其机制示意图

1. $Pt/TiO_{2-x}/TiN_xO_y/TiN$ 器件的制备和结构分析

$Pt/TiO_{2-x}/TiN_xO_y/TiN$ 器件在绝缘衬底上制备，首先沉积 TiN 薄膜作为器件的底电极，而中间的阻变材料 TiO_{2-x} 纳米介质层和 TiN_xO_y 层通过对 TiN 薄膜的直接等离子体氧化制备，器件的制备都在室温下完成。制备的 $Pt/TiO_{2-x}/TiN_xO_y/TiN$ 器件的结构示意图如图 6.32 所示。具体的制备过程为，利用直流反应溅射的方法在 SiO_2/Si 衬底上沉积 TiN 薄膜，厚度约为 150nm，TiN 薄膜与 SiO_2 基底之间镀一层 5nm 的金属 Ti 过渡层以防止薄膜产生裂纹。将沉积态的 TiN 薄膜置于氧等离子的环境下氧化，等离子体氧化时间为 10min。氧化处理后，在其表面利用金属掩模版沉积厚度为 150nm，直径为 300μm 的 Pt 顶电极，获得 $Pt/TiO_{2-x}/TiN_xO_y/TiN$ 的四层膜结构。

利用透射电镜对于等离子体氧化后的 TiN 薄膜进行观察，结果如图 6.33 所示。从图中可以看到，在颜色较深的 TiN 薄膜上，有约 30nm 的浅色的氧化层，而在该氧化层的顶端还有约 4nm 的深色薄层。表面的深色区域为充分氧化的纳米层(TiO_{2-x})，而其余部分的氧化层为不完全氧化层(TiN_xO_y)。图 6.33(b)进一步显示了氧

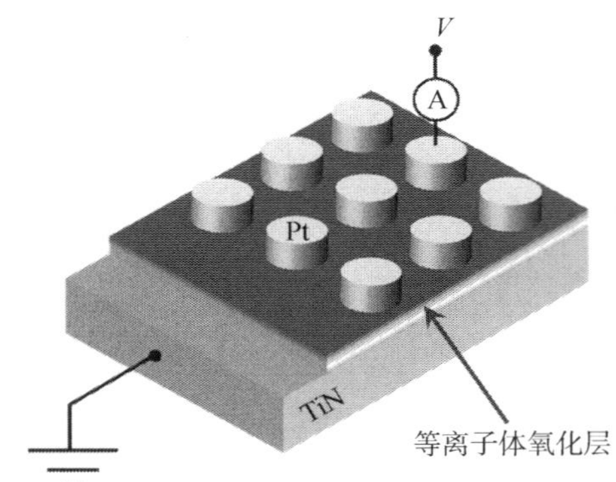

图 6.32　等离子体氧化 TiN 薄膜制备的 $Pt/TiO_{2-x}/TiN_xO_y/TiN$ 器件的结构示意图

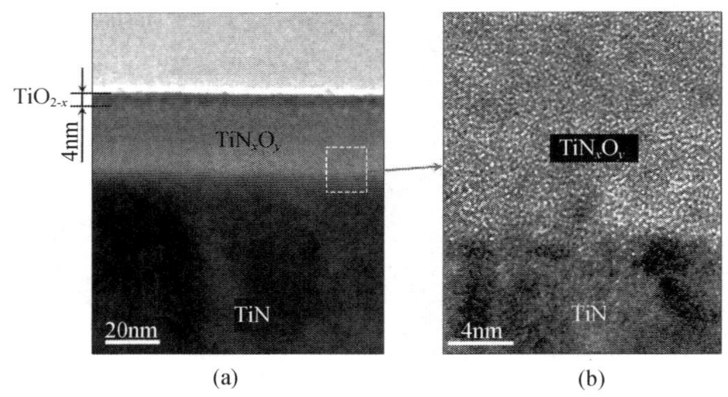

(a)　(b)

图 6.33　TiN 薄膜经等离子体氧化后的截面 TEM 图像

(a)低分辨 TEM 图像；(b)等离子体氧化层和 TiN 层界面的高分辨 TEM 图像

化层和 TiN 底电极的界面区域的高分辨 TEM 图像。从图中可以看到 TiN 层有较好的结晶性，而等离子体氧化层为明显的非晶结构。由于含共价键的单质或化合物，在离子的轰击下原子发生级联碰撞，表面往往形成非晶纳米层[31, 32]。因此该非晶结构的形成，就是源于等离子体氧化过程中氧离子的轰击作用。

图 6.34 显示了 TiN 薄膜表面的等离子体氧化层经过 Ar^+离子束刻蚀 1min 和 2min 后的 Ti 2p XPS 图谱和拟合曲线。其中，样品表面的 XPS 图谱显示 Ti 2$p_{3/2}$和 Ti 2$p_{1/2}$峰位分别在 458.4eV 和 464.1eV。这些峰位与 TiO_2 中 Ti 的峰位(TiO_2 中对应于 Ti^{4+}的 Ti 2$p_{3/2}$和 Ti 2$p_{1/2}$峰位分别在 458.7eV 和 464.4eV)十分接近[33]。而 Ti 2p 峰的偏移是由于等离子氧化后生成了非化学计量比的 TiO_{2-x}。随着 Ar^+离子剖析的深入，可以看到 Ti 2p 峰变宽，并有新的峰位出现。通过拟合发现，刻蚀 1min 后 Ti 2$p_{3/2}$分别在 456.7eV 和 454.7eV 出现了新的峰，分别为 Ti—N—O 键和 Ti—N 键对应的峰位[34, 35]。从图中还可以看出，与 TiO_{2-x} 对应的 Ti 2p 峰随着刻蚀时间的增加而减弱，

并且在刻蚀 2min 后消失，而与 Ti—N 对应的 Ti 2p 峰则随刻蚀时间的增加而增强。

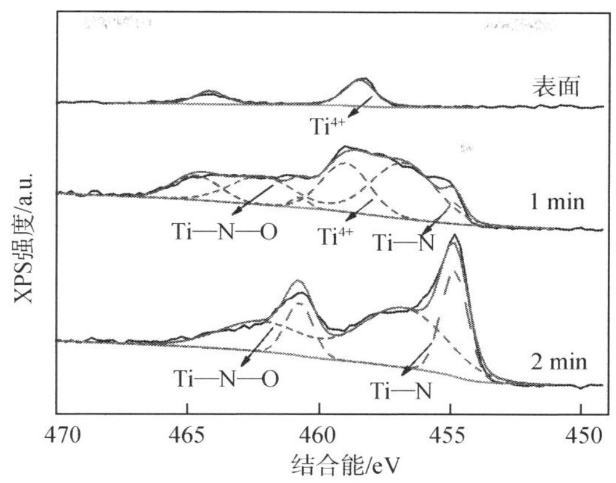

图 6.34　TiN 薄膜经等离子体氧化后的 Ti 2p XPS 图谱和拟合曲线，图中给出了表面以及经过 Ar^+离子束刻蚀 1min 和 2min 后的结果

利用 XPS 深度剖析得到的 N 原子和 O 原子的相对百分含量随刻蚀时间的变化如图 6.35 所示。从图中可以看出，O 的相对含量在刻蚀 1min 后剧烈下降，而在刻蚀 2min 后随着刻蚀时间平缓减小。与此对应的是，N 的相对含量在刻蚀 1min 后剧烈上升，也在刻蚀 2min 后随着刻蚀时间平缓增加。结果表明，TiN 薄膜经过等离子氧化后，表面确实形成了一层 TiO_{2-x} 纳米层，与 TEM 的结果相符。同时，在 TiO_{2-x} 纳米层下形成了 TiN_xO_y 层，该层中含有 Ti—N—O 键和 Ti—N 键，由于 TiN_xO_y 层中 O 含量低($x/y>3$)，该层也具有较好的导电性[36]。因此，在等离子体氧化之后，TiN

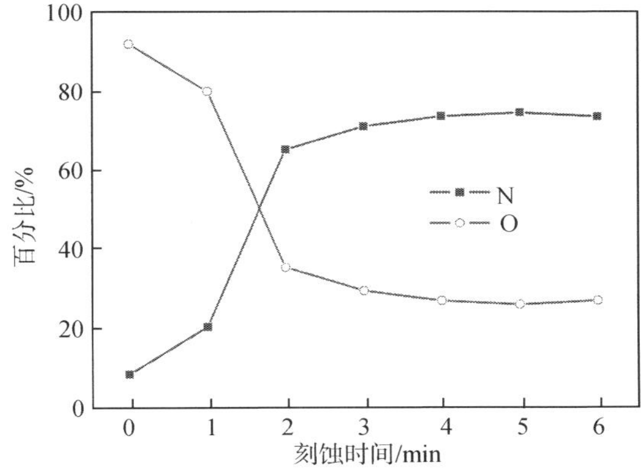

图 6.35　通过 XPS 深度剖析等离子氧化后的 TiN 薄膜得到的 N 和 O 原子的相对百分含量随刻蚀时间的变化曲线

的表面形成的 TiO_{2-x} 纳米层可作为电阻转变的绝缘层(存储介质层)，而 TiN_xO_y 层可作为一个氧的存储和提供层，其具体如何工作，将在后面详细讨论。

2. $Pt/TiO_{2-x}/TiN_xO_y/TiN$ 器件的双极性电阻转变行为

$Pt/TiO_{2-x}/TiN_xO_y/TiN$ 器件可以表现出双极性电阻转变特性。图 6.36 为器件连续 50 次循环的 *I-V* 曲线，表现出了很高的可重复性和稳定性。刚制备的器件的初始电阻约为 $10^6\Omega$。$Pt/TiO_{2-x}/TiN_xO_y/Ti$ 阻变存储器在出现电阻转变功能前，仅需要一个约–2V 的电初始化(electroforming)电压，这是由于 TiO_{2-x} 纳米层在等离子体氧化过程中产生了大量的缺陷(比如氧空位)。电初始化后，器件处于低阻态。当不断地增加正偏压时，电阻值在超过 0.7V 时发生低阻态到高阻态的转变。从图 6.36 的 *I-V* 曲线还可以看到，在 Reset 过程中器件的电阻值在 0.7 ~ 1.5V 之间持续减小，故通过控制 Reset 电压的大小，还可以控制器件高阻态的电阻大小，从而器件还具备多值存储的潜力。当电压从 0V 往负向偏压扫描时发生 Set 过程，其电压范围是–1.2 ~ –0.8V。

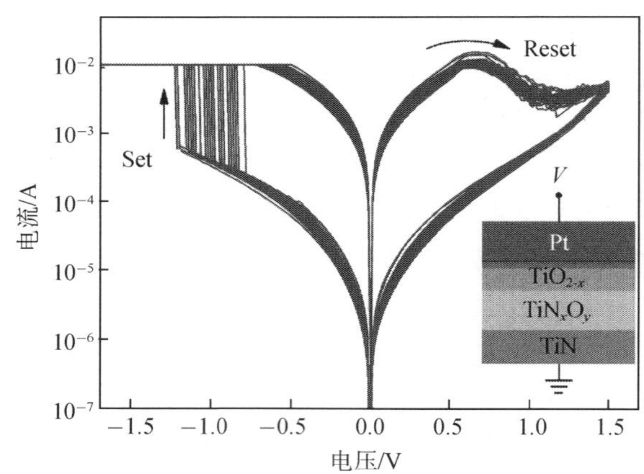

图 6.36　$Pt/TiO_{2-x}/TiN_xO_y/TiN$ 阻变存储器的双极性电阻转变的 *I-V* 曲线，图中给出了连续 50 次循环曲线，表现出了很高的可重复性

右下插图为器件的结构示意图

图 6.37 所示为 $Pt/TiO_{2-x}/TiN_xO_y/TiN$ 阻变存储器的循环特性。测试参数为：Set 电压–1.7V，限流 10mA；Reset 电压 1.5V，无限流；高、低阻态的读取电压都为 100mV。从图中可以看出器件经过 2.5×10^3 次循环而不失效，且器件无明显退化现象，表现出了优异的循环耐受性。在循环过程中，器件的高、低阻态表现出了较高的稳定性，存储器的开关比(高阻态值/低阻态值)超过 20 倍。

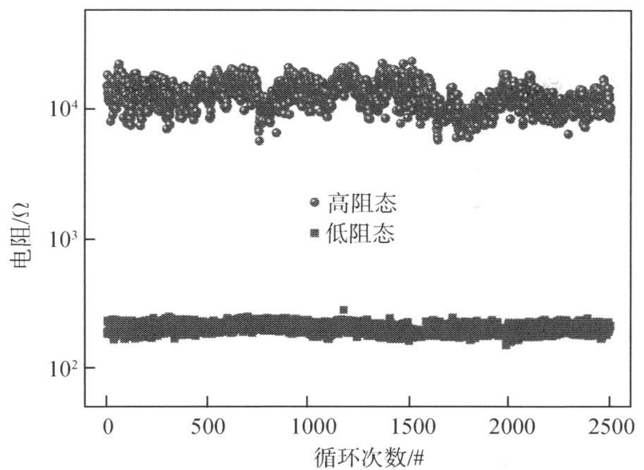

图 6.37　$Pt/TiO_{2-x}/TiN_xO_y/TiN$ 阻变存储器的循环特性

图 6.38 显示了 $Pt/TiO_{2-x}/TiN_xO_y/TiN$ 阻变存储器高低阻态的保持特性，测试过程中的温度为室温，电阻值的读取电压为 100mV。测试结果显示，器件高低阻态在室温的保持时间都超过了 10^6s(约 11 天)，且没有表现出明显的退化现象，证实了器件良好的非易失性。若从数据随时间变化的趋势上判断，器件完全可以保持数年或更长的时间。

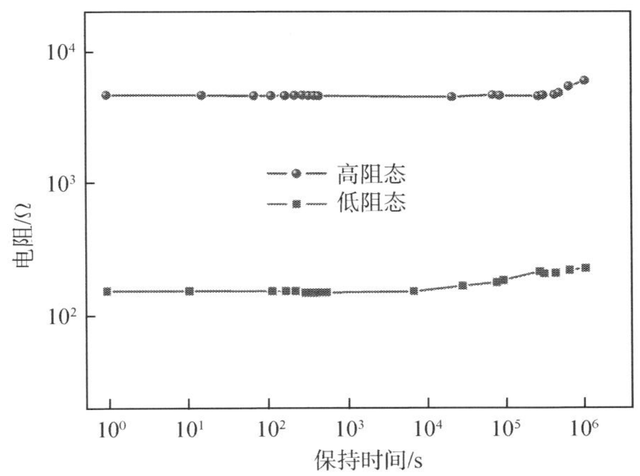

图 6.38　$Pt/TiO_{2-x}/TiN_xO_y/TiN$ 阻变存储器的保持特性

3. $Pt/TiO_{2-x}/TiN_xO_y/TiN$ 器件的互补型电阻转变行为

前面描述了 $Pt/TiO_{2-x}/TiN_xO_y/TiN$ 阻变存储器在双极性阻变模式下的工作特性，器件表现出了很好的循环和保持特性。更为有趣的是，通过合适的编程后 $Pt/TiO_{2-x}/TiN_xO_y/TiN$ 阻变存储器还可表现出互补型阻变行为。编程过程如图 6.39

所示，初始态的器件首先经过一个负向偏压下(约–2V)的电初始化过程(图 6.39 中的①过程)，在此过程中应尽量减小限流值，但要同时确保器件通过电初始化过程后能顺利变成低阻态；电初始化过程结束后，再经过一个软 Reset 过程(图 6.39 中的②过程)，该软 Reset 电压为 1V，相对于双极性电阻转变中的 1.5V 的硬 Reset 过程而言。软 Reset 过程结束后，器件变到另一个高阻态(标记为高阻态 0)，由此完成了互补型阻变模式的编程。

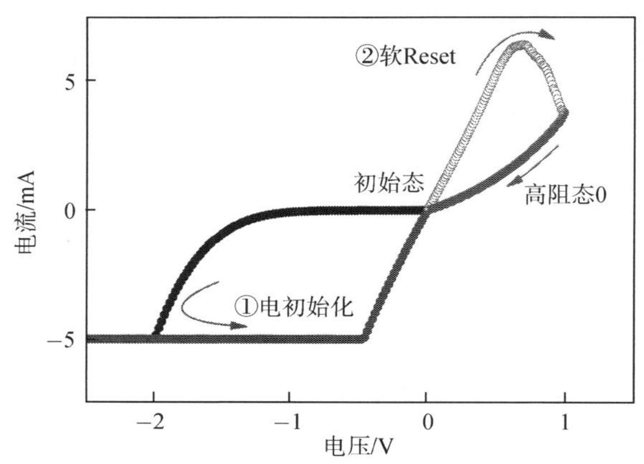

图 6.39　$Pt/TiO_{2-x}/TiN_xO_y/TiN$ 阻变存储器互补型阻变的编程过程，器件经①电初始化过程和②软 Reset 过程(1V)后完成编程

在编程过程完成之后，设置电压的扫描次序为 0V→–1V→0V→1V→0V，$Pt/TiO_{2-x}/TiN_xO_y/TiN$ 阻变存储器便可呈现出如图 6.40 所示的互补型阻变特征的 *I-V* 曲线。图中给出了连续 20 次循环的曲线，表现出了较高的可重复性。图中所示的 *I-V* 曲线包含了四个转变过程，分别标记为(1) ~ (4)，其特征如下所述：

(1) 当施加电压朝负向偏压增加时，一个突然的电流跳跃在阈值电压约–0.6V 处发生(标记为 V_{th1})，器件由高阻态 0 此转变为低阻态(标记为"ON"态)；

(2) 当继续增加负向偏压，一个突然的电流下降在另一个阈值电压约–0.8V 处发生(标记为 V_{th2})，器件从"ON"态变为另一个高阻态(标记为高阻态 1)；

(3) 当施加电压往正向偏压增加并达到一个阈值电压约 0.6V(标记为 V_{th3})时，器件由高阻态 1 变成低阻态("ON"态)，该状态一直保持到另一个大的正向阈值电压(约 0.8V，标记为 V_{th4})；

(4) 当施加电压满足 $V>V_{th4}$ 时，器件由"ON"态又重新变回高阻态 0。

在这四个转变过程中，高阻态 0 在电压范围(V_{th1}，1V)电压区间保持稳定，而高阻态 1 在(–1V，V_{th3})电压区间保持稳定。因此，高阻态 0 和高阻态 1 可分别被视

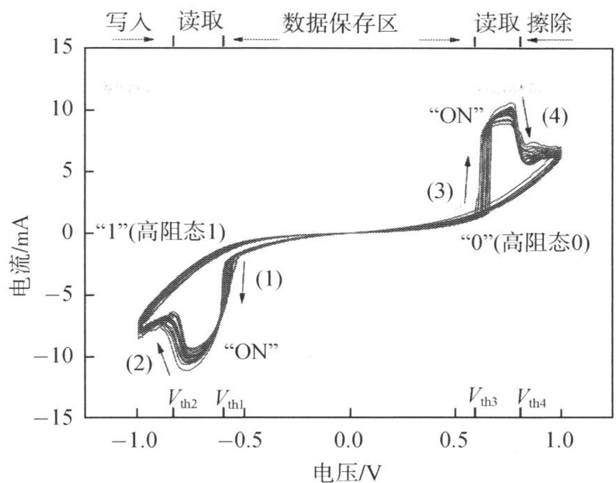

图 6.40　$Pt/TiO_{2-x}/TiN_xO_y/TiN$ 阻变存储器互补型阻变的 *I-V* 曲线

该曲线包含了连续 20 次循环，器件在(−1V，1V)范围内表现出互补型阻变特征，四转变过程以(1)～(4)标记

为器件的"0"和"1"态，而且可以通过施压读取电压来识别。比如，当读取电压满足 $V_{th3}<V<V_{th4}$ 时，"0"态保持在高阻态，而"1"态变为低阻态("ON"态)。器件的擦除操作(→"0"态)可通过施加一个满足 $V>V_{th4}$ 的正向电压来完成；而写入操作(→"1"态)可通过施加一个满足 $V<V_{th2}$ 的负向电压来实现；"0"和"1"态在电压范围 V_{th1} 到 V_{th3} 内保持稳定，该范围可视为器件的数据存储区。为了更清楚的理解以上操作，有关读取、擦除、写入和数据保存区分别在图 6.40 中以相应文字标注。从图中还可以看出，*I-V* 曲线在正负电压两边表现出很好的对称性，这归因于 TiO_{2-x}/TiN_xO_y 界面的类欧姆接触[37]，同时在 Pt/TiO_{2-x} 界面也形成了类欧姆接触，因此器件高阻态的电阻在数千欧姆范围。这与 TiO_{2-x} 层中含有大量的氧空位大大降低了 Pt/TiO_{2-x} 界面的肖特基势垒有关[38, 39]。$Pt/TiO_{2-x}/TiN_xO_y/TiN$ 四层结构的这种电阻转变行为类似于传统的互补型阻变存储器。因为"0"和"1"态在低的偏压范围内($V_{th1}<V<V_{th3}$)都保持为高阻态，器件可以有效地抑制交叉阵列结构中的串扰电流从而防止误操作，同时还会降低交叉阵列中的整体功耗以及防止功耗波动等问题。$Pt/TiO_{2-x}/TiN_xO_y/TiN$ 阻变存储器在单个器件中实现了互补型阻变功能，比起传统结构需要反向串联两个存储元件的互补型阻变存储器来说，有效地简化了器件结构和制备工艺，减小了器件的制备成本。

4. $Pt/TiO_{2-x}/TiN_xO_y/TiN$ 器件互补型电阻转变的机理

对于两端为惰性电极且中间为过渡金属氧化物的阻变存储器来说，其电阻转变机制普遍被认为是源于氧空位(或氧离子)的迁移机制。当在器件上施加电压时，会驱动缺陷(比如氧空位)迁移从而导致缺陷的聚集以形成导电细丝。其中，氧空位可以在器件的电初始化过程中引入，其形成方程式如下所示：

$$O_O \longrightarrow \frac{1}{2}O_2(g) + V_O^{\bullet\bullet} + 2e^- \tag{6.9}$$

其中，O_O代表正常晶格中的氧离子，$V_O^{\bullet\bullet}$为氧空位。形成氧空位带来的电子可由邻近的 Ti 离子捕获，Ti 离子可以通过下式还原：

$$Ti^{4+} + ne^- \longrightarrow Ti^{(4-n)+} \tag{6.10}$$

Ti 离子的还原意味着增加了 TiO_{2-x} 中的自由电子数量。因此，TiO_{2-x} 的导电性随着 x 的增加而增加[40]。当 x 变得足够大时，甚至可以诱导 TiO_{2-x} 中形成缺氧的 Magnéli 相[41]。由此可见，在氧化钛介质层中形成局域的氧缺失的 TiO_{2-x} 可形成导电通道，通过氧空位(或氧离子)的迁移便可以改变导电通道中 x 的大小，从而改变介质层的电阻值。

图 6.41 显示了 $Pt/TiO_{2-x}/TiN_xO_y/TiN$ 器件电初始化后和“ON”态两个低阻态的温度特性，从图中可以看出，电初始化后和“ON”态两个电阻值都随温度的降低而升高，呈现出明显的半导体特征。此结果表明，低阻态形成的不是金属导电细丝，而是基于氧空位的导电细丝。测量结果同时还排除了由 Magnéli 相(如 Ti_4O_7)构成的导电细丝的可能性，因为并没有观察到由于 Magnéli 相的低温相变所带来的电阻跳跃(原因是 Magnéli 相由高温到低温时在 150K 附近会发生金属—绝缘体转变)[41]。

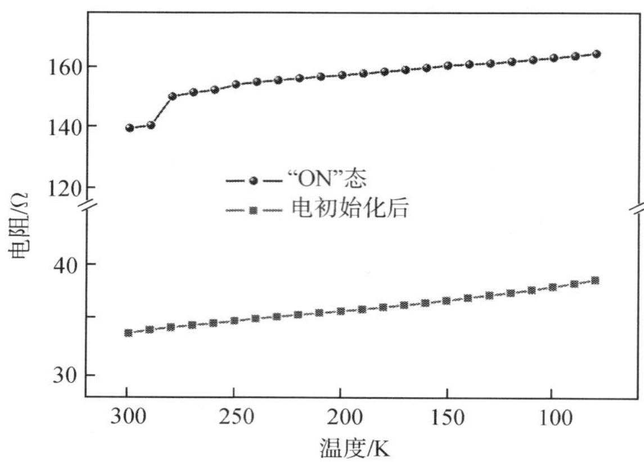

图 6.41　$Pt/TiO_{2-x}/TiN_xO_y/TiN$ 阻变存储器的低阻态的温度特性

高阻态的电阻温度特性如图 6.42 所示，$Pt/TiO_{2-x}/TiN_xO_y/TiN$ 阻变存储器的高阻态的电阻也随温度的降低而升高，呈现典型的半导体特征。半导体的电阻 R 随温度

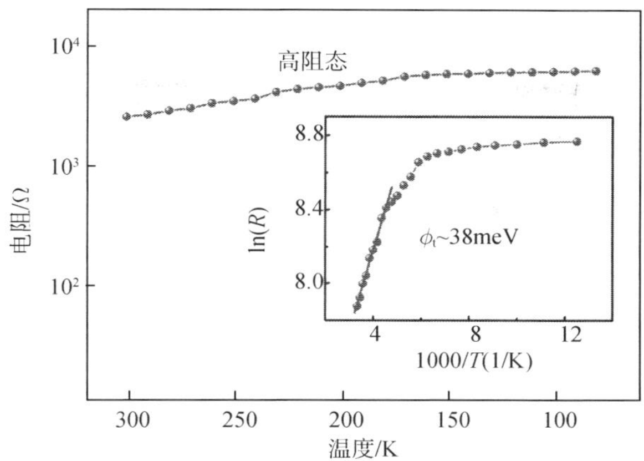

图 6.42　$Pt/TiO_{2-x}/TiN_xO_y/TiN$ 阻变存储器的高阻态的温度特性

右下插图为相应的 Arrhenius 拟合

变化的关系满足[42]

$$R = R_0 \exp\left(\frac{\phi_t}{\kappa T}\right) \tag{6.11}$$

其中，R_0 为绝对零度值时的电阻，ϕ_t 为半导体的热激活能，κ 为波尔兹曼常数，T 为绝对温度。通过对数据进行 Arrhenius 变换，得出在室温附近的激活能 ϕ_t 约为 38meV，如图 6.42 的右下插图所示。

基于前面的分析，$Pt/TiO_{2-x}/TiN_xO_y/TiN$ 阻变存储器的电阻转变过程可以通过氧空位在电场作用下的迁移来解释，同时考虑 Pt/TiO_{2-x} 上界面和 TiO_{2-x}/TiN_xO_y 下界面的贡献。图 6.43 中显示了器件的电阻转变模型，为描述方便将高、低阻态分别以 HRS 和 LRS 符号表示。由于 TiO_{2-x} 纳米层的厚度仅约为 4nm，一个氧化物界面层的厚度约为 2nm，且该纳米层的电阻也分视为上、下两个电阻的串联，即分成：Pt/TiO_{2-x} 上界面(标记为电阻 R_{top})和 TiO_{2-x}/TiN_xO_y 下界面(标记为电阻 R_{bot})，TiO_{2-x} 纳米层电阻为 R_{top} 与 R_{bot} 之和。在此模型中，TiN_xO_y 层充当了调节 TiO_{2-x}/TiN_xO_y 下界面氧空位浓度的重要角色。图 6.43(a)显示了器件的初始态，Pt/TiO_{2-x} 上界面和 TiO_{2-x}/TiN_xO_y 下界面都处于高阻态(R_{top}/R_{bot} 为 HRS/HRS)。通过负向偏压的电初始化后，TiO_{2-x} 纳米层中引入了大量的氧空位，氧空位在底电极阳极端通过式 6.9 生成，生成的氧空位在顶电极 Pt 端聚集并往下生长，直至生成连接 Pt 和 TiN_xO_y 并形成富含氧空位的导电细丝，然后器件转变为低阻态(R_{top}/R_{bot} 变成 LRS/LRS，如图 6.43(b)所示)。与此同时，在底电极处经式(6.9)生成的氧气可“存储”在 TiN_xO_y 层中，此时 TiN_xO_y 层充当氧存储库的角色。该“存储”氧的过程可通过化学氧化或/和物理吸附过程实现，此功能也是一种解决阻变存储器中氧气释放问题的潜在方案[43]。当施加一个大的正向电压时(比如采取 1.5V 的硬 Reset 过程)，氧空位在电场的驱动

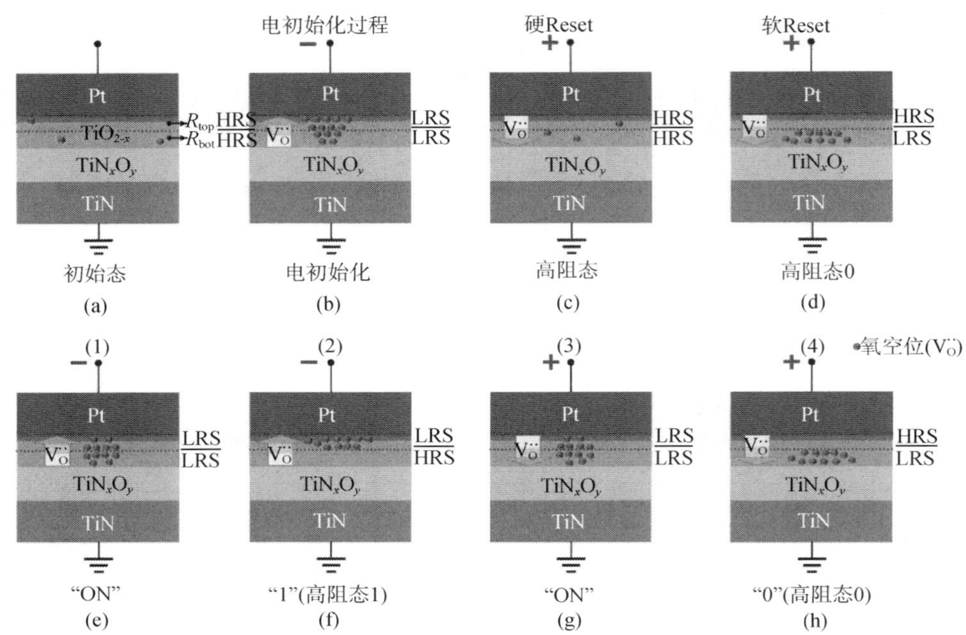

图 6.43　$Pt/TiO_{2-x}/TiN_xO_y/TiN$ 阻变存储器电阻转变模型图，图中示意了氧空位在电场驱动下在存储介质中的迁移，TiO_{2-x} 纳米层分成 Pt/TiO_{2-x} 上界面(R_{top})和 TiO_{2-x}/TiN_xO_y 下界面(R_{bot})，虚线指示两界面分界，HRS 和 LRS 分别表示高、低阻态

(a)器件的初始态；(b)电初始化过程；(c)硬 Reset 过程；(d)软 Reset 过程；(e)～(h)对应图 6.40 中互补型阻变的(1)～(4)过程

下朝底电极方向迁移，从而上界面的氧空位减少，R_{top} 变为 HRS；另外，氧空位在 TiN_xO_y 层通过式(6.9)的反向还原过程湮灭，此时 TiN_xO_y 层充当氧提供者的角色，随着此过程的进行，下界面也缺少氧空位，从而 R_{bot} 也变为 HRS，如图 6.43(c)所示。因此，当 R_{top}/R_{bot} 在电压的来回作用下发生 HRS/HRS 和 LRS/LRS 间的相互转变，从而使 $Pt/TiO_{2-x}/TiN_xO_y/TiN$ 阻变存储器呈现了如图 6.36 的双极阻变特性。

$Pt/TiO_{2-x}/TiN_xO_y/TiN$ 阻变存储器的互补型阻变机制的过程如下，如图 6.43(d)所示。当对电初始化后的器件施加一个合适的正向电压时(比如 1V 的软 Reset 过程)，大量的氧空位从 Pt/TiO_{2-x} 上界面迁移到 TiO_{2-x}/TiN_xO_y 下界面，此时 R_{top} 变成 HRS；同时，由于下界面还有足够的氧空位，所以 R_{bot} 还保持为 LRS。此时 TiN_xO_y 层可部分地充当了氧离子扩散阻挡层[37]，这样氧空位便可以保持在下界面。一旦 R_{top}/R_{bot} 变为 HRS/LRS 的形式(即高阻态 0)，$Pt/TiO_{2-x}/TiN_xO_y/TiN$ 阻变存储器便可以在互补型阻变模式中运行。图 6.40 中所描述的四个转变过程可以按如下解释。

(1) 当在 Pt 顶电极不断增加负偏压时，氧空位在电场驱动下开始向 Pt/TiO_{2-x}

上界面迁移，当负偏压满足$|V|>|V_{th1}|$时，R_{top}变为 LRS，同时 R_{bot}仍保持为 LRS，然后器件变成低阻态($R_{top}+R_{bot}$=LRS+LRS≈LRS，即“ON”态)，如图 6.43(e)所示。

(2) 继续增加负偏压，TiO_{2-x}/TiN_xO_y 下界面开始缺少氧空位，氧空位在上界面富集并保存，当负偏压满足$|V|>|V_{th2}|$时，R_{top}保持为 LRS，而 R_{bot}变为 HRS，则器件变成高阻态 1($R_{top}+R_{bot}$=LRS+HRS≈HRS，即“1”态)，如图 6.43(f)所示。

(3) 当在 Pt 顶电极不断增加正偏压时，氧空位在电场驱动下向 TiO_{2-x}/TiN_xO_y 下界面迁移，当正偏压满足 $V>V_{th3}$时，R_{top}仍保持为 LRS，而 R_{bot}变为 LRS，则器件重新变成低阻态($R_{top}+R_{bot}$=LRS+LRS≈LRS，即“ON”态)，如图 6.43(g)所示。

(4) 继续增加正偏压，Pt/TiO_{2-x} 上界面开始缺少氧空位，氧空位在下界面富集并保存，当正偏压满足 $V>V_{th4}$时，R_{top}变为 HRS，而 R_{bot}仍保持为 HRS，则器件变回高阻态 0($R_{top}+R_{bot}$=HRS+LRS≈HRS，即“0”态)，如图 6.43(h)所示。

由此可见，经过(1)~(4)四个转变过程后，器件重新变回高阻态 0，即互补型阻变编程后的状态，这样保证了器件互补型阻变功能的可循环性。也可以看出，虽然“0”和“1”态都处于高阻态，但是其内部上下界面氧空位的分布不一样，导致上下界面的电阻不一样，即前者 R_{top}/R_{bot}为 HRS/LRS 构造，而后者 R_{top}/R_{bot}为 LRS/HRS 构造。在(1)~(4)过程中，氧离子在 TiN_xO_y层中可保持非移动状态，这是因为 TiN_xO_y层(N 含量高)具有较高的导电性导致电场强度比较小，从而氧离子(或氧空位)的移动受阻。因此，TiO_{2-x}纳米层的氧空位数量在(1)~(4)过程中几乎保持不变，仅是在内部局域的重新分配，而形成了一个可自循环的系统，保证了其互补型阻变功能的可重复性和稳定性。

5. $Pt/TiO_{2-x}/TiN_xO_y/TiN$ 器件互补型电阻转变的可恢复性

从前面讨论的 $Pt/TiO_{2-x}/TiN_xO_y/TiN$ 阻变存储器的互补型阻变的机制模型来看，可以推断出器件互补型阻变功能的稳定性与 TiO_{2-x}纳米层中的氧空位数有关。因此，一旦 TiO_{2-x}纳米层中的氧空位数失去平衡，可能会发生以下两种情况：情形 1，当 TiO_{2-x}纳米层中的氧空位缺乏，则仅可以观察到如图 6.36 所示的传统双极阻变现象，这种情形发生在当施加一个硬 Reset 过程后，此时 Pt/TiO_{2-x}上界面和 TiO_{2-x}/TiN_xO_y下界面都处于高阻态，如图 6.43(c)所示。情形 2，当 TiO_{2-x}纳米层中的氧空位过多时，“0”或“1”态可转变到中间阻态，该中间阻态的电阻大于“ON”态的电阻，但小于“0”或“1”态的电阻。图 6.44 即显示了情形 2 的一种可能，即“1”态转变到中间阻态。发生这种情形的原因是，氧空位可能在 TiO_{2-x}/TiN_xO_y下界面通过式(6.9)生成[44]，引入多余氧空位打破了原来的平衡。因此，通过增加负偏压可导致“1”态的电阻进一步增大，因为将会有更多的氧空位生成。

施加更大范围偏压(–1.2V，1.2V)的结果如图 6.44 所示。从该图可以看出，“1”态的电阻经–1.2V 电场激励后减小(I 值变大)，与预想的结果完全吻合；同时，“0”态的电阻经 1.2V 电场激励后增加了(电流值变小)，原因是更多的氧空位在下界面被还原。在极端情形下，即经过误操作引入了太多的氧空位，导致器件处于较低的电阻态而使互补型阻变功能失效时，Pt/TiO_{2-x}/TiN_xO_y/TiN 阻变存储器还可以通过编程再恢复原有功能。

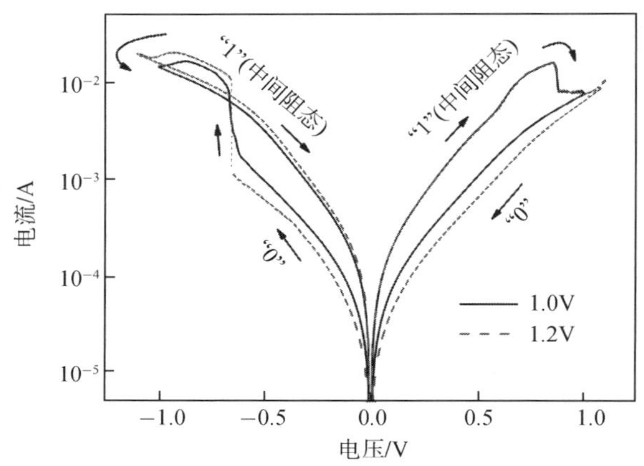

图 6.44　Pt/TiO_{2-x}/TiN_xO_y/TiN 阻变存储器处于中间阻态时的 I-V 曲线

图 6.45 给出了 Pt/TiO_{2-x}/TiN_xO_y/TiN 阻变存储器互补型阻变失效后的恢复程序，该失效的器件处于较低的低阻态，通过 1V 的软 Reset 过程未能变回高阻态，或认为此时形成的氧空位导线细丝较粗而需要更高的 Reset 电压，此时便可启用恢复程序。恢复程序的具体过程为：①首先，使器件经过一个大的正偏压(比如 2V)硬 Reset 过程，使得器件重新回到高阻态，经此过程后器件的电阻值与刚制备的初始器件的电阻值相当，这样 TiO_{2-x} 纳米层上/下界面的电阻 R_{top}/R_{bot} 变成了 HRS/HRS 的形式(如图 6.43(a))；②其次，使器件经过一个重新的电初始化过程(与初始器件经过的电初始化过程一样)，在此过程中要注意将负向限流尽可能地设小，以限制氧空位导电细丝的大小，此时 R_{top}/R_{bot} 变成了 LRS/LRS 的形式(图 6.43(b))；③然后，再使器件经过一个 1V 的软 Reset 过程(图 6.43(c))。最后，经过恢复程序编程的器件可重现互补型阻变功能，如图 6.45 左上插图显示。该恢复程序从另一个侧面验证了图 6.43 所提模型的可靠性。另外，器件互补型阻变的可恢复性程序为延长阻变存储器服役寿命提供了一种有益的启示，或者说提供了一个潜在的可行方案。

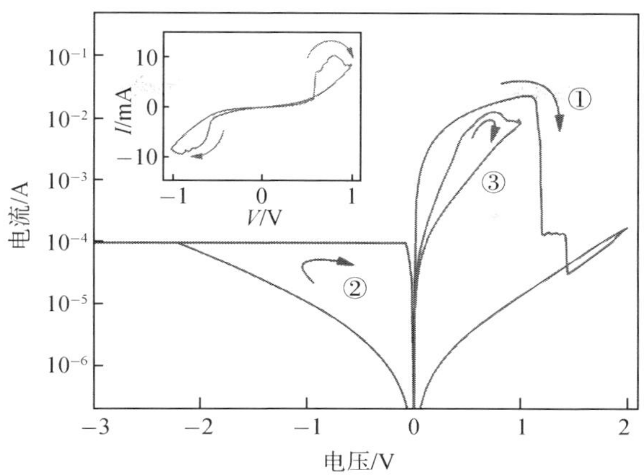

图 6.45　Pt/TiO_{2-x}/TiN_xO_y/TiN 阻变存储器互补型阻变失效后的恢复程序，将失效后处于低阻态的器件经①硬 Reset，②重电初始化和③软 Reset 过程后，重新恢复了如左上插图所示的互补型阻变功能

简而言之，Pt/TiO_{2-x}/TiN_xO_y/TiN 器件中导电通道的断裂要么在 Pt/TiO_{2-x} 上界面，要么在 TiO_{2-x}/TiN_xO_y 下界面，从而导致了“0”和“1”态的两种不同存储状态。另外，Pt/TiO_{2-x}/TiN_xO_y/TiN 器件显示了超过 100 次的互补型阻变循环，表现出了较好的耐受性能，如图 6.46 所示。在 Pt/TiO_{2-x}/TiN_xO_y/TiN 器件中 TiO_{2-x} 介质层的厚度仅 4nm，氧空位的传输仅需较短距离，电阻转变行为应是 Pt/TiO_{2-x} 上界面和 TiO_{2-x}/TiN_xO_y 下界面共同参与的结果。

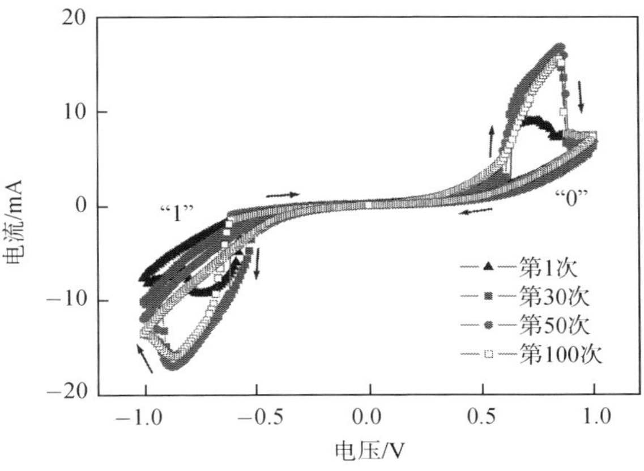

图 6.46　Pt/TiO_{2-x}/TiN_xO_y/TiN 阻变存储器互补型阻变 *I-V* 曲线随循环次数的变化，图中给出了第 1、30、50 和 100 次的曲线

同样的结果在密歇根大学的 Yang 等人报道的 Ta_2O_5/TaO_x 结构中也被观察到[45]。

其四层膜的 $Pd/Ta_2O_5/TaO_x/Pd$ 结构中，双极性阻变在较小的偏压范围内出现，而互补型阻变在较大的偏压范围内出现，与 $Pt/TiO_{2-x}/TiN_xO_y/TiN$ 器件中的现象类似。双极性电阻转变与互补型电阻转变共存是通过氧离子(或氧空位)的迁移调整使得纳米导电通道在两层薄膜之间的分布而引发的。理解基于 TiO_{2-x} 纳米层的 $Pt/TiO_{2-x}/TiN_xO_y/TiN$ 器件中的互补型阻变行为，对于丰富互补型电阻转变理论提供了参考。而进一步推进该结构的实用化则需要关注如何提高 $Pt/TiO_{2-x}/TiN_xO_y/TiN$ 互补型阻变存储器的相关性能，比如降低操作电流、提高循环寿命以及提高开关比等。

6.3.4　三明治结构中的互补型电阻转变

互补型电阻转变的模型最先是在五层薄膜的结构中建立，导电细丝在上下两个双极性阻变单元中的分布状态导致了器件的“0”和“1”存储态。而 $Pt/TiO_{2-x}/TiN_xO_y/TiN$ 和 $Pd/Ta_2O_5/TaO_x/Pd$ 等四层结构的器件中的互补型电阻转变说明了导电细丝在两层介质材料中的上下分布就可以获得与五层膜结构的器件相同的结果。也就是说五层膜结构中共用的电极层对于互补型电阻转变来说不是必须的。既然导电细丝在双层介质材料中的上下分布可以获得互补型电阻转变行为，那么在单层膜中能否通过控制导电细丝的分布形态获得类似的结果呢？答案是肯定的。在普通的 MIM 三明治结构中就可以实现互补型电阻转变效应。

三层膜结构的器件中的互补型电阻转变行为通过理论计算可以得出。如图 6.47(a)和 6.47(b)是通过理论计算的不同导电细丝形貌的演化及其对应的 *I-V* 曲线[46, 47]。图中 *I-V* 曲线的结果其实就是互补型电阻转变对应的曲线。导电细丝断开位置的差异会导致后续电阻转变行为的差异，因此导电细丝在顶电极处和底电极处断开可以分别用来表示互补型电阻转变中的“0”和“1”态，而导电细丝完全连通的状态可以被看做中间态“ON”态。如图所示，假设导电细丝最先是在底电极的位置断开(Ⅰ位置)。随着顶电极上正向电压的增加，带正电荷的金属离子或者氧空位就会向底电极迁移。当离子迁移使得导电细丝连通上下电极时，器件转变到电阻非常低的“ON”态(Ⅱ位置)。而继续增加正向电压使得金属离子或者氧空位继续迁移使得导电细丝在顶电极处断开(Ⅲ位置)，可以认为器件转变到了“0”态。在施加负向电压的时候会具有相反的变化过程。负电压首先使金属离子或氧空位向上迁移填充导电细丝在顶电极处的空隙(Ⅳ位置)，使器件转变到“ON”态。而进一步的负向电压则使得导电细丝又在靠近底电极处断开(Ⅴ位置)，器件重新回到了“1”态。因此，导电细丝的断开位置就可以作为信息存储的两个状态，表明了普通的 MIM 三明治结构中就可以实现互补型电阻转变行为。并且，从实验上也证实了单个三层膜的阻变存储器中可以实现互补型电阻转变，如图 6.47(c)所示。在 $TiN/HfO_x/TiN$ 器件中，通过恰当的编程之后，器件表现出了稳定的互补型电阻转变行为。HfO_x薄膜中氧离子迁移导致氧空位导电细丝分别在上下两个界面位置断开是形成互补型电阻转变的微观机制。三层膜结构中的互补型电阻转变行为提供了一种解决十字交叉阵列中串扰电流的简单结构。但是该结构还处于原型器件的验证阶段，改善电阻转变电压的可控性，增大读取电压的范围，增加高低电阻的窗口值都是这类器件急需解决的问题。

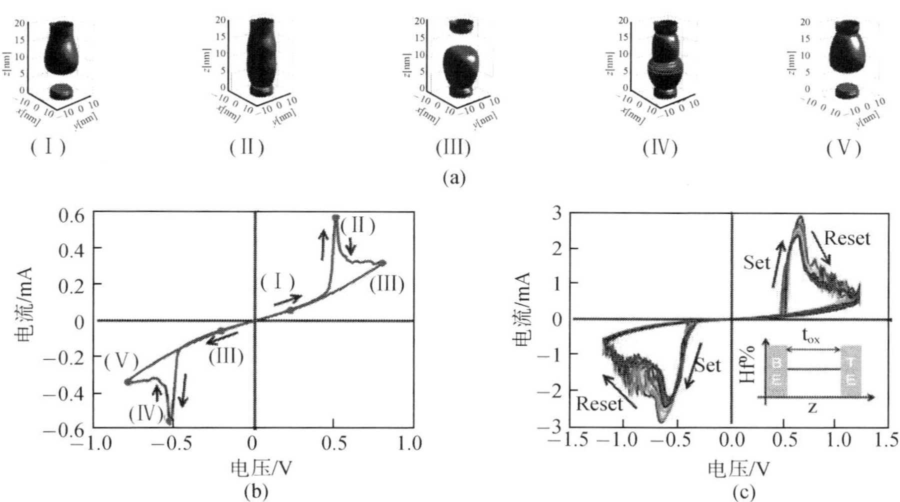

图 6.47　MIM 三明治结构中导电细丝形态的变化导致的互补型电阻转变效应 (a)计算所得的导电细丝的形态；(b)对应的 *I-V* 曲线；(c) $TiN/HfO_x/TiN$ 器件中实测的互补型电阻转变行为[47]

6.4　选通管–电阻器(1S1R)结构

6.4.1　双向选通管器件概述

1S1R 结构是指串联一个阻变存储器和一个双向选通管(S，selector)器件来共同构成一个存储单元。要了解 1S1R 集成结构是如何抑制串扰电流，就先得了解什么是双向选通管器件。双向选通管(简称为选通管)可以看做是一种非线性电阻，其在低电压和高电压下的电阻值差距非常大，常常有几个数量级的差别。不同于二极管单向导通的特点，双向选通管具有对称的电流—电压曲线。当电压低于某一电压阈值时，选通管器件截止；而电压高于这一电压阈值之后，选通管就会导通[48]。图 6.48 给出了一个典型的双向选通管器件($Ni/TiO_2/Ni$)的 *I-V* 曲线。从图可以看出，该器件在较低的电压比如±1V 时电流在 10^{-8}A 量级，当电压稍微增加到±2V 时电流已

经达到 10^{-4}A 量级。表现出双向选通管特性的材料通常包括一些混合离子导电材料[49]，VO_x、NbO_x、TiO_x、TaO_x 等阈值转变材料[50]，金属—绝缘体相变材料[51, 52]，以及基于肖特基发射的多层膜结构[53]。

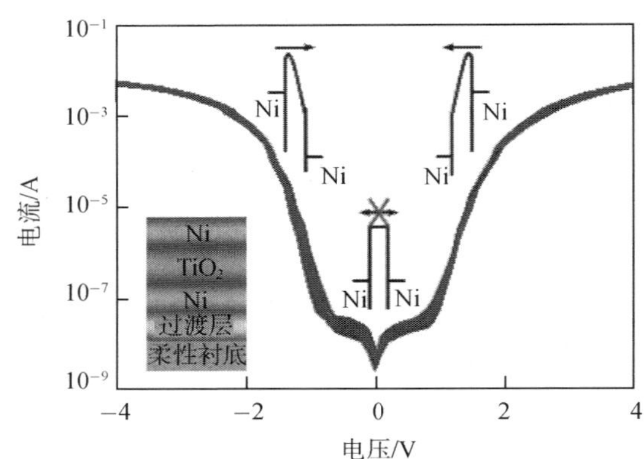

图 6.48　Ni/TiO_2/Ni 双向选通管器件的典型 *I-V* 曲线[53]

双向选通管器件之所以能够作为十字交叉阵列中的串扰电流抑制器件，是因为十字交叉阵列通常采用 $1/2V_{Read}$ 电压的信息读取方法，如图 6.49 所示。所谓 $1/2V_{Read}$ 电压读法是指在要选中的存储单元的位线(BL)上施加 $1/2V_{Read}$ 的电压，在相应的字线(WL)上施加 $-1/2V_{Read}$ 的电压，那么被选中的器件上得到大小为 V_{Read} 的电压，而在未选中的器件上得到 $\pm 1/2V_{Read}$ 或 0 电压。由于双向选通管器件较大的非线性特性，在 $1/2V_{Read}$ 或 $-1/2V_{Read}$ 的读电压时通过未选中器件的电流很小，而被选中的存储单元的选通管器件在 V_{Read} 的电压被开启，所以选通管器件能够避免串扰电流从未选中的器件流过，保证正确读取选中器件的电阻状态。

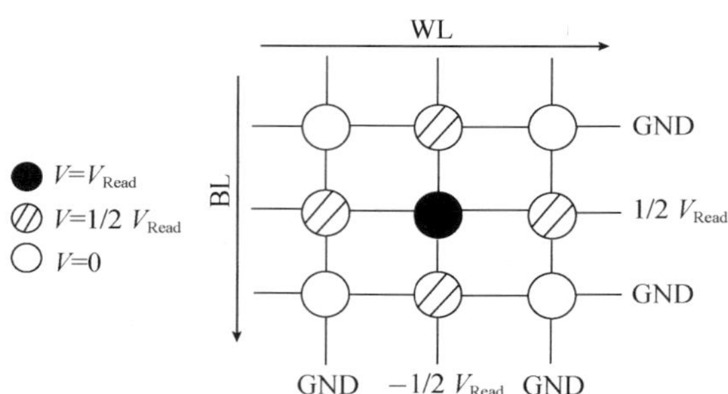

图 6.49　十字交叉阵列中常用的 $1/2V_{Read}$ 电压读法

下面以阈值转变型双向选通管器件为例，说明 1S1R 结构对于串扰电流的抑制作用。图 6.50 给出了单个阻变单元，单个选通管器件，以及 1S1R 器件的典型 *I-V*

曲线。如图所示，在双向选通管器件与阻变器件组成的 1S1R 结构中，在正向扫描时，当扫描电压大于选通管器件的正向开启电压 $V_{th,+}$时，选通管器件打开，但是整个器件(1S1R)要到阻变单元的转变电压 V_{Set} 才会转变到低阻态($V_{th,1} \approx V_{Set}$)。在电压回到正向保持电压之前选通管器件始终保持为开启状态。当施加的电压小于其正向保持电压($V_{h,+}$)时，选通管器件截止，并使整个 1S1R 器件转变到高阻态($V_{th,2} \approx V_{h,+}$)。在电压反向扫描的过程中，当扫描电压的绝对值大于选通管器件的反向开启电压($V_{th,-}$)时，选通管器件开启，整个 1S1R 器件转变为低阻态($V_{th,3} \approx V_{th,-}$)。选通管器件在电压回到负向保持电压($V_{h,-}$)之前保持为开启状态，但是阻变器件的 Reset 过程会使整个器件转变到高阻态($V_{th,4} \approx V_{Reset}$)。当施加的负向电压小于选通管的负向保持电压($V_{h,-}$)时，选通管关闭。值得注意的是，由于阻变单元的串联分压作用，1S1R 集成结构中的选通管器件的开启电压和保持电压一般会略大于单个选通管器件的开启电压和保持电压。由以上描述可知，选通管器件可以在两种极性电压下转换，因此很适合作为双极性阻变单元的选择器件而应用于高密度的十字交叉阵列结构。

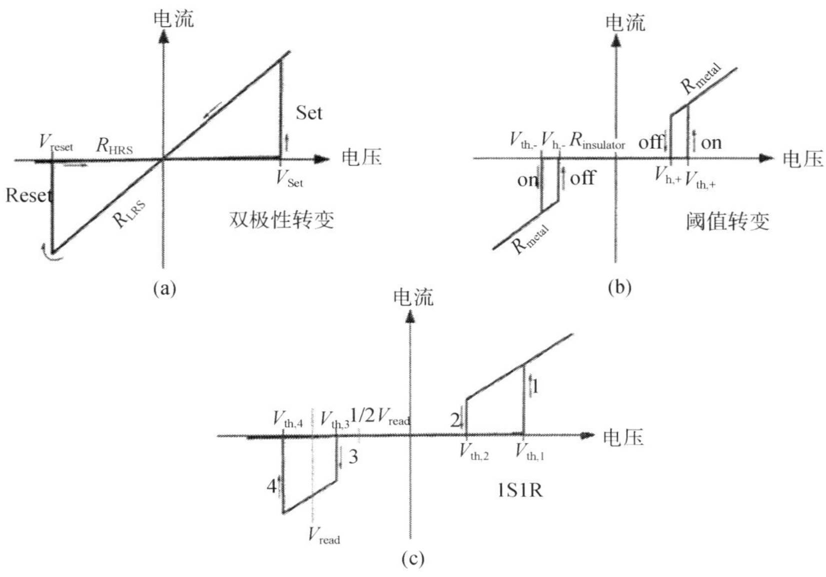

图 6.50　(a)普通双极性电阻转变器件的 *I-V* 特性；(b)阈值转变型双向选通管器件的典型 *I-V* 特性；(c)1S1R 集成结构的 *I-V* 特性[48]

6.4.2　1S1R 集成结构的应用实例

1S1R 结构在抑制串扰电流的同时还能够保持与单个阻变器件相同的器件尺寸，可以实现十字交叉阵列的高密度集成。此外，1S1R 结构采用的是非破坏性的读取方式，与 CRS(互补型阻变存储器)的破坏性读取方式相比读取操作更加简单。因此，1S1R 集成结构也逐渐引起了众多研究者的关注。而 1S1R 结构依赖于高性能的双向选通管器件，故针对高电流密度，高开关比的选通管器件的研究也越来越多，并不断有新型的选通管器件被报道，表 6.5 列出了目前报道的各类选通管器件。由表中可以看到，目前广泛使用的双向选通管器件主要是金属—绝缘体转变型、阈值转变型以及肖特基和隧穿势垒型。其中，基于金属—绝缘体转变和阈值转变两种机制的选通管器件的高低电阻态之间的转变非常陡峭，而基于肖特基势垒、隧穿势垒等其他机制的选通管器件的高低电阻态之间是连续转变的。基于硅材料的 p-n-p 结型器件与半导体工艺兼容性好，但是通常需要较高的加工温度而不利于与阻变器件的集成。相对于表 6.2 所示的室温氧化物二极管来说，选通管器件在电流密度方面更具有优势，并且选通管器件能够用于双极性阻变器件的集成结构，因此 1S1R 集成结构具有广阔的应用前景。接下来以具体实例介绍双向选通管器件及其 1S1R 结构的电阻转变特性。

表 6.5　各种类型的双向选通管器件及其性能[2]

器件结构	器件类型	开关比	电流密度 (A/cm^2)
$Pt/VO_2/Pt$	金属—绝缘体转变	~10^3 @ 0.6 V	/
$Pt/VO_2/Pt$	金属—绝缘体转变	~10^2 @ 0.4 V	~6×10^6 @ 0.4 V
$W/NbO_x/Pt$	金属—绝缘体转变	~2×10^2 @ 1V	/
TiN/AsTeGeSiN/TiN	阈值转变	~10^2 @ 2 V	~10^7 @ 2 V
Pt/SiAsTe/Pt	阈值转变	~10^2 @ 2 V	~10^5 @ 1.2 V
$Pt/TiO_2/TiN$	肖特基势垒	~10^2 @ 2 V	~2×10^4 @ 2 V
$Ni/TiO_2/Ni$	肖特基势垒	~10^4 @ 2 V	~10^5 @ 4 V
$TaN/SiN_x/TaN$	肖特基势垒	~1.4×10^2@ 2V	~10^5 @ 2 V
$Pt/TaO_x/TiO_2/TaO_x/Pt$	隧穿势垒	~10^4 @ 1.4 V	~10^7 @ 2 V
$Pt/Ta_2O_5/TaO_x/TiO_2/Pt$	隧穿势垒	~10^4 @ 1.4 V	~10^7 @ 2 V
多晶硅 n/p/n 结	p-n-p 结	~2×10^2 @ 4V	~10^5 @ 4 V
硅外延 n/p/n 结	p-n-p 结	~2×10^2 @ 4V	~10^6 @ 4 V
含 Cu 离子的混合离子导电材料	离子电子混合导电型	~10^4 @ 0.3 V	/

注：开关比是指 $1/2V_{Read}$ 与 V_{Read} 对应的电流比，表中给出的电压值为 V_{Read}

1. 阈值转变型双向选通管

由 VO_x、NbO_x 等具有金属—绝缘体转变特性的材料和 SiAsTe 等其他原因导致的具有阈值转变特性的材料所构成的选通管器件具有类似的电阻转变曲线，其转变特性如图 6.50(b)所示。表现这种阈值转变特性的材料最适合于作为 1S1R 结构中的双向选通管器件。这类器件也是最常见的选通管器件类型。Liu 等人就曾报道过可应用于十字交叉阵列的 Pt/NbO_x/Pt 选通器件[54]，如图 6.51 所示。Pt/Nb_2O_5/Pt 器件表现出典型的双极性电阻转变特性，而 Pt/NbO_2/Pt 器件则表现出非极性的阈值转变特性。两个器件串联后的 *I-V* 曲线与图 6.50(c)中的曲线类似。电压正向扫描时，当扫描电压大于 1S1R 器件的开启电压 $V_{th,1}$ 时，选通管器件(Pt/NbO_2/Pt)开启，阻变存储器件(Pt/Nb_2O_5/Pt)由高阻态转变为低阻态，整个 1S1R 存储单元也转变到低阻态。当正向回扫电压小于 $V_{th,2}$ 时，选通管器件关闭，尽管此时存储器件处于低阻态，但是由于选通管器件关闭导致整个 1S1R 器件处于高阻状态。反向扫描时，当反向扫描电压大于 1S1R 器件的反向开启电压 $V_{th,3}$ 时，选通管器件打开。由于此时阻变存储器器件仍处于低阻态，因此电流很大。当负向扫描电压进一步增大到 $V_{th,4}$ 时，阻变器件发生 Reset，从低阻态转变为高阻态。当回扫电压小于反向保持电压 $V_{th,3}$ 时，选通管器件关闭，1S1R 器件处于高阻状态。因此，在负方向用大于 1S1R 器件的开启电压 $V_{th,3}$ 而低于 1S1R 器件 Reset 电压($V_{th,4}$)的读电压 V_{Read} 可以在不破坏存储器件的存储状态的情况下获得器件的存储信息。而此时加在交叉阵列中未选中的 1S1R 器

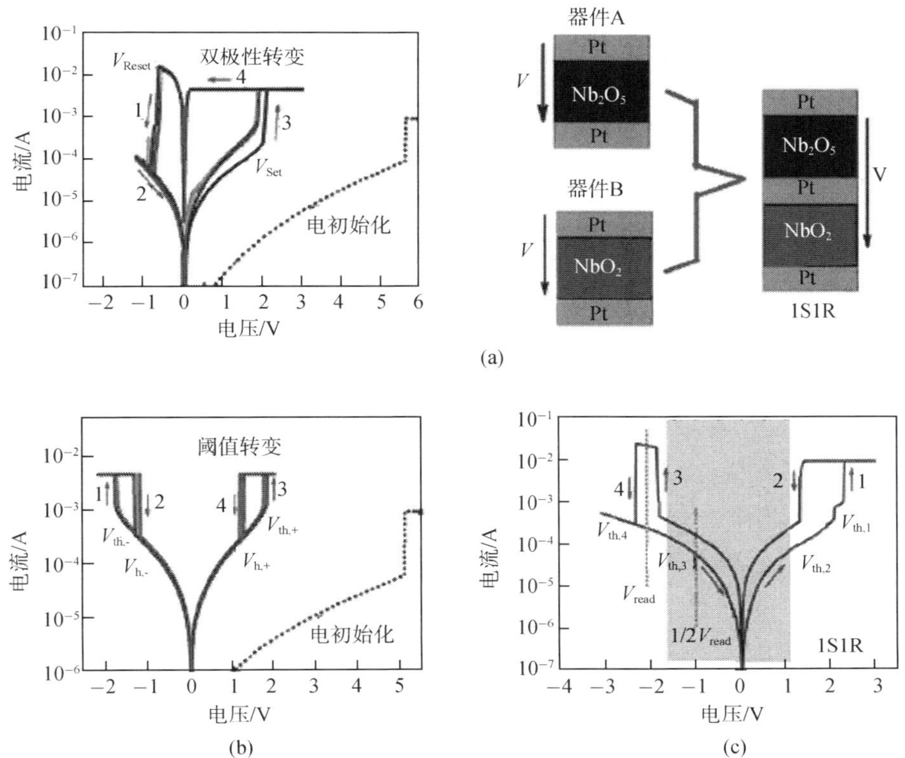

图 6.51　(a)单个 Pt/Nb_2O_5/Pt 阻变存储器件；(b)单个 Pt/NbO_2/Pt 双向选通器件，以及(c)二者串联后的 1S1R 器件的 *I-V* 特性[54]

件上的电压为±1/2V_{Read}，小于 1S1R 器件的开启电压，故流过未选中的 1S1R 器件的电流很小，因此该 1S1R 器件能够有效地避免交叉阵列中的串扰电流现象。

2. 连续型转变的双向选通管器件

除了金属—绝缘体转变这种比较陡峭的阈值转变以外，一些具有连续转变特点的体系也可以作为 1S1R 结构中的选通管器件。例如，肖特基势垒、隧穿势垒、p-n-p 结、离子电子混合导体等导致的电阻转变通常不如阈值转变那么陡峭。图 6.52 给出了基于隧穿势垒的选通管器件及其构成的 1S1R 器件的典型 *I-V* 曲线。基于隧穿势垒的 $Pt/Ta_2O_5/TaO_x/TiO_2/Pt$ 选通管器件的 *I-V* 曲线表现出明显的非线性电阻的特性[50]，与图 6.48 中基于肖特基势垒的 $Ni/TiO_2/Ni$ 器件的 *I-V* 曲线非常类似。如图所示，$Pt/Ta_2O_5/TaO_x/TiO_2/Pt$ 器件在 0.7V 下的电流为 100nA，而在 1.4V 下的电流达到 1mA，两者相差 10^4 倍，在 1/2V_{Read} 电压读法下对串扰电流有非常好的抑制作用。该选通管器件与 $Cu/TiO_2/Pt$ 阻变器件串联形成的 1S1R 结构在低电压下也表现出了很好的截止特性。器件 0.7V 下的电流值从单个阻变器件的 300μA 降低到了 1S1R 器件的 50nA。电流的大大降低，能够极大的抑制串扰电流流过低阻态单元，从而能增大十

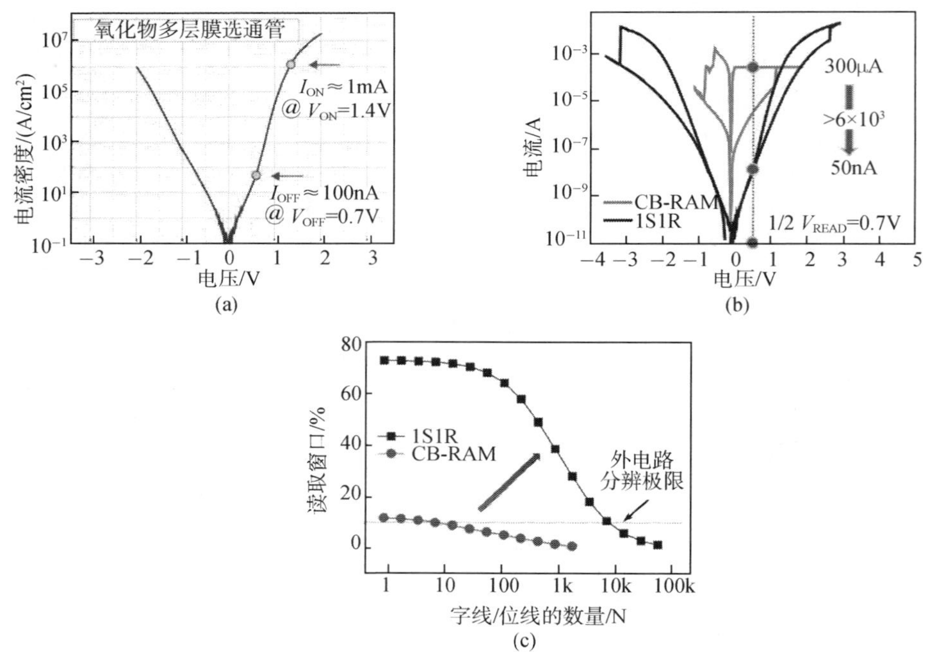

图 6.52　隧穿势垒型的选通管器件

(a) $Pt/Ta_2O_5/TaO_x/TiO_2/Pt$ 选通管器件的典型 *I-V* 曲线[50];(b) $Cu/TiO_2/Pt$ 阻变器件串联选通管器件的 1S1R 结构的典型 *I-V* 曲线[55];(c)普通 1R 器件与 1S1R 器件的读取窗口比较

字交叉阵列的规模。如图 6.52(c)所示，从理论计算的结果表明，在同样的检测条件下，使用 1S1R 交叉阵列结构比单纯的 1R 交叉阵列结构以增加约 10^4 的字线或位线数目。因此，1S1R 结构是一种有潜力的高密度阻变存储器集成结构。

参 考 文 献

[1] Linn E, Rosezin R, Kugeler C, et al. Complementary resistive switches for passive nanocrossbar memories. Nature Materials, 2010, 9(5): 403-406.

[2] Pan F, Gao S, Chen C, et al. Recent progress of resistive random access memories: materials, switching mechanisms, and performance. Materials Science & Engineering R-Reports, 2014, 83: 1-59.

[3] Cho B, Kim T W, Song S, et al. Rewritable switching of one diode-one resistor nonvolatile organic memory devices. Advanced Materials, 2010, 22(11): 1228-1232.

[4] Ji Y, Zeigler D F, Lee D S, et al. Flexible and twistable non-volatile memory cell array with all-organic one diode–one resistor architecture. Nature Communications, 2013, 4: 2707.

[5] Jo S H, Lu W. CMOS compatible nanoscale nonvolatile resistance switching memory. Nano Letters, 2008, 8(2): 392-397.

[6] 唐光盛. 离子轰击诱导表面纳米结构及其在阻变存储器中的应用[博士学位论文]. 北京: 清华大学, 2013.

[7] Waser R, Dittmann R, Staikov G, et al. Redox-based resistive switching memories - nanoionic mechanisms, prospects, and challenges. Advanced Materials, 2009, 21(25-26): 2632-2663.

[8] Yang Y C, Gao P, Gaba S, et al. Observation of conducting filament growth in nanoscale resistive memories. Nature Communications, 2012, 3: 732.

[9] Schroder D K. Semiconductor Material and Device Characterization. John Wiley & Sons, 2006.

[10] Yang Y C, Pan F, Liu Q, et al. Fully room-temperature-fabricated nonvolatile resistive memory for ultrafast and high-density memory application. Nano Letters, 2009, 9(4): 1636-1643.

[11] Liu Q, Sun J, Lv H, et al. Real-time observation on dynamic growth/dissolution of conductive filaments in oxide-electrolyte-based ReRAM. Advanced Materials, 2012, 24(14): 1844-1849.

[12] Aboelfotoh M, Cros A, Svensson B, et al. Schottky-barrier behavior of copper and copper silicide on n-type and p-type silicon. Physical Review B, 1990, 41(14): 9819.

[13] Yang R, Li X M, Yu W D, et al. The polarity origin of the bipolar resistance switching behaviors in metal/$La_{0.7}Ca_{0.3}MnO_3$/Pt junctions. Applied Physics Letters, 2009, 95(7): 072105.

[14] Li S L, Shang D S, Li J, et al. Resistive switching properties in oxygen-deficient $Pr_{0.7}Ca_{0.3}MnO_3$ junctions with active Al top electrodes. Journal of Applied Physics, 2009, 105(3): 033710.

[15] Huang J J, Kuo C W, Chang W C, et al. Transition of stable rectification to

resistive-switching in Ti/TiO_2/Pt oxide diode. Applied Physics Letters, 2010, 96(26): 262901.

[16] Ahn S E, Lee M J, Park Y, et al. Write current reduction in transition metal oxide based resistance-change memory. Advanced Materials, 2008, 20(5): 924-928.

[17] Chen M C, Chang T C, Tsai C T, et al. Influence of electrode material on the resistive memory switching property of indium gallium zinc oxide thin films. Applied Physics Letters, 2010, 96(26): 262110.

[18] Jimenez-Gonzalez A E, Urueta J A S, Suarez-Parra R. Optical and electrical characteristics of aluminum-doped ZnO thin films prepared by solgel technique. Journal of Crystal Growth, 1998, 192(3-4): 430-438.

[19] Sahay P P, Tewari S, Nath R K. Optical and electrical studies on spray deposited ZnO thin films. Crystal Research and Technology, 2007, 42(7): 723-729.

[20] Biju K P, Liu X, Bourim E, et al. Asymmetric bipolar resistive switching in solution-processed Pt/TiO_2/W devices. Journal of Physics D-Applied Physics, 2010, 43(49): 495104.

[21] Sze S M, Ng K K. Physics of Semiconductor Devices. New Jersey: Wiley, 2007.

[22] Lampert A, Mark P. Current Injection in Solids. New York: Academic, 1970.

[23] Chiguvare Z, Dyakonov V. Trap-limited hole mobility in semiconducting poly(3-hexylthiophene). Physical Review B, 2004, 70(23): 235207.

[24] David R L. CRC Handbook of Chemistry and Physics. Boca Raton: CRC Press, 1996~1997.

[25] Zuo Q Y, Long S B, Liu Q, et al. Self-rectifying effect in gold nanocrystal-embedded zirconium oxide resistive memory. Journal of Applied Physics, 2009, 106(7): 073724.

[26] Kim K H, Gaba S, Wheeler D, et al. A functional hybrid memristor crossbar-array/CMOS system for data storage and neuromorphic applications. Nano Letters, 2011, 12(1): 389-395.

[27] Lee M J, Lee C B, Lee D, et al. A fast, high-endurance and scalable non-volatile memory device made from asymmetric Ta_2O_{5-x}/TaO_{2-x} bilayer structures. Nature Materials, 2011, 10(8): 625-630.

[28] Liu Q, Long S B, Lv H B, et al. Controllable growth of nanoscale conductive filaments in solid-electrolyte-based ReRAM by using a metal nanocrystal covered bottom electrode. ACS Nano, 2010, 4(10): 6162-6168.

[29] Chen C, Pan F, Wang Z S, et al. Electroforming and bipolar resistive switching characteristics in TiN/AlN/Pt device for nonvolatile memory application. Journal of Nanoscience Letters, 2011, 1(2): 102-108.

[30] Choi B J, Yang J J, Zhang M X, et al. Nitride memristors. Applied Physics A-Materials Science & Processing, 2012, 109(1): 1-4.

[31] Facsko S, Dekorsy T, Koerdt C, et al. Formation of ordered nanoscale semiconductor dots by ion sputtering. Science, 1999, 285(5433): 1551-1553.

[32] Gago R, Vázquez L, Cuerno R, et al. Production of ordered silicon nanocrystals by low-energy ion sputtering. Applied Physics Letters, 2001, 78(21): 3316-3318.

[33] Sanjines R, Tang H, Berger H, et al. Electronic structure of anatase TiO_2 oxide. Journal of Applied Physics, 1994, 75(6): 2945-2951.

[34] Robinson K S, Sherwood P. X-Ray photoelectron spectroscopic studies of the surface of

sputter ion plated films. Surface and Interface Analysis, 1984, 6(6): 261-266.

[35] Bertoti I, Mohai M, Sullivan J, et al. Surface characterisation of plasma-nitrided titanium: an XPS study. Applied Surface Science, 1995, 84(4): 357-371.

[36] Chappé J M, Martin N, Pierson J, et al. Influence of substrate temperature on titanium oxynitride thin films prepared by reactive sputtering. Applied Surface Science, 2004, 225(1): 29-38.

[37] Kwak J S, Do Y H, Bae Y C, et al. Roles of interfacial TiO_xN_{1-x} layer and TiN electrode on bipolar resistive switching in TiN/TiO_2/TiN frameworks. Applied Physics Letters, 2010, 96(22): 223502.

[38] Tamura T, Ishibashi S, Terakura K, et al. First-principles study of the rectifying properties of Pt/TiO_2 interface. Physical Review B, 2009, 80(19): 195302.

[39] Yang J J, Pickett M D, Li X M, et al. Memristive switching mechanism for metal/oxide/metal nanodevices. Nature Nanotechnology, 2008, 3(7): 429-433.

[40] Kim K M, Jeong D S, Hwang C S. Nanofilamentary resistive switching in binary oxide system; A review on the present status and outlook. Nanotechnology, 2011, 22(25): 254002.

[41] Kwon D H, Kim K M, Jang J H, et al. Atomic structure of conducting nanofilaments in TiO_2 resistive switching memory. Nature Nanotechnology, 2010, 5(2): 148-153.

[42] Yang Y C, Zhang X X, Gao M, et al. Nonvolatile resistive switching in single crystalline ZnO nanowires. Nanoscale, 2011, 3(4): 1917-1921.

[43] Yang J J, Miao F, Pickett M D, et al. The mechanism of electroforming of metal oxide memristive switches. Nanotechnology, 2009, 20(21): 215201.

[44] Jeong D S, Schroeder H, Waser R. Mechanism for bipolar switching in a Pt/TiO_2/Pt resistive switching cell. Physical Review B, 2009, 79(19): 195317.

[45] Yang Y, Sheridan P, Lu W. Complementary resistive switching in tantalum oxide-based resistive memory devices. Applied Physics Letters, 2012, 100(20): 203112.

[46] Nardi F, Balatti S, Larentis S, et al. Complementary switching in metal oxides: Toward diode-less crossbar RRAMs. IEEE International Electron Devices Meeting, 2011, 31.1. 1-31.1. 4.

[47] Nardi F, Larentis S, Balatti S, et al. Resistive switching by voltage-driven ion migration in bipolar RRAM—Part I: Experimental study. IEEE Transactions on Electron Devices, 2012, 59(9): 2461-2467.

[48] 谢宏伟. 二元过渡金属氧化物的阻变存储器研究[博士学位论文]. 兰州大学, 2013.

[49] Kau D, Tang S, Karpov I V, et al. A stackable cross point phase change memory. IEEE International Electron Devices Meeting, 2009, 1-4.

[50] Gopalakrishnan K, Shenoy R, Rettner C, et al. Highly-scalable novel access device based on mixed ionic electronic conduction (MIEC) materials for high density phase change memory (PCM) arrays. Symposium on VLSI Technology, 2010, 205-206.

[51] Son M, Lee J, Park J, et al. Excellent selector characteristics of nanoscale for high-density bipolar ReRAM applications. IEEE Electron Device Letters, 2011, 32(11): 1579-1581.

[52] Chang S H, Lee S B, Jeon D Y, et al. Oxide double-layer nanocrossbar for ultrahigh-density bipolar resistive memory. Advanced Materials, 2011, 23(35): 4063-4067.

[53] Huang J J, Tseng Y M, Hsu C W, et al. Bipolar nonlinear selector for 1S1R crossbar array

applications. IEEE Electron Device Letters, 2011, 32(10): 1427-1429.

[54] Liu X, Sadaf S M, Son M, et al. Co-occurrence of threshold switching and memory switching in cells for crosspoint memory applications. IEEE Electron Device Letters, 2012, 33(2): 236-238.

[55] Woo J, Lee D, Cha E, et al. Vertically stacked ReRAM composed of a bidirectional selector and CB-RAM for cross-point array applications. IEEE Electron Device Letters, 2013, 34(12): 1512-1514.

第 7 章　电阻转变效应的其他应用

对于电阻转变行为的研究主要致力于获得一种理想的高速、高密度、低功耗的非易失性阻变存储器。闪存作为现今主流的非易失性存储器正面临着尺寸缩减的物理极限，更是有力的推动着阻变存储器的开发和研究工作。事实上，电阻转变行为除了能用于制备非易失性存储器以外，还在多个领域具有应用潜力。例如，电阻发生连续性转变的非线性阻变器件能在神经突触或神经网络模拟电路中充当重要的原件，而电阻突变型的阻变器件能在现场可编程门阵列(FPGA)等新型逻辑电路中作为开关器件，此外，电阻转变行为与磁性、光学等物理现象的耦合更是有可能开发出新型的存储器或者传感器等。人们已经在实验室里验证了电阻转变行为应用于上述新型器件的可行性，并且发现将电阻转变器件应用于神经突触模拟电路和新型逻辑电路等新型器件时比传统电路具有更高的效率、更低的功耗。本章主要介绍电阻转变行为在阻变存储器以外的应用领域。

7.1　神经突触模拟与仿生

材料的电阻转变行为通常可以成两类：一类具有变化迥异的高低两种电阻状态，并且在电压下这两种电阻态之间的转变是突变型的，这类器件适合应用于存储器领域；另一类则呈现出电阻缓变行为，器件存在多个中间阻态并可以在施加电压时实现从高(低)阻态向低(高)阻态的逐渐转变。在神经突触和神经网络模拟的仿生电路中，经常利用后一种电阻转变现象。电阻缓变型器件按照阻变存储器的理论模型认为其电阻值可以随电压而发生变化，并能够记住改变的状态。也就是说，某一刻的电阻值与曾经施加于器件的电压(或者流过器件的电流)的历史有关。这与生物体中神经突触的原理有着很高的相似性，突触连接强度随信号刺激而发生变化，并保持变化的连接强度。电阻转变器件具有类似于神经突触传输特性的非线性电学性质，故能模拟神经突触的工作。而实际上，神经突触本身就可以看作是具有独特的非线性传输特性的两端结构的器件。神经元之间的连接强度决定着传递的效率，它动态地通过刺激信号或抑制信号的训练而改变，并且保持连续变化的状态。

神经突触作为生物体大脑学习和记忆的最基础单元，对其进行仿生模拟是人工神经网络研究的重要步骤。在以往的研究中，科学家们也一直以获得类似神经突触的学习记忆功能作为其研究目标。而在传统电路中，往往对于单个神经突触的模拟就需要用到多个晶体管和电容的组合[1, 2]。这样导致在单个集成电路中其“突触”数量仅能达到 10^2–10^5 个，而生物体大脑中神经突触的数量则多达 10^{14} 以上。相比之下，单个电阻转变器件就可以模拟一个“突触”的行为。阻变器件的电阻能够连续发生变化，并且这种变化取决于流经器件的电荷量，同时其变化能够在断电之后保持。这一特性与神经突触的非线性传输特性极其相似。利用电阻转变器件对于神经突触的模拟能够大大提高模拟的效率，同时降低模拟的功耗，因此基于阻变器件的神经突触模拟研究具有很大的应用前景[3]。

7.1.1　神经突触简介

突触(synapse)是一个神经元的冲动传到另一个神经元或传到另一细胞间的相互接触的结构。突触是神经元之间在功能上发生联系的部位，也是信息传递的关键部位。在大脑神经网络中，大量的神经元通过突触进行相互连接并形成神经回路。学习与记忆是生物体的高级神经活动，其基础就是基于这些神经回路。学习和记忆对应着神经回路的可塑性，会通过外界信息的刺激而动态发生变化，并以通过神经回路的变化而存储于大脑中。神经回路的可塑性归根到底是突触可塑性。因此，通常认为神经突触是大脑学习和记忆的最小单元。生物大脑中的突触数量随着学习和经历的增加而增多。一般成年人的大脑中神经突触的数量能够达到 10^{14} 个[2, 4]。

突触是两个神经元进行信息传递的关键部位，其基本结构如图 7.1 所示。神经突触由突触前部、突触间隙与突触后部三部分组成。突触前部即前神经元的树突部位，包含着突触前膜和其内部的突触小泡。突触小泡内部的化学物质被称为递质，此递质通过突触的传递代表着神经元之间的信息传递。而突触后部与突触前部对应的区域细胞膜增厚为突触后膜。突触前膜与突触后膜之间的间隙则称为突触间隙，其宽度约为 15~30nm[5]。

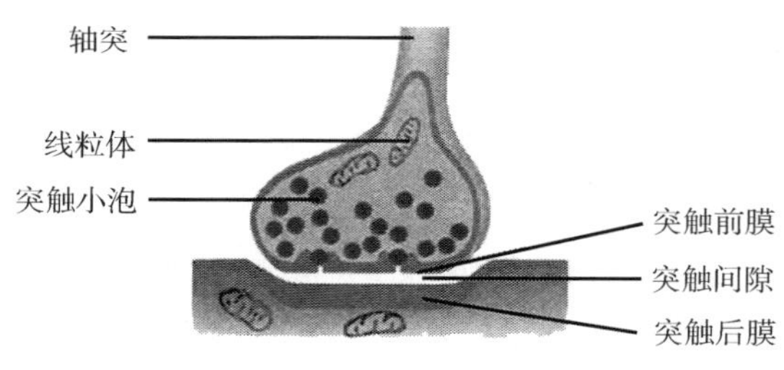

图 7.1　神经突触的结构简图

突触可塑性是学习记忆的分子机制[6]，它指的是突触在受到刺激信号之后改变自身形态而调整的能力，在大脑系统发育过程中起重要的作用。根据海扁(Hebbian)学习法，当两个神经元同时处于刺激状态时，它们之间的连接将会加强。并且通过神经活动引起神经元之间信息传递增强或者抑制。这里首先解释神经突触领域经常提到的几个名词。

(1) 突触权重(synaptic weight)：指突触的前后节点之间联系的强度或幅度。例如长时程突触增强就是指突触权重的增加，而突触抑制就是指突触权重的降低。

(2) 长时/短时可塑性(long-term/short-term plasticity，LTP/STP)：神经突触可塑性是大脑学习和记忆的分子机制。按照其记忆时间长短来分类，可以分为长时可塑性与短时可塑性两种。短时可塑性一般只能保持几分钟左右的时间，而长时可塑性则可以保持长达几小时甚至几天时间。长时/短时可塑性与大脑的长时记忆和短时记忆相对应。通过反复的学习和训练能够导致短时记忆向长时记忆的转变。

(3) 放电时间依赖可塑性(spike-timing-dependent plasticity，STDP)：在生物大脑中存在着多种高级学习规则，STDP 规则就是其中一种。海扁学习法指出刺激两个神经元时，刺激突触前膜早于刺激突触后膜时，可以得到突触后电流的增强，称之为长时程增强(long-term potentiation，LTP)。当突触前膜的刺激晚于突触后膜的刺激时，突触后电流将会受到抑制，即长时程抑制(long-term depression, LTD)[7]。另一方面，当两个刺激之间相对时间发生改变时也能够影响突触后电流的增强效果。这一学习规则被认为是学习记忆的基本机制，因此在人工神经网络的发展过程中一般都需要对 STDP 规则进行模拟。

(4) 非联合型/联合型记忆(non-associative/associative memory)：非联合型学习又被叫做简单学习，不需要在刺激和反应之间存在明显的关系；而联合型记忆则在刺激与反应之间存在关联。比如巴甫洛夫著名的经典条件反射实验中，当狗在吃食物时口中会自动分泌唾液。如果在狗吃食物时伴随着铃声刺激，反复多次之后，即使狗不吃食物，遇到铃声也会开始分泌唾液。这里食物作为非条件刺激，分泌唾液为非条件反射，铃声作为条件刺激，最后只听到铃声分泌唾液作为条件反射。巴甫洛夫的实验表明原本不能产生反射的刺激，由于经常伴随能够出现非条件反射的刺激出现，在多次反复之后，这种刺激也能够产生条件反射。

7.1.2　电阻转变器件模拟神经突触

神经突触能够动态的反应外界的电位刺激，并能够保持一系列连续变化之后的状态。另外，突触可塑性的特点还会产生一系列与空间和时间相关联的功能[6, 8]。正因为突触这些非线性特性以及与时间的关联性等复杂特征，导致难以利用传统的晶体管等电子器件对其进行精确模拟。在利用传统电路对突触的模拟工作中，往往需要用到多个晶体管和电容去构造一个神经突触。导致电路的复杂度非常高，难以获得高密度的神经网络。利用普通电子器件模拟神经突触除了受到高密度的限制之外，还会增加能耗。因此，采用新型的元器件来模拟单个神经突触的功能是非常必要的。电阻转变器件就被认为是具有这一特点的元件。

电阻转变器件的电阻在电压的作用下会发生改变，尤其是满足阻变存储器特点的器件其电阻能够连续发生变化并保持电阻值的状态。这一特性与神经突触的非线性传输特性非常类似。正因为两者的相似性，电阻转变器件被认为具有实现自主学习能力的潜力，能够对神经突触的学习功能进行模拟。实际上，采用电阻转变器件已经实现了对神经突触的放电时间依赖可塑性、长时/短时可塑性、非联合型/联合型记忆等功能的模拟。

最近，一些研究小组使用 Ag_2S、InGaZnO、WO_x 等基于离子迁移或电化学氧化还原反应的材料已经成功实现了对神经突触学习功能的模拟，其中包括放电时间的突触可塑性及非线性传输特性等。例如，非晶 InGaZnO 薄膜的电学性质能够通过氧分压进行调节，通过电场的作用可以驱使氧离子在薄膜中进行移动，从而改变薄膜中的氧离子浓度使薄膜在绝缘体与金属型导体之间连续转变。这种性质对输入信号(电压)做出动态反映，可以很好的模拟神经突触的相关特性。下面分别介绍电阻转变器件对于神经突触各种功能的模拟。

1) 长时/短时可塑性

Ohno 等人[9]在 Ag/Ag_2S/Pt 体系中采用 Ag_2S 原子开关实现了突触可塑性的两个重要类型的模拟：短时可塑性(STP)与长时可塑性(LTP)。依靠 Ag 原子的氧化还原及离子在介质中的移动来实现记忆和学习功能。器件的原始态处于高阻态。如图 7.2(a)所示，当脉冲间隔很宽(20s)时，电导变化以恢复为主，表现出短时程的可塑性，撤去电压后电导并没有太大变化，依然在高阻态。如果脉冲间隔很窄(2s)，电导变化来不及回复，就表现出了长时程的增强性，即使撤去电压后器件也保持在低阻态，如图 7.2(b)所示。

产生这种短时可塑性和长时可塑性的区别在于 Ag 离子的氧化还原及离子在介质中的迁移。如图 7.3 所示，在 Ag_2S 与顶电极 Pt 之间存在着纳米尺度的空隙。Ag 原子在下界面上长大，连通顶电极形成导电通道，于是在施加脉冲时电导率会有极大上升。当撤去脉冲，Ag 原子又会回复使电导下降。当施加的脉冲频率很低时，有足够长的时间使 Ag 导电细丝断开形成纳米空隙，表现出短时可塑性。但是如果施加脉冲频率较高时，Ag 原子则无法回复而在顶电极处堆积。即使撤去电压后也无法回复，器件转变到了低阻态，表现出长时可塑性。

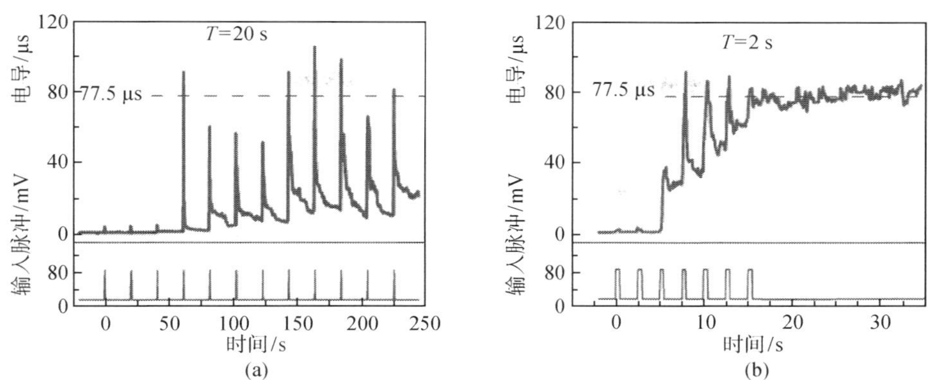

图 7.2　基于 Ag_2S 的突触可塑性模拟：(a)短时可塑性；(b)长时可塑性

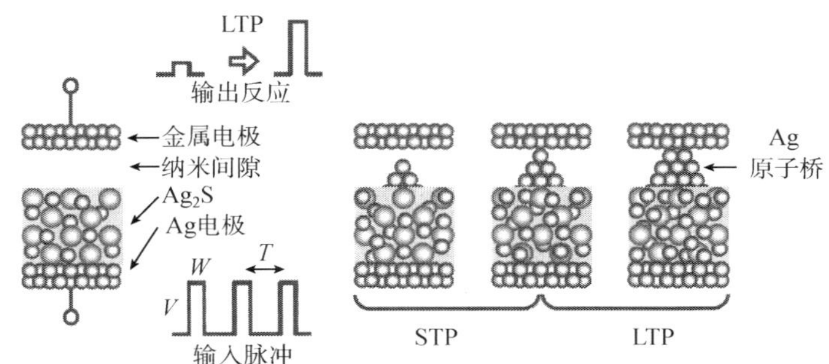

图 7.3　基于 Ag_2S 的突触可塑性的机理模型

2) 放电时间依赖可塑性

图 7.4 中给出了阻变器件对于放电时间依赖可塑性(STDP)的模拟。从图可以看出突触后电流增强与刺激相对时间之间的关系。在测试时，为了实现 STDP 规则的模拟需要独特的运行方式。如图 7.4(a)所示，突触前刺激(pre-spike)与突触后刺激(post-spike)分别施加于顶电极和底电极。通过同时施加两个刺激，其电压能够在一起叠加。而突触前刺激与突触后刺激的时间差为 Δt。Δt 的变化使得两组脉冲叠加电压的持续时间发生变化，进而引起电阻变化程度的不同。因此，可以实现器件阻值随相对时间变化的规律，如图 7.4(b)所示。当改变两个刺激的先后顺序时可以将电阻增加转变为抑制。目前，已经在 Ag:a-Si、PEDOT:PSS 等材料中实现了对神经突触 STDP 规则的模拟[10, 11]。

3) 非联合型/联合型记忆

Ziegler 等人以双极性电阻转变为基础实现了对巴甫洛夫狗的电子器件模拟[12]。如图 7.5(a)所示，V_n 及 V_p 分别为阻变器件由高阻向低阻转变的开启电压(−0.18V)以及低阻向高阻转变的关闭电压(0.33V)。以此为基础，设计有害刺激(V_{nox}，noxious stimulus)以及无害刺激(V_{inn}，innocuous stimulus)，其电压满足$-0.1\ \mathrm{V} \leqslant V_{nox} \leqslant 1.23\mathrm{V}$($V_{nox} > V_p$)及$-0.1\ \mathrm{V} \leqslant V_{inn} \leqslant 0.13\mathrm{V}$ ($V_{inn} < V_p$)。如图 7.5(b),初始状态为低阻，施加有害刺激能够导致器件低阻向高阻的转变，并定义高阻为信号敏感状态，这样就实现了类似非联合型学习的敏感化行为。相反地，初始状态为高阻，设定有害刺激$-1.12\mathrm{V} \leqslant V_{nox} \leqslant 0.12\mathrm{V}$ ($V_{nox}>V_n$)及$-0.12\mathrm{V} \leqslant V_{inn} \leqslant 0.12\mathrm{V}$ ($V_{inn}<V_p$)，可以实现低阻向高阻的变化，即对应于非联合型学习中的习惯化行为(图 7.5(c))。在得到简单学习行为之后，通过设定“铃声”$-0.25\mathrm{V} \leqslant V_{NS} \leqslant 0.1\mathrm{V}$ 及“食物”$0\mathrm{V} \leqslant V_{UCS} \leqslant 0.2\mathrm{V}$，使两者单独运行时均小于 V_p。但当两者同时出现时，则出现叠加电压为 0.45V 大于 V_p，这样就能将初始状态为低阻的器件转变为高阻，即原来低信号敏感的状态转变为高敏感状态，可以看做出现了条件反射现象。Pershin 等人通过电阻转变器件设计了相应的电路系统，同样能够实现对条件反射功能的模拟[13]。

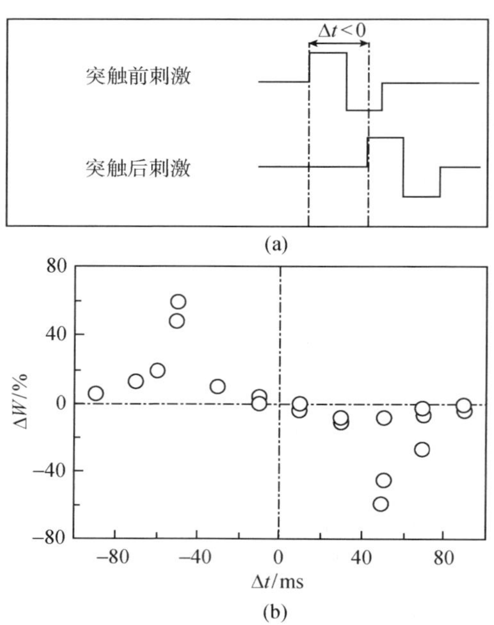

图 7.4　放电时间依赖可塑性的模拟：(a)突触前刺激和突触后刺激的脉冲波形，Δt 为两个脉冲刺激的时间差；(b) 突触权重随 Δt 的变化

此外，电阻转变器件还能实现一些其他的学习功能，比如，突触频率依赖性、突触兴奋性后电流等。对于神经突触学习功能的模拟将为人工神经网络和人工智能发展提供材料和元器件的研究基础。

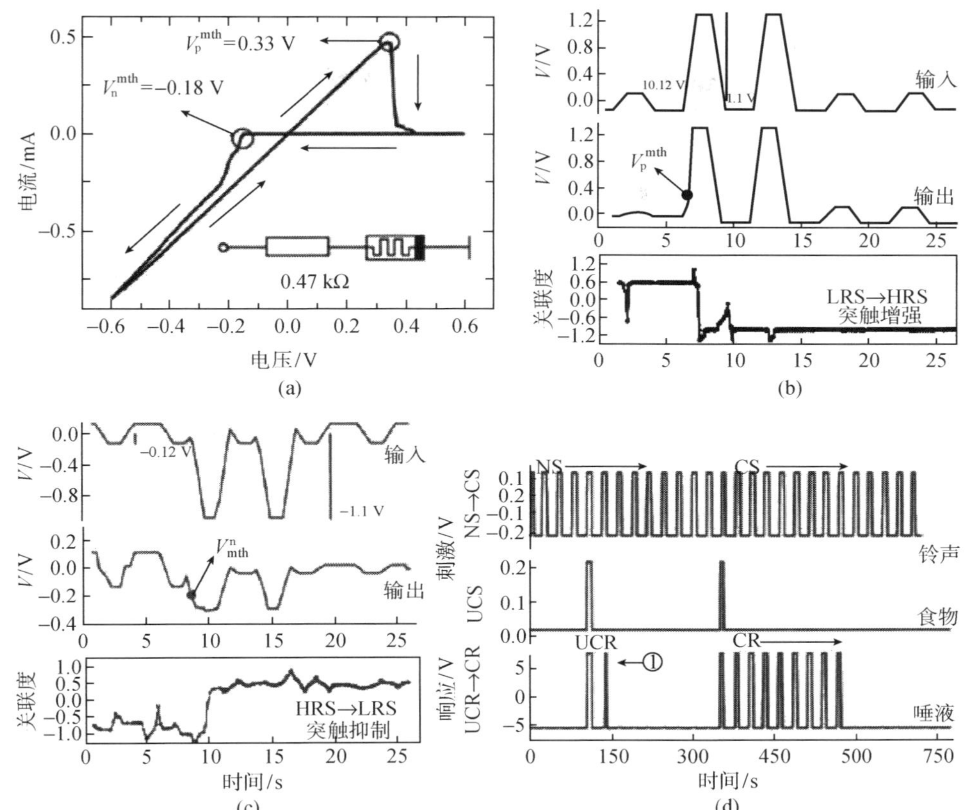

图 7.5　(a) 双极性电阻转变的 *I-V* 特性曲线；(b)~(c) 非联合型学习敏感化及习惯化行为；(d) 联合型学习，即条件反射功能的模拟[12]

7.1.3　基于 InGaZnO 材料的神经突触模拟

非晶 InGaZnO(IGZO)薄膜是一种 n 型氧化物半导体材料，因其特殊的电子结构使其内部载流子浓度可以得到精确调控。非晶 IGZO 薄膜被认为是实现高迁移率薄膜晶体管的备选材料而受到广泛关注。IGZO 薄膜还具有一些独特的性质，包括大范围生长中的高度均一性，室温下的生长条件及适用于制备高柔性器件等[3, 14, 15]。IGZO 薄膜已经广泛用于阻变存储器的制备，其高度可控的电阻转变特性使其非常适合应用于模拟神经突触的学习功能。

1. 非线性传输特性的模拟

通过控制镀膜过程中通入气体的氧分压，利用磁控溅射技术分别制备富氧和缺氧的非晶 IGZO 薄膜，构成含有高阻层和低阻层的双层结构的阻变器件。顶电极和底电极都使用 Pt 电极。在器件上分别施加连续的正电压(0~6V)和负电压(0~ −6V)时，电流将会随之连续的增加或减少，如图 7.6(a)和(b)所示。电流及电压对时间的变化曲线如图 7.6(c)所示。器件的电导值随着正电压的扫描逐渐升高，随着负向电压的扫描逐渐降低(图 7.6(d))。器件在正偏压扫描下的电流增大现象，表现为增强性；而在负偏压扫描下的电流减小现象，表现为抑制性。

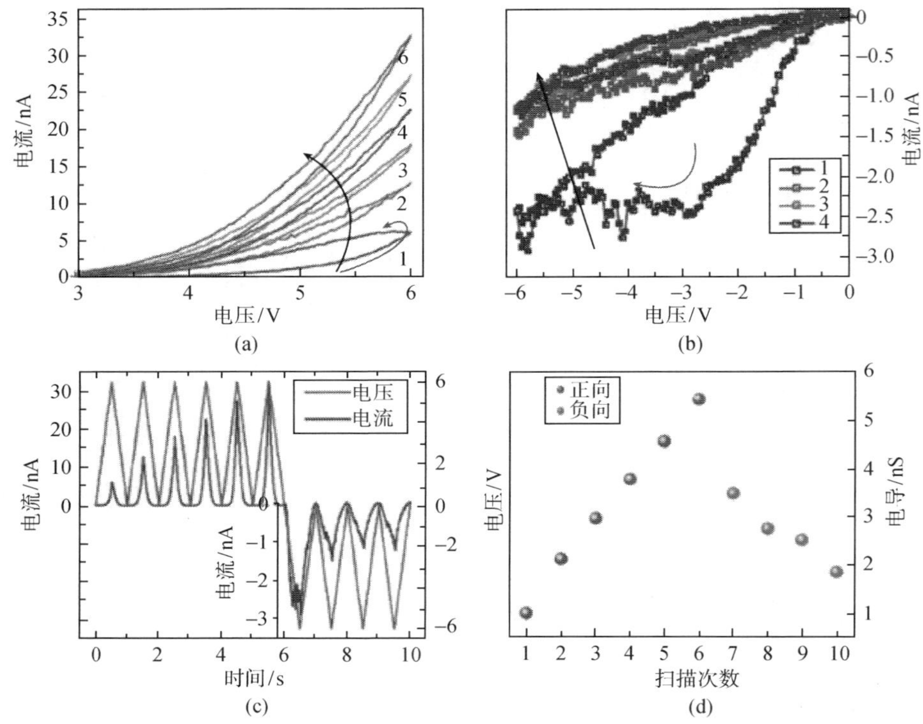

图 7.6　InGaZnO 阻变器件对于神经突触的增强性和抑制性的模拟[16]：(a)正向直流扫描；(b)负向直流扫描；(c)电压电流随时间的变化；(d)电导随扫描次数的变化关系

突触型器件的连接强度同样可以通过训练而发生改变，一系列脉冲刺激会产生连续多次的变化并能够通过调整持续时间和电压值调节训练强度。正如图 7.6(a)中直流 *I-V* 曲线的特点一样，正向偏压(负向偏压)导致电流强度增加(减小)。同理，在脉冲电压的作用下，增加电压脉冲振幅和加大脉冲持续时间可以引起更大的电流变化，如图 7.7(a)所示。如果将器件的电导率看作为突触权重，以上的结果表现出与生物神经突触的非线性传输特性相似的特点。也就是施加正电压可以刺激神经突触，而施加负电压可以抑制神经突触。器件电导率的改变可以看作是两层薄膜间导电前端的移动引起的。以上结果显示，IGZO 器件可以动态的反应外界信号所引起的变化，具备突触基本的传输性质。图 7.7(b)描述了器件对于一列 100 次正脉冲(5V，100ms)和紧接着 80 次负脉冲(−5V，100ms)的反应。尽管器件电导性仍然随着连续施加的正电压脉冲而增加，随负电压脉冲而降低，但是在正向脉冲过程的最终状态与负向脉冲过程的初始状态之间存在一个状态间隙。

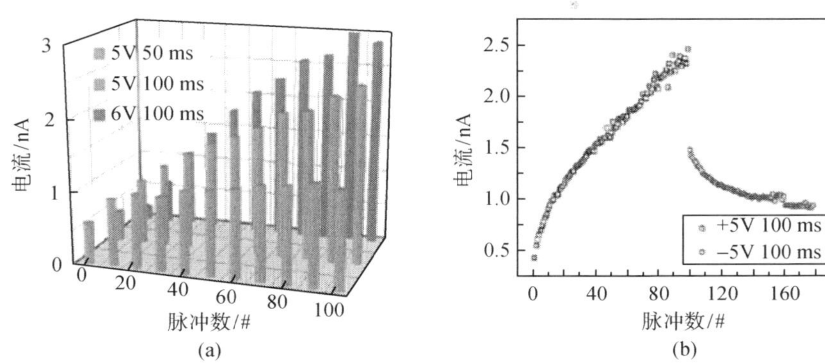

图 7.7　IGZO 阻变器件在脉冲模式下的响应[16]：(a)脉冲幅值越大、时间越长将会引起更大的电导率的变化；(b)器件电流随连续正电压脉冲逐渐增加，而随负电压脉冲逐渐降低

2. 神经突触可塑性功能的模拟

神经突触的重要特性之一是其具有突触可塑性。突触可塑性指的是在不同的信号刺激之间存在时间上的关联性。首先，突触权重能够通过突触前刺激/突触后刺激在放电时间依赖可塑性(STDP)规则下发生改变。这种放电时间依赖可塑性是海扁竞争学习理论中的一种重要的突触适应性规则，同时也是人工神经网络在模拟大脑时需要实现的最基本功能的必要实现的[1, 2, 6]。如果突触后刺激晚于突触前刺激几十微秒，突触效率将会被增强从而导致长时程增强效应。反之，效率降低导致长时程抑制效应。同时在 STDP 中，突触权重的改变与突触前/后刺激的相对时间有着很紧密的联系。另一方面，突触权重的变化同样取决于信号刺激频率，即不同刺激间的时间间隔。而基于 IGZO 的阻变器件表现出与神经突触的 STDP 规则非常显著的相似性。

如果把 IGZO 阻变器件的顶电极和底电极分别看作突触前膜和突触后膜，可以在器件中得到这样的现象：信号刺激频率越大将导致更大的突触权重变化，正如图 7.8(a)所示。表明 IGZO 器件表现出与生物神经突触性质相似的频率依赖性，这是因为不同刺激间的突触兴奋性后电流具有时间关联性[7]。如图 7.8(b)所示，单一的突触前刺激(5V，50ms)能够引起突触兴奋性后电流(EPSC)，即电流强度在脉冲刺激撤去后会在 50ms 时间内逐渐衰减至零。这是由于当脉冲电压撤去后，IGZO 薄膜中氧离子在惯性作用下仍然向前移动了一段距离，引起了突触兴奋性后电流现象的出现。当器件在高频率信号刺激下运行时，前一信号产生的 EPSC 并没有衰减结束，从而与后一信号刺激产生交叠。EPSC 与刺激信号之间的交叠会加速氧离子的迁移，从而引起更大的电导变化。因此，突触权重能够通过调节信号刺激频率而实现调节。

图 7.8(c)和(d)所示为运行 STDP 规则所使用的一组脉冲信号。该信号包括幅值为 $V+/V-=5V/-5V$ 的脉冲信号作为突触前刺激和突触后刺激，并且分别施加于器件的顶电极和底电极。在两种刺激中，$V+$和 $V-$之间存在着 5s 的间隔时间，5s 时间足以忽略 $V+$引起的 EPSC 对 $V-$的影响。突触前刺激的末态与突触后刺激的初态之间的间隔时间被定义为相对时间 Δt。在经历信号刺激前及刺激后 15 分钟后分别测试其突触后电流 I_1 和 I_2。此时，记录的是长时记忆(包括之前的频率依赖可塑性)。突触权重的相对变化(ΔW)定义为$(I_2-I_1)/I_1$。图 7.8(d)中显示出 ΔW 与 Δt 之间的依赖性。从图中可以看出：①当突触前刺激早于突触后刺激时，突触权重将会增加，反

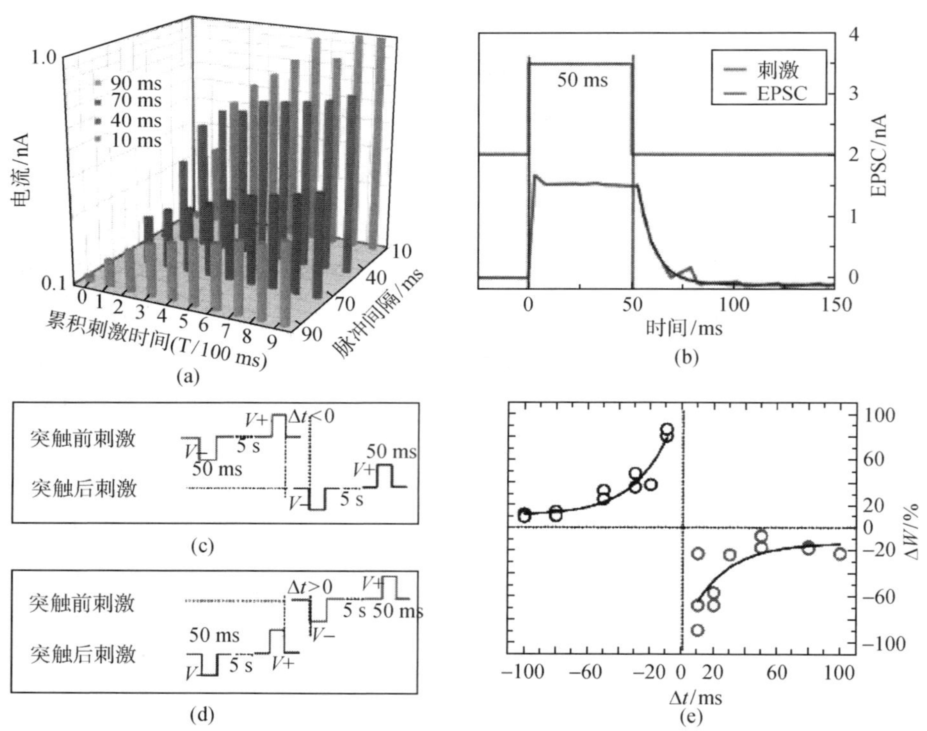

图 7.8 IGZO 器件的频率依赖可塑性和放电时间依赖可塑性[16]：(a)器件电流随脉冲时间间隔的变化(固定脉冲序列总持续时间及数目)，表明脉冲间距越小导致电导率变化越大；(b)器件的突触兴奋性后电流；(c)和(d)为运行 STDP 规则的突触前刺激/突触后刺激脉冲序列组合；(e)相对突触权重(ΔW)与相对刺激时间的依赖性，其中实线表示对于实验数据进行的 E 指数拟合曲线

之突触权重则降低；②两刺激信号之间的时间间隔越小，得到的 ΔW 越大；③实验数据能够被 E 指数很好的拟合。这些特点均与生物神经突触的 STDP 规则相一致。从本质上讲，频率依赖可塑性与 STDP 可塑性在时间关联性上是相同的，都可以通过增加刺激频率提高突触权重。

3. 长时/短时可塑性和“学习经验式”行为

突触可塑性可以根据其记忆时间的长短分为长时可塑性(LTP)和短时可塑性(STP)。它们在心理学中分别对应着长时记忆和短时记忆。STP 代表着神经元暂时性的相互连接，一般能够保持几分钟；而 LTP 着代表神经元的永久性连接，其保持时间为几小时至几年[17-19]。除此之外，STP 能够通过反复的训练向 LTP 实现转变，其中涉及到神经网络结构的改变。这些记忆保持时间性质同样能够在基于 IGZO 的阻变器件中得以实现。

图 7.9(a)显示出用 100 次连续正脉冲去激发突触器件的结果。由图可见，器件的突触权重随着脉冲次数逐渐增加。当撤去脉冲之后，突触权重将会在无偏压作用下出现即时的衰减(图 7.9(b))。在衰减的开始阶段其速率比较快，紧接着衰减速率变慢。这一变化趋势与人类大脑记忆遗忘曲线相一致。其突触权重并不是衰减至初始状态而是留在中间状态上，这意味着记忆量包括两部分：暂时性可塑性和永久性可塑性，即 STP 和 LTP。为了定量地描述生物系统中的记忆遗忘，一些研究小组发展了不同的数学模型。然而，对于记忆遗忘的最合适数学模型仍然存在诸多的争议。Ohno 和 Chang 分别使用 exponential power 函数和 stretched-exponential 函数对突触器件的 STP 行为进行定量地分析[9, 20]。这两个函数的共同特征是均为 E 指数衰减函数。使用 E 指数衰减函数对图 7.9(b)中的 STP 过程进行了拟合可得：

$$M(t)=M_e+(M_0-M_e)\exp(-t/\tau) \tag{7.1}$$

其中 $M(t)$、M_0 和 M_e 分别是时间 t 时刻，t=0 时刻以及经过长时间衰减后的记忆量。τ 指的是弛豫时间常数，用以评估记忆遗忘速率。利用方程(7.1)对 STP 过程进行拟合，得到 $\tau\approx 32.4$s。同时，如图 7.10 所示其长时记忆(LTP)的记忆量(M_e)能够保持 3 天以上。IGZO 器件中的 STP 与 LTP 保持特性时间量级均与人类大脑的时间量级相一致。通过改变施加于器件的脉冲次数，可以进一步获得 STP 衰减过程的信息。如图 7.11 所示，随着增加脉冲刺激的次数，其弛豫时间 τ 将会由几秒增加至几十秒。在经过 100 次脉冲刺激后达到饱和，意味着遗忘速率的减慢。同时，记忆保持量由 37%增加至大约 52%。这一现象可以表明记忆通过反复的训练和学习可以由 STP 向 LTP 实现转变[9, 20]。

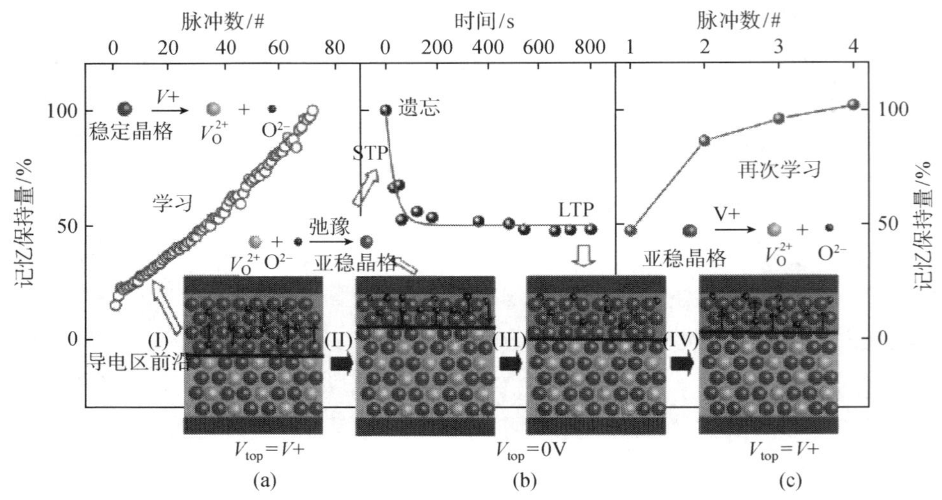

图 7.9　突触模拟的 LTP/STP 及其“学习经验式”行为和器件运行动力学模型[16]

(a)突触权重随连续脉冲刺激的近线性增加；(b)电导的即时性衰减，即 STP 过程的弛豫，这一行为类似于人类大脑记忆遗忘曲线；(c)基于中间状态的再次学习过程，相比于第一次学习过程，再次学习只需要较少的脉冲就可以恢复器件的记忆量，这一行为类似于生物大脑的具有学习经验的行为。插图为器件运行的氧离子迁移/扩散机制

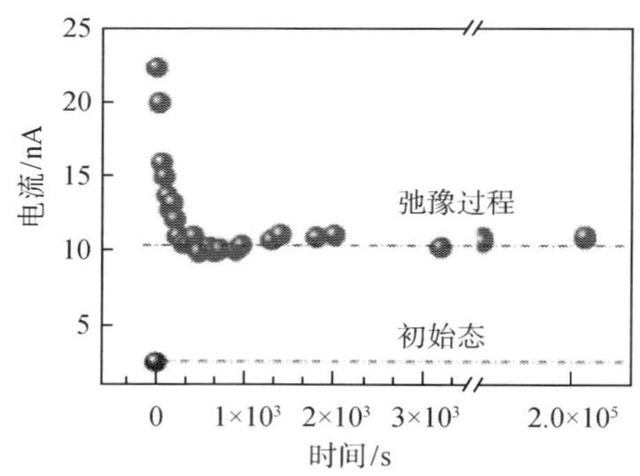

图 7.10　长时记忆(LTP)的时间保持特性

IGZO 阻变器件中还能观察到类似于“学习经验式”行为。当突触型器件由中间状态再次激发时，只需要 4 个脉冲就能够恢复之前忘记的记忆量，如图 7.9(c)所示。相比之下，在第一次学习过程中达到相同的记忆量则需要几十次的脉冲刺激。当记忆量恢复之后，每次的记忆增加量又变回正常速率。以上结果表明突触型器件具有了学习经验，当复习之前遗忘的知识时比首次学习要容易得多。当重复图 7.9 中的 STP 和复习学习过程时，如图 7.12 所示。由图可以看出随着两者交替作用恢复记忆所需的脉冲次数越来越少，并且其记忆保持量越来越大，即类似于 STP 向

LTP 的转变，这一过程类似于艾宾浩斯的记忆规律[3]。

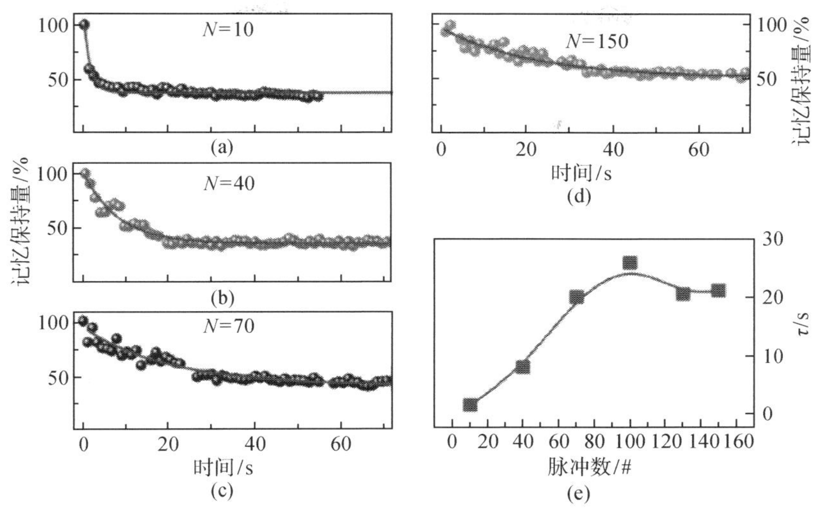

图 7.11　经过反复脉冲刺激诱导 STP 向 LTP 转变[3]

(a)~(b)经历不同次数脉冲刺激的记忆遗忘过程曲线，其中归一化数据使用方程(7.1)进行拟合；(e)弛豫时间(τ)随脉冲刺激次数的变化

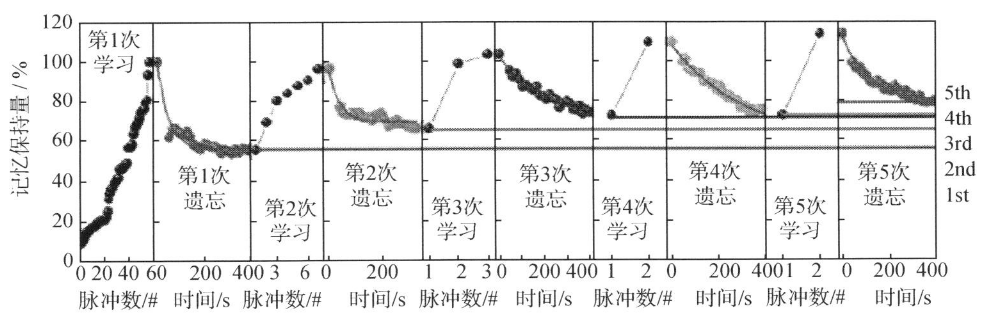

图 7.12　重复运行 STP 及复习学习过程，弛豫时间随运行次数增加而减小，记忆保持量随运行次数增加而增加[16]

因此，在基于 IGZO 的阻变器件中，一些重要的具有时间关联性的神经突触性质得到了模拟，包括频率依赖可塑性、STDP、LTP 及 STP 等。这些学习功能并不是孤立存在的，而是相互关联的。例如，①刺激信号频率的增加会引起 LTP 的增加，频率依赖可塑性与 STDP 在这一行为上是相一致的；②STP 向 LTP 的转变可以通过反复的训练而实现。这些结果都说明利用 IGZO 电阻转变器件能够很好的模拟神经突触的相关功能。

4. IGZO 基器件的突触功能的物理机制

IGZO 阻变器件的神经突触功能主要是基于氧离子的迁移导致。IGZO 的电导率非常依赖于其内部氧离子的浓度：氧离子浓度越高，电导率越低。氧离子的迁移能够改变富氧层薄膜和缺氧层薄膜的相对厚度比例，因此能够调节器件的总体电导率。一方面氧离子的迁移能够导致氧离子浓度的分布发生变化；另一方面，“浓度引起的扩散”也不能忽略。假设氧离子的浓度与电导性之间存在线性关系，一维扩散方程能够写成如下的方式[21]：

$$\sigma(t) \approx \sigma_{\mathrm{e}} + \frac{64}{\pi^2}(\sigma_0 - \sigma_{\mathrm{e}})\exp\left(-\frac{t}{\tau'(T)}\right) \tag{7.2}$$

其中，$\sigma(t)$、σ_0 及 σ_{e} 分别代表时间为 t、t=0 及弛豫平衡后的电导率，$\tau'(T)$ 指的是扩散过程中的弛豫时间常数(只考虑扩散方程的一阶部分，引起误差约为 10%)。显然，这一方程与拟合 STP 过程的单 E 指数方程式(7.1)有相近的数学形式。这表示氧离子在浓度作用下的扩散可能是导致 STP 行为的物理原因。另一方面，浓度引起的扩散与温度存在着函数关系。如果 STP 与氧离子浓度扩散相关联，那么 STP 的弛豫过程必然同样会受到温度的影响。

图 7.13 显示了 IGZO 器件在不同温度下 STP 弛豫过程的衰减曲线。显然，STP 的弛豫过程对于温度变化非常敏感，其弛豫时间随着温度的降低而升高。扩散过程的弛豫时间 $\tau'(T)$ 由下式所示：

$$\tau'(T) = \frac{4L^2}{\pi^2 D(T)} \tag{7.3}$$

其中，L 为初始状态下的扩散长度，粗略考虑激活层的厚度，可以取扩散长度 $L\approx$ 20nm[22]。$D(T)$为扩散系数，可以表示为

$$D(T) = D_0 \exp\left(-\frac{E}{kT}\right) \tag{7.4}$$

其中，E 表示扩散过程中的激活能，D_0 表示扩散常数，k 为波尔兹曼常数。将式(7.3)和式(7.4)结合起来，可以得到

$$\ln\frac{4L^2}{\pi^2 D_0} + \ln\frac{1}{\tau'(T)} = -\frac{E}{kT} \tag{7.5}$$

将 STP 过程的弛豫时间常数 τ 等同于扩散方程中的扩散时间常数 $\tau'(T)$，将图 7.13(a)中的数据画成 $-\ln(1/\tau')$ 与 1000/T 之间的关系。如图 7.13(b)所示，两者之间的关系近似为一条直线。按照式(7.5)中所描述，得到激活能 E=0.36eV。进而计算出室温下的扩散系数 $D(T)$约为 $2.12\times10^{-14}\mathrm{cm^2s^{-1}}$。由图 7.13 得出的数据与氧离子的扩散激活

能(0.4eV)和扩散系数($5\times10^{-14}cm^2s^{-1}$)非常接近[23]，证明了氧离子扩散与 STP 过程之间的关系。

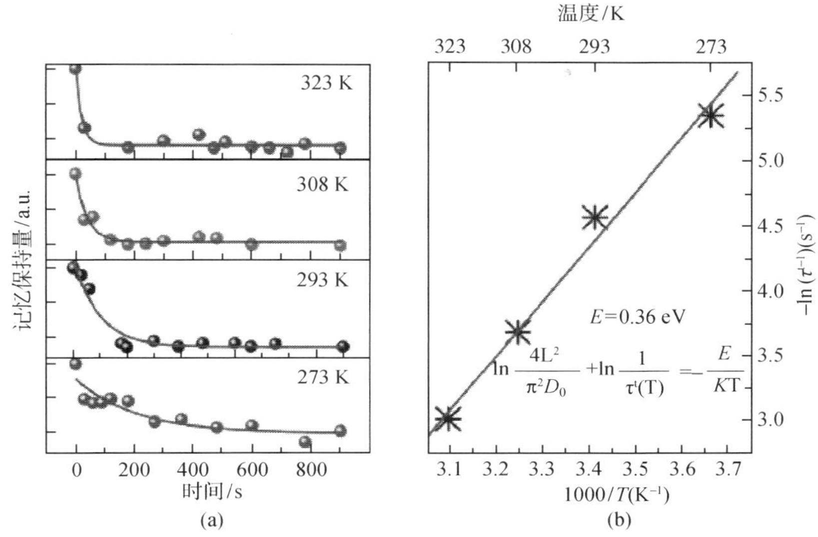

图 7.13　(a)不同温度下的记忆量衰减数据及利用式(7.1)得到的拟合曲线。(b)利用式(7.5)对 $-\ln(1/\tau')$ 与 $1000/T$ 之间的关系做的拟合曲线[16]

基于氧离子的迁移和扩散，可以将 IGZO 基阻变器件运行的物理机制做如下描述：①当在顶电极(靠近富氧 IGZO 薄膜层)施加正电压时，电场诱导氧离子迁移，从而压缩高电阻富氧 IGZO 薄膜层的厚度，进而增加了器件整体的电导性；②当撤去所施加偏压时，氧离子在浓度差异的作用下往回发生扩散，特别是处于晶格间隙的非稳定态的氧离子扩散作用明显，这种扩散行为会引起导电前端反向移动，因此器件总体电导性会降低，这一动力学过程对应于器件的 STP 过程；③当负电压紧接着正电压施加于顶电极时，如图 7.7 所示，氧离子扩散方向与电场诱导的迁移方向相一致，此时会加速导电通道的反向移动，因此造成了正向电压过程与负向电压过程之间的状态间隙(图 7.7(b))；④在高频率脉冲刺激下，能够抑制氧离子的扩散过程并且提高氧离子的迁移作用，这也是频率依赖可塑性与 STDP 行为中，LTP 会随着频率增加而增加的原因之一；⑤对于非晶薄膜材料而言，结构的无序性，比如键长及键角的变化，为非稳定状态或亚稳状态局域结构的形成提高了可能性。在氧离子扩散过程中，氧离子与氧空位缺陷重新复合或占据晶格间隙位置，从而形成非稳定或亚稳定状态。这些亚稳结构只需要较小的能量就能够使氧离子再次迁移，从而在 IGZO 基突触型器件中出现经验式学习行为。

7.1.4 PEDOT:PSS 导电行为的调控与神经突触模拟

基于氧化物等无机材料的电阻转变器件可以很好的模拟神经突触的长时/短时可塑性，放电时间依赖可塑性等功能。除了 Ag_2S、InGaZnO、WO_x 等离子电子混合导体以外，某些有机物材料也可以用于模拟某些神经突触的相关功能。有机物材料也由于其易于制备、柔性等优势，逐渐被人们重视起来。PEDOT:PSS 就是一种可用于神经突触模拟的有机物材料。

PEDOT:PSS 是聚乙撑二氧噻吩(PEDOT)与聚苯乙烯磺酸(PSS)的混合物。起导电作用的成分主要是 PEDOT，而 PSS 的存在是作为电荷平衡的来源。PEDOT:PSS 通常能够呈现出十分优良的导电性能，并且相当稳定。它具有较高的功函数，约为 5~5.2eV。由于 PEDOT:PSS 具有丰富的导电特性而被广泛应用于抗静电涂层[24]、导电涂层[25]、电子发光器件[26]、电容器[27]、阻变存储器[28]等领域。下面就以 PEDOT:PSS 为例介绍有机物材料模拟神经突触行为的特点与机理[29, 30]。

1. Ti/PEDOT:PSS/Ti 阻变器件的电学特性

首先来看一下 Ti/PEDOT:PSS/Ti 阻变器件的电阻转变曲线，如图 7.14(a)所示。以 0→–3V→0→+3V→0 为一个循环周期，进行了 20 次连续循环。从图中可以发现每次循环都形成滞回曲线，表明扫描过程中器件的电阻状态发生了连续改变。这种连续且逐渐变化的电阻转变就可以用于神经突触的模拟。图 7.14(b)和图 7.14(c)表

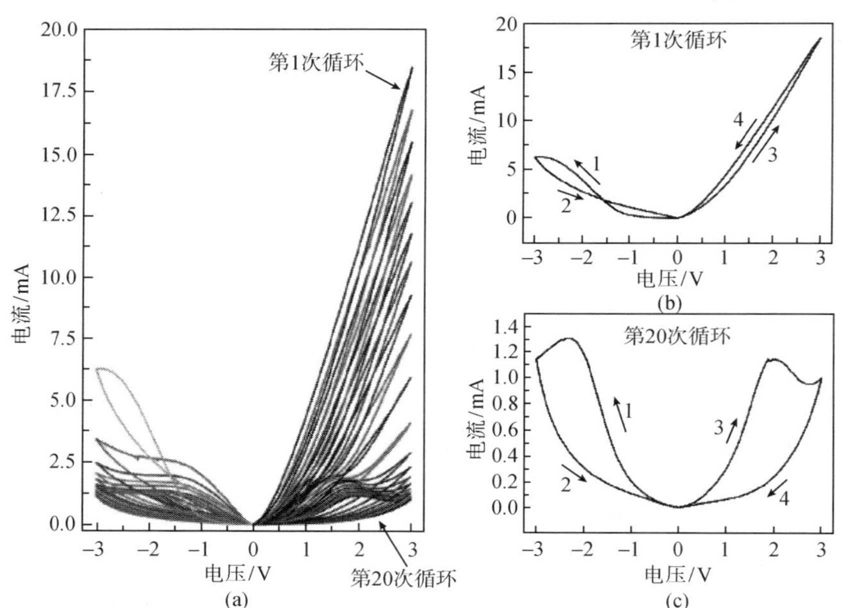

图 7.14 (a) Ti/PEDOT:PSS/Ti 阻变单元的 20 次连续电阻转变循环曲线；(b)第 1 次循环的电阻转变曲线；(c)第 20 次循环的电阻转变曲线

明了第 1 次循环和第 20 次循环的 *I-V* 曲线。箭头方向是循环的电压扫描方向。其中，第 1 次循环时负偏压的电流小于正偏压扫描时的电流，器件表现出一定的整流特性。而在第 20 次循环的 *I-V* 曲线中，正负向扫描的电流变化趋势基本一致，正负电压下的电流对称，整流特征消失，同时出现明显的负微分电阻效应。

在刚开始的几次电压扫描过程中，正向电流随电压的增加而逐渐增加，电阻由大变小，负向部分正好相反，如图 7.14(b)。当出现负微分电阻现象之后，无论是正向电压还是负向电压扫描区间，电流都是从高变到低，电阻都是从低变到高，阻态的变化方向与电压的极性无关。也就是说器件在原始状态时，负向即存在负微分电阻效应，而正向不存在负微分电阻。大概在第 10 次循环之后(图 7.15)，正向电流出现交叉现象，正向也开始出现负微分电阻效应。而出现此效应后，正向电压下电流的变化规律也是由高到低。平均电阻的循环增大与负微分电阻的出现相关。

图 7.16 是第 20 次循环的电阻与电压的曲线。初始电阻处在相对较低的阻态，约为 17kΩ。经过负向电压扫描之后，电压再回到原点时电阻增加为 35kΩ，约为初始电阻的两倍，表现为高阻态。但这种高阻状态并不能保持；当器件开始正向电压扫描时，器件又变回至约为 17kΩ 的低阻态；器件表现出易失性记忆的特征。

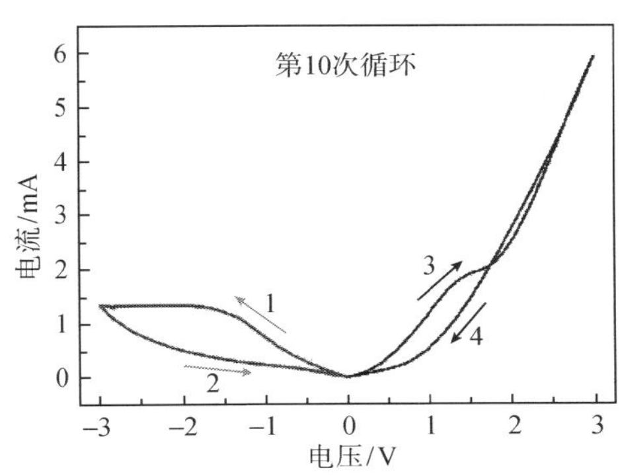

图 7.15　Ti/PEDOT:PSS/Ti 器件第 10 次循环时的 *I-V* 曲线

在不同的电压循环扫描之间，随着扫描次数增加，平均电流在下降，电阻在升高。尽管单次循环时高低阻态的变化并不能保持，撤去电压之后高阻态迅速降低，但是每一次循环的平均电阻却不会因为撤去电压而迅速降低，反而随着循环次数的积累越来越高，器件显示出一定的非易失性记忆。

为了更直观的展示器件电阻在单一循环内和不同循环之间的变化状态，将电阻随循环次数的变化描绘在图 7.17。曲线中的每个点表明了特定读取电压下电阻在某

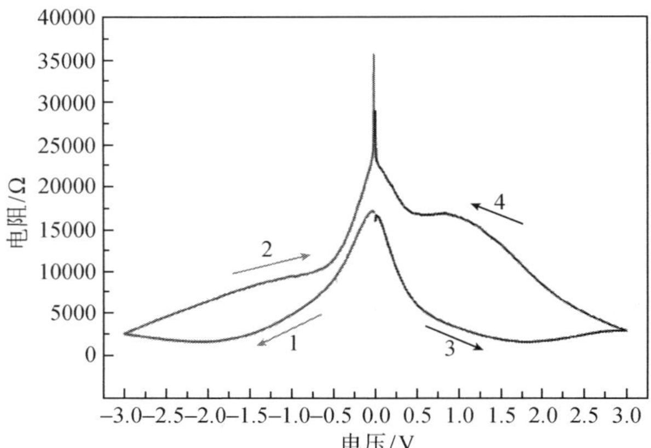

图 7.16 第 20 次循环扫描时电阻随电压的变化

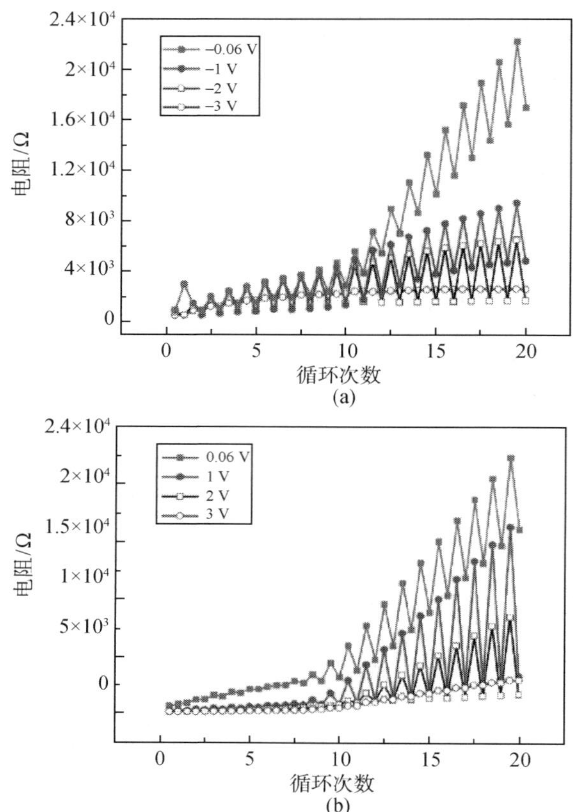

图 7.17 (a)正向和(b)负向扫描下不同读取电压时电阻随循环次数的变化

一次扫描中的值。例如当指定 2V 为特定读取电压时。每一次循环周期将两次读取器件的电阻值。第一次是在从 0 到 3V 的电压增大过程中，而第二次是在 3V 到 0 的电压减小过程中，将两次读取的电阻值依次画在图中。图 7.17(a)是负向电压扫描下测得的电阻值，图 7.17(b)是正向电压扫描下获得的电阻值。

从图 7.17 可以看出，随着循环次数的增加，电阻增大。*I-V* 曲线的震荡说明了同一循环内高低阻态之间的变化，相邻点之间的电阻比可以算作是某次循环的窗口值。图中曲线可明显分为两个阶段。在大约第 10 次扫描之前，电阻变化缓慢。在第 10 次之后，电阻急剧上升。将电阻随扫描次数的变化(以读取电压为 0.06V 为例)进行线性拟合，得到的结果如图 7.18。从图中可以看出，数据的线性相关度非常高。尤其是在大约第 10 次循环之后的线性拟合，绝大部分数据点都分布在拟合的直线上，拟合的相关性非常高。对电阻变化的线性拟合，能够准确预测下一个数据点出现的位置。这为建立模型提供了可操作性。从 Ti/PEDOT:PSS/Ti 器件的这些电学性能可以看出，随着电压循环扫描的进行，器件电阻逐渐变化，最终变为一个相对的稳定状态。器件的这些特点非常类似于神经网络经过学习、训练达到对某一事物特定的反应过程。每次电压操作既回忆了上次训练的内容，在长时间内表现出非易失性，同时又在短时间内表现出易失性。

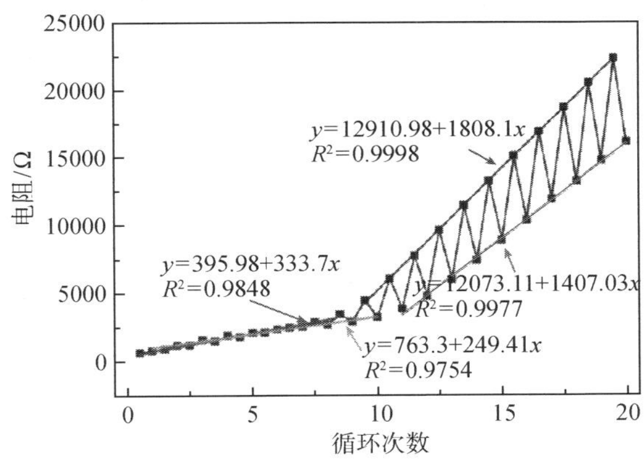

图 7.18　器件在读取电压为 0.06V 时电阻随扫描次数的线性拟合

2. 器件尺寸对于电性能的影响

从图 7.19 可看出器件的尺寸对于电学性能有重要影响。图中 PEDOT:PSS 的厚度分别为 100nm，　85nm，70nm 和 55nm。如图所示，厚度越小时，器件的电流越大，电阻越小。在不同厚度的样品中，随着循环次数的增加，电流都会归于一个稳定值，例如器件在−3V 的电流值。当厚度为 100nm 的器件在−3V 的稳定电流值为

1.1mA；厚度为 85nm 的器件，该稳定电流值为 1.9mA；70nm 时为 2.2mA；厚度减小到 55nm 时，该稳定电流值增加到了 2.7mA。

不同厚度的样品，在初始态时都表现出比较明显的整流效应。随着测试的进行，器件电阻逐渐增大。当电流减小到一定程度时，开始出现负微分电阻效应。而在厚度比较小的样品中，由于电流比较大，在 20 次扫描之后尚未出现负微分电阻效应，如图 7.19(c)与图 7.19(d)所示。

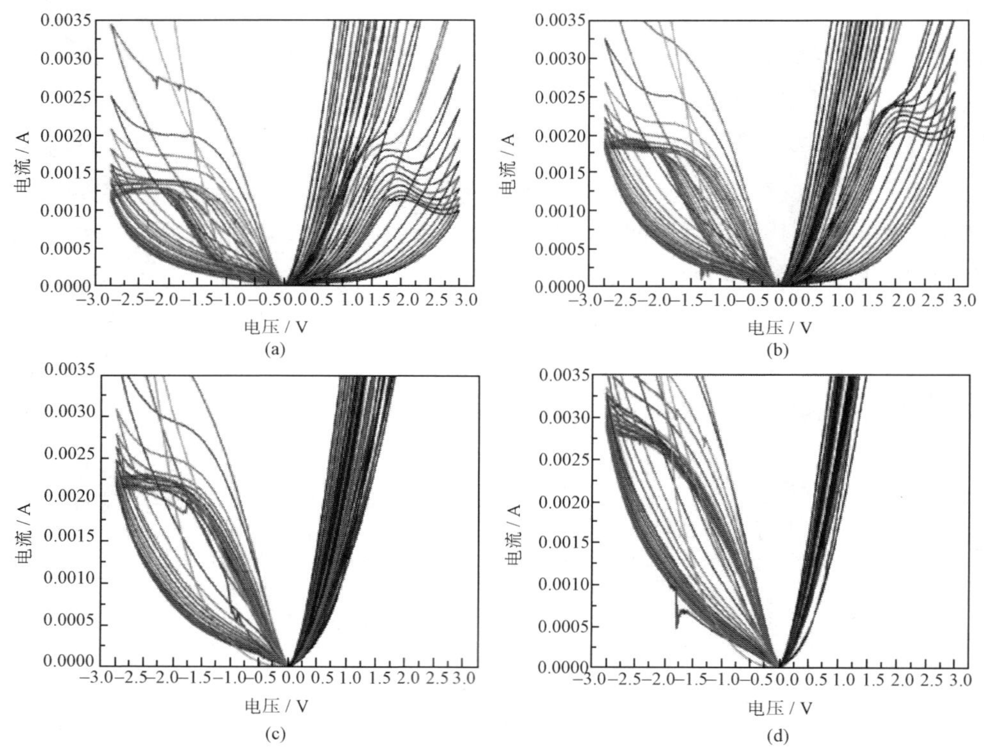

图 7.19　PEDOT:PSS 厚度对伏安特性的影响

(a)100nm；(b)85nm；(c)70nm；(d)55nm

器件的面积大小同样会对器件的电性能产生影响。图 7.20 所示为不同电极大小的器件的伏安特性，图中给出了电极大小分别为 300μm、100μm 和 50μm 的器件对应的 *I-V* 曲线。从图中可以看出，随着电极尺寸的减小，电流下降，电阻升高。器件的尺寸对于电性能的影响规律与普通电阻的尺寸效应是一致的。只不过在阻变器件中，薄膜厚度相当于电阻的长度，而器件电极的面积相当于电阻元件的横截面积。

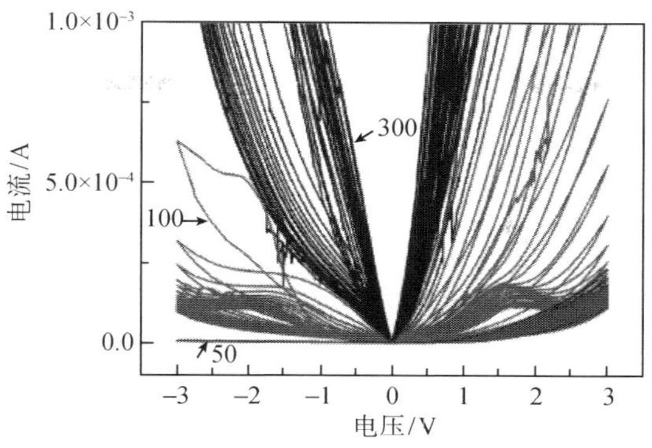

图 7.20　器件面积对于伏安特性的影响

3. Ti/PEDOT:PSS/Ti 器件的突触模拟

在 Ti/PEDOT:PSS/Ti 的上述电学性能中可以发现该器件的电阻随电压的变化是渐变型的，这一特点与神经突触中突触权重的变化具有相似性。也就是说，Ti/PEDOT:PSS/Ti 阻变器件可以用于神经突触的增强性和抑制性的模拟。如图 7.21 所示，分别在 3V 和−3V 电压的连续扫描下，器件的电流会经过一个明显地抑制过程和增强过程。如图 7.21(a)，当电压从 0 扫描至−3V 时，初始电流比较小，出现负微分电阻；电压从−3V 向 0 回扫时，电流以指数函数形式随电压的降低缓慢减小，在−1.9V 左右与前半部分曲线交叉。第一次电压扫描的曲线的形状与图 7.14(b)中的曲线相同。在随后的扫描中，继续从 0 至−3V 进行扫描。此时，器件的电流值(绝对值)明显低于第一次扫描时的电流值。与第一次扫描曲线不同的是，从第 2 次扫描开始，曲线内部不再出现交叉点。在连续 5 次扫描之后，电流逐渐减小，电阻逐渐增大。

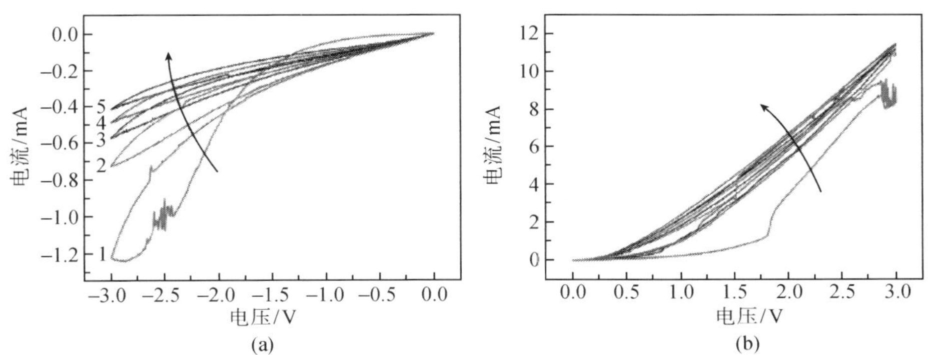

图 7.21　Ti/PEDOT:PSS/Ti 器件的学习过程

(a)电流随负向扫描电压(−3V)的变化;(b)电流随正向扫描电压(3V)的变化

负向循环扫描 5 次之后，改变电压的极性，从 0→3V→0 的方向进行扫描，也就是利用正向电压扫描，如图 7.21(b)所示。在第一次正向扫描的初始阶段，电流很小。到 1.7V 左右电流突然增大。第二次扫描时，电流比第一次略大。随着循环的进行，平均电流逐渐增大。第一次扫描时电流的增加比较明显，而后续扫描过程中电流随循环次数增长非常微小。

将图 7.21 转换为图 7.22(a)的形式，给出电压和电流随扫描次数的变化规律。如果把电流大小作为神经突触的传导效率(突触权重)，这幅图可以清晰地描述 Ti/PEDOT:PSS/Ti 结构对神经突触抑制性和增强性的模拟。由于具有整流效应，电流在负电压方向要明显小于正电压方向。随着扫描次数的增加，负电压方向的电流峰值逐渐减小。当调转极性进行正向电压扫描时，电流峰值首先增大，随后缓慢增大并保持稳定。

将连续电压激励改为脉冲电压激励，得到−3V 和 3V 电压脉冲下电流随脉冲次数的变化，如图 7.22(b)所示，图中电流为绝对电流值。在 100 次−3V 的脉冲激励下，如图 7.22(b)中的实心圆点所示，电流随脉冲次数的增加逐渐减小，呈指数形式变化。这代表了神经突触的抑制过程。随后改变电压极性，用 100 次 3V 的脉冲激励 Ti/PEDOT:PSS/Ti 器件，电流先增大，达到某一峰值之后下降。这一结果与直流扫描的结果相一致。

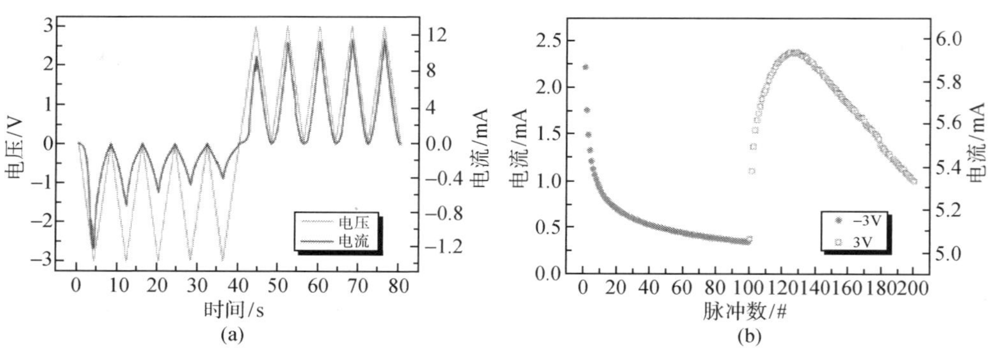

图 7.22　Ti/PEDOT:PSS/Ti 结构器件在正负 1V 之间的学习过程;(a)电压电流随时间的变化;(b)100 次−1V 脉冲与 100 次 1V 脉冲下的电流变化

当改变电压的扫描范围时，就可以改变 Ti/PEDOT:PSS/Ti 器件从抑制性到增强性的转变。例如在正负 1V 电压范围进行扫描时，器件会同时具备抑制性和增强性。图 7.23 是 Ti/PEDOT:PSS/Ti 器件在±1V 内的伏安特性曲线。如图 7.23(a)所示，电压从 0 到−1V 扫描时，电流逐渐增大。电压从−1V 回到 0 的过程中，电流逐渐减小，曲线几乎与前半程重合，没有明显的滞回现象。在第二次重复扫描的过程中，电流略微增加。在 5 次重复循环内，随着循环次数的增加，电流逐渐增大，器件表现出神经突触的增强性。当进行 0→1V→0 的 5 次正向电压扫描时(图 7.23(b))，电流逐渐减小。如图所示，第一次扫描时的曲线在图中 1 位置，电流较大。随着扫描次数的增加，电流逐渐减小，曲线沿 2、3、4、5 的顺序变化。器件表现出神经突触的抑制性。

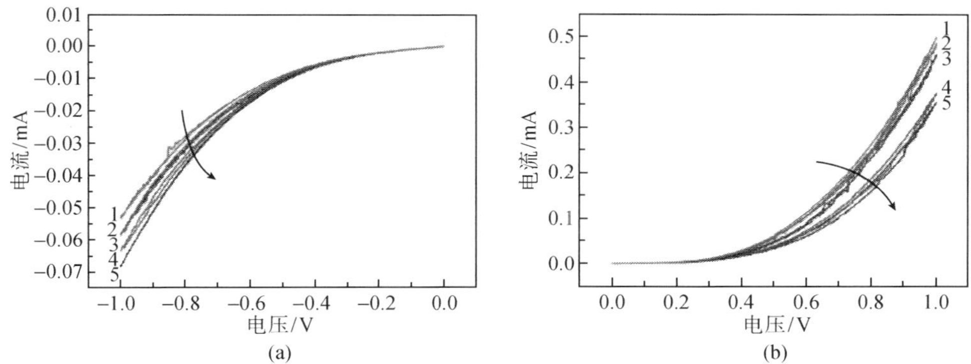

图 7.23　Ti/PEDOT:PSS/Ti 器件在正负 1V 电压扫描下的伏安特性曲线

(a)电压为 0 到–1V 范围;(b)电压为 0 到 1V 范围

将图 7.23 中的数据转换为图 7.24(a)的形式。从图中可以看出，在负偏压方向的扫描过程中，随着扫描次数的增加，电流逐渐增大，器件表现出神经突触的增强性。之后对器件进行正偏压方向的扫描，随着扫描次数的增加，电流逐渐减小，器件表现出神经突触的抑制性。

图 7.24(b)是在 100 次–1V 脉冲和 100 次 1V 脉冲电压下器件电流值的变化趋势。实心圆点是前 100 次–1V 脉冲下的电流值，对应于左侧坐标，电流随着脉冲次数的增大而增大，器件表现出增强性，与直流电压扫描的结果一致。空心方框的数据是

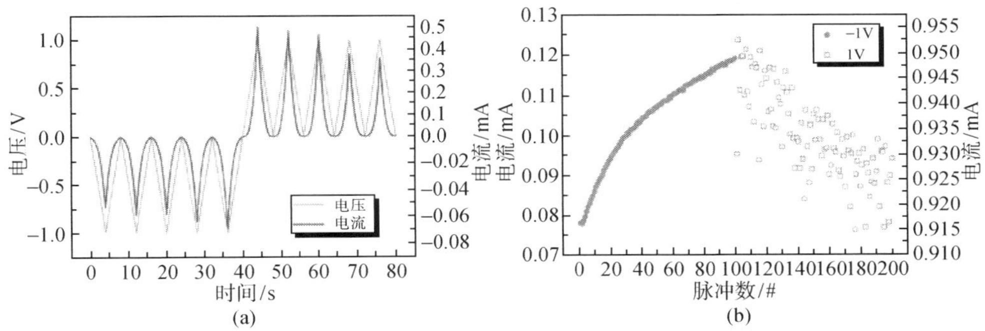

图 7.24　Ti/PEDOT:PSS/Ti 器件在正负 1V 之间的学习过程

(a)电压电流随扫描次数的变化；(b)100 次–1V 脉冲与 100 次 1V 脉冲下的电流变化

100 次 1V 脉冲下的电流值，对应于右侧坐标，电流随着脉冲次数的增大而有减小趋势，在一定程度上描述了神经突触的抑制性，但数据点跳动很大，并不稳定。

从上面的结果可以看出，器件在不同的电压扫描范围内能够模拟不同的突触功能。Ti/PEDOT:PSS/Ti 器件这一丰富且复杂的现象与神经突触的功能十分类似。器件在 0 到–1V 的电压扫描过程中的增强特性比较明显，而在 0 到–3V 之间又会表现出抑制性。这说明电流的增强与抑制不仅与极性相关，还与电压的大小相关。这可以反映神经突触在外界刺激强度变化时增强与抑制性之间的转化。

图 7.25 是 Ti/PEDOT:PSS/Ti 器件在 0 到–1V 之间及 0 到–3V 之间的电流电压特性曲线的比较。如图 7.25(a)所示，器件在 0→–1V→0 的扫描过程中，电流较小，随着循环次数的增加，电流逐渐增大。而在 0→–3V→0 的电压扫描过程中(图 7.25(b))，电流首先出现负微分电阻效应，在重复扫描的过程中，*I-V* 曲线表现出滞回现象，且电流不断降低，电阻逐渐增大。

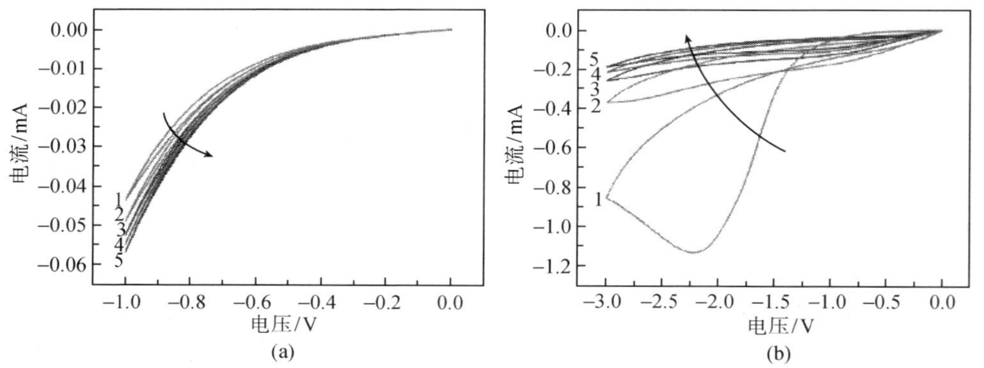

图 7.25　Ti/PEDOT:PSS/Ti 器件在不同的负向扫描电压下的伏安特性曲线

(a) 电压为 0 到–1V；(b) 电压为 0 到–3V

将图 7.25 中的数据转换为随时间变化的曲线，如图 7.26 所示。在 0 到–1V 的电压扫描范围内，电流随着循环次数的增加逐渐增大，器件表现出明显的神经突触的增强性(图 7.26(a))。而在 0 到–3V 的电压扫描范围内，电流随着循环次数的增加而下降，器件表现出明显的神经突触抑制性(图 7.26(b))。

在脉冲电压的作用下，同样可以证明器件的增强性与抑制性与施加电压的幅值密切相关。器件在 100 次强度为–1V，脉宽为 30ms 的脉冲激励下，电流随着脉冲次数逐渐增大，器件表现出明显的增强性。而在 100 次强度为–3V，脉宽为 30ms 的脉冲激励下，电流随脉冲次数的增加而逐渐减小，器件表现出明显地抑制性如图 7.27 所示。并且，在此过程中器件对神经突触增强性和抑制性的模拟都十分显著。也就是说，随着激励电压的增大，器件发生了从增强性到抑制性的转变。

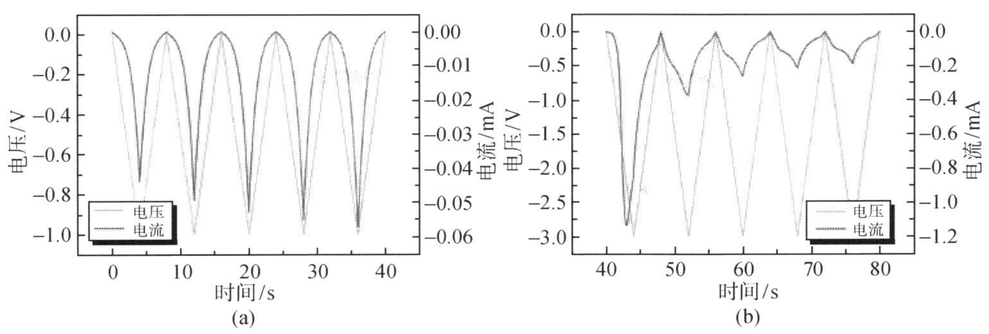

图 7.26　Ti/PEDOT:PSS/Ti 器件在不同负向电压下的学习过程

(a)0 到−1V 电压范围；(b) 0 到−3V 电压范围

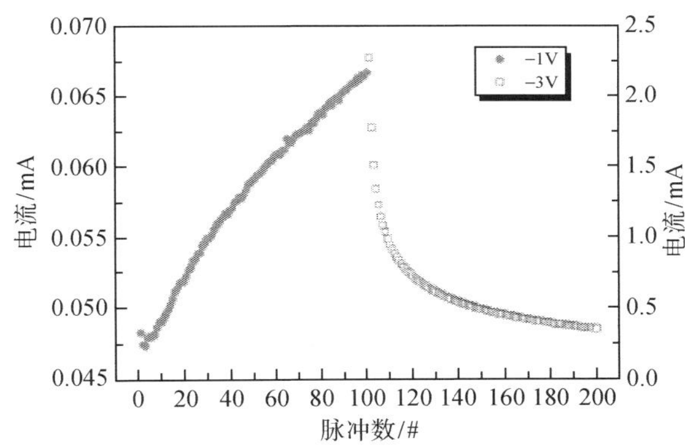

图 7.27　不同负向电压脉冲作用下 Ti/PEDOT:PSS/Ti 器件的电流变化

此外，Ti/PEDOT:PSS/Ti 器件在不同脉冲间隔下突触权重的变化满足脉冲时间依赖可塑性，脉冲的加载方式如图 7.28(a)所示。通过测试脉冲加载前和脉冲加载后的电流，以电流变化百分比作为突触权重的变化，得到结果如图 7.28(b)所示。从图中可以看出，以变化 50%为中心，Ti/PEDOT:PSS/Ti 模拟前突触脉冲和后突触脉冲间隔越小，权重变化越大，与神经突触的放电时间依赖可塑性非常类似。

4. Ti/PEDOT:PSS/Ti 器件的电阻转变机理

Ti/PEDOT:PSS/Ti 器件的电阻变化特征十分丰富，表现出整流特性、负微分电阻效应、突触增强性与抑制性等等。这些复杂的电学特性可以分为两类：一类是可逆变化，另外一类是不可逆变化。可逆变化主导了循环扫描时电阻的切换和小电压下的增强与抑制性的切换，而不可逆变化则主导了整流效应的消失以及大电压下的抑制作用。这也表明 Ti/PEDOT:PSS/Ti 器件的电阻变化包含两方面机制的贡献。

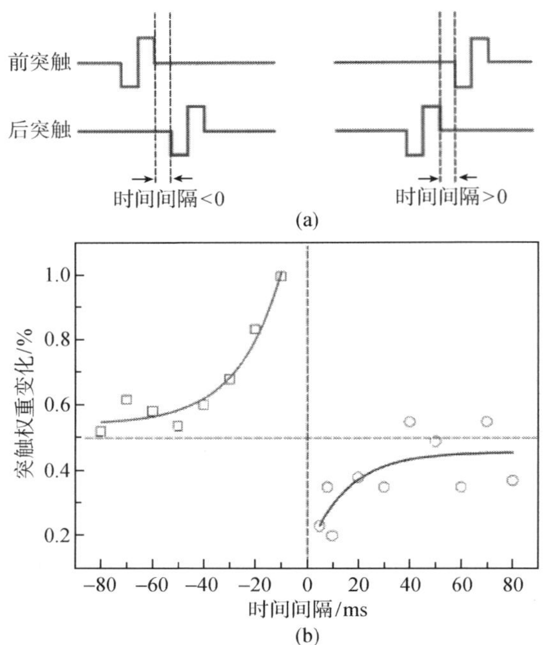

图 7.28　Ti/PEDOT:PSS/Ti 器件的脉冲时间依赖可塑性

(a)脉冲加载示意图；(b)器件的脉冲时间依赖可塑性响应

在阻变器件中，有两个方面的因素至关重要：一是阻变介质，阻变介质是阻变发生的主要载体，不同的物理机制的作用都依赖于阻变介质；二是电极，电极在阻变器件中不仅作为电流的传导媒介，同时还决定了界面上的电子结构，甚至在一些体系中电极能够渗入阻变介质，形成所谓金属导电细丝。首先来看一下电极的影响，把器件的 Ti 电极换成 Au 电极之后，Au/PEDOT:PSS/Au 体系同样表现出负微分电阻效应及其滞回效应，循环过程中电阻持续增大，其电压—电流曲线如图 7.29 所示。同样的负微分电阻效应说明这种现象来源于 PEDOT:PSS 本身。Au/PEDOT:PSS/Au 器件没有整流效应，这说明整流效应来源于 PEDOT:PSS 与 Ti 的界面。

Ti/PEDOT:PSS/Ti 器件的电阻转变有两种可能的机制。第一种是基于 PEDOT 自身的氧化还原反应。PEDOT 是一种导电有机物，可以在氧化态和还原态之间转变。其氧化态 $PEDOT^{+}$是导电的，还原态 $PEDOT^{0}$ 不导电。PEDOT:PSS 发生电阻转变的过程如下：当施加正电压时，空穴脱出，$PEDOT^{+}$被还原为中性的、不导电的 $PEDOT^{0}$；而负向电压则使得 $PEDOT^{0}$ 转变回导电的 $PEDOT^{+}$。另一种机制是 PEDOT:PSS/Ti 界面处生成的薄层 TiO_2 导致器件电阻的变化。Ti/PEDOT:PSS/Ti 器件的电阻转变本身包含了可逆变化与不可逆变化两部分，这说明两种机制都在器件中发挥着作用。其中，可逆变化对应于界面处 TiO_2 的氧化还原，而不可逆变化对应于 PEDOT 的氧化还原。

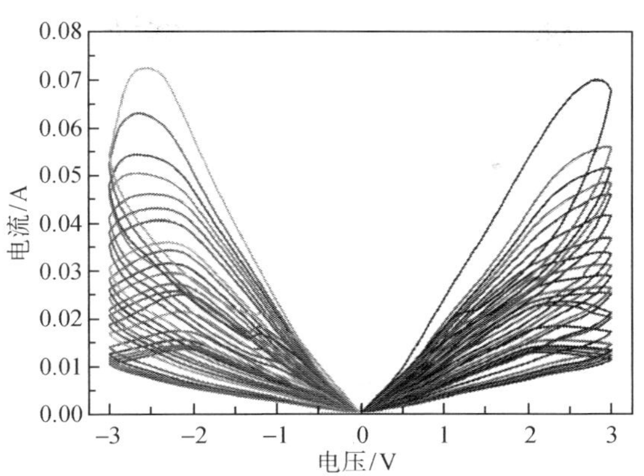

图 7.29　Au/PEDOT:PSS/Au 结构的电阻转变曲线

首先，来看一下负微分电阻与测试步长之间的关系。当改变测量步长时，负微分电阻出现的时间随着步长的增大而向后推延。测试步长的改变主要改变了测试时间，步长越大表明电荷的积累越多。这一结果说明负微分电阻带来的单次循环内电阻的变化主要是基于电荷的积累效应，本质上来说是 PEDOT 的氧化还原。步长越大，电荷的积累越慢，负微分电阻出现的时间越晚。另一方面，在初始态时底电极界面处的界面层较薄，顶电极处界面层较厚，出现整流效应。在电流的作用下，随着循环次数的增加，底电极界面和顶电极界面的界面层厚度区域一致，结构变得更具有对称性，故整流效应消失。

总之，Ti/PEDOT:PSS/Ti 器件的阻变机理属于多种机制复合的类型。界面氧化层的变化，PEDOT:PSS 自身的氧化还原，PSS^-在电压下的分布，以及 PEDOT:PSS 分子构型的变化都导致电阻变化。而整流效应则来源于 Ti 与 PEDOT:PSS 的界面。Ti/PEDOT:PSS/Ti 器件的电阻可以随外界参数调控的性能与神经突触的功能非常类似。改变电压极性和电压大小都可以改变器件的增强性或抑制性。此外 Ti/PEDOT:PSS/Ti 器件还表现出良好的脉冲时间依赖可塑性特征。

7.2　电阻转变行为与其他物理现象的耦合

随着现代信息技术的发展，对于集成电路中器件小型化的要求越来越高。然而，当器件尺寸缩减到几十纳米量级时，继续减小器件尺寸在技术上和经济上都面临着越来越大的挑战。这时候器件的多功能化提供了另外一条“小型化”的途径。器件多功能化可以在单个器件上集成两个或多个器件的功能，从而能够用数量更少的器件实现同样的功能，提高了集成电路的有效密度。器件多功能化正变得越来越受人关注，也引领着器件中多种物理机制耦合效应的研究，例如电、磁、声、光等性能的耦合作用。电阻转变效应也可以与其他物理作用发生耦合，例如阻变效应与磁性、光学性能甚至超导特性的耦合等，本节将分别介绍这些耦合作用器件的特性、机理及其潜在应用空间。

7.2.1　电阻转变效应对磁性的调制

现今主流的存储技术都是基于材料电子结构的两个方面：自旋和电荷。利用电子自旋进行存储的包括次硬盘的读出磁头，磁随机存储器等；利用电子电荷进行存储的技术包括闪存、阻变存储器等。但是在这些技术中，电子的自旋和电荷的属性是独立应用的。比如，在读出磁头中，磁场用来读取和写出存储在磁性材料中的信息；在阻变存储器中，通过电信号的激励，可以实现存储介质层电阻的高低变化，以实现信息的两个逻辑状态“0”和“1”的存储[31]。如果能够将电荷和自旋两个自由度集合在一个器件上，实现电性能和磁性相互调控的新型存储器件，这将极大的提高信息的擦写、传递、处理、读取等操作的速度，并降低器件的能耗[32-34]。

另一方面，半导体自旋电子学的一个热点问题就是用电的方式实现对磁性的调控，即电控磁现象[35-37]。通过电学的方法调控磁性已经在多种材料中被广泛研究，包括金属材料[32]、磁电多铁材料[33]、稀磁半导体[37-39]等。早期对于磁性的调控主要是基于门电压的调控，不过在门电压下载流子浓度的变化只能在小范围内调控。利用电阻转变行为实现对磁性的调控，将电阻转变同磁性转变集成在一个存储器件中，能够实现四态存储。这样一种新型的多功能器件将获得巨大的应用空间。

1. 阻变效应对 Co:ZnO 基稀磁材料磁性的调控

Co:ZnO 是一种重要的自旋材料，其居里温度高于室温[40, 41]，并且在绝缘态和金属态时都表现出较好的磁性[42]。此外，ZnO 体系还表现出了很好的电阻转变性能[43]。选用 Co:ZnO 稀磁绝缘体作阻变存储器的介质层时，由于阻变过程中氧空位的变化将会引起磁性的转变现象。本小节主要介绍 Pt/Co:ZnO/Pt 阻变存储器中的磁性调控现象，并探讨其电阻与磁性转变的物理机制。

1) Pt/Co:ZnO/Pt 器件的电阻和磁性转变

选用 Co 掺杂浓度为 5%的 Co:ZnO 薄膜，上下电极均选用 Pt 电极，构成 Pt/Co:ZnO/Pt 结构的阻变存储器。初始态的 5% Co:ZnO 薄膜的电阻约为 8kΩ，表现出典型的双极阻变循环特性，如图 7.30 所示。由于样品中本来就具有足够多的氧空位，所以器件没有明显的电初始化(forming)过程。器件在 2.0V 左右突然发生跳变，电阻急剧减小至 10~30Ω。在 Set 过程中，对器件施加 10mA 的限流值以免因电流过大而发生永久击穿。当施加反向电压时，器件从低阻态急剧地转变为高阻态。

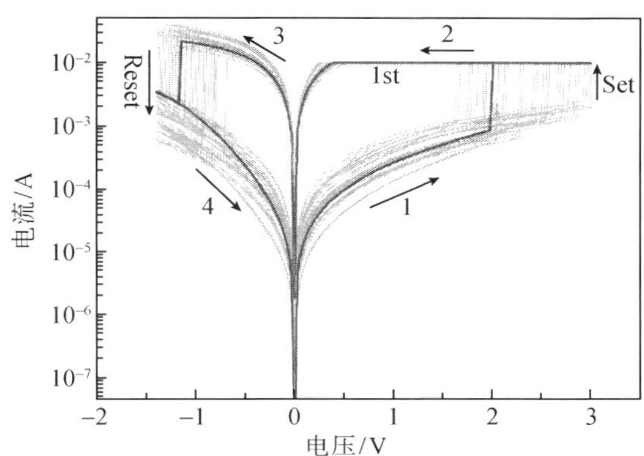

图 7.30　Pt/5% Co:ZnO/Pt 阻变存储器连续 30 个周期的循环阻变特性 *I-V* 曲线

图7.31给出了Pt/5% Co:ZnO/Pt器件的循环性能。可以看到在阻变过程中，低阻态相对稳定，大约保持在30Ω左右；而高阻态比较分散，在1.5~15kΩ的范围内波动，这是由于在Reset过程中导电细丝的不完全断开，造成高阻态电阻在阻变循环过程波动较大[43]。但是在整个300次的循环过程中，Pt/5% Co:ZnO/Pt器件的开关比一直保持在10^2，可以清晰的分辨出信息存储的两种状态。此外，Pt/5% Co:ZnO/Pt器件在阻变循环过程可以持续转变300次以上，表现出了较好的循环特性，高阻态和低阻态的变动是可重复和可信赖的。较好的循环性能为探讨磁性在阻变效应下的变化奠定了基础。

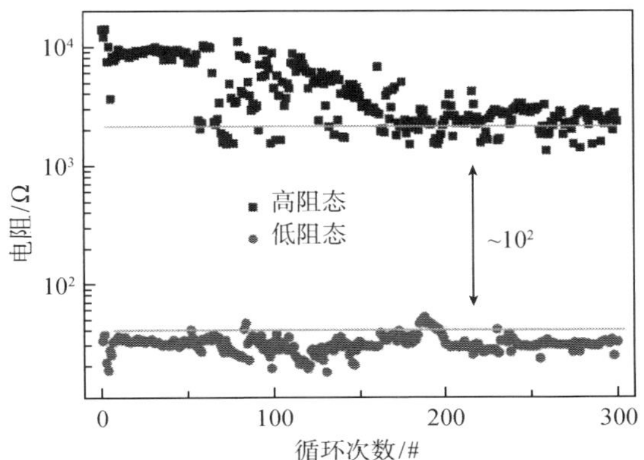

图 7.31　Pt/5% Co:ZnO/Pt 阻变存储器在 300 个周期内的循环特性

接下来看一下 Pt/5% Co:ZnO/Pt 器件在发生阻变的同时磁性的变化情况。图 7.32

给出了连续两次循环过程中高、低阻态下的磁性变化情况。把 Pt/5% Co:ZnO/Pt 器件上的每个阻变存储单元都转变到同一个电阻态，即将该器件同时重置成高阻态或低阻态。器件经过重置操作后，测试其室温磁滞回线，以观测阻变效应调控下的磁性变化。由图 7.32 可以看到，在高阻态和低阻态下，Pt/5% Co:ZnO/Pt 器件均具有明显的铁磁性，说明在施加偏压后，室温铁磁性仍得以保持。通过对比可以发现，5%Co:ZnO 稀磁介质层的磁性在电阻转变之后发生了明显的变化。例如在图 7.32(a)和 7.32(b)中，高、低阻态时的饱和磁矩分别为 3.2μemu 和 5.8μemu。低阻态时的饱和磁矩比高阻态时要强，大约提高了 50%左右。在接下来的 Reset 过程中，高阻态的饱和磁矩又降低到 2.3μemu。然后经过 Set 过程后，低阻态的饱和磁矩相对于上一个高阻态，又增加到了 4.4μemu(图 7.32(d))。

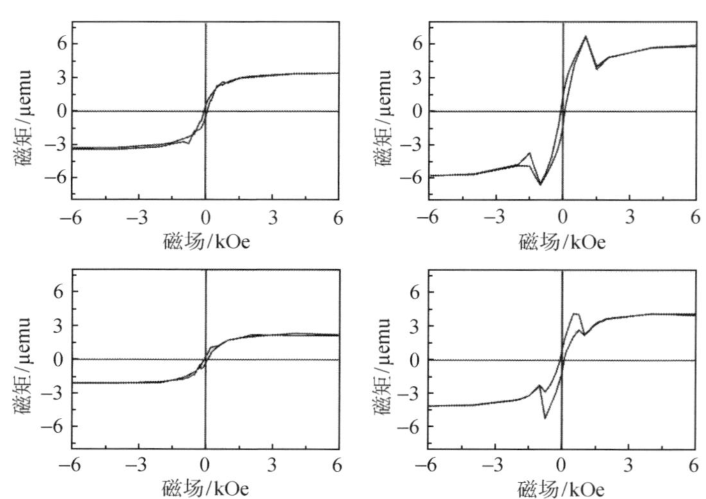

图 7.32　Pt/5% Co:ZnO/Pt 器件连续两次阻变循环时高、低阻态的室温磁滞回线
(a) 高阻态; (b) 低阻态; (c) 高阻态; (d) 低阻态

图 7.33 给出了反复测得的 5 个循环过程的高、低阻态时的饱和磁矩变化。由图可见，阻变效应对磁性的调控可以重复，证实了阻变效应对 5% Co:ZnO 稀磁绝缘体薄膜磁性调控的有效性。

众所周知，Co 的掺杂含量对与 Co:ZnO 薄膜的物理性能，如磁性、电性、光学性能等有着重要的影响。在这里，首先探讨一下 Co 掺杂含量对 Pt/Co:ZnO/Pt 器件性能的影响，以揭示阻变效应对磁性调控作用的机理。图 7.34(a)给出了 Pt/纯 ZnO/Pt 阻变存储器连续 20 次电压扫描所获得的 *I-V* 曲线。器件初始态处于高阻态，并且 Pt/纯 ZnO/Pt 器件的初始电阻非常高，约为 $4\times10^7\Omega$。相对于之前讨论的

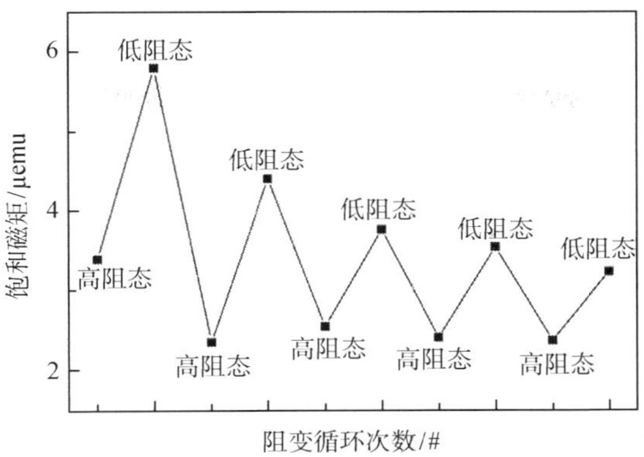

图 7.33　Pt/Co:ZnO/Pt 器件的饱和磁矩在阻变效应下的调控

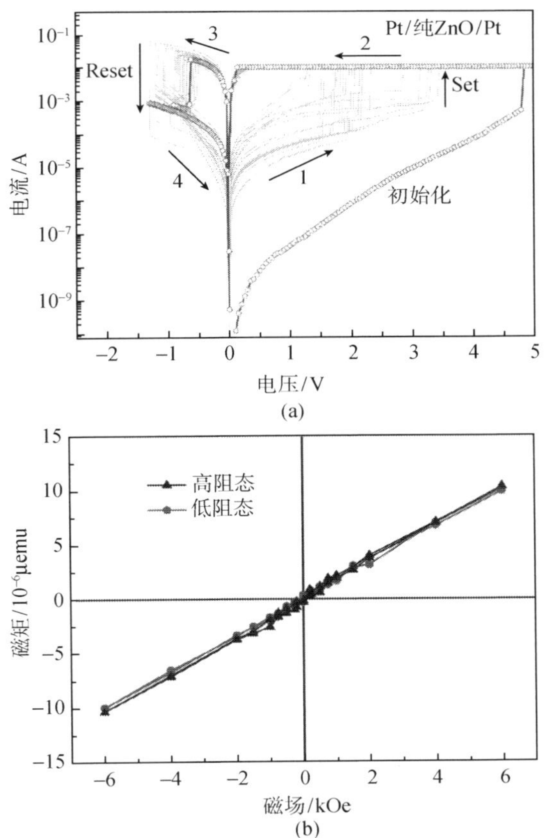

图 7.34　(a)Pt/纯 ZnO/Pt 器件的连续 20 次循环阻变特性 *I-V* 曲线；(b)Pt/纯 ZnO/Pt 器件的室温磁滞回线在高低阻态均呈顺磁性

Pt/5%Co:ZnO/Pt 器件，纯 ZnO 薄膜如此高的初始电阻表明了薄膜内部氧空位非常少。与 Co 掺杂后的器件相比，Pt/纯 ZnO/Pt 器件在出现稳定的阻变效应之前需要一个电初始化过程。Pt/纯 ZnO/Pt 器件在高、低阻态时的室温磁滞回线如图 7.34(b)所示。高、低阻态时的纯 ZnO 薄膜均表现出顺磁性，没有观察到磁性调控现象。这是因为原始沉积态的纯 ZnO 薄膜本身就没有室温铁磁性[44]，这一结果也证实了在稀磁材料中过渡金属离子与材料中的缺陷(比如氧空位等)的相互交换作用对本征磁性起源的重要性[40, 41]。

再来看一看其他 Co 掺杂浓度的样品。例如，Pt/3% Co:ZnO/Pt 器件能够表现出稳定的阻变特性，同时会发生磁性的变化。图 7.35 是 3% Co 掺杂 ZnO 薄膜做介质层的连续两次阻变循环过程的磁滞回线，同样也观测到了阻变循环过程中，磁性强弱的变化。磁性可以通过高、低阻态的变化而调制，低阻态时的饱和磁矩高于高阻态时的饱和磁矩。低阻态时的饱和磁矩比高阻态时有了近 40%的提高。这一结果支持了在 5%Co:ZnO 稀磁绝缘体中观察到的阻变效应对磁性的调控现象。

Co 的掺杂含量对于 Co:ZnO 薄膜的电学性能有着很重要的影响。图 7.36(a)给出了 Co 的掺杂含量对 Pt/Co:ZnO/Pt 器件的初始态电阻以及开关比的影响曲线。由图可见，Pt/Co:ZnO/Pt 器件的初始电阻及开关比均随着 Co 的掺杂含量的增加而单调下降。对于 Pt/8%Co:ZnO/Pt 的器件，其初始电阻仅为 830Ω。图 7.36(b)给出了 Pt/8% Co:ZnO/Pt 器件的 *I-V* 曲线，该器件并没有明显的阻变特性，因此，也不能获得该器件在偏压作用下的磁性调控现象。这个结果也表明了，对于 Co:ZnO 薄膜来说，稳定的阻变特性是导致磁性变化的必要条件。

对于 Co:ZnO 薄膜构成的阻变存储器来说，该器件实现了在阻变作用下对磁性的调控，这个现象有望实现磁性方式下的信息存储以及电学方式下的信息读取等操作，有潜力应用在信息存储器件中。这种在阻变效应下磁性的调控作用提供了一个

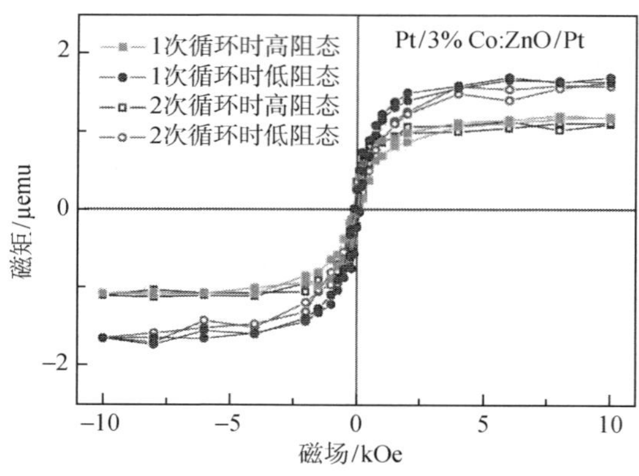

图 7.35　Pt/3% Co:ZnO/Pt 器件连续两次阻变循环在高、低阻态时的室温磁滞回线

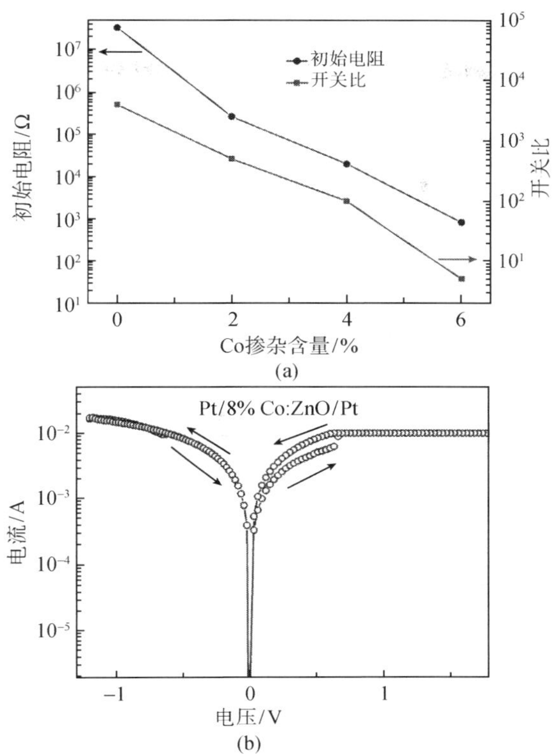

图 7.36　(a)Pt/Co:ZnO/Pt 器件的初始电阻以及开关比和 Co 掺杂含量变化的关系；(b)Pt/8% Co:ZnO/Pt 器件的 *I-V* 曲线

新的读出磁性状态的可能，如果将磁性的高低的变化作为信息的存储，那么无疑将会拓宽 Co:ZnO 稀磁材料的应用范围。

2) Pt/Co:ZnO/Pt 器件的结构分析

从器件微观结构分析的角度可以解释阻变性能同磁性调控的内在联系。图 7.37(a)是 Pt/5%Co:ZnO/Pt 器件经过 Set 过程后在低阻态时的低倍截面相。图 7.37(b)给出了 Pt/5%Co:ZnO/Pt 器件在低阻态时的 HRTEM 晶格相，以表征 Co 掺杂元素的状态，并排除了金属态导电细丝的存在。通过 HRTEM 方式在样品不同位置的表征，并没有观察到任何金属 Co 或者富 Co 的第二相的存在，显示了 Co 主要是以 Co^{2+} 的方式替代 Zn^{2+}，证实了 Co 掺杂 ZnO 薄膜的磁性是本征磁性，并不是由第二相引起的。如图 7.37(b)的标记，相邻晶面间的距离是 0.265nm，同 Co:ZnO(002)晶面间距一致。另外，利用 EDS 面扫描的方法对该器件进行了元素成分扫描，以表征在阻变过程中元素的分布情况。图 7.37(c)给出了该器件的高角环形暗场像(HAADF)，以及 Pt、Zn、O、Co 元素分布图。HAADF 很清晰的看到了 Co:ZnO 薄膜以及 Pt

电极间的界面情况，另外从 Pt、Zn、Co 的元素分布图可以看到这三种元素的分布是相对均匀的，而 O 的元素分布出现了差异，靠近 Pt 顶电极处的 O 出现了富集，这预示了在阻变过程中，O^{2-}在电压的作用下，向顶电极移动，这说明了氧迁移机制是引起阻变过程的直接原因。同样，用 EELS 的方法对样品进行了定性表征的结果也证明了这一点。图 7.37(d)给出了样品的三个不同位置的 O 的 *K* 边 EELS 谱，三个位置如图 7.37(a)所示，分别是靠近底电极(位置 1)、薄膜内部(位置 2)、靠近顶

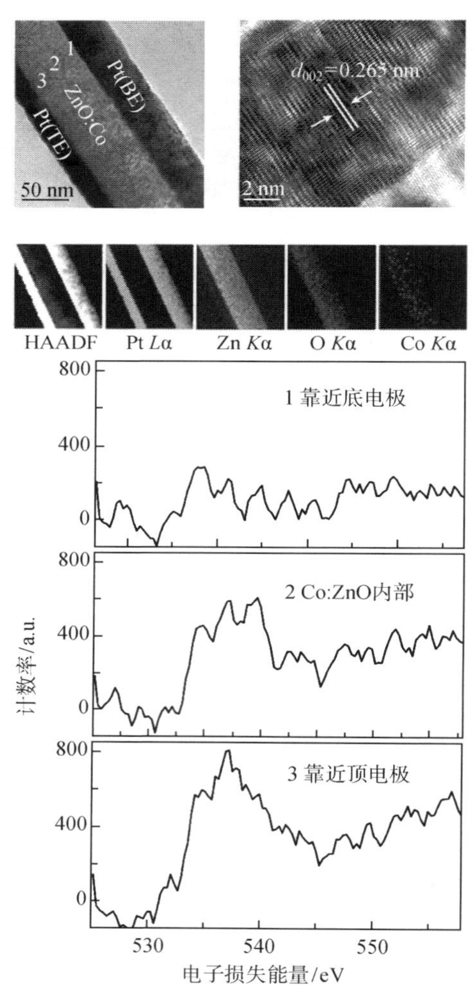

图 7.37　(a)Pt/5% Co:ZnO/Pt 器件经过 Set 过程后在低阻态时的低倍截面像；(b)Pt/5% Co:ZnO/Pt 器件经过 Set 过程后在低阻态时的 HRTEM 像；(c)Pt/5% Co:ZnO/Pt 器件的 HAADF，以及通过 EDS 得到的 Pt，Zn，O，Co 元素的 mapping 图谱；(d)低阻态时不同位置的 O 的 *K* 边的 EELS 谱

电极(位置 3)的三个点。通过对比 O 的 K 边信号的强度，发现了从底电极到顶电极，O 的信号在变强，这也说明了氧离子在 Set 过程中向顶电极迁移[45]，这个结果也证实了图 7.37(c)的 O 元素的面扫描结果。

图 7.38 是高低阻态时 Co:ZnO 薄膜中的 Co 的 $2p$ 的 XPS 谱。由图可以看到，在高阻态时，Co 的 $2p_{3/2}$ 和 $2p_{1/2}$ 的峰位分别位于 781.0eV 和 796.8eV，并伴随出现了相应的卫星峰，证实了 Co 是以 2 价离子的形式存在[42]。而在低阻态时，相比于高阻态，Co 的 $2p_{3/2}$ 和 $2p_{1/2}$ 的峰位均向低能级方向移动。这说明了在低阻态时，和 Co^{2+}结合的 O^{2-}变少，使得 Co 的 $2p$ 结合能降低。此外，如图 7.38 插图所示，高低阻态时 Zn 的 $2p$ 图谱也发现了 Zn 相应的峰位偏移情况。Co 和 Zn 的 XPS 峰位的变化，说明了 O^{2-}同 Co^{2+}、Zn^{2+}结合的数量变少，反应了在 Set 过程时引入了更多的氧空位[46]，而氧空位的变化直接引起了该器件的磁性能的变化。

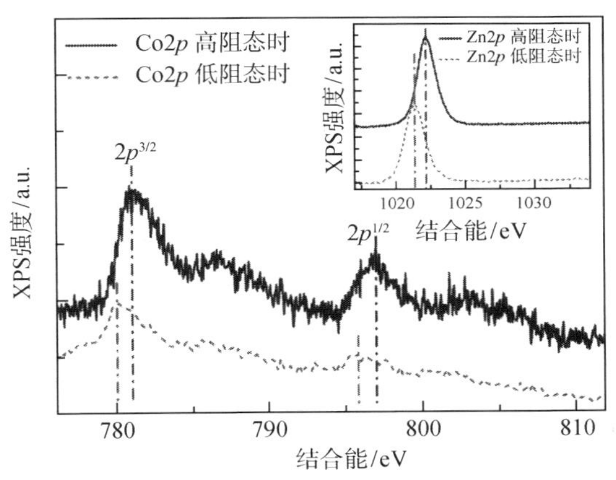

图 7.38　高低阻态时 Co 的 XPS 图谱,内插图是 Zn 的 XPS 图谱

利用同步辐射 X 射线吸收谱(XAS)技术可以准确的表征 Co:ZnO 薄膜中氧空位的变化情况。选用电阻不同的 Co:ZnO 薄膜，其电阻值分别近似于高、低阻态的电阻值。相应的 O 的 K 边计算谱通过基于第一性原理的 FEFE8.2 方法计算。图 7.39(a)中，在大约 531.2eV 处用箭头标记了一个肩膀峰，该肩膀峰随着电阻的降低而变得尖锐，这说明了从高电阻变到低电阻的过程中，氧空位的数量增加了。这同样可以由相应的计算谱得到证实，更多的氧空位的存在造成了更强的肩膀峰的出现[47]。这个现象可以提供一个额外的证据证明在从高阻态到低阻态的变化过程中，引入了更多的氧空位，从另一个角度印证了在阻变过程中存在着 O^{2-}或氧空位的迁移。

3) 电阻转变调节磁性的机理

微观结构表征及化学态变化的分析已经揭示了在 Set 过程中形成的大量氧空位直接构成了 Pt/5% Co:ZnO/Pt 器件里低阻态时的导电细丝通道。图 7.40(a)给出了

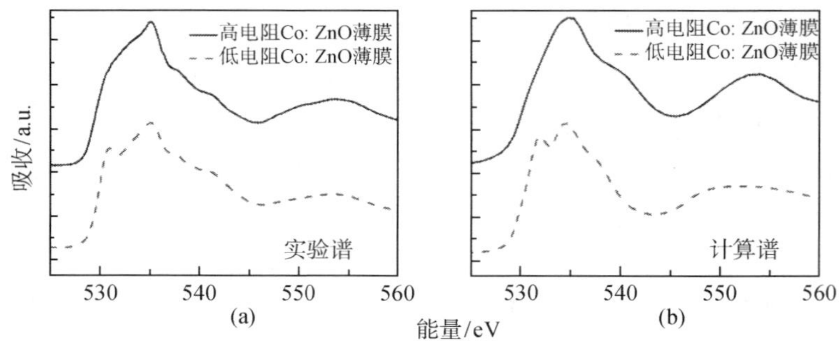

图 7.39　(a)两个原始沉积的高电阻以及低电阻 Co:ZnO 薄膜的 O 的 K 边 XAS 实验谱；(b)为相应的 O 的 K 边 XAS 计算谱

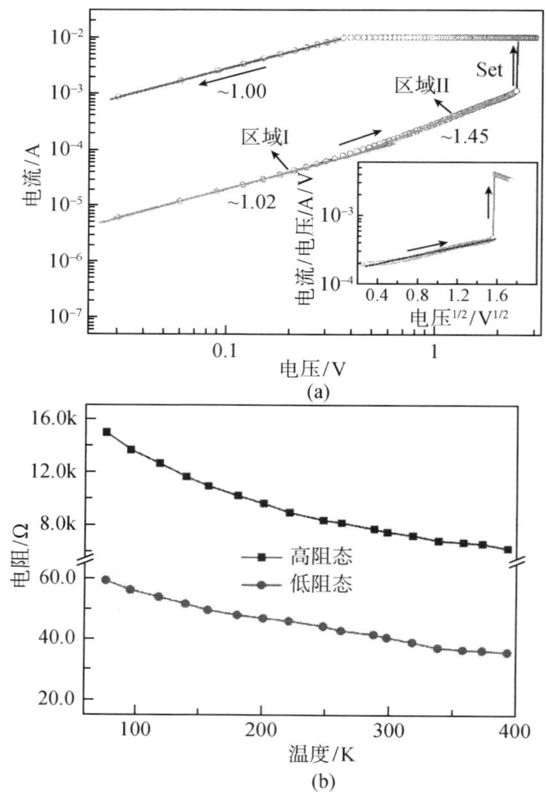

图 7.40　(a)双对数对标下的 *I-V* 曲线及其拟合，插图是高阻态的 log(*I*/*V*)对 $V^{1/2}$ 的关系曲线；(b)Pt/5% Co:ZnO/Pt 阻变存储器的高、低阻态电阻随温度变化规律

Pt/5% Co:ZnO/Pt 器件用双对数坐标下的 *I-V* 曲线。高阻态和低阻态的 *I-V* 曲线的拟合结果标注在图中。可以看到高阻态的 *I-V* 曲线特征比较复杂，可以分成 2 段

区域。在低电压 0~0.2V 之间，高阻态的 *I-V* 曲线呈线性，类似于欧姆特性，线性拟合表现出 1.02 的斜率。而当电压大于 0.2V 时，高阻态的 *I-V* 曲线特性表现为非线性特性，线性拟合表现出近似为 1.45 的斜率。高阻态时的非线性特征以及相应的导电机理可以用 Poole-Frenkel(P-F)发射机制解释[48]。此外，如图 7.40(a)插图所示，在高电压($V > 0.2$V)时的 $\log(I/V)$ vs $V^{1/2}$ 的关系图，可以看到其表现为线性特性。拟合的结果表明高阻态的导电机制可以用缺陷引起的(例如氧空位)P-F 类型的跃迁导电机制来解释。与高阻态导电不同的是，低阻态 *I-V* 曲线在对数坐标下显示为一条直线，且斜率为 1.00，说明在低阻态下存在 *I* 正比 *V* 的关系，因此呈现完全的欧姆导电特征，这和在 Set 过程中导电细丝的形成机制的解释是一致的，在该器件中，构成低阻态的导电细丝是由氧空位构成的。另外一方面，电阻随温度变化的规律是用来解释导电机理的一个有效有段。图 7.40(b)给出了 Pt/5% Co:ZnO/Pt 阻变存储器的高阻态和低阻态电阻随温度的变化规律。图中给出了该器件的高、低阻态的电阻值在 77~400K 温度范围内随温度变化的关系曲线。可以看到高、低阻态的电阻值均随着温度的升高而降低，这种电阻随温度变化的特性是典型的半导体导电行为，说明了在阻变过程中并没有出现金属态的导电细丝，而是由氧空位构成的导电细丝引起器件的阻变行为。而事实上，对于由两种惰性电极夹有氧化物绝缘层的三明治结构的阻变器件来说，氧空位迁移机制通常是解释阻变效应的原因[31, 49]。总的来说，结构表征分析和电学的解释充分说明了在 Pt/5% Co:ZnO/Pt 阻变存储器中，氧空位构成的导电细丝是引起 Set 过程的直接原因。

根据束缚磁极子模型(BMP)[40, 41]，被氧空位束缚的磁极子和磁性离子的耦合作用是引起稀磁氧化物材料，如 Co:ZnO 中本征磁性的重要原因。而另一方面，基于氧空位的导电机制是引起惰性电极/氧化物/惰性电极构成的阻变器件的阻变特性的直接原因[31, 50]。因此，将 Pt/Co:ZnO/Pt 阻变器件中的阻变特性和磁性调控现象通过氧空位可以联系起来。如图 7.41(a)所示，初始状态时，原始沉积的 Co:ZnO 薄膜中由于非平衡的溅射沉积过程存在较多的缺陷(比如氧空位)，因此其初始制备的高阻态时的本征室温铁磁性可以用 BMP 模型来解释，但是由于缺少足够多的氧空位实现有效的耦合作用，其初始磁性相对较弱。而当施加电压后，如图 7.41(b)所示，器件从高阻态变为低阻态，由于 O^{2-}迁移在薄膜内部引入了大量的氧空位并且形成了氧空位的导电通道，氧空位的增多使得其与磁性 Co^{2+}的交换耦合作用的体积范围增大，使得 Co:ZnO 薄膜的磁性增强。而当发生 Reset 过程后，器件的低阻态变成高阻态，构成导电细丝的氧空位受电压的迁移作用回复到其他位置，氧空位浓度减小[50, 51]，

降低了与磁性 Co^{2+}的交换耦合作用范围，使得 Co:ZnO 薄膜的磁性降低。

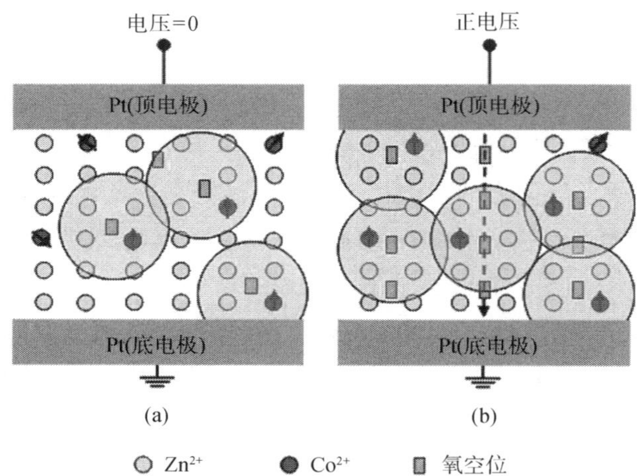

图 7.41　(a)基于 BMP 机制的 Pt/Co:ZnO/Pt 器件在高阻态时的铁磁有序性；(b)在 Set 过程时器件的阻变效应与磁性调控的机制

2. Fe:ZnO 薄膜中电阻转变与磁性的调制

电场作用下氧空位的迁移导致了 Co:ZnO 薄膜中电阻和磁性的协同转变。氧空位的调制作用在其他氧化物中也可以获得相似的效应。本小节主要介绍不同 Fe 掺杂含量的 Fe:ZnO 薄膜中电阻转变与磁性的耦合作用[52]。Fe:ZnO 薄膜表现出了丰富的物理性能，具有优异的压电、光学、磁性、铁电等性能[53-55]。通过调控 Fe 离子价态的方法可以调控 Fe:ZnO 薄膜的压电性，证实了 Fe 离子价态对 Fe:ZnO 薄膜物理性能有着重要的影响[56]。通过调控 Fe 元素的价态对于 Fe:ZnO 薄膜的电阻转变和磁性的转变也会产生重要影响。

1) Pt/Fe:ZnO/Pt 器件的电阻转变性能

图7.42给出了Pt/5.4%Fe:ZnO/Pt阻变存储器的100条连续扫描的电阻转变特性 *I-V*曲线。可以看到Pt/5.4% Fe:ZnO/Pt阻变存储器表现出了典型的双极阻变循环特性。由于原始沉积的Fe:ZnO薄膜中存在着大量的氧空位，所以该器件没有电初始化过程。当对器件施加正向电压并逐渐增大时，在V_{Set}电压处发生高阻态到低阻态的转变过程。在Set过程中，对器件施加10mA的限流值以免因电流过大而发生永久击穿。当施加反向电压时，器件在V_{Reset}发生从低阻态变为高阻态的转变。其他Fe掺杂含量的ZnO薄膜(包括纯ZnO薄膜)构成的Pt/Fe:ZnO/Pt器件中都能观察到双极阻变特性。

阻变器件的循环性能以及电阻值大小的分散性的好坏对于阻变存储器的应用来说是非常重要的。对于Pt/ZnO/Pt结构来说，其阻变循环性能及电阻值的分散性并

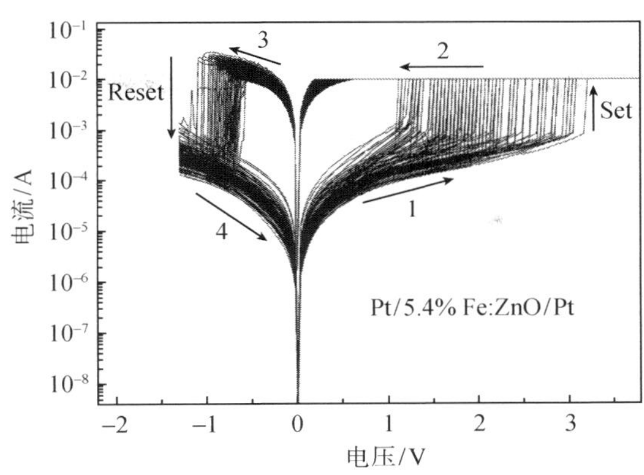

图 7.42 Pt/5.4% Fe:ZnO/Pt 阻变存储器连续 100 条电阻转变特性 *I-V* 曲线

不是很好。通过对纯ZnO进行掺杂改性的方式被证实是一种有效改进器件的阻变循环特性的手段[57, 58]。图7.43(a)-(d)给出了不同Fe掺杂含量的*x*% Fe:ZnO(*x*=2.3，5.4，7.1，9.3)构成的阻变存储器的阻变循环特性曲线，所有器件均是在直流模式下测试完成的，电阻的阻值在0.12V处读出。从图7.43可以看到，所有器件的开关比均在10^2左右，适于在非易失性存储器中应用。通过对比纯ZnO薄膜构成的阻变存储器的性能，发现在ZnO薄膜中适当的掺杂Fe元素可以明显的改善阻变循环性能，同样也优化了电阻值大小的分散程度。尤其是对于Pt/2.3% Fe:ZnO/Pt和Pt/5.4% Fe:ZnO/Pt器件来说，它们的阻变至少可以持续500次，相比较于另两组高掺杂Fe含量的ZnO薄膜以及纯ZnO薄膜构成的阻变存储器的循环性能有了很大的提高。这是由于较低Fe掺杂含量的ZnO薄膜的晶体质量较好以及较高比例的Fe^{3+}存在。晶界或者位错位置适当的缺陷能够提供金属离子或者氧空位迁移的有效通道，使得阻变过程较容易发生。但是过多的缺陷却对阻变循环特性不利。另外有文献已报道掺杂少量价态不同于宿主阳离子价态的元素离子能够实现电荷平衡与附近空位缺陷的结合的控制，从而优化了阻变循环特性[59]。随着Fe掺杂含量的提高，Fe^{3+}的含量降低，并且降低了Fe:ZnO薄膜的晶体质量。因此，较低Fe掺杂含量构成的阻变存储器表现出了更好的阻变循环特性，而高掺杂含量由于晶体质量的破坏以及低比例含量的Fe^{3+}表现出了较差的阻变循环特性，如图7.43 (c)和(d)所示。

同Pt/Co:ZnO/Pt阻变存储器的导电机制类似，Pt/Fe:ZnO/Pt阻变存储器的导电同样可以用氧空位构成的导电细丝机制来解释。图7.44给出了Pt/5.4% Fe:ZnO/Pt器件用双对数坐标下的*I-V*曲线。高阻态和低阻态的*I-V*曲线的拟合结果用实线标注。低阻态*I-V*曲线在对数坐标下显示为一条直线，斜率近似为1，说明在低阻态下存在*I*正比于*V*的关系，呈现完全的欧姆导电特征，这是由于在Set过程中形成了导电细丝，

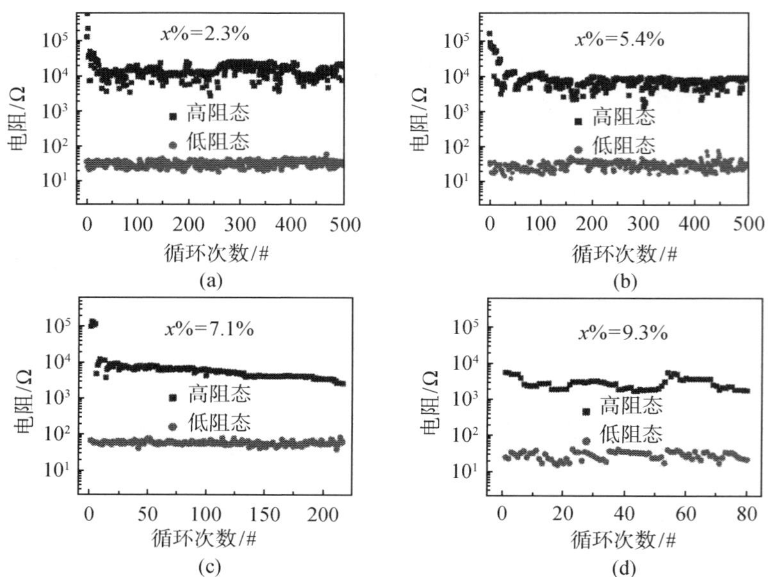

图 7.43 (a)~(d)分别是不同掺杂 $x\%$ Fe 含量(x=2.3，5.4，7.1，9.3)构成的 Pt/Fe:ZnO/Pt 器件的阻变循环特性曲线

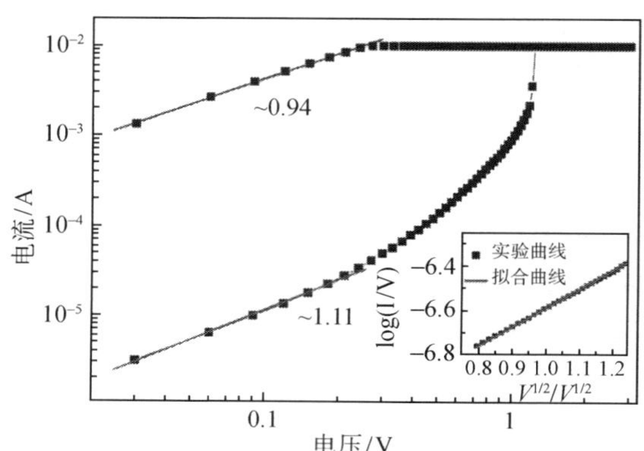

图 7.44 双对数坐标下的 Pt/Fe:ZnO/Pt 阻变存储器的 I-V 曲线及其拟合

插图是高阻态时的 log(I/V)对 $V^{1/2}$ 的关系曲线

构成低阻态的导电细丝是由氧空位构成的。可以看到高阻态的I-V曲线特征比较复杂，可以分成两段区域。在低电压0~0.2V之间，高阻态的I-V曲线呈线性，类似于欧姆特性，线性拟合表现出近似为1的斜率。而当电压大于0.2V时，高阻态的I-V曲线特性表现为非线性特性。经典的对于非线性导电机制的解释包括Schottky发射机制、Poole-Frenkel(P-F)发射机制以及空间电荷限制导电机制解释[60]。图7.44插图给出了器件在高电压($V > 0.2$V)时的log(I/V)对$V^{1/2}$的关系图，可以看到其拟合的结果表

现为线性特性，可以用由缺陷(例如氧空位)引起的P-F类型的跃迁导电机制来解释。同样用电学的方法证明了在Pt/Fe:ZnO/Pt阻变存储器中，基于氧空位的导电细丝机制是其阻变过程发生的机理。

2) 电阻转变调控 Pt/Fe:ZnO/Pt 器件的磁性

原始沉积的 Pt/Fe:ZnO/Pt 结构的初始态均为高阻态，并且样品表现出了本征的室温铁磁性，如图 7.45(a)~(d)中的 1#高阻态的 *M-H* 曲线所示。由前面的讨论中，已经知道了 Pt/Co:ZnO/Pt 阻变存储器能够发生稳定的基于氧空位导电细丝机制的阻变循环过程，这是该器件具有阻变调控磁性现象的必要条件。将不同 Fe 掺杂含量的 Pt/Fe:ZnO/Pt 器件上的每个阻变单元进行重置操作，即将该器件同时重置成高阻态或低阻态。器件经过重置操作后，测试器件的室温磁滞回线，以观测阻变调控下的磁性变化。

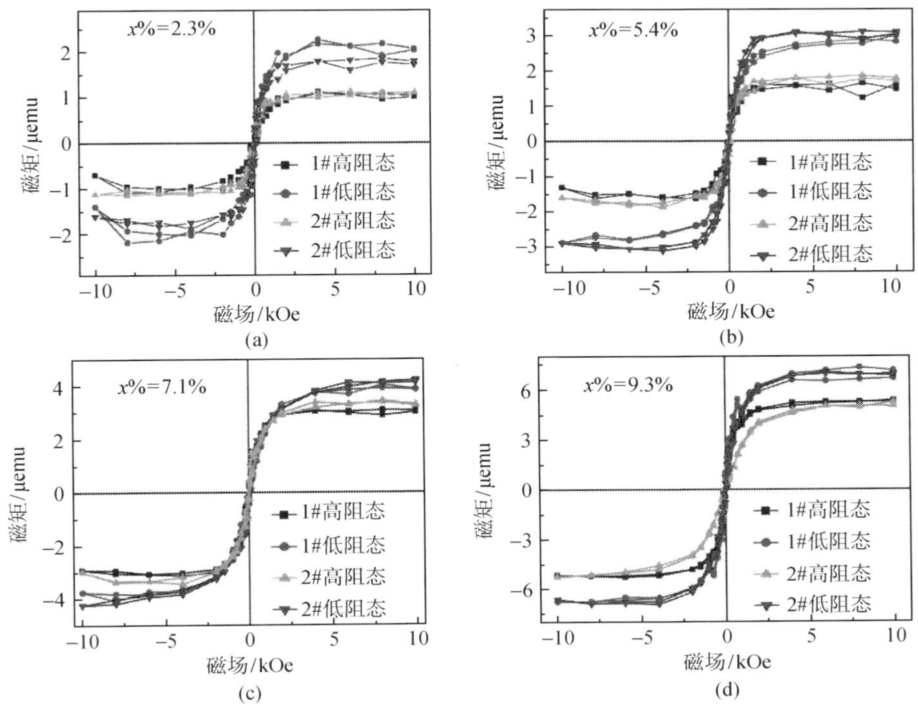

图 7.45 (a)~(d)分别是 Pt/*x*% Fe:ZnO(*x*=2.3，5.4，7.1，9.3)/Pt 阻变存储器连续两次阻变循环时在高、低阻态时的室温磁滞回线

图 7.45(a)~(d)给出了不同 Fe 掺杂含量的 *x*% Fe:ZnO(*x*=2.3，5.4，7.1，9.3)薄膜做介质层的 Pt/Fe:ZnO/Pt 阻变存储器在连续两次阻变循环过程中扣除了背底顺磁性信号后的室温磁滞回线曲线。由图 7.45(a)~(d)可以看到，在高阻态和低阻态下，所

有的 Pt/Fe:ZnO/Pt 器件均具有明显的铁磁性，说明经过偏压的施加，室温铁磁性仍得以保持。有意思的是，通过对比发现，阻变效应对 Fe:ZnO 稀磁介质层的磁性改变发生了明显的影响，其饱和磁矩的大小随着高、低阻态的变化而变化，而且所有器件的低阻态时的饱和磁矩要高于高阻态时的饱和磁矩。例如在图 7.45(b)中可以看到，Pt/5.4% Fe:ZnO/Pt 初始高阻态时的饱和磁矩为 1.5μemu，经过 Set 过程后其饱和磁矩增大到 2.6μemu，大约提高了近 50%左右。紧接着再施加 Reset 过程，高阻态的饱和磁矩又降低到 1.5μemu。然后经过 Set 过程，低阻态的饱和磁矩相对于上个高阻态，又增加到 2.7μemu，证实了 Pt/5.4% Fe:ZnO/Pt 阻变存储器在室温下具有可重复的阻变调控磁性的性能。

使用 XPS 测试手段分析 Pt/Fe:ZnO/Pt 器件在高、低阻态时 Fe 元素的化学态变化的信息，证明了阻变过程的物理机制。以 Pt/5.4% Fe:ZnO/Pt 为例，使用 XPS 深度剖析的方法探测该器件阻变过程中 Fe 元素价态的变化。先用 Ar^+溅射的方法将 Pt 顶电极去除，直到 Pt4*f* 的信号消失后，开始收集 Fe 元素的 2*p*XPS 谱的信号。图 7.46(a)和(b)给出了高阻态和低阻态时 Pt/5.4% Fe:ZnO/Pt 器件的 Fe 2*p* 的 XPS 谱随 Ar^+刻蚀时间(样品剖析深度)的变化。如图 7.46(a)所示，高阻态时的 Fe $2p_{3/2}$和 Fe $2p_{1/2}$的峰位并没有随着样品深度的变化移动，这可能是由 Reset 过程后的氧空位迁移使得整个 Fe:ZnO 薄膜中的氧空位的分布变得均匀造成的。有意思的是，在低阻态时，Fe $2p_{3/2}$和 Fe $2p_{1/2}$的峰位随着样品的深度(从顶电极到底电极)开始向较低的结合能方向移动，如图 7.46(b)所示。顶电极附近的 Fe $2p_{3/2}$和 Fe $2p_{1/2}$的峰位分别为 724.3eV 和 710.8eV，相比较下底电极附近的 Fe $2p_{3/2}$和 Fe $2p_{1/2}$的峰位分别为 723.8eV 和 710.3eV。峰位向低结合能的方向大约移动了 0.5eV，预示了随着样品深度剖析的方向从顶电极到底电极的过程，发生了 Fe^{3+}和 Fe^{2+}的转变。这个现象可以用 O^{2-}迁移机制来解释，在 Set 过程中，由于正向电压的施加，O^{2-}开始从底电极向顶电极移动，并在靠近底电极的附近产生了大量的氧空位，底电极附近 Fe 离子与更少的阳离子结合导致了 Fe 2*p* 芯级的结合能向低能级方向转变。低阻态过程中观察到的 Fe 2*p* XPS 谱随剖析深度移动的现象证明了 O^{2-}或氧空位的迁移是引起阻变效应的原因。

Pt/Fe:ZnO/Pt 存储器中阻变效应调控磁性的现象可以用电场激励下的 O^{2-}或氧空位的迁移机制来解释，与 Co:ZnO 薄膜中的机理相似。在初始状态时，Fe:ZnO 薄膜中存在较多的结构缺陷(比如氧空位)，初始状态时本征室温铁磁性可以用 BMP 模型来解释，但是由于缺少足够多的氧空位实现有效的耦合作用，其初始状态时的饱和磁矩相对较小。当施加电压激励后，Pt/Fe:ZnO/Pt 器件从高阻态变为低阻态，O^{2-}迁移在薄膜内部引入了大量的氧空位并形成了基于氧空位导电细丝构成的导电通道。当发生 Reset 过程后，器件由低阻态转变回高阻态，O^{2-}的迁移复合了导电

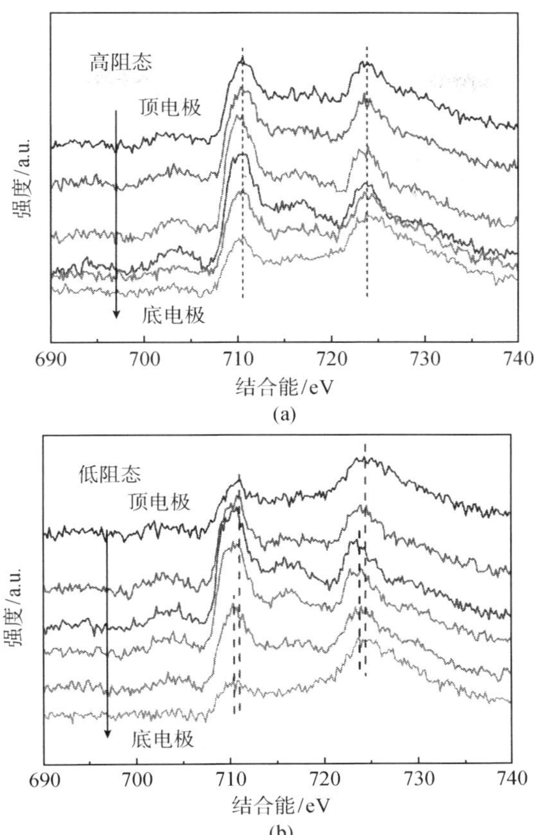

图 7.46　(a)和(b)高阻态和低阻态时 Pt/5.4% Fe:ZnO/Pt 器件的 Fe 2*p* 的 XPS 谱随 Ar^+刻蚀时间(样品剖析深度)的变化

细丝中的氧空位，造成 Fe:ZnO 薄膜内部氧空位浓度降低。根据 BMP 机制，Fe:ZnO 薄膜中较多数量的氧空位增加了与磁性 Fe^{2+}或 Fe^{3+}交换耦合作用的范围，形成更多的局域磁矩，从而使得 Fe:ZnO 薄膜的磁性增加。同时，沿着导电通道处的氧空位同晶界的作用也有利于晶界处局域磁矩的提高[61, 62]。因此，Pt/Fe:ZnO/Pt 器件在低阻态时的饱和磁矩要比高阻态时的饱和磁矩高。

7.2.2　电阻转变效应与光电效应的耦合

电阻转变效应与光电效应都与材料的电学性能相关，这两种效应的耦合有可能开发出利用光性能来调控电阻或者利用电压调控光电性能的新型功能器件。实际上，利用具有光电效应的材料作为阻变存储器的介质材料就能观察到这两种效应的耦合作用[63]。例如在 Cu/P3HT:PCBM/ITO 和石墨烯/SiO_2/石墨烯的阻变存储器器件中就分别发现了电阻转变效应与光伏特性以及电致发光性能的耦合[63, 64]。

1. Cu/P3HT:PCBM/ITO 阻变器件中的光伏特性

P3HT:PCBM 是一种典型的异质结复合材料，在光照的作用下会产生自由电子和空穴，也就是说表现出光伏特性。当 P3HT:PCBM 夹在两个电极中间形成 Cu/P3HT:PCBM/ITO 的结构时，在光照作用下产生的自由电子会向 Cu 电极迁移，而自由空穴则会向 ITO 电极迁移。因此 Cu/P3HT:PCBM/ITO 结构在光照下会产生–0.15V 的光伏开路电压。另一方面，P3HT:PCBM 作为一种半导体材料，夹在两个电极中间形成 MIM 的三明治结构在电场的作用下会产生电阻转变效应。如图 7.47 所示，在 Cu/P3HT:PCBM/ITO 器件表现出典型的双极性电阻转变特性。在 Cu 电极上施加的正向电压会使器件转变到低阻态，而负向电压则使器件转变回高阻态。高阻态在 $10^6\Omega$ 左右，而低阻态大约为 $10^3\Omega$。Cu/P3HT:PCBM/ITO 器件的这种电阻转变特性是由于 Cu 原子在电场作用下的氧化还原反应导致的。Cu 电极上的正向电压使 Cu 原子氧化成 Cu 离子并向 ITO 电极迁移，在迁移的过程中 Cu 离子被还原成 Cu 原子而形成 Cu 导电细丝，导电细丝连通上下两个电极使得器件转变到低阻态。而负向电压作用下会发生相反的过程，Cu 原子的氧化还原作用使得 Cu 导电细丝断开，使器件转变回高阻态。

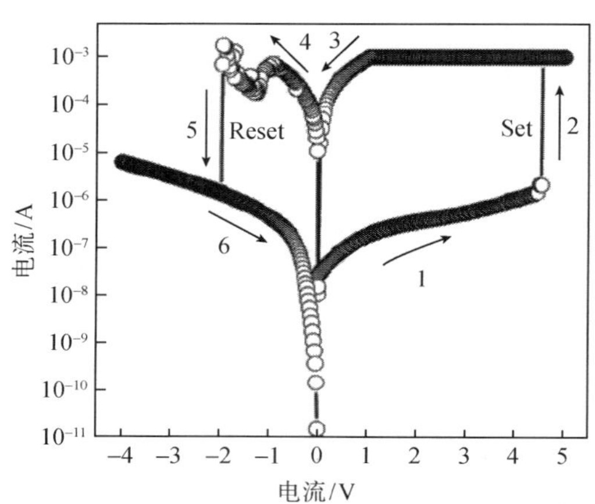

图 7.47　Cu/P3HT:PCBM/ITO 器件的发生电阻转变的典型 *I-V* 曲线

有意思的是这种电阻转变会导致器件的光伏特性发生变化，如图 7.48(a)和 7.48(b)所示。当器件处于高阻态时，Cu/P3HT:PCBM/ITO 结构会产生大小为–0.15V 的开路电压。因此，器件在光照条件件和黑暗条件下的 *I-V* 曲线发生偏离。这是由于在光照条件下 P3HT:PCBM 中产生的自由电子和空穴会分别在 Cu 电极和 ITO 电极一侧聚集，光生载流子产生的电压使得光照条件下和黑暗条件下的 *I-V* 曲线发生偏离。然而，当器件转变到低阻态之后，由于 Cu 导电细丝连通了 Cu 电极和 ITO 电极，即使在光照下产生电子和空穴也会通过 Cu 导电细丝迅速中和，因此光照下的开路电压消失，光照下和黑暗条件下测得的 *I-V* 曲线不发生偏离。高低电阻态的 *I-V* 曲线的差别以及低阻态时开路电压的消失进一步证明了器件在低阻态时生成了 Cu 导电细丝，这为利用光伏效应来分析电阻转变机理提供了范例。

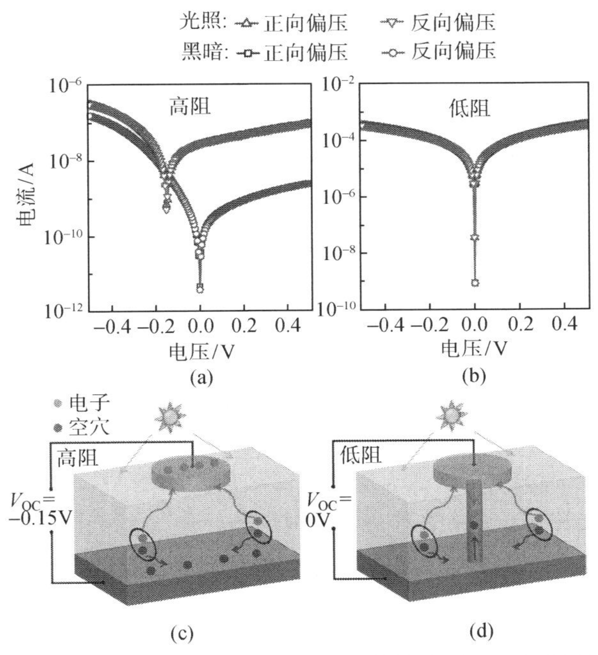

图 7.48　Cu/P3HT:PCBM/ITO 器件在(a)高阻态和(b)低阻态时处于光照和黑暗条件下的 *I-V* 曲线；(c)和(d)分别为高阻态与低阻态时的光伏开路电压的产生和消失的示意图

2. 石墨烯/SiO_2/石墨烯阻变器件中的电致发光特性

电阻转变效应还能调制材料的电致发光性能。例如 He 等人在平面结构的石墨烯/SiO_2/石墨烯中利用电阻转变行为对器件的电致发光性能进行调控[64]，如图 7.49 所示。石墨烯/SiO_2/石墨烯器件本身表现出单极性的电阻转变行为，在大约 3V 的电压从高阻态转变到低阻态，而在 7V 左右转变回高阻态。在电阻转变的过程中会伴随着强烈的发光区间，如图 7.49(a)中间虚线框所示的电压区间。在 5~8V 的电压区间，器件的发光性能强烈提升，甚至用肉眼都可以分辨发光性能的增加[64]。图 7.49(b)展示了石墨烯/SiO_2/石墨烯器件分别处于高阻态和低阻态时的电致发光谱线。在 5V 的电压作用下器件处于低阻态，而在 11V 电压的作用下器件转变到高阻态。由图可见，器件在高低阻态对应的电致发光谱线的强度和峰位都有着明显的差异。在高阻态时，器件的电致发光谱线的峰值在 550nm 处，而低阻态时的发光峰值在 770nm 处。并且低阻态的电致发光强度比高阻态的发光强度高一个量级。

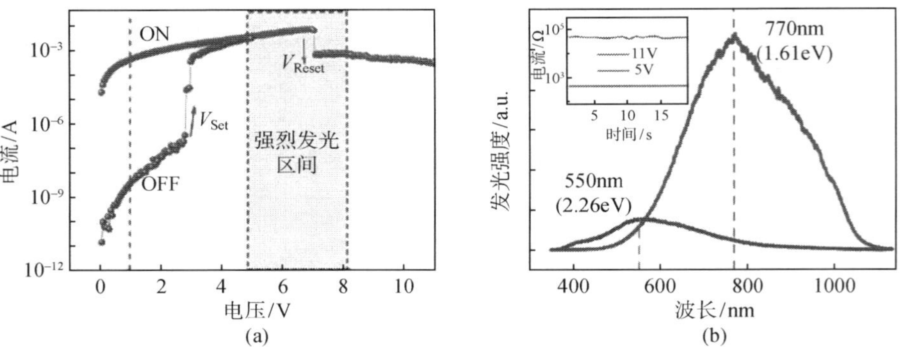

图 7.49　(a) 石墨烯/SiO_2/石墨烯器件的典型电阻转变的 *I-V* 曲线，(b) 器件分别处于高阻态和低阻态时的光致发光谱线，插图为高阻态(11V)和低阻态(5V)随时间的变化[64]

石墨烯/SiO_2/石墨烯器件发光性能的变化是由于在电阻转变的过程中 SiO_2 中的成分发生了变化。器件在电初始化和转变到低阻态的过程中，SiO_2 薄膜内部生成了 Si 纳米晶。Si 纳米晶中电子和空穴的复合特性不同于 SiO_2 材料，导致器件在高低阻态时的发光性能出现差异。这一结果表明可以利用电阻转变行为对于器件的发光性能进行调控。此外，发光特性的变化也为利用光信号探测器件的电阻提供了可能。

7.2.3　电阻转变器件的超导特性

某些体系的电阻转变器件在降到低温时会观察到超导转变现象。这种电阻转变过程中的超导转变现象不但提供了一种研究电阻转变机理的方法，也有可能开启特殊的低温多功能器件。

1. Nb/ZnO/Pt 阻变器件的超导转变现象

Nb/ZnO/Pt 器件表现出稳定的双极性电阻转变特性[65]。如图 7.50 所示，器件在电初始化过程之后，能够在高低电阻态之间转变。Nb 电极上的正向电压使器件转变到低阻态，而负向电压使器件转变回高阻态。图 7.50(c)为器件转变到低阻态之后的电阻温度曲线。器件的电阻随温度的降低而降低，表现出典型的金属特性，表明了器件的低阻态是基于金属导电细丝的形成。当温度降低到接近 0K 附近时，器件的电阻在温度大约 9.3K 时突然急剧降低，而 9.3K 正好是金属 Nb 的超导转变温度。因此，这一现象说明 Nb/ZnO/Pt 器件在低阻态时形成的导电细丝是金属 Nb 导电细丝。与 Ag、Cu 金属导电细丝的形成过程类似，Nb 电极上的正向电压使 Nb 原子氧化成 Nb 离子并通过 ZnO 薄膜向 Pt 电极迁移，在迁移的过程中 Nb 离子被还原成

Nb 原子，Nb 原子的堆积形成了 Nb 导电细丝并连通上下电极使得器件转变到低阻态。Nb/ZnO/Pt 器件在 9.3K 的超导转变现象有利的证明了 Nb 导电细丝的存在。

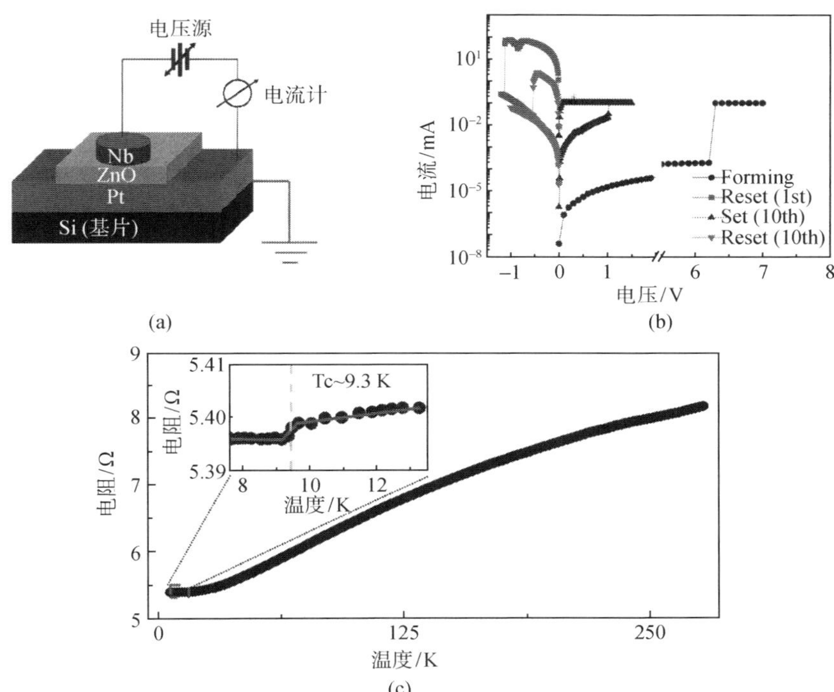

图 7.50　(a)Nb/ZnO/Pt 阻变存储器的结构示意图；(b)器件电阻转变的典型 *I-V* 曲线；(c)器件低阻态的温度曲线，插图为 7.5K 到 13.5K 区间的放大图[65]

2. In/δ-Bi_2O_3/Au 器件的超导转变现象

在 In/δ-Bi_2O_3/Au 阻变器件中观察到了类似于 Nb/ZnO/Pt 器件的超导转变现象[66]。图 7.51(a)所示为 In/δ-Bi_2O_3/Au 器件在低阻态时的电阻温度曲线。由图可见，器件在低阻态时的电阻同样随着温度的降低而降低，表现出典型的金属特性。并且在大约 5.8K 时，电阻急剧的降低到接近于 0，转变到了超导态。与 Nb/ZnO/Pt 器件不同的是，该超导转变温度与 In/δ-Bi_2O_3/Au 器件中的 In 电极的超导转变温度(4.3K)并不相同。实际上 5.8K 是 Bi 的金属纳米线的超导转变温度。这说明 In/δ-Bi_2O_3/Au 器件中的电阻转变机理与 Nb/ZnO/Pt 器件不同。In/δ-Bi_2O_3/Au 器件的电阻转变不是基于金属电极的氧化还原反应，而是基于 δ-Bi_2O_3 本身的氧化还原反应形成 Bi 的金属导电细丝。此外，样品在 1.8K 的环境温度下，当外磁场升高到 5kOe 时超导特性消失(图 7.51(b))，这一临界磁场强度比 In 的临界场强要大得多，进一步证明了 δ-Bi_2O_3 薄膜中形成的是 Bi 导电细丝。

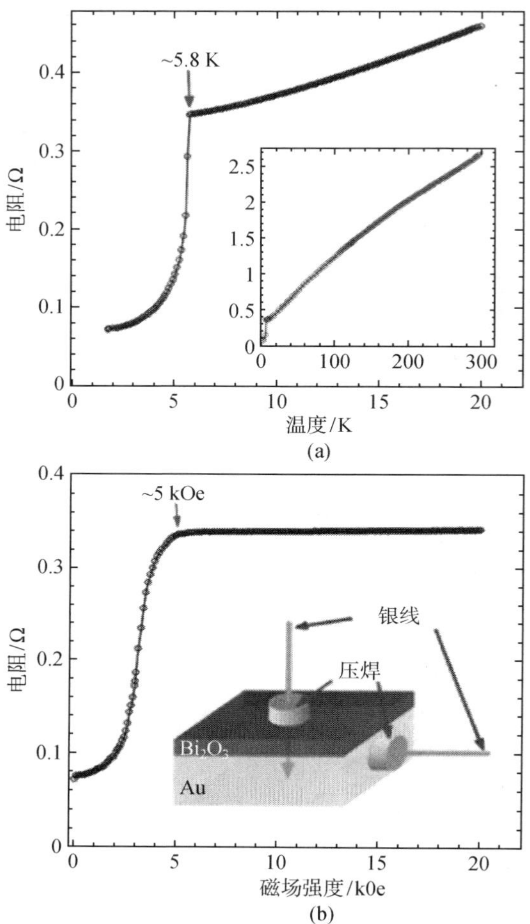

图 7.51　(a)零磁场下 In/δ-Bi_2O_3/Au 器件低阻态的电阻温度曲线，插图为 0K 到 300K 区间的电阻温度曲线;(b)1.8K 下器件的电阻与磁场强度之间的关系[66]

7.3　逻辑电路应用

电阻转变器件的快速发展不仅有利于开发下一代高密度的非易失性阻变存储器，而且有利于现场可编程门阵列(FPGA)、实质蕴涵(material implication，IMP)逻辑门等新型数字逻辑电路的发展[67-71]。阻变存储单元的非易失性、电阻窗口值大、尺寸缩减性好等优点使其非常适合于作为 FPGA 中的可重构开关或者新型逻辑电路中的逻辑门等领域。

7.3.1 FPGA 中的可重构开关

现场可编程门阵列(FPGA)是在传统可编程器件的基础上进一步发展的产物。它是作为专用集成电路(ASIC)领域中的一种半定制电路而出现的，既解决了定制电路的不足，又克服了原有可编程器件门电路数有限的缺点。FPGA 在工业界和科学界都获得了越来越多的关注，这是由于它结合了不同硬件计算平台的多种优点。比如，FPGA 既具有微处理器的灵活性和性价比，又具有 ASIC 的专用定制性[67]。实际上，FPGA 是预先制备好的可编程电路，它的功能可以根据实际计算的需要而通过编程来改变。FPGA 的基本结构是由大量的逻辑门和决定这些逻辑门的互联结构组成。而逻辑门之间的连接关系就可以利用可重构开关的编程来实现。例如，在一个逻辑门的输出端和另一个逻辑门的输入端之间可以使用一个存储器来连接，存储器存储的“0”或“1”信息就可以决定这两个逻辑门是否连通。

在传统 FPGA 中，通常使用静态随机存储器或者闪存作为可重构开关。传统结构的 FPGA 最大的问题是低效：可重构开关消耗了 FPGA 芯片的大部分面积(50%–90%)[67, 68]。而利用十字交叉阵列的阻变器件作为可重构开关形成的 CMOS/纳米线混合 FPGA 电路则可以大大提高芯片的利用率，如图 7.52 所示。图中的电路在传统 CMOS 芯片上附加纳米线组成的十字交叉阵列形成混合 FPGA 电路。在图 7.52 所示的混合电路中，逻辑门单元与实现连接功能的单元相互分离开。底层的 CMOS 电路实现逻辑功能，而上层的十字交叉阵列实现连接和编程功能。上下两层的连接通过通孔结构来实现。对于上层阻变器件的操作就可以决定哪些逻辑单元是

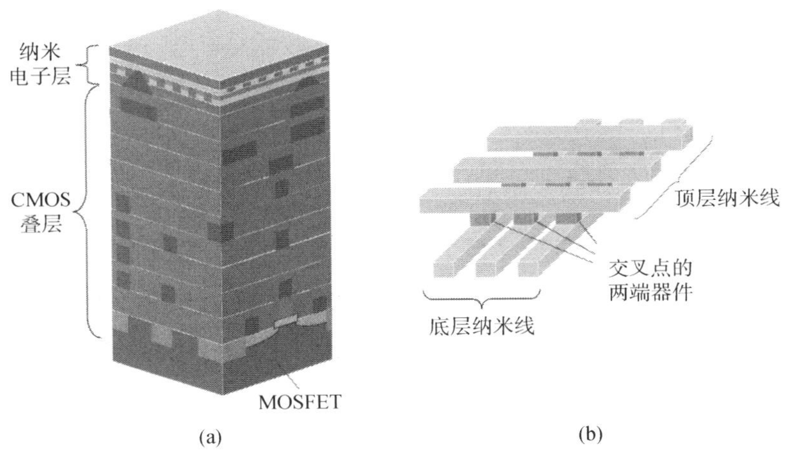

图 7.52 (a) CMOS/纳米交叉阵列的混合电路的结构示意图；(b) CMOS 上层的纳米交叉阵列的结构[67]

连通的，因此对于 FPGA 的功能实现了编程操作。利用这种上下两层的混合 CMOS/纳米线阵列结构的 FPGA 的密度将比传统 FPGA 的密度提高 10 倍以上。如果使上层的十字交叉阵列网络也承担部分逻辑功能，那这种混合结构的 FPGA 的密度将提高 100 倍以上[68]。

惠普实验室的 Xia 等人利用 CMOS/纳米线交叉阵列的混合结构获得了高效的 FPGA 电路[72]。如图 7.53 所示，利用纳米压印光刻技术在商业化的 CMOS 平台上制备基于阻变存储器的纳米线十字交叉阵列。纳米线十字交叉点位置所使用的电阻转变材料为 TiO_2。两层十字交叉的纳米线中间夹着一层 TiO_2 薄膜组成交叉阵列网络。交叉阵列与 CMOS 芯片之间利用 W 通孔结构连接。所有的逻辑功能都由 CMOS 部分来实现，而十字交叉阵列仅仅作为可重构开关，决定 CMOS 里面逻辑单元的连接关系。该混合电路芯片的光学显微照片为图 7.53(b)所示。而图 7.53(c)则给出了其中一条信号通道的示意图，从一个逻辑门的输出端(A)经过一个电阻转变单元(J)到另一个逻辑门的输入端(B)。芯片中的逻辑门都是通过这种方式连接，而交叉阵列与 CMOS 中逻辑门之间的连接则是通过上下的通孔结构实现。而交叉点位置的阻变材料决定了这种连接是打开还是关上。将特定的电阻转变器件转变到连通状态，则 CMOS 芯片上某些逻辑门就被选中组成特定的逻辑电路。通过这一方法，非门、与门、或门、与非门、或非门、D 型触发器等基本逻辑门都可以在该混合电路中获得，如图 7.53(d)所示。这些基本逻辑门的等效电路以及实测的结果和对应的真值表如图 7.53(e)所示。

由于阻变存储器是非易失性的，这些利用阻变器件的十字交叉阵列制备的混合 FPGA 在保持其配置状态时不需要消耗能量，因而这类新型的混合 FPGA 在低功耗方面也更具有优势。并且十字交叉点位置的阻变单元的状态可以通过施加适当的电压改变，使得 FPGA 的功能是可重构的，也就是说可以对其功能进行重新编程。十字交叉阵列冗余的数据通路可以绕开那些有缺陷的晶体管或逻辑门，使得混合 FPGA 具有较高的容错率。计算机模拟的结果表明这种混合 FPGA 电路最高可以容纳 20%的坏点[67]。因此，这种 CMOS/纳米线交叉阵列的混合电路为十字交叉阵列的阻变器件在逻辑电路中的应用提供了一种范例。其他更先进的混合电路概念例如三维 CMOS/分子器件混合电路将更进一步的改善混合 FPGA 电路的性能，并推动其最终取代传统的 FPGA 电路。

7.3.2　基于阻变器件的逻辑门

电阻转变器件除了可以用于混合 FPGA 电路中的可重构开关以外，其本身也可

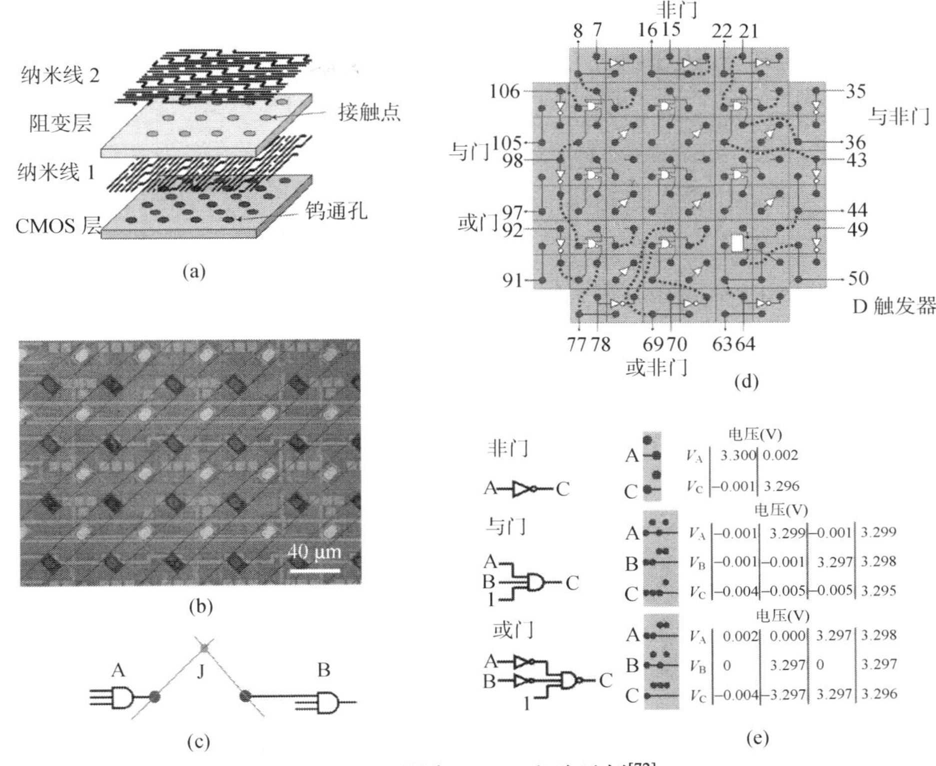

图 7.53　混合 FPGA 电路示例[72]

(a) 混合 FPGA 电路的结构示意图；(b) 混合 FPGA 电路的光学照片；(c) 逻辑电路中的连接示意图；(d) CMOS 芯片上逻辑单元之间的连接布线及其组成的基本逻辑门；(e) 基本逻辑门的电路示意图及其实测结果和对应的真值表

以构成逻辑电路中的逻辑门单元。Terabe 等人利用纳米线阻变单元的交叉阵列结构实现了三种最基本的逻辑门[73]，如图 7.54 所示。与门由两根 Pt 纳米线和一根 Ag_2S 包覆的 Ag 纳米线组成，其中 Ag 纳米线与一个电阻串联。两组输入信号(V_1 和 V_2)分别施加于两根 Pt 纳米线，从 Ag 纳米线的末端测量输出信号 V_{out}。由图 7.54(a)所示，只有当两个输入端都是高电平的时候，输出端才会输出高电平，这一结果正是与门的功能。而或门则是由两根 Ag_2S 包覆的 Ag 纳米线和一根 Pt 纳米线组成，其中 Pt 纳米线串联一个电阻，如图 7.54(b)所示。输出端信号 V_{out} 只有当两个输入端都是低电平的时候才显示出低电平，显现出了或门的功能。非门是由一根 Pt 纳米线和一根 Ag_2S 包覆的 Ag 纳米线形成的阻变器件构成，并与一个电阻和一个电容相连接(图 7.54(c))。这些逻辑门单元的工作都是利用 Pt 纳米线和 Ag_2S 纳米线中间 Ag 导电细丝的形成和断开控制的。既然三种最基本的逻辑门单元能够利用纳米线电阻转变器件实现，那么理论上其他任何类型的逻辑电路都可以用电阻转变器件来实现。并且电阻转变器件非易失性的特点还保证了这些新型逻辑电路低功耗的优势。

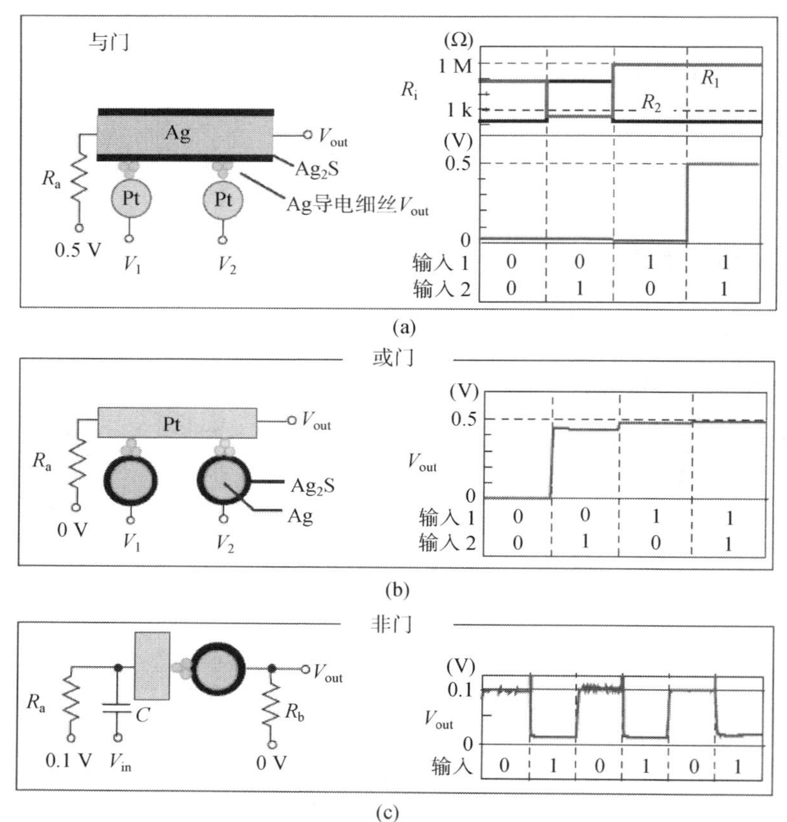

图 7.54　基于纳米线阻变器件的逻辑门电路[73]

(a)与门；(b)或门；(c)非门三种基本逻辑单元的示意图及其操作结果，其中 V_1 和 V_2 表示输入电压

7.3.3　实质蕴涵逻辑门

十字交叉阵列的阻变器件能够实现的另外一种逻辑电路被称为实质蕴涵逻辑门(IMP)。惠普实验室的 Borghetti 最早用电阻转变器件验证了 IMP 逻辑门[70]。IMP 是一种基本的布尔逻辑运算。对于两个变量 p 和 q 来说，pIMPq 的逻辑运算就相当于是(NOTp)ORq。基本的 IMP 电路由两个电阻转变单元(P 和 Q)和一个负载电阻实现，如图 7.55(a)所示。在这个电路中 V_{COND} 和 V_{Set} 作为逻辑操作的输入电压。阻变单元处于高阻态时相当于状态“0”，而处于低阻态时相当于状态“1”。输入信号 V_{COND} 和 V_{Set} 满足要求$|V_{COND}|<|V_{Set}|$，因此阻变器件 P 上施加的电压不会超过发生电

阻转变所需的 Set 电压，P 器件的状态一直都保持不变。IMP 的逻辑操作过程如下，当 P 处于高阻态(p=0)并且分别对 P 和 Q 施加 V_{COND} 和 V_{Set} 时，施加于器件 Q 上的电压超过了发生电阻转变的 Set 电压，所以器件 Q 被转变到低阻态(q'=1)。如果 P 处于低阻态时(p=1)，即使分别于 P 和 Q 器件上同时施加 V_{COND} 和 V_{Set}，施加于器件 Q 上的电压也会小于 Set 电压。实际上，此时施加于器件 Q 上的电压大约为 $V_{Set}-V_{COND}$，因此器件 Q 不会发生电阻转变。综合上述两种情况，可以得到如图 7.55(b) 所示的逻辑操作结果，这就是 IMP 逻辑操作。IMP 逻辑操作可以用 $q'\leftarrow p$IMPq 的形式来表示，也就是说 pIMPq 逻辑操作的结果存储于 q'。IMP 逻辑操作与器件 Q 的 Reset 过程(使器件 Q 转变到高阻态)相配合，构成了一套完整的逻辑计算基础，能够进行任何布尔函数的逻辑运算。

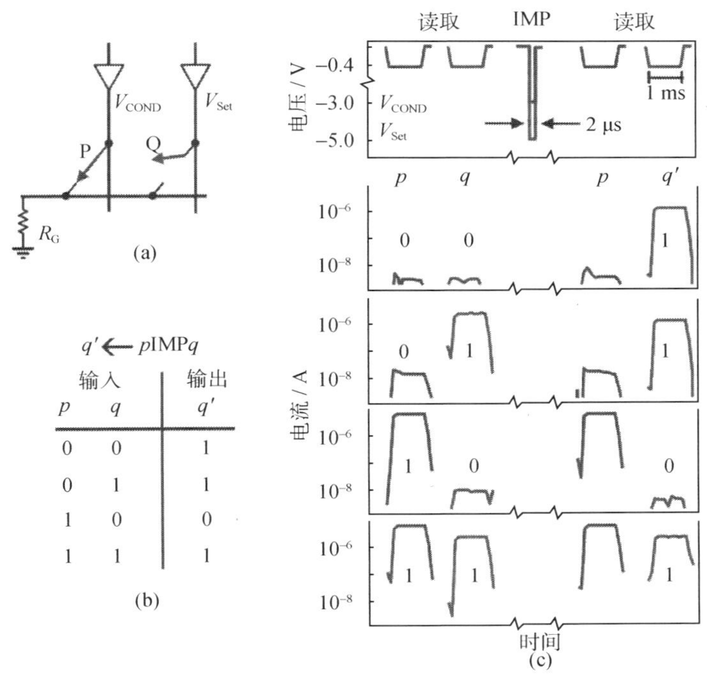

图 7.55　IMP 逻辑操作的(a)等效电路，(b)对应的真值表和(c)实测数据[70]

IMP 电路中的电阻转变单元实现的是一种“状态”逻辑操作，因为阻变单元同时承担了门和锁存器的功能，并且这里所使用的物理状态变量既不是电压也不是电荷而是电阻。IMP 逻辑门独特的性能配合阻变存储器的高密度优势可以实现高带宽的计算[68, 71, 74]。而 IMP 逻辑门面临的挑战主要是对阻变器件的转变速度和擦写耐受性提出了更高的要求，这时因为在每次逻辑操作过程中阻变器件都要发生电阻转变。此外，IMP 逻辑电路相比于传统的逻辑电路来说更依赖于器件在纳米尺度的性能。

在图 7.55 所示的 IMP 逻辑电路还需要两个阻变存储器单元来实现。后来，Rosezin 等人证明了仅使用一个双极性阻变单元或者一个互补型阻变(CRS)单元就可以实现 IMP 的逻辑功能[75, 76]。如图 7.56 所示，利用单一的双极性阻变单元或者互补型阻变单元来实现 IMP 逻辑功能时，包括以下几个操作步奏。首先，把阻变单元设置到一个特定的状态“Z”。然后，逻辑变量 p 和 q 分别从阻变器件的两个终端输入。在图 7.56 中，对于双极性阻变单元构成的逻辑电路中，Z = “0” (灰色)表示低阻态，Z = “1” (黑色)则表示高阻态，而输出结果则是用电流的大小来表示。对于互补型阻变单元构成的逻辑电路来说，Z = “0”代表 HRS/LRS 的存储状态，Z = “1”代表 LRS/HRS 的存储状态，而输出结果则是由电流脉冲信号表示。如图 7.56(b)所示，双极性阻变器件构成的逻辑电路的状态 Z 是可以保留的，而其改变是由输入变量 p 和 q 来共同决定，因此，双极性阻变单元可以看做是一种莫尔机(Moore machine)[77]。当 Z = “1”时，只能检测到很小的输出电流；而 Z = “0”时，可以检测到较大的输出

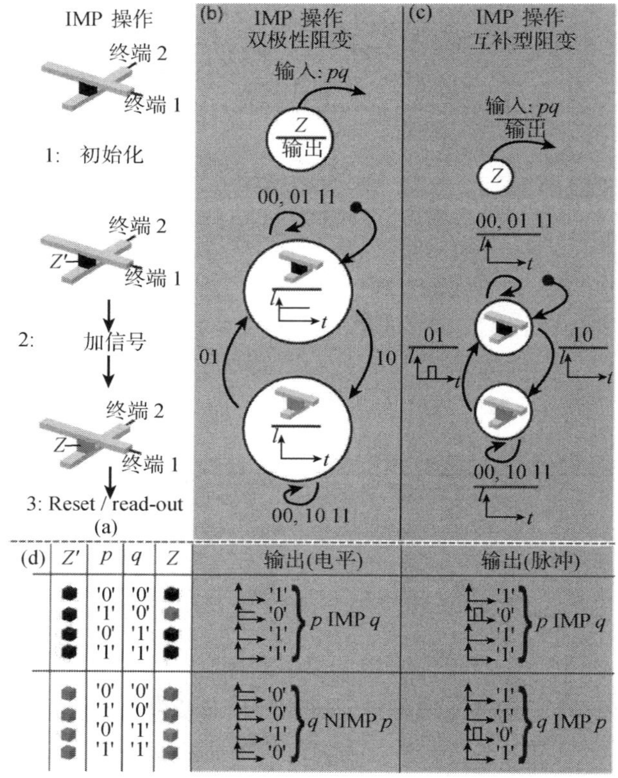

图 7.56　只用一个阻变单元构成的 IMP 逻辑门[75]。(a)实现 IMP 逻辑操作的三个步奏，(b)双极性阻变单元履行莫尔机功能，(c)互补型阻变单元履行米利机功能，(d)双极性阻变单元和互补型阻变单元逻辑运算的真值表

电流。当存储的状态为 Z'=“1”时，仅当满足 p=“1”并且 q=“0”的条件时，在阻变器件的两端才会出现正的电压降并且使状态转变到 Z=“0”。当存储的状态为 Z'=“0”时，仅当满足 p=“0”并且 q=“1”的条件时，器件才会转变到 Z=“1”。

互补型阻变单元构成的逻辑操作与双极性器件的操作是完全一样的，只是结果的输出方式不同，如图 7.56(c)所示。互补型阻变器件构成的逻辑单元使用电流脉冲作为输出。输出结果不仅与存储的状态有关，而且与输入参量有关，因此互补型阻变器件构成的逻辑电路相当于米利机(Mealy machine)[77]。存储状态转变时伴随着信号输出，当检测到电流脉冲时代表“0”，而没有检测到电流脉冲时代表“1”。互补型阻变存储器的另一个优点是能够抑制十字交叉阵列中的串扰电流。因此，可以利用十字交叉阵列同时实现存储功能和逻辑运算功能，并且有希望实现基于互补型阻变器件的 IMP 逻辑门和米利原型机。

参 考 文 献

[1] Bofill I Petit A, Murray A F. Synchrony detection and amplification by silicon neurons with STDP synapses. IEEE Transactions on Neural Networks, 2004, 15(5): 1296-1304.

[2] Häfliger P, Mahowald M. Spike based normalizing Hebbian learning in an analog VLSI artificial neuron. Analog Integrated Circuits and Signal Processing, 1999, 18(2-3): 133-139.

[3] 王中强. 金属氧化物阻变存储器件的制备及其阻变存储、神经突触仿生研究[博士学位论文]. 东北师范大学, 2013.

[4] 刘益春, 徐海阳, 王中强, 等. 基于阻变存储器的神经突触仿生器件研究. 科学 (上海), 2013, 65(2): 21-25.

[5] 姚泰. 生理学. 北京: 人民卫生出版社, 2001.

[6] Bi G Q, Poo M M. Synaptic modifications in cultured hippocampal neurons: dependence on spike timing, synaptic strength, and postsynaptic cell type. The Journal of neuroscience, 1998, 18(24): 10464-10472.

[7] Mori M, Abegg M H, Gähwiler B H, et al. A frequency-dependent switch from inhibition to excitation in a hippocampal unitary circuit. Nature, 2004, 431(7007): 453-456.

[8] Zhang L I, Tao H W, Holt C E, et al. A critical window for cooperation and competition among developing retinotectal synapses. Nature, 1998, 395(6697): 37-44.

[9] Ohno T, Hasegawa T, Tsuruoka T, et al. Short-term plasticity and long-term potentiation mimicked in single inorganic synapses. Nature Materials, 2011, 10(8): 591-595.

[10] Jo S H, Chang T, Ebong I, et al. Nanoscale memristor device as synapse in neuromorphic systems. Nano Letters, 2010, 10(4): 1297-1301.

[11] Li S, Zeng F, Chen C, et al. Synaptic plasticity and learning behaviours mimicked through Ag interface movement in an Ag/conducting polymer/Ta memristive system. Journal of Materials Chemistry C, 2013, 1(34): 5292-5298.

[12] Ziegler M, Soni R, Patelczyk T, et al. An electronic version of Pavlov's dog. Advanced

Functional Materials, 2012, 22(13): 2744-2749.

[13] Pershin Y V, La Fontaine S, Di Ventra M. Memristive model of amoeba learning. Physical Review E, 2009, 80(2): 021926.

[14] Nomura K, Ohta H, Takagi A, et al. Room-temperature fabrication of transparent flexible thin-film transistors using amorphous oxide semiconductors. Nature, 2004, 432(7016): 488-492.

[15] Kim M, Jeong J H, Lee H J, et al. High mobility bottom gate InGaZnO thin film transistors with SiO_x etch stopper. Applied Physics Letters, 2007, 90(21): 212114.

[16] Wang Z Q, Xu H Y, Li X H, et al. Synaptic learning and memory functions achieved using oxygen ion migration/diffusion in an amorphous InGaZnO memristor. Advanced Functional Materials, 2012, 22(13): 2759-2765.

[17] Bliss T V, Collingridge G L. A synaptic model of memory: long-term potentiation in the hippocampus. Nature, 1993, 361(6407): 31-39.

[18] Stevens C F, Wesseling J F. Augmentation is a potentiation of the exocytotic process. Neuron, 1999, 22(1): 139-146.

[19] Ohno T, Hasegawa T, Nayak A, et al. Sensory and short-term memory formations observed in a Ag_2S gap-type atomic switch. Applied Physics Letters, 2011, 99(20): 203108.

[20] Chang T, Jo S H, Lu W. Short-term memory to long-term memory transition in a nanoscale memristor. ACS Nano, 2011, 5(9): 7669-7676.

[21] Gramm A, Zahner T, Spreitzer U, et al. Oxygen diffusion in off–c-axis normal-state $Bi_2Sr_2CaCu_2O_{8+\delta}$ films. Europhysics Letters, 2000, 49(4): 501.

[22] Kwon D H, Kim K M, Jang J H, et al. Atomic structure of conducting nanofilaments in TiO_2 resistive switching memory. Nature Nanotechnology, 2010, 5(2): 148-153.

[23] Nian Y, Strozier J, Wu N, et al. Evidence for an oxygen diffusion model for the electric pulse induced resistance change effect in transition-metal oxides. Physical Review Letters, 2007, 98(14): 146403.

[24] Jonas F, Morrison J. 3, 4-polyethylenedioxythiophene (PEDT): Conductive coatings technical applications and properties. Synthetic Metals, 1997, 85(1): 1397-1398.

[25] Kirchmeyer S, Reuter K. Scientific importance, properties and growing applications of poly (3, 4-ethylenedioxythiophene). Journal of Materials Chemistry, 2005, 15(21): 2077-2088.

[26] Elschner A, Bruder F, Heuer H W, et al. PEDT/PSS for efficient hole-injection in hybrid organic light-emitting diodes. Synthetic Metals, 2000, 111: 139-143.

[27] Kudoh Y, Akami K, Matsuya Y. Solid electrolytic capacitor with highly stable conducting polymer as a counter electrode. Synthetic Metals, 1999, 102(1): 973-974.

[28] Möller S, Perlov C, Jackson W, et al. A polymer/semiconductor write-once read-many-times memory. Nature, 2003, 426(6963): 166-169.

[29] 杨晶. PEDOT: PSS 导电行为调控及神经网络模拟[硕士学位论文]. 清华大学, 2012.

[30] Zeng F, Li S Z, Yang J, et al. Learning processes modulated by the interface effects in a Ti/conducting polymer/Ti resistive switching cell. RSC Advances, 2014, 4(29): 14822-14828.

[31] Waser R, Aono M. Nanoionics-based resistive switching memories. Nature Materials, 2007, 6(11): 833-840.

[32] Chiba D, Fukami S, Shimamura K, et al. Electrical control of the ferromagnetic phase transition in cobalt at room temperature. Nature Materials, 2011, 10(11): 853-856.

[33] Chu Y H, Martin L W, Holcomb M B, et al. Electric-field control of local ferromagnetism using a magnetoelectric multiferroic. Nature Materials, 2008, 7(6): 478-482.

[34] Stolichnov I, Riester S, Trodahl H, et al. Non-volatile ferroelectric control of ferromagnetism in (Ga, Mn) As. Nature Materials, 2008, 7(6): 464-467.

[35] Philip J, Punnoose A, Kim B, et al. Carrier-controlled ferromagnetism in transparent oxide semiconductors. Nature Materials, 2006, 5(4): 298-304.

[36] Lottermoser T, Lonkai T, Amann U, et al. Magnetic phase control by an electric field. Nature, 2004, 430(6999): 541-544.

[37] Ohno H, Chiba D, Matsukura F, et al. Electric-field control of ferromagnetism. Nature, 2000, 408(6815): 944-946.

[38] Chiba D, Matsukura F, Ohno H. Electric-field control of ferromagnetism in (Ga, Mn) As. Applied Physics Letters, 2006, 89(16): 162505.

[39] Chiba D, Sawicki M, Nishitani Y, et al. Magnetization vector manipulation by electric fields. Nature, 2008, 455(7212): 515-518.

[40] Pan F, Song C, Liu X J, et al. Ferromagnetism and possible application in spintronics of transition-metal-doped ZnO films. Materials Science & Engineering R-Reports, 2008, 62(1): 1-35.

[41] Coey J, Venkatesan M, Fitzgerald C. Donor impurity band exchange in dilute ferromagnetic oxides. Nature Materials, 2005, 4(2): 173-179.

[42] Song C, Liu X, Geng K, et al. Transition from diluted magnetic insulator to semiconductor in Co-doped ZnO transparent oxide. Journal of Applied Physics, 2007, 101(10): 103903.

[43] Yang Y C, Pan F, Liu Q, et al. Fully room-temperature-fabricated nonvolatile resistive memory for ultrafast and high-density memory application. Nano Letters, 2009, 9(4): 1636-1643.

[44] Liu X, Zhu X, Song C, et al. Intrinsic and extrinsic origins of room temperature ferromagnetism in Ni-doped ZnO films. Journal of Physics D: Applied Physics, 2009, 42(3): 035004.

[45] Arslan I, Browning N D. Role of oxygen at screw dislocations in GaN. Physical Review Letters, 2003, 91(16): 165501.

[46] Liu X, Sun Y, Yu R. Role of oxygen vacancies in tuning magnetic properties of Co-doped SnO_2 insulating films. Journal of Applied Physics, 2007, 101(12): 123907.

[47] Vaithianathan V, Lee B T, Chang C H, et al. Characterization of As-doped, p-type ZnO by X-ray absorption near-edge structure spectroscopy. Applied Physics Letters, 2006, 88(11): 112103-112103-3.

[48] Frenkel J. On pre-breakdown phenomena in insulators and electronic semi-conductors. Physical Review, 1938, 54(8): 647-648.

[49] Yang J J, Pickett M D, Li X M, et al. Memristive switching mechanism for metal/oxide/metal nanodevices. Nature Nanotechnology, 2008, 3(7): 429-433.

[50] Jeong D S, Schroeder H, Breuer U, et al. Characteristic electroforming behavior in Pt/TiO_2/Pt resistive switching cells depending on atmosphere. Journal of Applied Physics,

2008, 104(12): 123716.

[51] Xu N, Liu L F, Sun X, et al. Characteristics and mechanism of conduction/Set process in TiN/ZnO/Pt resistance switching random-access memories. Applied Physics Letters, 2008, 92(23): 232112.

[52] 陈光. 氧化锌基稀磁材料的隧道输运与磁性调控[博士学位论文]. 北京: 清华大学, 2013.

[53] Chen T, Cao L, Zhang W, et al. Correlation between electronic structure and magnetic properties of Fe-doped ZnO films. Journal of Applied Physics, 2012, 111(12): 123715.

[54] Kumar R, Singh A P, Thakur P, et al. Ferromagnetism and metal–semiconducting transition in Fe-doped ZnO thin films. Journal of Physics D: Applied Physics, 2008, 41(15): 155002.

[55] Saleh R, Prakoso S P, Fishli A. The influence of Fe doping on the structural, magnetic and optical properties of nanocrystalline ZnO particles. Journal of Magnetism and Magnetic Materials, 2012, 324(5): 665-670.

[56] Luo J, Yang Y, Zhu X, et al. Enhanced electromechanical response of Fe-doped ZnO films by modulating the chemical state and ionic size of the Fe dopant. Physical Review B, 2010, 82(1): 014116.

[57] Kim M C, Lim K Y, Kim C O, et al. Effect of Doping Concentration on Resistive Switching Behaviors of Cu-doped ZnO films. Journal of Korean Physical Society, 2011, 59: 304-307.

[58] Yao I C, Lee D Y, Tseng T Y, et al. Fabrication and resistive switching characteristics of high compact Ga-doped ZnO nanorod thin film devices. Nanotechnology, 2012, 23(14): 145201.

[59] Bogle K A, Bachhav M N, Deo M S, et al. Enhanced nonvolatile resistive switching in dilutely cobalt doped TiO_2. Applied Physics Letters, 2009, 95(20): 203502.

[60] Simmons J G. Poole-Frenkel effect and Schottky effect in metal-insulator-metal systems. Physical Review, 1967, 155(3): 657-660.

[61] Bryan J D, Heald S M, Chambers S A, et al. Strong room-temperature ferromagnetism in Co^{2+}-doped TiO_2 made from colloidal nanocrystals. Journal of the American Chemical Society, 2004, 126(37): 11640-11647.

[62] Straumal B B, Mazilkin A A, Protasova S G, et al. Magnetization study of nanograined pure and Mn-doped ZnO films: Formation of a ferromagnetic grain-boundary foam. Physical Review B, 2009, 79(20): 205206.

[63] Gao S, Song C, Chen C, et al. Dynamic processes of resistive switching in metallic filament-based organic memory devices. Journal of Physical Chemistry C, 2012, 116(33): 17955-17959.

[64] He C, Li J, Wu X, et al. Tunable electroluminescence in planar graphene/SiO_2 memristors. Advanced Materials, 2013, 25(39): 5593-5598.

[65] Zhu X J, Su W J, Liu Y W, et al. Observation of conductance quantization in oxide-based resistive switching memory. Advanced Materials, 2012, 24(29): 3941-3946.

[66] Koza J A, Bohannan E W, Switzer J A. Superconducting filaments formed during nonvolatile resistance switching in electrodeposited δ-Bi_2O_3. ACS Nano, 2013, 7(11): 9940-9946.

[67] Strukov D B, Likharev K K, Reconfigurable nano-crossbar architectures. Nanoelectronics,

(Ed: Waser R), 2012.

[68] Strukov D, Kohlstedt H. Resistive switching phenomena in thin films: Materials, devices, and applications. MRS Bulletin, 2012, 37(02): 108-114.

[69] Paul S, Bhunia S. A scalable memory-based reconfigurable computing framework for nanoscale crossbar. IEEE Transactions on Nanotechnology, 2012, 11(3): 451-462.

[70] Borghetti J, Snider G S, Kuekes P J, et al. 'Memristive' switches enable 'stateful' logic operations via material implication. Nature, 2010, 464(7290): 873-876.

[71] Lehtonen E, Laiho M, Stateful implication logic with memristors, Proceedings of the 2009 IEEE/ACM International Symposium on Nanoscale Architectures, 2009, 33-36.

[72] Xia Q, Robinett W, Cumbie M W, et al. Memristor-CMOS hybrid integrated circuits for reconfigurable logic. Nano Letters, 2009, 9(10): 3640-3645.

[73] Terabe K, Hasegawa T, Nakayama T, et al. Quantized conductance atomic switch. Nature, 2005, 433(7021): 47-50.

[74] Pershin Y V, Di Ventra M. Memory effects in complex materials and nanoscale systems. Advances in Physics, 2011, 60(2): 145-227.

[75] Rosezin R, Linn E, Kugeler C, et al. Crossbar logic using bipolar and complementary resistive switches. IEEE Electron Device Letters, 2011, 32(6): 710-712.

[76] Linn E, Rosezin R, Tappertzhofen S, et al. Beyond von Neumann-logic operations in passive crossbar arrays alongside memory operations. Nanotechnology, 2012, 23(30): 305205.

[77] Katz R H, Borriello G. Contemporary logic design. Essex, U.K.: Pearson Education, 2005.